CBAC TGAU

DAEARYDDIAETH

- Alan Brown ■ Gregg Coleman ■ Val Davis ■ Bob Digby
- Andy Leeder ■ Glyn Owen

HODDER EDUCATION
LEARN MORE

TGAU Daearyddiaeth

Addasiad Cymraeg o *WJEC GCSE Geography* a gyhoeddwyd yn 2016 gan Hodder Education

Ariennir yn Rhannol gan
Lywodraeth Cymru

Part Funded by
Welsh Government

Cyhoeddwyd dan nawdd Cynllun Adnoddau Addysgu a Dysgu CBAC

Mae'r deunydd hwn wedi'i gymeradwyo gan CBAC ac mae'n cynnig cefnogaeth o ansawdd uchel ar gyfer cyflwyno cymwysterau CBAC. Er bod y deunydd hwn wedi bod trwy broses sicrhau ansawdd, mae'r cyhoeddwr yn dal yn llwyr gyfrifol am y cynnwys.

Gwnaed pob ymdrech i gysylltu â'r holl ddeiliaid hawlfraint, ond os oes unrhyw rai wedi'u hesgeuluso'n anfwriadol, bydd y cyhoeddwyr yn falch o wneud y trefniadau angenrheidiol ar y cyfle cyntaf.

Er y gwnaed pob ymdrech i sicrhau bod cyfeiriadau gwefannau yn gywir adeg mynd i'r wasg, nid yw Hodder Education yn gyfrifol am gynnwys unrhyw wefan y cyfeirir ati yn y llyfr hwn. Weithiau mae'n bosibl dod o hyd i dudalen we a adleolwyd trwy deipio cyfeiriad tudalen gartref gwefan yn ffenestr LIAU (*URL*) eich porwr.

Polisi Hachette UK yw defnyddio papurau sy'n gynhyrchion naturiol, adnewyddadwy ac ailgylchadwy sy'n cael eu gwneud o goed a dyfwyd mewn coedwigoedd cynaliadwy. Disgwylir i'r prosesau torri coed a gweithgynhyrchu gydymffurfio â rheoliadau amgylcheddol y wlad y mae'r cynnyrch yn tarddu ohoni.

Archebion: cysylltwch â Bookpoint Ltd, 130 Milton Park, Abingdon, Oxon OX14 4SE. Ffôn +44 (0)1235 827720. Ffacs: +44 (0)1235 400454. E-bost: education@bookpoint.co.uk. Mae'r llinellau ar agor rhwng 9 a.m. a 5 p.m. o ddydd Llun i ddydd Sadwrn, gyda gwasanaeth ateb negeseuon 24 awr. Gallwch hefyd archebu trwy ein gwefan: www.hoddereducation.co.uk.

ISBN: 978 1 4718 403109

Llun y clawr © Aurora Photos/Alamy

Darluniau gan Aptara Inc. a Barking Dog Art

Teiposodwyd gan Aptara Inc.

Argraffwyd yn yr Eidal

Mae cofnod catalog ar gyfer y teitl hwn ar gael gan y Llyfrgell Brydeinig.

CYNNWYS

CYFLWYNIAD

Sut i ddefnyddio'r llyfr hwn

Mae lliw gwahanol gan bob thema er mwyn i chi allu dod o hyd i bethau yn y llyfr yn hawdd.

Mae termau daearyddol pwysig yn cael eu nodi mewn **teip coch trwm**. Gallwch wirio ystyr y geiriau hyn yn yr eirfa yng nghefn y llyfr ac ehangu eich geirfa ddaearyddol.

Mae cysyniadau daearyddol yn cael eu disgrifio mewn blychau wedi'u lliwio. Byddwch yn gweld bod y cysyniadau pwysig hyn yn ymddangos mewn mwy nag un bennod yn y llyfr.

Mae ffotograffau yn dangos sut mae lleoedd go iawn yn edrych. Mae'r ffotograff hwn yn dangos Mumbai – lle unigryw. Ond mae'r ffotograff yn dangos rhai nodweddion sy'n gyffredin yn nhirweddau trefol llawer o ddinasoedd mewn *NICs*. Dylech astudio'r ffotograffau'n fanwl. Beth gallwch chi ei ddysgu am ddinasoedd mewn *NICs* o'r ffotograff hwn?

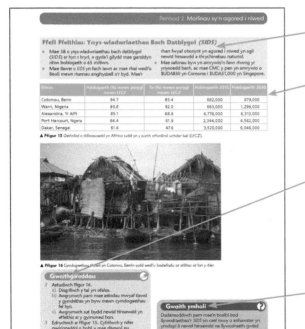

Mae ffeiliau ffeithiau yn ffordd hawdd o ddysgu rhai ffeithiau a ffigurau am leoedd go iawn.

Mae mapiau, graffiau a thablau data fel hwn yn darparu tystiolaeth o gyflwr y byd. Mae meddwl fel daearyddwr yn golygu bod angen i chi chwilio am batrymau a thueddiadau yn y dystiolaeth hon.

Bydd y gweithgareddau yn eich gorfodi i feddwl yn ofalus am y wybodaeth ddaearyddol sydd wedi'i chyflwyno yn y ffotograffau, y mapiau, y graffiau a'r tablau ar y dudalen. Bydd cwblhau'r gweithgareddau yn helpu i fagu eich hyder daearyddol a'ch gallu i ddisgrifio nodweddion, sylwi ar batrymau a thueddiadau ac esbonio pam mae pethau'n digwydd.

Gweithgareddau a fydd yn cymryd mwy o amser yw'r tasgau gwaith ymholi. Mae rhai ohonyn nhw'n gofyn am ragor o waith ymchwil neu drafod. Bydd llawer ohonyn nhw'n gofyn am eich barn ac yn meithrin eich sgiliau dadansoddi, gwerthuso a phenderfynu. Bydd y tasgau hyn yn eich annog i ymholi wrth ddysgu ac yn eich helpu i feddwl fel daearyddwr.

Mae ymholiadau gwaith maes yn cael eu disgrifio ar dudalennau sydd â chefndir lliw ac olion traed ar dop a gwaelod y dudalen. Mae rhai tudalennau'n canolbwyntio ar sut i ddefnyddio dulliau gwaith maes penodol er mwyn casglu neu gyflwyno data – fel y dudalen hon sy'n disgrifio'r defnydd o drawslun i gasglu data mewn ecosystem twyni tywod. Mae tudalennau gwaith maes eraill yn darparu cyngor ar strategaethau samplu, mesur llifoedd ac ymchwilio i gysyniadau fel lle.

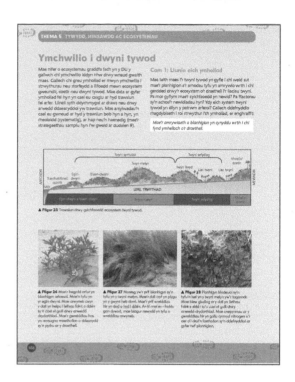

Ymholiadau Gwaith Maes	Rhifau tudalennau
Ymchwilio i ddefnydd ymwelwyr o safle pot mêl	8–9
Datblygu cwestiwn ymholi	10–11
Ymchwilio i newidiadau i lawr yr afon	16–17
Ymchwilio i newid yn y dirwedd	34
Ymchwilio i'r cysyniad o le	35
Oes angen hunaniaeth unigryw ar ganol pob tref?	84–85
Arolygon deubegwn	104–105
Ymchwilio i dwyni tywod	188–189
Casglu data ansoddol	301

Mae paneli Sgiliau Daearyddol yn disgrifio sut i ddefnyddio rhai o'r sgiliau pwysig mae eu hangen ar ddaearyddwyr. Mae'r paneli hyn yn trafod pynciau fel disgrifio lleoliadau, lluniadu graffiau gwasgariad a darllen hydrograffau.

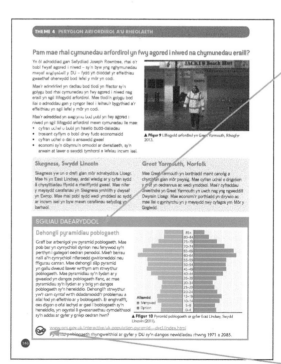

Sgiliau Daearyddol	Rhifau tudalennau
Cyfrifo a chyflwyno amlder	23
Sut mae dadansoddi hydrograff?	38
Cyfrifo canran o'r cyfartaledd	44
Graddio diemwnt	83
Cyfrifo canrannau gan ddefnyddio data crai	93
Disgrifio lleoliadau	98
Disgrifio dosbarthiad	100
Dehongli pyramidiau poblogaeth	146
Dod o hyd i leoedd ar fap Arolwg Ordnans	259
Defnyddio mapiau coropleth	263
Rhoi prawf ar y berthynas rhwng setiau data	267

Bydd cysylltau â gwefannau yn eich galluogi i gynnal gwaith ymchwil pellach neu archwilio mapiau rhyngweithiol ar safleoedd sy'n defnyddio Systemau Gwybodaeth Ddaearyddol (*GIS*).

CYDNABYDDIAETH

Cydnabyddiaeth testun: t.4 Data o www.nationalparks.gov.uk/learningabout/whatisnationalpark/factsandfigures; **t.7** *b a g* Dyfyniadau o AHNE Bryniau Clwyd: Strategaeth Twristiaeth Gynaliadwy a Chynllun Gweithredu, y Cwmni Twristiaeth 2009–2014; *c* Data o www.clwydianrangeaonb.org.uk/files/1906706421-Tourism%20Strategy%20Final%20Document.pdf; *g* Shropshire Hills Area of Outstanding Natural Beauty Management Plan 2014–2019; **t.15** Rhanfap Arolwg Ordnans © Hawlfraint y Goron 2016 Arolwg Ordnans. Rhif trwydded 100036470; **t.23** Data o Arolwg Daearegol Prydain; **t.30** *c* Rhanfap Arolwg Ordnans © Hawlfraint y Goron 2016 Arolwg Ordnans. Rhif trwydded 100036470; **t.32** Rhanfap Arolwg Ordnans © Hawlfraint y Goron 2016 Arolwg Ordnans. Rhif trwydded 100036470; **t.34** *gd* Data oddi wrth Gerd Masselink, Prifysgol Plymouth; **t.41** Sgrinlun o'r Swyddfa Dywydd © Hawlfraint y Goron 2016 Y Swyddfa Dywydd; **t.42** *c* Data graff © Hawlfraint y Goron 2016 Asiantaeth yr Amgylchedd; **t.46** *g* Yn seiliedig ar ddata a ddarparwyd gan Archif Genedlaethol Llif Afonydd y DU, a gynhaliwyd gan The Centre for Ecology and Hydrology, Natural Environment Research Council. http://nrfa.ceh.ac.uk; **t.55** Data o www.ukcensusdata.com; **t.57** *b* Data gan Y Swyddfa Ystadegau Gwladol; *c* Data gan Y Swyddfa Ystadegau Gwladol; **t.59** Data gan Lywodraeth Cymru; **t.61** Map gan Y Swyddfa Ystadegau Gwladol © Hawlfraint y Goron 2016 Y Swyddfa Ystadegau Gwladol; **t.62** *d* Map gan Lywodraeth Cymru © Hawlfraint y Goron 2015 Llywodraeth Cymru; **t.63** *b* Sgrinlun o www.neighbourhood.statistics.gov.uk © Hawlfraint y Goron 2015 Y Swyddfa Ystadegau Gwladol; **t.66** *d* Graff © Hawlfraint y Goron 2014 Y Swyddfa Ystadegau Gwladol; **t.74** *bd* Data o www.dannydorling. org/?p+4476; *gch* Map gan Gyngor Dinas Rhydychen; **t.75** Sgrinlun o Asiantaeth yr Amgylchedd © Hawlfraint y Goron 2016 Asiantaeth yr Amgylchedd; **t.79** *c* Graff ar dudalen 5 o 'Vacancy Report H1 2015 summary "Cautious Optimism"' gan Local Data Company, cyhoeddwyd ym mis Medi 2015; **t.80** *b* Data gan Y Swyddfa Ystadegau Gwladol; *c a g* Data o Google; **t.87** *popeth* Data gan United Nations Department of Economic and Social Affairs, Population Division, 'World Urbanizations Prospects: The 2014 Revision'; **t.89** *popeth* Data gan United Nations Department of Economic and Social Affairs, Population Division, 'World Urbanizations Prospects: The 2014 Revision'; **t.92** *bd* Data o Gyfrifiad India; **t.93** *b* Data wedi'i addasu o National Sample Survey Organization (NSSO), http://timesofindia.indiatimes.com/city/mumbai/70-migrants-to-Mumbai-are-from-Maharashtra/articleshow/16428301.cms; *c* Data o Gyfrifiad India a www.devinfolive.info/censusinfodashboard; **t.94** *c* Data o http://blogs-images.forbes.com/niallmccarthy/files/2014/09/Bollywood_2.jpg; **t.99** *bch* Data o'r Cyfrifiad Cenedlaethol; **t.101** *d* Data o'r Cyfrifiad Cenedlaethol; **t.102** *ch* Rhanfap Arolwg Ordnans © Hawlfraint y Goron 2016 Arolwg Ordnans. Rhif trwydded 10003647; **t.111** *bd* Diagram gyda diolch i US Geological Survey; **t.115** *b* Data gan The World Bank; **t.119** *b* Data gan UNSD Demographic Statistics; **t.123** Data gan United Nations Department of Economic and Social Affairs, Population Division, 'World Urbanizations Prospects: The 2014 Revision', 'World Urbanization Prospects: The 2014 Revision', Rhifyn CD-ROM; **t.124** *bd* Diagram yn seiliedig ar Seismic Waves Radiate from the Focus of an Earthquake, Prifysgol Waikato; *c* Data gan US Geological Survey a The World Bank; **t.129** *g* Data gan The World Bank; **t.131** *g* Graff © Hawlfraint y Goron 2014 Y Swyddfa Dywydd; **t.137** *ch* Rhanfap Arolwg Ordnans © Hawlfraint y Goron 2016 Arolwg Ordnans. Rhif trwydded 100036470; **t.139** Dyfyniad o 'A Simple Life of Luxury' © 2016. Cedwir pob hawl; **t.140** *c* Sgrinlun o Cyfoeth Naturiol Cymru © Hawlfraint y Goron 2016 Cyfoeth Naturiol Cymru; *g* Sgrinlun o Data Shine © Hawlfraint y Goron 2015; **t.141** *b* Data gan Neighbourhood Statistics, 2011; **t.144** *d* Data gan Asiantaeth yr Amgylchedd; **t.145** Map o 'Safecoast – trends in flood risk', www.safecoast.org (Gorffennaf 2008), atgynhyrchwyd gyda chaniatâd Rijkswaterstaat-Centre for Water Management; **t.146** Graff o LRO 2011 Census Population Estimates: East Lindsey; **t.147** *ch* Data gan Y Swyddfa Ystadegau Gwladol; *d* Dyfyniad o Joseph Rowntree Foundation Report, Summary of 'Impacts of climate change on disadvantaged UK coastal communities' (6 Mawrth 2011); **t.148** Hawlfraint map: James Morgan / Panos cyhoeddwyd gan SciDev. Net; **t.149** Data o UN Habitat, State of the World's Cities 2008/2009; **t.150** *gch* Hawlfraint map © 2008, United Nations Environment Programme; **t.151** *d* Mapiau o 'Impact of sea level rise on the Nile delta' © GRID-Arenday. Defnyddiwyd gyda chaniatâd; **t.163** *b* Data gan Pakistan Meteorological Department; *g* Data o www.seatemperature.org; **t.166** Hawlfraint map 2015 National Drought Mitigation Center; **t.169** Hawlfraint graff 2015 National Drought Mitigation Center; **t.171** *c* Delwedd lloeren © NASA; **t.174** Map tywydd © Hawlfraint y Goron 2014 Y Swyddfa Dywydd; **t.187** Dyfyniad o http://www.ceh.ac.uk/news-and-media/blogs/farmland-ditch-management-hydrologist-perspective © NERC Centre for Ecology and Hydrology 2016; **t.196** Data o www.obt.inpe.br/degrad; **t.197** *popeth* Data gan American Soybean Association; **t.200** Data gan The World Bank; **t.207** Mapiau © NASA; **t.217** *ch* Data o Nike.com; *d* Amcangyfrifon yn seiliedig ar *Washington Post*, 1995 a http://answers.yahoo.com/question/index?qid+20100225152454AAACzaIP; **t.221** *ch* Dyfyniad o destun o http://qz.com/389741/the-thing-that-makes-bangladeshs-garment-industry-such-a-huge-success-also-makes-it-deadly/; *d* Dyfyniad o destun © Institute for Global Labour and Human Rights; **t.224** *g* Data o World Trade Organization Statistics Database; **t.226** *g* Data map o Gylchlythyr COVAMS, Rhif. 1, 29 Mai 2009; **t.228** Data o UNWTO Tourism Highlights 2015 Edition; **t.230** Data gan Datatur; **t.237** *bch a gch* Graffiau o The Millennium Development Goals Report gan The Inter-Agency and Expert Group on MDG Indicators. Hawlfraint © 2016 Y Cenhedloedd Unedig. Ailargraffwyd gyda chaniatâd y Cenhedloedd Unedig; **t.242** Data gan Aquastat; **t.243** Dyfyniad testun o *Rural Women in the Sahel and Their Access to Agricultural Extension: Overview of Five Country Studies*. 1994. Adroddiad Rhif 13532 AFR. AF5AE. Washington, D.C.: The World Bank; **t.245** *b* Map gan The Food and Agriculture Organization of the United Nations, 2016, Proportion of total water withdrawal withdrawn for agriculture, http://www.fao.org/nr/water/aquastat/maps/WithA.WithT_eng.pdf. Atgynhyrchwyd gyda chaniatâd; *gch* Graff © UNESCO 2015; *gd* Data gan Aquastat; **t.252** *ch* Sgrinlun o World Resources Institute © World Resources Institute (http://creativecommons.org/licenses/by/4.0/); **t.256** *gch* Sgrinlun o'r Arolwg Blynyddol o Oriau ac Enillion © Hawlfraint y Goron 2015 Y Swyddfa Ystadegau Gwladol; **t.259** Rhanfap Arolwg Ordnans © Hawlfraint y Goron 2016 Arolwg Ordnans. Rhif trwydded 100036470; **t.263** Sgrinluniau o Statistics South-Africa; **t.264** *ch a d* Data gan The World Bank; **t.265** Map © www.worldmapper.org; **t.268** Data gan The International Labour Organization; **t.269** Graff o Making Progress Against Child Labour: Global Estimates and Trends 2000–2012 © 1996–2013 The International Labour Organization; **t.270** *g* Dyfyniad o Breaking Free from Child Labour © UNICEF India; **t.271** *d* Data o Gyfrifiad India; **t.272** *ch* Graff o The Millennium Development Goals Report gan The Inter-Agency and Expert Group on MDG Indicators. Hawlfraint © 2016 Y Cenhedloedd Unedig. Ailargraffwyd gyda chaniatâd y Cenhedloedd Unedig; **t.276** *bd* Graff o The Millennium Development Goals Report gan The Inter-Agency and Expert Group on MDG Indicators. Hawlfraint © 2016 Y Cenhedloedd Unedig. Ailargraffwyd gyda chaniatâd y Cenhedloedd Unedig; **t.277** *g* Data gan y Swyddfa Ystadegau Gwladol, Malaŵi; **t.280** Data map o Adult HIV Prevalence Rate, 2014 The Global HIV/AIDS Epidemic, Kaiser Family Foundation; **t.284** Data gan UN Water; **t.286** *c* Data o astudiaeth IMO GHG, 2009; *g* Data gan Eurostat; **t.287** *c* Dyfyniad gyda diolch i Guardian News & Media; **t.289** Data map o www.oafrica.com; **t.290** Dalfeydd penfras ym Môr y Gogledd (mewn 1,000oedd o dunelli metrig). O: http://standardgraphs.ices.dk/ViewCharts.aspx?key=4121_as © ICES – Cedwir pob hawl; **t.291** Pwysau penfras llawn dwf (stoc silio) ym Môr y Gogledd. O: http://standardgraphs.ices.dk/ViewCharts.aspx?key=4121_as © ICES – Cedwir pob hawl; **t.293** Data o FAO Yearbook 2014, Fishery and Aquaculture Statistics; **t.294** *g* Data o www.palmoilextractionmachine.com/FAQ/what-is-palm-oil-used-for.html; **t.295** Data o www.worldpalmoilproduction.com/; **t.296** Sgrinlun o Future Flooding Report © Hawlfraint y Goron 2012 Yr Adran Busnes, Gwybodaeth a Sgiliau; **t.304** Data o www.thetravelfoundation.org.uk; **t.306** *g* Delwedd © 1996–2016 Australian Institute of Marine Science; **t.309** Cyhoeddwyd yr erthygl hon gyntaf gan The Asian Development Bank (www.adb.org).

b = brig, c = canol, g = gwaelod, ch = chwith, d = de

Mae cydnabyddiaeth ffotograffau ar dudalen 322.

Tirweddau'r uwchdir yn y DU

Mae tirweddau'r **uwchdir** yn y DU yn ardaloedd o fynydd-dir neu weundir, sy'n uchel uwchben caeau caeedig o dir ffermio. Yn is i lawr, mae'r ardaloedd hyn yn cynnwys dyffrynnoedd afonydd. Yn y rhain, mae tir ffermio'n cael ei ddiffinio gan ffiniau caeau ac mae pobl wedi adeiladu aneddiadau. Yn wahanol i'r disgwyl, nid yw pob uwchdir yr un fath. Mae tirweddau'r uwchdir yn amrywio o ardal i ardal yn sgil ffactorau fel y rhai canlynol:

- daeareg;
- sut mae'r aneddiadau a'r ffermio wedi effeithio ar y ffordd mae'r tir wedi cael ei ddefnyddio;
- prosesau naturiol yn y gorffennol (fel erydu gan iâ yn ystod yr oes iâ ddiwethaf) a phrosesau naturiol presennol (fel erydu gan afonydd);
- y math o lystyfiant sydd yn yr ardal.

 http://mapapps2.bgs.ac.uk/quaternary/home.html – map rhyngweithiol o'r DU gan Arolwg Daearegol Prydain (ADP) yn dangos gwahanol fathau o dirweddau.

▲ **Ffigur 2** Tirwedd mynyddoedd a dyffrynnoedd yn Ardal y Llynnoedd.

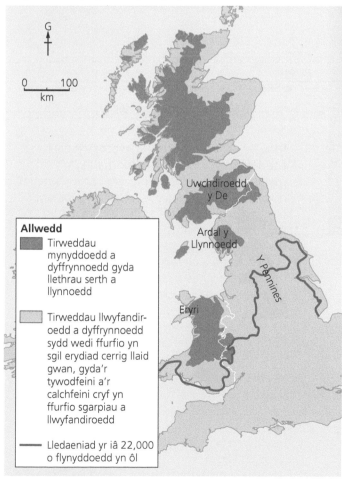

Allwedd

- ▉ Tirweddau mynyddoedd a dyffrynnoedd gyda llethrau serth a llynnoedd
- ▢ Tirweddau llwyfandir-oedd a dyffrynnoedd sydd wedi ffurfio yn sgil erydiad cerrig llaid gwan, gyda'r tywodfeini a'r calchfeini cryf yn ffurfio sgarpiau a llwyfandiroedd
- — Lledaeniad yr iâ 22,000 o flynyddoedd yn ôl

▲ **Ffigur 1** Y mathau o dirweddau'r uwchdir yn y DU a lledaeniad yr iâ pan oedd iâ ar gynnydd y tro diwethaf 22,000 o flynyddoedd yn ôl.

Gweithgareddau

1. a) Defnyddiwch Ffigur 1 i ddisgrifio dosbarthiad:
   i) tirweddau mynyddoedd a dyffrynnoedd;
   ii) tirweddau llwyfandiroedd a dyffrynnoedd.
   b) Beth rydych chi'n ei sylwi am y berthynas rhwng y mathau hyn o dirweddau a lledaeniad yr iâ?
2. a) Disgrifiwch y dirwedd yn Ffigur 2.
   b) Pa arweddion sy'n gwneud y dirwedd hon yn arbennig?

Gwaith ymholi

Beth am gymharu tirweddau'r uwchdir yn y DU?
- Edrychwch ar rai ffotograffau o Barc Cenedlaethol Eryri.
- Beth yw'r pethau sy'n debyg a'r pethau sy'n wahanol rhwng Ffigur 2 a'r ffotograffau rydych chi wedi dod o hyd iddynt?

Deall tirweddau cymhleth

Mae llawer o arweddion a thirffurfiau gwahanol ym mhob tirwedd. Yn debyg i jigso, mae'r cyfuniad o'r arweddion gwahanol hyn yn creu tirwedd nodedig ac unigryw ym mhob lle yn y DU.

Edrychwch ar Ffigur 3. Mae'n dangos twyni tywod Ynyslas ar arfordir gorllewinol Cymru. Mae'r dirwedd hon yn ymddangos yn ddigon syml ar yr olwg gyntaf, ond wrth edrych arni'n fwy manwl mae rhai cymhlethdodau'n dod i'r amlwg. Er enghraifft, mae cefnen o dywod ar ganol y ffotograff wedi'i labelu yn A. Mae llystyfiant ar y gefnen. Mae cafn dwfn o dywod noeth o flaen y gefnen yn B. Y tu hwnt i'r gefnen mae rhagor o fanylion – moryd eang ac yna y tu hwnt i'r foryd mae bryniau gogledd Cymru. Nid yw'r twyni tywod eu hunain yn anghyffredin. Mae Ffigur 4 yn dangos bod arweddion tebyg yn perthyn i dirweddau nifer mawr o leoliadau arfordirol.

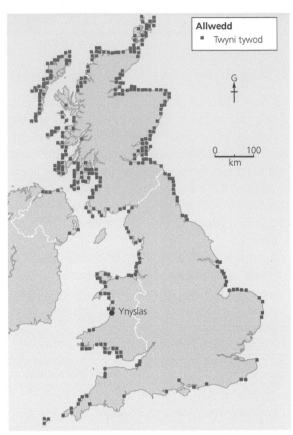

▲ **Ffigur 4** Dosbarthiad twyni tywod yn y DU.

▲ **Ffigur 3** Twyni tywod Ynyslas wrth aber Afon Dyfi.

Tirwedd moryd Afon Dyfi

Yn Ffigur 5, dim ond un arwedd fach o'r dirwedd gymhleth yw'r twyni tywod o edrych arnyn nhw oddi uchod. Mae arwynebedd y twyni tywod yn llai nag un cilometr sgwâr, ond mae'r foryd y tu cefn ar **raddfa** fwy o lawer. Mae nifer o dirffurfiau afonydd a rhai arfordirol yn yr ardal hon, yn ogystal ag amrywiaeth o ecosystemau. Mae'r dirwedd hon yn ymddangos yn naturiol ond mae llawer o ddylanwadau dynol arni. Mae ffosydd yn draenio llawer o'r tir corsiog yn y foryd ac mae anifeiliaid yn pori ar y tir. Mae twristiaid yn hoffi'r dirwedd ac mae nifer o drefi bach a safleoedd carafanau yno. Y cyfuniad o'r gwahanol arweddion ffisegol a dynol hyn sy'n rhoi'r rhinweddau tirwedd unigryw i foryd Afon Dyfi.

Gweithgareddau

1 Disgrifiwch ddosbarthiad y twyni tywod yn Ffigur 4.
2 a) Cysylltwch bob label â'r arwedd sydd â'r rhif cywir yn Ffigur 5.
   b) Esboniwch pam mae'r twyni tywod yn Ffigur 3 a Ffigur 5 yn elfen bwysig o dirwedd moryd Afon Dyfi sy'n helpu i roi ymdeimlad o le iddi.
3 Disgrifiwch dair arwedd wahanol sydd i'w gweld yn Ffigur 7.

| Ecosystemau coetiroedd collddail | Ystumiau ar Afon Dyfi | Twyni tywod yn Ynyslas | Tir pori'r uwchdir a chynefin gweundir | Arweddion y foryd gan gynnwys morfa heli a thir pori defaid | Trefi bach fel Aberdyfi | Tirffurfiau arfordirol – traethau a barrau tywod |

▲ **Ffigur 5** Golwg oddi uchod o foryd Afon Dyfi, y Canolbarth.

▲ **Ffigur 6** Tref farchnad fach Machynlleth, tua 9 km o aber Afon Dyfi.

▲ **Ffigur 7** Pyllau yn nyffryn Afon Dyfi yn Ynyshir, tua 3 km o aber yr afon.

Gweithgaredd

4 a) Gwnewch gopi o Ffigur 8 a'i ddefnyddio i gyfrifo sgôr ddeubegwn ar gyfer pob ffotograff.

b) Rhannwch eich sgorau ag o leiaf pedwar person arall yn eich dosbarth. Cyfrifwch sgôr gymedrig ar gyfer pob ffotograff.

	+5	+4	+3	+2	+1	−1	−2	−3	−4	−5	
Deniadol											Anneniadol
Amrywiol											Undonog
Prin											Cyffredin
Naturiol											Dynol

▲ **Ffigur 8** Gosodiadau deubegwn i asesu tirwedd.

3

Safleoedd pot mêl

Mae miliynau o bobl yn mwynhau gweithgareddau hamdden yng nghefn gwlad. Mae cerdded, rhedeg a beicio yn weithgareddau poblogaidd sy'n dda i'r iechyd. Mae gweithgareddau hamdden hefyd yn dda i'r economi gwledig. Mae pobl sy'n ymweld am y dydd yn gwario arian ar atyniadau lleol, mewn siopau ac ar fwyd a diod; mae ymwelwyr eraill yn aros dros nos mewn gwestai. Mae hyn yn galluogi'r economi gwledig i **amrywiaethu** – i fentro o fyd ffermio a buddsoddi mewn diwydiannau gwasanaethau sy'n ymwneud â thwristiaid.

Fodd bynnag gall gormod o ymwelwyr achosi problemau. Mae sbwriel, parcio ac erydiad ar lwybrau troed yn faterion mae angen eu rheoli'n ofalus. Mae'r problemau hyn yn gwaethygu wrth i nifer yr ymwelwyr fynd yn uwch na'r **gallu i ymdopi** sydd gan y lleoliad ac i weithgaredd ddechrau gwneud difrod i'r dirwedd neu i'r ecosystem. Yn fwy na thebyg ni fydd y gallu i ymdopi yn ddigonol yn **safleoedd pot mêl** y DU. Fel gwenyn o gwmpas pot mêl, mae'r lleoliadau hyn yn denu nifer mawr o ymwelwyr oherwydd eu bod:

- yn eithriadol o hardd neu ddiddorol
- yn hawdd eu cyrraedd ar y ffordd fawr ac yn ddigon agos i bobl sy'n byw mewn trefi neu ddinasoedd mwy.

Mae mwyafrif safleoedd pot mêl naturiol y DU mewn naill ai Ardaloedd o Harddwch Naturiol Eithriadol (AHNE) neu Barciau Cenedlaethol y DU.

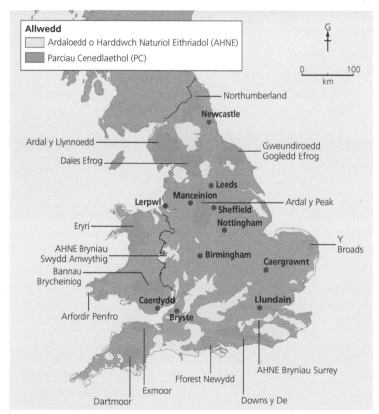

▲ **Ffigur 9** Lleoliad a dosbarthiad Ardaloedd o Harddwch Naturiol Eithriadol (AHNE) a Pharciau Cenedlaethol yng Nghymru a Lloegr. Mae AHNE yn cael eu dewis oherwydd rhinweddau eu golygfeydd ysblennydd.

Parc Cenedlaethol	Diwrnodau ymwelwyr* bob blwyddyn (miliynau)	Gwariant ymwelwyr bob blwyddyn (£ miliynau)
Bannau Brycheiniog	5.0	197
Y Broads	15.5	568
Exmoor	2.0	85
Ardal y Llynnoedd	24.0	1,146
Northumberland	1.7	190
Ardal y Peak	11.75	541
Arfordir Penfro	13.0	498

▲ **Ffigur 10** Data am nifer yr ymwelwyr a gwariant ymwelwyr ar gyfer Parciau Cenedlaethol dethol, 2014.

*Nifer y diwrnodau wedi'i dreulio gan ymwelwyr ym mhob Parc Cenedlaethol.

Gweithgareddau

1 Astudiwch Ffigur 9.
   a) Disgrifiwch leoliad AHNE Bryniau Swydd Amwythig.
   b) Rhestrwch 5 ardal drefol sydd o fewn 100 km i Barc Cenedlaethol Ardal y Peak.
   c) Pa Barc Cenedlaethol sydd bellaf i ffwrdd o unrhyw ddinas fawr?
2 Astudiwch Ffigur 10.
   a) Rhowch ddau reswm pam mae mwy o ymwelwyr yn mynd i rai Parciau Cenedlaethol nag eraill.
   b) Cyfrifwch faint o arian sy'n cael ei wario fesul diwrnod ymwelwyr ym mhob Parc Cenedlaethol.
3 Disgrifiwch sut mae twristiaeth yn helpu'r economi gwledig i amrywiaethu.

Gwaith ymholi

Beth yw tirweddau nodedig un o'r Parciau Cenedlaethol?

Ymchwiliwch i un o'r Parciau Cenedlaethol yn y DU.

- Dewiswch 5 ffotograff sy'n crynhoi tirweddau nodedig y Parc Cenedlaethol hwn.
- Ysgrifennwch erthygl 500 gair a fyddai'n denu ymwelwyr i'r Parc Cenedlaethol hwn.

Atgyweirio erydiad ar lwybrau troed Bannau Brycheiniog

Ardal fynyddig yn Ne Cymru yw Bannau Brycheiniog. Mae'n ardal hynod boblogaidd ymhlith cerddwyr a beicwyr mynydd. Mae rhai o'r llwybrau sy'n cael eu defnyddio amlaf ar dir sy'n eiddo i gyrff cyhoeddus fel Awdurdod y Parc Cenedlaethol a'r Ymddiriedolaeth Genedlaethol. O 2005 i 2015, bu'r Ymddiriedolaeth Genedlaethol wrthi'n atgyweirio 15 km o'r llwybrau hyn. Roedd y gwaith yn cynnwys aildyfu llystyfiant ar bridd noeth ac adfer llystyfiant oedd wedi dirywio. Cafodd dros 75,000 metr sgwâr o lystyfiant ei adfer i gyd. Mae'r Ymddiriedolaeth Genedlaethol yn gobeithio atgyweirio 10 km arall o lwybrau troed lle mae lled yr erydiad yn fwy na 4 m.

Mae'r atgyweirio'n dibynnu'n fawr iawn ar roddion ac ymdrech gwirfoddolwyr. Yn ystod haf 2015, cafodd darn o lwybr yng Nghefn Cwm Llwch, ger Pen y Fan, ei adfer. Mae'r ardal hon yn anghysbell iawn a rhaid oedd defnyddio hofrennydd i gario'r bagiau 1 dunnell fetrig o gerrig i'r safle. Cafodd cyfanswm o 70 o fagiau eu cludo o'r chwarel gerllaw. Mae'r cerrig yn cael eu gosod yn unionsyth yn y ddaear a'u pacio'n dynn i greu llwybr sy'n edrych yn naturiol ac sy'n para'n dda. Ar ôl creu'r llwybr, mae modd aildyfu llystyfiant ar hyd yr ochrau. Mae'r gwaith o reoli'r llwybrau troed ym Mannau Brycheiniog yn costio tua £100,000 bob blwyddyn i'r Ymddiriedolaeth Genedlaethol yn unig.

▲ **Ffigur 11** Gwirfoddolwyr yn atgyweirio llwybr troed ger Pen y Fan ym Mannau Brycheiniog.

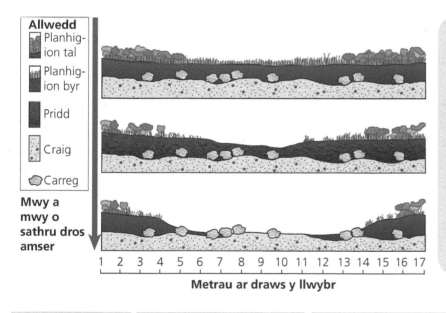

Allwedd
- Planhigion tal
- Planhigion byr
- Pridd
- Craig
- Carreg

Mwy a mwy o sathru dros amser

Metrau ar draws y llwybr

Gweithgareddau

4 Esboniwch pam mae'n anodd atgyweirio amgylchedd sy'n debyg i'r un yn Ffigur 11.

5 a) Gwnewch gopi o Ffigur 12.
   b) Rhowch label addas ar gyfer pob cam o'r diagram.
   c) Copïwch y gosodiadau sydd islaw'r diagram a'u rhoi mewn trefn i ddangos pam mae'r llwybr yn lledu dros amser.

6 Awgrymwch pam mae'n bwysig rheoli effeithiau erydiad ar lwybrau troed.

Planhigion yn marw | Pridd yn agored i ddŵr glaw | Pridd yn erydu oherwydd dŵr glaw yn tasgu ac erydiad gylïau

Y llwybr yn mynd yn fwyfwy llydan | Mae'r planhigion yn fyr ac yn dirywio am fod pobl yn sathru arnynt

Mae cerddwyr yn osgoi'r llaid ar ganol y llwybr ac yn cerdded ar yr ochrau | Cerrig yn dod i'r wyneb wrth i'r pridd erydu

▲ **Ffigur 12** Pethau sy'n achosi erydiad ar lwybrau troed.

Rheoli tirweddau nodedig

Mae cefn gwlad y DU yn cael ei reoli gan dirfeddianwyr. Mae ffermwyr yn rheoli eu tir i gynhyrchu bwyd a diogelu cynefinoedd a bywyd gwyllt. Mae Parciau Cenedlaethol ac AHNE y DU yn cael eu rheoli'n ofalus. Mae hyn er mwyn sicrhau bod rhinweddau arbennig ac unigryw y tirweddau, y bywyd gwyllt a'r dreftadaeth ddiwylliannol yn cael eu cydnabod a'u diogelu. Tîm bach o staff amser llawn a grŵp mawr o wirfoddolwyr sy'n gwneud y gwaith. Mae gan bob un o AHNE y DU gynllun rheoli 5 mlynedd sy'n nodi'r camau gweithredu mae angen eu cyflawni.

Rheoli AHNE Bryniau Clwyd a Dyffryn Dyfrdwy

Uwchdir calchfaen yng ngogledd-ddwyrain Cymru yw Bryniau Clwyd. Mae'n ardal boblogaidd i ymwelwyr, gyda thua 4.5 miliwn o bobl yn byw o fewn taith car 90 munud i'r ardal. Mae'r dirwedd nodedig, sydd i'w gweld yn Ffigur 14, yn dangos pwysigrwydd ei daeareg. Mae'r galchfaen yn gwrthsefyll erydiad ac yn ffurfio sgarpiau serth â llethrau sgri hirion oddi tanynt. Uwchben y sgarp, mae'r priddoedd calchfaen ar y llwyfandir yn denau ac mae'r planhigion yn arbenigol. Mae tirweddau calchfaen yn eithaf anghyffredin yn y DU. Mae eu dosbarthiad i'w weld yn Ffigur 15.

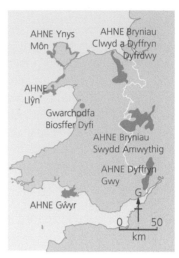

▲ **Ffigur 13** Lleoliad AHNE a gwarchodfeydd biosffer yng Nghymru a'r cyffiniau.

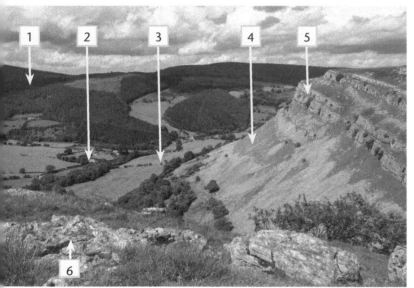

◄ **Ffigur 14** Tirwedd galchfaen Eglwyseg yn AHNE Bryniau Clwyd, Cymru.

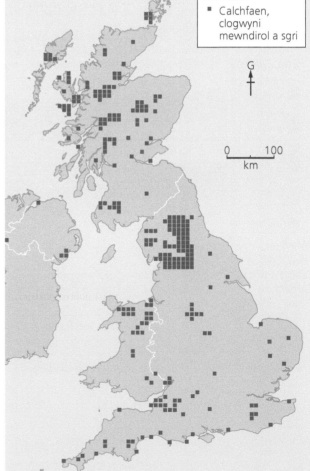

Allwedd
■ Calchfaen, clogwyni mewndirol a sgri

▲ **Ffigur 15** Dosbarthiad calchbalmentydd yn y DU.

Arweddion unigryw sy'n denu ymwelwyr i AHNE Bryniau Clwyd

Mae cyfoeth tirwedd Bryniau Clwyd yn dod o gyfuniad o uwchdir bryniog, gweundiroedd agored wedi'u gorchuddio â grug a brigiadau creigiog, yn ogystal â bryniau a dolydd o dir ffermio a dyffrynnoedd coedig. Mae'r ardal yn wledd o olygfeydd eang i bob cyfeiriad. Mae perthi hyfryd, waliau cerrig a nifer o bentrefi bach tlws hefyd yn ddeniadol i'r llygad.

Mae tirwedd gyfoethog Bryniau Clwyd yn ganlyniad i brosesau daearegol sydd wedi digwydd dros gyfnod o 500 miliwn o flynyddoedd. Mae'r dirwedd – gyda'i huwchdir wedi'i orchuddio â grug, dyffrynnoedd wedi'u cerfio gan iâ, calchfaen creigiog, bryniau a dolydd o dir ffermio a dyffrynnoedd coedig – yn adnodd unigryw ac ysblennydd.

Mae cryn dipyn o batrwm y dirwedd sydd i'w weld heddiw – y pentrefi a'r ffermydd anghysbell – yn dyddio'n ôl i'r Oesoedd Canol. Mae Clawdd Offa yn arwedd dreftadaeth bwysig o ardal gororau Cymru a Lloegr ac mae Llwybr Clawdd Offa (sy'n Llwybr Cenedlaethol dynodedig) yn adnodd hamdden pwysig.

▲ **Ffigur 16** Dyfyniad o Gynllun Gweithredu AHNE Bryniau Clwyd.

Gweithgaredd	Sgôr gymedrig
Gyrru drwy harddwch cefn gwlad	2.41
Mynd ar deithiau cerdded hir (dros 2 awr)	2.57
Mynd ar deithiau cerdded byr (hyd at 2 awr)	2.61
Crwydro o gwmpas trefi a phentrefi bach	2.64
Ymweld ag atyniadau	2.83
Beicio (gan gynnwys beicio mynydd)	3.07
Marchogaeth	3.53
Pysgota	3.61

▲ **Ffigur 17** Gofynnwyd i fusnesau twristiaid roi sgôr i bob gweithgaredd ar raddfa o un i bump. Mae sgôr o un yn dynodi rhywbeth sy'n 'bwysig i'r rhan fwyaf o fy ymwelwyr' a sgôr o bump yn dynodi rhywbeth sydd 'ddim yn bwysig i unrhyw un o fy ymwelwyr'.

Ansawdd a chymeriad arbennig y dirwedd	Dechrau monitro drwy dynnu ffotograffau o olygfeydd pwysig o fannau sefydlog	Cydweithio â chwmnïau pŵer i dynnu'r llinellau trydan uwchben a'u rhoi o dan y ddaear yn y lleoliadau mwyaf sensitif	Trefnu un diwrnod y flwyddyn pan fydd gofyn i gymunedau lleol rannu eu cyfoeth o wybodaeth am yr ardal
Mynediad a hamdden	Gwella arwyddion drwy adnewyddu mynegbyst a gosod rhai newydd	Gwella mynediad drwy leihau nifer y camfeydd neu osod gatiau mochyn yn eu lle	Monitro erydiad ar lwybrau troed mewn ardaloedd allweddol (e.e. o gwmpas bryngaerau) a gwneud un project erydu bob blwyddyn
Diwylliant a phobl	Gwrthwynebu cynigion datblygu sy'n arwain at golli cyfleusterau cymunedol, fel siopau a thafarnau lleol	Archwilio opsiynau er mwyn sicrhau gwasanaeth ffôn symudol cyson ym mhob rhan o'r AHNE, a datrys problem 'mannau gwael' heb achosi niwed i gymeriad a golwg yr ardal	Cydweithio ag awdurdodau cynllunio a thai lleol i hyrwyddo cynlluniau tai fforddiadwy ar gyfer pobl leol

▲ **Ffigur 18** Rhai pwyntiau gweithredu o gynllun rheoli AHNE Bryniau Swydd Amwythig ar gyfer 2014–19.

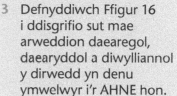

Gweithgareddau

3 Defnyddiwch Ffigur 16 i ddisgrifio sut mae arweddion daearegol, daearyddol a diwylliannol y dirwedd yn denu ymwelwyr i'r AHNE hon.

4 Dewiswch dechneg briodol i gyflwyno'r data yn Ffigur 17.

5 a) Trafodwch y naw pwynt gweithredu yn Ffigur 18.
   b) Gwnewch ddiagram diemwnt naw (fel yr un ar dudalen 83) a rhowch y pwyntiau gweithredu yn y diagram. Rhowch y pwyntiau pwysicaf yn eich barn chi ar frig y diagram.
   c) Esboniwch pam rydych chi wedi dewis y tri phwynt gweithredu uchaf. Dylech esbonio sut bydd y pwyntiau rydych chi wedi eu dewis yn helpu i warchod neu i gydnabod tirweddau, bywyd gwyllt neu gymunedau/ treftadaeth leol.

Ymchwilio i ddefnydd ymwelwyr o safle pot mêl

Cefnen greigiog yw'r Stiperstones yn AHNE Bryniau Swydd Amwythig. Mae'r AHNE hon o fewn pellter gyrru hawdd i drefi a dinasoedd Gorllewin Canolbarth Lloegr. Nid yw'r bryniau'n fawr: mae copaon y rhan fwyaf ohonynt tua 400 m uwchben lefel y môr. Nid yw'r llethrau'n rhy serth ac felly mae cerddwyr a beicwyr o bob gallu ac oed yn gallu eu dringo.

Mae priddoedd y Stiperstones yn arbennig o denau. Yn wir, mae brigiadau creigiog, tyrrau, yn ymwthio allan ar hyd copa'r gefnen. Mae pobl yn cerdded i fyny i'r copa er mwyn dringo dros y tyrrau ac edmygu'r olygfa. Fodd bynnag, mae sathru ar hyd yr un llwybrau wedi difrodi'r llystyfiant ac wedi erydu'r pridd. Gallwch chi weld olion erydiad ar y llwybrau troed yn Ffigur 20.

Strategaethau samplu

Set o ddata yw sampl sy'n dangos i ni beth sy'n digwydd heb i ni orfod cofnodi pob peth. Mae'n rhaid i'r sampl fod yn gynrychiadol – hynny yw, adlewyrchu'r sefyllfa gyfan yn deg. Mae'n hanfodol bod y sampl yn ddiduedd. Mae tair prif strategaeth samplu i'w gweld yn Ffigur 19. Yn ogystal, mae samplu weithiau'n gallu bod yn 'oportiwnistaidd'. Yn achos samplu oportiwnistaidd, mae'r sampl wedi ei ddewis gan ei fod yn gyfleus ac ar gael yn hawdd neu'n ddiogel. Er enghraifft, mae pwyntiau samplu ar hyd afon yn cael eu dewis fel arfer gan fod caniatâd wedi ei roi i fynd i'r afon (mae'r perchennog wedi cytuno) ac mae'n ddiogel gwneud hynny. Y broblem gyda'r math hwn o samplu yw y gall fod yn annheg neu ddangos tuedd, ac felly efallai nad yw eich sampl yn gynrychiadol.

Beth yw'r gwahaniaeth rhwng data meintiol a data ansoddol?

Mae daearyddwyr yn gallu casglu pob math o ddata gwahanol wrth wneud ymholiad gwaith maes, ond bydd y data bob amser yn perthyn i un o ddau gategori:

Data meintiol yw gwybodaeth y mae'n bosibl ei mesur a'i chofnodi fel rhifau. Mae cyfrif traffig, mesur lled a chyflymder afon neu fesur maint cerrig mân ar draeth i gyd yn enghreifftiau o ddata meintiol.

Data ansoddol yw gwybodaeth sydd ddim yn rhifol. Gallwch gasglu data ansoddol mewn llawer o ffyrdd – er enghraifft, tynnu ffotograffau, gwneud brasluniau maes neu gymryd recordiadau fideo neu sain. Mae cyfweld pobl i ofyn am eu barn a'u safbwyntiau ar fater hefyd yn enghraifft o gasglu data ansoddol. Mae'r dechneg ddeubegwn (tudalen 104) yn ffordd o geisio casglu barn pobl gan ddefnyddio dull mwy meintiol.

	Hapsamplu	Samplu systematig	Samplu haenedig
Beth yw e?	Mae gan bob pwynt samplu debygolrwydd cyfartal o gael ei samplu.	Mae data yn cael eu casglu ar gyfyngau rheolaidd. Gall y cyfyngau hyn fod mewn amser neu ofod (pellter).	Mae samplau cyfrannol yn cael eu cymryd o wahanol grwpiau neu strata.
Sut gallech chi ei ddefnyddio?	Er mwyn ymchwilio i ba mor brysur yw parc gwledig, gallech chi ddewis amrywiaeth o leoliadau ar draws y parc a chyfrif nifer y cerddwyr ym mhob un o'r safleoedd. Rhowch enwau'r holl leoliadau mewn bag a thynnu 5 enw allan.	Er mwyn ymchwilio i sut mae effaith twristiaid yn newid wrth i chi symud ymhellach i ffwrdd o ganolfan ymwelwyr, gallech chi gynnal cyfrifiad sbwriel ac arolwg effaith amgylcheddol bob 100 m i ffwrdd o'r ganolfan.	Wrth gynnal holiadur, gwnewch yn siŵr eich bod yn samplu niferoedd priodol o grwpiau oedran gwahanol ar sail data o'r cyfrifiad, h.y., 20% 0–18 oed, 25% 19–45 oed, 35% 45–65 oed a 20% 66+.
Manteision	Dim tuedd o gwbl yn y dewis o safleoedd.	Yn cynnwys amrywiaeth o leoliadau ac yn darparu lleoliadau wedi eu gwasgaru'n gyson ar draws holl ardal yr arolwg.	Yn darparu sampl sydd yn wirioneddol gynrychiadol.
Anfanteision	Gall safleoedd yr arolwg fod yn agos at ei gilydd, ac felly nid yw'r lleoliadau wedi eu gwasgaru'n gyson.	Os yw'r samplau'n rhy bell oddi wrth ei gilydd, gallech chi golli rhai amrywiadau pwysig.	Rhaid casglu gwybodaeth am faint pob grŵp cyn dechrau.

▲ **Ffigur 19** Strategaethau samplu.

Defnyddio rheolydd i ymchwilio i effaith sathru

Mae Ffigur 20 yn dangos yn glir y gwahaniaeth mewn llystyfiant rhwng ardaloedd lle mae ymwelwyr wedi bod yn eu sathru'n drwm ac ardaloedd lle nad oes pobl wedi bod yn cerdded. Fodd bynnag, fel mae Ffigur 12 (tudalen 5) yn ei awgrymu, mae pobl yn cerdded drwy lystyfiant bob ochr i'r llwybr i osgoi cerdded ar gerrig anwastad. Mae hyn yn arwain at gwestiwn ymholi: oes mwy o berygl i rai rhywogaethau o blanhigion nag eraill?

Oes mwy o berygl i rai rhywogaethau o blanhigion nag eraill?

Os oes, efallai y gwelwch fod canran is o rai planhigion yn tyfu'n union wrth ochr y llwybr oherwydd bod y sathru wedi eu difrodi. I ganfod yr ateb byddai'n rhaid i chi drefnu rheolydd – arbrawf i ddarganfod y swm cyfartalog o bob rhywogaeth o blanhigyn. Dyma beth y byddech chi'n ei wneud:

Cam 1: Defnyddiwch gwadrad i fesur canran amrywiol blanhigion mewn ardal sydd i ffwrdd o'r llwybr ac nid yw sathru'n effeithio arni. Grid metel neu blastig yw cwadrad sydd fel arfer tua hanner metr o un ochr i'r llall. Gallwch amcangyfrif canran pob planhigyn ym mhob cwadrad. Cymerwch o leiaf 5 mesur rheoli mewn lleoedd gwahanol ac yna cyfrifwch y canran cymedrig ar gyfer pob planhigyn yn yr ardaloedd hyn.

Cam 2: Gosodwch drawslun (gweler tudalen 188) ar draws y llwybr. Bydd angen i chi ddechrau a gorffen y trawslun sawl metr i ffwrdd o'r darn o lwybr sydd wedi erydu. Mae hyn er mwyn sicrhau eich bod yn samplu'r planhigion wrth ochr yr ardal sydd wedi cael ei sathru. Bydd angen i bob cwadrad fod 2 m oddi wrth ei gilydd ar hyd y trawslun.

	Cwadrad				
	1	2	3	4	5
Llus	30	10	40	25	55
Grug	60	80	60	60	40
Planhigion eraill	10	10	0	15	5
Craig/pridd noeth	0	0	0	0	0

▲ **Ffigur 21** Canran o bob math o lystyfiant yn y cwadradau rheoli.

	Cwadrad									
	1	2	3	4	5	6	7	8	9	10
Llus	30	10	0	0	0	0	0	10	20	35
Grug	60	70	70	0	20	0	70	80	80	65
Planhigion eraill	10	20	10	0	0	0	30	10	0	0
Craig/pridd noeth	0	0	20	100	80	100	0	0	0	0

▲ **Ffigur 22** Canran o bob math o lystyfiant ym mhob cwadrad; roedd pob cwadrad 2 m oddi wrth ei gilydd.

Gweithgaredd

1 Sut mae sathru yn effeithio ar rywogaethau gwahanol o blanhigion?
   a) Defnyddiwch y data yn Ffigur 21 i gyfrifo canran cymedrig pob planhigyn yn y rheolydd.
   b) Dewiswch dechneg addas i gyflwyno'r data yn Ffigur 22. Gweler tudalen 189 i weld sut mae lluniadu diagram barcut.
   c) Pa gasgliadau gallwch chi ddod iddyn nhw am effaith sathru ar blanhigion llus a grug wrth ochr y llwybr?

Gwaith ymholi

Sut byddech chi'n mynd ati i lunio ymholiad i'r hyn sy'n rhoi ymdeimlad o hunaniaeth i'ch ardal leol? Pa ddata meintiol ac ansoddol gallech chi eu casglu?

◀ **Ffigur 20** Nid yw erydiad ar lwybrau troed yn broblem gyffredin yn AHNE Bryniau Swydd Amwythig ond mae'n broblem leol ar gefnen y Stiperstones.

Datblygu cwestiwn ymholi

Dychmygwch eich bod ar fin mynd ar daith maes i'r Stiperstones. Mae angen cwestiwn ymholi ar gyfer eich ymholiad. Yn gyntaf, mae angen i chi ddod i ddeall naws y lle a'r problemau sydd yno. Mae'n syniad da defnyddio'r rhyngrwyd i ddarllen am AHNE Bryniau Swydd Amwythig, neu ddefnyddio *Google Maps* neu *Google Street View* i ymchwilio i leoliad eich gwaith maes cyn eich ymweliad. Wedyn gallwch chi ddatblygu cwestiynau ymholi posibl. Er enghraifft:

> *Pa effaith mae ymwelwyr yn ei chael ar yr amgylchedd yn y Stiperstones?*
>
> Mae'n bosibl rhannu'r cwestiwn hwn yn is-gwestiynau llai i helpu i roi strwythur iddo:
>
> **1** *Beth rydyn ni'n ei wybod am yr ymwelwyr sy'n mynd i'r Stiperstones?*
>
> **2** *Sut amgylchedd sydd yn y Stiperstones?*
>
> **3** *Sut mae'r ymwelwyr wedi effeithio ar yr amgylchedd yn y Stiperstones?*

Defnyddio holiaduron

Mae holiaduron yn ffordd gyflym o gasglu barn pobl neu o gofnodi eu hymddygiad. Er hynny, mae holiaduron yn **oddrychol**. Allwch chi ddim bod yn siŵr bod pobl wedi bod yn onest wrth ateb eich cwestiynau. Gallwch chi ofyn cwestiynau caeedig neu gwestiynau agored. Wrth ofyn cwestiynau caeedig bydd angen i chi greu rhai atebion posibl, a bydd pobl wedyn yn dewis un o'r atebion hyn. Mae cwestiynau caeedig yn gyflym ac yn hawdd i bobl eu hateb, ac mae'n hawdd cyflwyno'r canlyniadau wedyn. Fodd bynnag, mae'r ymatebwyr yn cael eu cyfyngu i'r opsiynau rydych chi wedi'u dewis ar eu cyfer yn barod. Mae cwestiynau agored yn gadael i bobl ateb yn rhydd ym mha ffordd bynnag yr hoffent wneud hynny. Maen nhw'n gallu bod yn ddefnyddiol iawn gan eu bod yn gadael i bobl siarad yn rhydd am y pwnc, ond mae dadansoddi'r atebion yn gallu bod yn fwy anodd.

Safle	Pellter o'r maes parcio (m)	Sgôr effaith ar raddfa 0–5 (lle mae 0 yn isel a 5 yn uchel)				Cyfanswm sgôr
		Erydiad ar lwybrau troed	Sŵn	Sbwriel	Gofod (prysurdeb)	
1	0	5	4	3	4	16
2	100	5	2	4	3	14
3	200	4	1	2	2	9
4	300	3	1	2	2	8
5	400	2	1	1	1	5
6	500	1	0	1	1	3
7	600	1	2	2	3	8
8	700	0	1	0	1	2
9	800	0	0	1	0	1

▲ **Ffigur 23** Sgorau asesu effaith amgylcheddol; pwyntiau samplu bob 100 m o'r maes parcio o dan gefnen y Stiperstones.

Gweithgareddau

1 Defnyddiwch Ffigur 9 (tudalen 4) i ddisgrifio lleoliad AHNE Bryniau Swydd Amwythig.

2 Awgrymwch ddau reswm gwahanol pam mae'r lle mor boblogaidd gydag ymwelwyr o Birmingham sy'n dod am y dydd.

3 Astudiwch y cwestiwn ymholi canlynol am y Stiperstones:
   Pa effaith mae ymwelwyr yn ei chael ar yr amgylchedd yn y Stiperstones?
   a) Awgrymwch un ffordd o newid y cwestiwn ymholi er mwyn i chi allu ymchwilio i'r effaith bosibl y mae ymwelwyr yn ei chael ar fusnesau yn AHNE Bryniau Swydd Amwythig.
   b) Sut byddech chi'n newid yr is-gwestiynau?

Prosesu a chyflwyno tystiolaeth

Gallwch chi brosesu data mewn sawl ffordd, er enghraifft drwy gyfrifo:

- cyfansymiau a chanrannau
- cyfartaleddau (cymedr, modd neu ganolrif)
- uchafswm, isafswm ac amrediadau rhyngchwartel (gweler tudalen 17).

Mae angen i chi gyflwyno eich data gan ddefnyddio technegau priodol i'ch helpu chi i nodi unrhyw batrymau neu dueddiadau. Dyma rai cwestiynau i'w hystyried wrth ddewis techneg.

- Ydy'r data wedi eu mynegi fel gwerthoedd gwirioneddol neu fel canrannau? Gallech chi ddefnyddio siartiau bloc ar gyfer gwerthoedd gwirioneddol a siartiau cylch i ddangos canrannau.
- Ydy'r data'n arwahanol neu'n ddi-dor? Dylech chi ddefnyddio graff bloc i ddangos data arwahanol a graff llinell i ddangos data di-dor.
- Ydy'r data'n dweud rhywbeth wrthych chi am y lleoedd gwahanol? Os ydyn nhw, ydych chi'n gallu gosod eich siartiau bloc neu siartiau cylch ar fap sylfaen?
- Oes gennych chi ddwy set o ddata sy'n perthyn i'w gilydd? Os oes, a fyddai graff gwasgariad (tudalen 267) yn dangos perthynas?

Dadansoddi'r dystiolaeth

Ystyr dadansoddi yw astudio'r data a dod o hyd i unrhyw batrymau neu dueddiadau. Er enghraifft:

- Ydy'r data'n cynyddu, yn lleihau neu'n gyson yn ystod eich arolygon?
- Oes unrhyw ddata sydd ddim yn dilyn y patrwm? **Anomaleddau** yw'r rhain. Allwch chi esbonio'r rheswm drostyn nhw?
- Sut mae'r data'n cysylltu â'r safleoedd yn y lleoliad? Ydy'r data'n dangos patrwm **gofodol**? Mewn geiriau eraill, ydy'r patrymau a welwch chi yn amrywio yng nghyd-destun gofod?

Gwerthuso eich ymholiad

Ystyr gwerthuso yw asesu cryfderau a gwendidau pob cam o'ch ymholiad. Gallai eich gwerthusiad ddilyn y camau canlynol:

- **Cam 1:** A wnaethoch chi ofyn y cwestiwn cywir i ddechrau? Oeddech chi'n gallu casglu'r math cywir o ddata er mwyn gallu dod i gasgliadau?
- **Cam 2:** Oedd eich data chi'n gynrychiadol ac yn ddibynadwy? Os gwnaethoch chi ddefnyddio holiaduron, a gawsoch chi ddigon o atebion er mwyn gallu cyflwyno barn y cyhoedd yn gywir? Os gwnaethoch chi ddefnyddio data o'r rhyngrwyd neu o ffynhonnell arall, ydych chi'n hyderus bod y ffynhonnell yn ddilys? Oes posibilrwydd bod y wybodaeth yn dangos tuedd?
- **Cam 3:** Oedd yr ymholiad wedi ei gynllunio'n dda? Cofiwch mai mater o gynllunio gwael, ac nid camgymeriad dynol, yw peidio â chasglu digon o ddata, peidio â chael digon o amser i orffen neu beidio â rhoi digon o ymdrech i'r gwaith. Sut gallech chi wella eich ymholiad pe byddech chi'n ei wneud unwaith eto?
- **Cam 4:** Oes cwestiynau eraill mae angen eu hateb? Sut gallech chi estyn yr ymholiad ymhellach?

Gweithgaredd

4 Astudiwch Ffigur 23.
  a) Pa fath o samplu a ddefnyddiwyd i gasglu'r data hyn?
  b) Awgrymwch ragdybiaeth sy'n cysylltu'r pellter o'r maes parcio â'r effeithiau amgylcheddol.
  c) Cyflwynwch y data gan ddefnyddio dwy dechneg wahanol.
  ch) Beth yw cryfderau a chyfyngiadau'r ddwy dechneg hon?

Gwaith ymholi

Ar gyfer safle pot mêl rydych chi'n gyfarwydd ag ef:
- Datblygwch gwestiwn y gallech chi ei astudio.
- Pa ddata gallech chi eu casglu?
- Pa strategaethau samplu byddech chi'n eu defnyddio? Pam?
- Pa dechnegau dadansoddi a chyflwyno gallech chi eu defnyddio?

Prosesau afon

▶ **Ffigur 1** Mae nifer o brosesau afon gwahanol yn amlwg yn yr afon hon.

O'r eiliad y mae dŵr yn dechrau llifo dros arwyneb y tir, mae disgyrchiant yn rhoi pŵer i'r dŵr erydu'r dirwedd. Mae egni disgyrchiant y dŵr sy'n llifo yn galluogi'r afon i **gludo** ei **llwyth** o glogfeini, graean, tywod a silt i lawr yr afon. Pan fydd lefelau egni yn uchel, y brif broses afon yw erydiad. Ar adegau eraill o'r flwyddyn, neu yn rhannau eraill yr afon lle mae lefelau egni yn is, y brif broses yw **dyddodiad**.

Mae erydu'n digwydd yn y mannau lle mae digon o egni yn yr afon – er enghraifft, lle mae'r afon yn llifo'n gyflym neu os yw'r afon yn llawn dŵr ar ôl glaw trwm. Mae afonydd sy'n llifo ar draws llethrau graddol (fel yr afon yn Ffigur 1) yn tueddu i lifo gyda'r grym mwyaf ar ochr allanol bob tro (neu **ystum afon**). Mae dŵr yn cael ei daflu tuag at yr ochr i mewn i lan yr afon, sy'n cael ei herydu gan **weithred hydrolig** a **sgrafelliad**. Mae'r lan yn cael ei thandorri'n raddol. Mae'r pridd gordo yn disgyn i mewn i sianel yr afon lle mae'r llwyth newydd hwn o ddeunydd yn gallu cael ei godi a'i gludo i lawr yr afon gan y dŵr sy'n llifo.

Proses gludo	Maint neu fath y gwaddod	Amodau llif nodweddiadol	Disgrifiad o'r broses
Hydoddiant	Mwynau hydawdd fel calsiwm carbonad	Pob math	Mwynau'n hydoddi o'r pridd neu'r graig ac yn cael eu cludo ymlaen yn y llif
Daliant	Gronynnau bach e.e. clai a silt	Mae daliant yn digwydd ym mhob afon heblaw am yr afonydd sy'n llifo'n arafaf	Mae gronynnau mân iawn yn cael eu cludo am bellter hir yn y dŵr sy'n llifo
Neidiant	Tywod a graean bach	Afonydd mwy egnïol sy'n llifo'n gyflymach	Mae'r gwaddod yn sboncio a sgipio yn ei flaen
Rholiant	Graean mwy o faint, coblau a chlogfeini	Yn gyffredin dim ond mewn sianeli afon egni uchel neu pan fydd llifogydd yn digwydd	Mae'r llwyth gwely'n rholio ymlaen ar hyd gwely'r afon

▲ **Ffigur 2** Cludo gwaddod (*sediment*).

Prosesau erydiad

Gweithred hydrolig – mae dŵr yn taro i mewn i fylchau yn y pridd a'r graig, gan gywasgu'r aer a gwahanu'r gronynnau oddi wrth ei gilydd

Sgrafelliad – mae'r dŵr sy'n llifo yn codi'r creigiau o'r gwely ac yn eu taro yn erbyn glannau'r afon

Athreuliad – mae'r creigiau sy'n cael eu cario gan yr afon yn taro yn erbyn ei gilydd, gan gael eu treulio yn ronynnau llai a mwy crwn

Cyrydiad – mae mwynau fel calsiwm carbonad (prif gynhwysyn creigiau calchfaen a sialc) yn hydoddi yn nŵr yr afon

▲ **Ffigur 3** Pedair proses erydiad mewn sianel afon.

Mae proses dyddodiad yn digwydd yn y mannau lle mae'r afon yn colli ei hegni – er enghraifft, lle mae afon yn mynd i mewn i lyn ac mae llif yr afon yn cael ei arafu gan y corff o ddŵr llonydd. Mae dyddodiad hefyd yn digwydd mewn rhannau bas iawn o sianel afon, lle mae'r ffrithiant rhwng gwely'r afon a'r dŵr yn achosi i'r afon golli ei hegni a gollwng ei llwyth. Mae proses dyddodiad yn creu haenau o dywod a graean sy'n aml yn cael eu gwahanu yn ôl maint y gwaddod. Y gwaddod mwyaf bras sy'n cael ei ddyddodi gyntaf.

▲ **Ffigur 4** Mae sianel yr afon, sy'n llifo o'r chwith, wedi'i rhannu yn nifer o allafonydd llai wrth iddi lifo i mewn i lyn. Derwent Water, Ardal y Llynnoedd.

Gweithgareddau

1 Astudiwch Ffigur 1. Defnyddiwch dystiolaeth o'r ffotograff i awgrymu pa brosesau afon sy'n digwydd yn A, B ac C.

2 Lluniwch bedwar diagram neu gartŵn i ddangos y ffyrdd y mae'r afon yn cludo deunydd.

3 Astudiwch Ffigur 4 ac esboniwch sut mae erydiad, cludiant a dyddodiad wedi chwarae rhan yn y broses o greu'r tirffurf hwn.

4 Astudiwch Ffigurau 1 a 4. Defnyddiwch dystiolaeth o'r ffotograffau hyn i esbonio'r gwahaniaeth rhwng sgrafelliad, gweithred hydrolig ac athreuliad.

Afonydd troellog

Mae'r afon yn Ffigur 5 yn dangos arweddion nodweddiadol afon sy'n llifo dros raddiannau mwy serth. Mae llawer o rym y dŵr yn cael ei gyfeirio tuag i lawr. Mae **erydiad fertigol** yn torri i mewn i wely'r afon. Mae'r afon yn ffurfio dyffryn cul gydag ochrau serth siâp V. Mae llif y dŵr yn sianel yr afon hefyd yn siglo o un ochr i'r llall ac yn creu rhywfaint o erydiad ochrog. Dros amser, mae'r broses hon yn golygu bod dyffryn ffurf V yn cael ei dorri i mewn (neu ei endorri) i ochr y bryn i greu **sbardunau pleth** sy'n debyg i ddannedd sip.

Mae afonydd sy'n llifo dros raddiannau serth yn gallu bod â digon o egni i erydu a chludo swmp mawr o ddeunydd. Mae'r llwyth ar wely'r afon yma yn fawr ac yn onglog. Gall y creigiau ar wely'r afon ddangos tystiolaeth o sgrafelliad ar ffurf ceubyllau neu dyllau sgwrio llyfn. Wrth i afon lifo i lawr, mae proses athreuliad yn raddol yn lleihau maint cyffredinol y llwyth.

▲ **Ffigur 5** Ashes Hollow, Swydd Amwythig – dyffryn ffurf V nodweddiadol.

Gweithgaredd

1 Astudiwch Ffigur 5. Disgrifiwch sut cafodd pob un o'r arweddion canlynol eu creu:
   a) ochrau dyffryn ffurf V
   b) clogfeini onglog mawr yng ngwely'r ffrwd
   c) sbardunau pleth.

Sut mae ystumiau afon yn cael eu ffurfio?

Mae afonydd sy'n llifo dros raddiannau graddol yn tueddu i siglo o un ochr i'r llall. Mae'r dŵr yn llifo'n gyflymaf ar ochr allanol tro pob ystum afon. Mae hyn yn achosi erydiad i'r glannau yn hytrach na'r gwely, proses o'r enw **erydiad ochrol**. Mae'r dŵr sy'n llifo'n arafach ar ochr fewnol yr ystum yn colli egni ac yn gollwng ei lwyth. Mae'r deunydd yn cael ei wahanu, gyda'r graean mwyaf yn cael ei ddyddodi'n gyntaf, wedyn y tywod, a'r silt yn olaf. Mae'r broses hon yn creu **llethr slip (bar pwynt)** sef traeth cerigos sy'n goleddfu i lawr i mewn i'r afon. Mae afonydd troellog fel Afon Elan, sydd i'w gweld yn Ffigur 8, yn llifo dros **orlifdir** eang. Mae'r tirffurf gwastad hwn wedi cael ei greu dros gyfnod o filoedd o flynyddoedd gan brosesau erydiad ochrol a dyddodiad.

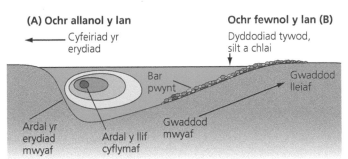

(A) Ochr allanol y lan
← Cyfeiriad yr erydiad

Ochr fewnol y lan (B)
Dyddodiad tywod, silt a chlai ↓

Bar pwynt
Gwaddod lleiaf

Ardal yr erydiad mwyaf
Ardal y llif cyflymaf
Gwaddod mwyaf

▲ **Ffigur 6** Prosesau ar waith mewn ystum afon.

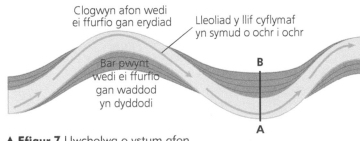

Clogwyn afon wedi ei ffurfio gan erydiad
Lleoliad y llif cyflymaf yn symud o ochr i ochr
Bar pwynt wedi ei ffurfio gan waddod yn dyddodi
B
A

▲ **Ffigur 7** Uwcholwg o ystum afon.

▲ **Ffigur 8** Ystumiau afon ar Afon Elan; mae'r saethau glas yn dangos cyfeiriad llif yr afon.

▲ **Ffigur 9** Manylion y bar pwynt ar Afon Elan sydd i'w weld ym mhwynt 3 yn Ffigur 8.

Gweithgareddau

2 Edrychwch ar Ffigur 8.
   a) Disgrifiwch y llethrau ym mhwyntiau 1 a 2.
   b) Disgrifiwch y prosesau ym mhwyntiau 3 a 4.

3 Gwnewch fraslun o Ffigur 9. Defnyddiwch Ffigurau 6 a 7 i ychwanegu anodiadau addas at eich diagram sy'n dangos sut mae'r arwedd hon wedi ffurfio.

4 Mae Ffigur 10 yn dangos lleoliad yr ystumiau afon ar Afon Elan.
   a) Defnyddiwch Ffigurau 8 a 10 i amcangyfrif i ba gyfeiriad roedd y camera'n wynebu.
   b) I ba gyfeiriad mae'r afon yn llifo ym Mhont ar Elan?

5 a) Lluniadwch drawstoriad ar hyd y llinell X–Y ar Ffigur 10.
   b) Disgrifiwch y pethau sy'n wahanol a'r pethau sy'n debyg rhwng yr afonydd sydd i'w gweld yn Ffigurau 5 ac 8.

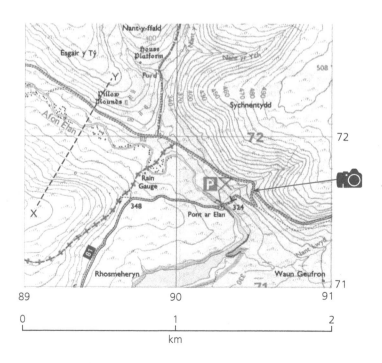

▲ **Ffigur 10** Map Arolwg Ordnans ar raddfa 1 : 25,000 yn dangos yr ystumiau afon ar Afon Elan.

15

Ymchwilio i newidiadau i lawr yr afon

Gall afonydd newid eu siâp a'u cymeriad wrth lifo i lawr yr afon. Gallwn ni ofyn cwestiynau daearyddol am y newidiadau hyn. Er enghraifft, wrth ymchwilio i newid ar raddfa fach:

Sut mae cyflymder afon yn newid ar draws bar pwynt a sut mae hyn yn effeithio ar faint y gwaddod?

Neu, wrth ymchwilio i newid ar raddfa fawr:

Sut mae arwynebedd trawstoriadol a chyflymder afon yn newid wrth i chi fynd i lawr yr afon?

Dewis safleoedd samplu

Mae afonydd y DU yn amrywio o rai sydd ychydig gannoedd o fetrau o hyd yn unig i'r afon hiraf yn y DU, sef Afon Hafren sy'n 369 km o hyd. Mewn ymchwiliad i sut mae afon yn newid wrth lifo i lawr yr afon, mae'n bwysig sicrhau bod eich pwyntiau samplu yn ddigon pell oddi wrth ei gilydd i ddangos newid. Ar afon sy'n 10 km o hyd gallech chi gasglu data ar bwyntiau 1 km, 5 km a 10 km, neu ar bwyntiau 3 km, 4 km a 5 km. Byddai'r cynllun cyntaf yn rhoi sampl cynrychiadol o'r afon gyfan i chi. Ni fyddai'r ail gynllun, ar y llaw arall, ond yn rhoi tystiolaeth o'r newidiadau ar raddfa fach mewn un darn byr o'r afon.

Cyfrifo arwynebedd trawstoriadol

Er mwyn mesur trawstoriad sianel afon, bydd angen i chi osod llinell lorweddol ar draws yr afon a mesur i lawr yn ofalus o'r llinell hon i'r ddaear. Mae hyn i'w weld yn Ffigur 11. Mae'r llinell felen lorweddol yn cynrychioli llinell yr arolwg o X i Y ac mae'r pedair llinell fertigol yn cynrychioli'r pedwar mesuriad cyntaf. Dylech chi gasglu data pan fydd yr afon yn isel ond dylech chi gymryd mesuriadau ar gyfer y tir sych ar ddwy ochr yr afon. Wedyn, pan fydd eich canlyniadau wedi cael eu plotio ar graff, gallwch chi amcangyfrif faint o ddŵr fydd yn yr afon pan fydd sianel yr afon yn llawn ac ar fin gorlifo.

Cam 1 Estynnwch y tâp mesur ar ongl sgwâr ar draws yr afon o'r naill lan i'r llall, a chadw'r tâp yn baralel ag arwyneb y dŵr.

Cam 2 Rhannwch led yr afon â 10. Bydd hyn yn creu 11 o bwyntiau arolygu â bwlch cyfartal rhyngddynt. Er enghraifft, yn achos afon 4 metr o led, byddwch chi'n cofnodi ei dyfnder bob 40 cm (1/10fed) o'r ffordd ar ei thraws. Dyma enghraifft o samplu systematig (gweler tudalen 8).

Cam 3 Ym mhob pwynt arolygu, mesurwch ddyfnder yr afon. Gwnewch yn siŵr eich bod yn defnyddio'r un unedau wrth gofnodi'r dyfnder a'r lled (er enghraifft, metrau ar gyfer y ddau).

Arwynebedd trawstoriadol mewn metrau sgwâr = lled (m) wedi'i luosi â dyfnder cymedrig (m).

▼ **Ffigur 11** Safleoedd samplu ar afon droellog.

Safle'r Arolwg	1	2	3	4	5	6	7	8	9	10	11
Pellter o'r lan (m)	0	0.4	0.8	1.2	1.6	2.0	2.4	2.8	3.2	3.6	4.0
Pellter o linell yr arolwg i'r ddaear (m)	0.25	0.68	0.71	0.65	0.67	0.64	0.58	0.52	0.48	0.33	0.22
Dyfnder y dŵr (m)	0	0.28	0.31	0.25	0.27	0.24	0.18	0.12	0.08	0	0

▲ **Ffigur 12** Mesuriadau dyfnder wedi eu cymryd yn yr afon yn Ffigur 11 bob 0.4 m.

Gweithgaredd

2 Edrychwch ar Ffigur 12.
 a) Plotiwch broffil yr afon hon ar bapur graff. Cofiwch weithio tuag i lawr o'ch echelin lorweddol.
 b) Beth yw dyfnder cymedrig y dŵr?
 c) Cyfrifwch yr arwynebedd trawstoriadol.
 ch) Pe bai lefelau'r dŵr yn codi 20 cm, beth fyddai'r arwynebedd trawstoriadol newydd?

Sut rydw i'n cyfrifo amrediad, canolrif ac amrediad rhyngchwartel?

Mae gan lif y dŵr yn sianel yr afon ddigon o egni i gludo gwaddod. Wrth i gyflymder y dŵr arafu – er enghraifft, mewn dŵr bas yn y bar pwynt – mae egni'n cael ei golli ac mae'r gwaddod yn cael ei ddyddodi.

Er mwyn profi a yw'r broses hon yn digwydd yn eich afon chi, bydd angen i chi samplu rhai cerigos a chofnodi eu maint. Casglodd myfyrwyr 11 o gerigos o safleoedd A, B ac C yn Ffigur 11. Eu nod oedd darganfod sut roedd maint ac amrediad y cerigos yn amrywio ar draws y bar pwynt.

Er mwyn cyfrifo'r amrediad, y canolrif a'r amrediad rhyngchwartel, mae angen i chi roi eich data mewn trefn restrol. Mae'r data ar gyfer safle A i'w gweld yn Ffigur 14 mewn trefn restrol.

Safle	Maint y cerigos (mm)										
A	45	52	12	67	34	75	42	81	65	40	24
B	44	37	28	56	61	43	38	28	35	42	36
C	37	34	26	40	24	35	29	42	38	18	20

▲ **Ffigur 13** Maint y cerigos (mm) wedi eu casglu ar hap yn safleoedd A, B ac C yn Ffigur 11.

Gweithgaredd

3 Edrychwch ar Ffigur 13.
 a) Ar gyfer pob safle samplu, cyfrifwch:
  i) yr amrediad;
  ii) y canolrif;
  iii) yr amrediad rhyngchwartel.
 b) Pa gasgliadau gallwch chi eu tynnu o'r canlyniadau hyn?

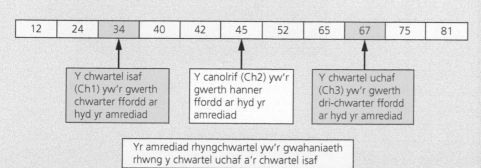

▲ **Ffigur 14** Maint y cerigos ar gyfer safle A wedi eu rhoi mewn trefn restrol.

Sut mae rhaeadrau yn cael eu ffurfio?

Mae **rhaeadrau** yn ffurfio ar hyd cwrs afon pan fydd newid serth yng ngraddiant sianel yr afon. Mae llawer o'r rhaeadrau yn ardaloedd uwchdir y DU yn ganlyniad i brosesau tirffurf a ddigwyddodd ar ddiwedd yr oes iâ tua 10,000 o flynyddoedd yn ôl. Yn ystod yr oes iâ, lledaenodd llenni iâ dros rannau helaeth o ardaloedd yng ngogledd a gorllewin y DU. Gallwn weld lledaeniad yr iâ yn Ffigur 1 (tudalen 1). Roedd rhewlifoedd yn llifo o'r llenni iâ hyn tuag at y môr – mae rhewlifoedd tebyg i'w gweld heddiw yn ne Gwlad yr Iâ. Cafodd **dyffrynnoedd ffurf U** (hynny yw, dyffrynnoedd dwfn ag ochrau serth) eu cerfio i mewn i'r dirwedd gan y rhewlifoedd. Mae Ffigur 16 yn dangos sut mae'r dirwedd rewlifol hon wedi creu rhaeadrau sy'n plymio o uchder. Mae rhaeadrau o'r fath i'w gweld mewn rhai ardaloedd yng Ngogledd a Chanolbarth Cymru heddiw.

▲ **Ffigur 15** Rhiwargor, yng Nghanolbarth Cymru, sy'n enghraifft o raeadr sy'n plymio i mewn i ddyffryn ffurf U.

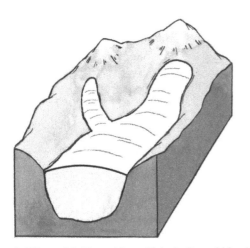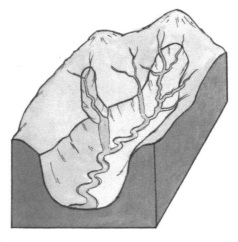

▲ **Ffigur 16** Tirwedd rewlifol a'r dirwedd heddiw.

Rhaeadrau sy'n cael eu ffurfio gan erydiad gwahaniaethol

Gall rhaeadrau ddigwydd pan fydd sianel afon yn croesi o un math o graig i fath arall. Os yw cyfradd erydu y ddau fath o graig yn wahanol, yna bydd rhaeadr yn ffurfio. Mae rhaeadrau wedi ffurfio fel hyn ar Afon Nedd a'i llednentydd mewn ardal o Dde Cymru o'r enw Bro'r Sgydau.

Daeareg Bro'r Sgydau yw'r prif ffactor a arweiniodd at ffurfio'r rhaeadrau hyn. Mae calchfaen carbonifferaidd wedi ei orchuddio gan haenau o dywodfaen a cherrig llaid. Mae'r tywodfaen yn gwrthsefyll erydiad yn dda iawn ond mae cerrig llaid yn erydu'n haws. Mae cyfres o ffawtiau, sy'n rhedeg ar draws sianeli'r afon, wedi dod â'r tywodfaen a'r cerrig llaid ochr yn ochr â'i gilydd, fel sydd i'w weld yn Ffigur 17.

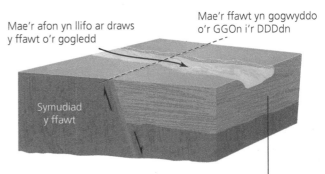

Mae'r afon yn llifo ar draws y ffawt o'r gogledd

Mae'r ffawt yn gogwyddo o'r GGOn i'r DDDdn

Symudiad y ffawt

Mae cerrig llaid sy'n erydu'n hawdd yn gorwedd uwchben y tywodfaen sy'n gwrthsefyll erydiad yn well

▲ **Ffigur 17** Sut cafodd rhaeadr Sgwd yr Eira ar Afon Mellte ei ffurfio.

Wrth i'r afon blymio dros y tywodfaen mae'n arllwys dros y cerrig llaid oddi tano. Mae cyfuniad o weithred hydrolig a sgrafelliad yn erydu'r graig hon yn eithaf hawdd, ac yn creu **plymbwll**. Mae sgrafelliad yng nghefn y plymbwll yn tandorri'r haenau o dywodfaen. Yn y pen draw, bydd y gordo hwn yn hollti a bydd y creigiau'n disgyn i'r plymbwll ac yn cael eu malu yn sgil athreuliad. Felly mae pob rhaeadr yn raddol yn cael ei herydu tuag yn ôl at darddiad yr afon mewn proses o'r enw **encilio**. O dan bob rhaeadr mae dyffryn cul gydag ochrau sydd bron yn fertigol. **Ceunant** yw'r enw ar yr arwedd hon. Mae'r broses o encilio wedi torri'r ceunant dros gyfnod o gannoedd o flynyddoedd.

▲ **Ffigur 18** Rhaeadr Sgwd yr Eira ar Afon Mellte.

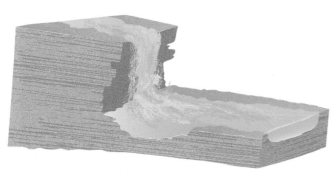

▲ **Ffigur 19** Prosesau afon yn rhaeadr Sgwd yr Eira.

 www.world-of-waterfalls.com/europe.html – map rhyngweithiol sy'n dangos lleoliad rhaeadrau ledled y DU.

1 Mae 'capgraig' o dywodfaen yn gallu gwrthsefyll erydiad – mae'n erydu'n eithaf araf.

2 Mae'r bargod yn tueddu i ddymchwel ac encilio.

3 Mae sgrafelliad yn dyfnhau'r plymbwll.

4 Mae athreuliad yn torri i lawr y darnau o graig sydd wedi erydu wrth iddyn nhw gael eu cludo i lawr yr afon.

5 Mae cerigos yn troelli o gwmpas mewn pantiau i greu ceubyllau drwy sgrafelliad.

6 Mae haenau o greigiau gwydn yn creu gwely afon anwastad yn cynnwys dyfroedd gwyllt a rhaeadrau llai islaw'r rhaeadr.

Gweithgareddau

1 Disgrifiwch sut mae ffawtiau'r creigiau ym Mro'r Sgydau wedi arwain at ffurfio rhaeadrau.

2 a) Gwnewch gopi o Ffigur 19.
   b) Rhowch labeli yn y lleoedd addas ar eich diagram.
   c) Esboniwch pam mae enciliad y plymbwll, dros filoedd o flynyddoedd, wedi creu ceunant.
   ch) Lluniadwch gyfres o ddiagramau i ddangos y ceunant yn ffurfio.

3 Esboniwch pam mae angen i ni ddeall sut mae prosesau naturiol wedi newid ers yr oes iâ ddiwethaf er mwyn deall y dirwedd heddiw.

4 Ai dim ond yn uwchdiroedd y DU mae rhaeadrau yn bodoli? Defnyddiwch y cyswllt â'r wefan ar y dudalen hon i archwilio'r map rhyngweithiol.
   a) Disgrifiwch leoliad rhaeadrau'r DU.
   b) Wrth ystyried rhaeadrau'r DU, pa gyfran sydd wedi ei lleoli yn uwchdiroedd y DU? Defnyddiwch Ffigur 1 ar dudalen 1 i'ch helpu.

Gwaith ymholi

I ba raddau rydych chi'n cytuno â'r gosodiad canlynol: 'Daeareg yw'r ffactor pwysicaf yn y broses o greu tirweddau afon nodedig'?

Defnyddiwch y wybodaeth ar dudalennau 16 i 19 i'ch helpu i gyfiawnhau eich ateb.

Sut mae tonnau'n erydu ein tirweddau arfordirol?

Tonnau sy'n darparu'r grym sy'n llunio ein morlin. Mae tonnau'n cael eu creu o ganlyniad i ffrithiant rhwng y gwynt ac arwyneb y môr. Mae gwyntoedd cryf yn creu tonnau mawr. Hefyd, mae angen amser a lle i donnau mawr ddatblygu. Felly, mae ar donnau mawr angen i'r gwynt chwythu am amser hir dros arwynebedd arwyneb mawr o ddŵr. **Cyrch** yw'r term a ddefnyddir ar gyfer y pellter y mae ton wedi datblygu drosto, ac felly i greu ton enfawr mae angen gwynt cryf a chyrch hir.

Mae'r dŵr mewn ton yn symud yn gylchol. Mae llawer o egni'n cael ei ddefnyddio i symud y dŵr i fyny ac i lawr. Felly does dim llawer o egni gan donnau mewn dŵr dwfn i erydu morlin. Fodd bynnag, wrth i don gyrraedd dŵr bas, mae ffrithiant â gwely'r môr yn ei harafu. Ond mae'r dŵr ar yr arwyneb yn hyrddio ymlaen yn rhydd. Yr hyrddio ymlaen wrth i'r don dorri sy'n achosi'r prosesau erydiad sy'n cael eu disgrifio yn Ffigur 22.

Gweithgaredd

1 Gwnewch gopi o Ffigur 20 gan roi'r labeli canlynol yn y lleoedd priodol.
- Tonnau mewn dŵr dyfnach
- Mudiant cylchol
- Ton yn torri
- Dŵr yn cael ei hyrddio ymlaen
- Ffrithiant â gwely'r môr.

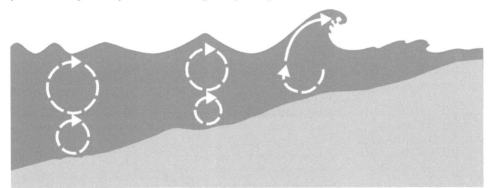

▲ **Ffigur 20** Mudiant y dŵr mewn ton.

bregion fertigol yn y llyfndir tonnau

▲ **Ffigur 21** Llyfndir tonnau creigiog ar Arfordir Treftadaeth Morgannwg.

Wrth i donnau mawr daro'n ddi-baid wrth droed clogwyn, gall hyn achosi difrod enfawr drwy broses gweithred hydrolig a sgrafelliad. Mae effaith taro di-baid y tonnau ar yr ardal gul hon yn creu **rhic tonnau**. Mae clogwyni sydd eisoes wedi eu gwanhau gan fregion (*joints*) neu graciau yn gallu dymchwel yn sydyn, gan achosi cwymp creigiau mewn **màs-symudiad**. Mae'r cwymp yn achosi i linell y clogwyni encilio i'r mewndir. Mae'r **llyfndir tonnau** yn Ffigur 21 wedi cael ei ffurfio wrth i'r clogwyni encilio'n raddol.

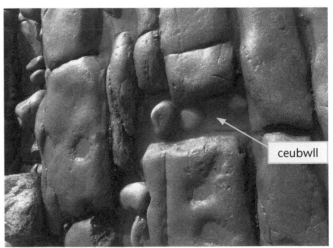

ceubwll

Prosesau erydiad

Gweithred hydrolig – tonnau'n taro yn erbyn y clogwyn, yn cywasgu'r dŵr a'r aer i graciau a gorfodi'r creigiau i ymrannu.

Sgrafelliad – tonnau'n codi creigiau o wely'r môr neu'r traeth ac yn eu taro yn erbyn y clogwyni.

Cyrydiad – mwynau fel calsiwm carbonad (prif gynhwysyn creigiau calchfaen a sialc) yn hydoddi'n araf mewn dŵr môr.

Athreuliad – tywod a cherigos yn cael eu codi gan y môr a'u taro yn erbyn ei gilydd, gan greu gronynnau llai sy'n fwy crwn.

▲ **Ffigur 22** Pedair proses o erydiad arfordirol.

Mae màs anferth o greigiau yn bargodi dros y rhic. Dyma'r rhan nesaf o'r clogwyn sy'n debygol o ddymchwel

Mae'r planau haenu llorweddol a'r bregion fertigol yn y graig yn llinellau gwendid sy'n gallu cael eu herydu'n gyflym gan weithred hydrolig

Cwymp creigiau diweddar. Bydd y malurion hyn yn atal grym y tonnau ac felly'n amddiffyn y clogwyn sydd y tu ôl iddyn nhw rhag cael ei daro gan y tonnau, am gyfnod o leiaf

Mae tonnau'n defnyddio cerigos o'r traeth i erydu rhic wrth droed y clogwyn drwy'r broses o sgrafelliad

▲ **Ffigur 23** Tystiolaeth o erydiad mewn clogwyni calchfaen ar Arfordir Treftadaeth Morgannwg.

Gweithgareddau

2 Astudiwch Ffigurau 21 a 22.
   a) Defnyddiwch y termau erydu cywir i gwblhau'r anodiadau isod.
      ■ Mae bregion yn y graig yn lledu yn y broses o .... sy'n digwydd pan fydd ....
      ■ Mae'r clogfeini ar y traeth yn grwn oherwydd ....
      ■ Mae'r ceubwll hwn wedi ei sgwrio yn y graig gan ....
   b) Gwnewch fraslun syml o Ffigur 21 gan ychwanegu eich anodiadau (uchod) at y braslun.

3 Ystyriwch Ffigur 23 a'r anodiadau sydd arno.
   a) Ysgrifennwch restr (neu gwnewch linell amser) sy'n rhoi'r digwyddiadau sy'n effeithio ar y clogwyn hwn yn y drefn gywir.
   b) Gwnewch restr (neu linell amser) arall i awgrymu beth fydd yn digwydd i'r clogwyn hwn dros y blynyddoedd nesaf.
   c) Yn ystod y 100 mlynedd nesaf bydd y morlin hwn yn encilio tua 20–40 m. Lluniwch fwrdd stori i ddangos sut mae'r broses encilio hon yn creu'r llyfndir tonnau creigiog o flaen y clogwyn.

Tirlithriadau, cwymp creigiau a chylchlithro

Mae'r dystiolaeth ar dudalennau 20 a 21 yn awgrymu nad gweithred y tonnau yw'r unig rym sy'n llunio siâp ein morlin. Weithiau, gall gweithred y tonnau wrth droed clogwyn achosi màs-symudiad ar wyneb y clogwyn uwchben. Gall creigiau – sydd o bosibl wedi cael eu rhyddhau gan rew'r gaeaf neu lawiad trwm – ddisgyn yn sydyn i'r traeth islaw gan achosi **cwymp creigiau**. Pan fydd erydiad yn tanseilio gwaelod y clogwyn, gall darnau mawr ohono lithro'n gyflym i lawr i'r traeth. Bydd **tirlithriad** o'r fath yn gadael craith geugrwm yn rhan uchaf y clogwyn, fel pe bai cawr wedi cnoi darn mawr allan ohono. Bydd pentwr siâp bwa o falurion yn ymddangos ar y traeth islaw hefyd. Mae proses debyg,

sef **cylchlithro**, i'w gweld mewn creigiau cywasgedig llac fel y rhai ar Arfordir Holderness. Mae effeithiau cylchlithro yn debyg iawn i rai tirlithriad – mae darnau fel petaent wedi cael eu cnoi allan o ran uchaf y clogwyn.

Fel arfer mae tirlithriadau'n digwydd mewn creigiau gwaddod ac yn aml yn cael eu sbarduno gan dywydd eithafol – er enghraifft, pan fydd stormydd y môr yn taro'r clogwyn, neu ar ôl glawiad trwm iawn sy'n ychwanegu at bwysau wyneb y clogwyn. Ond gall tirlithriadau ddigwydd unrhyw bryd ac maen nhw'n beryglus. Ym mis Mehefin 2015, cafodd menyw ifanc ei lladd gan gwymp creigiau yn Llanilltud Fawr – mae llun o'r clogwyni hyn yn Ffigur 23. Mae llawer o dirlithriadau ac achosion o gwymp creigiau wedi digwydd ar hyd yr arfordir hwn. Mae'r rhai diweddaraf i'w gweld yn Ffigur 25.

Mae malurion o'r tirlithriad yn creu bwa wrth droed y clogwyn	Mae'r traeth yn rhy gul i amsugno llawer o egni'r tonnau
Pentir cul neu grib rhwng y ddau dirlithriad	Mae sgarp ceugrwm ar ben y clogwyn

▲ **Ffigur 24** Clogwyni ar Ynys Wyth gyda nifer o dirlithriadau.

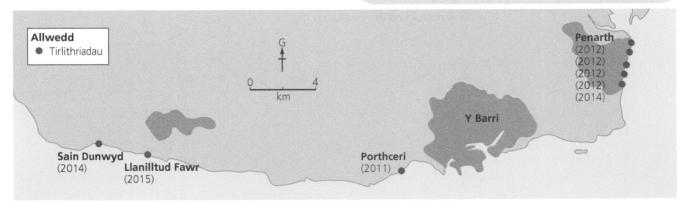

▲ **Ffigur 25** Tirlithriadau diweddar ar Arfordir Treftadaeth Morgannwg, De Cymru.

SGILIAU DAEARYDDOL

Cyfrifo a chyflwyno amlder

Mae peryglon arfordirol fel llifogydd, cwymp creigiau neu dirlithriadau yn enghreifftiau o bethau sy'n digwydd yn ysbeidiol ar hap. Rydyn ni'n tueddu i gofnodi dyddiad a lleoliad digwyddiadau o'r fath. Mae Ffigur 25 yn dangos lleoliad a dyddiad tirlithriadau diweddar ar Arfordir Treftadaeth Morgannwg yn Ne Cymru. Drwy gofnodi digwyddiadau o'r fath, gallwn ni weld pa mor gyffredin ydyn nhw neu pa mor aml maen nhw'n digwydd. Mae cael gwybodaeth o'r fath yn gallu ein helpu i ddeall lefel y risg mae'r perygl yn ei greu.

Blwyddyn	Tirlithriadau
2005	1
2006	2
2007	0
2008	0
2009	0
2010	0
2011	2
2012	3
2013	1
2014	4
2015	1
Cyfanswm	14

Mae'n hawdd cyfrifo'r cyfwng ailddigwydd (*recurrence interval*) (T). Mae angen rhannu nifer y blynyddoedd mewn cofnod (N) â nifer y digwyddiadau (n).

$$T = \frac{N}{n}$$

Felly ar gyfer y data yn Ffigur 26, y cyfwng ailddigwydd (i ddau le degol) yw:

$$T = \frac{11}{14} = 0.79 \text{ blwyddyn}$$

Mae amlder yn disgrifio cyfwng ailddigwydd digwyddiad. Gallwn ni ddiffinio hyn fel yr oediad amser cyfartalog rhwng dau ddigwyddiad. Y ffordd orau o gyflwyno amlder yw defnyddio graff bar amlder, gydag amser (blynyddoedd fel arfer) ar yr echelin-x. Gallwch chi weld enghraifft sy'n dangos amlder tirlithriadau ar yr arfordir rhwng Lyme Regis a Charmouth yn Dorset yn Ffigur 26.

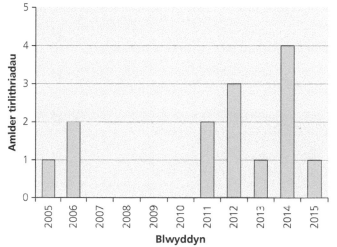

▲ **Ffigur 26** Tirlithriadau ar y morlin rhwng Lyme Regis a Charmouth yn Dorset.

Wrth gwrs, nid yw 0.79 blwyddyn yn ateb defnyddiol iawn. Fel arfer rydyn ni'n mynegi rhannau o bob blwyddyn mewn misoedd. Felly os ydyn ni'n lluosi 0.79 â nifer y misoedd sydd mewn blwyddyn:

$$T = 0.79 \times 12 = 9.5 \text{ mis}$$

Mae'n rhaid i chi gofio mai cyfnod amser cymedrig rydych chi wedi ei gyfrifo. Pethau sy'n digwydd ar hap yw tirlithriadau a gallan nhw ddigwydd unrhyw bryd. Edrychwch unwaith eto ar Ffigur 26. Doedd dim tirlithriadau o gwbl yn y lleoliad hwn am bedair blynedd, ond roedd pedwar tirlithriad yn 2014.

Gweithgaredd

2 Defnyddiwch Ffigur 25:
   a) i gyflwyno amlder tirlithriadau ar Arfordir Morgannwg ar ffurf graff bar.
   b) Cyfrifwch y cyfwng ailddigwydd.
   c) Defnyddiwch Ffigurau 25 a 26 i benderfynu pa un sydd fwyaf peryglus – morlin Morgannwg neu forlin Dorset?

Gwaith ymholi

Pa ran o forlin y DU sydd â'r nifer mwyaf o dirlithriadau?

Defnyddiwch y cyswllt â gwefan ADP i ymchwilio i amlder tirlithriadau ar forlin y DU.

 http://mapapps2.bgs.ac.uk/geoindex/home. html?theme=hazards – map rhyngweithiol o'r DU yn dangos lleoliad tirlithriadau arfordirol.

Clogwyni ar greigiau anghyfunol

Mae llawer o forlin y DU wedi'i ffurfio o haenau o dywod, silt a chlai a gafodd eu dyddodi wrth i'r iâ ymdoddi ar ddiwedd yr oes iâ. Mae lledaeniad yr iâ i'w weld yn Ffigur 1 ar dudalen 1. Nid yw'r creigiau gwaddod ifanc hyn wedi cael eu cywasgu i'r un graddau â'r creigiau hŷn ac maen nhw'n **anghyfunol** – hynny yw, nid yw gronynnau'r gwaddod wedi 'gludio' at ei gilydd yn dda iawn. Mae hyn yn golygu nad ydyn nhw'n gallu gwrthsefyll erydiad i'r un graddau â chreigiau gwaddod hŷn (fel y clogwyni calchfaen carbonifferaidd sydd i'w gweld yn Ffigurau 21 a 23 ar dudalennau 20–1).

Mae Ffigur 28 yn helpu i esbonio pam nad yw'r clogwyni hyn yn Happisburgh yn Norfolk yn gallu gwrthsefyll prosesau erydiad y tonnau'n dda. Ar ôl i flaen troed y llethr gael ei erydu gan y môr, mae'r llethr cyfan yn mynd yn ansefydlog. Wedyn, mae perygl o fàs-symudiad – proses lle gall holl wyneb y clogwyn lithro neu gylchlithro i'r traeth islaw. Mae'r perygl o gylchlithro'n fwy ar adegau o law trwm, sy'n ychwanegu màs at y clogwyn. Mae dŵr glaw hefyd yn erydu **gylïau**, sef rhiciau siâp V bach, yn llethrau uchaf y clogwyn.

Gwrthgloddiau neu rwystrau pren sy'n ceisio torri grym y tonnau cyn iddyn nhw gyrraedd blaen troed y clogwyn

CH

C

B

A

Gweddillion llithrfa goncrit sydd wedi dymchwel mewn tirlithriad

▲ **Ffigur 27** Morlin Happisburgh, Gogledd Norfolk yn 2011.

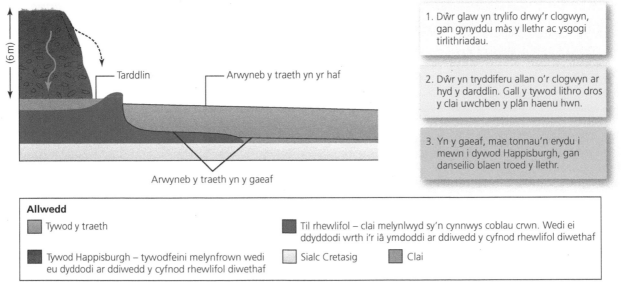

(6m)

Tarddlin

Arwyneb y traeth yn yr haf

Arwyneb y traeth yn y gaeaf

1. Dŵr glaw yn trylifo drwy'r clogwyn, gan gynyddu màs y llethr ac ysgogi tirlithriadau.

2. Dŵr yn tryddiferu allan o'r clogwyn ar hyd y darddlin. Gall y tywod lithro dros y clai uwchben y plân haenu hwn.

3. Yn y gaeaf, mae tonnau'n erydu i mewn i dywod Happisburgh, gan danseilio blaen troed y llethr.

Allwedd

■ Tywod y traeth

■ Til rhewlifol – clai melynlwyd sy'n cynnwys coblau crwn. Wedi ei ddyddodi wrth i'r iâ ymdoddi ar ddiwedd y cyfnod rhewlifol diwethaf

■ Tywod Happisburgh – tywodfeini melynfrown wedi eu dyddodi ar ddiwedd y cyfnod rhewlifol diwethaf

☐ Sialc Cretasig

■ Clai

▲ **Ffigur 28** Trawstoriad drwy'r clogwyni yn Happisburgh, Gogledd Norfolk. Mae'r clogwyni hyn wedi eu gwneud o haenau cywasgedig llac o dywod, silt a chlai a gafodd eu dyddodi ar ddiwedd yr oes iâ.

Tirffurfiau clogwyni mewn creigiau sy'n wydn

Rydyn ni wedi gweld bod gan greigiau gwaddod ifanc, fel y rhai yn Happisburgh, strwythur gwan sy'n golygu eu bod yn agored i erydiad. I'r gwrthwyneb, mae creigiau gwaddod hŷn yn gywasgedig ac yn gyfunol ac felly maent yn gallu gwrthsefyll erydiad. Mae morlinau calchfaen, fel y rhai yn Ffigur 29, yn tueddu i ffurfio clogwyni sydd bron yn fertigol. Fodd bynnag, mae planau haenu a bregion yn y graig yn golygu bod llinellau o wendid yn y clogwyni hyn. Mae'n haws erydu'r llinellau hyn na'r blociau enfawr o garreg sydd rhyngddynt. Mae erydu ar hyd y llinellau hyn yn gallu ffurfio ogofâu, **bwâu môr** a **staciau**.

▲ **Ffigur 29** Pont Werdd Cymru, Sir Benfro; bwa môr naturiol mewn clogwyn calchfaen carbonifferaidd.

Gweithgareddau

1 Darllenwch yr anodiadau canlynol a phenderfynwch ble mae'n briodol eu gosod ar Ffigur 27.
- Mae tonnau wedi erydu blaen troed y clogwyn fan hyn.
- Mae'r llystyfiant ar y llethr hwn yn profi nad yw wedi cylchlithro ers sawl mis.
- Efallai bydd y blociau concrit ar y traeth yn amddiffyn y clogwyn rhag cael ei erydu gan y tonnau.
- Tystiolaeth bod dŵr glaw yn erydu'r gylïau ar y llethrau hyn.

2 a) Gwnewch gopi o Ffigur 28.
   b) Ychwanegwch anodiadau 1–3 yn y lleoedd addas ar eich diagram.
   c) Defnyddiwch y diagram i esbonio pam mae'r math o graig a strwythur y clogwyni yn Happisburgh yn golygu eu bod yn agored i erydiad ac i fàs-symudiad.

3 Mae cofnodion hanesyddol yn dangos bod y clogwyni hyn wedi encilio 250 m rhwng 1600 ac 1850. Beth yw cyfradd erydu gyfartalog y flwyddyn?

4 a) Gwnewch fraslun o Ffigur 29.
   b) Rhowch labeli ar yr arweddion canlynol yn eich braslun: ogof, planau haenu, bwa môr, stac.

5 Er bod yr holl greigiau yn Ffigur 29 yr un fath, esboniwch pam mae'r dirwedd mor amrywiol.

Gwaith ymholi

Sut gallai'r dirwedd yn Ffigur 29 esblygu dros amser? Trafodwch sut gallai prosesau gweithred y tonnau a màs-symudiad effeithio ar y morlin hwn. Lluniwch fwrdd stori i ddangos sut rydych chi'n disgwyl i bethau newid yn y dyfodol.

Prosesau traethau a thwyni tywod

Mae traethau yn amgylcheddau deinamig. Yn wir, mae egni'r gwynt a'r tonnau yn symud gwaddod o gwmpas yn barhaus ac yn newid siâp y traeth. Wrth i'r tonnau gyrraedd y traeth ar ongl, mae ychydig o'r gwaddod yn cael ei gludo ar hyd y morlin. Enw'r broses hon yw **drifft y glannau**. Fodd bynnag, dim ond i fyny ac i lawr y traeth mae'r rhan fwyaf o'r gwaddod yn symud. Mae pob ton yn cludo gwaddod i fyny'r traeth gyda'r **torddwr** ac yna yn ôl i lawr gyda'r **tynddwr**. Mae'r holl symudiadau hyn yn defnyddio llawer o egni'r tonnau, ac felly mae traeth llydan a thrwchus yn amddiffynfa naturiol dda yn erbyn erydiad arfordirol.

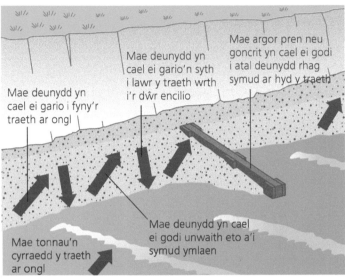

Mae deunydd yn cael ei gario i fyny'r traeth ar ongl

Mae deunydd yn cael ei gario'n syth i lawr y traeth wrth i'r dŵr encilio

Mae argor pren neu goncrit yn cael ei godi i atal deunydd rhag symud ar hyd y traeth

Mae deunydd yn cael ei godi unwaith eto a'i symud ymlaen

Mae tonnau'n cyrraedd y traeth ar ongl

▲ **Ffigur 30** Cludo gwaddod drwy broses drifft y glannau.

▲ **Ffigur 31** Traeth y Borth o gyfeiriad y clogwyni sydd i'r de o'r gefnen gerigos.

Fel arfer, mae'r tywod a'r cerigos ar draeth yn dod o'r amgylchedd lleol. Gall clogwyni cyfagos ddarparu peth gwaddod os ydynt yn cael eu herydu gan weithred y tonnau. Mae llawer o dywod a silt mân yn cael ei gludo i'r arfordir gan afonydd. Yna bydd y gwaddod hwnnw yn cael ei ddyddodi yn y foryd neu ar ben **bar alltraeth** ger aber yr afon. Bydd torddwr y tonnau'n cario'r gwaddod atraeth ac yn ei ddyddodi ar y traeth.

Yn y Borth, ar arfordir Ceredigion, mae cefnen gerigos sy'n ffurfio **tafod** ar ochr ddeheuol y foryd. Mae'r cerigos hyn wedi dod o'r clogwyni i'r de. Mae Ffigur 33 yn dangos y prosesau sy'n darparu ac yn cludo deunydd ar y morlin hwn.

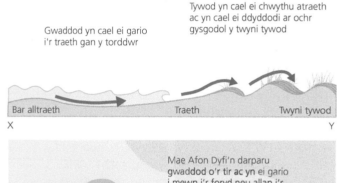

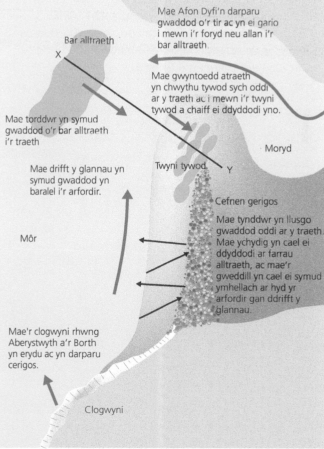

▲ **Ffigur 33** Cludiant gwaddod traeth yn y Borth ac yn Ynyslas ar arfordir Ceredigion.

▲ **Ffigur 32** Y twyni tywod yn Ynyslas o gyfeiriad Aberdyfi ar ochr ogleddol moryd Afon Dyfi.

Gweithgareddau

1 Disgrifiwch y tirffurfiau sydd i'w gweld yn A, B ac C yn Ffigurau 31 a 32.
2 Astudiwch Ffigurau 30, 31 a 33. Defnyddiwch ddiagram wedi'i anodi i esbonio sut ffurfiwyd y gefnen gerigos y mae pentref y Borth wedi'i adeiladu arni.

Gwaith ymholi

Dehonglwch y dirwedd yn Ffigur 32. Sut mae erydiad, cludiant a dyddodiad wedi helpu i greu'r dirwedd hon? Lluniwch fwrdd stori i esbonio sut mae'r dirwedd hon wedi esblygu.

Pa ffactorau sy'n effeithio ar gyfraddau newid arfordirol?

Ar fap, mae'r llinell las sy'n dangos morlin y DU yn edrych fel nodwedd barhaol a sefydlog. Ond, mewn gwirionedd mae'r morlin yn newid yn barhaus, er bod cyfradd y newid yn raddol fel arfer. Mae cyfraddau newid tirffurf yn dibynnu ar dri ffactor:

- effaith digwyddiadau tywydd eithafol
- daeareg – natur y creigiau lleol
- canlyniadau ymyriadau dynol.

Sut mae tywydd eithafol yn effeithio ar forlin y DU?

Weithiau, ar ôl cael ei daro gan stormydd, bydd y morlin a'i dirffurfiau yn newid dros nos. Yn ystod gaeaf 2014, daeth cyfres o stormydd difrifol i'r DU a achosodd ddifrod eang i rannau helaeth o'r wlad. Mae'n debyg mai dyma'r cyfnod mwyaf stormus o dywydd roedd y wlad wedi'i brofi am o leiaf ugain mlynedd.

Mae nerth ton mewn storm yn dibynnu ar fuanedd y gwynt ac ar y cyrch, sef y pellter mae'r gwynt yn ei deithio dros ddŵr agored. Effeithiodd stormydd pwerus o gyfeiriad y de-orllewin ar 3 a 6 Ionawr 2014 ar dde-orllewin Lloegr a rhannau o Gymru.

Cyn y storm

Ar ôl y storm

▲ **Ffigur 35** Y bwa môr yn Porthcothan, Gogledd Cernyw, cyn ac ar ôl y storm ar 6 Ionawr 2014.

▲ **Ffigur 34** Mae faint o egni sydd mewn ton yn dibynnu'n rhannol ar y cyrch. Mae cyrch y tonnau sy'n teithio ar draws Cefnfor Iwerydd tuag at Porthcothan neu Aberdyfi yn 7,000 km – dyma'r cyrch hiraf ar gyfer unrhyw donnau sy'n cyrraedd y DU.

Gweithgareddau

1 Gan ddefnyddio Ffigur 34:
   a) Cyfrifwch y cyrch sydd wedi'i nodi gan saethau 2, 4 a 5.
   b) Esboniwch pam mae'r arfordir yn Lyme Regis yn fwy agored i erydiad arfordirol pan fydd gwynt yn chwythu o'r de-orllewin yn hytrach nag o'r de.
   c) Defnyddiwch atlas i'ch helpu i gyfrifo'r cyrch sy'n effeithio ar Happisburgh, Gogledd Norfolk, pan fydd y gwynt yn chwythu o'r gogledd.

2 a) Disgrifiwch y gwahaniaethau rhwng y ddau ffotograff yn Ffigur 35.
   b) Esboniwch pam digwyddodd y newid hwn a pham digwyddodd y newid mor sydyn. Defnyddiwch Ffigur 34 wrth roi eich ateb.

Effeithiau'r stormydd ar forlin Cymru

Tref fach yw Aberdyfi ar ochr ogleddol moryd Afon Dyfi ar arfordir Gwynedd. Mae'r cwrs golff ar ben gorllewinol y pentref ac mae twyni tywod yn ei amddiffyn rhag y môr. Ond, ar ddechrau mis Ionawr 2014, pan gyrhaeddodd y storm aeafol a'r llanw uchel, gwnaeth ddifrod sylweddol i'r twyni tywod a'r tir i'r gogledd o'r cwrs golff. Meddiannodd y môr tua 3 i 6 m o lawnt (*green*) y deuddegfed twll. Gorlifodd y môr hefyd dros y banc graean a oedd yn amddiffyn y twyni tywod i ryw raddau, gan achosi llifogydd dros rannau o'r cwrs. Mae effeithiau eraill y storm i'w gweld yn Ffigur 36.

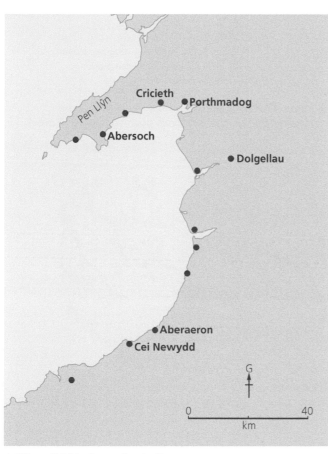

▲ **Ffigur 36** Morlin gorllewin Cymru.

Aberteifi, 3 Ionawr 2014: yn sgil ymchwydd storm llifodd dŵr i mewn i 30 o gartrefi

Abermaw, 3 Ionawr 2014: cafodd amddiffynfeydd y wal fôr eu difrodi gan donnau enfawr ac roedd cerrig o'r wal fôr wedi'u gwasgaru ar hyd y promenâd; cafodd y rheilffordd ei gorchuddio â cherigos a chafodd trawstiau'r rheilffordd eu tanseilio; roedd rhaid achub pobl o bymtheg o gartrefi

Y Borth, 3 Ionawr 2014: cafodd un person ei achub o do adeilad a phedwar person eu hachub o fferm gan fad achub

Aberdaron, 12 Chwefror 2014: cafodd hyrddiau o 173 km yr awr eu cofnodi – y cryfaf yng Nghymru; o ganlyniad i bŵer y tonnau diflannodd o leiaf 30 cm o dir o'r clogwyni hyn sy'n encilio

Pwllheli, 3 Ionawr 2014: cafodd pump o bobl eu hachub gan griw bad achub o garafanau a oedd wedi dioddef llifogydd

Aberystwyth, 6 Ionawr 2014: cafodd yr holl adeiladau ar hyd y ffrynt eu gwagio; gwnaeth tonnau ddifrodi'r wal fôr, chwalu rhan o'r promenâd a golchi cerigos a thywod ar draws y brif ffordd

Gweithgareddau

3 a) Gwnewch fraslun map o Ffigur 36.
   b) Defnyddiwch atlas i ychwanegu'r chwe label sy'n disgrifio effeithiau'r ymchwydd storm at y lleoliadau cywir ar eich braslun.
4 Disgrifiwch brif effeithiau stormydd gaeaf 2014:
   a) ar yr amgylchedd;
   b) ar bobl.

Gwaith ymholi

Pa ardal gafodd ei heffeithio fwyaf gan stormydd gaeaf 2014: arfordir dwyreiniol neu arfordir gorllewinol y DU?

■ Ymchwiliwch i effeithiau stormydd arfordirol ac erydu ar arfordir dwyreiniol Lloegr yn ystod gaeaf 2014. Gweler tudalennau 130–1.
■ Esboniwch pam roedd yr effeithiau ar yr arfordir dwyreiniol yn ddifrifol.
■ Pa forlin gafodd ei effeithio fwyaf? Rhaid cyfiawnhau eich ateb.

Sut mae daeareg yn effeithio ar gyfraddau newid arfordirol?

Mae tir Pen Llŷn yn estyn am tua 48 km i mewn i Fôr Iwerddon. I'r gorllewin o Bwllheli, mae arfordir deheuol y penrhyn yn gyfres o bentiroedd a baeau sydd wedi eu creu gan erydiad ar gyfraddau gwahanol. Mae'r pentiroedd yn cynnwys brigiadau o graig (galetach) sy'n wydn iawn. Mae'r pentir yn Llanbedrog (ger Abersoch), er enghraifft, yn cynnwys gwenithfaen sy'n graig igneaidd. Ar y llaw arall, mae llawer o'r baeau wedi eu gwneud o gerrig llaid a sialau. Mae rhai ohonyn nhw wedi eu gorchuddio â haenau cyfunol llac o dywod, silt a chlai a gafodd eu dyddodi ar ddiwedd yr oes iâ – yn debyg i'r clogwyni yn Happisburgh yn Norfolk (gweler tudalen 24). Mae tonnau'n gallu erydu'r ardaloedd hyn o graig (feddalach) sy'n llai gwydn yn gyflymach.

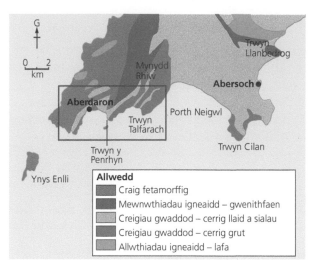

▲ **Ffigur 37** Map daearegol wedi ei symleiddio o ben gorllewinol Pen Llŷn. Mae'r llinell goch yn dangos yr ardal sydd yn Ffigur 38.

Allwedd
- Craig fetamorffig
- Mewnwthiadau igneaidd – gwenithfaen
- Creigiau gwaddod – cerrig llaid a sialau
- Creigiau gwaddod – cerrig grut
- Allwthiadau igneaidd – lafa

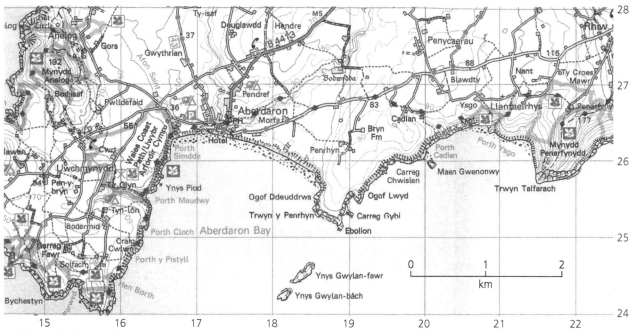

▲ **Ffigur 38** Rhan o fap Arolwg Ordnans o Aberdaron a'r cyffiniau ar raddfa 1 : 50,000.

Gweithgareddau

1 Disgrifiwch dirwedd yr ardal arfordirol sydd i'w gweld yn Ffigur 38.
2 a) Lluniadwch fap amlinell o'r morlin hwn.
   b) Labelwch yr arweddion ffisegol y morlin hwn ar eich map.
   c) Defnyddiwch Ffigur 37 i'ch helpu chi i esbonio pam mae baeau wedi ffurfio yn:
      i) Aberdaron;
      ii) Abersoch.

 http://mapapps. bgs.ac.uk/ geologyofbritain/ home.html – defnyddiwch y map rhyngweithiol hwn i ddysgu am ddaeareg morlin sy'n agos i'ch cartref chi.

Mae Ffigur 37 yn dangos pen gorllewinol eithaf Pen Llŷn. Mae'r pentir mawr sy'n union i'r gorllewin o Aberdaron wedi ei ffurfio o greigiau metamorffig gwydn tu hwnt. Mae'r creigiau hyn i'w gweld yn amlwg yn y clogwyni uchel sydd bron yn fertigol ar bob ochr i'r pentir ac ar Ynys Enlli. Mae cyfradd erydu y pentiroedd hyn yn dibynnu ar strwythur y graig. Gall ffawtiau, bregion fertigol a chraciau yn y creigiau gwydn hyn ychwanegu arweddion nodedig at glogwyni'r morlin. Mae'r llinellau gwendid hyn yn gallu erydu'n gyflymach na gweddill y clogwyn drwy brosesau fel gweithred hydrolig. Yn y pen draw, mae'r llinellau gwendid yn lledu i greu ogofâu a mordyllau.

Y bae mwyaf yw Porth Neigwl. Mae'r bae wedi ei ffurfio o greigiau a oedd yn hawdd eu herydu. Mae'r clogwyni isel ar hyd Porth Neigwl wedi eu gwneud o dywod cyfunol llac. Wrth i donnau erydu gwaelod y clogwyni hyn, maen nhw'n cylchlithro ac yn dymchwel ar y traeth.

Mae Porth Neigwl wedi ei leoli rhwng dau bentir mawr. Dan amodau tywydd arferol mae'r pentiroedd yn achosi i'r tonnau arafu a cholli egni wrth iddyn nhw ddod i mewn i'r bae. O ganlyniad, mae deunydd traeth wedi pentyrru dros y blynyddoedd. Mae'r deunydd traeth yn cynnwys tywod mân iawn ar yr ochr orllewinol mwy cysgodol a graean brasach a cherigos ar ochr ddwyreiniol y traeth. Pan fydd y llanw'n isel mae ehangder mawr o dywod yn dod i'r golwg. Cildraeth yw'r enw ar y math hwn o draeth.

Yn 2014, profodd Porth Neigwl holl rym stormydd y gaeaf o Gefnfor Iwerydd. Roedd tonnau'r storm wedi erydu'r clogwyni a hefyd wedi cludo cerigos mawr a chreigiau i fyny llethr y traeth. Cafodd y cyfan ei ddyddodi mewn pentwr serth ar ben dwyreiniol y traeth. **Stormdraeth** yw'r enw ar yr arwedd hon.

▲ **Ffigur 39** Y traeth a'r clogwyni ym Mhorth Neigwl; gallwch weld pentir Trwyn Cilan yn y cefndir.

Gweithgareddau

3 Gwnewch fraslun o Ffigur 39.
 a) Labelwch Drwyn Cilan gan ychwanegu anodiadau yn esbonio pam mae'r arwedd hon wedi ei lleoli yma.
 b) Anodwch y clogwyn sydd wedi cylchlithro i esbonio'r broses sy'n digwydd yma. Defnyddiwch Ffigur 28 (tudalen 24) i'ch helpu.
4 Rhowch grynodeb o ddwy ffordd wahanol y gall daeareg effeithio ar dirffurfiau arfordirol gan ddefnyddio enghreifftiau o'r dudalen hon.

Sut mae gweithgareddau dynol yn effeithio ar y morlin?

Mae pobl wedi rheoli'r morlin ers canrifoedd – er enghraifft, drwy adeiladu argloddiau llifogydd a draenio morfeydd. Y bwriad yw amddiffyn y morlin rhag llifogydd a gwneud porthladdoedd yn fwy diogel. Ond mae strategaethau peirianneg o'r fath yn gallu achosi canlyniadau anfwriadol. Mae tudalen 26 yn dangos sut mae gwaddod yn symud ar hyd y morlin drwy broses drifft y glannau. Mae adeiladu wal porthladd neu forglawdd yn gallu dal y gwaddod a'i atal rhag symud ar hyd yr arfordir. Bydd y traethau ymhellach i fyny'r arfordir yn dioddef o brinder tywod newydd a gall y broses erydiad gyflymu.

▲ **Ffigur 40** Pentir y castell yng Nghricieth.

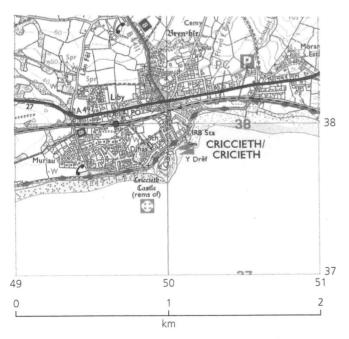

▲ **Ffigur 41** Rhanfap Arolwg Ordnans o Gricieth ar raddfa 1 : 25,000.

Ymyriadau dynol yng Nghricieth

Mae tref Cricieth ar arfordir deheuol Gwynedd yn edrych allan dros Fae Ceredigion. Mae Bae Cricieth yn ardal o ddyddodion rhewlifol cyfunol llac (til) sy'n cael eu herydu'n hawdd gan donnau storm. Mae pentir y castell (sydd i'w weld yn Ffigur 40) wedi ei wneud o graig folcanig ac mae'n gwrthsefyll erydiad yn dda.

Mae nifer o strategaethau rheoli arfordirol ar waith ym Mae Cricieth. Ymhlith y rhain mae arfogaeth greigiog ar y pen gorllewinol, wal fôr wedi ei chrymu ar hyd y promenâd ac argorau ar y traeth.

Mae'r traeth ar ochr orllewinol y castell yn gymysgedd o dywod, graean bras a cherigos. Mae'r argorau pren wedi eu gosod ar hyd y traeth mewn modd sy'n sicrhau'r erydiad lleiaf posibl ar hyd y promenâd gorllewinol, a sicrhau bod tywod yn cael ei ddal rhwng yr argorau. Gan fod Cricieth yn gyrchfan glan-môr, mae angen gwarchod y traeth er mwyn denu twristiaid. Mae traethau hefyd yn allweddol yn y gwaith o amddiffyn yr arfordir gan eu bod yn amsugno egni tonnau, ac o ganlyniad yn amddiffyn y tir sydd y tu ôl iddynt.

Gweithgareddau

1 Esboniwch pam mae pobl yn rheoli'r arfordir.
2 Gan ddefnyddio Ffigur 41:
   a) rhowch gyfeirnod grid chwe ffigur ar gyfer pentir y castell;
   b) amcangyfrifwch hyd y traeth gorllewinol sy'n cael ei amddiffyn gan yr argorau.

Mae dau argor mawr ym Mae Cricieth hefyd, ar ben dwyreiniol y traeth. Mae un ohonynt yn fawr iawn ac mae Ffigur 43 yn dangos pa mor llwyddiannus yw'r argorau o ran dal gwaddod.

I'r dwyrain o'r ddau argor mawr mae darn o glogwyn til rhewlifol (sydd i'w weld Ffigur 44). Nid oes llawer o ddeunydd traeth o flaen y clogwyn hwn. O ganlyniad mae wyneb y clogwyn yn cael ei erydu'n hawdd gan donnau storm mawr. Ydy'r argorau yn gyfrifol am hyn? Mae rhai mannau ar hyd y clogwyn lle mae'n amlwg bod deunydd wedi dymchwel ohonyn nhw. Fodd bynnag, mae hyn yn golygu bod mwy o ddeunydd wrth droed y clogwyn. Mae'r deunydd hwn, felly, yn creu amddiffynfa naturiol drwy gynyddu maint y traeth unwaith eto.

▲ **Ffigur 42** Argorau pren ar ochr orllewinol Traeth Cricieth.

▲ **Ffigur 43** Un o'r ddau argor mawr ar ochr ddwyreiniol Bae Cricieth (cyfeirnod grid 505381 yn Ffigur 41).

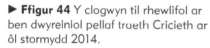

Gwaith ymholi ?

A ddylai'r morlin o amgylch Cricieth gael ei amddiffyn yn y dyfodol?

- Defnyddiwch dystiolaeth o'r map i ddadlau o blaid cael amddiffynfeydd arfordirol.
- Ymchwiliwch i'r amddiffynfeydd sydd yma'n barod.
- Oes angen gwneud rhagor i reoli'r morlin?

▶ **Ffigur 44** Y clogwyn til rhewlifol ar ben dwyreiniol pellaf traeth Cricieth ar ôl stormydd 2014.

Gweithgareddau

3 a) Lluniadwch fraslun o Ffigur 42.
   b) Rhowch anodiadau ar eich braslun i ddisgrifio'r strategaethau rheoli sydd ar waith ar hyd y morlin hwn.

4 Astudiwch Ffigur 43.
   a) Esboniwch pam mae'r deunydd traeth yn fwy trwchus ar ochr dde'r llun.

   b) Ydy hyn yn ganlyniad bwriadol? Os felly, pam?
   c) Defnyddiwch Ffigurau 41 a 42 i roi cyfeiriad drifft y glannau ar y morlin hwn.

5 Disgrifiwch arweddion Ffigur 44. Esboniwch pam gallai'r erydiad sydd i'w weld yma fod yn ganlyniad anfwriadol i weithgareddau dynol.

Ymchwilio i newid yn y dirwedd

Mae'r morlin yn dirwedd sy'n newid yn barhaus. Gall newidiadau fod yn raddol iawn a gallan nhw ddigwydd dros gyfnod o sawl degawd. Gallwn ni fesur newidiadau sy'n digwydd dros gyfnodau hir drwy gymharu data gwaith maes cynradd â mapiau neu ffotograffau hanesyddol. Fodd bynnag, weithiau gall siâp proffil traeth (ei siâp trawstoriadol) newid dros nos. Er enghraifft, gall newid cyflym ddigwydd wrth i waddod traeth gael ei erydu neu ei ddyddodi gan storm eithafol. Mae modd cofnodi newid cyflym i broffil traeth drwy gymharu mesuriadau sydd wedi eu cymryd ar ddau ddiwrnod gwahanol.

Casglu tystiolaeth gynradd o broffil traeth

Mae modd cofnodi maint a siâp traethau drwy gymryd mesuriadau o broffil traeth (fel sydd i'w weld yn Ffigur 45).

- Mae person A yn sefyll ar bellter diogel o ymyl y môr gan ddal polyn anelu.
- Mae person B yn sefyll gan ddal ail bolyn anelu ymhellach i fyny'r traeth. Rhaid iddo/iddi sefyll ar y **toriad yn y llethr** ble mae newid yn ongl y traeth.
- Mae'r pellter rhwng y ddau bolyn anelu'n cael ei fesur gan ddefnyddio tâp mesur.
- Mae'r ongl rhwng y marcwyr sydd ar yr un uchder ar y ddau bolyn yn cael eu mesur gan ddefnyddio clinomedr.

Mae angen ailadrodd yr un broses ar gyfer pob toriad yn y llethr nes i chi gyrraedd pen uchaf y traeth.

Ar ôl casglu'r data i gyd, gallwch chi blotio'r pellterau a'r onglau ar gyfer pob toriad ar graff i ddangos proffil y traeth. Wedyn mae modd cymharu'r data sydd wedi'u casglu ar ddiwrnodau gwahanol.

▲ **Ffigur 45** Sut i gyflawni proffil traeth.

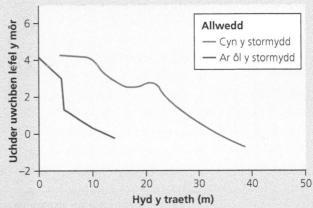

▲ **Ffigur 46** Proffiliau traeth ar gyfer diwrnodau gwahanol ar draeth Slapton Sands, Torcross.

Gweithgaredd

1 Defnyddiwch Ffigur 46.
a) Disgrifiwch sut mae proffil y traeth wedi newid ar ôl y stormydd. Bydd angen i chi gyfeirio at uchder a hyd y traeth.
b) Sut byddech chi'n cyfrifo arwynebedd y traeth drwy ddefnyddio sawl proffil?

Ymchwilio i'r cysyniad o le

Mae lleoliadau arfordirol yn cynnig cyfle i ymchwilio i'r ffordd mae pobl yn meddwl am yr amgylchedd – boed yn amgylchedd ffisegol o dirwedd arfordirol naturiol neu'n amgylchedd dynol mewn cyrchfan glan-môr. Bydd hyn yn golygu casglu data ansoddol (gweler tudalen 8), er enghraifft drwy ddefnyddio'r dulliau canlynol:

- arolygon deubegwn (gweler tudalen 104)
- holiaduron (gweler tudalen 10).

Lle

Mae lle yn gysyniad daearyddol sy'n cael ei ddefnyddio i ddisgrifio'r pethau sy'n gwneud rhywle'n arbennig, yn unigryw neu'n nodedig. Mae llawer o arweddion gwahanol o'r amgylchedd dynol a ffisegol ym mhob lle. Ymhlith y rhain mae arweddion tirwedd a thirnodau, mathau gwahanol o adeiladau lleol, ecosystemau a chynefinoedd, ac arweddion hanesyddol a diwylliannol lleol. Gall pob un o'r arweddion hyn fod yn ddigon cyffredin yn y DU. Fodd bynnag, y cyfuniad unigryw o'r arweddion daearyddol hyn sy'n creu hunaniaeth ar gyfer unrhyw le penodol.

Gofyn cwestiynau mewn ymchwiliad

Astudiwch Ffigur 47 sy'n dangos llun o gyrchfan glan-môr y Rhyl ar arfordir gogledd Cymru. Sut mae pobl o oedrannau gwahanol yn meddwl am y lle hwn; pa arweddion maen nhw'n eu hoffi neu ddim yn eu hoffi? Pa eiriau bydden nhw'n eu defnyddio i ddisgrifio arweddion unigryw neu arbennig y lle hwn? Faint ohonyn nhw fyddai'n gadarnhaol a faint fyddai'n negyddol? Ydy twristiaid i'r Rhyl yn rhannu'r un syniadau tuag at y lle hwn â phobl leol? Gallech chi ddefnyddio cymysgedd o gwestiynau agored a chaeedig i ymchwilio i'r syniadau hyn. Cofnodwch frasamcan o oedran pob person. Wedyn, gallwch chi drefnu eich canlyniadau i weld a yw safbwynt pobl ifanc yn wahanol i safbwynt pobl hŷn, neu a yw safbwynt twristiaid yn wahanol i safbwynt pobl leol.

▲ **Ffigur 47** Fel llawer o gyrchfannau glan-môr y DU, mae gan y Rhyl boblogaeth sy'n heneiddio ac mae'n dioddef o ddirywiad o ran twristiaeth, cyflogaeth dymhorol a phrinder swyddi sy'n talu cyflog uchel.

Gweithgaredd

2 Astudiwch Ffigur 47.
   a) Rhestrwch arweddion dynol a ffisegol yr amgylchedd hwn.
   b) Sut mae'r arweddion hyn yn cymharu â threfi glan-môr eraill?
   c) Lluniwch arolwg deubegwn y gallech chi ei ddefnyddio i asesu safbwyntiau pobl am yr amgylchedd hwn. Gallwch chi brofi eich arolwg ar eich cyd-ddisgyblion yn y dosbarth.

Gwaith ymholi

Lluniwch ymholiad ar gyfer y Rhyl.

a) Meddyliwch am gwestiwn ymholi trosfwaol am y lle.
b) Disgrifiwch sut byddech chi'n casglu'r data ansoddol mae eu hangen a sut byddech chi'n cynllunio taflenni casglu data.

Sut mae daeareg yn effeithio ar dirweddau afon?

Mae hinsawdd, daeareg a gweithgareddau dynol yn chwarae rhan bwysig yn nhirweddau afonydd y DU. Mae **mandylledd** (*porosity*) ac **athreiddedd** (*permeability*) y creigiau o dan ein traed yn helpu i bennu faint o ddŵr sydd i'w weld yn nhirwedd y DU. Mae bylchau bach mewn creigiau **mandyllog** rhwng y gronynnau craig. Mae mandylledd yn cyfleu faint o ddŵr y mae'r mân dyllau hyn yn gallu eu storio. Er enghraifft, mae creigiau fel tywodfaen yn gallu dal dŵr yn eu mandyllau fel **storfa dŵr daear**. Mae athreiddedd yn cyfleu pa mor hawdd y mae dŵr yn gallu pasio drwy graig. Mae creigiau **athraidd** yn gadael i ddŵr deithio drwyddynt. Mae dŵr yn teithio'n hawdd drwy fregion a chraciau fertigol a llorweddol sy'n gyffredin mewn creigiau athraidd fel tywodfaen

a chalchfaen. Does dim llawer o fandyllau na bregion mewn creigiau **anathraidd**, ac felly mae dŵr yn tueddu i lifo drostynt ar arwyneb y tir. Mae'r rhan fwyaf o greigiau igneaidd fel gwenithfaen, a chreigiau metamorffig fel llechen, yn anathraidd. Mae clai, sy'n graig waddod, hefyd yn anathraidd. Mewn ardaloedd lle mae'r ddaeareg yn anathraidd, mae'n bosibl storio dŵr ar yr arwyneb. Mae llynnoedd ac afonydd yn **storfeydd arwyneb** naturiol. Mae'n bosibl adeiladu argaeau ar afonydd i reoli llifogydd a chreu cronfeydd dŵr i gyflenwi dŵr. Mae 168 o argaeau mawr yn y DU (rhaid i'r rhain fod yn uwch na 15 m a dal yn ôl o leiaf 3,000,000 o fetrau ciwbig o ddŵr yn ôl y diffiniad).

▲ **Ffigur 1** Mae Afon Elan yn llifo drwy uwchdir yng Nghymru lle mae'r creigiau'n anathraidd a'r priddoedd yn denau. Mae'r orsaf dywydd agosaf at y dalgylch afon hwn yng Nghwmystwyth.

▲ **Ffigur 2** Cronfa ddŵr Penygarreg ac argae Craig Goch yng Nghwm Elan.

	Ion	Chwe	Maw	Ebr	Mai	Meh	Gorff	Awst	Medi	Hyd	Tach	Rhag
Aberystwyth	97	72	60	56	65	76	99	93	108	118	111	96
Cwmystwyth	192	139	158	108	97	116	116	135	151	187	206	213
Birmingham	74	54	50	53	64	50	69	69	61	69	84	67
Norwich	55	43	48	41	42	58	42	54	47	68	70	53

▲ **Ffigur 3** Cyfanswm dyodiad misol o orsafoedd tywydd y DU ar hyd trawslun o'r gorllewin i'r dwyrain trwy Gymru a Lloegr.

Gweithgareddau

1 Gan ddefnyddio Ffigurau 1 a 2, awgrymwch ddwy ffordd wahanol mae gweithgareddau dynol wedi effeithio ar dirwedd Afon Elan.

2 Disgrifiwch y tirffurfiau sydd i'w gweld yn Ffigur 1 neu Ffigur 2 a'r prosesau oedd wedi'u ffurfio (gweler tudalen 13).

3 Astudiwch Ffigur 3.

a) Lluniadwch bedwar graff dyodiad.

b) Disgrifiwch sut mae dyodiad yn newid o'r gorllewin i'r dwyrain ar draws Cymru a Lloegr.

c) Rhowch ddau reswm posibl pam cafodd Cwm Elan ei ddewis fel safle i adeiladu argae Craig Goch.

Ble mae'r storfeydd dŵr a'r llifoedd mewn dalgylch afon?

Ychydig iawn o ddyodiad sy'n disgyn yn uniongyrchol i mewn i afonydd. Mae'r rhan fwyaf yn disgyn yn rhywle arall yn y **dalgylch afon**, sef yr ardal o dir y mae'r afon a'i **llednentydd** yn eu draenio. Mae Ffigur 4 yn dangos llifoedd dŵr trwy ddalgylch afon nodweddiadol. Mae dŵr naill ai'n llifo dros arwyneb y tir fel **llif trostir** neu'n llifo i mewn i'r pridd – proses o'r enw **ymdreiddiad**. Pan fydd y dŵr yn y pridd, bydd yn symud i lawr yn araf fel **trwylif**. Mae rhywfaint o'r dŵr yn trylifo'n ddyfnach i mewn i'r ddaear ac yn mynd i mewn i'r creigwely, ac wedyn bydd yn parhau i deithio fel **llif dŵr daear**. Mae cyfraddau ymdreiddiad, trwylif a llif dŵr daear yn dibynnu ar nifer o ffactorau, gan gynnwys:

- maint a siâp y dalgylch afon a pha mor serth yw'r llethrau
- maint y glawiad drwy'r flwyddyn ac arddwysedd y stormydd glaw
- y maint a'r math o lystyfiant ar y tir
- athreiddedd a mandylledd y pridd a'r creigiau oddi tano.

Gwaith ymholi ?

Beth sy'n gwneud tirwedd Cwm Elan yn nodedig?

Astudiwch y cyfuniad o arweddion a thirffurfiau sydd i'w gweld yn Ffigurau 1 a 2. Cafodd y ffotograffau yn Ffigurau 8 a 9 ar dudalen 15 eu tynnu yma – gallwch ddefnyddio'r ffotograffau hyn hefyd.

▼ **Ffigur 4** Storfeydd a llifoedd dŵr mewn dalgylch afon naturiol.

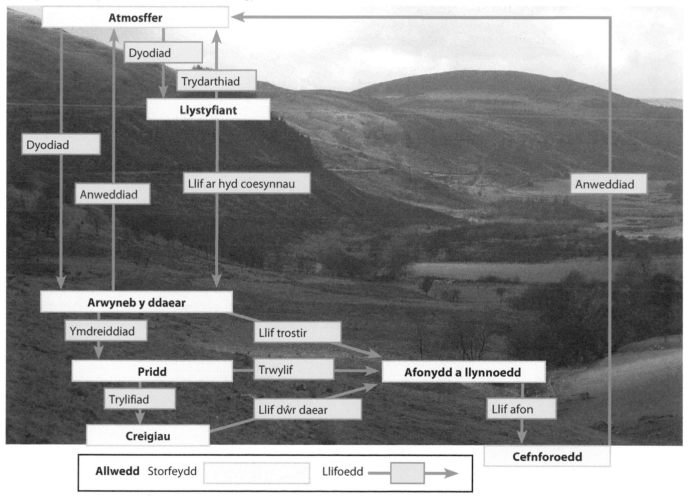

Gweithgareddau

4 Defnyddiwch Ffigur 4 i enwi:
  a) tair storfa dŵr arwyneb
  b) dau le sy'n storio dŵr o dan yr arwyneb.

5 Awgrymwch pam mae dyodiad sy'n disgyn i mewn i ddalgylch afon o graig anathraidd yn debygol o gyrraedd yr afon yn llawer cyflymach na dŵr glaw sy'n disgyn ar ardal o greigiau mandyllog.

Pam mae afonydd yn gorlifo?

Yn y DU rydyn ni'n cael dau fath o lifogydd:

- **Fflachlifau** (fel llifogydd Boscastle yn 2004), sef pan fydd glawiad mawr iawn yn digwydd dros gyfnod byr iawn, gan achosi i lefelau afon godi'n sydyn. Weithiau, mae fflachlifau'n digwydd yn yr haf yn y DU pan fydd y ddaear yn galed ac wedi caledu yn y gwres. Pan fydd cyflwr y pridd fel hyn, mae glawiad mor ddwys yn golygu ei bod yn amhosibl i'r ddaear amsugno'r dŵr yn ddigon cyflym, ac felly mae'n llifo dros arwyneb y tir.
- Llifogydd tymhorol (fel y llifogydd ar wastadeddau Gwlad yr Haf yn 2014), sef pan fydd lefelau afon yn codi o ganlyniad i'r amrywiad tymhorol yn y glawiad. Mae llifogydd o'r math hwn fel arfer yn digwydd ar ôl cyfnod hir o law, pan fydd y ddaear eisoes yn ddirlawn ac yn methu ag amsugno mwy o ddŵr. Gall llifogydd hefyd ddigwydd yn y DU pan fydd eira'n ymdoddi a phan fydd y ddaear wedi rhewi, ac felly nid yw'r dŵr yn gallu ymdreiddio i'r pridd.

Ydy gweithredoedd dynol yn cynyddu'r perygl o lifogydd?

Mae llifogydd yn digwydd pan fydd dŵr yn methu ag ymdreiddio i'r pridd. Mae palmantu dros y pridd yn creu arwyneb anathraidd ac yn atal y broses ymdreiddio, felly mae twf ardaloedd trefol yn cynyddu'r perygl o lifogydd. Mae nifer yn credu bod palmantu gerddi o flaen y tŷ i greu lle parcio o bosibl yn cynyddu'r perygl o fflachlifau mewn ardaloedd trefol. Mae llystyfiant yn helpu i dynnu dŵr o'r pridd cyn iddo gyrraedd afon. O ganlyniad, mae torri coed neu adael caeau'n foel yn y gaeaf yn gallu cynyddu'r perygl o lifogydd tymhorol. Ar y llaw arall, gallai proses o'r enw **coedwigo** (sef ailblannu uwchdiroedd â choed) helpu i leihau'r perygl o lifogydd ymhellach i lawr yr afon. Mae nifer yn credu y gallai coedwigo yng nghanolbarth Cymru helpu i leihau llifogydd yn Amwythig neu yn Bewdley (gweler tudalennau 50–1).

SGILIAU DAEARYDDOL

Sut mae dadansoddi hydrograff?

Mae **hydrograff** llifogydd yn dangos arllwysiad afon dros gyfnod llifogydd. Mae'r enghraifft yn Ffigur 5 yn dangos sut gallai afon fach ymateb i achos o lifogydd. Mae'r bar glas yn cynrychioli glawiad trwm a sydyn, fel yr un yn Boscastle yn 2004. Yn yr enghraifft hon, mae'r llif trostir o'r dalgylch afon yn cymryd dwy awr i gyrraedd sianel yr afon. Ar y pwynt hwnnw mae cyfanswm y dŵr yn y sianel yn codi'n sydyn iawn ac yn cyrraedd ei uchafswm neu'r **arllwysiad brig**. Yr enw ar y cyfnod rhwng y glawiad brig a'r arllwysiad brig yw'r **oediad amser**. Mae'r oediad amser ac uchder yr arllwysiad brig yn dibynnu ar arweddion y dalgylch afon. Yn achos dalgylchoedd afonydd lle mae'r ymdreiddiad yn llai, bydd yr oediad amser yn fyrrach a'r arllwysiad brig yn fwy. Er enghraifft, mae llawer o darmac a choncrit anathraidd yn gorchuddio dalgylchoedd afonydd trefol. Mae'n rhaid gosod draeniau storm artiffisial er mwyn cael gwared ar y dŵr arwyneb yn gyflym neu byddai strydoedd trefol yn dioddef llifogydd ar ôl pob glawiad mawr. Mae rhai o'r ffactorau hyn wedi eu dangos yn Ffigurau 6 a 7.

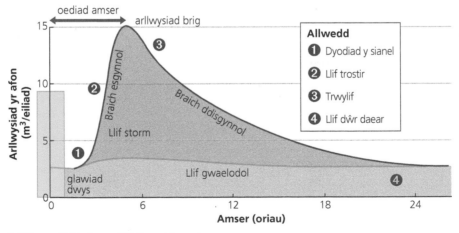

▲ **Ffigur 5** Hydrograff llifogydd syml.

Gweithgaredd

1 Defnyddiwch Ffigur 6 i esbonio sut gallai torri coedwig fawr i lawr effeithio ar yr oediad amser ac ar yr arllwysiad brig mewn afon gyfagos.

▶ **Ffigur 6** Mae coedwigoedd yn lleihau trwylif a llif trostir.

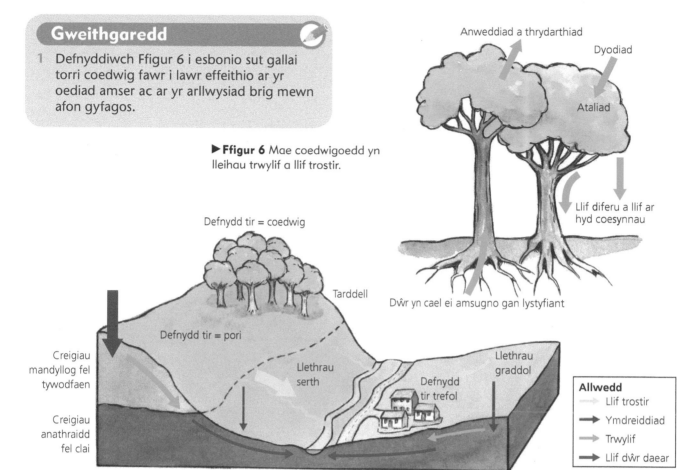

▲ **Ffigur 7** Ffactorau sy'n dylanwadu ar ymdreiddiad a llif trostir yn y dalgylch afon.

Gweithgareddau

2 Astudiwch Ffigur 5.
   a) Defnyddiwch yr amserau a'r ffigurau arllwysiad o'r hydrograff i ddisgrifio:
      i) siâp y fraich esgynnol a'r oediad amser
      ii) siâp y fraich ddisgynnol a'r llif gwaelodol.
3 Defnyddiwch Ffigurau 4, 5, 6 a 7 i'ch helpu i gopïo a chwblhau'r tabl isod.

Ffactor dalgylch afon	Effaith ar ymdreiddiad	Effaith ar llif trostir a thrwylif	Effaith ar oediad amser
Llethrau serth			
Llethrau graddol			
Creigiau mandyllog			
Creigiau anathraidd			
Defnydd tir trefol			
Plannu mwy o goed			

Gwaith ymholi

Allwch chi ragfynegi sut mae dalgylchoedd afonydd gwahanol yn ymateb i lawiad trwm a sydyn?

■ Brasluniwch ddau hydrograff llifogydd i ddangos y gwahaniaeth rhwng dalgylchoedd afonydd sy'n debyg o ran maint. Rhaid cynnwys un sydd â defnydd tir trefol ac un sydd â llawer o goedwigoedd.
■ Lluniadwch ddau hydrograff arall er mwyn cymharu ymateb afon mewn dalgylch afon sydd â chreigiau mandyllog ag ymateb afon mewn dalgylch afon sydd â chreigiau anathraidd.
■ Trafodwch eich hydrograffau â chyd-ddisgybl gan gyfiawnhau'r siapau ar eich hydrograffau. Dylech chi allu esbonio pam rydych chi wedi rhagfynegi siâp y breichiau esgynnol a disgynnol a beth yw hyd posibl yr oediad amser.

Sut mae daeareg yn effeithio ar lifoedd a storfeydd dŵr yn y dalgylch afon?

Mae daeareg yn un o'r prif bethau sy'n dylanwadu ar ba mor gyflym mae dŵr yn llifo drwy ddalgylch afon. Mae'n dylanwadu hefyd ar faint o ddŵr sy'n gallu cael ei storio yn y dalgylch afon. **Arllwysiad** yw'r term ar gyfer cyfanswm y dŵr mewn afon, ac mae'n cael ei fesur mewn metrau ciwbig yr eiliad, neu **ciwmec**. Y term ar gyfer patrwm blynyddol afon yw **patrymedd blynyddol**. Astudiwch Ffigurau 8 a 9. Maen nhw'n dangos patrymedd blynyddol dwy afon sydd â dalgylchoedd *(catchment areas)* tebyg o ran maint yn 2004. Fodd bynnag, mae daeareg y ddau ddalgylch afon yn wahanol iawn ac mae hyn yn effeithio sut mae'r dŵr yn llifo drwy bob dalgylch.

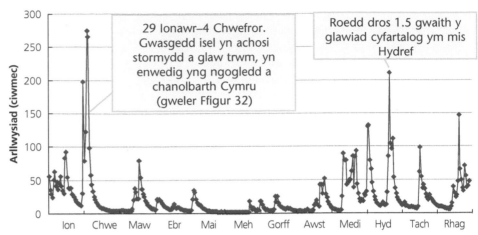

▲ **Ffigur 8** Hydrograff ar gyfer Afon Dyfi, Cymru (2004).

29 Ionawr–4 Chwefror. Gwasgedd isel yn achosi stormydd a glaw trwm, yn enwedig yng ngogledd a chanolbarth Cymru (gweler Ffigur 32)

Roedd dros 1.5 gwaith y glawiad cyfartalog ym mis Hydref

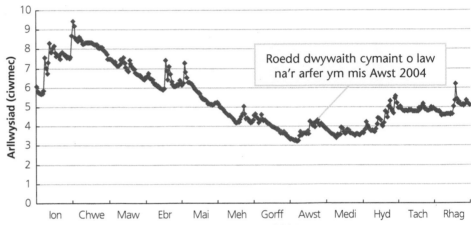

Roedd dwywaith cymaint o law na'r arfer ym mis Awst 2004

▲ **Ffigur 9** Hydrograff ar gyfer Afon Itchen, Lloegr (2004).

Ffeil Ffeithiau: Afon Dyfi ac Afon Itchen

Afon	Afon Dyfi	Afon Itchen
Lleoliad	Gorllewin Cymru	De-ddwyrain Lloegr
Cyfanswm y glawiad cyfartalog	1,834 mm	838 mm
Daeareg	100% creigiau anathraidd	90% sialc
Maint y dalgylch afon (i fyny o'r orsaf fedryddu)	471 km²	360 km²
Tirwedd	Bryniau a mynyddoedd â llethrau serth sy'n cyrraedd uchafbwynt o 907 m uwchben lefel y môr	Bryniog. Uchder mwyaf o 208 m uwchben lefel y môr.
Defnydd tir	60% glaswelltir (porfa defaid); 30% coedwigoedd; 10% gweundir	Tir ffermio âr (grawnfwydydd) yn bennaf â rhywfaint o laswelltir
Ffactorau dynol sy'n effeithio ar ddŵr ffo	Nid oes bron unrhyw ddylanwadau dynol o gwbl ar ddŵr ffo	Llai o ddŵr ffo trwy ei ddefnyddio i gyflenwi dŵr. Rhywfaint o ddŵr yn cael ei ddefnyddio i ail-lenwi dŵr daear yn y ddyfrhaen sialc

Gweithgareddau

1 Cymharwch Ffigurau 8 a 9. Disgrifiwch:
   a) un peth sy'n debyg
   b) tri pheth sy'n wahanol.

2 Defnyddiwch y Ffeil Ffeithiau i awgrymu sut gallai pob un o'r ffactorau canlynol fod wedi effeithio ar y llif:
   ■ glawiad
   ■ daeareg
   ■ tirwedd
   ■ defnydd tir.

3 Dychmygwch eich bod yn gweithio i gwmni dŵr. Awgrymwch sut byddai modd defnyddio'r ddwy afon ar gyfer cyflenwi dŵr.

Sut mae tywydd eithafol yn effeithio ar lifoedd a storfeydd dŵr?

Profodd rhannau o'r DU fwy o law nag erioed o'r blaen yn ystod mis Tachwedd a mis Rhagfyr yn 2015. Roedd y tywydd gwlyb a ddaeth i ardaloedd ledled y DU yn ganlyniad i nifer o systemau gwasgedd isel. Daeth yr aergyrff llaith a chynnes o'r Açores – ardal gynnes o Gefnfor Iwerydd i'r gorllewin o Bortiwgal. Cawsant eu cario gan y jetlif (gweler tudalen 167) a oedd mewn cylched ddeheuol i'r gorllewin o'r DU am sawl wythnos.

Ar ôl wythnosau o law roedd y ddaear yn ddirlawn, felly doedd dim modd i ragor o law suddo i mewn i'r ddaear. Cododd lefelau afonydd a chafodd cyfres o lifogydd effaith ar gymunedau yng Ngogledd Cymru, Gogledd Lloegr a'r Alban.

4–5 Rhagfyr	Cyrhaeddodd Storm Desmond. Disgynnodd mwy na gwerth mis o law yn rhannau o Cumbria. Llifogydd yng Nghaerliwelydd (*Carlisle*), Appleby a rhannau eraill o Cumbria.
12 Rhagfyr	Cyhoeddodd Asiantaeth yr Amgylchedd dros 70 o rybuddion llifogydd, yn bennaf yn Cumbria a Swydd Gaerhirfryn.
22 Rhagfyr	Cyrhaeddodd Storm Eva. Daeth rhagor o law i Cumbria a dioddefodd rhai cymunedau lifogydd unwaith eto.
26–27 Rhagfyr	Roedd rhaid i bobl adael eu cartrefi yn Swydd Gaerhirfryn a Swydd Efrog, gan gynnwys yn Hebden Bridge, Leeds, Manceinion Fwyaf a dinas Efrog. Roedd llifogydd hefyd yn Llanrwst yng Ngogledd Cymru.

▲ **Ffigur 10** Llinell amser y digwyddiadau ym mis Rhagfyr 2015.

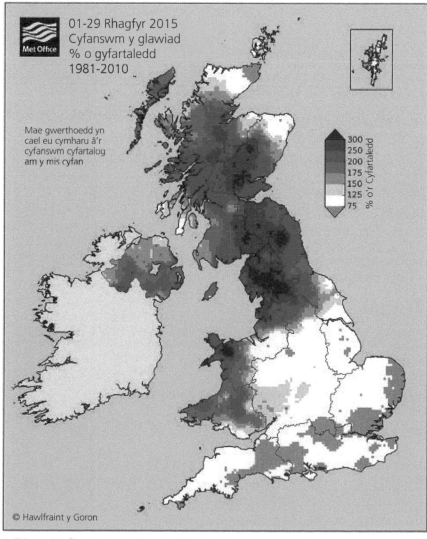

▲ **Ffigur 11** Glawiad mis Rhagfyr 2015 – ffigurau a dorrodd pob record.

Gweithgareddau

4 Esboniwch pam roedd y DU wedi dioddef llifogydd yn ystod wythnosau olaf 2015.

5 Defnyddiwch Ffigurau 10 ac 11 ac atlas i labelu map amlinell o'r DU, gan ddangos y prif ardaloedd roedd y llifogydd yn effeithio arnynt.

6 Disgrifiwch batrwm y glawiad sydd i'w weld yn Ffigur 11. Defnyddiwch atlas i'ch helpu i:
   a) enwi tair ardal o uwchdir a gafodd dros 250 y cant o'r glawiad arferol
   b) enwi tair ardal a gafodd lai na 75 y cant o'r glawiad arferol.

Effeithiau llifogydd 2015

Yn ystod mis Rhagfyr 2015 roedd afonydd mewn rhannau o Gymru, Gogledd Lloegr a'r Alban wedi gorlifo. Mae afonydd yn ymddwyn yn wahanol iawn pan fyddan nhw'n gorlifo. Nid yn unig mae lefelau'r dŵr yn uwch ond mae'r arllwysiad hefyd gymaint yn fwy nag ydyw yn ystod llif arferol. Mewn achosion eithafol o'r fath, gall afonydd newid siâp y sianel mewn modd sydyn a dramatig. Pan

fydd cymaint o egni ychwanegol ynddi, gall afon erydu a chludo deunydd ar raddfa enfawr. Bydd glannau'n cael eu tanseilio a bydd mwy o greigiau'n disgyn i mewn i'r llif. Gall coed hefyd gael eu sgubo i mewn i'r afon. Yn achos Raise Beck, nant fynyddig yn Cumbria, lledodd yr afon ei sianel o sawl metr ac erydu rhan o briffordd yr A591. Gorlifodd nant debyg yn Glenridding, sydd hefyd yn Cumbria. Golchodd grym ei llif gannoedd o dunelli metrig o raean a cherigos mawr ar draws y strydoedd.

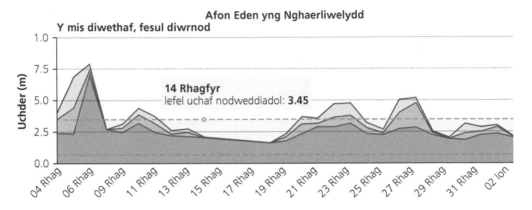

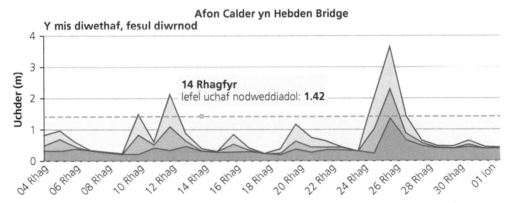

▲ **Ffigur 12** Hydrograffau ar gyfer Afon Eden yng Nghaerliwelydd (Cumbria) ac Afon Calder yn Hebden Bridge (Swydd Efrog). Mae'r llinellau glas yn nodi'r lefelau a gafodd eu cofnodi bob diwrnod; y llinell werdd yw'r lefel uchaf nodweddiadol ar gyfer mis Rhagfyr.

Ffeil Ffeithiau: Afon Eden ac Afon Calder

	Afon Eden yng Nghaerliwelydd	Afon Calder yn Hebden Bridge
Maint y dalgylch (km²)	2,286	171
Daeareg	Calchfaen i'r dwyrain a cherrig grut anathraidd i'r gorllewin o'r dalgylch	Cerrig grut anathraidd
Defnydd tir	Gweundir yn bennaf ar gyfer pori	Gweundir yn bennaf ar gyfer pori, a llethrau coediog serth
	Trefi Caerliwelydd, Penrith ac Appleby yn y dyffrynnoedd	Llawer o ddatblygiad trefol ar lawr y dyffrynnoedd; trefi Todmorden a Hebden Bridge
Llif cymedrig (ciwmec)	53.3	4.1
Arllwysiad mwyaf cyn 2015	988 ciwmec pan oedd dyfnder yr afon yn 5.52 m	59.6 ciwmec pan oedd dyfnder yr afon yn 3.09 m

▲ **Ffigur 13** Cafodd rhan o briffordd yr A591 rhwng Ambleside a Keswick ei herydu gan nant Raise Beck. Mae'r nant hon yn rhedeg oddi ar fryniau serth Ardal y Llynnoedd mewn dyffryn ffurf V ac yna'n rhedeg ar hyd ochr y ffordd.

Beth oedd yr effaith ar bobl?

Cafodd ffyrdd eu cau naill ai oherwydd y llifddyfroedd neu am fod pontydd mewn cyflwr peryglus. Roedd yr afon wedi cludo creigiau a choed i lawr yr afon ac wedi difrodi colofnau pontydd. Cwympodd sawl pont yn ystod llifogydd mis Rhagfyr. Roedd coed a changhennau wedi eu dal gan y pontydd ac yn atal llif y dŵr. Mae pontydd wedyn yn dechrau ymddwyn fel argaeau, ac mae pwysau ychwanegol y dŵr i fyny'r afon yn gallu achosi difrod i strwythur y pontydd. Roedd cau ffyrdd a phontydd wedi achosi cryn dipyn o oedi i rai gyrwyr ac aeth nifer ohonynt yn sownd yn y llifddyfroedd gan achosi difrod parhaol i'w ceir. Yn gynnar ym mis Ionawr 2016, un mis ar ôl i'r llifogydd ddechrau, roedd awdurdodau Cumbria wedi cau:

- pymtheg darn o ffordd oherwydd bod y ffordd wedi'i golchi ymaith neu wedi'i gorchuddio gan dirlithriad
- wyth pont droed oedd yn aros i gael eu harchwilio
- ugain o bontydd yn sgil difrod ac roedd tair pont arall yn aros i gael eu harchwilio.

Roedd is-orsaf drydan ar Afon Lune ger Caerhirfryn (*Lancaster*) wedi dioddef llifogydd, ac o ganlyniad roedd Caerhirfryn i gyd heb drydan am dri diwrnod bron. Cafodd generaduron brys eu defnyddio dros dro i ddarparu trydan i ysbyty Caerhirfryn ac i 19,000 o bobl yr ardal. Roedd Prifysgol Caerhirfryn ar gau a chafodd y myfyrwyr eu hanfon adref wythnos cyn diwedd y tymor.

Cafodd **40** o bontydd eu cau yn sgil llifogydd neu ddifrod

Cafodd ardal Honister yn Cumbria **341 mm** o law mewn 24 awr (rhwng 4 a 5 Rhagfyr)

Cafodd **500** o gartrefi yn nhref Efrog eu heffeithio gan lifogydd yn sgil storm Eva

Cafodd **5,200** o gartrefi yn Cumbria a Swydd Gaerhirfryn eu heffeithio gan lifogydd yn sgil storm Desmond

Roedd **20,000** o gartrefi heb drydan dros y Nadolig – yn Swydd Efrog yn bennaf

Roedd **55,000** o gartrefi yn ardal Caerhirfryn heb drydan yn ystod storm Desmond

▲ **Ffigur 14** Ystadegau'r llifogydd.

Gweithgareddau

1 a) Cymharwch hydrograffau'r ddwy afon sydd i'w gweld yn Ffigur 12. Defnyddiwch dudalen 38 i'ch helpu.
   b) Awgrymwch resymau dros y prif wahaniaethau rydych chi wedi eu nodi.
2 Disgrifiwch y newidiadau a ddigwyddodd yn sianel afon Raise Beck. Defnyddiwch dudalennau 12 ac 13 i ychwanegu manylion at eich disgrifiad.
3 Disgrifiwch effeithiau'r llifogydd ar:
   a) yr isadeiledd
   b) yr amgylchedd.
4 Awgrymwch yr effaith bosibl ar y grwpiau canlynol:
   a) pobl oedrannus yn byw ar eu pennau eu hunain
   b) pobl yn byw mewn ardaloedd gwledig anghysbell.

Sut gwnaeth amddiffynfeydd rhag llifogydd ymdopi yn 2015?

Mae tref Caerliwelydd yn Cumbria wedi ei hadeiladu ger cydlifiad tair afon – afonydd Eden, Petteril a Caldew. Ym mis Ionawr 2005 roedd llifogydd difrifol yno, a chafodd bron 2,000 o gartrefi eu difrodi. Roedd dŵr budr/brwnt o'r carthffosydd yn gymysg â'r llifddyfroedd, ac roedd rhaid i'r gwasanaeth tân fenthyg cychod rhwyfo pren i gyrraedd pobl a oedd wedi eu dal gan y llifddyfroedd. Ar ôl y llifogydd hyn:

- Gwariodd Asiantaeth yr Amgylchedd £38 miliwn ar wella amddiffynfeydd rhag llifogydd yng Nghaerliwelydd. Cafodd argloddiau (a oedd yn 6.2 m o uchder ac yn 10 km o hyd) eu hadeiladu ar hyd glan yr afon a chafodd 30 o lifddorau eu gosod.
- Gwariodd *United Utilities* £13 miliwn ar adnewyddu 4 km o'r hen garthffosydd.
- Cafodd cychod arbennig a dillad gwrth-ddŵr eu darparu i'r gwasanaeth tân, a chawsant eu hyfforddi i achub pobl o ddŵr sy'n llifo'n gyflym.

Yn ystod llifogydd 2005, roedd ychydig o'r dŵr wedi cael ei ddal gan yr amddiffynfeydd rhag llifogydd a oedd yn bodoli'n barod, ac nid oedd yn gallu llifo'n ôl i mewn i'r afon. Cafodd deg draen mawr eu gosod er mwyn atal hyn rhag digwydd eto.

▲ **Ffigur 15** Y gwasanaeth tân yn achub pobl o'u cartrefi oherwydd y llifogydd yng Nghaerliwelydd ym mis Rhagfyr 2015.

Ydy amddiffynfeydd rhag llifogydd yn gweithio?

Er gwaethaf yr holl fuddsoddi, pam gwelodd y dref lifogydd unwaith eto yn 2015? Mae Asiantaeth yr Amgylchedd yn dadlau ei bod wedi cael gwerth ei harian o'r amddiffynfeydd rhag llifogydd yng Nghaerliwelydd. Fodd bynnag, roedd pobl leol yn flin bod eu cartrefi wedi dioddef llifogydd, ac nid yw pawb yn cytuno mai dyma'r ffordd orau o amddiffyn ein trefi rhag llifogydd.

> Cafodd Caerliwelydd ei bygwth gan lifogydd yn 2009 ac eto yn 2012. Gweithiodd yr amddiffynfeydd yn dda bob tro. Gallwn amcangyfrif fod yr amddiffynfeydd wedi arbed £180 miliwn o gost i ni yn sgil difrod llifogydd. Costiodd yr amddiffynfeydd rhag llifogydd £38 miliwn, ac felly mewn gwirionedd maen nhw wedi talu amdanynt eu hunain. Credaf ein bod wedi cael gwerth ein harian.

Mike Harper – Asiantaeth yr Amgylchedd

> Rydyn ni wedi cael cyfnod eithriadol o lawiad ond mae'n rhaid i ni gydnabod, wrth i'r hinsawdd newid, y bydd tywydd o'r fath yn digwydd yn llawer amlach. Dyma pam mae rheoli llifogydd a pheryglon arfordirol yn flaenoriaeth allweddol i'r llywodraeth hon [yng Nghymru].

Carwyn Jones – Prif Weinidog Cymru

▲ **Ffigur 16** Dau safbwynt am lifogydd 2015.

Blwyddyn	Achos o lifogydd
1963	Llifogydd
1968	Llifogydd
1979	Llifogydd
1980	Llifogydd
1984	Llifogydd
2005	Llifogydd
2009	Llifogydd wedi'u hatal
2012	Llifogydd wedi'u hatal
2015	Llifogydd

▲ **Ffigur 17** Achosion diweddar o lifogydd yng Nghaerliwelydd.

SGILIAU DAEARYDDOL

Cyfrifo canran o'r cyfartaledd

Mae'n bosibl cyfrifo ffigurau glawiad cyfartalog am bob mis. I wneud hyn, rhaid cofnodi ffigurau glawiad gwirioneddol dros gyfnod hir o amser (o leiaf 20 mlynedd fel arfer) ac yna dod o hyd i'r gwerth cymedrig. Roedd Rhagfyr 2015 yn fis a dorrodd bob record – y mis mwyaf gwlyb erioed wedi'i gofnodi yn y DU. I gyfrifo faint yn fwy gwlyb oedd hi o gymharu â'r cyfartaledd, mae angen i chi rannu cyfanswm gwirioneddol y glawiad ar gyfer unrhyw fis â'r cyfartaledd ar gyfer y mis hwnnw. Felly, ar gyfer mis Tachwedd 2015 yn Hazelrigg:

$$249.8 \div 114.7 = 218\%$$

	2015	Cyfnod mwyaf gwlyb blaenorol	Cyfartaledd (cymedr)	% 2015 o'r cyfartaledd
Tachwedd	249.8	244.8 (2009)	114.7	218
Rhagfyr	306.4	234.5 (1986)	112.8	
Tachwedd a Rhagfyr	556.2	357.5 (1986)	227.4	

Ffigur 18 Glawiad (mm) ar gyfer Hazelrigg yn Cumbria, 2015, o'i gymharu â ffigurau'r cyfnodau mwyaf gwlyb blaenorol a'r cyfartaleddau ar gyfer mis Tachwedd a mis Rhagfyr.

Gweithgareddau

1. Gan ddefnyddio Ffigur 15, disgrifiwch ddau risg sydd wedi eu hachosi gan lifogydd.
2. Disgrifiwch dair ffordd y cafodd amddiffynfeydd rhag llifogydd eu gwella yng Nghaerliwelydd ar ôl 2005.
3. Cyfrifwch amlder llifogydd (gweler tudalen 23) yng Nghaerliwelydd:
   a) gydag amddiffynfeydd rhag llifogydd
   b) pe na bai amddiffynfeydd wedi eu hadeiladu ar ôl 2005.
4. Defnyddiwch Ffigur 18 i gyfrifo glawiad 2015 yn Hazelrigg fel canran o'r cyfartaledd ar gyfer:
   a) mis Rhagfyr
   b) mis Tachwedd a mis Rhagfyr.
5. Defnyddiwch Ffigurau 16, 17 ac 18 i awgrymu dau reswm pam digwyddodd y llifogydd hyn, er gwaethaf yr amddiffynfeydd rhag llifogydd.

Pa strategaethau eraill gallen ni eu defnyddio i'n hamddiffyn ein hunain?

Mae George Monbiot, sy'n arbenigwr ar yr amgylchedd, yn dadlau bod amddiffynfeydd rhag llifogydd yn cael eu hadeiladu yn y lleoedd anghywir. Yn hytrach nag amddiffyn ein trefi ar lawr y dyffrynnoedd, dylen ni fod yn gwario arian ar reoli afonydd yn y dalgylchoedd uchaf. Mae'n dadlau bod carthu (*dredging*) a sythu afonydd i amddiffyn tir ffermio yn gwaethygu'r risg o lifogydd oherwydd bod dŵr yn symud i lawr yr afon yn gyflymach ac yn hyrddio i mewn i'r dref agosaf. Er enghraifft, mae'n sôn am Afon Liza yn Ennerdale. Roedd yr afon hon yn arfer cael ei charthu, ond nid yw hyn yn digwydd rhagor. Yn hytrach, mae'r afon wedi gallu ymdroelli a dyddodi cerrig a boncyffion yn sianel yr afon, gan greu siâp **plethog** – fel pleth o wallt. Erbyn hyn mae'r afon yn edrych yn llawer mwy naturiol. Yn ystod achos o lifogydd fel yr un yn 2009, mae sianel blethog lydan Afon Liza yn storio llifddyfroedd ac yn eu rhyddhau yn araf, gan amddiffyn lleoedd i lawr yr afon rhag hyrddiadau sydyn.

▲ **Ffigur 19** Cronfa storio llifddyfroedd yn Thacka Beck, Penrith.

Mae Penrith yn dref arall yn Cumbria sy'n agored i ddioddef llifogydd afon. Mae nant fach, Thacka Beck, yn llifo o dan y dref mewn ceuffos (*culvert*). Bob tro byddai rhywbeth yn blocio'r geuffos, byddai llifogydd yn y dref. Cafodd cynllun amddiffyn rhag llifogydd, a gostiodd £5.6 miliwn, ei gwblhau yn y dref yn 2010. Mae'r cynllun yn diogelu 263 o gartrefi a 115 o siopau yn ogystal â busnesau eraill. Mae gan y cynllun ddwy ran:

1. Cafodd 675 m o geuffosydd eu hailosod er mwyn sicrhau na fydd dŵr yn cronni a llifo'n ôl i'r strydoedd.
2. Cafodd cronfa storio llifddyfroedd ei hadeiladu cyn bod Thacka Beck yn mynd i mewn i'r geuffos. Pant mewn cae yw'r gronfa yn y bôn. Mewn tywydd arferol mae'r pwll tua 12 cm o ddyfnder yn unig, ond gall storio 76,000 metr ciwbig o ddŵr hyd nes y bydd lefelau'r llifogydd wedi disgyn.

Gweithgareddau

6. a) Esboniwch pam mae rhai yn dadlau bod carthu a sythu wedi achosi mwy o berygl o lifogydd yn anfwriadol.
   b) Disgrifiwch sut gallai cynlluniau storio llifddyfroedd helpu i amddiffyn trefi. Rhowch ddwy enghraifft wahanol.
7. Cafodd y gwaith o adeiladu cynllun storio llifddyfroedd Thacka Beck ei gefnogi gan Ymddiriedolaeth Bywyd Gwyllt Cumbria. Awgrymwch beth yw manteision y cynllun i'r bobl leol ac i fywyd gwyllt.

Gwaith ymholi

A ddylai argloddiau uwch gael eu codi ar hyd Afon Eden yng Nghaerliwelydd?

Beth mae angen ei wneud yn y dyfodol? Oes angen rhoi cynnig ar gynlluniau eraill? Rhowch resymau dros eich ateb.

Tirwedd nodedig Gwastadeddau Gwlad yr Haf

Mae Gwastadeddau Gwlad yr Haf yn dirwedd wastad nodedig sy'n gorchuddio 250 o filltiroedd sgwâr. Dim ond 8 m uwchben lefel y môr y mae'r gwastadeddau'n gorwedd. Byddai llawer o'r dirwedd yn dioddef llifogydd ddwywaith y mis gan y llanw mawr uchel oni bai am amddiffynfeydd rhag llifogydd sydd ar hyd yr arfordir. Cafodd amddiffynfeydd rhag llifogydd a ffosydd i wella'r draeniad eu gosod gan y Rhufeiniaid. Dros amser mae afonydd wedi cael eu carthu a dŵr wedi cael ei bwmpio allan. Mae'r gwlyptir, felly, wedi troi'n dir ffermio cynhyrchiol sy'n cael ei ddefnyddio ar gyfer ffermio da byw a thyfu cnydau. Mae rhywfaint o'r gwlyptir ar ôl ac mae'n cael ei ddiogelu fel gwarchodfa natur. Mae tir Gwastadeddau Gwlad yr Haf yn agored i ddioddef:

- llifogydd arfordirol oherwydd llanw uchel ac ymchwydd stormydd, fel yn 1919
- llifogydd afon ar ôl cyfnodau hir o law, fel yn 2014.

Beth achosodd y llifogydd yn 2014?

Roedd cyfanswm uchel glawiad yn ystod gaeaf 2013–14 wedi dirlenwi'r priddoedd â dŵr. Rhedodd mwy o ddŵr glaw dros y tir i mewn i'r afonydd a oedd eisoes yn orlawn yn ystod mis Ionawr a mis Chwefror 2014. Ar bob llanw uchel, byddai'r dŵr yn yr afonydd yn cronni am yn ôl oherwydd doedd y llifddyfroedd ddim yn gallu dianc yn ddigon cyflym i mewn i Fôr Hafren. Yn ôl pobl leol, nid oedd yr afonydd a'r ffosydd draenio yn y Gwastadeddau wedi cael eu carthu ers yr 1990au. Roedd hyn wedi lleihau gallu sianeli'r afonydd i ddal dŵr. Roedd coed a oedd yn crogi dros yr afonydd hefyd wedi arafu arllwysiad yr afonydd.

 www.metoffice.gov.uk/public/weather/climate-historic/#?tab=climateHistoric

Mae'r wefan hon yn cynnwys data tywydd hanesyddol o 40 o orsafoedd tywydd ledled y DU, gan gynnwys gorsaf Yeovilton yng Ngwlad yr Haf.

http://nrfa.ceh.ac.uk

Dyma wefan Archif Genedlaethol Llif Afonydd. Gallwch chi weld a lawrlwytho data arllwysiadau am lawer o afonydd y DU. Defnyddiwch y data hyn i greu hydrograffau fel Ffigur 21.

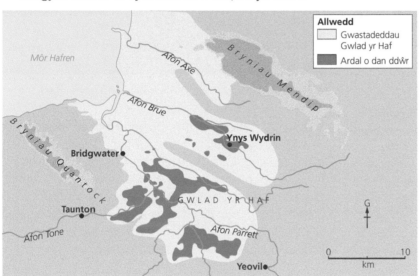

▲ **Ffigur 20** Map yn dangos lleoliad Gwastadeddau Gwlad yr Haf a'r llifogydd yn 2014.

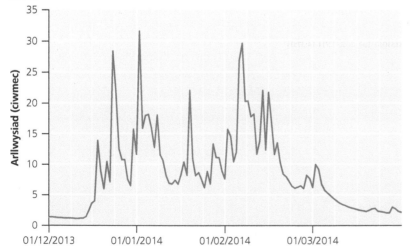

◄ **Ffigur 21** Arllwysiad yn Afon Tone ger Bishop's Hull (Rhagfyr 2013 hyd nes diwedd mis Mawrth 2014).

Gweithgaredd

1 Edrychwch ar Ffigur 20.
  a) Disgrifiwch y patrymau draeniad yng Ngwastadeddau Gwlad yr Haf.
  b) Amcangyfrifwch gyfran y Gwastadeddau lle roedd llifogydd yn 2014.

Blwyddyn	Llanwol/ arfordirol	Afon
1885	✓	
1919	✓	
1968		✓
1981	✓	
1990	✓	
2005		✓
2007		✓
2008		✓
2012		✓
2014		✓

▲ **Ffigur 22** Achosion hanesyddol o lifogydd ar Wastadeddau Gwlad yr Haf.

▲ **Ffigur 24** Roedd ardaloedd eang o'r Gwastadeddau o dan ddŵr am sawl wythnos yn 2014.

Blwyddyn	Mis	Dyodiad (mm)
2013	Meh	25.7
	Gorff	40.4
	Awst	15.2
	Medi	67.6
	Hyd	115.8
	Tach	42.9
	Rhag	121.4
2014	Ion	166.4
	Chwe	131.2
	Maw	38.4
	Ebr	62.2
	Mai	59.6
	Meh	79
	Gorff	56.8
	Awst	74.6
	Medi	3.2
	Hyd	99.8
	Tach	108
	Rhag	34.8
2015	Ion	75.4
	Chwe	41.8
	Maw	22
	Ebr	25.8
	Mai	55.2

▲ **Ffigur 23** Cyfanswm dyodiad misol yng ngorsaf Yeovilton (2013–15).

Gweithgareddau

2 a) Esboniwch pam digwyddodd llifogydd 2014. Dylech chi allu nodi ffactorau ffisegol a ffactorau dynol.
   b) Astudiwch Ffigur 22. Beth sy'n digwydd i amlder llifogydd yn y Gwastadeddau?
   c) Awgrymwch ddau reswm gwahanol a allai esbonio'r patrwm amlder hwn.

3 Defnyddiwch Ffigur 21 i ddisgrifio'r patrwm arllwysiad yn Afon Tone.

4 a) Lluniadwch graff i gyflwyno'r patrymau dyodiad misol yng ngorsaf Yeovilton sydd i'w gweld yn Ffigur 23.
   b) Pa mor anarferol oedd y patrwm glawiad a oedd i'w weld yn ystod y cyfnod rhwng mis Tachwedd 2013 a mis Chwefror 2014?
   c) Cymharwch eich graff gorffenedig â Ffigur 21. Defnyddiwch y ddau graff hyn a'ch dealltwriaeth o symudiadau'r llanw i awgrymu rhesymau dros y ffordd mae'r arllwysiad yn codi ac yn disgyn.

Gwaith ymholi

Dadansoddwch y patrymau arllwysiad dros y gaeaf yn afonydd Gwastadeddau Gwlad yr Haf. Defnyddiwch wefan Archif Genedlaethol Llif Afonydd ar gyfer eich ymchwiliad. Sut mae patrymau'r gaeaf diwethaf yn cymharu â Ffigur 23? Awgrymwch resymau dros unrhyw nodweddion sy'n debyg ac unrhyw nodweddion sy'n wahanol.

Sut dylen ni ymateb i'r llifogydd yng Ngwlad yr Haf?

Yn ystod mis Ionawr a mis Chwefror 2014, penderfynodd yr awdurdodau lleol, Asiantaeth yr Amgylchedd a Llywodraeth y DU ymateb er mwyn gwarchod pobl rhag y llifogydd. Dyma oedd yr ymatebion cyntaf i'r llifogydd:

- Cafodd 13 o bympiau mawr o'r Iseldiroedd eu defnyddio i dynnu 7.3 miliwn o dunelli metrig o ddŵr y dydd o'r gorlifdir. Roedd y pympiau ar waith ddydd a nos am chwe wythnos. Cost y tanwydd i redeg y pympiau oedd £1.5 miliwn y mis.
- Cafodd cymorth brys a chyngor ar yswiriant eu rhoi i'r bobl yn y cartrefi a gafodd eu difrodi gan y llifogydd.
- Daeth timau o bobl i'r ardal i ddechrau ar y gwaith trwsio brys i'r isadeiledd fel rhwydweithiau rheilffordd a ffyrdd, cyflenwadau trydan, systemau ffôn a charthffosydd.
- Cafodd da byw eu hachub a'u cludo i ardaloedd eraill.

Yng nghanol 2014, cyhoeddodd Llywodraeth y DU y byddai'n cyfrannu £100 miliwn at raglen adfer ar gyfer Gwastadeddau Gwlad yr Haf. Mae nodau Cynllun Gweithredu Llifogydd Gwastadeddau a Gweundiroedd Gwlad yr Haf i'w gweld yn Ffigur 26.

Cynllun Gweithredu Llifogydd Gwastadeddau a Gweundiroedd Gwlad yr Haf

Nodau tymor canolig – hyd nes 2020

- Gwaith carthu ar Afonydd Parrett a Tone a fydd yn costio £6 miliwn.
- Codi argloddiau o gwmpas pentrefi sy'n agored i lifogydd. Cafodd £180,000 ei wario ar warchod y deg tŷ ym mhentref Thorney. Caiff deg safle arall eu dewis a'u gwarchod erbyn 2020.
- Codi uchder ffordd yr A372 ac atgyweirio 44 km o ffyrdd sydd wedi'u difrodi.
- Paratoi a chynllunio'n well ar gyfer gwarchod trigolion a pherchenogion busnesau. Byddai syniadau fel darparu storfa o fagiau tywod, casglu gwybodaeth am leoliad pobl fregus, symud da byw mewn argyfwng a gwella systemau cyfathrebu yn cael eu datblygu.

Nodau tymor hir – hyd nes 2035

- Codi rhwystr llifogydd yn Bridgwater erbyn 2024. Y gost sydd wedi'i hamcangyfrif ar gyfer y rhwystr yw £32 miliwn. Byddai hyn yn lleihau effaith llanwau uchel sy'n atal llifddyfroedd rhag dianc o'r Gwastadeddau.
- Ymchwilio i gostau a buddion codi cynllun storfa llifddyfroedd gwerth £16 miliwn i fyny'r afon o Taunton. Byddai hyn yn dal dŵr glaw a'i gadw rhag draenio i mewn i Afon Tone. Byddai rhaglen plannu coed ar raddfa fawr yn y dalgylch uchaf yn rhan o'r cynllun hwn.

▲ **Ffigur 25** Cafodd pympiau o'r Iseldiroedd eu defnyddio i bwmpio dŵr yn ôl i mewn i afonydd Gwlad yr Haf o'r gorlifdir.

▲ **Ffigur 26** Cynllun Gweithredu Llifogydd Gwastadeddau a Gweundiroedd Gwlad yr Haf.

▶ **Ffigur 27** Carthu a sefydlogi'r lan ar Afon Parrett.

Ffeil Ffeithiau: Effeithiau'r llifogydd

- Effeithiodd y llifogydd ar hanner y busnesau yng Ngwlad yr Haf, naill ai'n uniongyrchol neu'n anuniongyrchol.
- Costiodd y difrod i gartrefi hyd at £20 miliwn.
- Roedd cyfanswm y costau i lywodraeth leol, yr heddlu a'r gwasanaethau achub yn £19 miliwn.
- Roedd y rheilffordd rhwng Taunton a Bridgwater ar gau am bedair wythnos gan olygu cost o £21 miliwn i'r economi lleol.
- Roedd dros 80 o ffyrdd dan ddŵr gan olygu cost o £15 miliwn i'r economi lleol.

Gwaith ymholi

Pwy ddylai dalu am Gynllun Gweithredu Llifogydd Gwastadeddau a Gweundiroedd Gwlad yr Haf? Trafodwch gyfrifoldebau'r grwpiau canlynol cyn gwneud eich argymhelliad:
- Y bobl mae'r llifogydd wedi effeithio arnyn nhw'n uniongyrchol
- Trigolion Gwlad yr Haf
- Trethdalwyr y DU.

Gweithgareddau

1 Lluniadwch ddilyniant o ddiagramau trawstoriadol syml a'u labelu i ddangos sut byddai carthu afonydd yn golygu eu bod yn fwy effeithlon ac yn lleihau'r risg o lifogydd.
2 Gwerthuswch y dadleuon o blaid ac yn erbyn parhau i garthu afonydd yn y Gwastadeddau.
3 Defnyddiwch y wybodaeth ar y tudalennau hyn i ddadansoddi Cynllun Gweithredu Llifogydd Gwastadeddau a Gweundiroedd Gwlad yr Haf. Gwnewch hyn drwy gwblhau tabl tebyg i'r un isod.

	Manteision	Anfanteision
Economaidd		
Cymdeithasol		
Amgylcheddol		

Mae ein modelau cyfrifiadurol yn awgrymu bydd y rhaglen garthu yn golygu bydd yr afonydd yn gallu gwaredu 90% o'r llifddyfroedd. Ar hyn o bryd, mae'r silt sydd wedi casglu yn yr afonydd ers 2009 yn eu galluogi i waredu 60% o'r llifddyfroedd.

Ashley Gibson, Partneriaeth Rheoli Dŵr Gwlad yr Haf

Rhaid bod rhywfaint o'r bai ar ysgwyddau Asiantaeth yr Amgylchedd. Pam yn y byd gwnaethon nhw dorri'n ôl ar y rhaglen garthu yn y lle cyntaf?

Ian Liddell-Grainger, Aelod Seneddol

Mae carthu yn cael effaith ar y cynefinoedd yn yr afon ac o'i hamgylch. Mae'r pysgod yn cael eu haflonyddu'n ofnadwy yn ystod y broses garthu ac mae'r dŵr yn gymylog am ddiwrnodau ar ôl y gwaith. Mae gwelyau cyrs ar hyd glan yr afon yn cael eu chwalu, ac felly mae adar a mamolion bach yn colli eu cynefinoedd.

Y Gymdeithas Frenhinol er Gwarchod Adar

Byddai wedi bod yn rhatach cynnal yr afonydd yn iawn yn hytrach na thorri'n ôl ar y rhaglen garthu yn 2009. Bydd y gwaith glanhau ac atgyweirio'n costio miliynau o bunnoedd i'r trethdalwr.

Undeb Cenedlaethol yr Amaethwyr

Byddwn i'n annog yr awdurdodau i beidio â chymryd camau eithafol hyd nes y byddan nhw wedi ystyried effeithiau newid hinsawdd a'r codiad yn lefel y môr. Pe bai lefel y môr yn codi 12 cm gallai olygu bod y bared arfaethedig yn Bridgwater yn wastraff arian.

Yr Arglwydd Krebs, arbenigwr ar yr hinsawdd

Rwy'n gwrthwynebu talu £25 ychwanegol y flwyddyn mewn trethi lleol i ariannu camau i atal llifogydd. Ni ddylai'r cyngor ganiatáu i neb adeiladu ar orlifdiroedd. Clywais fod mwy na 900 o gartrefi wedi eu hadeiladu yng Ngwlad yr Haf ar dir sy'n agored i lifogydd ers 2001.

Person sy'n byw yn Ynys Wydrin nad oedd wedi dioddef llifogydd

Mae Asiantaeth yr Amgylchedd yn ysgwyddo llawer o'r bai am dorri'n ôl ar y rhaglen garthu yn y blynyddoedd diwethaf. Fodd bynnag, mae toriadau'r llywodraeth mewn gwariant cyhoeddus yn golygu eu bod wedi colli 1,700 o swyddi. Allwn ni ddim bod ar ein hennill bob tro.

Papur newydd Western Morning News

Mae'n rhaid i ni adael i'r afonydd orlifo'n naturiol. Mae rhai o gynefinoedd y gwlyptiroedd yn unigryw. Weithiau mae angen i natur gael blaenoriaeth dros yr economi a phobl.

Ymddiriedolaeth Bywyd Gwyllt Gwlad yr Haf

▲ **Ffigur 28** Safbwyntiau gwahanol gan randdeiliaid ar yr hyn ddylai ddigwydd.

Sut mae Afon Hafren yn cael ei rheoli?

Afon Hafren yw'r afon hiraf ym Mhrydain. Ar ôl llifogydd difrifol yn 2000, cafodd amddiffynfeydd rhag llifogydd eu codi yn Frankwell yn nhref Amwythig. Roedd yr amddiffynfeydd ar ffurf argloddiau pridd, waliau llifogydd concrit a rhwystrau llifogydd dros dro. Cafodd yr amddiffynfeydd hyn eu cwblhau yn 2004 a'r gost oedd £4.6 miliwn. Mae'r rhwystrau dros dro (sydd i'w gweld yn Ffigur 29) wedi eu gwneud o baneli alwminiwm.

Mae modd eu cysylltu â'i gilydd cyn i'r llifogydd gyrraedd. Llwyddodd y rhwystrau dros dro i ddal 1.9 m o lifddyfroedd yn ôl mewn achos o lifogydd ym mis Chwefror 2004, gan warchod 74 o adeiladau. Ond nid yw pob man yn cael ei amddiffyn. Mae mathau gwahanol o ddefnydd tir yn Amwythig wedi eu rhannu yn gylchfaoedd. Nid yw ardaloedd defnydd tir o werth isel, fel meysydd parcio a chaeau chwarae, yn cael eu hamddiffyn. Mae'r cylchfaoedd hyn yn ardaloedd diogel i 'storio' dŵr os bydd llifogydd yn digwydd, fel sydd i'w weld yn Ffigur 29.

▲ **Ffigur 29** Mae 700 m o argloddiau a waliau llifogydd wedi eu codi yn yr ardal lle mae'r afon yn dod i mewn i'r dref i atal llifogydd yn Amwythig. Mae 155 m o lan yr afon hefyd yn cael eu hamddiffyn gan amddiffynfeydd dros dro.

▲ **Ffigur 30** Maes parcio Neuadd y Dref a Frankwell, SY3 8HQ – yr un lleoliad ag sydd i'w weld yn Ffigur 29.

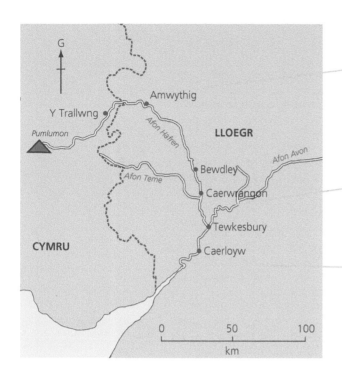

Amwythig: Difrod gan lifogydd yn 2000 (difrifol), 2002, 2004 a 2007 (difrifol) ac yn 2014. Cafodd amddiffynfeydd mawr rhag llifogydd eu hadeiladu yn ystod gwanwyn 2004. Cafodd ei gyhoeddi ym mis Chwefror 2015 y byddai £20 miliwn pellach yn cael ei wario ar estyn yr amddiffynfeydd rhag llifogydd yn Amwythig. Bydd y gwaith hwn wedi'i gwblhau erbyn 2020.

Bewdley: Difrod gan lifogydd yn 2000 a 2002. Cafodd llifogydd difrifol eu hosgoi yn 2004 ac eto yn 2014 drwy ddefnyddio rhwystrau llifogydd dros dro.

Tewkesbury: Roedd llifogydd difrifol yn Tewkesbury a **Chaerloyw** yn 2000 a 2007. Llwyddodd cynllun atal llifogydd 5-mlynedd gwerth miliynau o bunnoedd i amddiffyn y ddwy dref pan gododd y dŵr yn Afon Hafren i lefelau peryglus o uchel yn 2012. Dim ond pentrefi anghysbell i lawr yr afon o Tewkesbury a gafodd eu difrodi yn 2012 a 2014.

◀ **Ffigur 31** Llifogydd hanesyddol (2000-15) ar hyd Afon Hafren.

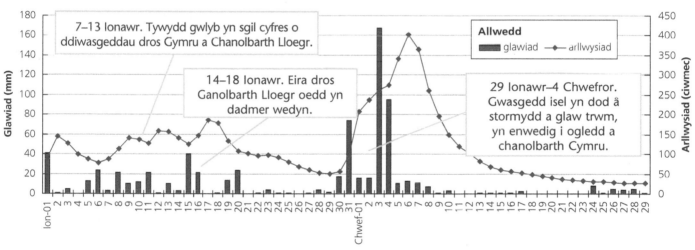

▲ **Ffigur 32** Hydrograff llifogydd ar gyfer Afon Hafren yn Bewdley (Ionawr–Chwefror 2004). Mae'r data glawiad ar gyfer Capel Curig, gogledd Cymru.

Gweithgareddau

1 Disgrifiwch lwybr Afon Hafren.
2 Awgrymwch pam gallai cynllunwyr atal pobl rhag adeiladu tai newydd ar orlifdir Afon Hafren.
3 Awgrymwch pam gallai fod yn well gan y bobl leol gael rhwystrau dros dro na waliau ac argloddiau parhaol.
4 Esboniwch pam mae Amwythig wedi'i rhannu yn gylchfaoedd llifogydd. Ystyriwch y manteision economaidd ac amgylcheddol.

Gwaith ymholi

Sut mae digwyddiadau tywydd yn effeithio ar batrymau llifogydd tymhorol?

■ Disgrifiwch siâp yr hydrograff llifogydd rhwng 29 Ionawr a 29 Chwefror yn ofalus. Defnyddiwch Ffigur 5 ar dudalen 38 i'ch helpu gyda'ch disgrifiad.
■ Disgrifiwch sut mae pob un o'r tri digwyddiad tywydd (sy'n cael eu disgrifio yn y labeli yn Ffigur 32) wedi effeithio ar lif yr afon. Canolbwyntiwch ar yr oediad amser yn ogystal ag ar raddiant pob braich esgynnol.
■ Awgrymwch sut mae Asiantaeth yr Amgylchedd yn defnyddio data glawiad o Gymru i rybuddio pobl yn Bewdley am ddigwyddiadau llifogydd yn y dyfodol.

Beth mae angen ei wneud i leihau'r perygl o lifogydd yn y dyfodol?

▶ **Ffigur 33**
Safbwyntiau gwahanol
am ddatrys problem
llifogydd.

Cynllunydd

Mae angen annog perchenogion tai i beidio â phalmantu eu gerddi. Mae palmant a tharmac yn anathraidd. Mae dŵr glaw yn mynd yn syth i lawr i'r draeniau llifogydd ac i mewn i'r afon yn hytrach na chael ei amsugno'n araf i mewn i'r pridd. Mae angen rhoi cyngor fel bod graean ac arwynebau athraidd yn cael eu defnyddio yn lle tarmac. Hefyd, mae angen i ni osod draeniau storm newydd yn lle'r hen rai sy'n rhy fach i ymdopi â stormydd o law trwm. Fodd bynnag, ni fydd gyrwyr yn hoffi hynny gan y bydd yn achosi cloddio ffyrdd trefol!

Llefarydd ar ran RSPB

Nododd y gwyddonwyr a ysgrifennodd adroddiad '*Futures Report*' ar lifogydd fod y perygl o lifogydd afon wedi cynyddu yn sgil dulliau gwael o reoli tir. Er enghraifft, yn y 50 mlynedd diwethaf, mae ffermwyr uwchdiroedd Cymru a Lloegr wedi ychwanegu draeniau i'w caeau i gynyddu faint o laswellt maen nhw'n ei dyfu. Fodd bynnag, mae'r draeniau caeau hyn wedi cael effaith ar lif afonydd ymhellach i lawr yr afon. Rydyn ni'n cymryd rhan mewn cynllun i adfer hen fawnogydd yn uwchdiroedd Cymru. Rhwng 2006 a 2011, byddwn ni'n cau cyfanswm o 90 km o hen ddraeniau tir ar y bryniau ger Llyn Efyrnwy. Rydyn ni'n defnyddio byrnau wedi eu gwneud o rug i gau'r draeniau. Bydd hyn yn arafu'r llif trostir ac yn gorfodi'r dŵr i gael ei amsugno'n ôl i mewn i'r pridd. Nid yn unig y bydd hyn yn helpu i leihau'r perygl o lifogydd, ond bydd hefyd yn gwella ecosystem y gweundir ac yn helpu i warchod adar ysglyfaethus prin, fel y cudyll bach a'r boda tinwyn.

Gwyddonydd afonydd

Mae cynlluniau peirianneg galed, fel y waliau llifogydd a'r argloddiau yn Amwythig, yn cyflymu llif y dŵr. Gallai'r cynlluniau hyn sianelu dŵr ymlaen i'r gymuned nesaf sy'n byw i lawr yr afon a chynyddu'r perygl o lifogydd yn y cymunedau hyn. Yr hyn mae angen i ni ei wneud yw newid dyffrynnoedd afonydd yn ôl i gyflwr mwy naturiol. Dylen ni ddefnyddio gorlifdiroedd fel storfeydd dŵr dros dro, fel bod llifogydd yn digwydd ymhell oddi wrth ardaloedd adeiledig.

Adeiladwr tai

Mae'n bosibl gwneud tai yn fwy diogel rhag llifogydd drwy ddefnyddio camau fel rhoi socedi trydan yn uwch ar y waliau a gosod teils ar y llawr yn lle pren a charpedi.

Person sy'n byw yn Amwythig

Rwy'n fodlon iawn â'r amddiffynfeydd newydd rhag llifogydd. Mae fy nghartref i wedi dioddef llifogydd yn y gorffennol ond cafodd ei amddiffyn yn 2007. Costiodd cynllun amddiffynfeydd rhag llifogydd Amwythig £4.6 miliwn, ond roedd yn werth pob ceiniog yn fy marn i.

Gweinidog tai y llywodraeth

Mae angen i ni adeiladu 3 miliwn o gartrefi ychwanegol yn y DU erbyn 2020. Mae bron hanner y rhain yng Nghanolbarth Lloegr ac yn ne Lloegr, sef yr un ardaloedd lle roedd llifogydd yn 2007. Bydd rhaid adeiladu rhai o'r tai hyn ar safleoedd tir glas. Fodd bynnag, dylen ni gyfyngu ar adeiladu ar orlifdiroedd yn y dyfodol.

▼ **Ffigur 34** Newidiodd llwybr y dŵr trwy ddalgylchoedd afonydd yr uwchdir yng nghanolbarth Cymru pan gafodd draeniau eu gosod yn y tir. Mae maint y saethau mewn cyfrannedd â chyfanswm pob llif.

a) Y system naturiol

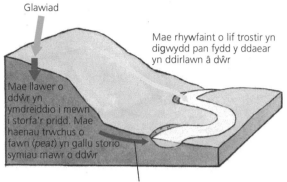

Glawiad

Mae rhywfaint o lif trostir yn digwydd pan fydd y ddaear yn ddirlawn â dŵr

Mae llawer o ddŵr yn ymdreiddio i mewn i storfa'r pridd. Mae haenau trwchus o fawn (*peat*) yn gallu storio symiau mawr o ddŵr

Trwylif: mae dŵr yn symud yn araf drwy'r pridd ac yn mynd i mewn i'r afon sawl awr neu sawl diwrnod ar ôl y glawiad

b) Cafodd draeniau caeau eu gosod i wella'r draeniad

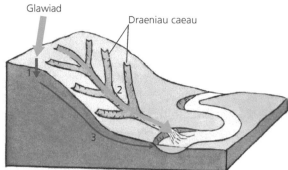

Glawiad

Draeniau caeau

1

2

3

Gweithgaredd

1   Astudiwch Ffigur 34.
   a) Gwnewch gopi o'r ail ddiagram.
   b) Ychwanegwch labeli at eich diagram sy'n esbonio llif y dŵr yng nghamau 1, 2 a 3.

   c) Esboniwch sut byddai'r gwahaniaethau rhwng y ddau ddiagram yn effeithio ar lif dŵr yr afon i lawr yr afon.

Gwaith ymholi

Rydych chi wedi cael cais i roi cyngor i Gyngor Tewkesbury ar atal llifogydd. Beth rydych chi'n meddwl y dylai'r Cyngor ei wneud i atal llifogydd yn y dref yn y dyfodol?

■   Defnyddiwch yr hyn rydych chi wedi ei ddysgu yn y bennod hon, a'r safbwyntiau yn Ffigur 33, i lenwi copi o'r tabl isod.

Ateb posibl	Manteision a phroblemau tymor byr	Manteision a phroblemau tymor hir	Pwy allai gytuno ac anghytuno â'r ateb hwn?
Adeiladu amddiffynfeydd rhag llifogydd fel y rhai yn Amwythig			
Adfer corsydd a gweundiroedd yng nghanolbarth Cymru drwy gau draeniau			
Rheolaeth fwy llym ar adeiladu ar orlifdiroedd a phalmantu gerddi			
Gadael i afonydd lifo'n naturiol a gorlifo dros y gorlifdir			

■   Nawr, mae angen i chi argymell eich cynllun. Beth rydych chi'n meddwl y dylai'r Cyngor ei wneud, a pham rydych chi'n meddwl y bydd eich cynllun yn gweithio? Defnyddiwch y tabl canlynol i gynllunio eich ateb.

Cwestiynau allweddol i ofyn i chi eich hun	Fy atebion
Ydy fy nghynllun yn realistig ac yn bosibl ei gyflawni?	
Pa grwpiau o bobl fydd yn cael budd o fy nghynllun?	
Sut bydd y cynllun yn effeithio ar yr amgylchedd?	
Pam mae'r cynllun hwn yn well na'r dewisiadau eraill?	

THEMA 2

Cysylltiadau gwledig–trefol
Pennod 1
Newidiadau poblogaeth a newidiadau gwledig–trefol

Ble mae pobl yn byw yn y DU?

Mae ardaloedd trefol yn **amgylcheddau adeiledig** prysur. Mae pobl yn byw yn agos at ei gilydd ac mae'r **dwysedd poblogaeth** yn uchel. I'r gwrthwyneb i hyn, mae mwy o fannau agored mewn ardaloedd gwledig. Mae dwysedd poblogaeth yn is neu'n denau mewn ardaloedd gwledig. Mae **hierarchaeth** o aneddiadau mewn ardaloedd gwledig – pentrefannau, pentrefi a threfi bach – ond mae'r aneddiadau hyn yn tueddu i fod yn llai nag aneddiadau mewn rhanbarthau trefol.

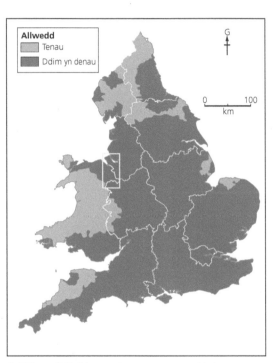

▲ **Ffigur 1** Poblogaethau tenau yng Nghymru a Lloegr. Mae'r blwch melyn yn dangos yr ardal sydd i'w gweld yn Ffigur 2.

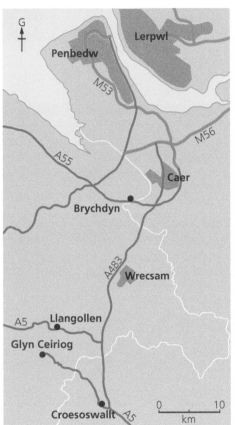

Caer – poblogaeth 329,608. Mae siopau Caer yn denu cwsmeriaid o ardal enfawr ledled Swydd Gaer, Gogledd Swydd Amwythig a Gogledd Cymru. Mae 15,000 o fyfyrwyr yn astudio ym Mhrifysgol Caer.

Brychdyn – poblogaeth 6,000. Tref wledig fach yng Nghymru sydd o fewn pellter cymudo hwylus i Gaer. Mae gan gwmni Airbus ffatri yma sy'n gwneud adenydd awyrennau ac sy'n cyflogi 6,000 o bobl. Mae pobl yn cymudo i'r ffatri o Gaer, Penbedw a Gogledd Cymru.

Wrecsam – poblogaeth 42,000. Wrecsam yw'r dref fwyaf yng Ngogledd Cymru ac mae'n ganolfan weinyddol ar gyfer Bwrdeistref Sirol Wrecsam. Mae tair ysgol uwchradd yn Wrecsam.

Llangollen – poblogaeth 4,000. Tref wledig fach sy'n boblogaidd â'r twristiaid sy'n ymweld ag AHNE Bryniau Clwyd.

Glyn Ceiriog – poblogaeth 800. Cymuned ffermio defaid â dwysedd poblogaeth o 0.2 person yr hectar yw Dyffryn Ceiriog. Un siop sydd ym mhentref Glyn Ceiriog, ac mae swyddfa'r post yn y siop hon.

▲ **Ffigur 2** Ardaloedd trefol a gwledig ger y ffin ogleddol rhwng Cymru a Lloegr.

Cylchoedd dylanwad trefol

Mae cysylltiadau agos rhwng ardaloedd gwledig ac ardaloedd trefol. Mae dinasoedd fel Lerpwl a Chaer yn gweithredu fel canolfannau i'r ardal leol. Maen nhw'n ardaloedd canolog sy'n darparu swyddi, siopau a chyfleusterau adloniant i'r bobl sy'n byw yn yr ardaloedd gwledig cyfagos. Os y ddinas yw'r ganolfan, mae'r ffyrdd a'r rheilffyrdd hefyd yn gwneud gwaith pwysig drwy gysylltu'r ddinas â'i rhanbarth cyfagos. Diolch i'r cysylltiadau ffordd a rheilffordd, mae cymudwyr yn gallu teithio yn ôl ac ymlaen i'r ddinas bob dydd. Mae dwysedd uchel o wasanaethau busnes (fel banciau, cwmnïau TG a swyddfeydd cyfreithwyr) mewn dinasoedd. Mae'r gwasanaethau hyn yn cefnogi busnesau eraill sydd wedi'u lleoli yn y ddinas ac yn y rhanbarth cyfagos.

Felly, mae gwe gymhleth yn cysylltu pob dinas â'r rhanbarth gwledig cyfagos. Mae'r we hon yn cynnwys isadeiledd fel ffyrdd, gwasanaethau bws, y rheilffyrdd a meysydd awyr. Mae'r we hefyd yn cynnwys llifoedd o bobl, syniadau, cysylltiadau busnes ac arian. Rydyn ni'n dweud bod gan y ddinas **gylch dylanwad** – rhanbarth lle mae gan y ddinas ddylanwad economaidd a chymdeithasol pwysig. Mae'r dylanwad hwn ar ei gryfaf mewn lleoedd sy'n agos at y ddinas ac mae'n gwanhau wrth symud ymhellach i ffwrdd o'r ddinas. Mae gan ddinasoedd mawr gylch dylanwad mwy na threfi bach. Yn wir, mae gan y dinasoedd mwyaf gysylltiadau â dinasoedd mewn rhannau eraill o'r byd, fel y gwelwch chi yn Thema 2 Pennod 3.

Rydw i a fy ngwraig yn byw mewn pentrefan bach ger Llangollen. Roedd y ddau ohonon ni'n arfer gweithio yn Wrecsam ond rydyn ni wedi ymddeol o waith amser llawn erbyn hyn. Rydyn ni'n mynd i siopa yng Nghroesoswallt neu yn Wrecsam fel arfer. Mae'r theatr agosaf yn yr Wyddgrug ac mae'r meysydd awyr agosaf yn Lerpwl ac ym Manceinion. Lerpwl ac Everton yw'r clybiau pêl-droed agosaf sy'n chwarae yn Uwch Gynghrair Lloegr.

Gweithgaredd

1 Disgrifiwch ddosbarthiad poblogaethau tenau yn:
   a) Cymru
   b) Lloegr.

▲ **Ffigur 3** Tref wledig Llangollen.

Oed	Lleoedd gwledig (%)			Lleoedd trefol (%)			Cymru a Lloegr
	Glyn Ceiriog	Llangollen	Gogledd-ddwyrain Brychdyn	Garden Quarter, Caer	Upton, Caer		
75+	9.6	12.5	8.3	2.8	11.3		7.8
65–74	11.3	12.6	9.9	3.2	9.5		8.6
45–64	31.9	31.1	24.8	11.8	24.0		25.4
30–44	18.0	16.2	20.9	14.4	20.4		20.6
20–29	7.0	9.2	12.7	45.1	10.2		13.7
16–19	5.3	4.3	5.4	17.6	4.3		5.1
10–15	7.1	5.4	7.0	1.5	7.4		7.0
0–9	9.8	8.7	11.0	3.6	12.9		11.9

▲ **Ffigur 4** Data poblogaeth ar gyfer lleoedd gwledig a lleoedd trefol yn ardal Llangollen a Chaer.

Gweithgareddau

2 Defnyddiwch dystiolaeth o Ffigurau 1 a 2 i nodi'r unig le sydd â phoblogaeth denau o'r lleoedd sydd wedi'u labelu ar Ffigur 2.
3 Astudiwch Ffigurau 2 a 3 i'ch helpu i awgrymu pa fath o gylchoedd dylanwad gwahanol sydd gan:
   a) Siop bentref Glyn Ceiriog
   b) Prifysgol Caer
   c) Cwmni Airbus yn nhref Brychdyn
   ch) Clwb Pêl-droed Lerpwl
4 Defnyddiwch dystiolaeth o Ffigurau 2 a 3 i awgrymu pam mae'n bosibl y byddai pobl eisiau symud i fyw yn Llangollen ar ôl ymddeol.
5 Esboniwch pam mae pobl sy'n byw mewn lleoedd gwledig fel Llangollen yn gorfod teithio'n bellach ac yn amlach na phobl sy'n byw mewn lleoedd trefol fel Lerpwl.

Gwaith ymholi

Sut mae strwythur y boblogaeth yn wahanol mewn lleoedd trefol o'u cymharu â lleoedd gwledig?

■ Dadansoddwch y data yn Ffigur 4 er mwyn awgrymu rhagdybiaeth bosibl.
■ Defnyddiwch graff addas i gyflwyno'r data yn Ffigur 4.
■ Beth yw eich casgliadau?
■ Ymchwiliwch i ardal y Garden Quarter yng Nghaer. Pam mae strwythur poblogaeth y lle hwn yn anarferol?

Y continwwm trefol–gwledig

Ar yr olwg gyntaf, mae'n ymddangos bod ardaloedd gwledig ac ardaloedd trefol yn groes i'w gilydd. Fodd bynnag, mewn gwirionedd, mae yna **gontinwwm trefol–gwledig** – graddfa symudol rhwng lleoedd trefol a'r rhanbarthau gwledig mwyaf anghysbell. Mae rhai lleoedd gwledig o fewn cyrraedd hwylus i ddinasoedd mawr. Er enghraifft, mae cymunedau gwledig Caint a De Swydd Rydychen yn Lloegr yn agos at y prif lwybrau cludiant i Lundain. Mae hyn yn golygu bod **cymudo** a theithio i'r siopau ac i ganolfannau adloniant yn hawdd. Mae poblogaeth ardaloedd gwledig sydd o fewn cyrraedd hwylus yn tyfu – proses o'r enw **gwrthdrefoli**. Ar ben arall y continwwm, mae rhai ardaloedd gwledig anghysbell sydd â phoblogaeth denau iawn. Nid yw'n hawdd cymudo o'r lleoedd anghysbell hyn. Mae poblogaeth y lleoedd hyn yn heneiddio gan fod pobl ifanc yn gadael cefn gwlad i chwilio am waith mewn dinasoedd.

Mathau gwahanol o leoedd gwledig

Mae gan leoedd gwledig rai nodweddion cyffredin, er enghraifft mannau agored a chymunedau pentrefi. Fodd bynnag, mae ganddyn nhw nodweddion eraill sy'n gallu cael eu defnyddio i'w dosbarthu'n fathau gwahanol o leoedd. Mae Ffigur 6 yn dangos enghreifftiau o bedwar lle gwledig gwahanol iawn:

- *Gwyrdd anghysbell*: Lleoedd gwledig anghysbell ac ynysig sydd â rhwydweithiau ffordd gwael. Mae ganddyn nhw lawer o fannau agored a phoblogaethau tenau iawn.
- *Newid cyflym*: Mae poblogaeth yr ardaloedd gwledig hyn yn llai trwchus ac maen nhw'n cynnwys rhai trefi mwy. Mae llawer o bobl sy'n byw yma yn gymudwyr sy'n gweithio mewn ardaloedd trefol yn hytrach nag yng nghefn gwlad.
- *Mwynderau hamdden*: Mae rhai o olygfeydd harddaf a Pharciau Cenedlaethol y DU yn y lleoedd gwledig hyn. Maen nhw wedi'u lleoli mewn rhannau anghysbell o'r DU.

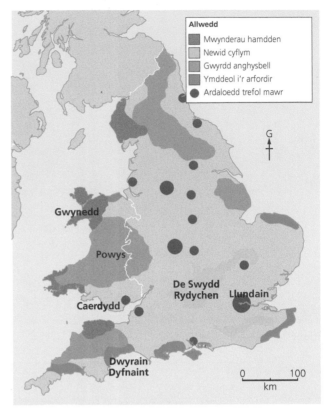

▲ **Ffigur 6** Lleoliad a dosbarthiad mathau gwahanol o leoedd gwledig yng Nghymru a Lloegr.

- *Ymddeol i'r arfordir*: Mae cyfran sylweddol o boblogaeth y trefi arfordirol hyn yn bobl a symudodd yno ar ôl iddyn nhw ymddeol.

Gweithgareddau

1 Disgrifiwch arweddion nodedig y dirwedd sydd i'w gweld yn Ffigur 5.
2 Astudiwch Ffigur 6.
   a) Disgrifiwch ddosbarthiad pob math o ardal wledig.
   b) Awgrymwch resymau dros ddosbarthiad ardaloedd gwyrdd anghysbell a newid cyflym.

▲ **Ffigur 5** Rhanbarth 'gwyrdd anghysbell' Powys, canolbarth Cymru, sydd â phoblogaeth denau.

Beth yw cryfderau a sialensiau bywyd gwledig?

Mae cryfderau a sialensiau unigryw gan bob un o'r mathau gwahanol o leoedd gwledig yn Ffigur 6. Er enghraifft, gan fod y boblogaeth yn denau iawn mewn lleoedd gwyrdd anghysbell, mae'n anodd i fusnesau bach a gwasanaethau gwledig aros ar agor. Mae'r lleoedd gwledig hyn yn wynebu'r sialens o geisio cadw siopau, ysgolion a swyddfeydd post ar agor mewn pentrefi. Mae cludiant cyhoeddus yn wael, ac felly os bydd y gwasanaethau hyn yn cau y bobl heb geir fydd yn dioddef fwyaf.

Ardal	Dwysedd poblogaeth (person yr hectar)	Poblogaeth sydd wedi ymddeol (%)
Dwyrain Dyfnaint	1.63	22.36
De Swydd Rydychen	1.98	13.9
Powys	0.26	17.9
Gwynedd	0.48	16.4
Glan yr Afon, Caerdydd	53.3	7.5

Ffigur 7 Nodweddion poblogaeth mewn ardaloedd gwledig gwahanol yng Nghymru a Lloegr. Mae ffigurau Glan yr Afon (sy'n ardal drefol fewnol yng Nghaerdydd) wedi'u cynnwys er mwyn cymharu.

Ardal	Swyddi ariannol (%)	Swyddi proffesiynol (%)	Ffermio, coedwigo a physgota (%)	Llety a bwyd (%)
Dwyrain Dyfnaint	2.35	6.19	3.06	7.25
De Swydd Rydychen	2.80	11.29	1.03	4.42
Powys	1.43	4.44	8.67	6.42
Gwynedd	1.13	3.66	3.46	9.82

Ffigur 8 Rhai swyddi mewn ardaloedd gwledig gwahanol yng Nghymru a Lloegr (canran).

Prinder gwasanaethau lleol

Poblogaeth sy'n heneiddio   Signal ffonau symudol gwael

Cysylltiadau ffordd gwael   Poblogaeth oedolion ifanc yn cynyddu

Mae cymudwyr yn gallu defnyddio gwasanaethau trên i Lundain

Golygfeydd hardd   Cymunedau cryf a diogel

▲ **Ffigur 9** Cryfderau a sialensiau bywyd gwledig.

 www.ukcensusdata.com – mae'r wefan hon yn eich galluogi i weld data'r Swyddfa Ystadegau Gwladol. Gallwch chi ddefnyddio cod post neu enw lle i chwilio am ddata.

Gwaith ymholi

I ba raddau mae lleoedd gwledig yn cyfateb i'r mathau gwahanol sy'n cael eu disgrifio yn Ffigur 6?

Defnyddiwch y cyswllt â'r wefan ar y dudalen hon – neu unrhyw wefan arall sy'n defnyddio data cyfrifiad – i ymchwilio i nodweddion y boblogaeth a'r nodweddion gwaith ym mhob un o'r lleoedd gwledig canlynol. I ba fath o ardal wledig mae'r canlynol yn perthyn?

- Dwyrain Lindsey yn Swydd Lincoln
- De Lakeland yn Cumbria
- Gogledd Norfolk
- Sir Benfro

Gweithgareddau

3 Astudiwch Ffigurau 7 ac 8. Maen nhw'n dangos data ar gyfer lleoedd penodol ym mhob un o'r pedwar math o ardal wledig sydd i'w gweld yn Ffigur 6.
a) Cyflwynwch y data i grynhoi'r prif nodweddion sy'n debyg a'r prif nodweddion sy'n wahanol.
b) Defnyddiwch y data i dynnu casgliadau am y bobl a'r swyddi sy'n nodweddiadol o bob un o'r lleoedd gwledig hyn.
4 a) Nodwch ba osodiadau yn Ffigur 9 sy'n gryfderau a pha osodiadau sy'n sialensiau.
b) Ar gyfer pedwar o'r gosodiadau hyn:
   i)   penderfynwch pa fath o ardal wledig mae'n ei disgrifio orau
   ii) disgrifiwch ganlyniadau'r cryfder neu'r sialens i drigolion gwledig.

Sut mae cymudo yn cysylltu ardaloedd trefol a gwledig?

Mae llif cymudwyr sy'n teithio bob dydd yn creu cysylltiad agos rhwng trefi a dinasoedd a'r ardaloedd cyfagos. Mae llawer o gymudwyr yn byw yn y rhanbarth o amgylch y ddinas ac yn teithio iddi bob dydd i fynd i'r gwaith. Mae nifer llai o gymudwyr yn teithio i'r cyfeiriad arall – hynny yw, gadael eu cartrefi yn y ddinas i weithio mewn tref gyfagos. Mae bron 11.3 miliwn o bobl yn y DU yn teithio o'u cartref sydd mewn un awdurdod lleol i'w gweithle sydd mewn mewn awdurdod lleol arall bob dydd gwaith.

Mae llawer mwy o swyddi ar gael mewn dinasoedd mawr (fel Llundain, Lerpwl a Chaerdydd) nag sydd ar gael yn eu rhanbarthau cyfagos. Mae gan y dinasoedd hyn gylch dylanwad mawr iawn. Yn aml, mae'n rhatach i bobl fyw mewn tref lai a chymudo i'r ddinas, hyd yn oed os yw'r daith yn eithaf pell. Mae pobl eraill yn cymudo o dro i dro yn unig, ac mae teleweithio o'u cartref gwledig yn fwy cyfleus iddyn nhw. Mae teleweithwyr yn defnyddio technoleg symudol a'r rhyngrwyd i ddefnyddio eu cartrefi fel swyddfa.

Ffeil Ffeithiau: Cymudo

- Mae amserau cymudo cyfartalog yn y DU yn cynyddu. Yn 2013 roedd y daith gyfartalog yn cymryd 45 munud; erbyn 2015 roedd wedi cynyddu i 54 munud.
- Mae 616,000 o bobl yn cymudo i ddinas Llundain bob diwrnod gwaith.
- Mae 1.8 miliwn o bobl yn y DU (un o bob deg o gymudwyr y DU) yn teithio am dros 3 awr y dydd. Mae'r bobl hyn yn cael eu disgrifio fel 'cymudwyr eithafol'.

Ardal o'r DU	Amser cymudo cyfartalog (munudau)
Llundain	74.2
De-ddwyrain Lloegr	56.4
Dwyrain Lloegr	56.0
De-orllewin Lloegr	44.8
Cymru	41.0

Ffigur 10 Amserau cymudo cyfartalog yn y DU.

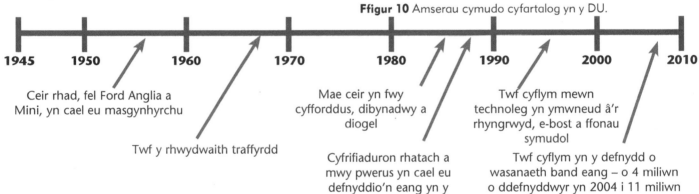

1945		**1950**		**1960**		**1970**		**1980**		**1990**		**2000**	**2010**

Ceir rhad, fel Ford Anglia a Mini, yn cael eu masgynhyrchu

Twf y rhwydwaith traffyrdd

Mae ceir yn fwy cyfforddus, dibynadwy a diogel

Cyfrifiaduron rhatach a mwy pwerus yn cael eu defnyddio'n eang yn y cartref

Twf cyflym mewn technoleg yn ymwneud â'r rhyngrwyd, e-bost a ffonau symudol

Twf cyflym yn y defnydd o wasanaeth band eang – o 4 miliwn o ddefnyddwyr yn 2004 i 11 miliwn o ddefnyddwyr yn 2006

▲ **Ffigur 11** Mae newidiadau technolegol wedi cynyddu'r cysylltiadau rhwng lleoedd gwledig a lleoedd trefol.

Y gwahaniaeth mewn prisiau tai rhwng dinas a'i rhanbarth cyfagos
Cysylltiadau rheilffordd cyflym
Costau tanwydd a chostau tocynnau trên yn cynyddu
Y ffaith bod signalau 3G a 4G da a gwasanaeth *wi-fi* am ddim ar gael ar y trenau
Pa mor fforddiadwy yw ceir sy'n defnyddio tanwydd yn effeithlon
Oriau gwaith hyblyg sy'n golygu bod gweithwyr yn gallu dechrau'r diwrnod gwaith unrhyw bryd rhwng 7 a.m. a 10 a.m.

▲ **Ffigur 12** Ffactorau sy'n effeithio ar gymudo.

Gweithgareddau

1. Astudiwch Ffigur 11 er mwyn esbonio'r ffeithiau canlynol.
   a) Mae nifer y cymudwyr wedi cynyddu ers yr 1960au.
   b) Mae mwy o bobl yn gallu gweithio o gartref nawr nag oedd yn gallu gwneud cyn 1980.
2. Edrychwch ar y ffactorau yn Ffigur 12, ac awgrymwch sut gall pob ffactor effeithio ar batrymau cymudo.
3. a) Awgrymwch pam mai Llundain sydd â'r amserau cymudo hiraf yn y DU.
   b) Awgrymwch ddau reswm gwahanol pam mae hyd y daith gymudo yn y DU yn cynyddu ar gyfartaledd.

Patrymau cymudo yn ne-ddwyrain Cymru

Mae cylch dylanwad Caerdydd yn eang iawn. Mae pobl ledled Cymru yn teithio i Gaerdydd o bryd i'w gilydd er mwyn siopa, mynd i gyngherddau a digwyddiadau chwaraeon ac ymweld â'r amgueddfeydd. Mae'r cylch dylanwad yn gryf iawn yn ne-ddwyrain Cymru. Mae pobl sy'n byw yn y rhanbarth hwn yn cymudo yn ôl ac ymlaen i Gaerdydd yn rheolaidd, fel sydd i'w weld yn Ffigur 13.

Ffeil Ffeithiau: Rhanbarth dinas Caerdydd

- Mae gan Gaerdydd boblogaeth o 350,000.
- Mae hanner poblogaeth Cymru (sef 1.49 miliwn o bobl) yn byw o fewn 32 km i ganol dinas Caerdydd.
- Mae 189,000 o bobl yn gweithio yn y ddinas.
- Mae bron 78,000 o bobl yn cymudo i Gaerdydd, a 33,900 yn cymudo allan o Gaerdydd, bob dydd gwaith.

Cyngor lleol	Cyfanswm y bobl sy'n gweithio yno	Cymudwyr dyddiol i Gaerdydd	Cymudwyr dyddiol allan o Gaerdydd
Bro Morgannwg	37,300	20,600	4,700
Rhondda Cynon Taf	71,500	20,400	3,800
Caerffili	56,500	15,100	3,200
Casnewydd	70,200	6,900	6,700
Pen-y-bont ar Ogwr	62,900	5,400	DD
Merthyr Tudful	21,900	2,300	DD
Torfaen	35,400	1,900	1,900
Sir Fynwy	43,200	1,700	DD
Abertawe	111,400	1,600	DD
Castell-nedd Port Talbot	45,200	1,500	DD
Blaenau Gwent	19,200	1,000	DD
Caerdydd	217,000	0	0
Arall		4,500	13,700

Ffigur 13 Patrymau cymudo i mewn ac allan o Gaerdydd. Ystyr DD yw nad oes unrhyw ddata ar gael ar gyfer llifoedd cymudwyr (mae'r niferoedd yn debygol o fod yn fach).

Gwaith ymholi

Sut mae isadeiledd cludiant yn effeithio ar batrymau cymudo?

Defnyddiwch y rhyngrwyd i ddod o hyd i'r prif gysylltiadau ffordd a rheilffordd i mewn i Gaerdydd. Sut mae'r llwybrau cludiant hyn yn helpu i esbonio unrhyw batrymau sydd i'w gweld yn Ffigur 13?

Gweithgaredd

4 a) Gwnewch gopi syml o Ffigur 14.
   b) Defnyddiwch y data yn Ffigur 13 i wneud map coropleth o gymudwyr dyddiol i Gaerdydd.
   c) Disgrifiwch y patrymau sydd i'w gweld yn eich map.
   ch) Disgrifiwch ddull arall o gyflwyno'r data hyn.

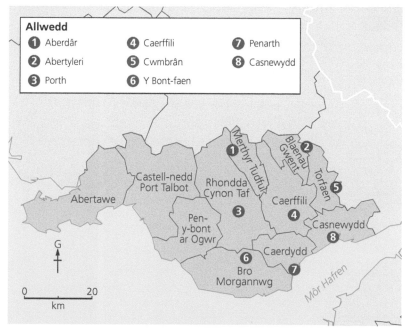

Allwedd
1 Aberdâr   4 Caerffili   7 Penarth
2 Abertyleri   5 Cwmbrân   8 Casnewydd
3 Porth   6 Y Bont-faen

▲ **Ffigur 14** Map o Gaerdydd a'r cynghorau lleol cyfagos.

Problemau oherwydd cymudo

Mae bron 63,000 o bobl yn cymudo i Gaerdydd mewn ceir bob dydd gwaith. Mae tagfeydd ar yr A470 o'r gogledd, ac ar yr A48 o'r dwyrain, yn gallu achosi oedi o hyd at awr i gyrraedd Caerdydd. Mae'r rhan fwyaf o gymudwyr eraill yn defnyddio'r trên. Ar ôl cyrraedd y ddinas, maen nhw'n dibynnu ar lwybrau bysiau, beicio

▲ **Ffigur 15** Llwybr Taith Taf; coridor gwyrdd o barciau sy'n amgylchedd diogel i gymudwyr gerdded neu feicio drwy Gaerdydd o'r gogledd i'r de.

neu gerddwyr i gyrraedd eu gweithle yn ddiogel. Fodd bynnag, mae beicio, a hyd yn oed cerdded, yn gallu bod yn beryglus ar strydoedd sy'n llawn traffig cymudwyr.

Mae gan Gaerdydd dri chynllun parcio a theithio
Llwybr Taith Taf
Llwybrau beicio
Lonydd bysiau
Cynlluniau rhannu ceir
Systemau integredig lle mae llwybrau bysiau yn cysylltu â gorsafoedd trenau a llwybrau beicio
Oriau gwaith hyblyg fel bod diwrnod gwaith busnesau yn dechrau ac yn gorffen ar amserau gwahanol
Sicrhau bod cyflogwyr mawr, fel y BBC, wedi'u lleoli wrth ymyl gorsafoedd trenau
Tacsis dŵr sy'n mynd â theithwyr o Fae Caerdydd i ganol y ddinas ar Afon Taf

▲ **Ffigur 16** Naw ateb i broblemau traffig Caerdydd.

Ailddatblygu Sgwâr Canolog Caerdydd i greu canolfan cludiant integredig

Mae £400 miliwn yn cael ei wario ar adfywio rhan o ganol Caerdydd. Bydd y safle y tu allan i orsaf drenau Caerdydd Canolog yn cael ei weddnewid drwy ddymchwel adeiladau, ac adeiladu swyddfeydd newydd. Gallai'r project greu cymaint â 10,000 o swyddi. Mae'r cynllun yn cynnwys

adeilad newydd ar gyfer y BBC a ddylai fod ar agor yn 2019. Bydd mwy o swyddfeydd newydd, gwesty â 150 o ystafelloedd, siopau, 200 o gartrefi preswyl a gorsaf fysiau ganolog newydd yn cael eu hadeiladu fel rhan o'r cynllun adfywio. Dim ond ychydig funudau ar droed o ganol y ddinas bydd hyn i gyd.

Y bwriad yw agor yr orsaf fysiau newydd erbyn diwedd 2017. Bydd yr orsaf fysiau wedi'i chysylltu â'r orsaf drenau bresennol – bydd palmentydd llydan, gwastad heb risiau yn galluogi i gerddwyr symud rhwng y ddwy orsaf yn hawdd. Bydd y cyfleusterau canlynol ar gael yn yr orsaf newydd: sgriniau gwybodaeth fyw; cyfleusterau i deithwyr gan gynnwys mannau cymorth, toiledau a thai bwyta; ardaloedd diogel i storio beiciau; mannau aros dymunol; a chysgod rhag y glaw gan fargodion y swyddfeydd newydd.

▲ **Ffigur 17** Bydd adfywio'r Sgwâr Canolog yn cynnwys canolfan cludiant integredig.

Gweithgareddau

1 Defnyddiwch y Ffeil Ffeithiau ar dudalen 59 i awgrymu un fantais ac un broblem sydd wedi'u hachosi gan gylch dylanwad cryf Caerdydd yn ne-ddwyrain Cymru.
2 a) Trafodwch y naw ateb i broblemau traffig Caerdydd yn Ffigur 16.
   b) Gwnewch ddiagram diemwnt naw (fel yr un sydd ar dudalen 83) a rhowch yr atebion yn Ffigur 16 yn y diagram, gan roi'r rhai sy'n hanfodol yn eich barn chi ar frig y diagram.
   c) Esboniwch eich rhesymau dros ddewis eich tri phrif ateb.

Gwaith ymholi

'Bydd adfywio'r Sgwâr Canolog yn datrys holl broblemau cludiant Caerdydd.'

I ba raddau rydych chi'n cytuno â'r gosodiad hwn? Defnyddiwch dystiolaeth o'r Ffeil Ffeithiau ar dudalen 59 a Ffigur 17 i gefnogi'ch barn.

Y mater o ail gartrefi

Mae tua 1.6 miliwn o bobl yng Nghymru a Lloegr yn berchen ar ail gartrefi yng nghefn gwlad, ac maen nhw'n eu defnyddio ar y penwythnos neu ar gyfer gwyliau. Mae llawer o'r cartrefi hyn wedi'u lleoli yn ardaloedd harddaf cefn gwlad, fel Ardal y Llynnoedd yn Lloegr neu ym Mhen Llŷn yng Nghymru. Mae rhai pobl yn credu bod y prinder tai fforddiadwy yng Ngwynedd yn gysylltiedig â gwerthu tai gwledig fel ail gartrefi. Mae cartrefi gwyliau yn wag am gyfnodau hir. Wrth i'r galw rheolaidd am wasanaethau leihau, mae tafarndai mewn pentrefi yn cau ac yn cael eu troi'n gartrefi. Ar ben hyn, mae gwasanaethau bws yn dod i ben, a gall siopau a banciau lleol gau hefyd. Mae'r cynnydd mewn bancio ar y we hefyd yn golygu bod banciau'r stryd fawr yn cau mewn ardaloedd gwledig.

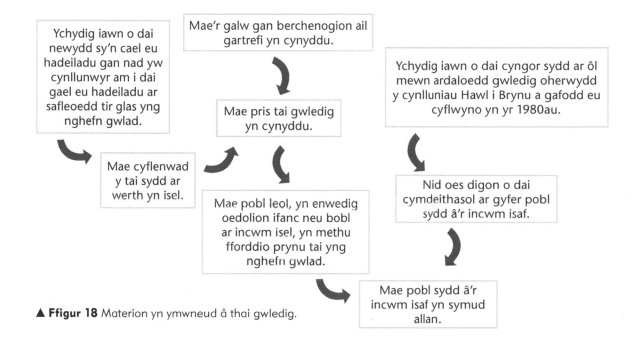

▲ **Ffigur 18** Materion yn ymwneud â thai gwledig.

▲ **Ffigur 19** Nifer yr ail gartrefi (fesul 1,000 o drigolion parhaol) yng Nghymru ac yn ne/canolbarth Lloegr.

Allwedd
- 80–200
- 60–79
- 40–59
- 20–39
- 0–19

Gweithgareddau

3 Astudiwch Ffigur 18.
   a) Nodwch dri phrif reswm dros y prinder tai fforddiadwy mewn lleoedd gwledig.
   b) Esboniwch pam mae gwerthu tai fel cartrefi gwyliau yn gallu arwain at gau siopau pentrefi a gwasanaethau eraill.
4 Cymharwch Ffigur 19 â'r map o'r Parciau Cenedlaethol, sef Ffigur 10 ar dudalen 4, a Ffigur 6 ar dudalen 56. Beth yw eich casgliadau?

61

Problemau sy'n wynebu lleoedd gwledig anghysbell

Mae nifer o broblemau yn gallu effeithio ar leoedd gwledig anghysbell, er enghraifft:

- incwm isel a gwaith rhan amser
- prinder gwasanaethau, yn enwedig gwasanaethau iechyd, ysgolion ac addysg i oedolion
- diffyg cludiant cyhoeddus rheolaidd a chostau teithio uchel.

Mae ffyrdd gwael, arwahanrwydd *(isolation)* a phoblogaethau tenau i gyd yn ffactorau sy'n gallu arwain at lai o swyddi gwledig a gwasanaethau gwledig. Mae'r problemau hyn yn enghreifftiau o **amddifadedd** gwledig. Mae diffyg swyddi, cyfleusterau hamdden a siopau yng nghefn gwlad i gyd yn ffactorau gwthio ar gyfer oedolion ifanc. Hefyd, mae'r gost uchel o brynu tŷ yn gallu atal teuluoedd ifanc ar incwm isel rhag aros mewn ardal wledig. Mae hyn yn arwain at gwymp mewn cyfraddau genedigaethau. O ganlyniad, mae poblogaeth rhai ardaloedd gwledig yn heneiddio ac yn lleihau. **Diboblogi** gwledig yw'r enw ar y broses hon.

Amddifadedd

Mae cymunedau yn cael eu disgrifio fel rhai difreintiedig os nad oes ganddyn nhw'r nodweddion sy'n cael eu hystyried yn hanfodol fel arfer ar gyfer safon byw resymol. Mae cyflogau isel yn achosi amddifadedd mewn rhai lleoedd trefol. Mae diffyg cludiant cyhoeddus, gofal iechyd a gwasanaethau addysg yn achosi amddifadedd mewn rhai lleoedd gwledig.

Prinder swyddi a chyfleoedd yng nghefn gwlad.

Mae mudo gwledig–trefol yn uwch na mudo i'r ardal wledig.

Poblogaethau gwledig yn lleihau.

Llai o alw am ysgolion, siopau a gwasanaethau eraill.

Gwasanaethau gwledig yn dod i ben.

Rhagor o ddiboblogi gwledig.

▲ **Ffigur 20** Sut mae diboblogi gwledig yn creu cymunedau anghynaliadwy.

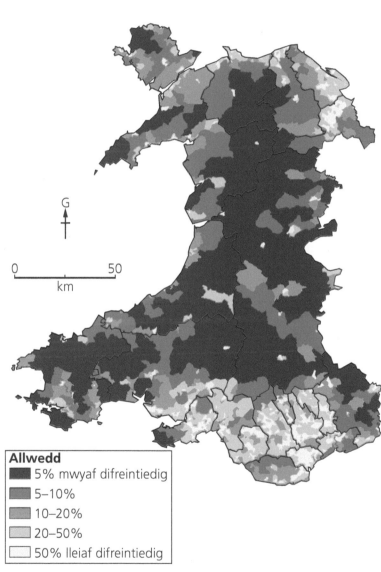

Allwedd
- 5% mwyaf difreintiedig
- 5–10%
- 10–20%
- 20–50%
- 50% lleiaf difreintiedig

▲ **Ffigur 21** Amddifadedd gwledig. Mae awdurdodau lleol yng Nghymru wedi'u rhestru yn ôl eu harwahanrwydd oddi wrth wasanaethau pwysig (gan gynnwys addysg, iechyd a swyddfeydd post). Yr ardaloedd coch sydd â'r mynediad gwaethaf at y gwasanaethau hyn.

Arwahanrwydd oddi wrth wasanaethau iechyd

Mae dinasoedd yn darparu amrywiaeth o wasanaethau iechyd ac addysg pwysig i'r rhanbarth gwledig cyfagos – dyma un o'r swyddogaethau pwysig sydd gan gylchoedd dylanwad dinasoedd (gweler tudalen 54). Mae ysbytai, sydd wedi'u lleoli mewn dinasoedd, yn darparu gofal arbenigol i bobl ar draws rhanbarthau gwledig mawr iawn. Dangosodd tudalennau 56–7 fod **poblogaeth sy'n heneiddio** gan lawer o leoedd gwledig. Mae hyn yn arwain at y problemau canlynol:

- Mae pobl hŷn yn fwy tebygol o ddioddef problemau iechyd tymor hir (neu broblemau cronig) gan gynnwys diabetes, diffyg symudedd oherwydd arthritis, a dementia.
- Fel arfer, mae'r boblogaeth denau yn golygu nad yw triniaeth neu ofal arbenigol ar gael yn lleol – mae'n rhaid i gleifion deithio'n bell. Er enghraifft, ar hyn o bryd dim ond tair canolfan iechyd sydd ar gael yn ardal gyfan Pen Llŷn yn y gogledd-orllewin. Mae dwy o'r rhain yn nhrefi Pwllheli a Nefyn. Fodd bynnag, mae'r brif ysbyty tua 40 km i ffwrdd ym Mangor.

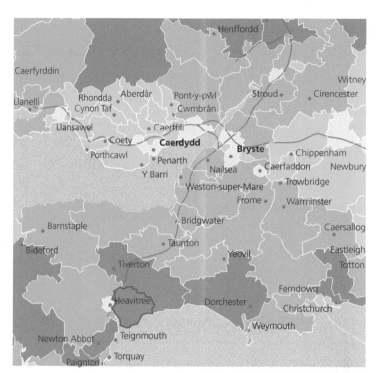

▲ **Ffigur 22** Canran y boblogaeth sy'n 65 oed neu'n hŷn yn ne-ddwyrain Cymru a de-orllewin Lloegr.

Allwedd
%
- [ ] <12.5
- 12.5–16.6
- 16.7–20.2
- 20.3–24.3
- 24.4+
- Dim data

	Powys		**Caerdydd**	
Poblogaeth	132,976	–	346,090	–
Poblogaeth dros 65 oed	a	22.7%	c	13.16%
Poblogaeth dros 75 oed	b	10.5%	ch	6.6%
Dwysedd poblogaeth (yr hectar)	0.2567	–	24.6534	–
Arwynebedd (hectarau)	518,037	–	14,038	–

Ffigur 23 Cymharu'r boblogaeth dros 65 oed mewn ardaloedd gwledig ac ardaloedd trefol yng Nghymru.

Gweithgareddau

1. Rhowch ddau brif reswm dros ddiboblogi gwledig. Defnyddiwch Ffigur 20 i'ch helpu.
2. Defnyddiwch Ffigur 21 i ddisgrifio dosbarthiad:
   a) y lleoedd mwyaf difreintiedig
   b) y lleoedd lleiaf difreintiedig.
3. Cymharwch Ffigur 21 â Ffigur 1 (sydd ar dudalen 54) a Ffigur 6 (sydd ar dudalen 56). Awgrymwch resymau dros y patrymau sydd i'w gweld yn Ffigur 21.
4. a) Gwnewch gopi o Ffigur 23.
   b) Cyfrifwch y ffigurau poblogaeth sydd ar goll a rhowch y ffigurau hyn yng nghelloedd a, b, c ac ch.
5. a) Disgrifiwch y patrymau sydd i'w gweld yn Ffigur 22.
   b) Defnyddiwch Ffigur 6 ar dudalen 56 i'ch helpu i esbonio'r patrymau hyn.

Gwaith ymholi ❓

'Mae'r broblem sy'n cael ei hachosi gan y boblogaeth sy'n heneiddio yn waeth mewn ardaloedd gwledig nag mewn ardaloedd trefol.'

I ba raddau rydych chi'n cytuno â'r gosodiad hwn? Defnyddiwch dystiolaeth o Ffigurau 22 a 23 i'ch helpu.

Ydy cymunedau gwledig yn gynaliadwy?

Mae cymunedau cynaliadwy yn gallu ateb anghenion yr holl bobl sy'n byw yno, gan ddarparu ansawdd bywyd boddhaol o ddydd i ddydd ac yn y dyfodol agos. Mae hyn yn golygu bod y gwasanaethau angenrheidiol ar gael i'r bobl sy'n byw mewn cymuned wledig gynaliadwy, a'u bod yn teimlo'n saff ac yn ddiogel. Mae nodweddion cymunedau cynaliadwy yn cael eu harchwilio'n fanwl ar dudalen 72.

▲ **Ffigur 25** Mae'r llyfrgell deithiol yn mynd â llyfrau i gymunedau gwledig.

Buddsoddiad economaidd mewn twristiaeth wledig ym Mhen Llŷn

Cafodd Plas Heli, yr Academi Hwylio Genedlaethol a Chanolfan Ddigwyddiadau gwerth £9 miliwn, ei hagor ym Mhwllheli yn 2015. Mae pencampwriaethau hwylio cenedlaethol a rhyngwladol yn cael eu cynnal yma. Cafodd dros 32,000 o ymwelwyr eu denu i Bwllheli yn ystod y mis cyntaf ar ôl i'r Academi newydd agor. Mae'r ymwelwyr ychwanegol yn rhoi hwb i'r economi gwledig lleol. Mae ymwelwyr yn aros mewn gwestai a meysydd carafanau lleol ar y penrhyn. Mae Plas Heli yn cyflogi pobl i weithio yn y tŷ bwyta, yr ystafelloedd cyfarfod a'r neuadd sydd ar gael ar gyfer cyngherddau, cynadleddau ac arddangosfeydd. Cafodd swyddi hefyd eu creu yng ngweithdai'r marina, Hafan Pwllheli, ac yn y siopau sy'n gwerthu dillad chwaraeon a chyfarpar hwylio ym Mhwllheli. Oherwydd hyn, dylai'r buddsoddiad greu effaith luosydd gadarnhaol (gweler tudalen 218) yn yr economi gwledig lleol.

▲ **Ffigur 24** Ydy gwasanaeth band eang gwell yn helpu i greu cymunedau gwledig cynaliadwy?

▲ **Ffigur 26** Academi Hwylio Plas Heli a golygfa ar draws y marina.

Sut mae modd gwneud gwasanaethau addysg uwchradd yn fwy cynaliadwy?

Mae'r problemau'n ymwneud ag addysg mewn ardaloedd gwledig â phoblogaeth denau yn gymhleth. Mae'r gyfradd genedigaethau mewn llawer o ardaloedd gwledig yn gostwng ac mae nifer y plant sy'n mynychu ysgolion yn lleihau. Mae ysgolion sydd â llai o ddisgyblion yn derbyn llai o incwm, ac felly mae'n rhaid iddyn nhw ddiswyddo athrawon. Fodd bynnag, mae'n rhaid i ysgolion uwchradd barhau i gynnig amrywiaeth eang o bynciau i ddisgyblion. Er mwyn gwneud hyn, mae'n rhaid i ddosbarthiadau fod yn fwy neu i athrawon addysgu rhai pynciau nad ydyn nhw'n arbenigo ynddynt.

Ym Mhowys, mae'r cyngor sir yn gwneud adolygiad o'r ddarpariaeth addysg uwchradd ar draws y sir. Yn 2015, cafodd dau argymhelliad dadleuol eu cyflwyno gan y cyngor, sef:

- cau dwy ysgol uwchradd yn ne'r sir ac agor Campws Dysgu'r Bannau yn eu lle, sef un ysgol fawr 11–18 oed, yn cynnwys chweched dosbarth;
- cau dwy ysgol uwchradd yng nghanol y sir ac agor un ysgol fwy yn eu lle, yn fwy na thebyg yn Llanfair-ym-Muallt.

Llefarydd ar ran yr awdurdod lleol

Mae'n rhaid i ysgol gael o leiaf 600 o ddisgyblion rhwng 11–16 oed i allu darparu amrywiaeth eang o bynciau. Mewn ysgol 11–18 oed, mae angen o leiaf 150 o ddisgyblion yn y chweched dosbarth. Mewn ardaloedd sydd â sawl ysgol fach, dylen ni gau'r ysgolion hyn ac agor un ysgol fwy yn eu lle. Byddai disgyblion wedyn yn derbyn addysg arbenigol mewn amrywiaeth o bynciau.

Rhiant

Dydw i ddim eisiau i fy mhlentyn deithio'n bell yn ôl ac ymlaen i'r ysgol. Mae'n golygu gadael y tŷ yn gynnar iawn. Yn ystod y gaeaf, bydd rhaid i fy mhlentyn gerdded am 10 munud ar hyd lôn dywyll i gyrraedd y bws, cyn wynebu taith 40 munud ar y bws. Ni fydd yn gallu cymryd rhan mewn clybiau ar ôl yr ysgol, na gweld ei ffrindiau sy'n byw ar ochr arall dalgylch yr ysgol.

Pennaeth

Pe bai gennym lai o ysgolion, ond bod yr ysgolion yn fwy, byddai o leiaf dau ddosbarth ym mhob blwyddyn yn dysgu drwy gyfrwng y Gymraeg. Os bydd hyn yn digwydd, bydd ysgolion yn gallu darparu amrywiaeth eang o bynciau drwy gyfrwng y Gymraeg.

Un o'r trigolion lleol

Mae'r ysgol leol yn rhan bwysig o'n cymuned. Mae llawer o'r bobl leol yn gyn-ddisgyblion. Mae'n rhan o bwy ydyn ni – yn rhan o'n hunaniaeth. Weithiau mae'r gymuned yn defnyddio adeiladau'r ysgol gyda'r hwyr. Mae'r pentref wedi colli swyddfa'r post a'r dafarn yn barod. Dydyn ni ddim eisiau colli'r ysgol hefyd.

▲ **Ffigur 27** Safbwyntiau am newid y ddarpariaeth o ran ysgolion uwchradd ym Mhowys.

Gweithgareddau

1 Esboniwch pam mae pob un o'r ffactorau canlynol yn gallu bod yn sialens i gymuned wledig:
   a) siop y pentref yn cau
   b) gwasanaethau bws anaml
   c) poblogaeth sy'n heneiddio.
2 Sut mae pob un o'r syniadau sydd i'w gweld yn Ffigurau 24, 25 a 26 yn gallu cyfrannu at greu cymuned wledig gynaliadwy? Defnyddiwch y syniadau ar dudalen 73 i'ch helpu.
3 a) Esboniwch pam mae'r buddsoddiad yn Academi Plas Heli yn debygol o greu effeithiau lluosydd cadarnhaol yn yr economi lleol.
   b) Awgrymwch pam na fydd y math hwn o fuddsoddiad yn addas ar gyfer pob lle gwledig. Defnyddiwch Ffigur 6 ar dudalen 56 i'ch helpu.
4 Esboniwch pam mae newidiadau poblogaeth mewn ardaloedd gwledig yn gallu creu problemau i ysgolion lleol.
5 Rhowch grynodeb o'r dadleuon o blaid ac yn erbyn cau ysgolion gwledig.

Gwaith ymholi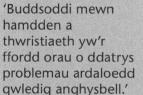

'Buddsoddi mewn hamdden a thwristiaeth yw'r ffordd orau o ddatrys problemau ardaloedd gwledig anghysbell.'

I ba raddau rydych chi'n cytuno â'r gosodiad hwn? Defnyddiwch enghreifftiau o'r bennod hon ac o Thema 1 Pennod 1 i'ch helpu.

THEMA 2

Cysylltiadau gwledig–trefol
Pennod 2
Newidiadau poblogaeth a newidiadau trefol

Sut a pham mae poblogaeth y DU yn newid?

Ers 1964 mae twf o dros 10 miliwn wedi bod ym mhoblogaeth y DU. Mae gan y DU boblogaeth o tua 65 miliwn ar hyn o bryd ac mae'n cynyddu'n araf. Mae nifer o ffactorau yn gyfrifol am y newidiadau i faint poblogaeth y DU, er enghraifft:

- Mae pobl yn byw'n hirach, ac mae eu **disgwyliad oes cyfartalog** wedi cynyddu. Mae gofal iechyd gwell wedi arwain at lai o farwolaethau a hyd oes hirach ar gyfartaledd. Mae gofal iechyd gwell hefyd wedi lleihau cyfraddau marwolaethau babanod. Yn 1980 roedd 11 marwolaeth am bob 1,000 o enedigaethau byw ar gyfartaledd. Roedd y ffigur hwn wedi gostwng i 4 marwolaeth yn 2014.

- Mudo i mewn ac allan o'r DU, yn enwedig o wledydd y Gymanwlad a gwledydd sy'n aelodau o'r Undeb Ewropeaidd (UE). Mae deddfau mudo Ewrop yn golygu bod gweithwyr yn gallu symud rhwng gwledydd sy'n aelodau o'r UE. Er enghraifft, daeth 50,000 o fudwyr yr UE o Fwlgaria a România i'r DU yn y flwyddyn a ddaeth i ben ym mis Mehefin 2015. Roedd 84 y cant o'r bobl hyn wedi dod i'r DU am resymau'n ymwneud â gwaith.

- Mae'r gyfradd genedigaethau yn newid. Mae'r **gyfradd genedigaethau** yn y DU wedi bod yn eithaf isel ers yr 1980au. Mae menywod yn dewis cael teuluoedd bach er mwyn canolbwyntio ar eu gyrfaoedd. Fodd bynnag, mae'r gyfradd genedigaethau wedi cynyddu ychydig ers 2004 oherwydd bod oedolion ifanc wedi symud i'r DU ac wedi dechrau teuluoedd.

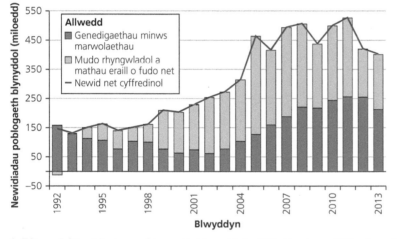

Blwyddyn	0–15 oed (%)	16–64 oed (%)	65 oed a throsodd (%)
1984	21	64	15
1994	21	63	16
2004	20	65	16
2014	19	64	18
2024	19	61	20
2034	18	58	24
2044	17	58	25

▲ **Ffigur 1** Newidiadau poblogaeth blynyddol y DU. Mae'r graff llinell yn dangos nifer y bobl ychwanegol ym mhoblogaeth y DU bob blwyddyn (mewn miloedd). Mae'r barrau'n dangos a yw'r newidiadau wedi eu hachosi gan newid naturiol (genedigaethau minws marwolaethau) neu gan fudo.

▲ **Ffigur 2** Poblogaeth y DU sy'n heneiddio – ffigurau gwirioneddol a ffigurau sydd wedi'u rhagfynegi.

Gweithgareddau

1. a) Nodwch dri phrif reswm sy'n esbonio pam mae poblogaeth y DU yn tyfu.
   b) Trafodwch y rhesymau hyn. Allwch chi eu dosbarthu'n rhesymau economaidd, gwleidyddol neu gymdeithasol?

2. Astudiwch Ffigur 1. Rhwng pa flynyddoedd mae'r gosodiadau canlynol am dwf y boblogaeth yn gywir?
   a) Twf mwyaf araf
   b) Twf mwyaf cyflym
   c) Twf wedi ei achosi gan newid naturiol yn bennaf
   ch) Twf wedi ei achosi gan fudo yn bennaf.

3. a) Dewiswch ddull addas i gyflwyno'r data yn Ffigur 2.
   b) Beth yw eich casgliadau?

4. Astudiwch Ffigur 3.
   a) Copïwch y gosodiadau sydd yn y blychau gwyrdd.
   b) Edrychwch ar y gosodiadau yn y blychau glas a chysylltwch bob un ag ymadrodd addas.

5. Trafodwch bob gosodiad yn Ffigur 4. Esboniwch pam gallai pob un o'r syniadau hyn helpu i ymateb i'r problemau sy'n cael eu hachosi gan boblogaeth sy'n heneiddio.

Sut dylai'r DU baratoi ar gyfer poblogaeth sy'n heneiddio?

Mae pobl yn y DU yn byw'n hirach. Yn 1995 roedd llai na 9 miliwn o bobl dros 65 oed yn y DU. Er bod y rhagfynegiadau yn amrywio, mae'n edrych yn debygol y bydd tua 13 miliwn o bobl dros 65 oed yn y DU erbyn 2030. Mae mwy o bobl yn cyrraedd oed ymddeol, ond mae llawer mwy hefyd yn cyrraedd henaint. Yn 1951, dim ond tua 300 o bobl oedd dros 100 oed. Erbyn 2030, mae'n bosibl y bydd cynifer â 36,000 o bobl dros 100 oed. Bydd y boblogaeth sy'n heneiddio yn effeithio ar y gymdeithas yn y DU, fel sydd i'w weld yn Ffigur 3. Mae'n rhaid i'r llywodraeth, busnesau ac unigolion baratoi ar gyfer yr effeithiau hyn, ac mae ymatebion posibl i'w gweld yn Ffigur 4.

 www.neighbourhood. statistics.gov.uk/HTMLDocs/ dvc174/index.html – mapiau cyfrifiad rhyngweithiol ar gyfer Cymru a Lloegr.

Mae sgiliau a phrofiad gwaith gwerthfawr gan lawer o bobl hŷn	Cyfraniad pwysig at fusnes, addysg a hyfforddiant
Mae nifer y bobl hŷn sy'n gyfoethog yn cynyddu	Ymrwymiad i gefnogi cymunedau lleol drwy waith gwirfoddol
Mae cyfran y bobl o oedran gweithio yn lleihau ond mae cyfran y bobl sydd wedi ymddeol yn cynyddu	Teimlo'n ynysig ac yn ddi-werth
Mae nifer y bobl hŷn sy'n byw ar eu pennau eu hunain yn cynyddu	Yn creu ac yn cynnal swyddi drwy wario arian ar wyliau neu ar weithgareddau hamdden
Mae nifer y bobl hŷn sydd â phroblemau iechyd cymhleth neu dymor hir yn cynyddu	Mae angen gofal neu gymorth iechyd drud arnynt gan aelodau o'r teulu a gofalwyr
Mae pobl sydd wedi ymddeol yn gallu bod yn hyblyg ynglŷn â phryd a pha mor aml maen nhw'n gweithio	Mae'r llywodraeth yn derbyn llai o arian ond yn gwario mwy nag erioed ar bensiwn y wladwriaeth

▲ **Ffigur 3** Rhai o effeithiau poblogaeth sy'n heneiddio yn y DU.

Ardal	Math o ardal	Dros 65 (%)
Gorllewin Bryste	Trefol	
Canol Caerdydd	Trefol	
De Caerdydd	Trefol	
Dwyrain Bryste	Trefol	
Bro Morgannwg	Gwledig – cymudo	
Mynwy	Gwledig – cymudo	
Brycheiniog a Maesyfed	Gwledig iawn	
Gorllewin Dorset	Ymddeol i'r arfordir	

▲ **Ffigur 5** Canran y boblogaeth dros 65 oed yn ne-ddwyrain Cymru a de-orllewin Lloegr.

Cynyddu'r oedran pan gaiff pobl ddechrau derbyn pensiwn henoed

Annog pobl ifanc sydd â sgiliau gwaith defnyddiol i fudo

Annog pobl ifanc i ddechrau cynilo arian mewn cynlluniau pensiwn yn gynharach

Ffyrdd o ymateb i'r boblogaeth sy'n heneiddio

Annog pobl i wneud ymarfer corff yn rheolaidd

Annog pobl i beidio ag ysmygu, yfed alcohol na gorfwyta

▲ **Ffigur 4** Ffyrdd o ymateb i'r boblogaeth sy'n heneiddio.

Gwaith ymholi

Sut mae patrwm y boblogaeth sy'n heneiddio yn amrywio ar draws y DU?

- Gwnewch gopi o Ffigur 5.
- Defnyddiwch y cyswllt â'r wefan i ymchwilio i'r boblogaeth dros 65 oed. Dylech ganolbwyntio ar yr ardaloedd yn ne Cymru ac yn ne-orllewin Lloegr er mwyn dod o hyd i'r data ar gyfer pob ardal yn Ffigur 5.
- Pa effaith mae'r boblogaeth sy'n heneiddio yn ei chael ar ofal iechyd yn yr ardaloedd gwahanol hyn?

Pam mae pobl yn mudo i'r DU?

Llundain, 4 Awst 2012 – Gemau Olympaidd Llundain 2012. Mae lefel y sŵn yn Stadiwm Olympaidd Llundain yn fyddarol wrth i Dîm Prydain ennill y chweched medal aur y diwrnod hwnnw. Yr enillydd yw Mo Farah a gafodd ei eni yn Somalia ond sy'n ddinesydd Prydeinig. Yn gynharach, roedd Jessica Ennis-Hill hefyd wedi ennill medal aur – merch i dad a gafodd ei eni yn Jamaica a mam o Brydain. Dyma un o fanteision globaleiddio. Mae'r DU yn ffodus bod cynifer o fudwyr, sy'n cyfrannu at hanes chwaraeon a diwylliant y DU, yn dewis dod i fyw yno.

▲ **Ffigur 6** Mo Farah, a gafodd ei eni yn Somalia, yn ennill medal aur i Dîm Prydain yng Ngemau Olympaidd Llundain 2012.

Blwyddyn	Poblogaeth (miliynau)
1965	54.3
1970	55.6
1975	56.2
1980	56.3
1985	56.6
1990	57.2
1995	58.0
2000	58.9
2005	60.4
2010	62.8
2014	65.0

▲ **Ffigur 7** Y boblogaeth yn cynyddu yn y DU.

Yr effeithiau ar boblogaeth y DU

Mae globaleiddio wedi arwain at chwyldro o ran mudo yn y DU. Yn 2014, roedd 15 y cant o boblogaeth weithio y DU wedi'u geni dramor, ac roedd mudo net i'r DU yn 318,000. Erbyn mis Gorffennaf 2015, roedd gan y DU boblogaeth o 65 miliwn am y tro cyntaf – cynnydd o 6 miliwn mewn 14 blynedd, sef y twf cyflymaf yn hanes poblogaeth y DU.

Mae dau reswm dros y twf hwn sef:

- **Mewnfudo net**, yn enwedig oedolion ifanc rhwng 18 a 35 oed sy'n gweithio. Mae'r ffaith bod y DU yn aelod o'r UE yn rhannol gyfrifol am hyn. Mae pawb sy'n byw yn yr UE yn rhydd i symud i unrhyw wlad arall sy'n aelod o'r UE a gweithio yno.
- **Cyfradd genedigaethau** uwch, sy'n rhannol o ganlyniad i fewnfudo gan fenywod sydd mewn oed i gael plant (15–44 oed). Mae'r cynnydd hefyd o ganlyniad i lefelau ffrwythlondeb uwch ymysg menywod sydd wedi'u geni yn y DU.

Mae Llywodraeth y DU yn credu bod mewnfudo yn fanteisiol i'r DU. Fel llawer o wledydd incwm uchel, mae gan y DU boblogaeth sy'n heneiddio, ac mae cyfran y bobl sydd o oedran gweithio yn lleihau. Mae poblogaethau sy'n heneiddio yn ddrud oherwydd costau pensiwn ac iechyd. Mae angen i lywodraethau dderbyn rhagor o daliadau treth gan bobl sy'n gweithio er mwyn talu am y costau hyn.

▲ **Ffigur 8** Canary Wharf yn Llundain – un o brif ganolfannau'r economi gwybodaeth.

Yr effeithiau ar economi'r DU

Mae economi byd-eang y DU wedi arwain at gynnydd yn nifer y mewnfudwyr i'r DU. Dirywiodd economi gweithgynhyrchu'r DU yn yr 1970au a'r 1980au, a chafodd ei ddisodli gan dwf yr economi gwasanaethau. Erbyn hyn, mae dau grŵp o weithwyr yn mudo i'r DU. Mae hanner y gweithwyr hyn yn weithwyr **tra medrus**.

- Mae llawer ohonynt yn derbyn swyddi â chyflogau uchel yn **economi gwybodaeth** y DU. Mae'r swyddi hyn yn gofyn am arbenigedd mewn meysydd fel cyllid a bancio, y gyfraith a TG. Mae pobl sy'n gwneud y swyddi hyn yn gyfrifol am 35 y cant o holl allforion y DU.
- Mae'r rhan fwyaf o'r swyddi hyn wedi'u lleoli yn ninas Llundain. Mae'r banciau a'r holl gwmnïau cyfreithiol, llongau a biotechnoleg sydd wedi'u lleoli yma yn recriwtio gweithwyr o blith pobl fwyaf cymwysedig y byd.
- Erbyn hyn mae Llundain yn 'mewnforio' arbenigwyr o dramor oherwydd prinder arbenigwyr yn y DU.

Gweithwyr di-grefft yw hanner arall y gweithwyr sy'n mudo i'r DU. Mae digon o waith ar gael:

- Mae gweithwyr o'r DU yn gwrthod gwneud llawer o swyddi budr/brwnt, anodd a pheryglus.
- Mae ffordd o fyw llawer o deuluoedd ym Mhrydain yn dibynnu ar bobl sy'n gwneud swyddi ag oriau anghymdeithasol. Mae'r swyddi hyn yn amrywio o ofal plant i lanhau cartrefi a dosbarthu pitsas.
- Mae swyddi mewn sectorau lle mae prinder llafur tymhorol (fel ffermio, adeiladu, gweithio mewn gwestai a thai bwyta a thwristiaeth) yn cael eu llenwi gan fewnfudwyr.

Effeithiau cymdeithasol a diwylliannol mewnfudo

Mae 37 y cant o boblogaeth Llundain wedi'u geni dramor. Ar wahân i Efrog Newydd, Llundain sydd â'r boblogaeth fwyaf o fewnfudwyr trefol yn y byd. Mae gwleidyddion a'r cyfryngau'n trafod mewntudo yn aml.

- Mae rhai newyddiadurwyr a gwleidyddion yn honni bod gormod o fudwyr a'u bod nhw'n mynd â swyddi pobl leol ac yn rhoi straen ar wasanaethau fel ysgolion a thai. Mewn gwirionedd, mae'r trethi sy'n cael eu talu gan fudwyr yn gwneud iawn a mwy am yr effaith maen nhw'n ei chael ar wasanaethau.
- Mae eraill yn pwysleisio manteision mewnfudo. Mae llawer yn credu bod y DU yn elwa o sgiliau a chyfraniad diwylliannol mewnfudwyr. Maen nhw'n honni bod cyfeillgarwch amrywiol, gwahanol dai bwyta a'r effaith ddiwylliannol ar chwaraeon, cerddoriaeth a'r cyfryngau ym Mhrydain yn gwneud iawn a mwy am unrhyw broblemau.

Gweithgareddau

2 Awgrymwch y rhesymau posibl pam mae swyddi gweithgynhyrchu yn y DU wedi dirywio ers yr 1980au.
3 Lluniadwch ddiagram corryn i ddangos manteision economaidd y canlynol i'r DU:
   a) mudwyr medrus
   b) mudwyr di-grefft.
4 Lluniwch dabl a'i gwblhau i ddangos sut gallai'r sefyllfaoedd canlynol arwain at fanteision neu broblemau i economi'r DU:
   a) y DU yn lleihau mewnfudo
   b) y DU yn gadael yr UE.

Oes angen i'r DU adeiladu mwy o gartrefi newydd?

Cafodd 135,500 o gartrefi newydd eu hadeiladu yn y DU yn ystod blwyddyn ariannol 2012–13. Dyma oedd y cyfanswm isaf ers 1945. Nid yw hyn yn ddigon. Wrth i boblogaeth y DU gynyddu, mae angen mwy o gartrefi arnon ni. Os na fydd digon o gartrefi yn cael eu hadeiladu, bydd y galw yn fwy na'r cyflenwad a bydd prisiau cartrefi newydd yn codi'n gyflymach na chyflogau pobl. Mae'r llywodraeth eisiau sicrhau bod 240,000 o gartrefi ychwanegol yn cael eu hadeiladu bob blwyddyn. Ond ble dylai'r cartrefi newydd hyn gael eu hadeiladu? Mae'r galw mwyaf yn Ne-ddwyrain Lloegr. Mae'r economi ar ei gryfaf yno, ac felly mae llawer o bobl ifanc yn symud yno o ardaloedd eraill o'r DU ac o wledydd eraill sy'n aelodau o'r UE.

Gweithgareddau

1 Astudiwch Ffigur 9.
   a) Lluniadwch farrau cyfrannol ar bapur graff i ddangos twf y boblogaeth ym mhob rhanbarth.
   b) Ewch ati i dorri'r barrau a'u gludio ar fap amlinell o'r DU.
   c) Esboniwch pam mae'r ffordd hon o gyflwyno Ffigur 9 yn fwy defnyddiol na graff bar syml.
2 Disgrifiwch leoliad datblygiad Thames Gateway.

Rhanbarth o'r DU	Cynnydd yn y boblogaeth (miloedd)
Gogledd Iwerddon	135
Yr Alban	247
Cymru	163
Gogledd-ddwyrain Lloegr	63
Gogledd-orllewin Lloegr	307
Swydd Efrog a Glannau Humber	336
Gorllewin Canolbarth Lloegr	355
Dwyrain Canolbarth Lloegr	374
Dwyrain Lloegr	491
Llundain	955
De-ddwyrain Lloegr	683
De-orllewin Lloegr	384

◀ **Ffigur 9** Cynnydd ym mhoblogaeth rhanbarthau'r DU (2001–12).

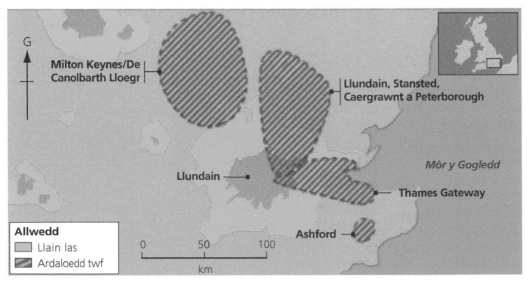

▲ **Ffigur 10** Yr ardaloedd allweddol ar gyfer cartrefi newydd yn ne-ddwyrain y DU.

Ai gardd-ddinasoedd newydd yw'r ateb?

Yn 2014, cyhoeddodd Llywodraeth y DU y byddai tair **gardd-ddinas** newydd yn cael eu hadeiladu yn Lloegr. Byddai tua 15,000 o gartrefi newydd ym mhob un. Cafodd y gardd-ddinasoedd cyntaf eu hadeiladu yn yr 1930au pan oedd llawer o dai newydd yn cael eu hadeiladu. Roedd llawer o fannau agored yn y trefi hyn, ac o hyn y daw'r enw 'gardd-ddinasoedd'. Bydd cartrefi o ansawdd uchel, llawer o fannau gwyrdd a swyddi a gwasanaethau lleol ar gael yn y gardd-ddinasoedd newydd. Byddan nhw'n cael eu hadeiladu yn y lleoedd canlynol:

- Bicester ger Rhydychen
- Northstowe yn Swydd Gaergrawnt
- Ebbsfleet yn y Thames Gateway (Caint).

Mae Ebbsfleet, Caint, yn rhanbarth Thames Gateway. Mae gan y rhanbarth hwn gysylltiadau cludiant da â Llundain – dim ond 20 munud yw'r daith drên o Ebbsfleet i Lundain. Mae llywodraeth y DU yn gobeithio y caiff tai newydd eu hadeiladu yn y Thames Gateway – cynifer â 90,000 o gartrefi newydd erbyn 2030 o bosibl. Mae wedi addo rhoi £200 miliwn i helpu i ariannu Corfforaeth Datblygu Ebbsfleet a fydd yn goruchwylio'r project ac yn talu am isadeiledd newydd, fel ffyrdd, yn Ebbsfleet.

Yn ôl y cynllun arfaethedig, bydd gardd-ddinas Ebbsfleet wedi'i rhannu'n gyfres o bentrefi traddodiadol llai sy'n ffurfio clwstwr mwy. Bydd gan bob 'pentref' ei ysgol gynradd ei hun a fydd o fewn pellter cerdded i holl gartrefi'r dalgylch. Bydd mannau gwyrdd agored ym mhob 'pentref', a rhandiroedd, meysydd chwarae ac adeilad cymunedol i'w ddefnyddio gan grwpiau o drigolion lleol. Mae'r adeiladu yn Ebbsfleet wedi dechrau'n barod. Mae disgwyl y bydd 3,000–5,000 o gartrefi yn cael eu hadeiladu yno rhwng 2015 a 2020.

Mae'r Thames Gateway ar dir isel ac mae'n agored i lifogydd arfordirol (gweler tudalennau 144–5). Gallai amddiffynfeydd môr newydd gostio £500 miliwn.

Mae llawer o'r tir datblygu yn y Thames Gateway yn dir llwyd. Bydd rhan o Ebbsfleet yn cael ei hadeiladu ar safle hen chwarel.

Bydd pentrefi bach cyfagos yn dod yn rhan o'r dref fawr newydd. Gallen nhw golli eu cymeriad unigryw.

Bydd gwasanaeth bws newydd, *Fastrack*, yn mynd yn ôl ac ymlaen rhwng Ebbsfleet a threfi eraill yn y Thames Gateway bob 5–10 munud yn ystod y dydd.

Mae'r llywodraeth am i'r Thames Gateway fod yn rhanbarth carbon isel. Mae'n gobeithio y bydd pobl yn gweithio'n lleol.

▲ **Ffigur 11** Agweddau ar y gwaith datblygu yn rhanbarth Thames Gateway.

▲ **Ffigur 12** Cartrefi presennol wrth ymyl ardal o dir prysg sydd wedi'i dewis fel safle posibl ar gyfer gardd-ddinas newydd Ebbsfleet. Mae rhan o'r safle hwn yn dir hen chwarel.

Gweithgaredd

3 Defnyddiwch y wybodaeth am y Thames Gateway ac Ebbsfleet i gwblhau tabl fel yr un sydd isod. Byddwch chi'n ysgrifennu mwy mewn rhai blychau na rhai eraill.

	Dadleuon o blaid adeiladu tai newydd yn Ebbsfleet	Dadleuon yn erbyn adeiladu tai newydd yn Ebbsfleet
Economaidd		
Amgylcheddol		
Cymdeithasol		

Gwaith ymholi

Ydych chi'n meddwl y bydd y gardd-ddinasoedd newydd yn datblygu i fod yn gymunedau cynaliadwy?

Defnyddiwch Ffigur 15 (tudalen 73) i'ch helpu i gyfiawnhau eich syniadau.

Sut gallwn ni greu cymunedau cynaliadwy trefol a gwledig?

Mae cynllunwyr eisiau creu **cymunedau cynaliadwy** yn nhrefi ac yng nghefn gwlad y DU. O ganlyniad, mae angen iddyn nhw ystyried sut gallan nhw gynllunio tai, ffyrdd neu ddatblygiadau eraill mewn ffordd sy'n fanteisiol i bobl ac i'r amgylchedd, heddiw ac yn y tymor hir. Mae'n eithaf hawdd gweld sut mae modd sicrhau bod tai newydd yn fwy amgylcheddol gynaliadwy. Mae Ffigur 13 yn dangos rhai nodweddion sy'n perthyn i eco-gartrefi modern.

▼ **Ffigur 13** Eco-gartrefi sy'n rhan o Ddatblygiad Sero Egni Beddington (BedZED) yn Surrey. BedZED oedd yr eco-gymuned carbon niwtral gyntaf (a'r mwyaf) yn y DU.

Mae gan yr adeiladau 300 mm o ddefnyddiau ynysu yn y waliau (50 mm sydd yn y rhan fwyaf o dai modern). Mae hyn yn cadw egni gwres mor dda fel bod angen cadw'r cartrefi'n glaear. Mae'r simneiau hyn yn anfon claear oer ffres i mewn i'r adeiladau.

Mae ffenestri mawr ar ochr ddeheuol yr adeilad yn casglu egni gwres o'r haul. Enw'r dechneg hon yw enillion solar goddefol (*passive solar gain*).

Mae toeon llechi a theils yn gadael i ddŵr lifo'n gyflym i ddraeniau storm. Mae hyn yn gallu arwain at broblemau gyda fflachlifau. Mae gerddi ar ben toeon yn defnyddio rhywfaint o'r dŵr glaw ac yn arafu llif y dŵr ffo i'r draeniau storm.

safle tir llwyd yn hytrach na safle tir glas

swyddi sydd ar gael yn lleol

rhai tai fforddiadwy ar gyfer pobl sydd ag incwm is

cludiant cyhoeddus sydd ar gael i bawb

Mae gan gymuned gynaliadwy ...

rhai adeiladau sydd wedi'u cynllunio ar gyfer yr henoed neu bobl anabl, gyda drysau llydan i bobl sy'n defnyddio cadeiriau olwyn, ac ystafelloedd gwely ac ymolchi ar y llawr gwaelod

cyfleusterau lleol ar gyfer pobl o bob oedran, e.e. meithrinfa, grŵp ieuenctid, canolfan gymunedol

technolegau gwyrdd i leihau costau gwresogi ac allyriadau carbon

cynlluniau i leihau nifer y bobl sy'n berchen ar geir, fel cynyddu costau parcio

▲ **Ffigur 14** Nodweddion posibl cymuned gynaliadwy.

Olwyn Egan

Fodd bynnag, er mwyn creu cymuned gynaliadwy mae angen i ni ystyried y nodweddion eraill sy'n perthyn i'r amgylchedd trefol neu wledig, yn ogystal â thai. Mae Ffigur 15 yn esbonio cysyniad Olwyn Egan. Mae'n dangos y meini prawf y gallwn ni eu defnyddio i benderfynu a yw cymuned yn gynaliadwy.

Gwaith ymholi ?

Pa mor gynaliadwy yw Caerdydd?

- Lluniwch o leiaf 5 pâr o osodiadau deubegwn (gweler tudalennau 3–4) y gallech chi eu defnyddio mewn arolwg o gynaliadwyedd cymuned. Bydd Ffigur 15 yn rhoi rhai syniadau i chi.
- Defnyddiwch eich arolwg deubegwn i asesu pob llun o Gaerdydd sydd yn Ffigur 16.

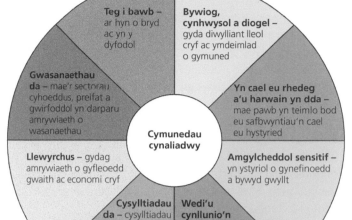

Teg i bawb – ar hyn o bryd ac yn y dyfodol

Bywiog, cynhwysol a diogel – gyda diwylliant lleol cryf ac ymdeimlad o gymuned

Gwasanaethau da – mae'r sectorau cyhoeddus, preifat a gwirfoddol yn darparu amrywiaeth o wasanaethau

Yn cael eu rhedeg a'u harwain yn dda – mae pawb yn teimlo bod eu safbwyntiau'n cael eu hystyried

Cymunedau cynaliadwy

Llewyrchus – gydag amrywiaeth o gyfleoedd gwaith ac economi cryf

Amgylcheddol sensitif – yn ystyriol o gynefinoedd a bywyd gwyllt

Cysylltiadau da – cysylltiadau cludiant da fel bod gweithleoedd, ysgolion, gwasanaethau iechyd a gwasanaethau eraill o fewn cyrraedd trigolion

Wedi'u cynllunio'n dda – gyda nodweddion naturiol a chartrefi wedi'u hadeiladu'n dda

▲ **Ffigur 15** Olwyn Egan.

▲ **Ffigur 16** Tystiolaeth o gymunedau trefol cynaliadwy yng Nghaerdydd.

Gweithgareddau

1 Astudiwch nodweddion yr eco-gartrefi yn Ffigur 13. Esboniwch sut mae pob nodwedd yn cyfrannu naill ai at gynaliadwyedd amgylcheddol neu at gynaliadwyedd economaidd.
2 Esboniwch beth yw'r prif wahaniaethau rhwng eco-gartref a chymuned gynaliadwy.
3 Trafodwch Ffigur 14.
   a) Awgrymwch sut mae pob nodwedd yn y diagram yn gallu cael ei hystyried yn nodwedd gynaliadwy.
   b) Awgrymwch o leiaf 2 nodwedd a allai fod yn ddadleuol. Pa grwpiau o bobl fyddai'n gwrthdaro o bosibl oherwydd yr awgrymiadau hyn?
   c) Awgrymwch o leiaf 2 nodwedd arall sy'n angenrheidiol mewn cymuned gynaliadwy newydd yn eich barn chi.
4 Astudiwch y ffotograffau yn Ffigur 16.
   a) Defnyddiwch Olwyn Egan i ddod o hyd i'r elfen gynaliadwy ym mhob ffotograff.
   b) Dewiswch un ffotograff. Ysgrifennwch bennawd 50 gair sy'n esbonio sut mae'r nodwedd yn y ffotograff yn cyfrannu at gymuned gynaliadwy.

A ddylen ni adeiladu ar y llain las?

Cafodd llawer o dai eu hadeiladu ar ôl yr Ail Ryfel Byd. Cafodd cartrefi maestrefol newydd eu hadeiladu ar gyrion dinasoedd y DU, ac mae'r term 'blerdwf maestrefol' yn cael ei ddefnyddio i ddisgrifio twf cyflym y maestrefi. Ar y pryd, roedd cynllunwyr yn y DU yn poeni cymaint am golli ardaloedd o gefn gwlad gwnaethon nhw benderfynu creu **lleiniau glas** eang o amgylch llawer o ddinasoedd er mwyn diogelu'r tir. Ar hyn o bryd, mae 13 y cant o'r holl arwynebedd tir yn Lloegr yn lleiniau glas. Mae trefi a phentrefi llai, tir ffermio ac ardaloedd cefn gwlad mewn lleiniau glas. Mae gwaith adeiladu cartrefi newydd yn cael ei gyfyngu ar dir llain las.

Mae poblogaeth y DU yn tyfu ac mae'r galw am gartrefi newydd yn cynyddu. A ddylai'r cartrefi newydd hyn gael eu hadeiladu ar **safleoedd tir glas** – tir sydd heb gael ei ddefnyddio ar gyfer adeiladu o'r blaen? Neu a ddylai cartrefi gael eu hadeiladu ar **safleoedd tir llwyd** – tir a gafodd ei ddefnyddio yn y gorffennol (er enghraifft fel safle ffatri, warws, doc neu chwarel) ond sydd bellach yn segur neu'n ddiffaith (*derelict*)? Weithiau mae pobl leol yn gwrthwynebu cynlluniau i adeiladu tai newydd ar safleoedd tir glas oherwydd eu bod yn poeni y bydd tai newydd yn difetha cymeriad gwledig eu cymuned leol. Mae protestiadau yn erbyn datblygiadau lleol yn cael eu hadnabod fel *NIMBYism* yn aml – talfyriad Saesneg sy'n golygu *Not in My Back Yard*.

Dinas	Cymhareb
Rhydychen	15.0
Caergrawnt	14.8
Llundain	14.0
Brighton	12.2
Reading	10.1
Milton Keynes	8.0
Birmingham	7.3
Nottingham	6.8
Abertawe	6.7
Derby	6.2
Lerpwl	5.8

▲ **Ffigur 18** Cost tai o gymharu â chyflogau lleol cyfartalog (2014).

> Mae cyflogwyr yn Rhydychen – gan gynnwys cwmni BMW Mini, ysgolion, ysbytai a'r brifysgol – yn cael anhawster recriwtio gweithwyr oherwydd costau tai uchel.

> Mae dros 50 y cant o'r gweithlu yn cymudo i'r ddinas. Yn Rhydychen, mae unrhyw gynlluniau newydd i adeiladu ar safleoedd tir glas yn osgoi'r llain las. Mae hyn yn golygu bod teuluoedd sy'n byw yn y tai newydd mewn lleoedd fel Bicester yn gorfod teithio'n bell iawn i gyrraedd y gwaith yn Rhydychen. Dydy'r pwysau sydd ar ein ffyrdd ac ar gludiant cyhoeddus ddim yn gynaliadwy.

> Mae gan brifysgolion Rhydychen enw da yn rhyngwladol am ragoriaeth ym meysydd ymchwil ac addysgu. Mae angen tai rhatach yma er mwyn denu'r gweithwyr ymchwil gorau. Mae cymaint o gwmnïau technoleg uwch wedi dod yma oherwydd yr ymchwilwyr hyn.

▲ **Ffigur 19** Aelodau o Gyngor Dinas Rhydychen yn esbonio pam mae'n bosibl y bydd angen adeiladu ar y llain las.

Cartrefi newydd yn Rhydychen?

Mewn ardaloedd lle mae'r galw am dai yn fwy na'r cyflenwad, mae prisiau tai wedi cynyddu'n gyflym. Mae gwaith ymchwil o 2014 yn awgrymu bod prisiau tai yn arbennig o uchel yn Rhydychen. Yn 2014, £26,500 y flwyddyn oedd y cyflog cyfartalog yn Rhydychen, ac roedd tai yn costio £426,720 ar gyfartaledd, sef 15 gwaith cymaint â'r cyflog cyfartalog.

Mae Cyngor Dinas Rhydychen yn credu bod angen adeiladu rhwng 24,000 a 32,000 o gartrefi yn Rhydychen erbyn 2031. Byddai'r Cyngor yn hoffi adeiladu llawer o'r cartrefi hyn yn y llain las, sy'n fater dadleuol. Mae Cyngor Dosbarth De Rhydychen wedi gwrthwynebu'r cynllun – mae'n cydnabod bod angen adeiladu cartrefi newydd, ond nid ar dir llain las.

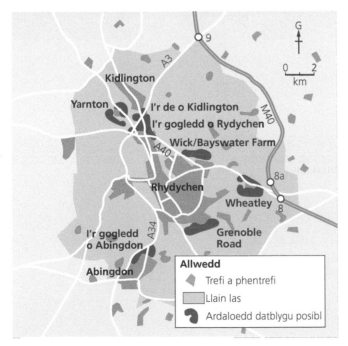

▲ **Ffigur 17** Ardaloedd datblygu yn llain las Rhydychen a gafodd eu hawgrymu gan Gyngor Dinas Rhydychen.

Rhydychen, Swydd Rydychen ar raddfa 1 : 40,000

Allwedd

Cliciwch ar y map i weld ym mha un o'r Parthau Llifogydd (diffiniadau'r Canllaw Polisi Cynllunio Cenedlaethol) mae'r datblygiadau arfaethedig wedi'u lleoli.

☐ ☑ Map Llifogydd ar gyfer Cynllunio (Afonydd a Moroedd) ⓘ

☐ Parth Llifogydd 3

☐ Parth Llifogydd 2

⬚ Amddiffynfeydd rhag llifogydd (Mae'n bosibl nad yw pob un i'w weld)

◩ Ardaloedd sy'n elwa o amddiffynfeydd rhag llifogydd (Mae'n bosibl nad yw pob un i'w gweld)

☐ ☑ Prif Lwybr yr Afon ⓘ

╱ Prif Lwybr yr Afon

☐ ☑ Sefydliadau amgylcheddol cenedlaethol eraill ⓘ

■ Ardal dan gyfrifoldeb Cyfoeth Naturiol Cymru

☐ Ardal dan gyfrifoldeb Asiantaeth Amddiffyn Amgylchedd yr Alban

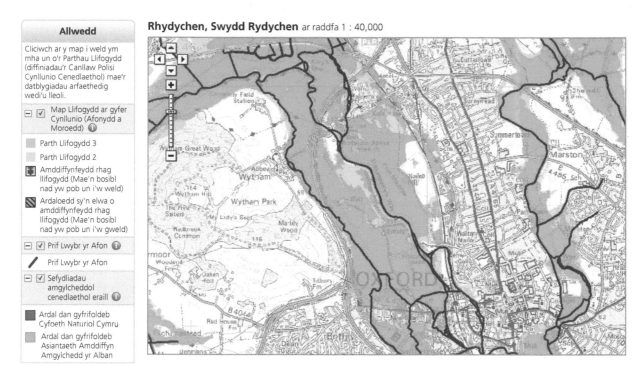

▲ **Ffigur 20** Sgrinlun o wefan Asiantaeth yr Amgylchedd. Mae canol y ddinas yn y gornel dde ar waelod y sgrinlun. Sylwch ar y tir agored i'r gogledd-orllewin o'r ddinas sy'n ffurfio coridor gwyrdd ar hyd Afon Cherwell.

Gweithgareddau

1 Ysgrifennwch ddatganiad i'r wasg sy'n 200 gair yn esbonio pam mae Cyngor Dinas Rhydychen yn credu bod angen adeiladu ar y llain las. Defnyddiwch Ffigur 19 i'ch helpu.

2 Astudiwch Ffigur 18.
   a) Dewiswch ddull addas o gyflwyno'r data hyn.
   b) Defnyddiwch atlas i ddadansoddi'r patrwm sydd i'w weld yn y data hyn.

3 a) Defnyddiwch Ffigur 17 i ddisgrifio lleoliad y safle datblygu yn Wheatley.
   b) Defnyddiwch Ffigur 21 i nodi dau reswm pam dylai'r datblygiad ddigwydd yn eich barn chi.
   c) Rhowch ddau reswm pam na ddylai'r datblygiad ddigwydd yn eich barn chi.
   ch) Awgrymwch ddau grŵp gwahanol o bobl a allai wrthwynebu'r datblygiad hwn.

4 a) Defnyddiwch Ffigur 20 i ddisgrifio'r ardaloedd yn Rhydychen sy'n agored i lifogydd.
   b) Esboniwch pam ei bod yn bwysig amddiffyn coridorau gwyrdd o dir sydd heb eu datblygu mewn dinasoedd fel Rhydychen.

Bydd y datblygiad yn ehangu pentref Wheatley. Bydd y pentref yn colli ei gymeriad unigryw.

Mae'r safle ar hyd ymyl yr A40 ac felly bydd teithio i Rydychen yn hawdd.

Mae'r tir mewn ardal o gefn gwlad agored a does neb wedi adeiladu arno o'r blaen.

Mae'r tir ar lethr ac mae'n dir ffermio o ansawdd gwael sy'n cael ei ddefnyddio ar gyfer pori.

Bydd adeiladu cartrefi yn ddrud gan fod llethrau serth ar rannau o'r safle.

▲ **Ffigur 21** Nodweddion y safle datblygu arfaethedig yn Wheatley.

Gwaith ymholi

Pa mor bwysig yw'r llain las?

Cynlluniwch arolwg i ymchwilio i safbwyntiau pobl am gynlluniau i adeiladu tai ar dir llain las. Sut gallech chi gynllunio'r strategaeth samplu (gweler tudalen 8) er mwyn sicrhau bod safbwyntiau grwpiau gwahanol o bobl yn cael eu cynnwys?

Adnewyddiad trefol

Yn ystod yr 1970au a'r 1980au, doedd byw yn yr ardaloedd trefol fewnol ddim yn ffasiynol yn nifer o drefi a dinasoedd y DU. Doedd pobl ddim eisiau byw yn ardaloedd hen dai y ddinas fewnol, yn enwedig ardaloedd y dociau neu ar lan y dŵr mewn porthladdoedd, fel ardal Butetown yng Nghaerdydd neu yn Salford Quays, Manceinion.

Fodd bynnag, mae'r safleoedd tir llwyd hyn – a oedd yn dirywio neu'n ddiffaith ar un adeg – wedi'u hailddatblygu bellach, ac mae cartrefi a busnesau newydd wedi'u hadeiladu yno. Mae pobl yn symud yn ôl i ardaloedd dinas fewnol. Aildrefoli yw'r enw ar y broses hon.

Adnewyddiad trefol yn Ipswich

▲ **Ffigur 22** Golygfa o'r ardal ar lan y dŵr yn Ipswich o un o'r blociau o fflatiau.

Mae Ipswich yn un o'r trefi sydd â'r twf cyflymaf yn y DU. Yn debyg i lawer o drefi a dinasoedd eraill yn ne-ddwyrain Lloegr, mae Ipswich yn tyfu'n rhannol o ganlyniad i'r cynnydd naturiol yn y boblogaeth. Fodd bynnag, mae nifer sylweddol o fewnfudwyr wedi dod i Ipswich hefyd.

Datblygiad glan y dŵr yn Ipswich yw'r project adnewyddu trefol mwyaf yn nwyrain Lloegr. Ardal dociau diwydiannol gyda warysau a ffatrïoedd oedd y safle ar un adeg, ond roedd y lle wedi dechrau mynd yn fwyfwy diffaith ers yr 1970au. Aeth Cyngor Bwrdeistref Ipswich ati i weithio mewn partneriaeth â nifer o ddatblygwyr i adnewyddu'r safle tir llwyd. Mae hen warysau wedi'u hadnewyddu a'u troi'n siopau, yn dai bwyta ac yn fflatiau. Mae adeiladau newydd hefyd wedi'u codi i greu cartrefi ac at ddibenion hamdden ac addysg. Yn anffodus, oherwydd cwymp economaidd 2009, nid yw'r project wedi bod yn gwbl lwyddiannus. Roedd Cranfield Mill, bloc 23 llawr, yn dal i fod heb ei gwblhau yn 2015. Roedd y cwmni datblygu mewn dyled i'r banciau, ac roedd yn methu fforddio'r gost o gwblhau'r adeilad. Mae Cyngor Ipswich yn gobeithio prynu'r adeilad a gweithio gyda chwmni adeiladu newydd i gwblhau'r project. Pan fydd wedi'i gwblhau, bydd 300 o fflatiau, swyddfeydd, siopau a thai bwyta yn yr adeilad hwn.

Gweithgareddau

1 Astudiwch Ffigur 22. Ysgrifennwch ddisgrifiad 100 gair o'r dirwedd drefol nodedig hon.

2 a) Cyflwynwch y data sydd i'w gweld yn Ffigur 23.

   b) Pa ffactorau sy'n creu'r angen am gymaint o gartrefi newydd yn Ipswich?

| | Poblogaeth | | | Amcangyfrif o nifer y cartrefi newydd mae eu hangen |
	Cyfrifiad 2001	2021 (amcangyfrif)	Newid	
Swydd Suffolk gyfan	670,200	733,600	+ 63,400	61,700
Ipswich	117,400	138,700	+ 21,300	15,400

▲ **Ffigur 23** Twf poblogaeth Ipswich a'r galw am dai.

Roedd rhai safleoedd diffaith wedi'u llygru gan wastraff o'r hen weithfeydd diwydiannol. Er enghraifft, gweithfeydd nwy oedd ar safle Cei Orwell yn y gorffennol lle roedd glo'n cael ei ddefnyddio i wneud nwy. Roedd y tir wedi'i lygru, a chostiodd hyd at £270,000 yr hectar i gael gwared ar y gwastraff a'i wneud yn ddiogel.

Roedd yr Eingl-Sacsoniaid yn byw yma yn y seithfed ganrif, ac felly roedd angen cynnal arolygon archaeolegol ar y tir. Roedd angen diogelu olion a oedd yn bwysig yn hanesyddol. Cafodd £1.2 miliwn yr hectar ei wario ar y gwaith hwn.

Mae'r tir wedi'i wneud yn bennaf o fathau o dywod a graean meddal a gafodd eu dyddodi ar ddiwedd yr oes iâ. O ganlyniad, roedd angen gosod sylfeini'r adeiladau newydd yn ddwfn yn y ddaear, ac roedd y gwaith hwn yn ddrud.

Mae'r safle wrth ymyl moryd lanw. Roedd angen codi amddiffynfeydd rhag llifogydd er mwyn gwarchod canol Ipswich rhag llifogydd llanw. Cost yr amddiffynfeydd hyn oedd £53 miliwn. Maen nhw'n amddiffyn 10 hectar o dir llwyd, ac roedden nhw'n hanfodol er mwyn ailddatblygu'r tir hwn.

Roedd angen diogelu a moderneiddio adeiladau o ddiddordeb hanesyddol fel hen warysau. Roedd gwneud hyn yn fwy drud nag adeiladu cartrefi a swyddfeydd newydd.

Efallai byddai adeiladu ar safleoedd tir glas ar gyrion Ipswich wedi bod yn llai drud, ond byddai hefyd wedi arwain at flerdwf trefol. Wrth i'n trefi dyfu, mae hyn yn creu mwy o broblemau cludiant gan fod angen i bobl gymudo ymhellach i'r gwaith.

Os ydyn ni'n adeiladu clystyrau o dai newydd yn y mannau gwag yn ein trefi a'n dinasoedd, nid yw'r ddinas yn tyfu'n fwy. Mae pobl wedyn yn gallu byw'n agos i'w gweithle ac i'r cyfleusterau hamdden yng nghanol y ddinas.

▲ **Ffigur 24** Manteision ac anfanteision datblygu'r safleoedd ar lan y dŵr yn Ipswich.

Mae'r lleoliad yn ardderchog. Rwy'n gallu cerdded i'r swyddfa yng nghanol y dref ymhen munudau a does dim rhaid i fi ddefnyddio'r car yn ystod yr wythnos bellach.

Mae amrywiaeth eang o adloniant ar gael yn agos i'r tŷ. Mae'r barrau'n brysur gyda'r nos, ac ar ddiwrnod heulog rwy'n gallu eistedd gyda ffrindiau yn yfed coffi a gwylio'r byd yn y marina.

▲ **Ffigur 25** Safbwyntiau'r trigolion.

▲ **Ffigur 26** Mae'r patrwm stryd canoloesol, y ffyrdd cul a'r hen garthffosydd o dan bwysau gan fod y datblygiad ar lan y dŵr wedi creu mwy o draffig yn yr ardal hon o'r ddinas fewnol.

Gweithgareddau

3 Astudiwch Ffigurau 24, 25 a 26. Defnyddiwch wybodaeth o'r adnoddau hyn i gwblhau tabl fel yr un sydd isod. Byddwch chi'n ysgrifennu mwy mewn rhai blychau na rhai eraill.

	Manteision defnyddio safleoedd tir llwyd	Anfanteision defnyddio safleoedd tir llwyd
Economaidd		
Amgylcheddol		
Cymdeithasol		

4 Defnyddiwch Ffigur 15 (tudalen 73) i esbonio pam mae datblygu safle tir llwyd yn fwy cynaliadwy yn aml na datblygu safle tir glas.

Gwaith ymholi

Mae cynllun tai newydd neu ddatblygiad trefol arall yn dod i'r ardal ger eich ysgol chi. Lluniwch dabl â dwy golofn yn nodi manteision ac anfanteision y cynllun/datblygiad. Ceisiwch ystyried ffactorau cymdeithasol, economaidd ac amgylcheddol wrth adolygu llwyddiannau a methiannau'r cynllun.

Ble mae'r ardaloedd adwerthu yn nhrefi a dinasoedd y DU?

Yn draddodiadol, **Canol Busnes y Dref (CBD)** yw'r lleoliad yng nghanol y dref lle mae amrywiaeth eang o siopau a gwasanaethau. Mae ffyrdd yn ymestyn o'r CBD fel gwythiennau yn y corff dynol. Mae'r ffyrdd prifwythiennol hyn yn golygu bod dalgylch eang a phoblogaeth drothwy fawr o fewn cyrraedd y siopau yn y CBD. O gymharu â'r CBD, mae'r amrywiaeth o siopau sydd i'w chael mewn canolfannau siopa ym maestrefi dinasoedd mawr yn tueddu i fod yn llawer llai. Fel arfer, siopau cyfleus fel archfarchnadoedd bach, caffis neu siopau trin gwallt sydd yma, a'r gymdogaeth leol yw eu dalgylch. Mae dau fath o leoliad arall yn gyffredin ar gyfer siopau yn y DU:

- Mae canolfannau siopa wedi'u lleoli yng nghanol y dref neu'r ddinas fel arfer. Mae amrywiaeth o siopau ar gael mewn canolfannau siopa dan do.
- Mae parciau adwerthu wedi'u lleoli y tu allan i'r dref fel arfer, wrth ymyl ffyrdd prifwythiennol neu'r cylchffyrdd sy'n mynd o amgylch ein trefi a'n dinasoedd.

- Mae defnyddwyr yn gallu ymweld â sawl siop, sy'n siopau cadwyn fel arfer, o dan yr un to.
- Mae'n bosibl y bydd siopau adrannol mawr yn nodwedd o'r lleoliad hwn.
- Mae diffyg lle parcio yn gallu achosi problemau, yn enwedig ar ffyrdd prysur.
- Mae parcio yn agos i'r siopau yn gallu bod yn ddrud neu'n anodd.
- Mae meysydd parcio arwyneb mawr yn ddi-dâl fel arfer.
- Mae cyrraedd yno'n hawdd o ganlyniad i gysylltiadau ffordd da.
- Mae siopau'n darparu ar gyfer grwpiau ethnig.
- Mae archfarchnadoedd ac uwchfarchnadoedd mawr sy'n gwerthu dodrefn neu eitemau trydanol yn gyffredin.
- Mae siopau papurau newydd, siopau trwyddedig a siopau prydau parod i gyd yn gyffredin.
- Mae'n bosibl y bydd llawer o 'siopau punt' a siopau elusen yma.

▲ **Ffigur 27** Nodweddion lleoliadau adwerthu mewn trefi a dinasoedd yn y DU.

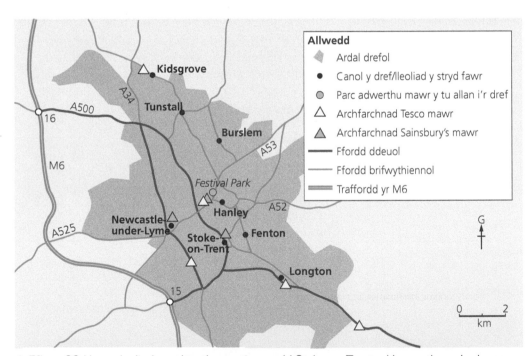

▲ **Ffigur 28** Map o leoliadau adwerthu yn ninasoedd Stoke-on-Trent a Newcastle-under-Lyme.

Gweithgaredd

1 Astudiwch Ffigur 28.
  a) Disgrifiwch ddosbarthiad archfarchnadoedd (i) Tesco; (ii) Sainsbury's.
  b) Awgrymwch resymau dros y lleoliadau hyn.
  c) Mae gan Tesco nifer o siopau 'Express' llai yn yr ardal hon. Ceisiwch ragweld ble maen nhw wedi'u lleoli, gan gyfiawnhau eich ateb.

www.aldi.co.uk/storelocator

Mae'r dudalen hon ar wefan archfarchnad Aldi yn cynnwys map rhyngweithiol fel bod cwsmeriaid yn gallu chwilio am y siop agosaf. Mae gwefannau tebyg gan gwmnïau Tesco, Morrisons, Sainsbury's ac Asda. Chwiliwch am yr archfarchnad gan ddefnyddio peiriant chwilio ac ychwanegwch y geiriau 'store locator'.

▲ **Ffigur 29** Festival Park, parc adwerthu y tu allan i'r dref yn Stoke-on-Trent.

Gweithgareddau

2 Ystyriwch sut mae safle a lleoliad Festival Park yn gallu bod yn fanteisiol i'r adwerthwyr sydd wedi'u lleoli yno.
   a) Defnyddiwch Ffigur 28 i ystyried manteision y lleoliad hwn.
   b) Defnyddiwch Ffigur 29 i ystyried manteision y safle hwn.
3 Trafodwch fanteision ac anfanteision pob lleoliad adwerthu i ddefnyddwyr, cyn cwblhau'r tabl isod. Bydd Ffigur 27 yn rhoi rhai syniadau i chi.

Lleoliad adwerthu	Manteision	Anfanteision
Lleoliadau stryd fawr yng nghanol y dref		
Canolfannau siopa yng nghanol y dref		
Canolfannau siopa ardal/maestrefol		
Safleoedd adwerthu y tu allan i'r dref		

4 Defnyddiwch Ffigur 30 i gymharu'r cyfraddau siopau gwag yn y tri lleoliad. Allwch chi awgrymu pam maen nhw'n amrywio cymaint?

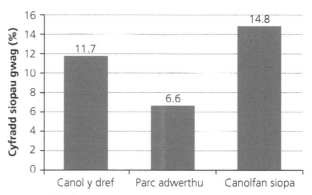

▲ **Ffigur 30** Cyfraddau siopau gwag yn y DU. Mae'r graff hwn yn dangos canran y siopau gwag mewn tri lleoliad gwahanol (2015).

Gwaith ymholi

Pa mor dda mae'r trefi llai o faint, fel Burslem a Tunstall, yn cael eu gwasanaethu gan siopau cadwyn yr archfarchnadoedd?

■ Defnyddiwch y 'store locators' ar wefannau Aldi, Asda a Morrisons i ddod o hyd i leoliad archfarchnadoedd eraill yn yr ardal sydd i'w gweld yn Ffigur 28. Gallech chi wneud llinfap i ddangos lleoliad pob archfarchnad.
■ Dadansoddwch batrwm yr archfarchnadoedd ar eich llinfap. Pa mor llwyddiannus yw'r siopau groser a chig annibynnol yn yr ardal drefol hon yn eich barn chi?

Sut mae technoleg yn newid sut a ble rydyn ni'n siopa?

Dros y 10 mlynedd diwethaf, mae nifer y bobl sy'n prynu dillad, dodrefn, bwyd, cerddoriaeth neu lyfrau ar-lein wedi cynyddu'n gyflym. Mae mwy o ddillad yn cael eu prynu ar-lein nag unrhyw eitem arall, ond mae llawer o bobl yn prynu nwyddau cartref fel dodrefn, cyfrifiaduron neu setiau teledu ar-lein hefyd. Fodd bynnag, nid gwerthu nwyddau ar-lein yn unig sy'n effeithio ar siopau'r stryd fawr. Mae pobl hefyd yn hoffi prynu tocynnau trên, teithiau hedfan a gwyliau ar-lein. Erbyn hyn, mae 37 y cant o'r holl drefniadau teithio yn cael eu cwblhau ar-lein yn hytrach na thrwy asiantaeth deithio ar y stryd fawr. Mae rheoli cyfrif banc ar-lein yn hawdd ac yn fwy cyfleus na mynd i fanc ar y stryd fawr. O ganlyniad, wrth i fwy o bobl agor cyfrifon banc ar-lein, mae mwy o fanciau'r stryd fawr wedi cau.

> Rwy'n berchen ar fusnes bach sy'n gwerthu hen bethau. Mae gen i siop mewn tref fach yn ogystal â gwefan. Mae'r gwerthiant yn y siop ac ar-lein wedi lleihau dros y 10 mlynedd diwethaf. Rwyf wedi sylwi bod llawer o'r siopau hen bethau roeddwn i'n arfer ymweld â nhw i brynu eitemau ar gyfer fy musnes wedi cau. Y prif reswm dros hyn, rwy'n credu, yw'r cynnydd yn nifer y gwefannau arwerthu ar-lein. Mae gwerthu eitemau ail-law ar y gwefannau hyn yn hawdd iawn. Does dim angen talu biliau siop wedyn, fel rhent, biliau trydan neu drethi busnes.

▲ **Ffigur 32** Safbwyntiau am y cynnydd yn nifer y gwasanaethau ar-lein.

Gweithgareddau

1 Astudiwch Ffigur 31. Lluniadwch gyfres o graffiau i ddangos sut mae pob math o siopa wedi newid.
2 Rhestrwch effeithiau cadarnhaol ac effeithiau negyddol siopa ar-lein am nwyddau a gwasanaethau. Ystyriwch yr effeithiau cymdeithasol, economaidd ac amgylcheddol.
3 Defnyddiwch Ffigurau 33 a 34.
   a) Disgrifiwch bob graff a chymharwch y nodweddion tebyg a'r nodweddion gwahanol.
   b) Awgrymwch sut gallai Tesco ddefnyddio'r wybodaeth hon.
   c) Awgrymwch sut gallech chi ddefnyddio'r wybodaeth hon wrth wneud ymchwiliad gwaith maes i batrymau siopa defnyddwyr.

Ffeil ffeithiau: Siopa ar-lein

Yn 2014, dywedodd bron i dri chwarter (74 y cant) o'r holl oedolion eu bod yn prynu nwyddau neu wasanaethau ar-lein. Mae'r canran hwn wedi cynyddu o 53 y cant yn 2008.

Roedd 50 y cant o'r bobl a oedd yn pori ar-lein am eitemau adwerthu yn 2015 wedi defnyddio dyfeisiau symudol i wneud hynny (o'i gymharu â 42 y cant yn 2014). Mae tua 25 y cant o eitemau yn cael eu prynu gan ddefnyddio dyfeisiau symudol.

	2011	2012	2013	2014
Bwyd	74.4	86.8	97.8	109.2
Siopau adrannol	34.1	41.6	54.1	60.7
Tecstilau, dillad ac esgidiau	62.8	75.1	85.4	100.1
Cyfanswm y gwerthiant ar-lein	483.0	556.9	643.0	718.7

▲ **Ffigur 31** Gwerthiant ar-lein wythnosol (£ miliwn).

> Rwy'n byw mewn ardal wledig yng nghanolbarth Cymru. Roeddwn i'n anhapus iawn pan benderfynodd fy manc gau y gangen leol. Bu'n rhaid i mi agor cyfrif banc ar-lein. Rwy'n cyfaddef bod bancio ar-lein yn gyfleus. Galla i weld manylion fy nghyfrif unrhyw bryd. Ond rwy'n poeni am ddiogelwch ar-lein, a dydy safon y cysylltiad â'r rhyngrwyd ddim yn wych yn yr ardal lle rwy'n byw. Hefyd, os oes angen cyngor arna i, mae'r daith i weld fy rheolwr banc ac yn ôl yn 25 milltir i gyd!

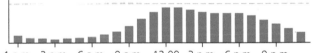
1 a.m. 3 a.m. 6 a.m. 9 a.m. 12.00 3 p.m. 6 p.m. 9 p.m.

▲ **Ffigur 33** Nifer yr ymwelwyr â Tesco Extra yn Hanley ar ddydd Gwener.

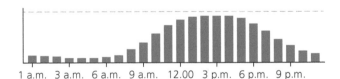
1 a.m. 3 a.m. 6 a.m. 9 a.m. 12.00 3 p.m. 6 p.m. 9 p.m.

▲ **Ffigur 34** Nifer yr ymwelwyr â Tesco Extra yn Hanley ar ddydd Sadwrn.

 www.google.co.uk

Chwiliwch am 'Tesco' ar beiriant chwilio *Google* ac ychwanegwch enw eich tref agosaf. Bydd y peiriant chwilio yn dangos nifer yr ymwelwyr ar gyfer pob dydd o'r wythnos yn y siopau sydd ar agor 24 awr y dydd.

Siopa 24-awr a phrynu ar-lein

Mae arferion siopa yn newid. Rydyn ni'n disgwyl gallu siopa unrhyw bryd, neu 24/7 – naill ai o'n cartrefi ein hunain neu drwy fynd i siop fawr sydd ar agor 24 awr y dydd. Mae'r cynnydd mewn siopa am fwyd ac ati 24 awr y dydd wedi creu problemau logistaidd newydd i'r archfarchnadoedd. Sut gallan nhw sicrhau bod nwyddau darfodus yn cyrraedd y cwsmer yn gyflym ac yn effeithlon? Yr ateb yw datblygu gwasanaethau dosbarthu effeithiol sy'n gallu manteisio ar rwydwaith traffyrdd y DU. Mae gan gwmni Morrisons gyfanswm o 143 erw o ofod warws – arwynebedd tebyg i 81 cae pêl-droed.

Morrisons yn ehangu i'r de yn y DU

Morrisons yw'r pedwerydd mwyaf o archfarchnadoedd cadwyn y DU. Mae gan y cwmni 500 o archfarchnadoedd a 150 o siopau cyfleus llai (o'r enw 'M'). Cafodd y cwmni ei sefydlu yn Swydd Efrog, a hyd nes 2004 roedd y rhan fwyaf o'i siopau yng ngogledd Lloegr. Yna, prynodd y cwmni gadwyn Safeway, a dechreuodd ehangu i leoliadau yn ne Lloegr. Roedd angen gwella ei system ddosbarthu er mwyn cyflenwi ei siopau newydd. Cafodd dwy ganolfan ddosbarthu newydd eu hadeiladu – un yn Sittingbourne (yn y de-ddwyrain) a'r llall yn Bridgwater (yn y de-orllewin).

Ffeil ffeithiau: Morrisons

1889 – Mae William Morrison yn dechrau gwerthu wyau a menyn ar stondin farchnad yn Bradford.

1961 – Mae archfarchnad gyntaf Morrisons yn agor yn Bradford.

1988 – Mae'r ganolfan ddosbarthu gyntaf yn agor ger Cyffordd 41 ar draffordd yr M1, sy'n golygu bod Morrisons yn gallu ehangu y tu allan i Bradford.

2004 – Mae Morrisons yn prynu cadwyn Safeway.

2011 – Mae Morrisons yn agor canolfan ddosbarthu newydd yn Bridgwater yng Ngwlad yr Haf.

Gweithgareddau

4 Defnyddiwch Ffigur 35 i gymharu patrwm canolfannau dosbarthu Morrisons â phatrwm ffatrïoedd cynhyrchu'r cwmni.
5 Edrychwch ar Ffigur 35.
   a) Disgrifiwch leoliad Canolfan Ddosbarthu Bridgwater.
   b) Esboniwch pam dewisodd Morrisons y lleoliad hwn fel safle ar gyfer y ganolfan ddosbarthu newydd ar ôl 2004.

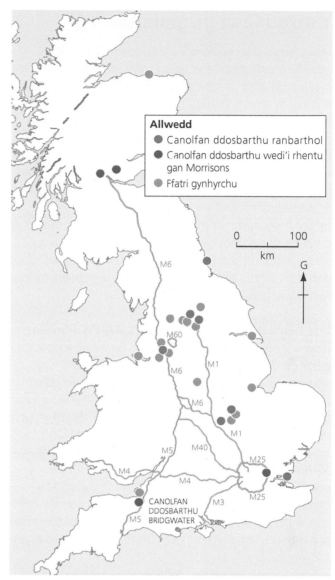

▲ Ffigur 35 Canolfannau dosbarthu rhanbarthol a ffatrïoedd cynhyrchu Morrisons.

Gwaith ymholi

Gwnewch arolwg yn eich dosbarth a'ch cartref i ddysgu mwy am arferion siopa ar-lein yn eich ardal. Trafodwch â'ch gilydd pa gwestiynau mae angen i chi eu gofyn. Byddwch chi wedyn yn dod i ddeall pwy sy'n prynu nwyddau ar-lein a beth maen nhw'n ei brynu.

Y stryd fawr yn ymladd yn ôl

Mae'r stryd fawr yn nhrefi a dinasoedd y DU wedi newid yn gyflym dros yr ugain mlynedd diwethaf. Mae cynllunwyr trefi ac adwerthwyr y stryd fawr wedi gorfod addasu er mwyn ymateb i fygythiadau adwerthu y tu allan i'r dref a siopa ar-lein. Mae'r stryd fawr wedi ymladd yn ôl er mwyn gwella ansawdd yr amgylchedd trefol ar gyfer siopwyr. Mae cynllunwyr wedi defnyddio amrywiaeth o strategaethau er mwyn denu siopwyr yn ôl i'r stryd fawr. Mae rhai cynlluniau wedi canolbwyntio ar wneud strydoedd yn fwy diogel ar gyfer cerddwyr, a hynny drwy atal ceir rhag gyrru yno neu drwy osod mwy o gamerâu cylch cyfyng (*CCTV*). Mae cynghorau lleol wedi gweithio gyda datblygwyr i greu canolfannau siopa dan do, ac felly does dim angen i siopwyr boeni os yw hi'n bwrw glaw y tu allan!

Mae canol dinas Caerhirfryn wedi'i wella'n ddiweddar. Mae wyneb newydd wedi'i osod ar rai o'r strydoedd ar gyfer cerddwyr yn unig, ac mae dodrefn gwell (sydd wedi'u gwneud o ddefnyddiau cryf o ansawdd uchel) wedi'u rhoi ar y strydoedd. Yn sgil y newidiadau i gynllun y ffyrdd, roedd yr hen arwyddion ffyrdd yn peri dryswch. Mae gwybodaeth cyfeirio (neu arwyddion) newydd wedi'i gosod ar gyfer siopwyr ac ymwelwyr â'r dref. Cafodd camera hefyd ei osod i fesur nifer y cerddwyr mewn lleoliadau allweddol. Dangosodd y camera fod 185,000 o bobl yn defnyddio canol y ddinas bob wythnos ac mai dydd Mercher yw'r diwrnod mwyaf poblogaidd, sef diwrnod y farchnad. Mae'n ymddangos

bod hyn yn profi bod pobl o hyd yn mwynhau prynu nwyddau gan fasnachwyr annibynnol yn ogystal ag o siopau cadwyn mawr.

▲ **Ffigur 36** Cafodd gwybodaeth cyfeirio ac arwyddion newydd eu gosod yng Nghaerhirfryn yn 2015.

Gweithgareddau

1 Astudiwch Ffigur 37 yn ofalus. Ysgrifennwch anodiadau ar gyfer y nodweddion sydd wedi'u rhifo. Defnyddiwch eich anodiadau i esbonio sut mae pob nodwedd yn gwella'r amgylchedd i siopwyr.
2 Esboniwch sut mae'r nodweddion sydd i'w gweld yn Ffigurau 37 a 38 yn gallu gwella ansawdd yr amgylchedd adwerthu.

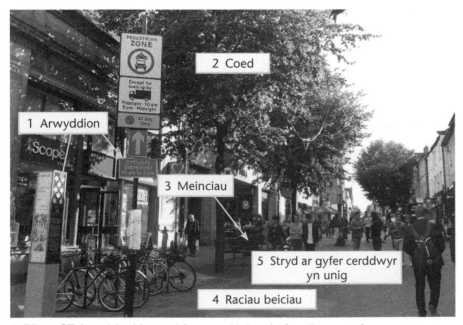

▲ **Ffigur 37** Amgylchedd y stryd fawr yng Nghaerhirfryn (*Lancaster*).

▲ **Ffigur 38** Marchnad Ffrengig yng Nghroesoswallt.

SGILIAU DAEARYDDOL

Graddio diemwnt

Mae graddio diemwnt, neu ddiagram diemwnt
naw, yn ddull da i'w ddefnyddio pan fydd angen
i chi wneud penderfyniad. Weithiau mae'n anodd
ceisio graddio neu flaenoriaethu syniadau pan nad
oes ateb amlwg ar gael. Defnyddiwch y dull hwn i
grwpio eich syniadau, gan roi eich hoff syniadau ar
frig y diemwnt, a'r syniadau sy'n llai pwysig yn eich
barn chi ar waelod y diemwnt.

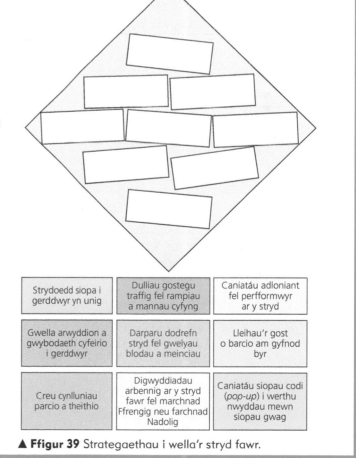

Gwaith ymholi

Beth yw'r strategaethau gorau ar gyfer
gwella'r amgylchedd adwerthu?

Astudiwch y strategaethau yn Ffigur 39.

a) Gwnewch ddiagram diemwnt naw a
rhowch y strategaethau yn y diagram,
gan osod y rhai sy'n hanfodol yn eich
barn chi ar frig y diagram.
b) Cyfiawnhewch eich rhesymau dros
ddewis y tair strategaeth ar frig y
diagram drwy esbonio sut byddan
nhw'n gwella profiad siopwyr ac yn
gwella economi'r stryd fawr.

Strydoedd siopa i gerddwyr yn unig	Dulliau gostegu traffig fel rampiau a mannau cyfyng	Caniatáu adloniant fel perfformwyr ar y stryd
Gwella arwyddion a gwybodaeth cyfeirio i gerddwyr	Darparu dodrefn stryd fel gwelyau blodau a meinciau	Lleihau'r gost o barcio am gyfnod byr
Creu cynlluniau parcio a theithio	Digwyddiadau arbennig ar y stryd fawr fel marchnad Ffrengig neu farchnad Nadolig	Caniatáu siopau codi (pop-up) i werthu nwyddau mewn siopau gwag

▲ **Ffigur 39** Strategaethau i wella'r stryd fawr.

Oes angen hunaniaeth unigryw ar ganol pob tref?

Mae hunaniaeth pob tref yn cael ei chreu gan y cymysgedd o nodweddion sy'n creu ei chymeriad. Hunaniaeth tref sy'n rhoi ymdeimlad unigryw o le iddi. Mae llawer o bobl yn pryderu y bydd tref yn colli ei hunaniaeth pan fydd siopau sy'n perthyn i gadwyn genedlaethol yn disodli siopau annibynnol lleol.

Timpson – sychlanhau a gwneud allweddi	Bailey's – caffi a siop fara
Radio – caffi	Age UK – siop elusen
GWAG	
Shades – llenni/ffabrigau	Cascade – arcêd gemau
The Flower Gallery – gwerthwr blodau	
The Oak Furniture Shop – gwelyau a dodrefn	Pound Stretcher – siop ddisgownt
Polka Dot – asiantaeth deithio	
RJ Christian – siop gemydd	Card Factory – cardiau cyfarch
The Works – siop lyfrau	Specsavers – optegydd

Stryd Bailey

▲ **Ffigur 40** Ffordd syml o gofnodi siopau. Nodwch fod y ffotograffau yn Ffigur 42 wedi'u tynnu yn yr un stryd.

Trefi wedi'u clonio

Mae arolwg tref wedi'i chlonio yn rhan o arolwg cenedlaethol sy'n ceisio darganfod faint o siopau annibynnol sydd ar ôl ar y stryd fawr yn y DU. Mae'n mesur ystod y mathau gwahanol o siopau (amrywiaeth) a chyfran y siopau annibynnol o'i chymharu â chyfran y siopau cadwyn (hunaniaeth). Dilynwch y camau isod i gyfrifo sgôr 'tref wedi'i chlonio'.

Cam 1 Defnyddiwch daflen gofnodi fel yr un sydd yn Ffigur 43 i wneud arolwg o 40–60 siop.

Cam 2 Nodwch gyfanswm y **mathau** o siopau yn eich arolwg a chyfanswm y siopau **annibynnol** yn eich tabl.

Cam 3 Lluoswch gyfanswm y siopau annibynnol â 75, ac wedyn rhannwch yr ateb â chyfanswm y siopau yn eich arolwg.

Cam 4 Adiwch gyfanswm y mathau o siopau at eich ateb ar ddiwedd Cam 3. Dyma'r sgôr tref wedi'i chlonio. Mae sgôr o dan 50 yn awgrymu bod y dref wedi'i chlonio. Mae sgôr dros 65 yn awgrymu bod gan y dref amrywiaeth dda o siopau a digon o siopau annibynnol i roi hunaniaeth i'r dref.

▲ **Ffigur 41** Sgôr tref wedi'i chlonio.

▲ **Ffigur 42** Siopau yn Stryd Bailey, Croesoswallt, yn Swydd Amwythig. Mae Stryd Bailey yn stryd ar gyfer cerddwyr yn unig. Does dim ffotograff ohoni ar *Google Street View*.

Math o siop	Siop annibynnol ✓	Rhan o gadwyn ✓
Bwyd (siop gigydd, siop fara, archfarchnad)		
Siop bapurau newydd/tybaco		
Llyfrau/deunydd ysgrifennu		
Siop adrannol/catalog		
Tafarn/bar		
Siop drwyddedig		
Proffesiynol e.e. yswiriant/cyfrifydd		
Gwerthwr eiddo		
Gofal iechyd/fferyllfa/optegydd		
Nwyddau cartref (dodrefn, nwyddau cegin)		
Dillad/esgidiau		
Sinema/theatr		
Electronig/TG, e.e. ffonau, cyfrifiaduron		
Anifeiliaid anwes/cyflenwadau anifeiliaid anwes/milfeddyg		
Siop trin gwallt/triniaeth harddwch		
Teganau/chwaraeon/seiclo/hamdden awyr agored		
Ategolion ceir/petrol		
Siop deunyddiau adeiladu/DIY		
Gwerthwr blodau/canolfan arddio		
Sychlanhau/golchfa		
Asiantaeth deithio		
Camerâu/prosesu ffotograffau		
Swyddfa'r Post		
Arall, e.e. betio, arcêd gemau, hen bethau, siopau elusen, siop gemydd		
CYFANSWM		

▲ **Ffigur 43** Taflen gofnodi arolwg tref wedi'i chlonio.

Gweithgareddau

1 Astudiwch Ffigur 42.
   a) Cynigiwch un nodwedd sy'n rhoi hunaniaeth i'r stryd hon.
   b) Defnyddiwch Ffigurau 40 a 43 i'ch helpu i greu siart cyfrif ar gyfer y siopau yn Ffigur 42. Yn eich siart cyfrif, dylech chi nodi:
      i) nifer y siopau annibynnol
      ii) nifer y mathau gwahanol o siopau.
2 Defnyddiwch *Google Street View* i gwblhau arolwg rhithwir tref wedi'i chlonio o Groesoswallt. Gallwch chi nodi eich canlyniadau yn Ffigur 43. Bydd angen i chi ddosbarthu 25–45 siop.
3 Trafodwch y nodweddion sy'n rhoi hunaniaeth unigryw i ganol eich tref leol chi.
   a) Gwnewch restr o dair nodwedd o'r amgylchedd adeiledig a thair nodwedd o'r amgylchedd dynol sy'n creu hunaniaeth.
   b) I ba raddau rydych chi'n cytuno ei bod yn bwysig bod hunaniaeth unigryw gan ganol pob tref? Pam mae'n ymddangos bod y mater hwn yn un pwysig?

Gwaith ymholi

Lluniwch ymholiad sy'n ymchwilio i ganfyddiadau am hunaniaeth yng nghanol eich tref chi. Dylai eich cynllun gynnwys:

■ cwestiwn ymholi trosfwaol
■ eich strategaeth samplu
■ syniadau am sut byddech chi'n casglu data meintiol a data ansoddol (gweler tudalen 8).

Beth yw patrymau byd-eang trefoli?

Mae dros hanner poblogaeth y byd (54 y cant) yn byw mewn dinasoedd. Ond nid felly y bu hi erioed. Ar ddechrau'r ugeinfed ganrif, roedd y rhan fwyaf o boblogaeth y byd yn byw yng nghefn gwlad neu mewn trefi bach. Yn ystod ail hanner yr ugeinfed ganrif, tyfodd poblogaeth dinasoedd y byd a maint ffisegol eu hardaloedd adeiledig – proses o'r enw **trefoli**. Digwyddodd y broses hon yn arbennig o gyflym yn ninasoedd **gwledydd newydd eu diwydianeiddio** (*newly industrialised countries: NICs*) yn Asia ac America Ladin. Mae trefoli wedi digwydd yn sgil cyfuniad o'r ffactorau canlynol:

- mudo o ardaloedd gwledig i ardaloedd trefol
- y cynnydd naturiol yn y boblogaeth pan fydd mwy o enedigaethau na marwolaethau bob blwyddyn.

Mae Ffigur 2 yn dangos rhestr o ddinasoedd mwyaf y byd. Weithiau, y term am ddinasoedd sydd â mwy na 10 miliwn o drigolion yw **mega-ddinasoedd**. Yn 2015 roedd 28 mega-ddinas yn y byd – o'r rhain, mae 16 yn Asia a dim ond 3 ohonynt sydd yn Ewrop. Mae 498 o ddinasoedd yn y byd sy'n gartref i fwy na miliwn o bobl. O'r rhain, mae 101 yn China a 57 yn India. Dim ond 5 dinas â phoblogaeth o fwy na miliwn sydd yn y DU.

◄ Ffigur 1 Canol Mumbai, India. Mae cymdogaeth Bhendi Bazaar i'w gweld yn rhan flaen y llun. Cartrefi traddodiadol o'r enw *chawls* yw'r adeiladau isel yn yr ardal hon.

Gwledydd newydd eu diwydianeiddio (*NICs*)

Nodweddion y gwledydd hyn yw: twf trefol cyflym; twf sector gweithgynhyrchu'r economi; cysylltiadau masnachu da â gwledydd eraill; a phresenoldeb cwmnïau amlwladol tramor.

1990		2015		2030	
Tōkyō, Japan	32.53	Tōkyō, Japan	38.00	Tōkyō, Japan	37.19
Ōsaka, Japan	18.39	Delhi, India	25.70	Delhi, India	36.06
Efrog Newydd–Newark, UDA	16.09	Shanghai, China	23.74	Shanghai, China	30.75
Ciudad de México	15.64	São Paulo, Brasil	21.07	Mumbai, India	27.80
São Paulo, Brasil	14.78	Mumbai, India	21.04	Beijing, China	27.71
Mumbai, India	12.44	Ciudad de México	21.00	Dhaka, Bangladesh	27.37
Kolkata, India	10.89	Beijing, China	20.38	Karachi, Pakistan	24.84
Los Angeles–Long Beach–Santa Ana, UDA	10.88	Ōsaka, Japan	20.24	Cairo, Yr Aifft	24.50
Sāul, De Korea	10.52	Cairo, Yr Aifft	18.77	Lagos, Nigeria	24.24
Buenos Aires, Ariannin	10.51	Efrog Newydd–Newark, UDA	18.59	Ciudad de México	23.86

▲ **Ffigur 2** Deg mega-ddinas fwyaf y byd (poblogaeth mewn miliynau).

Beth fydd yn digwydd nesaf?

Mae disgwyl y bydd poblogaeth drefol y byd yn codi o 3.9 biliwn (yn 2014) i 6.0 biliwn erbyn 2045. Mae disgwyl y bydd y twf trefol mwyaf yn India, China a Nigeria. Erbyn 2050, bydd 404 miliwn o drigolion trefol ychwanegol yn India, 292 miliwn ychwanegol yn China a 212 miliwn ychwanegol yn Nigeria. Nid mega-ddinasoedd yw'r dinasoedd sy'n tyfu gyflymaf ond rhai sydd â phoblogaeth sy'n llai na 500,000. Mae disgwyl y bydd llawer o'r dinasoedd sy'n tyfu gyflymaf yn Affrica is-Sahara ac yn Asia.

Rhanbarth	1990–95 (%)	2015–20 (%)	2045–50 (%)
Affrica Is-Sahara	4.09	3.83	2.78
Dwyrain Asia (gan gynnwys China)	3.28	1.91	-0.06
De Asia (gan gynnwys India)	2.95	2.40	1.37
Gorllewin Ewrop	0.78	0.47	0.12
De America	2.43	1.16	0.36

▲ **Ffigur 4** Cyfraddau newid blynyddol cyfartalog yn y boblogaeth drefol (canran).

Blwyddyn	Mumbai, India	Kinshasa, Gweriniaeth Ddemocrataidd Congo
1950	2.86	0.20
1960	4.06	0.44
1970	5.81	1.07
1980	8.66	2.05
1990	12.44	3.68
2000	16.37	6.14
2010	19.42	9.38
2020	22.84	14.12
2030	27.80	20.00

▲ **Ffigur 3** Poblogaeth (miliynau) Mumbai, India, a Kinshasa, Gweriniaeth Ddemocrataidd Congo, sef un o'r dinasoedd sy'n tyfu gyflymaf yn Affrica.

Gwaith ymholi

Beth yw dyfodol daearyddol yr ardaloedd trefol ar draws y byd?

- Cyflwynwch y data yn Ffigur 4. Ffordd dda o wneud hyn fyddai llunio barrau cyfrannol ar fap amlinell o'r byd.
- Defnyddiwch eich map i ysgrifennu adroddiad 200 gair. Cofiwch gymharu'r cyfraddau twf trefol mewn rhanbarthau gwahanol o'r byd.

Gweithgareddau

1. Ysgrifennwch ddiffiniadau ar gyfer y termau canlynol:
   trefoli   mega-ddinasoedd   NICs
2. Astudiwch Ffigur 2.
   a) Dewiswch graff addas i gyflwyno'r data hyn.
   b) Disgrifiwch beth sydd wedi digwydd i ddosbarthiad dinasoedd mwyaf y byd.
3. Astudiwch Ffigur 3.
   a) Lluniadwch ddau graff llinell i ddangos twf y ddwy ddinas hyn.
   b) Disgrifiwch y pethau sy'n debyg a'r pethau sy'n wahanol rhwng y ddau graff.
4. Ydy trefoli cyflym yn beth da? Ceisiwch ragweld yr effeithiau posibl yn sgil twf cyflym yn y boblogaeth ar ddinas fel Kinshasa sydd mewn Gwlad Incwm Isel (*Low Income Country: LIC*). Dylech ystyried y manteision a'r anfanteision.

Beth yw dinasoedd global?

Mae pob dinas yn dylanwadu ar y rhanbarth cyfagos. Maen nhw'n rhyngweithio â'r ardaloedd o'u hamgylch, er enghraifft:

- denu cymudwyr dyddiol i'r gwaith
- darparu gwasanaethau arbenigol fel ysbytai a phrifysgolion
- bod yn ganolfannau cludiant ar gyfer rhwydweithiau rheilffordd neu feysydd awyr rhanbarthol.

Fodd bynnag, mae rhai dinasoedd yn cael mwy o ddylanwad nag eraill. **Dinasoedd global** yw'r dinasoedd hynny sy'n rhyngweithio â lleoedd eraill ar raddfa fyd-eang. Mae Ffigur 5 yn dangos rhai o'r cysylltiadau byd-eang hyn. Mae Rhwydwaith Ymchwil Globaleiddio a Dinasoedd y Byd wedi enwi dros 300 o ddinasoedd

sydd â chydgysylltiadau â rhannau eraill o'r byd. Mae 13 dinas global yn y DU. Llundain sydd yn y safle uchaf, ond Manceinion yw'r ddinas nesaf o'r DU ar y rhestr yn safle rhif 78. Mae Caerdydd yn safle rhif 248. Mae Ffigur 6 yn dangos y Dinasoedd Global sydd â'r cysylltiadau byd-eang pwysicaf.

Globaleiddio

Mae proses **globaleiddio** yn cysylltu lleoedd yn economaidd, yn gymdeithasol, yn wleidyddol neu'n ddiwylliannol. Mae dinasoedd global yn chwarae rhan bwysig yn y broses hon. Mae masnach a mudo wedi cysylltu dinasoedd â'i gilydd erioed. Fodd bynnag, wrth i ddulliau cyfathrebu a darpariaeth cludiant wella, mae'r broses yn cyflymu. Mae'r byd fel pe bai'n mynd yn llai wrth i gysylltiadau wella ac i leoedd fod yn llai ynysig.

Mudo a diwylliant:
Mae dinasoedd global yn denu mudwyr economaidd o bedwar ban byd. Mae mudo'n arwain at amrywiaeth ddiwylliannol. Mae dros 100 o ieithoedd yn cael eu siarad mewn cymunedau yn 30 o'r 33 bwrdeistref yn Llundain. Yn ôl Cyfrifiad 2011, nid Saesneg yw prif iaith 22 y cant o drigolion Llundain, sef ychydig dros 1.7 miliwn o bobl.

Llywodraethu a gwneud penderfyniadau:
Gall rheolwyr busnes mewn un ddinas wneud penderfyniadau sy'n effeithio ar bobl ar draws y byd. Mae *Tata*, er enghraifft, yn gwmni trawswladol o India. Mae pencadlys y cwmni yn Mumbai ac mae ganddo fusnesau mewn mwy na 100 o wledydd. Mae gwleidyddion a gweision sifil hefyd yn gallu gwneud penderfyniadau sy'n cael effaith fyd-eang. Mae'r Cenhedloedd Unedig yn cyflogi 41,000 o bobl. Mae 6,389 ohonynt yn gweithio yn eu pencadlys yn Efrog Newydd.

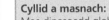
Pencadlys *HSBC* yn Hong Kong

Cyllid a masnach:
Mae dinasoedd global pwysicaf y byd yn ganolfannau ariannol. Mae banciau yn lleoli eu prif swyddfeydd yn y dinasoedd hyn. Mae masnachwyr sy'n gweithio mewn marchnadoedd ariannol fel *FTSE* yn prynu ac yn gwerthu cynwyddau ar farchnadoedd y byd.

Canolfannau trafnidiaeth:
Mae gan y prif ddinasoedd global gysylltiadau cludiant da â gweddill y byd, hynny yw meysydd awyr a phorthladdoedd mawr. Mae'r cysylltiadau hyn yn golygu bod digon o bobl, twristiaid a chyfleoedd masnach yn llifo i'r ddinas. Mae tua 1,400 o awyrennau yn gadael neu'n glanio ym maes awyr Heathrow yn Llundain bob dydd.

Syniadau a gwybodaeth:
Mae llawer o ddinasoedd global y byd yn gartref i gwmnïau darlledu mawr. Mae papurau newydd, gorsafoedd teledu a gwneuthurwyr ffilmiau wedi'u lleoli mewn dinasoedd global. Mae BBC World News yn sianel deledu ryngwladol sy'n darlledu 24 awr y dydd i dros 300 miliwn o gartrefi mewn 200 o wledydd.

Dinasoedd global

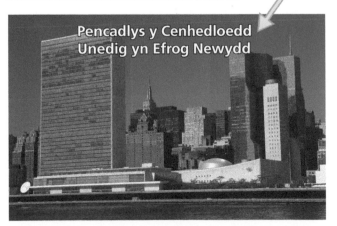
Pencadlys y Cenhedloedd Unedig yn Efrog Newydd

New Broadcasting House yn Llundain

▲ **Ffigur 5** Sut mae dinasoedd global yn cysylltu â gweddill y byd.

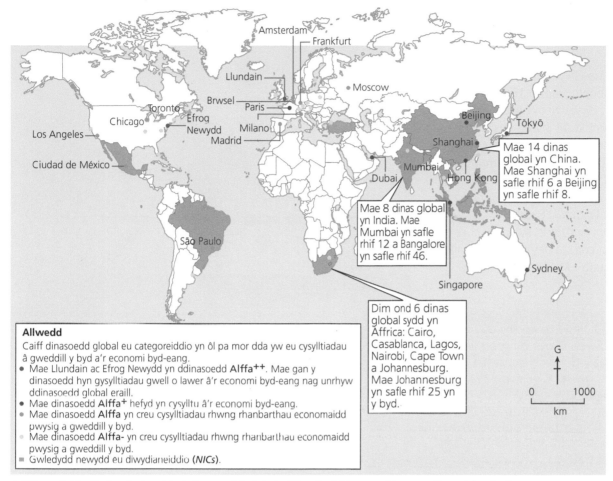

Allwedd

Caiff dinasoedd global eu categoreiddio yn ôl pa mor dda yw eu cysylltiadau â gweddill y byd a'r economi byd-eang.
- Mae Llundain ac Efrog Newydd yn ddinasoedd Alffa++. Mae gan y dinasoedd hyn gysylltiadau gwell o lawer â'r economi byd-eang nag unrhyw ddinasoedd global eraill.
- Mae dinasoedd Alffa+ hefyd yn cysylltu â'r economi byd-eang.
- Mae dinasoedd Alffa yn creu cysylltiadau rhwng rhanbarthau economaidd pwysig a gweddill y byd.
- Mae dinasoedd Alffa- yn creu cysylltiadau rhwng rhanbarthau economaidd pwysig a gweddill y byd.
- Gwledydd newydd eu diwydianeiddio (NICs).

Mae 14 dinas global yn China. Mae Shanghai yn safle rhif 6 a Beijing yn safle rhif 8.

Mae 8 dinas global yn India. Mae Mumbai yn safle rhif 12 a Bangalore yn safle rhif 46.

Dim ond 6 dinas global sydd yn Affrica: Cairo, Casablanca, Lagos, Nairobi, Cape Town a Johannesburg. Mae Johannesburg yn safle rhif 25 yn y byd.

▲ **Ffigur 6** Lleoliad a dosbarthiad dinasoedd global alffa y byd (dinasoedd yn y safleoedd uchaf).

Blwyddyn	Poblogaeth
1950	8.36
1960	8.19
1970	7.51
1980	7.66
1990	8.05
2000	8.61
2010	9.70
2020	10.85
2030	11.47

▲ **Ffigur 7** Poblogaeth (miliynau) Llundain, y ddinas sydd ar frig y rhestr o ddinasoedd global.

Gweithgareddau

1 Esboniwch y gwahaniaeth rhwng mega-ddinasoedd a dinasoedd global. Cofiwch roi enghreifftiau o ddinasoedd sy'n perthyn i'r ddau gategori drwy ddefnyddio Ffigurau 2 a 6.

2 Astudiwch Ffigur 6.
   a) Disgrifiwch ddosbarthiad y dinasoedd alffa++ ac alffa+.
   b) Pa ganran o'r dinasoedd global sydd i'w gweld yn Ffigur 6 sydd wedi'u lleoli mewn gwledydd sydd newydd eu diwydianeiddio?
   c) Awgrymwch pam mae cymaint o ddinasoedd global yn India ac yn China.

3 a) Defnyddiwch y data yn Ffigur 7 i lunio graff llinell o dwf poblogaeth Llundain.
   b) Defnyddiwch eich graff i amcangyfrif ym mha flwyddyn y daeth Llundain yn mega-ddinas.
   c) Cymharwch a chyferbynnwch dwf poblogaeth Llundain â thwf poblogaeth Mumbai a Kinshasa (sydd i'w gweld yn Ffigur 3 ar dudalen 87).

Gwaith ymholi

Pam rydych chi'n credu mai Llundain yw dinas global bwysicaf y byd? Gwnewch restr o 10 ffordd y mae Llundain:
- wedi'i chysylltu â rhannau eraill o'r DU
- wedi'i chydgysylltu â rhannau eraill o'r byd.

Mumbai: mega-ddinas yn India

Mumbai yw dinas fwyaf India ac yn 2015 roedd ganddi boblogaeth o 18.4 miliwn. Mae dinas Mumbai Fwyaf wedi'i hadeiladu ar ynys isel ym Môr Arabia. Mae'r ddinas wedi tyfu ac wedi lledaenu tua'r gogledd a'r dwyrain y tu hwnt i Gilfach Thane i greu rhanbarth metropolitan mawr. Mae 465 km o reilffyrdd maestrefol yn cysylltu Canol Mumbai â'r maestrefi ar y tir mawr. Fodd bynnag, dim ond pedair pont reilffordd sy'n croesi i'r ynys ac mae hyn yn creu tagfeydd i'r 7.5 miliwn o bobl sy'n cymudo i Mumbai bob dydd.

Gweithgareddau

1 Defnyddiwch Ffigur 8 i greu llinfap o Mumbai. Cofiwch gynnwys canol y ddinas, gorsaf CST, y maes awyr, y porthladd cynwysyddion a Navi Mumbai.
2 Esboniwch pam mae safle Mumbai Fwyaf wedi cyfrannu at broblemau tagfeydd traffig.

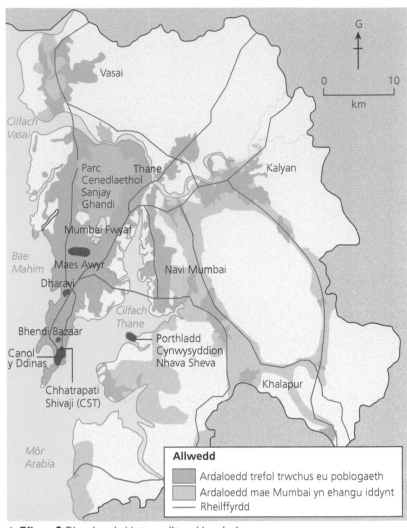

Allwedd

- Ardaloedd trefol trwchus eu poblogaeth
- Ardaloedd mae Mumbai yn ehangu iddynt
- Rheilffyrdd

▲ **Ffigur 8** Rhanbarth Metropolitan Mumbai.

◄ **Ffigur 9** Platfformau gorlawn yng ngorsaf Chhatrapati Shivaji (CST) yng nghanol dinas Mumbai. Mae platfformau dwbl yn golygu bod teithwyr yn gallu mynd at y trenau'n gyflym o'r ddwy ochr.

Problemau cludiant – canlyniad anochel yn sgil twf cyflym?

Mae angen systemau **cludiant torfol** (neu gludiant cyflym) ar ddinasoedd mawr fel Mumbai fel bod cymudwyr yn gallu cyrraedd y gwaith yn gyflym ac yn ddiogel. System reilffordd Mumbai yw un o'r rhai prysuraf yn y byd. Ar yr adegau prysuraf, mae trenau'n cludo dair gwaith cymaint o deithwyr ag y dylen nhw. Mae pobl yn gafael yn y drysau y tu allan i'r cerbyd a hyd yn oed yn teithio ar do'r trên. Nid yw trenau gorlawn yn anghyfforddus yn unig – maen nhw'n beryglus. Mae pobl yn marw wrth ddisgyn oddi ar y trenau neu maen nhw'n cael eu taro wrth groesi'r rheilffyrdd. Mae o leiaf naw person yn marw ar reilffyrdd Mumbai bob dydd. Sut mae modd gwella'r system? Mae trên yn gadael bob tri munud ar yr adegau prysuraf. Mae'n bosibl na fydd modd ychwanegu mwy o drenau heb gynyddu'r perygl o ddamweiniau.

Annog busnesau i gynnig oriau gwaith hyblyg yn hytrach nag oriau 9 a.m.–5 p.m arferol.
Cadw mwy o seddi ar drenau ar gyfer teithwyr oedrannus.
Gwella cyfleusterau toiledau.
Atal pobl rhag teithio ar do'r trên.
Cael gwared ar stondinau bwyd cyflym a gwerthwyr eraill o bob platfform.
Gwneud y platfformau'n hirach.
Sicrhau bod mwy o awyr iach mewn cerbydau.
Chwalu tai anffurfiol ger rheilffyrdd.
Gosod drysau priodol ar bob trên fel na allai pobl deithio hanner y tu allan i'r cerbyd.

▲ **Ffigur 10** Ffyrdd posibl o wella system reilffordd Mumbai.

◄ **Ffigur 11** Mae llawer o bobl yn byw mewn tai anffurfiol sy'n beryglus o agos at reilffyrdd Mumbai.

Gweithgareddau

3 a) Trafodwch y syniadau yn Ffigur 10. Esboniwch y ffyrdd gorau o wella'r agweddau canlynol:
   i) diogelwch ar y rheilffyrdd
   ii) cysur teithwyr
   iii) amserau trenau.
   b) Defnyddiwch dechneg diemwnt naw (gweler tudalen 83) i roi'r naw syniad yn nhrefn pwysigrwydd. Pa dri syniad ddylai gael blaenoriaeth er mwyn gwella gwasanaethau yn eich barn chi? Cyfiawnhewch eich dewis.

4 Esboniwch pam byddai chwalu tai anffurfiol ger rheilffyrdd yn gallu:
   a) gwella diogelwch ar y rheilffyrdd
   b) gwella amserau trenau.

5 Astudiwch Ffigur 11.
   a) Disgrifiwch yr adeiladau yn yr ardal hon.
   b) Awgrymwch dair ffordd mae ansawdd eu hamgylchedd yn effeithio ar y bobl sy'n byw yma.

Pam mae Mumbai wedi tyfu?

Gallwch weld ar dudalen 87 pa mor gyflym mae poblogaeth Mumbai wedi tyfu. Fel dinasoedd eraill yn India, mae Mumbai wedi tyfu yn sgil cyfuniad o **gynnydd naturiol** yn y boblogaeth a **mudo gwledig–trefol**.

Cynnydd naturiol ym mhoblogaeth Mumbai

Cynnydd naturiol yw'r twf yn y boblogaeth sy'n digwydd pan fydd mwy o enedigaethau na marwolaethau. Cynnydd naturiol oedd y prif reswm dros dwf Mumbai yn yr ugeinfed ganrif. Un ffordd syml o ymchwilio i hyn yw edrych ar faint teuluoedd ar gyfartaledd, ystadegyn sy'n cael ei adnabod fel **cyfradd ffrwythlondeb**. Os yw menywod, ar gyfartaledd, yn cael mwy na dau o blant, bydd y boblogaeth yn tyfu. Mae cyfraddau ffrwythlondeb yn Mumbai yn tueddu i fod ychydig yn is na'r cyfraddau ffrwythlondeb mewn ardaloedd gwledig yn nhalaith Maharashtra. Dyma'r cyfraddau ffrwythlondeb yn 2007:

- 2.2 yn ardaloedd gwledig Maharashtra
- 1.8 yn ardaloedd trefol y dalaith.

Beth yw'r ffactorau gwthio/tynnu sy'n esbonio mudo o'r wlad i'r dref yn Maharashtra?

System reilffordd India sydd â rhai o docynnau trên rhataf y byd. Dim ond 250 rwpî (tua £2.50) mae'n ei gostio i deithio o Kolkata i Mumbai. Mae teithiau trên rhad yn un **ffactor tynnu** sy'n annog pobl i fudo i Mumbai. Mae pobl sy'n byw yn ardaloedd gwledig India yn cael eu denu gan y swyddi a'r cyfleoedd hyfforddi gwell sydd ar gael mewn dinasoedd fel Mumbai. Mae tlodi, yn ogystal â thai, gofal iechyd ac iechydaeth o safon isel i gyd yn **ffactorau gwthio** sy'n gallu gorfodi pobl i symud o'r ardaloedd gwledig.

Blwyddyn (neu gyfnod)	Cyfradd ffrwythlondeb
Cyfartaledd 1974–82	4.03
Cyfartaledd 1984–90	3.45
Cyfartaledd 1994–2000	2.60
2004	2.20
2010	2.00
2013	1.80

▲ **Ffigur 12** Newidiadau mewn cyfraddau ffrwythlondeb yn Maharashtra.

Gweithgaredd

1 a) Dewiswch dechneg i gyflwyno'r data yn Ffigur 12.
   b) Disgrifiwch y duedd yn y cyfraddau ffrwythlondeb. Beth mae'r duedd hon yn ei awgrymu am y rhesymau dros dwf y boblogaeth yn Mumbai?
   c) Awgrymwch pam mae ffrwythlondeb yn is yn ardaloedd trefol Maharashtra.

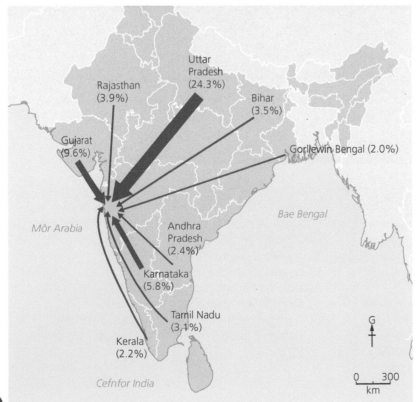

◄ **Ffigur 13** Llifoedd mudwyr i Mumbai o daleithiau eraill India.

Ffeil Ffeithiau: Pam mae pobl yn symud i Mumbai?

O'r 1,000 o bobl a gafodd eu cyfweld ynglŷn â'u rhesymau dros symud i Mumbai:

- roedd 538 wedi symud oherwydd priodas
- roedd 187 wedi symud oherwydd bod aelod o'r teulu/rhiant wedi symud
- roedd 173 wedi symud i gael gwaith
- roedd 35 wedi symud i wella eu haddysg/mynd i'r brifysgol
- roedd 62% o ddynion wedi symud am resymau'n ymwneud â gwaith neu fusnes
- roedd 80% o fenywod wedi symud i briodi neu wedi symud gydag aelod o'r teulu.

◄ **Ffigur 14** O ble mae mudwyr i Mumbai yn dod?

 o ardaloedd gwledig yn Maharashtra

o ardaloedd gwledig y tu allan i Maharashtra

 o ardaloedd trefol yn Maharashtra

o ardaloedd trefol y tu allan i Maharashtra

Enw talaith yn India	Nifer y cartrefi	Nifer y cartrefi heb ystafell ymolchi	Nifer y cartrefi sydd â chyfrifiadur
Maharashtra	23,830,580	3,478,681	3,174,031
Uttar Pradesh	32,924,266	14,761,001	2,664,447
Gujarat	12,181,718	3,967,358	1,077,510
Karnataka	13,179,911	1,807,662	1,692,253
Rajasthan	12,581,303	5,595,753	869,923
Bihar	18,940,629	11,849,779	1,334,565
Tamil Nadu	18,493,003	6,625,321	1,956,630
Andhra Pradesh	21,024534	6,910,308	1,763,555
Kerala	7,716,370	1,097,456	1,214,644
Gorllewin Bengal	20,067,299	12,869,502	1,668,757

▲ **Ffigur 15** Detholiad o ddata am rai taleithiau yn India. Mae poblogaeth fudol Mumbai yn dod o'r taleithiau hyn.

SGILIAU DAEARYDDOL

Cyfrifo canrannau gan ddefnyddio data crai

Data crai yw'r data cyfrifiad yn Ffigur 15 – hynny yw, data sydd heb gael eu prosesu. Byddai'n ddiddorol gweld a yw'r tlodi yn Uttar Pradesh yn ffactor gwthio. Er enghraifft, oes mwy o gartrefi heb ystafell ymolchi yn Uttar Pradesh nag sydd yn Maharashtra? Er mwyn cymharu, mae angen i ni brosesu'r data crai i weld pa ganran o gartrefi sydd heb ystafell ymolchi. Mae modd gwneud hyn drwy rannu nifer y cartrefi heb ystafell ymolchi â chyfanswm nifer y cartrefi yn y dalaith honno, ac yna lluosi'r ateb â 100. Felly, ar gyfer Uttar Pradesh:

14,761,001 ÷ 32,924,266 = 0.4483

0.4483 × 100 = 44.83%

Gweithgareddau

2 a) Rhestrwch 5 ffaith am darddiad (*origin*) mudwyr Mumbai.

b) Yng ngwledydd Affrica, dydy'r rhan fwyaf o fudwyr ddim yn symud yn bell iawn. I ba raddau mae hyn yn wir yn India?

3 Disgrifiwch y prif ffactorau gwthio a thynnu sy'n achosi'r mudo i Mumbai.

Gwaith ymholi

Ydy tlodi'n ffactor gwthio yng nghyd-destun mudo gwledig–tretol?

- Proseswch y data yn Ffigur 15 i gael canrannau.
- Lluniadwch graff gwasgariad. Dylech blotio canran y mudwyr (gweler Ffigur 13) ar yr echelin fertigol a chanran y cartrefi heb ystafell ymolchi ar yr echelin lorweddol.
- Rhowch sylwadau am y duedd sydd i'w gweld yn eich graff gwasgariad. Beth yw eich casgliadau?

Pam mae Mumbai yn ddinas global?

Mae gan economi Mumbai gysylltiadau da â lleoliadau eraill yn India a thramor hefyd:

- Mae'r diwydiant ffilmiau Hindi (neu ddiwydiant Bollywood) wedi'i leoli yn Mumbai ac mae'n debyg ei fod yn cyflogi 175,000 o bobl.
- Mae pencadlys *Tata Steel* – sy'n cyflogi pobl mewn dros 100 o wledydd – yn Mumbai.
- Nhava Sheva yw porth cynwysyddion mwyaf India. Mae nwyddau sy'n cael eu gwneud yn India yn gallu cael eu cludo ar long i Felixstowe, drwy Gamlas Suez, mewn 19 diwrnod. Mae taith y llongau cynwysyddion o Kolkata, ar arfordir dwyrain India, yn cymryd 28 diwrnod. Mae hyn yn rhoi mantais glir i Mumbai o ran ei safle'n fyd-eang.
- Mae Maes Awyr Rhyngwladol Mumbai mewn lleoliad da i gludo pobl fusnes rhwng Ewrop, y Dwyrain Canol ac Asia. Mae'n cymryd 9 awr i hedfan i Lundain, 3 awr i hedfan i Dubai a 6 awr i hedfan i Hong Kong.

Gweithgareddau

1. a) Defnyddiwch dechneg addas i gyflwyno'r data yn Ffigur 16.
    b) Awgrymwch beth mae hyn yn ei ddweud wrthych chi am werth Bollywood i'r bobl sy'n byw ac yn gweithio yn Mumbai.
2. Esboniwch pam mae lleoliad Mumbai yn golygu bod ganddi fantais economaidd dros Kolkata a Chennai o ran ei safle'n fyd-eang (*global rankings*).

Cynhyrchydd ffilmiau	Refeniw crynswth y tocynnau ($UDA biliwn)	Nifer y ffilmiau sy'n cael eu cynhyrchu bob blwyddyn	Nifer y tocynnau sy'n cael eu gwerthu bob blwyddyn (miliynau)
UDA	10.8	476	1,358
China	2.74	745	470
Japan	2.45	554	155
India	1.59	1,602	2,641

▲ **Ffigur 16** Y diwydiant ffilmiau byd-eang: ffigurau ar gyfer y pedair gwlad sy'n cynhyrchu'r nifer mwyaf o ffilmiau.

▲ **Ffigur 17** Rohit Suri, Is-lywydd *Jaguar and Land Rover India* – is-gwmni sy'n eiddo i *Tata Steel*. Mae e'n sefyll ger car *Jaguar F-type* yn Mumbai adeg lansio'r car yn 2013.

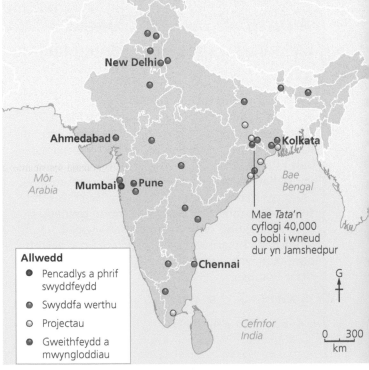

Mae *Tata*'n cyflogi 40,000 o bobl i wneud dur yn Jamshedpur

Allwedd
- Pencadlys a phrif swyddfeydd
- Swyddfa werthu
- Projectau
- Gweithfeydd a mwyngloddiau

▲ **Ffigur 18** Lleoliad a dosbarthiad *Tata Steel* yn India.

Mumbai: swyddi ffurfiol neu anffurfiol?

Mae **dosbarth canol newydd** o ddynion a menywod ifanc a phroffesiynol sy'n ennill cyflogau da yn creu newidiadau trefol ac economaidd yn India. Graddedigion ifanc yw llawer ohonyn nhw sydd wedi penderfynu peidio mynd yn ôl i gefn gwlad ar ôl bod yn y brifysgol mewn dinasoedd fel Mumbai. Maen nhw'n cael swyddi yn y llywodraeth ganolog a llywodraethau'r taleithiau; bancio a'r diwydiant ariannol; y diwydiant TG; gweithgynhyrchu tecstilau; swyddi'n ymwneud â'r porthladd; ac yn y diwydiant ffilmiau Hindi. Mae'r rhain i gyd yn **swyddi ffurfiol** sy'n cael cyflog rheolaidd. Fodd bynnag, mae gan economi Mumbai **sector anffurfiol** mawr iawn hefyd. Mae gwerthu ar y stryd, gyrru cerbydau *rickshaw* ac ailgylchu gwastraff yn enghreifftiau o swyddi anffurfiol. Nid yw'r swyddi hyn yn cael eu rheoleiddio gan y wladwriaeth. Nid oes angen cymhwyster i'w gwneud nhw o reidrwydd ac yn fwy na thebyg ni fydd trethi i'w talu. Fodd bynnag, dydy swyddi anffurfiol ddim yn cynnig gwyliau â thâl, pensiynau na budd-daliadau salwch, a does dim rheolau i sicrhau eich iechyd a'ch diogelwch yn y gwaith.

Mae cyferbyniad enfawr rhwng pobl gyfoethog a phobl dlawd yn Mumbai. Yn ôl y sôn, mae Mumbai yn y trydydd safle o ran cael y swyddfeydd drutaf yn y byd. Mae'n gartref hefyd i filiynau o bobl sy'n byw mewn tlodi. Mae tai anffurfiol ar 7 y cant o dir Mumbai ond mae 60 y cant o boblogaeth y ddinas yn byw ynddynt. Maen nhw felly yn orlawn tu hwnt. Mae'r slymiau hyn yn ymddangos ar

dir nad oes neb ei eisiau: corstir sy'n agored i lifogydd yn ystod tymor y monsŵn neu dir sy'n agos at reilffyrdd prysur. Mae Dharavi, ardal sy'n ailgylchu sbwriel Mumbai, ar anheddiad anffurfiol o'r fath.

Gweithgareddau

3 Awgrymwch sut mae pob ffactor canlynol yn creu twf trefol ac economaidd yn India:
   a) cyflogau isel mewn swyddi gwledig
   b) addysg brifysgol
   c) galw am nwyddau traul
   ch) y dosbarth canol newydd.
4 Astudiwch Ffigur 20. Esboniwch pam gallai tlodi yn y sector anffurfiol atal India rhag:
   a) datblygu mwy o gyfoeth yn yr economi
   b) gwella cyfleusterau gofal iechyd, addysg a hyfforddiant
5 Gan ddefnyddio Ffigur 19 i'ch helpu, awgrymwch sut mae'r sector anffurfiol yn helpu i gynnal economi Mumbai sy'n tyfu.

▲ **Ffigur 19** Person ifanc sy'n casglu carpiau yn Dharavi, un o slymiau Mumbai. Mae didoli plastig sydd wedi'i ailgylchu yn enghraifft o swydd anffurfiol. Mae pobl sy'n casglu carpiau yn ailgylchu 80 y cant o wastraff Mumbai – gyda'i gilydd maen nhw'n cyfrannu tua £700 miliwn i economi Mumbai bob blwyddyn.

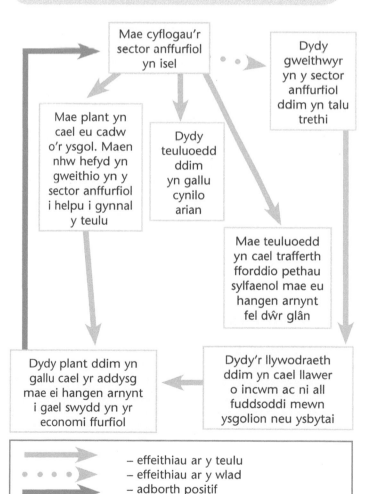

▲ **Ffigur 20** Y berthynas rhwng y sector anffurfiol a'r economi ehangach.

Beth yw'r problemau tai yn Mumbai?

Cartrefi gorlawn, iechydaeth wael, a chartrefi sydd mewn perygl o ddymchwel neu ddioddef llifogydd neu dân. Dyma rai o'r problemau sy'n effeithio ar bobl drefol dlawd yn Mumbai. Mae pobl sy'n byw yn y tri math o dai sydd wedi'u rhestru isod mewn perygl oherwydd yr amodau gwael:

- Math o adeilad tenement 4 neu 5 llawr yw *chawl*. Mae teuluoedd yn byw mewn un ystafell ar hyd coridor. Mae tenantiaid pob coridor yn rhannu'r cyfleusterau toiled sylfaenol. Cafodd llawer o *chawls* eu hadeiladu rhwng 1920 ac 1956. Maen nhw'n orlawn ac wedi'u hawyru'n wael, ond maen nhw'n fforddiadwy.

- Mae **cartrefi sgwatwyr** (sydd hefyd yn cael eu galw'n **slymiau** yn India) yn adeiladau 1 neu 2 lawr a gafodd eu hadeiladu heb reolau cynllunio. Mae iechydaeth yn wael iawn: mae 73 y cant o drigolion yn rhannu tai bach cymunedol.

- Mae **preswylwyr palmant**, llawer ohonyn nhw'n blant, yn byw mewn cabanau sy'n gwneud palmentydd yn fwy cul. Mae preswylwyr palmant yn talu rhent i droseddwyr sy'n rheoli'r palmentydd. Mae'r cabanau'n anghyfreithlon ac mae'r awdurdodau'n gallu eu chwalu.

Mae barn yn amrywio am sut i ddatrys y problemau hyn. Mae rhai'n credu bod projectau **hunangymorth** yn gallu gwella tai neu iechydaeth. Mae eraill yn credu mai **clirio slymiau'n gyfan gwbl** a'u hailddatblygu yw'r ateb gorau. Beth yw'r ateb mwyaf cynaliadwy?

◄ **Ffigur 21** Adeiladau tenement (neu *chawls*) traddodiadol yn Bhendi Bazaar a fydd yn cael eu chwalu.

▼ **Ffigur 22** Masnachwyr ym marchnad Bhendi Bazaar.

Gweithgareddau

1 Defnyddiwch Ffigur 8 ar dudalen 90 i ddisgrifio lleoliad Bhendi Bazaar.

2 Awgrymwch sut gallai pob un o'r problemau canlynol effeithio ar iechyd a diogelwch y trigolion lleol:
  a) *chawls* gorlawn
  b) gorfod rhannu cyfleusterau toiled
  c) ansicrwydd ymhlith preswylwyr palmant am ddyfodol eu llety.

3 Astudiwch Ffigur 15 ar dudalen 73. Mae'n dangos Olwyn Egan. Esboniwch sut gallai pob un o'r elfennau cynaliadwyedd canlynol gael ei chyflawni drwy ailddatblygu ardal Bhendi Bazaar:
  a) tai a'r amgylchedd adeiledig
  b) elfennau cymdeithasol a diwylliannol
  c) yr economi.

Ai clirio slymiau'n gyfan gwbl ac ailddatblygu yw'r ateb?

Mae ardal Bhendi Bazaar yn gymysgedd o *chawls* a 1,250 o siopau a stondinau. Mae amcangyfrifon yn awgrymu bod 20,000 o bobl yn byw yma. Mae'r *chawls* yn hen ac yn orlawn. Does dim system gwaredu sbwriel briodol yno a dim ond am ychydig oriau bob dydd y mae dŵr yn cael ei gyflenwi. Mae cynllun uchelgeisiol ar y gweill sy'n bwriadu chwalu 250 o adeiladau a chodi 17 bloc o fflatiau uchel yn eu lle. Dechreuodd y gwaith yn 2010, ac mae rhai teuluoedd eisoes wedi cael eu symud dros dro i floc o fflatiau newydd mewn ardal gyfagos.

Mae'r datblygiad newydd wedi cael ei gynllunio i fod yn gynaliadwy:

- Bydd cymysgedd o dai a siopau fel bod pobl yn gallu parhau i weithio'n lleol.
- Bydd ffyrdd llydan a phalmentydd coediog yn cymryd lle lonydd cul.
- Bydd mannau agored yno ar gyfer parciau, mannau gwyrdd ac ardaloedd chwarae.
- Bydd mosgiau'n cael eu cadw a'u gwella.
- Mae bwriad i greu meysydd parcio a chysylltiadau â chludiant cyhoeddus.

Bydd agwedd yr adeiladau'n gwneud y defnydd gorau o olau ac awyru naturiol ym mhob cartref

Bydd paneli solar yn cynhyrchu trydan

Casglu dŵr glaw

Cyfleusterau trin carthion ac ailgylchu dŵr i garthu toiledau

Bydd pympiau gwres ffynhonnell-aer yn defnyddio gwres naturiol yn yr atmosffer i wresogi dŵr yn y bloc o fflatiau

Bydd teledu cylch cyfyng (*CCTV*) yn golygu bod tenantiaid yn fwy diogel

Ardaloedd cymunedol wedi'u goleuo'n dda

Ardaloedd cerdded llydan a choediog

◀ **Ffigur 23** Nodweddion cynaliadwy o'r adeiladau aml-lawr newydd yn Bhendi Bazaar.

Gweithgaredd

4 a) Trafodwch gryfderau a chyfyngiadau'r cynllun ailddatblygu hwn.
  b) Allwch chi awgrymu tair ffordd wahanol o wella'r cynllun?

Mae fy nghartref yn Bhendi Bazaar wedi cael ei chwalu'n barod, ac rwyf bellach yn byw mewn cartref 'dros dro' wrth aros iddyn nhw roi cartref parhaol i mi. Mae bywyd llawer yn well yma. Rydyn ni wedi symud i stafell â dodrefn. Mae ganddi garped, llenni a chwpwrdd. Mae cegin fach yn y stafell gyda dŵr poeth a pheiriant golchi. Mae hi cymaint yn fwy glân a thawel yma! Mae'r plant yn gallu chwarae criced yn y man agored o flaen yr adeilad. Mae hyd yn oed cysylltiad rhyngrwyd yma.

Mariya, tenant yn y bloc dros dro

Rwy'n gwerthu nwyddau ar y stryd ac yn cysgu o flaen siop. Bydd tenantiaid yn cael cartrefi newydd, ond rwy'n ofni cha' i ddim byd. Mae miloedd o breswylwyr palmant sy'n gwneud bywoliaeth yn y farchnad stryd. Os na alla' i fyw a gweithio yma, efallai bydd rhaid i fi fynd nôl i'r pentref yn Uttar Pradesh.

Taha, gwerthwyr watshis ail-law

Dydy injanau tân mawr ddim yn gallu mynd i mewn i ardaloedd fel Bhendi Bazaar sy'n llawn *chawls* neu Dharavi sy'n llawn cartrefi sgwatwyr. Mae angen prynu rhai bach i allu symud drwy'r lonydd cul, prysur. Mae hefyd angen adeiladu gorsafoedd tân newydd drwy'r ddinas. Dim ond 33 gorsaf dân sydd yn Mumbai. Mae angen o leiaf 100 i fodloni safonau byd-eang.

Aziz, cynllunydd dinas

Yn 2015, lledaenodd tân yn gyflym drwy Kalbadevi, ardal arall llawn *chawls*. Mae gwneud y ffyrdd yn fwy llydan yn hanfodol i sicrhau bod yr ardal yn fwy diogel. Rwy'n deall bydd clirio slymiau Bhendi Bazaar yn golygu y bydd modd gwneud y ffyrdd yn fwy llydan, sef cynyddu'r lled presennol (6–8 metr) i tua 16 metr.

Mohammed, diffoddwr tân

▲ **Ffigur 24** Barn pobl am ailddatblygu Bhendi Bazaar.

Caerdydd

Caerdydd yw dinas fwyaf Cymru. Gallwch weld ar dudalennau 59 a 60 bod gan Gaerdydd gylch dylanwad cryf yn lleol. Mae 1.49 miliwn o bobl yn byw o fewn 32 km o ganol dinas Caerdydd. Mae llawer o'r bobl hyn yn defnyddio'r ddinas yn rheolaidd ar gyfer gwaith, siopa neu adloniant. Fodd bynnag, nid cylch dylanwad lleol yn unig sydd gan Gaerdydd – mae ganddi gysylltiadau cenedlaethol a byd-eang hefyd. Caerdydd yw cartref Llywodraeth Cymru, sy'n gyfrifol am faterion yn ymwneud ag addysg, iechyd a'r economi ar gyfer Cymru gyfan. Mae gan Gaerdydd gysylltiadau rheilffordd da â Llundain, ac mae awyrennau'n hedfan o faes awyr Caerdydd i nifer o gyrchfannau yn Ewrop. Mae Stadiwm Principality (Stadiwm y Mileniwm) yn lleoliad heb ei ail ar gyfer digwyddiadau chwaraeon a chyngherddau. Mae'r stadiwm wedi cynnal digwyddiadau rhyngwladol gan gynnwys Cwpan Rygbi'r Byd yn 2015. Mae un cwmni amlwladol mawr – cwmni yswiriant Admiral – wedi lleoli ei brif swyddfa yma. Mae nifer o raglenni teledu'r BBC, gan gynnwys *Sherlock* a *Doctor Who*, yn cael eu ffilmio ar leoliad yn yr ardal ac mewn stiwdios yng Nghaerdydd. Mae'r rhaglenni hyn yn cael eu gwerthu ar draws y byd. Mae'r cysylltiadau hyn ym maes cyfryngau a diwylliant yn golygu bod Caerdydd ar y rhestr o ddinasoedd global.

SGILIAU DAEARYDDOL

Disgrifio lleoliadau

Mae disgrifio lleoliad yn golygu gallu nodi'n union ble mae rhywbeth ar fap. Mae'n hawdd disgrifio lleoliad ar fap Arolwg Ordnans (OS) drwy roi cyfeirnod grid. Fodd bynnag, mae disgrifio lleoliad ar fap heb linellau grid yn gofyn am dechneg wahanol.

Yn gyntaf, mae angen i chi roi syniad bras o'r lleoliad drwy ddisgrifio pa ran o'r map dylai'r gwyliwr fod yn edrych arni. Dylech chi ddefnyddio termau daearyddol bob amser – er enghraifft, 'yn ne Cymru' yn hytrach nag 'ar waelod y map' neu 'ger Môr Hafren'.

Yna, i ddisgrifio'r union leoliad, dylech chi ddefnyddio man arwyddocaol arall ar y map a rhoi:
- y pellter o'r man arall hwnnw mewn cilometrau
- y cyfeiriad gan ddefnyddio pwyntiau'r cwmpawd.

Er enghraifft, ar Ffigur 25 mae Pen-y-bont ar Ogwr 28 km i'r gorllewin o Gaerdydd.

Twf Caerdydd

Fel llawer o ddinasoedd eraill yn y DU, bu cyfnod o dwf cyflym yng Nghaerdydd rhwng tua 1850 ac 1920. Roedd pobl wedi symud i'r ddinas i gael gwaith mewn diwydiannau a oedd yn gysylltiedig â gwerthu glo o Ddociau Caerdydd. Cafodd tai teras eu hadeiladu i roi cartrefi i weithwyr y dociau, ac mae llawer o'r tai hyn i'w gweld o hyd yn yr **ardaloedd trefol fewnol** sy'n agos i ganol y ddinas.

Yn y cyfnod rhwng 1930 a chanol yr 1980au, aeth Caerdydd drwy gyfnod o dwf **maestrefol**. Roedd cludiant cyhoeddus gwell a chynnydd yn nifer y bobl a oedd yn berchen ar geir yn golygu bod pobl yn gallu byw ymhellach o'r gwaith. Cafodd tai newydd eu hadeiladu, gan lenwi'r bylchau rhwng cyrion y ddinas a'r pentrefi bach fel Radur a'r Eglwys Newydd. Mae'r pentrefi hyn bellach yn rhan o ardal drefol Caerdydd.

Ers canol yr 1980au, mae Caerdydd wedi mynd trwy gyfnod o **aildrefoli**. Y tro hwn, cafodd tai newydd eu hadeiladu ar y safleoedd tir llwyd lle as wn adeg roedd y diwydiannau a oedd yn gysylltiedig â'r dociau ar yn Butetown ger Bae Caerdydd.

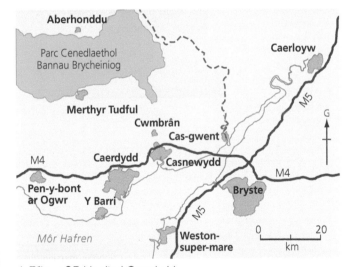

▲ **Ffigur 25** Lleoliad Caerdydd.

Gwaith ymholi

Pa mor bwysig yw Caerdydd fel dinas global?

Cymharwch gylch dylanwad byd-eang Caerdydd â chylch dylanwad o leiaf un ddinas arall yn y DU, a hefyd â chylch dylanwad Mumbai (tudalen 94). Rhowch y dinasoedd hyn mewn trefn restrol. Esboniwch eich penderfyniad.

Blwyddyn	Poblogaeth
1801	1,870
1851	18,352
1861	48,965
1871	57,363
1881	96,637
1891	128,915
1901	164,333
1911	182,259
1921	222,827
1931	226,937
1941	Dim data
1951	243,632
1961	283,998
1971	293,220
1981	285,740
1991	296,900
2001	305,353
2011	346,000

▲ **Ffigur 26** Poblogaeth Caerdydd.

Yn 1841, cafodd 87,000 tunnell fetrig o lo eu cludo ar longau o Ddociau Caerdydd. Erbyn 1862, roedd y dociau'n allforio 2 filiwn tunnell fetrig o lo bob blwyddyn, ac erbyn 1883, roedd y ffigur hwn wedi codi i 6 miliwn. Yr uchafbwynt oedd 10.7 miliwn tunnell fetrig yn 1913. Erbyn 1946, roedd y ffigur hwn wedi disgyn i 1 miliwn. Yn 1970, cafodd Doc Dwyreiniol Bute ei gau. Yn 1980, cafodd traffordd yr M4 ei chwblhau i'r gogledd o Gaerdydd.

▲ **Ffigur 27** Ambell ddyddiad arwyddocaol yn hanes datblygiad Caerdydd.

Gweithgareddau

1 a) Nodwch 5 peth sy'n cysylltu Caerdydd â gweddill y DU a/neu weddill y byd.
   b) Nodwch ai cysylltiadau economaidd, gwleidyddol neu gymdeithasol yw'r rhain.
2 a) Dewiswch ddull addas o gyyflwno'r wybodaeth yn Ffigur 26.
   b) Disgrifiwch y newidiadau ym mhoblogaeth Caerdydd yn ofalus. Ym mha ddegawdau gwnaeth poblogaeth Caerdydd dyfu gyflymaf, ac ym mha ddegawdau gwnaeth y boblogaeth leihau?
   c) Defnyddiwch y wybodaeth yn Ffigur 27 i greu pedwar label ar gyfer eich graff. Dylai eich labeli helpu i esbonio pam gwnaeth poblogaeth Caerdydd newid.
3 Astudiwch Ffigur 28. Disgrifiwch sut mae Caerdydd wedi newid rhwng 1920 a heddiw. Defnyddiwch y termau arbenigol hyn yn eich ateb: blerdwf maestrefol, ardal drefol fewnol ac aildrefoli.

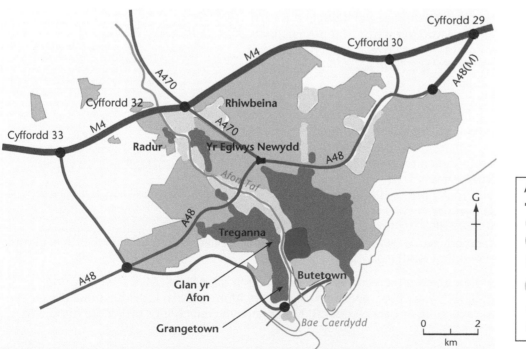

▲ **Ffigur 28** Ardal adeiledig Caerdydd. Mae disgrifiadau o'r cymdogaethau sydd wedi'u henwi ar y tudalennau nesaf.

Lleiafrifoedd ethnig yng Nghaerdydd

Mae Caerdydd yn ddinas amlddiwylliannol. Rhwng 1800 a'r 1930au, symudodd **mudwyr economaidd** i Gaerdydd o wledydd eraill yn Ewrop ac o wledydd yr Ymerodraeth Brydeinig. Morwyr oedd llawer ohonyn nhw, yn gweithio ar y llongau a oedd yn allforio glo o Dde Cymru. Ymgartrefodd y rhan fwyaf yn Butetown, yn agos i'r dociau, mewn ardal oedd yn cael ei hadnabod fel Tiger Bay. Heddiw, mae cyfanswm o 8 y cant o boblogaeth Caerdydd yn perthyn i leiafrifoedd ethnig. Mae pobl o dros 50 o wledydd gwahanol wedi ymgartrefu yn y ddinas. Disgynyddion mudwyr o Dde Asia (India, Pakistan a Bangladesh) a Somalia yw'r ddwy gymuned fwyaf.

Mae amcangyfrifon yn awgrymu bod y boblogaeth Somali yng Nghaerdydd ychydig yn llai na 10,000. Mae'r rhan fwyaf ohonyn nhw'n byw mewn cymdogaeth eithaf bach yn wardiau Grangetown a Glan yr Afon sydd y tu mewn i'r ardal drefol fewnol. Mae'r Somaliaid yn dewis byw yn yr ardal hon er mwyn bod yn agos at aelodau eraill o'r teulu. Mae gan yr ardal hon lawer o siopau sy'n darparu ar gyfer y boblogaeth Fwslimaidd – er enghraifft, cigyddion halal a siopau bwyd brys sy'n gwerthu bwyd sy'n cynnwys cig

halal. Mae gan yr ardal nifer o fosgiau a chanolfannau diwylliannol Mwslimaidd. Mae amrywiaeth eang o dai a fflatiau o wahanol feintiau yn yr ardal. Maent ar gael i'w rhentu neu i'w prynu am amrywiaeth o brisiau.

▲ **Ffigur 29** Siop yn ardal Glan yr Afon, Caerdydd, sy'n gwerthu cig halal.

SGILIAU DAEARYDDOL

Disgrifio dosbarthiad

Ystyr disgrifio dosbarthiad yw disgrifio sut mae pethau tebyg wedi'u gwasgaru ar draws map. Mae daearyddwyr yn astudio dosbarthiad arweddion naturiol (fel rhewlifoedd, riffiau cwrel a llosgfynyddoedd) a dosbarthiad nodweddion dynol (fel anheddiadau, ysbytai a chyfleusterau chwaraeon).

Mae disgrifio dosbarthiad yn gofyn i chi wneud dau beth.

1 Mae angen i chi ddisgrifio ble ar y map mae'r nodweddion wedi'u lleoli. Er enghraifft, o'r deg parc sydd wedi'u nodi ar Ffigur 31, mae'r mwyafrif ym maestrefi gogleddol y ddinas a dim ond pedwar sydd yn yr ardal drefol fewnol.

2 Disgrifiwch unrhyw batrwm mae'r nodweddion yn ei wneud. Mae patrymau dosbarthiad yn perthyn i un o dri math fel arfer:

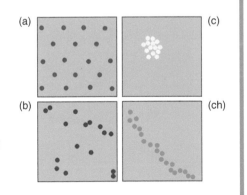

▲ **Ffigur 30** Patrymau dosbarthiad.

- Rheolaidd, lle mae'r nodweddion wedi'u gwasgaru'n gyfartal fwy neu lai
- Ar hap, lle mae'r nodweddion wedi'u gwasgaru ar draws y map ar bellterau afreolaidd oddi wrth ei gilydd
- Clwstwr, lle mae'r nodweddion wedi'u grwpio gyda'i gilydd mewn un rhan o'r map yn unig.

Yn ogystal, mae rhai nodweddion yn creu patrwm **llinol** os ydyn nhw'n dilyn llinell. Mae sawl parc yng Nghaerdydd yn creu patrwm llinol. Mae'r parc mwyaf yn dilyn llinell Afon Taf wrth iddi lifo i mewn i'r ddinas yn y gogledd a llifo tua'r de tuag at ganol y ddinas. Mae'r parc yn creu coridor gwyrdd o'r gogledd i'r de drwy'r ddinas.

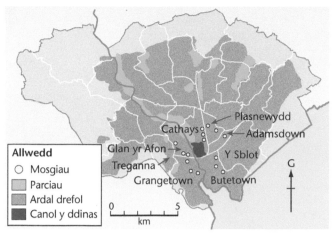

▲ Ffigur 31 Map yn dangos dosbarthiad mosgiau yng Nghaerdydd. Mae'r llinellau gwyn yn dangos ffiniau'r wardiau.

Hanes Somaliaid yn mudo i Gaerdydd

Daeth y mudwyr cyntaf o Somalia i Gaerdydd yn y cyfnod rhwng 1880 a 1900. Roedd llawer ohonyn nhw'n gweithio ar y llongau a oedd yn allforio glo o'r dociau yn Butetown (neu Tiger Bay, sef enw'r ardal ar y pryd). Ymgartrefodd morwyr o Somalia ym mhorthladdoedd eraill y DU yn y cyfnod hwn hefyd, er enghraifft dociau Llundain, Bryste, Hull a Lerpwl. Erbyn 1945, roedd tua 2,000 o forwyr o Somalia a'u teuluoedd yn byw yng Nghaerdydd. Yn 1991, dechreuodd cyfnod hir o ryfel cartref yn Somalia. Aeth ffoaduriaid y rhyfel hwn i wersylloedd ffoaduriaid yng ngwledydd eraill Affrica, fel Kenya ac Ethiopia, yn gyntaf. Yn y pen draw daeth rhai o'r ffoaduriaid i'r DU i ymuno â'r gymuned Somali oedd yma'n barod.

Ward	Du	Asiaidd	Ethnigrwydd cymysg
Adamsdown	3.4	5.8	3.5
Butetown	13.4	8.1	8.3
Treganna	0.8	4.7	1.8
Grangetown	4.2	13.2	3.8
Plasnewydd	1.5	9.5	1.7
Glan yr Afon	2.8	15.6	2.4
Y Sblot	1.8	3.3	2.9

Ffigur 32 Wardiau sydd â phoblogaethau ethnig sylweddol.

Gweithgareddau

1 Cysylltwch y pedwar patrwm dosbarthiad sydd i'w gweld yn Ffigur 30 â'r termau canlynol:
- ar hap
- rheolaidd
- llinol
- clwstwr

2 a) Cysylltwch y nodweddion daearyddol canlynol ag un o'r patrymau dosbarthiad yn Ffigur 30:
- gorsafoedd gwasanaethau ar y traffyrdd
- banciau'r stryd fawr mewn tref fawr
- ysgolion cynradd mewn dinas.

b) Awgrymwch pam mae'r nodweddion wedi'u dosbarthu yn y ffordd hon.

3 Defnyddiwch Ffigur 31 i ddisgrifio dosbarthiad mosgiau yng Nghaerdydd. Awgrymwch beth mae'r map hwn yn ei ddweud am ddosbarthiad y boblogaeth Fwslimaidd yng Nghaerdydd.

4 Defnyddiwch y testun ar y tudalennau hyn i wneud llinell amser o hanes Somaliaid yn mudo i Gaerdydd.

5 Esboniwch pam mae poblogaeth Somali Caerdydd yn byw mewn ardal eithaf bach o'r ddinas. Cofiwch roi un rheswm hanesyddol ac un rheswm cymdeithasol.

Gwaith ymholi

Sut mae twf Caerdydd yn cymharu â thwf Mumbai?

Dylech ystyried pwysigrwydd cynnydd naturiol a phatrymau mudo yn y ddwy ddinas.

Ardaloedd o gyfoeth a thlodi

Fel pob dinas arall yn y DU, mae rhai ardaloedd yng Nghaerdydd lle mae incwm cyfartalog y trigolion yn uchel, ac mae ardaloedd eraill lle mae incwm cyfartalog y trigolion yn is o lawer. Weithiau, mae'r ardaloedd hyn yn agos iawn i'w gilydd. Un enghraifft o'r fath yw Glan yr Afon – ardal drefol fewnol sy'n ymestyn ar hyd glan gorllewinol Afon Taf (ac sydd i'w gweld yn Ffigur 34).

▲ **Ffigur 33** Tai ym Mhontcanna yn RIV04, gyferbyn â Chaeau Llandaf (cyfeirnod grid 164773).

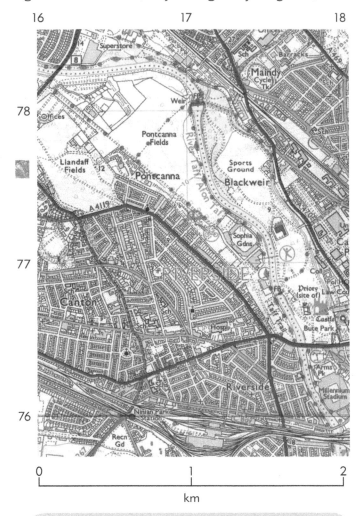

◀ **Ffigur 34** Rhanfap Arolwg Ordnans. Graddfa 1 : 25,000.

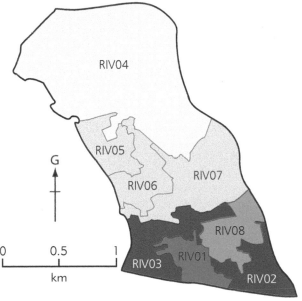

Allwedd

⬛	1 i 190 (rhai o'r ACEHI mwyaf difreintiedig yng Nghymru)
⬛	191 i 380
⬛	381 i 570
⬜	571 i 950
⬜	951 i 1896 (rhai o'r ACEHI lleiaf difreintiedig yng Nghymru)

▲ **Ffigur 35** Amddifadedd yng Nglan yr Afon (2011). Mae 1,896 o Ardaloedd Cynnyrch Ehangach Haen Is (ACEHI) yng Nghymru. Mae Llywodraeth Cymru wedi rhoi pob un o'r ardaloedd bach hyn mewn trefn restrol yn ôl lefelau amddifadedd. Mae'r map yn dangos 5 categori o amddifadedd (yn ôl trefn restrol).

Gweithgaredd

1 Astudiwch Ffigur 34.
   a) Cysylltwch y cyfeirnodau grid canlynol â'r nodweddion hamdden isod (i–iii) sy'n ymddangos ar y map:
   163776   178766   174770
   i)   canolfan chwaraeon/hamdden
   ii) Caeau Llandaf (parc cyhoeddus)
   iii) Parc Bute (gerddi cyhoeddus).
   b) Awgrymwch sut gallai trigolion Glan yr Afon gael eu heffeithio gan gylch dylanwad pob un o'r nodweddion hyn.

▲ **Ffigur 36** Tai yn rhan isaf Glan yr Afon â golygfa o Afon Taf a Stadiwm Principality (yn RIV02 cyfeirnod grid 177763).

ACEHI	Cod post	Canran y trigolion sydd â:		
		iechyd da iawn	*swyddi proffesiynol*	*swyddi elfennol*
RIV01	CF11 6EW	46.5	15.8	18.2
RIV02	CF11 6AH	43.0	17.2	17.7
RIV03	CF11 6JQ	39.4	17.0	16.6
RIV04	CF11 9QJ	55.0	39.6	3.6
RIV05	CF11 9PW	57.6	38.3	4.4
RIV06	CF11 9DQ	56.1	36.0	6.2
RIV07	CF11 9LJ	57.4	40.6	6.2
RIV08	CF11 6LR	49.2	20.1	19.2

Ffigur 37 Ffactorau dethol sy'n dangos safon byw neu amddifadedd yng Nglan yr Afon (2011).

Ffyrdd o fesur cyfoeth a thlodi

Mae **safon byw** yn fesur o gyfoeth cymharol unigolion neu deuluoedd. Mae modd mesur safon byw drwy ddefnyddio ffigurau incwm cartrefi. Mae lefel cymwysterau neu swydd unigolyn hefyd yn gallu bod yn ddangosydd o incwm. Mae pobl sydd mewn swyddi proffesiynol, fel cyfrifwyr neu feddygon, yn tueddu i gael eu talu'n dda. Mae cyflogau swyddi elfennol, fel gweithio ar safle adeiladu, yn tueddu i fod yn isel. Mewn ardaloedd lle mae ffigurau diweithdra yn uchel, neu mewn ardaloedd lle mae swyddi'n rhan-amser neu'n talu'n wael, mae nifer y cartrefi sy'n byw mewn tlodi yn gallu bod yn uchel.

Mae amddifadedd yn ffordd fwy cymhleth o fesur tlodi. Mae'n ddull sy'n cymryd ffactorau fel incwm a math o swydd i ystyriaeth. Fodd bynnag, mae amddifadedd hefyd yn ystyried ffactorau eraill fel iechyd pobl, diogelwch y gymuned a chyflwr ffisegol yr amgylchedd lleol.

ACEHI	% sy'n Fwslimiaid
RIV01	33.2
RIV02	42.2
RIV03	20.8
RIV04	2.1
RIV05	3.4
RIV06	5.8
RIV07	7.8
RIV08	32.4

Ffigur 38 Canran y boblogaeth sy'n Fwslimiaid yng Nglan yr Afon.

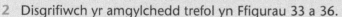

Gweithgareddau

2 Disgrifiwch yr amgylchedd trefol yn Ffigurau 33 a 36.
3 a) Defnyddiwch Ffigur 35 i ddisgrifio'r patrwm amddifadedd yng Nglan yr Afon.
  b) Defnyddiwch dystiolaeth o Ffigurau 33, 34 a 36 i'ch helpu i esbonio'r patrwm yn Ffigur 35.
4 Defnyddiwch y dystiolaeth yn Ffigur 37 i ymchwilio ymhellach i batrymau amddifadedd.
  a) Dewiswch fath o graff neu fap i ddangos un neu ragor o'r colofnau data.
  b) Cymharwch eich map neu eich graff â Ffigur 35. Beth yw'r prif bethau sy'n debyg neu'r prif bethau sy'n wahanol?
5 Defnyddiwch y dystiolaeth yn Ffigur 38 i ymchwilio i ddosbarthiad y boblogaeth Fwslimaidd yng Nglan yr Afon. Mae'r rhan fwyaf o Fwslimiaid yn yr ardal hon yn perthyn i'r cymunedau o Dde Asia neu Somalia.
  a) Defnyddiwch fap neu graff o'ch dewis i gyflwyno'r data yn Ffigur 38.
  b) Defnyddiwch dystiolaeth o dudalennau 99–103 i awgrymu rhesymau dros y patrwm hwn.

Gwaith ymholi

Sut mae patrymau anghydraddoldeb yng Nghaerdydd yn cymharu â rhai Mumbai?

Beth yw'r prif bethau sy'n debyg a'r prif bethau sy'n wahanol rhwng y ddwy ddinas o ran patrymau cyfoeth a thlodi?

Arolygon deubegwn

Mae rhai o nodweddion yr amgylchedd trefol yn hawdd eu cyfrif a'u mesur. Mae nifer y ceir sy'n teithio ar hyd stryd mewn 10 munud yn un enghraifft. Fodd bynnag, weithiau mae ymholiadau gwaith maes yn cynnwys nodweddion sydd ddim mor hawdd i'w mesur. Un enghraifft o rywbeth y gallen ni ei fesur yw canfyddiad pobl o'r amgylchedd trefol. Gan fod canfyddiadau'n amrywio'n fawr o un person i'r llall, rydyn ni'n dweud eu bod nhw'n oddrychol. Felly sut gallwn ni asesu canfyddiadau?

▲ **Ffigur 39** Fflatiau a siopau lleol yn ardal RIV07 (cyfeirnod grid 169765) sydd i'w weld yn Ffigur 34.

Gweithgaredd

1 Astudiwch yr amgylcheddau trefol yn Ffigurau 33, 36, 39 a 41.
   a) Defnyddiwch yr asesiad deubegwn yn Ffigur 40 i gyfrifo sgôr ar gyfer pob amgylchedd trefol yn y pedwar ffotograff hyn.
   b) Rhannwch eich sgorau ag o leiaf pedwar aelod o'ch dosbarth. Cyfrifwch sgôr gymedrig ar gyfer pob ffotograff.
   c) Ewch ati i greu llinfap o ardal Glan yr Afon gan ddefnyddio'r wybodaeth o Ffigur 34. Plotiwch leoliad Ffigurau 33, 36, 39 a 41 ar eich map. Dewiswch ddull addas o gyflwyno eich sgorau cymedrig ar y map hwn.

Creu arolwg deubegwn syml

Cam 1 Dewiswch gategorïau ar gyfer y gosodiadau deubegwn. Bydd y categorïau hyn yn dibynnu ar ffocws arbennig eich astudiaeth, ond gallen nhw gynnwys ffactorau fel presenoldeb/absenoldeb llystyfiant naturiol, goleuadau stryd, gwaith cynnal a chadw ar adeiladau a chyflwr palmentydd. Mewn rhai achosion, gallech chi ymchwilio i agweddau mwy personol fel ofn trosedd neu ymdeimlad o ddiogelwch. Mae parau o osodiadau cyferbyniol yn cael eu rhoi ar naill ben y raddfa a'r llall (fel sydd i'w weld yn Ffigur 40). Ar raddfa ddeubegwn, mae amrediad o werthoedd – er enghraifft, o -5 i +5. Mae'r gwerthoedd positif a negatif yn rhoi awgrym o ganfyddiad person o'r amgylchedd. Nid yw'r sero yn cael ei gynnwys yng nghanol y raddfa fel arfer er mwyn sicrhau nad yw pobl yn dewis yr opsiwn canol diogel.

Cam 2 Dewiswch leoliad ar gyfer eich arolwg. Efallai byddwch yn dewis lleoliad ar sail astudiaeth beilot, ar sail y ffaith eich bod wedi ymweld â'r ardal o'r blaen, neu ar sail gwybodaeth sydd gennych chi'n barod am eich ardal astudio. Os nad ydych chi'n gyfarwydd â'ch safle, gallech chi ddefnyddio awyrluniau (er enghraifft, *Bing Maps* neu *Google Earth*) neu raglen fel *Google Street View* i'ch helpu i ddeall y safle cyn mynd ar daith maes. Gallech chi ddefnyddio data eilaidd (fel Ffigurau 37 neu 38) o http://www.neighbourhood.statistics.gov.uk i'ch helpu i ddewis eich safleoedd. Dylech chi sicrhau eich bod yn ymweld ag o leiaf wyth safle yng Nglan yr Afon, Caerdydd, hynny yw un ym mhob ACEHI.

Cam 3 Casglwch y sgorau deubegwn. Y dull symlaf yw cwblhau'r arolwg eich hun. Fodd bynnag, er mwyn ymchwilio i ganfyddiadau gwahanol, bydd angen i chi gymharu eich sgôr chi â sgorau pobl eraill. Gallai'r rhain fod yn aelodau eich dosbarth neu'n aelodau o'r cyhoedd. Gallwch chi gyfuno eich sgorau i greu 'sgôr y dosbarth' neu drwy gyfrifo'r sgôr cymedrig ar gyfer pob lleoliad. Os felly, gallwch chi wedyn gyflwyno'r sgorau cymedrig hyn ar fap sylfaenol o'r ardal y gwnaethoch chi ymweld â hi.

	+5	+4	+3	+2	+1	−1	−2	−3	−4	−5	
Amgylchedd trefol deniadol											Amgylchedd trefol anneniadol
Diogel i gerddwyr											Ddim yn ddiogel i gerddwyr
Arweddion naturiol gerllaw											Dim arweddion naturiol gerllaw
Cymunedau'n ffynnu gyda digon o gyfleoedd gwaith											Cymunedau'n dirywio heb lawer o gyfleoedd gwaith

▲ **Ffigur 40** Enghraifft o osodiadau deubegwn.

Creu asesiad deubegwn mwy soffistigedig

Dyma dri awgrym y gallech chi roi cynnig arnyn nhw. Ym mhob achos, dylech chi feddwl am gryfderau a gwendidau'r asesiadau hyn o'u cymharu ag arolwg deubegwn safonol.

1 **Canfyddiadau gwahanol** Gwnewch arolwg deubegwn safonol fel chi eich hun – person ifanc yn ei arddegau. Yna dychmygwch sut brofiad fyddai gweld yr amgylchedd trefol drwy lygaid rhywun arall. Ceisiwch wneud yr arolwg deubegwn eto ond gan ddychmygu eich bod yn berson ag anawsterau symud, er enghraifft, neu'n rhiant sengl â phlentyn ifanc iawn. Sut byddai eich canfyddiad yn newid?

2 **Arolygon lluniau** Dewiswch 5 categori neu nodwedd ar gyfer eich arolwg deubegwn. Er enghraifft, mannau agored, cynlluniau adeiladau, diogelwch cerddwyr, nodweddion hamdden a thraffig ffordd. Peidiwch ag ysgrifennu gosodiadau cyferbyniol. Edrychwch ar yr ardal yn ofalus, gan dynnu cymaint o ffotograffau ag sy'n bosibl. Cofiwch gadw cofnod o'r man lle cafodd pob ffotograff ei dynnu. Yna dewiswch y pâr o luniau sy'n cynrychioli'r enghreifftiau gorau a'r enghreifftiau gwaethaf ar gyfer pob categori neu nodwedd.

3 **Pwysoli** Pan fydd pobl yn meddwl am ansawdd yr amgylchedd, nid yw pob un o'r categorïau neu'r nodweddion yr un mor bwysig â'i gilydd. Er enghraifft, gallech chi benderfynu bod man agored yn nodwedd bwysicach na thraffig ffordd neu sbwriel. Rhowch gynnig ar roi eich gosodiadau deubegwn yn nhrefn pwysigrwydd, neu eu pwysoli. Er enghraifft, os ydych chi'n credu bod nifer y mannau agored ddwywaith mor bwysig â sbwriel, dylech luosi eich sgorau deubegwn ar gyfer mannau agored â dau. Trafodwch y pwysoli hyn i geisio

cytuno arnynt fel dosbarth neu grŵp. Sut gallai eich pwysoli fod yn wahanol pe baech chi'n bensiynwr yn hytrach nag yn berson ifanc yn eich arddegau?

▲ **Ffigur 41** Fflatiau a siopau lleol yn ardal RIV02 (cyfeirnod grid 179759) sydd i'w gweld yn Ffigur 34.

Gwaith ymholi

Ysgrifennwch 4 pâr newydd o osodiadau deubegwn. Defnyddiwch y gosodiadau hyn i gynnal arolwg o'r ardal o amgylch eich ysgol.
- Gwnewch yr arolwg fel chi eich hun.
- Nawr dychmygwch beth fyddai canfyddiad rhywun arall o'r ardal hon. Dychmygwch eich hun fel:
  i) rhiant sengl â phlentyn ifanc
  ii) person oedrannus.
- Wrth geisio casglu canfyddiadau gwahanol, beth yw cryfderau a chyfyngiadau'r dull mwy soffistigedig hwn o wneud arolwg deubegwn?

THEMA 3

Tirweddau a pheryglon tectonig
Pennod 1
Prosesau a thirffurfiau tectonig

Beth yw'r prosesau tectonig mwyaf?

Efallai fod cramen y Ddaear yn ymddangos fel pe bai'n sefydlog ac yn aros yn ei hunfan, ond mewn gwirionedd mae'n newid ac yn symud drwy'r amser. Yn 1835, dywedodd Charles Darwin nad oedd 'unrhyw beth, ddim hyd yn oed y gwynt sy'n chwythu, mor ansefydlog â chramen y Ddaear hon'. Cafodd ei ysbrydoli yn ystod ei daith i Ynysoedd folcanig y Galapagos i feddwl am y grymoedd sy'n siapio'r Ddaear. Erbyn heddiw, rydyn ni'n deall bod cramen y Ddaear wedi'i gwneud o nifer o **blatiau** mawr iawn sy'n symud mewn perthynas â'i gilydd. Mae platiau'n symud tuag at ei gilydd ar **ymylon platiau distrywiol** ac i ffwrdd oddi wrth ei gilydd ar **ymylon platiau adeiladol**.

▲ **Ffigur 1** Crater Villarrica a Lanín (sy'n stratolosgfynydd) yn Chile. Mae'r dirwedd dectonig hon yn nodweddiadol o'r mynyddoedd plyg sydd yn yr Andes, De America.

Pam mae'r platiau'n symud?

Mae gwres o grombil y Ddaear yn achosi i graig dawdd, sef **magma**, godi drwy'r **fantell**, sef yr haen drwchus o dan gramen solet, denau y Ddaear. Wrth i'r magma hwn godi, mae'n achosi echdoriadau folcanig mewn lleoedd fel Gwlad yr Iâ yng nghanol Cefnfor Iwerydd. Efallai mai magma sy'n codi drwy'r fantell sydd hefyd yn gyfrifol am symudiad y platiau sy'n ffurfio cramen y Ddaear. Mae dwy ddamcaniaeth ynglŷn a symudiad platiau: tyniad slabiau a darfudiad.

Mae **tyniad slabiau** yn un esboniad am symudiad platiau. Mae platiau'n drwm iawn. Yn y ddamcaniaeth hon, grym disgyrchiant ar y platiau trwm hyn sy'n eu tynnu ar wahân. Wrth i fagma godi o dan ymyl plât adeiladol, mae'n gwresogi creigiau'r gramen ac yn eu gorfodi i blygu am i fyny. Mae'r gramen yn cael ei chodi, gan greu **cefnen canol cefnfor** sydd tua 2,500 m yn uwch na gwely'r cefnfor. Mae disgyrchiant yn tynnu'r gramen i lawr ac mae'n llithro i lawr y llethr oddi wrth ganol y gefnen canol cefnfor. Mae hyn yn achosi mwy o echdoriadau. Mae grym disgyrchiant sydd hyd yn oed yn fwy nerthol yn tynnu'r gramen i lawr ar ben arall y plât. Mae hyn yn digwydd pan fydd y gramen gefnforol hynaf a mwyaf dwys yn plygu am i lawr ac yn llithro'n ôl i'r fantell. Enw'r broses hon yw **tansugno**. Mae màs enfawr y slab sy'n cael ei dansugno yn tynnu gweddill y plât cefnforol i ffwrdd oddi wrth y gefnen canol cefnfor.

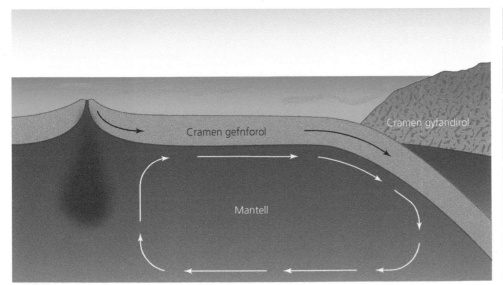

Mae ffrwd o fagma poeth yn codi drwy'r fantell

Mae'r magma'n gwresogi'r gramen gefnforol ac yn ei gwthio i fyny, gan greu cefnen canol cefnfor

Mae'r gramen gefnforol yn oeri, yn mynd yn fwy dwys ac yn llithro i ffwrdd oddi wrth y gefnen oherwydd disgyrchiant

Mae ffos gefnforol ddwfn yn cael ei ffurfio lle mae'r gramen gefnforol yn plygu am i lawr o dan y gramen gyfandirol

Mae pwysau aruthrol y gramen gefnforol yn tynnu'r plât wrth iddo gael ei dansugno i mewn i'r fantell

Cramen gefnforol

Cramen gyfandirol

Mantell

▲ **Ffigur 2** Y prosesau sy'n achosi symudiad platiau.

Mae **darfudiad** yn esboniad arall am symudiad platiau, sef proses sy'n trosglwyddo egni gwres. Gallwch chi weld y broses ar waith mewn sosban sy'n berwi: mae cynnwys y sosban yn cael ei wresogi gan yr hob oddi tani; mae'r gwres yn codi drwy gynnwys y sosban ac mae swigod yn ymddangos ar yr arwyneb, sydd fymryn yn oerach; mae'r hylif oerach yn suddo'n ôl i mewn i'r sosban tuag at y ffynhonnell wres, ac mae'r broses gyfan yn dechrau unwaith eto. Mae hyn yn creu cerrynt darfudiad cylchol. Mae'n bosibl bod proses debyg yn digwydd yn y fantell. Craidd y Ddaear yw'r ffynhonnell wres, ac wrth i'r magma godi drwy'r fantell mae'n trosglwyddo'r egni gwres hwn i ffwrdd o'r ffynhonnell. Os oes ceryntau darfudiad yn bodoli yn y fantell, gallen nhw helpu i esbonio'r symudiad platiau sydd i'w weld yn Ffigur 2.

Arweddion ar raddfa fawr sy'n perthyn i ffiniau platiau distrywiol

Mae **ffosydd cefnforol** yn cael eu ffurfio lle mae'r gramen gefnforol yn plygu am i lawr ac yn llithro'n ôl i'r fantell ar ymylon platiau distrywiol. Mae ffosydd cefnforol yn arweddion dwfn, cul a hir yng ngwely'r môr. Mae'r rhan fwyaf ohonynt yn ddyfnach na 6 km. Mae gan Ffos Mariana, yng ngorllewin y Cefnfor Tawel, ddyfnder o 11 km, hyd o 2,500 km a lled cyfartalog o 70 km yn unig. Nid yw tansugno yn broses esmwyth. Mae ffrithiant yn cloi'r platiau wrth ei gilydd. Wrth i'r gwasgedd gynyddu, mae'r ffrithiant yn gorfod ildio iddo ac mae'r platiau'n symud gydag un hwrdd aruthrol. Gall y daeargrynfeydd mawr hyn gael effeithiau enfawr. Y math hwn o ddaeargryn cylchfa tansugno a achosodd y tsunami yn Japan yn 2011 (gweler tudalen 128).

Mae cadwyni **mynyddoedd plyg**, fel yr Andes yn Ne America, yn enghraifft arall o'r arweddion ar raddfa fawr sy'n perthyn i ymylon platiau distrywiol. Hyd yr Andes yw 7,000 km ac mae copa sawl mynydd yn codi i dros 6,000 m. Maen nhw'n cael eu ffurfio pan fydd cramen gyfandirol yn cael ei gwasgu a'i phlygu am i fyny. Mae'r plât cefnforol o dan yr Andes yn ymdoddi yn sgil y gwres o'r fantell a'r ffrithiant sy'n cael ei achosi gan dansugno. Mae hyn yn creu magma, sy'n codi drwy'r gramen uwchben gan greu cadwyn o losgfynyddoedd mawr, fel y rhai sydd i'w gweld yn Ffigur 3.

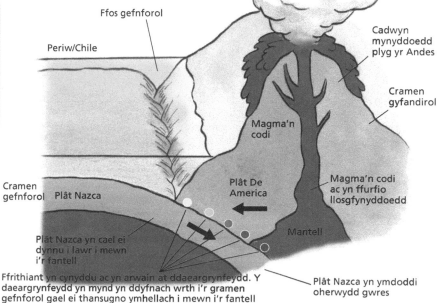

▲ **Ffigur 3** Sut mae ffosydd cefnforol a mynyddoedd plyg yn cael eu ffurfio yn Ne America.

Pa arweddion tectonig mawr sydd i'w gweld ar ymylon platiau adeiladol?

Ymylon platiau adeiladol (**cylchfaoedd dargyfeirio** neu ffiniau platiau dargyfeiriol) yw'r man lle mae'r platiau'n symud oddi wrth ei gilydd. Mae hyn yn digwydd yng nghanol Cefnfor Iwerydd lle mae Plât Ewrasia a Phlât Gogledd America yn symud oddi wrth ei gilydd. Mae daeargrynfeydd yn digwydd ar hyd ffiniau'r platiau hyn wrth i'r platiau gael eu rhwygo oddi wrth ei gilydd ac wrth i fagma wthio ei ffordd drwy **holltau** yn y gramen. Daeargrynfeydd o faint bach a chanolig yw'r rhain fel arfer ond maen nhw'n teimlo'n gryfach gan eu bod yn digwydd yn agos i'r arwyneb. Fodd bynnag, gan fod y rhan fwyaf o ffiniau platiau adeiladol yng nghanol cefnforoedd, nid yw'r daeargrynfeydd hyn yn fygythiad mawr i bobl fel arfer.

Gweithgareddau

1 Defnyddiwch Ffigur 4 i enwi parau o blatiau sy'n ffurfio:
   a) ymylon platiau adeiladol
   b) ymylon platiau distrywiol.
2 Defnyddiwch Ffigur 4 ac atlas i enwi:
   a) pedair gwlad sydd wedi'u lleoli ar ffiniau platiau distrywiol
   b) pedair gwlad sydd wedi'u lleoli ar ffiniau platiau adeiladol.
3 a) Gwnewch fraslun o Ffigur 5.
   b) Cysylltwch y labeli â 5 arwedd sydd wedi'u rhifo yn y ffotograff.

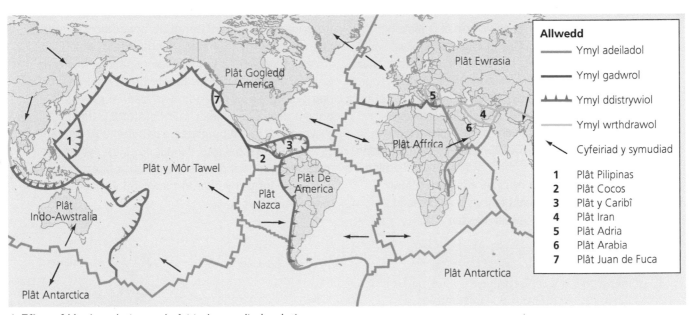

▲ **Ffigur 4** Ymylon platiau a chyfeiriad symudiad y platiau.

System y gefnen canol cefnfor

Cadwyn anferth o fynyddoedd wedi'i ffurfio ar hyd ymylon platiau adeiladol y Ddaear yw system y gefnen canol cefnfor. Ar gyfartaledd, mae uchder y gefnen yn 2,500 m (tua dwywaith uchder yr Wyddfa) a'i hyd dros 65,000 km. Mae'n amgylchynu'r byd, yn debyg i sêm sy'n amgylchynu pêl griced. Mae llawer o graciau ac agennau dwfn yng nghanol y gefnen lle mae'r gramen yn gwahanu. Mae echdoriadau folcanig yn digwydd yn aml ar hyd y gefnen. Mae'r rhan fwyaf o'r gefnen canol cefnfor tua 2,500 m islaw lefel y môr, ond mae'r gefnen i'w gweld mewn ambell fan lle mae gweithgaredd folcanig wedi creu ynysoedd, er enghraifft yng Ngwlad yr Iâ.

Ffurfio dyffrynnoedd hollt

Mae Gwlad yr Iâ wedi'i lleoli naill ochr i'r llall o Gefnen Canol Iwerydd ar ben **man poeth folcanig**. Mae Gwlad yr Iâ yn cael ei rhannu'n ddwy yn raddol, ac mae hyn i'w weld yn glir ym Mharc Cenedlaethol Thingvellir. Dros amser mae agen enfawr â'i hyd yn 7.7 km wedi agor ar arwyneb y Ddaear. Wrth i'r agen ledu, mae'r tir yn y canol wedi suddo'n raddol. Mae'r broses hon wedi ffurfio **dyffryn hollt** (neu **graben**). Mae llawr y dyffryn yn wastad ac mae **sgarpiau** serth ar bob ochr. Mae'r hollt yn parhau i dyfu. Mae waliau'r dyffryn yn symud 7 mm oddi wrth ei gilydd ar gyfartaledd bob blwyddyn ac mae llawr y dyffryn yn ymsuddo tua 1 mm bob blwyddyn.

Mae llawr gwastad y dyffryn hollt yn cael ei ffurfio gan ymsuddiant

Sgarpiau serth ar ymyl gorllewinol yr hollt

Llethrau graddol llosgfynydd tarian

Mae agennau dwfn yn llawr y dyffryn yn awgrymu bod y platiau yn parhau i ddargyfeirio

Slabiau o gramen ar ogwydd yn ymsuddo ar hyd ymyl yr hollt

◀ **Ffigur 5** Yr olygfa tua'r gogledd o sgarp gorllewinol y dyffryn hollt yn Thingvellir, Gwlad yr Iâ.

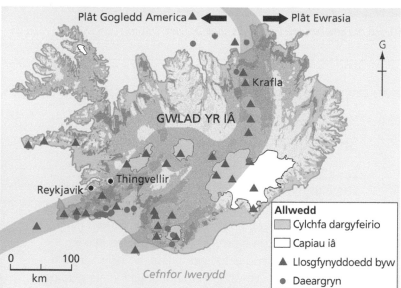

▲ **Ffigur 6** Map o Wlad yr Iâ yn dangos ble mae'r gylchfa dargyfeirio yn croesi'r wlad.

▲ **Ffigur 7** Ffurfio'r dyffryn hollt yn Thingvellir, Gwlad yr Iâ.

Gweithgareddau

4 a) Defnyddiwch Ffigur 7 i ddisgrifio lleoliad y gylchfa dargyfeirio.
   b) Awgrymwch ragdybiaeth sy'n esbonio'r patrwm sydd wedi'i greu gan losgfynyddoedd a daeargrynfeydd yng Ngwlad yr Iâ.
   c) Ble byddech chi'n disgwyl dod o hyd i'r creigiau hynaf yng Ngwlad yr Iâ a pham?

Gwaith ymholi ?

Ble arall mae ymylon platiau adeiladol i'w gweld ar dir?

Ymchwiliwch i arweddion Dyffryn Hollt Affrica. Lluniwch boster sy'n disgrifio'r arweddion tectonig sydd i'w gweld yma. Dylech gynnwys:

■ llinfap yn dangos ffiniau platiau a chyfeiriad symudiad y platiau
■ disgrifiad o'r dyffryn hollt ac un llosgfynydd byw sydd yn y rhanbarth hwn.

Arweddion tirweddau folcanig

Mae llosgfynyddoedd yn cael eu creu ar ffiniau platiau adeiladol a distrywiol pan fydd magma yn cael ei wthio i'r arwyneb. Mae siâp y llosgfynydd yn dibynnu ar y math o fagma a swm y nwy sydd yn y magma hwn.

▲ **Ffigur 8** Mae copa llosgfynydd tarian Erta Ale yn Ethiopia 613 m uwchben lefel y môr ac mae ganddo lethrau graddol. Mae'n enwog oherwydd bod llyn o lafa yn ei grater.

Llosgfynyddoedd tarian

Fel arfer, mae gan y magma sy'n dod o ffiniau platiau adeiladol lefelau **gludedd** isel a swm isel o nwy. Mae'r lafa'n lledaenu ar draws **meysydd lafa** llydan, sydd fwy neu lai'n wastad, yn hytrach nag adeiladu conau ag ochrau serth. **Llosgfynyddoedd tarian** yw'r enw ar losgfynyddoedd sy'n cael eu ffurfio fel hyn am fod ganddynt lethrau graddol a siâp crwn. Mae Erta Ale yn Ethiopia, Skjaldbreidur yng Ngwlad yr Iâ, a Mauna Loa yn Hawaii yn enghreifftiau o losgfynyddoedd tarian. Mauna Loa yw llosgfynydd mwyaf y byd. Mae'r copa 9,170 m uwchben gwely'r môr ac mae troed y llosgfynydd, o un pen i'r llall, yn 125 km.

Stratolosgfynyddoedd

Llosgfynydd mawr, siâp côn, ag ochrau serth yw **stratolosgfynydd** (neu losgfynydd cyfansawdd). Maen nhw wedi'u creu o haenau o ludw a lafa o nifer mawr o echdoriadau. Maen nhw'n cael eu ffurfio mewn mannau lle mae cryn dipyn o nwy yn y magma. Mae hyn yn golygu bod gludedd uchel gan y lafa, ac felly nid yw'n gallu llifo cystal. Yn ystod echdoriad, gall y lafa gludiog greu cromen ag ochrau serth.

Mae stratolosgfynyddoedd i'w gweld yn aml ar ffiniau platiau distrywiol. Mae Mynydd Merapi yn Indonesia (Ffigur 9 a thudalen 120) a llosgfynydd Bryniau Soufrière ar Ynys Montserrat (tudalen 118) yn enghreifftiau o stratolosgfynyddoedd. Fodd bynnag, maen nhw hefyd i'w gweld ar gefnenau canol cefnfor, fel Mynydd Pico yn yr Açores (tudalen 112). Mae rhai stratolosgfynyddoedd wedi'u lleoli yn agos at boblogaethau mawr, ac mae'r ffrwydradau mawr sy'n digwydd pan fyddan nhw'n echdorri yn eu gwneud nhw'n beryglus. Mae Vesuvius yn yr Eidal a Merapi yn Indonesia yn enghreifftiau o stratolosgfynyddoedd peryglus.

▲ **Ffigur 9** Stratolosgfynydd yw Mynydd Merapi yn Indonesia. Sylwch ar y dyffrynnoedd afonydd dwfn sydd wedi'u naddu drwy haenau o ludw meddal o lawer o echdoriadau blaenorol.

Mannau poeth folcanig

Mae'n ymddangos bod ambell leoliad ar gramen y Ddaear yn arbennig o actif. Mannau poeth folcanig yw'r enw ar y lleoliadau hyn. Y gred yw bod mannau poeth yn ymddangos lle mae ffrydiau o fagma tanbaid yn codi drwy'r fantell. Mae'r ffrwd yn dod o hyd i wendid yn y gramen ac yn torri drwyddi i greu gweithgaredd folcanig. Mae rhai mannau poeth ar ffiniau platiau. Un enghraifft yw Gwlad yr Iâ sy'n fan poeth ar Gefnen Canol Iwerydd. Gall mannau poeth ymddangos yng nghanol platiau hefyd.

Llosgfynyddoedd tarian Hawaii

Cadwyn o fynyddoedd mawr iawn wedi'i chreu gan weithgaredd folcanig yw Ynysoedd Hawaii, ond dydyn nhw ddim yn agos i ffin platiau. Mae Ynysoedd Hawaii wedi ffurfio ar ben man poeth folcanig yng nghanol Plât y Cefnfor Tawel. Mae'r ffin platiau agosaf 3,200 km i ffwrdd. Fel sydd i'w weld yn Ffigur 10, wrth i Blât y Cefnfor Tawel symud yn araf ar draws y man poeth, mae magma'n codi drwy'r gramen ac yn ffurfio ynys folcanig. Dros amser, mae'r plât yn symud ond mae'r man poeth yn aros yn yr un man. O ganlyniad, mae llosgfynyddoedd tarian newydd yn cael eu ffurfio y tu ôl i linell o ynysoedd sy'n mynd yn hŷn ac yn hŷn, ac sy'n cynnwys llosgfynyddoedd marw.

Geiserau

Mewn llawer o ranbarthau folcanig, mae dŵr yn rhyngweithio â gwres yn y ddaear i greu arweddion thermol fel **geiserau**, tarddellau poeth, mygdyllau a photiau llaid. Mae arweddion llai hyn yn cael eu creu pan fydd dŵr glaw neu ddŵr eira yn trylifo i lawr ac yn cwrdd â chreigiau poeth. Mae'r dŵr yn cynhesu ac yn ehangu. Mae hyn yn cynyddu'r gwasgedd, ac yn gorfodi cymysgedd o ddŵr berw ac ager i deithio yn ôl i'r arwyneb drwy agennau yn y ddaear. Weithiau mae hyn yn digwydd ar ffurf ffrwydradau hydrothermol syfrdanol sy'n anfon colofnau o ager yn uchel i'r awyr. Os bydd geiser yn ffrwydro dro ar ôl tro, gall hyn greu crater bach sydd ychydig fetrau o un pen i'r llall.

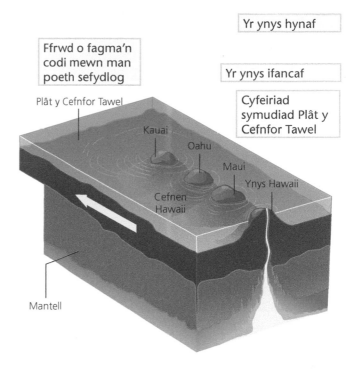

Yr ynys hynaf

Yr ynys ifancaf

Cyfeiriad symudiad Plât y Cefnfor Tawel

Ffrwd o fagma'n codi mewn man poeth sefydlog

Plât y Cefnfor Tawel

Kauai

Oahu

Maui

Cefnen Hawaii

Ynys Hawaii

Mantell

▲ **Ffigur 10** Cadwyni o ynysoedd folcanig wedi'u ffurfio ar fan poeth, fel Ynysoedd Hawaii.

Gweithgareddau

1 Disgrifiwch y prif bethau sy'n debyg a'r prif bethau sy'n wahanol rhwng llosgfynyddoedd tarian a stratolosgfynyddoedd.
2 Pam mae stratolosgfynyddoedd yn cael eu hystyried yn fwy peryglus na llosgfynyddoedd tarian? Pa ddifrod gallai llosgfynyddoedd tarian ei achosi?
3 a) Gwnewch gopi o Ffigur 10.
   b) Ychwanegwch y labeli mewn lleoedd addas ar eich diagram.
4 Lluniadwch ddiagram syml wedi'i labelu neu siart llif i ddangos sut mae geiser yn gweithio.

Gwaith ymholi

Lluniwch hierarchaeth o fathau o losgfynyddoedd yn ôl eu maint a pha mor beryglus ydyn nhw. Disgrifiwch unrhyw broblemau y daethoch chi ar eu traws wrth benderfynu ar drefn y llosgfynyddoedd.

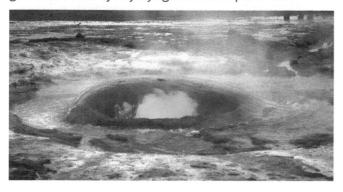

◀ **Ffigur 11** Ager, yng nghanol y ffotograff, yn gwthio ymchwydd o ddŵr allan o grater hydrothermol bach. Mae'r geiser hwn, sydd yn Strokkur yng Ngwlad yr Iâ, yn echdorri bob 8–10 munud.

Deall tirweddau folcanig

Mae llosgfynyddoedd tarian a stratolosgfynyddoedd yn arweddion folcanig mawr. Fodd bynnag, mae tirweddau folcanig yn cynnwys llawer o dirffurfiau ar wahân ar raddfeydd gwahanol. Y cyfuniad o'r tirffurfiau gwahanol hyn sy'n creu tirwedd nodedig ac unigryw.

◀ **Ffigur 12** Golygfa o Fynydd Pico, yn yr Açores, o Faial. Mae'r ddwy yn ynysoedd folcanig ar Gefnen Canol Iwerydd.

1	Dyffryn hollt bach (graben)
2	Stratolosgfynydd ag uchder o 2,351 m; mae ganddo siâp côn nodweddiadol ag ochrau serth
3	Grŵp o dri chôn lludw o leiaf, pob un ag uchder o 100–250 m

Meysydd lafa â llethrau graddol ar lethrau is y stratolosgfynydd; mae tiwbiau lafa wedi cael eu darganfod yma

Côn lafa bach a dyfodd yng nghrater y stratolosgfynydd yn ystod ei echdoriad diwethaf

Conau lludw

Y math lleiaf o losgfynyddoedd, sy'n fwyaf cyffredin, yw **côn lludw**. Mae'r bryniau hyn sydd â siâp côn i'w gweld ar eu pennau'u hunain (er enghraifft Parícutin, México) neu ar lethrau llosgfynyddoedd eraill sy'n fwy o faint. Maen nhw wedi'u gwneud o'r marwor (neu **scoria**) sy'n cael eu creu pan fydd lafa'n cael ei hyrddio i'r awyr o un agorfa. Mae chwistrelliad y lafa yn oeri'n gyflym iawn wrth iddo gael ei daflu drwy'r aer, ac mae'n disgyn i'r ddaear fel marwor poeth. Mae'r marwor hyn yn cronni o amgylch yr agorfa i greu côn crwn ag ochrau serth. Mae conau lludw yn cael eu creu yn ystod un echdoriad fel arfer. Mae hyn yn esbonio pam mae conau lludw yn llai na llosgfynyddoedd cyfansawdd sy'n esblygu dros sawl echdoriad.

Tiwbiau lafa

Mae Ffigur 5, tudalen 116, yn dangos llif lafa yn Hawaii. Mae arwyneb y lafa wedi oeri yn yr aer ac mae'n caledu. Mae'r haen hon yn ynysu lafa oddi tani sy'n aros fel hylif – gallwch chi weld lafa crasboeth, sydd dros 1000 °C, yng nghanol y ffotograff. Gall afonydd lafa tanddaearol lifo ychydig o dan arwyneb y ddaear mor bell â 50 km o grater y llosgfynydd cyn oeri ddigon i galedu. Pan ddaw'r

echdoriad i ben, mae'r lafa hylifol yn draenio i ffwrdd gan adael **tiwb lafa** gwag. Mae'r tiwbiau lafa hyn yn tueddu i fod yn hirgrwn, ac fel arfer mae ganddyn nhw led o 5–10 m, uchder o 1–5 m ac maen nhw'n ymestyn am gannoedd o fetrau. Mae rhai tiwbiau yn creu patrymau canghennog lle mae llednentydd o lafa wedi ymuno â'i gilydd.

▲ **Ffigur 13** Tiwb lafa ar lethrau isaf Mynydd Pico sydd yn yr Açores. Sylwch ar y ffurfiannau ar y to lle mae lafa poeth wedi caledu wrth iddo ddiferu o nenfwd y tiwb.

Callorau

Yn achos rhai echdoriadau nerthol, mae cymaint o lafa a lludw yn cael eu saethu allan nes bod y **siambr magma** sy'n cyflenwi'r llosgfynydd yn wag. Mae rhan uchaf y llosgfynydd yn dymchwel i'r gofod gwag oddi tani, gan greu pant crwn sy'n fwy nag agorfa folcanig arferol. **Callorau** yw enw'r arweddion hyn. Mae maint callorau'n amrywio'n fawr. Mae'r callor ar ynys Faial, yn yr Açores, sydd i'w weld yn Ffigur 14, yn 2 km o un ochr i'r llall ac mae ganddo ddyfnder o 400 m. Cafodd callor Yellowstone yng Ngogledd America ei ffurfio gan echdoriad llawer mwy ffrwydrol, ac o ganlyniad mae'n fwy o lawer. Mae'r callor hwn yn mesur 55 km wrth 72 km o un ochr i'r llall.

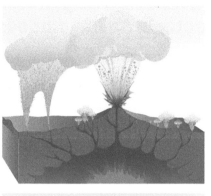

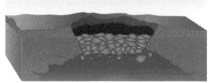

▲ **Ffigur 15** Sut mae callor yn ffurfio.

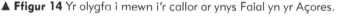

▲ **Ffigur 14** Yr olygfa i mewn i'r callor ar ynys Faial yn yr Açores.

Mae gan ochrau serth y callor uchder o 400 m

Mae côn lludw bach ag agorfa ganolog ar waelod y callor

Mae tirlithriad diweddar ar y llethr serth wedi difetha'r llystyfiant i gyd

Pentyrrau o sgri wrth droed y callor yn sgil hen dirlithriadau

Pam mae daearyddwyr yn sôn am raddfa?

Mae graddfa yn gysyniad daearyddol pwysig. Yn aml, mae tirweddau yn gymysgedd cymhleth o arweddion a thirffurfiau gwahanol. Mae graddfa'n helpu daearyddwyr i rannu'r dirwedd yn rhannau gwahanol. Mae graddfa hefyd yn eu galluogi i ddisgrifio maint cymharol yr arweddion daearyddol hyn a'r prosesau sy'n eu creu. Mae maint arweddion folcanig yn amrywio'n fawr – o gefnenau mawr canol cefnfor i gonau lludw bach iawn.

Gweithgareddau

1 a) Lluniadwch fraslun o Ffigur 12.
   b) Rhowch y label cywir ar bob un o'r rhifau.
2 a) Gwnewch gopi o Ffigur 15.
   b) Ychwanegwch eich labeli eich hun at y diagram i ddisgrifio sut mae callor yn ffurfio.
3 a) Cysylltwch y label cywir â phob un o'r rhifau yn Ffigur 14.
   b) Pa un o'r arweddion yn Ffigur 14 yw'r un fwyaf diweddar a pham?
   c) Pam mae'n rhaid bod y côn lludw wedi cael ei ffurfio yn fwy diweddar nag echdoriad fawr diwethaf y llosgfynydd hwn?
4 Esboniwch pam mae deall y cysyniad o raddfa yn bwysig wrth geisio dehongli'r dirwedd yn Ffigurau 12 ac 14.
5 Lluniadwch gyfres o dri diagram i ddangos sut mae tiwb lafa yn ffurfio.

Pennod 2 Arweddion sy'n agored i niwed a lleihau peryglon

Pam mae rhai cymunedau'n fwy agored i niwed gan ddigwyddiadau tectonig na chymunedau eraill?

Mae prosesau tectonig yn creu amrywiaeth o ddigwyddiadau sy'n gallu bod yn beryglus, gan gynnwys echdoriadau folcanig, daeargrynfeydd a tsunami. Mae sawl ffactor yn effeithio ar ba mor fygythiol yw'r digwyddiadau hyn i bobl, sef:

- cryfder neu **faint** y digwyddiad
- nifer y bobl a allai gael eu heffeithio – nid yw echdoriad folcanig o dan y dŵr ar gefnen canol cefnfor yn beryglus, ond byddai echdoriad folcanig ger dinas fawr yn fygythiad enfawr
- pa mor **agored i niwed** yw'r bobl mae'r digwyddiad yn effeithio arnynt; mae hyn yn gysylltiedig â ffactorau fel tlodi.

Gweithgaredd

1 Defnyddiwch Ffigur 1 i ddisgrifio lleoliad llosgfynyddoedd mwyaf byw y byd.

Natur agored i niwed

Mae natur agored i niwed yn cyfleu anallu person i ymdopi â thrychineb fel daeargryn neu berygl tectonig arall, ac anallu i adfer wedi'r digwyddiad. Mae rhai grwpiau o bobl yn fwy agored i niwed gan beryglon na grwpiau eraill. Mae tlodi, oedran, rhywedd ac anabledd i gyd yn ffactorau sy'n gallu effeithio ar fod yn agored i niwed. Er enghraifft, efallai fod cartref person tlawd heb ei adeiladu'n dda ac felly ni fydd yn gallu gwrthsefyll effeithiau'r ddaear yn ysgwyd yn ystod daeargryn.

Capasiti

Capasiti yw'r gwrthwyneb i fod yn agored i niwed. Mae'n disgrifio gallu person i oroesi perygl ac adfer yn gyflym wedi'r digwyddiad. Os yw'r adnoddau angenrheidiol gan unigolion neu gymunedau i ymdopi â'r perygl, mae eu capasiti'n cynyddu. Gall adnoddau fod yn rhai ariannol neu'n rhai materol, fel defnyddiau adeiladu cryf. Mae ffactorau fel addysg, technoleg, a pharatoi a chynllunio ar gyfer trychinebau yn gallu gwella capasiti hefyd.

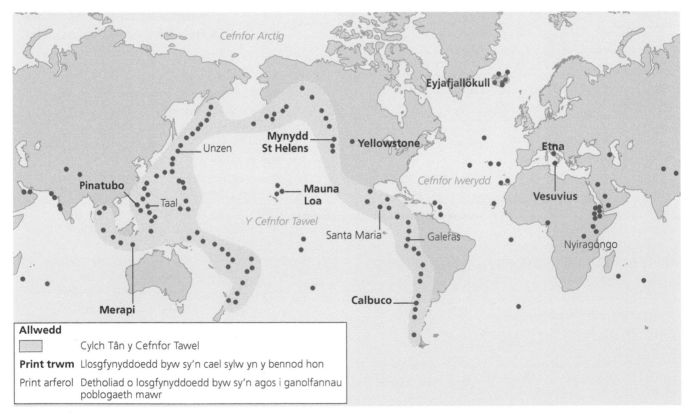

Allwedd

	Cylch Tân y Cefnfor Tawel
Print trwm	Llosgfynyddoedd byw sy'n cael sylw yn y bennod hon
Print arferol	Detholiad o losgfynyddoedd byw sy'n agos i ganolfannau poblogaeth mawr

▲ **Ffigur 1** Lleoliad llosgfynyddoedd mwyaf byw y byd.

Gwlad	Nifer y llosg-fynyddoedd byw	Dinasoedd â phoblogaeth o dros 300,000	Incwm gwladol crynswth (IGC) y pen ($UDA)	Nifer y bobl sy'n byw ar lai na $UDA1.90 y dydd (miliwn)
Chile	108	7	14,910	0.16
Gweri. Ddem. Congo	6	15	380	50.71
Gwlad yr Iâ	35	0	46,350	0
Indonesia	147	28	3,630	38.27
Japan	118	19	42,000	0
Papua Guinea Newydd	67	1	2,240	2.70
Pilipinas	53	18	3,500	12.68

▲ **Ffigur 2** Detholiad o wledydd sydd â nifer sylweddol o losgfynyddoedd byw.

Sut gellir bod yn llai agored i niwed yn sgil digwyddiadau tectonig?

Ar draws y byd, mae 67 dinas fawr (sydd â phoblogaeth o dros 100,000) sydd wedi'u lleoli'n agos i losgfynyddoedd byw. Ymhlith y dinasoedd hyn mae Tōkyō yn Japan, Manila yn y Pilipinas a Ciudad de México. Mae gan y tair dinas hyn boblogaethau o dros 10 miliwn. Mae nifer y dinasoedd mawr sydd mewn perygl o ddaeargrynfeydd yn fwy fyth. Mae 38 dinas fawr sydd mewn perygl o ddaeargrynfeydd yn India'n unig. I wneud lleoedd a phobl yn llai agored i niwed yn sgil digwyddiadau tectonig, mae angen i sefydliadau wneud y pethau canlynol:

- *Lleihau effaith y perygl*: mae'n bosibl lleihau effaith perygl folcanig drwy fonitro gweithgaredd folcanig, yn ogystal â rhagfynegi echdoriadau posibl a symud pobl o ardaloedd sydd dan fygythiad. Yn y tymor hir, mae modd rheoli'r risg drwy fapio'r peryglon a chyfyngu ar symudiad pobl mewn cylchfaoedd sydd mewn perygl. Maen nhw wedi ceisio gwneud hyn ar ynys folcanig Montserrat yn y Caribî.

- *Datblygu capasiti i ymdopi â'r perygl tectonig*: er enghraifft, addysgu pobl am beth dylen nhw ei wneud yn ystod daeargryn fel eu bod yn fwy tebygol o oroesi. Syniad arall yw creu cynllun trychineb fel bod y gwasanaethau brys, yr ysbytai a'r awdurdodau lleol i gyd yn gwybod beth i'w wneud yn ystod ac ar ôl daeargryn mawr. Yn Japan ac yn California yn UDA, maen nhw'n gwario llawer o arian ar drefnu cynlluniau trychineb ar gyfer daeargrynfeydd.

- *Mynd i'r afael â'r ffactorau sy'n gwneud pobl yn agored i niwed*: mae angen i lywodraethau leihau tlodi ac anghydraddoldeb yn y gymdeithas fel bod pawb yn cael yr un cyfleoedd ac yn cael eu hamddiffyn i'r un graddau yn ystod trychineb.

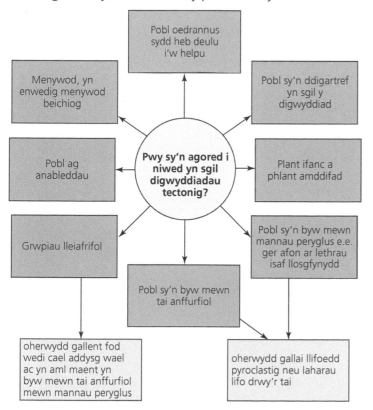

▲ **Ffigur 3** Pam mae rhai grwpiau o bobl yn fwy agored i niwed na grwpiau eraill yn sgil trychinebau naturiol?

Gweithgareddau

2 Astudiwch Ffigur 2.
  a) Esboniwch pam mae llosgfynyddoedd yn fwy o fygythiad yn Japan nag yng Ngwlad yr Iâ.
  b) Awgrymwch pa ddwy wlad sydd fwyaf agored i niwed yn sgil gweithgaredd folcanig o bosibl. Cyfiawnhewch eich dewis.
3 Dewiswch bedwar grŵp gwahanol o bobl o'r rhai sydd i'w gweld yn Ffigur 3.
  a) Ar gyfer pob grŵp, esboniwch pam mae'n bosibl eu bod yn fwy agored i niwed yn sgil trychinebau naturiol.
  b) Ar gyfer un o'r grwpiau hyn, awgrymwch sut byddai modd gwella eu capasiti i ymdopi â daeargryn.

Peryglon folcanig

Mae'r **Mynegrif Ffrwydroldeb Folcanig** (*VEI*) yn cael ei ddefnyddio i fesur maint echdoriadau folcanig. Mae'n mesur uchder a chyfaint y ffrwd o ddeunydd sy'n cael ei saethu allan o losgfynyddd. Mae pob pwynt ar y raddfa 10 gwaith yn fwy na'r pwynt o'i flaen.

VEI	Cyfaint y deunydd sy'n cael ei saethu allan	Uchder y ffrwd	Enghraifft
0	<10,000 m³	<100 m	
1	>10,000 m³	100 m–1 km	Nyiragongo, Gwer. Ddem. Congo (2002)
2	>1,000,000 m³	1-5 km	
3	>10,000,000 m³	3-15 km	Bryniau Soufrière, Montserrat (1995)
4	>0.1 km³	>10 km	Calbuco, Chile (2015)
5	>1 km³	>20 km	
6	>10 km³	>20 km	Pinatubo, Pilipinas (1991)
7	>100 km³	>20 km	
8	>1,000 km³	>20 km	

▲ **Ffigur 4** Y Mynegrif Ffrwydroldeb Folcanig (*VEI*).

Llifoedd lafa

Yn anaml iawn y bydd **llifoedd lafa** yn achosi marwolaeth neu anafiadau. Maen nhw'n symud yn araf fel arfer, felly mae pobl yn gallu symud o'r ffordd. Fodd bynnag, bydd llif lafa yn dinistrio popeth sydd o'i flaen, gan gynnwys adeiladau, ffyrdd a chnydau. Weithiau mae ffyrdd yn cael eu cau, a gall hyn amharu ar ymdrechion i gael cymorth i'r ardal neu symud pobl oddi yno.

Mae Kilauea, un o'r 5 llosgfynydd yn Hawaii, wedi bod yn echdorri ers 1983. Mae lafa o'r echdoriad hwn wedi dinistrio 214 o adeiladau, gorchuddio dros 100 km² o dir ac wedi claddu 14 km o ffyrdd. Er hynny, nid yw wedi achosi unrhyw farwolaethau o gwbl yn uniongyrchol. Mae modd dargyfeirio llifoedd lafa ond nid yw hyn yn digwydd yn Hawaii ar y cyfan am resymau ysbrydol. Mae rhwystrau wedi'u gosod o amgylch arsyllfa Mauna Loa yn Hawaii i'w

Gweithgareddau

1 Disgrifiwch y dirwedd yn Ffigur 5.
2 Rhowch dri rheswm pam gall penderfyniad gael ei wneud i beidio â dargyfeirio llif lafa.

hamddiffyn gan ei bod yn gartref i offer drud a phwysig iawn. Dyma'r unig rwystr lafa sydd i'w gael yn Hawaii.

Mae llifoedd lafa yn aml yn bygwth trefi a phentrefi ar lethrau Mynydd Etna yn yr Eidal. Mae dargyfeirio'r llifoedd hyn yn ddrud, ac mae penderfynu pa dir i'w achub a pha dir i'w aberthu yn achosi problemau cyfreithiol, gwleidyddol a chymdeithasol cymhleth. Fodd bynnag, mae nifer o ddulliau llwyddiannus y mae'n bosibl eu defnyddio i ddargyfeirio llifoedd lafa, er enghraifft:

- chwistrellu dŵr ar y lafa i'w oeri a'i galedu, fel ei fod yn ymddwyn fel rhwystr i'r lafa tawdd sy'n llifo y tu ôl iddo
- creu argloddiau o bridd i reoli cyfeiriad y llif lafa
- gollwng blociau concrit o hofrennydd i ddargyfeirio'r llif
- creu ffrwydradau mewn tiwbiau lafa i'w gwneud nhw'n fwy llydan ac i ledaenu'r llif; bydd y lafa'n caledu'n gyflymach ac ni fydd yn teithio mor bell.

▲ **Ffigur 5** Llif lafa araf ar Ynys Hawaii.

Cymylau lludw

Stratolosgfynydd yn Chile yw Calbuco. Roedd echdoriad Calbuco ym mis Ebrill 2015 yn nerthol iawn a chafodd **cwmwl lludw** enfawr ei greu, sydd i'w weld yn Ffigur 7. Mae cymylau lludw yn ffurfio pan fydd echdoriad ffrwydrol yn taflu cymysgedd o nwy, darnau o graig a diferion bach o lafa yn uchel i'r awyr. Mae'r diferion lafa yn oeri'n gyflym ac yn troi'n ddarnau bach solet o ludw, tebyg i wydr. Mae'r gronynnau lludw hyn yn finiog ac yn sgraffiniol. Os ydyn nhw'n cael eu sugno i mewn i injan awyren, gall yr injan ddod i stop. Pan wnaeth Eyjafjallajökull yng Ngwlad yr Iâ echdorri yn 2010, roedd y cwmwl lludw yn ymestyn am 10 km i'r awyr. Lledaenodd y cwmwl ar draws ardal helaeth o ogledd Ewrop, ac roedd rhaid i tua 100,000

o deithiau hedfan gael eu canslo. Costiodd hyn tua $UDA2.6 biliwn i'r diwydiant hedfan.

Wrth iddo gwympo i'r ddaear, mae'r lludw'n ymgasglu ar linellau trydan a chyfathrebu yn ogystal ag adeiladau. Pan fydd glaw'n disgyn, mae'r lludw'n mynd yn drymach ac yn achosi difrod i adeiladau a thoriadau pŵer. Mae lludw'n gallu cael effaith ar iechyd hefyd. Mae'n gallu llygru cyflenwadau dŵr, ac mae anadlu lludw folcanig yn gallu achosi niwed i'r ysgyfaint. Mae lludw'n gallu difrodi cnydau hefyd, gan arwain at brinder bwyd a phrisiau bwyd uwch.

▲ **Ffigur 6** Map yn dangos lledaeniad cwmwl lludw Calbuco ar 25 Ebrill 2015.

▲ **Ffigur 7** Echdoriad llosgfynydd Calbuco yn ne Chile (2015) a oedd wedi bod yn dawel am 43 blynedd.

1893–94	1895	1906	1907	1909	1911–12	1917	1929	1961	1972	2015

▲ **Ffigur 8** Y blynyddoedd y mae Calbuco, Chile, wedi echdorri.

Ffeil Ffeithiau: Echdoriad Calbuco, Chile, 22 Ebrill 2015

- Roedd y ffrwd lludw yn ymestyn am dros 15 km i'r awyr.
- Teithiodd llifoedd pyroclastig am bellter o hyd at 7 km.
- Teithiodd laharau (llifoedd llaid folcanig) am 15 km; cafodd pobl eu rhybuddio i beidio â mynd o fewn 200 m i afonydd.
- Cafodd teithiau hedfan rhyngwladol eu gohirio neu eu canslo.
- Cafodd tref Ensenada (â phoblogaeth o 1,600) ei gorchuddio â 50 cm o ludw; cwympodd rhai tai o dan bwysau'r lludw ar y to.
- Cafodd llawer o ffyrdd a phontydd eu cau gan y lludw.
- Cafodd ardaloedd o amgylch y llosgfynydd eu cau.
- Cafodd tua 5,000 o bobl eu symud o'r ardal.

Gweithgareddau

3 Defnyddiwch y Ffeil Ffeithiau i ddisgrifio:
  a) maint echdoriad Calbuco yn 2015
  b) effeithiau economaidd a chymdeithasol y digwyddiad.
4 a) Defnyddiwch y data yn Ffigur 8 i blotio graff amlder.
  b) Cyfrifwch amlder echdoriadau Calbuco.
5 Defnyddiwch Ffigur 6 i ddisgrifio:
  a) lleoliad Calbuco
  b) arwynebedd a lleoliad y cwmwl lludw yn fras.
6 a) Esboniwch pam roedd rhaid canslo teithiau hedfan ar draws Ewrop yn ystod echdoriad Eyjafjallajökull yn 2010.
  b) Awgrymwch sut gallai hyn fod wedi effeithio ar deithwyr busnes a thwristiaid.

Pam mae llifoedd pyroclastig mor beryglus?

Cymylau o nwy, lludw a chreigiau gor-boeth sy'n symud yn gyflym yw **llifoedd pyroclastig**. Maen nhw'n digwydd pan fydd colofn o ludw yn dymchwel. Maen nhw hefyd yn gallu digwydd pan fydd cromen o lafa sy'n oeri yn dymchwel. Mae hyn yn achosi i egni gael ei ryddhau o'r siambr magma o dan y gromen, sy'n creu echdoriad sydyn a nerthol o ludw a nwy.

Mae llifoedd pyroclastig yn gallu lladd. Mae Arolwg Daearegol Prydain, sy'n monitro llosgfynydd Bryniau Soufrière yn Montserrat, wedi cofnodi tymereddau rhwng 100 a 600 °C y tu mewn i'r llifoedd.

Mae llifoedd pyroclastig ar ynys Montserrat yn tueddu i deithio ar gyflymder o tua 100 cilometr yr awr lawr ochr y llosgfynydd. Maen nhw'n cario darnau o greigiau sy'n amrywio o ran maint – o ludw mân i greigiau sydd yr un maint â char bach. Gallan nhw ddymchwel adeiladau ac mae'r tymereddau uchel sydd ganddynt yn gallu dechrau tanau. Hyd yn oed ar ymylon y llif, mae pobl mewn perygl o losgi, ac o anadlu a thagu ar nwyon poeth. Er mai cymylau o ddeunydd solet yw llifoedd pyroclastig, maen nhw'n symud fel hylif, gan lifo'n agos at y ddaear ac yn dilyn patrymau cyfuchlinol am i lawr, yn debyg iawn i eirlithradau. Fodd bynnag, mae ganddyn nhw ddigon o fàs ac egni i lifo i fyny'r llethrau ar waelod llosgfynydd. Mae hyn yn golygu ei bod hi'n anodd rhagweld i ba gyfeiriad byddan nhw'n llifo.

▲ **Ffigur 9** Mae colofn ludw yn dymchwel yn gallu achosi llifoedd pyroclastig.

Mae lludw'n codi mewn colofn hyd at 20 km i fyny i'r atmosffer; wrth i wasgedd gael ei ryddhau o'r siambr magma, mae'r nwy yn y golofn yn ehangu; mae'n debyg i ysgwyd potel o bop cyn ei hagor

Nid yw'r echdoriad yn gallu dal pwysau'r lludw; mae'n dymchwel oherwydd effaith disgyrchiant

Mae'r llif pyroclastig yn cynnwys cymysgedd o ddarnau o graig trwm, lludw a nwy; mae'n rholio i lawr y llethrau, gan lifo'n agos at y ddaear

Mae darnau o graig ysgafn a lludw yn chwythu i fyny uwchben prif ran y llif

▲ **Ffigur 10** Llif pyroclastig ar losgfynydd Bryniau Soufrière, Montserrat.

Gweithgareddau

1 Disgrifiwch sut gallai llifoedd pyroclastig effeithio ar y canlynol:
   a) pobl
   b) yr economi
   c) yr amgylchedd.
2 a) Gwnewch gopi o Ffigur 9.
   b) Rhowch yr anodiadau mewn mannau priodol ar eich diagram.
3 Awgrymwch labeli neu nodiadau addas ar gyfer pob un o'r tri phwynt yn Ffigur 10.

Sut mae mapio peryglon yn gallu helpu i leihau'r bygythiad?

Mae lefel bygythiad digwyddiadau tectonig, fel llifoedd pyroclastig, yn cynyddu yn ôl maint y digwyddiad ond hefyd yn ôl pa mor agored i niwed yw'r cymunedau lleol. Os oes modd symud cymunedau o'r ardaloedd hyn, mae'r bygythiad yn diflannu. Mae **mapio perygion** yn golygu bod awdurdodau lleol yn gallu gwneud dau beth sef:

- cyfyngu ar fynediad pobl i ardaloedd peryglus – er enghraifft, dim ond yn ystod golau dydd mae gan bobl yr hawl i fynd i'r ardaloedd hyn, neu dim ond gwyddonwyr sy'n cael mynd i'r cylchfaoedd mwyaf peryglus

- rheoli datblygiad ardaloedd sydd mewn perygl o ddioddef difrod yn sgil digwyddiadau tectonig – er enghraifft, atal pobl rhag adeiladu tai newydd mewn cylchfaoedd peryglon.

Mae llosgfynydd Bryniau Soufrière yn Montserrat wedi bod yn echdorri ers 1995 hyd heddiw. Mae de'r ynys

 www.mvo.ms – gwefan Arsyllfa Llosgfynyddoedd Montserrat.

wedi'i rannu'n 6 chylchfa, sydd i'w gweld yn Ffigur 11. Mae system lefel peryglon (sy'n cyfyngu ar fynediad i rai ardaloedd) yn cael ei defnyddio yn dibynnu ar ba mor fyw yw'r llosgfynydd yn ôl mesuriadau Arsyllfa Llosgfynyddoedd Montserrat. Dim ond gwyddonwyr sy'n cael mynd i Gylchfa V, er bod pobl yn gallu mynd a dod i rai rhannau o'r gylchfa hon pan nad oes llawer o weithgaredd folcanig. Hefyd mae yna ardaloedd dan waharddiad ar y môr oherwydd bod llifoedd pyroclastig yn gallu cyrraedd yr arfordir a theithio allan i'r môr. Mae llawer o drigolion wedi gadael yr ynys ers i'r llosgfynydd ddechrau echdorri yn 1995 – mae llawer ohonyn nhw wedi symud i'r DU.

Blwyddyn	Poblogaeth
1951	14,100
1961	11,900
1971	11,600
1981	11,900
1991	10,800
2003	4,500
2011	5,000

▲ **Ffigur 12** Poblogaeth Montserrat.

Gweithgareddau

4 Astudiwch Ffigur 11.
   a) Amcangyfrifwch pa ganran o'r ynys sydd yn y gylchfa ddiogel.
   b) Sut gallai'r ardaloedd dan waharddiad ar y môr effeithio ar bobl leol?
   c) Cafodd yr hen brifddinas, Plymouth, a maes awyr W H Bramble eu gadael (*abandoned*). Pa broblemau fyddai'r penderfyniad hwn wedi eu hachosi i bobl Montserrat?

5 a) Cyflwynwch y data yn Ffigur 12 mewn graff addas.
   b) Disgrifiwch beth sydd wedi digwydd i'r boblogaeth ers i'r echdoriad ddechrau yn 1995.

Gwaith ymholi

Beth yw lefel y perygl yn Montserrat heddiw?

- Defnyddiwch y cyswllt â gwefan Arsyllfa Llosgfynyddoedd Montserrat.

- Gwnewch linfap o Ffigur 11. Defnyddiwch god lliw i ddangos lefel y perygl ar hyn o bryd.

- Pa lefel o weithgaredd sy'n cael ei chaniatáu ym mhob cylchfa sydd o dan lefel y perygl ar hyn o bryd?

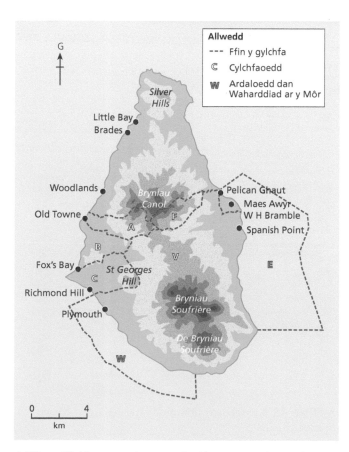

Allwedd
--- Ffin y gylchfa
C Cylchfaoedd
W Ardaloedd dan Waharddiad ar y Môr

▲ **Ffigur 11** Map peryglon ar gyfer Montserrat; dim ond gogledd yr ynys sydd yn y gylchfa ddiogel.

Peryglon folcanig Mynydd Merapi

Stratolosgfynydd yng Nghanolbarth Jawa yw Mynydd Merapi. Dyma un o ardaloedd mwyaf poblog Indonesia. Mynydd Merapi yw llosgfynydd mwyaf byw Indonesia, ac mae'n cynhyrchu llifoedd pyroclastig a chymylau lludw. Mae'n cael ei ffurfio wrth i'r Plât Indo-Awstralia gael ei dansugno o dan Blât Ewrasia ar ffin platiau distrywiol.

Gweithgareddau

1 Defnyddiwch Ffigur 13 i ddisgrifio:
  a) lleoliad Mynydd Merapi
  b) dosbarthiad llosgfynyddoedd yn y rhanbarth hwn.
2 a) Defnyddiwch y data yn Ffigur 14 i blotio graff amlder.
  b) Cyfrifwch amlder echdoriadau Mynydd Merapi.
3 Disgrifiwch effeithiau echdoriad 2010. Ystyriwch yr effeithiau ar:
  a) pobl
  b) yr economi.

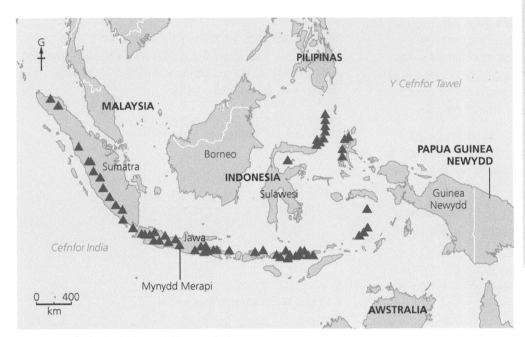

▲ **Ffigur 13** Lleoliad Mynydd Merapi, Indonesia.

1933–35	1939–40	1944–45	1948–49	1953–58	1961	1967–69	1971
1972–90	1992–98	2001–2	2006	2007	2010–11	2012	2013

▲ **Ffigur 14** Amlder echdoriadau Mynydd Merapi, Indonesia, ers 1933.

Effeithiau echdoriad mis Hydref 2010

Maint echdoriad Mynydd Merapi yn 2010 oedd *VEI-4*. Cafodd cartrefi a chnydau eu dinistrio gan y ffrwydriad, gyda llifoedd pyroclastig yn teithio hyd at 10 km o'r copa. Collodd miloedd o bobl eu cartrefi. Roedd 30 cm o ludw wedi cwympo mewn pentrefi hyd at 20 km i ffwrdd ac achosodd hyn broblemau anadlu. Roedd rhaid i awyrennau lanio yng Ngorllewin Awstralia oherwydd y perygl o ddifrod i awyrennau, ac roedd rhaid canslo cannoedd o deithiau hedfan rhyngwladol i mewn ac allan o Indonesia. Cafodd ei amcangyfrif bod yr echdoriad wedi achosi colledion ariannol o tua $UDA700 miliwn.

Yn yr wythnos yn dilyn yr echdoriad, cododd prisiau bwyd ac roedd miloedd yn ei chael yn anodd talu'r prisiau uwch. Cafodd 700 o lochesau argyfwng eu darparu, ond roeddent yn orlawn a doedd dim digon o ddŵr yfed glân na thoiledau. Arweiniodd hyn at safonau iechydaeth gwael a pherygl y gallai clefydau fel colera ledaenu.

Ardal dan waharddiad o **20** km

353 o farwolaethau

2,600 hectar o gnydau wedi'u gorchuddio gan ludw

27 miliwn metr ciwbig o ludw a chraig wedi'u dyddodi yn Afon Gendol

320,000 o bobl wedi gorfod gadael yr ardal

1,900 o dda byw wedi'u lladd (gwartheg godro yn bennaf)

▲ **Ffigur 15** Ystadegau'n ymwneud ag echdoriad Mynydd Merapi yn 2010.

Sut mae'n bosibl lleihau'r peryglon sy'n gysylltiedig ag echdoriadau folcanig?

Mae llosgfynyddoedd byw yn cael eu monitro drwy'r amser i geisio rhagfynegi pryd fydd yr echdoriad nesaf yn digwydd. Mae rhagfynegiadau cywir yn rhoi digon o amser i bobl adael yr ardal. Mae data o orsafoedd monitro ar Fynydd Merapi yn cael eu hanfon i Arsyllfa Llosgfynyddoedd Merapi yn ninas Yogyakarta. Caiff y data eu prosesu ac mae lefel perygl y llosgfynydd yn cael ei addasu bob dydd.

Mae 6 man arsylwi o amgylch Mynydd Merapi. Yma, mae ffotograffau'n cael eu tynnu'n rheolaidd i ddangos esblygiad y gromen lafa ac i gofnodi nifer y cwympiau creigiau. Mae gwyddonwyr yn ceisio rhagfynegi cyfeiriad llifoedd pyroclastig y dyfodol ar sail newidiadau yn siâp y gromen. Mae lloerenni yn darparu delweddau cydraniad uchel (*high resolution*) o newidiadau gweladwy, ac mae delweddau isgoch thermol yn dangos cynnydd yn y tymheredd wrth i'r magma godi. Mae **mesuryddion gogwydd** yn dadansoddi symudiadau'r ddaear. Mae 5 gorsaf arsyllu hefyd yn anfon paladr laser at y drychau sydd wedi'u gosod o amgylch y llosgfynydd i fesur y newid lleiaf yn siâp y ddaear.

Mae gan Fynydd Merapi 8 **seismomedr** – offer sy'n cofnodi daeargrynfeydd. Mae 4 gorsaf yn gwneud gwaith monitro **geomagnetig**: maen nhw'n mesur arddwysedd geomagnetig unwaith bob munud. Hefyd, mae sawl safle monitro **geocemegol** sefydlog gan Fynydd Merapi sy'n cymryd samplau o allyriadau nwy.

▲ **Ffigur 16** Timau chwilio ac achub yn chwilio am oroeswyr mewn cymuned ar lan afon a oedd yn gartref i 200 o bobl, tua 8 km o Fynydd Merapi, Indonesia.

Mwy o weithgaredd seismig (mwy o ddaeargrynfeydd) wrth i'r magma wthio ei ffordd i fyny drwy'r llosgfynydd

Mwy o wres yn cael ei daflu allan wrth i'r magma nesáu at yr arwyneb

Anffurfiad y ddaear (newid yn ei siâp) wrth i'r magma sy'n codi wthio'r graig uwch ei ben i fyny

Rhagfynegi echdoriad

Nwyon fel sylffwr deuocsid a charbon deuocsid yn cael eu rhyddhau o'r magma

Cwympiau creigiau yn cael eu cofnodi wrth i lethrau'r llosgfynydd ddechrau ysgwyd yn sgil symudiadau'r magma

Newidiadau mewn meysydd magnetig; mae creigiau'n colli eu magnetedd wrth iddyn nhw gael eu gwresogi gan y magma sy'n codi

▲ **Ffigur 17** Mae gwyddonwyr yn monitro llosgfynyddoedd i geisio rhagfynegi pryd bydd echdoriad yn digwydd.

Gweithgareddau

4 Disgrifiwch y dirwedd yn Ffigur 16. Sut mae'r echdoriad folcanig wedi effeithio ar yr amgylchedd?

5 Beth sy'n achosi'r newidiadau sydd i'w gweld mewn llosgfynydd cyn echdoriad?

6 Disgrifiwch 3 ffordd wahanol o fonitro llosgfynyddoedd. Ar gyfer pob un ohonyn nhw:
   a) disgrifiwch beth sy'n cael ei fonitro
   b) esboniwch pam mae'n cael ei fonitro.

Gwaith ymholi

Pa brosesau ffurfiodd Fynydd Merapi?

Lluniadwch fraslun wedi'i anodi i ddangos sut cafodd Mynydd Merapi ei ffurfio. Defnyddiwch Ffigur 3 ar dudalen 107 i'ch helpu.

Ymdopi â bygythiad laharau ar Fynydd Merapi

Mae llifoedd pyroclastig yn dyddodi haenau o ludw a chreigiau rhydd. Ar ôl echdoriad mawr, mae trwch y dyddodion hyn yn gallu mesur cannoedd o fetrau. Pan fydd y dyddodion yn cymysgu â dŵr, mae lleidlif distrywiol o'r enw lahar yn cael ei greu. Mae lahar yn gallu ffurfio mewn dwy ffordd:

- Mae iâ ac eira ar lethrau uchel y llosgfynydd yn gallu ymdoddi yn sgil yr echdoriad. Mae'r dŵr tawdd yn cymysgu â'r dyddodion lludw i greu'r lahar.
- Mae dŵr glaw, yn ystod neu ar ôl yr echdoriad, yn cymysgu â dyddodion pyroclastig.

Mae lahar yn gallu teithio ar gyflymder o hyd at 65 km yr awr, sy'n gyflymach nag afon sy'n gorlifo. Mae gan y cymysgedd o ludw, craig a dŵr yr un ansawdd â choncrit gwlyb. Mae dwysedd lahar yn achosi llawer mwy o ddifrod na dŵr ar ei ben ei hun. Mae pobl, adeiladau, ffyrdd a phontydd yn cael eu sgubo i ffwrdd gan y llif neu eu claddu. Mae tir ffermio'n cael ei ddifetha sy'n rhoi straen ar y cyflenwad bwyd lleol. Mae lahar yn gallu teithio'n bell iawn o'r llosgfynydd. Mae lahar yn gallu cael ei greu ymhell ar ôl i'r llosgfynydd orffen echdorri – hynny yw, bob tro y mae glaw trwm yn cymysgu â'r graig a'r lludw sydd wedi'u dyddodi mewn dyffrynnoedd afonydd.

	Ion	Chwe	Maw	Ebr	Mai	Meh	Gorff	Awst	Medi	Hyd	Tach	Rhag
Dyodiad (mm)	353	335	310	211	127	89	41	5	30	94	229	340
Tymheredd (°C)	26	26.5	26.5	27	27	26	25	25.5	26.5	27	27	26.5

▲ **Ffigur 18** Dyodiad a thymheredd cyfartalog yn Yogyakarta, Indonesia.

▲ **Ffigur 19** Pobl leol yn tynnu tywod o afon yn ystod echdoriad Mynydd Merapi, Indonesia, er mwyn gwneud bagiau tywod i geisio atal llifogydd.

Pam mae pobl yn parhau i fyw yma?

Mae Mynydd Merapi yn echdorri'n aml ond mae'r rhan fwyaf o'r echdoriadau'n eithaf bach. Mae maint yr echdoriadau ar gyfartaledd yn *VEI-3*, felly mae'r effeithiau wedi'u cyfyngu i ardaloedd lleol. Mae lludw folcanig yn llawn mwynau. Ar ôl iddo hindreulio, mae'n creu pridd ffrwythlon ar gyfer amaethyddiaeth. Mae Parc Cenedlaethol yn yr ardal rhwng y llosgfynydd a dinas Yogyakarta, ac mae'n lleoliad sy'n boblogaidd ymhlith twristiaid. Mae rhai pobl leol yn gweithio yn y diwydiant twristiaeth fel tywyswyr, a'u gwaith yw mynd â thwristiaid i'r ardaloedd cadwraeth newydd sy'n cael eu hystyried yn rhy beryglus i fyw ynddyn nhw.

Gweithgareddau

1. a) Disgrifiwch sut mae lahar yn gallu ffurfio yn ystod echdoriad.
   b) Esboniwch pam mae laharau'n parhau i fod yn berygl am sawl mis ar ôl echdoriad.
2. Disgrifiwch y pethau sy'n debyg a'r pethau sy'n wahanol rhwng lahar ac afon sydd wedi gorlifo.
3. a) Defnyddiwch Ffigur 18 i blotio graff hinsawdd ar gyfer Yogyakarta.
   b) Labelwch y misoedd pan fyddai laharau wedi bod yn berygl yn dilyn echdoriad Hydref 2010.
4. a) Disgrifiwch ddwy effaith gadarnhaol y mae gweithgaredd folcanig yn eu cael yn Yogyakarta.
   b) Awgrymwch un rheswm arall pam mae pobl yn byw yn agos i'r llosgfynydd byw hwn, er gwaetha'r ffaith ei fod yn echdorri'n aml.

Sector o'r economi	(%)
Amaethyddiaeth	16
Gweithgynhyrchu	14
Twristiaeth	21
Diwydiannau gwasanaethu eraill	49

▲ **Ffigur 20** Sectorau o'r economi a'u gwerth i economi Yogyakarta.

Gwneud cymunedau glan afon yn llai agored i niwed

Gwlad newydd ei diwydianeiddio (*NIC*) yw Indonesia sydd â phoblogaeth drefol sy'n cynyddu'n gyflym. Mae cynllunwyr wedi cael trafferth adeiladu digon o dai newydd fforddiadwy i gwrdd â'r galw. Mae amcangyfrifon yn awgrymu bod cymaint ag 80 y cant o'r holl dai newydd mewn aneddiadau anffurfiol. Mae llawer o'r tai hyn wedi'u hadeiladu mewn mannau sydd ddim yn addas nac yn ddiogel – er enghraifft, cymunedau glan afon sydd mewn perygl o ddioddef llifogydd yn ystod tymor gwlyb Indonesia. Ar ôl echdoriadau folcanig, gallai'r bobl yn y cymunedau hyn gael eu lladd gan laharau.

Un sefydliad anllywodraethol (*NGO*) sy'n ceisio helpu'r sefyllfa yw Arkomiogia – grŵp o benseiri cymunedol sy'n gweithio yn Kali Jawi, cymuned glan afon yn Yogyakarta. Cafodd y project ei greu gan grŵp o fenywod a oedd wedi dechrau cynllun **microgredyd** er mwyn gallu cynilo arian yn rheolaidd. Dechreuodd y menywod gwrdd â phenseiri, cynllunwyr a swyddogion y llywodraeth leol yn rheolaidd i gynllunio canolfan gymunedol newydd. Gall y ganolfan hon gael ei defnyddio fel lleoliad ar gyfer cyfarfodydd pentref ac fel lloches yn ystod digwyddiad llifogydd neu lahar. Mae gan y ganolfan gymunedol newydd sawl nodwedd sy'n ei gwneud yn ymarferol ac yn gynaliadwy, ac mae'r rhain i'w gweld yn Ffigur 21.

> 1 Mae stiltiau concrit yn codi'r adeilad yn uwch nag uchder llifogydd

> 2 Mae'r adeilad wedi'i wneud o dri math gwahanol o'r planhigyn bambŵ, ac mae pob math yn gyffredin yn Jawa

> 3 Mae bolltau dur yn dal y strwythur hyblyg at ei gilydd yn gadarn

> 4 Cafodd aelodau o'r gymuned gyfle i fod yn rhan o'r gwaith adeiladu syml

> 5 Mae arddull traddodiadol yr adeilad yn cyd-fynd â'r bensaernïaeth leol

> 6 Mae'r to mawr yn cynnig cysgod a lloches rhag y glaw; mae'r mannau agored yn darparu awyriad

▲ **Ffigur 21** Y ganolfan gymunedol newydd yn Kali Jawi sy'n gallu gwrthsefyll peryglon.

Blwyddyn	Yogyakarta	Semarang	Surakarta
1970	343,000	627,000	408,000
1980	397,000	1,009,000	468,000
1990	412,000	1,243,000	503,000
2000	397,000	1,427,000	491,000
2010	388,000	1,558,000	499,000
2020	402,000	1,761,000	533,000
2030	503,000	2,188,000	668,000

▲ **Ffigur 22** Poblogaeth dinasoedd sydd ger Mynydd Merapi.

Gweithgareddau

5 Awgrymwch resymau pam mai'r bobl sy'n byw mewn tai anffurfiol yn Yogyakarta sydd fwyaf agored i niwed yn sgil cwympiau lludw a lahar.

6 Astudiwch Ffigur 21. Disgrifiwch sut mae un neu fwy o nodweddion yr adeilad wedi'u cynllunio i gwrdd â'r gofynion canlynol:
  a) bod yn gynaliadwy
  b) bod yn addas ar gyfer hinsawdd y rhanbarth
  c) gwella capasiti Kali Jawi i ymdopi â digwyddiadau llifogydd a laharau.

Gwaith ymholi

Pa un o'r dinasoedd yn Ffigur 22 sy'n wynebu'r perygl mwyaf yn sgil laharau?

■ Defnyddiwch fap rhyngweithiol o'r byd, fel *Google Maps*, i ddarganfod pa mor bell yw pob dinas o Fynydd Merapi.

■ Disgrifiwch batrwm draeniad yr afonydd yn y rhanbarth hwn.

■ Defnyddiwch y wybodaeth hon i roi'r tair dinas mewn trefn restrol yn ôl maint y perygl. Dylech gyfiawnhau eich dewis.

Perygl daeargrynfeydd

Mae daeargrynfeydd yn cael eu mesur yn ôl **graddfa maint moment** (M_w). Mae'r raddfa yn mesur lluoswm y pellter mae ffawt yn ei symud a'r grym mae ei angen i'w symud. Mae pob rhif ar y raddfa 10 gwaith yn fwy pwerus na'r rhif o'i flaen.

Mae faint mae'r tir yn ysgwyd yn ystod daeargryn yn lleihau wrth symud yn bellach oddi wrth y tarddiad – man o dan y ddaear sy'n cael ei adnabod fel **canolbwynt**. Mae hyn yn golygu ein bod ni'n gallu teimlo daeargrynfeydd sy'n agos i arwyneb y Ddaear yn fwy na daeargryn o'r un cryfder sydd â chanolbwynt dyfnach. Yn yr un modd, mae faint mae'r tir yn ysgwyd yn lleihau wrth symud yn bellach oddi wrth yr **uwchganolbwynt**, sef y man ar yr arwyneb sy'n union uwchben y canolbwynt.

Mae tonnau seismig yn teithio drwy graig mewn daeargryn. Mae caledwch y graig yn effeithio ar faint mae'r tir yn ysgwyd a pha mor gryf yw'r ysgytiadau. Mae tonnau daeargrynfeydd yn teithio'n gyflym drwy graig galed. Pan fyddan nhw'n cyrraedd tir mwy meddal, maen nhw'n arafu ac mae'r tir yn ysgwyd yn fwy.

 http://earthquaketrack.com – mae'r wefan ryngweithiol hon yn plotio daeargrynfeydd diweddar ar fap o'r byd.

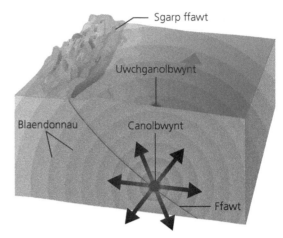

▲ **Ffigur 23** Trawstoriad drwy ffawt yn dangos nodweddion daeargryn.

Dyddiad	Gwlad	Maint (M_w)	Marwolaethau	Dyfnder (km)	IGC y pen ($UDA)*
02/02/2015	Yr Ariannin	6.3	0	172	13,480
27/02/2015	Indonesia	7	0	552	3,630
25/04/2015	Nepal	7.8	8,964	8	730
12/05/2015	Nepal	7.3	218	15	730
04/06/2015	Malaysia	6	18	10	11,120
03/07/2015	China	6.4	0	20	7,400
16/09/2015	Chile	8.3	14	25	14,910
20/10/2015	Vanuatu	7.1	0	135	3,160
26/10/2015	Afghanistan	7.5	398	231	680
17/11/2015	Gwlad Groeg	6.5	0	10	22,680
24/11/2015	Periw	7.6	0	600	6,360

▲ **Ffigur 24** Maint, lleoliad a dyfnder rhai daeargrynfeydd mawr o ran maint (2015).

*Ffigurau diweddaraf Banc y Byd

Gweithgareddau

1 Astudiwch Ffigur 23. Disgrifiwch y gwahaniaeth rhwng canolbwynt ac uwchganolbwynt daeargryn.

2 Esboniwch pam mae pobl sy'n byw mewn cartrefi sydd wedi'u hadeiladu ar dir meddal yn fwy agored i niwed gan ddaeargrynfeydd.

3 a) Gan ddefnyddio Ffigur 24, faint yn fwy oedd y daeargryn yn Nepal (12/05/2015) na'r un yng Ngwlad Groeg yn fras?

b) Esboniwch arwyddocâd y ffaith nad oedd y ddau ddaeargryn yn Nepal yn ddwfn iawn.

Gwaith ymholi

Pam mae rhai daeargrynfeydd yn achosi mwy o farwolaethau nag eraill?

■ Astudiwch Ffigur 24. Awgrymwch ragdybiaeth sy'n cysylltu nifer y marwolaethau ag un o'r ffactorau eraill yn y tabl. Gwnewch ragfynegiad.

■ Defnyddiwch dystiolaeth o'r tabl i ymchwilio i'ch rhagdybiaeth.

■ Beth yw eich casgliad? Beth yw cyfyngiadau'r ymholiad hwn?

Oes modd defnyddio technoleg i leihau effeithiau daeargrynfeydd?

Mae'r capasiti i oroesi daeargryn yn cynyddu os bydd gan unigolion neu gymunedau yr adnoddau neu'r dechnoleg mae eu hangen arnynt i ymdopi â'r perygl. Mae Japan yn Wlad Incwm Uchel (*High Income Country: HIC*) ac mae ganddi adnoddau ariannol i'w buddsoddi mewn technoleg a pharatoi ar gyfer peryglon. Mae llawer o adeiladau **aseismig** wedi cael eu hadeiladu i wrthsefyll daeargrynfeydd, er enghraifft Landmark Tower yn Yokohama. Mae'r adeiladau hyn yn hyblyg ac yn gryf yn hytrach nag yn anhyblyg ac yn frau fel concrit. Hefyd, mae modd adeiladu isadeiledd, fel ffyrdd, sy'n gallu plygu a gwrthsefyll daeargrynfeydd.

Felly, wrth i wledydd ddatblygu'n economaidd, ydyn nhw'n fwy diogel? Ddim o reidrwydd. Mewn sawl gwlad incwm uchel fel India neu China, nid yw datblygiad economaidd yn golygu bod pawb yn wynebu llai o berygl gan ddaeargrynfeydd. Nid yw pawb mewn cymdeithas yn llai agored i niwed.

Dinas yng ngogledd-ddwyrain India yw Shillong. Yn 1897, cafodd tua 1,500 o'r 50,000 o bobl a oedd yn byw yno eu lladd gan ddaeargryn yn mesur 8.3 M_w. Yn ôl yr amcangyfrifon, pe bai daeargryn tebyg yn digwydd heddiw, gallai ladd 90,000 o bobl o'r 400,000 sy'n byw yno ar hyn o bryd. Pam mae cymaint mwy o bobl mewn perygl heddiw? Y rheswm yw technoleg. Yn 1897, roedd y rhan fwyaf o bobl yn byw mewn cartrefi un llawr traddodiadol wedi'u gwneud o fambŵ. Roedd y rhain yn hyblyg ac yn ysgafn, fel strwythurau modern sydd â fframwaith o ddur. Heddiw, mae'r rhan fwyaf o bobl yn byw mewn adeiladau concrit aml-lawr wedi'u hadeiladu'n rhad. Mae llawer ohonyn nhw wedi'u lleoli ar lethrau serth. Yn ystod daeargryn, gallai'r adeiladau hyn ddymchwel, gan gwympo ar ben pobl y tu mewn iddynt a'u lladd.

Cynllunio ar gyfer trychinebau

Ar ôl daeargryn, mae nifer o beryglon eraill yn effeithio ar bobl, er enghraifft:
- adeiladau ansefydlog sydd wedi cael eu gwanhau gan y daeargryn
- yr angen am sylw meddygol i'w hanafiadau
- peryglon sy'n gysylltiedig â bod yn yr awyr agored oherwydd eu bod wedi colli eu cartrefi
- peryglon sy'n gysylltiedig â diffyg adnoddau sylfaenol fel bwyd, dŵr glân ac iechydaeth.

Mae angen ymateb yn gyflym ac yn uniongyrchol er mwyn lleihau'r effeithiau hyn. Nid yw hyn yn hawdd o dan yr amgylchiadau canlynol:
- os yw'r ardal yn anghysbell iawn
- os nad oes digon o arian gan y wlad i fuddsoddi mewn gwaith cynllunio a pharatoi ar gyfer trychinebau.

Mae timau argyfwng arbenigol i'w cael yn y rhan fwyaf o wledydd incwm uchel sy'n agored i niwed yn sgil trychinebau tectonig (er enghraifft Japan, yr Eidal ac UDA). Mae'r timau hyn wedi cael hyfforddiant ar sut i ddefnyddio offer sydd wedi'u cynllunio i ddod o hyd i oroeswyr sydd wedi'u claddu o dan rwbel. Mewn gwledydd o'r fath, mae rhaglenni addysgiadol mewn ysgolion a gweithleoedd yn addysgu pobl am beth i'w wneud yn ystod daeargryn, tsunami neu echdoriad folcanig. Mae digwyddiadau blynyddol fel 'The Great ShakeOut' yn nhalaith California yn codi ymwybyddiaeth ymhlith cymunedau cyfan ynglŷn â beth i'w wneud yn ystod ac ar ôl daeargryn mawr. Yn Japan, mae arwyddion clir mewn trefi glan môr sy'n dangos llwybrau dianc pe bai tsunami yn taro.

▲ **Ffigur 25** Tai yn Shillong, India, heddiw.

Gweithgareddau

4 a) Rhowch ddau reswm pam gallai daeargryn mawr yn Shillong ladd cymaint o bobl. Defnyddiwch dystiolaeth o Ffigur 25 i'ch helpu.

b) Awgrymwch pam mae rhai grwpiau o bobl yn India yn parhau i fod yn agored i niwed yn sgil daeargrynfeydd, er gwaethaf twf economaidd cyflym y wlad. Defnyddiwch Ffigur 3 ar dudalen 115 i'ch helpu.

c) Oes modd gwella capasiti cymunedau sy'n agored i niwed yn Shillong? Sut?

Daeargryn Nepal, Ebrill 2015

Ar 25 Ebrill 2015, cafodd ardal Gorkha yn Nepal ei tharo gan ddaeargryn 7.8 M_w. Roedd yr uwchganolbwynt yn agos i ddinas Kathmandu yn Nepal, ond cafodd y daeargryn pwerus effaith ar bobl yn India, China a Bangladesh hefyd. Cafodd mwy o ddifrod ac anafiadau eu hachosi gan nifer o ôl-gryniadau nerthol, gan gynnwys un yn mesur 7.3 M_w yn agos i Fynydd Everest ar 12 Mai.

400 o ôl-gryniadau	**$UDA5 biliwn** – amcan o gost y difrod
7.8 M_w o faint	**9,000** o bobl wedi'u lladd
22,000 o bobl wedi'u hanafu	**450,000** o bobl yn ddigartref

▲ **Ffigur 26** Ystadegau'n ymwneud â daeargryn Nepal yn 2015.

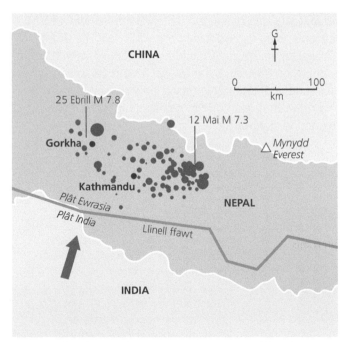

▲ **Ffigur 27** Lleoliad daeargrynfeydd Nepal yn 2015. Mae daeargrynfeydd mwy yn cael eu cynrychioli gan gylchoedd mwy.

Beth oedd effeithiau'r daeargryn hwn?

Y rheswm dros y daeargryn oedd bod Plât India wedi symud o dan Blât Ewrasia yn sydyn. O ganlyniad, mae Kathmandu wedi symud 3 m ymhellach i'r de yn dilyn y daeargryn.

Cafodd adeiladau ac isadeiledd eu difrodi'n wael wrth i'r ddaear ysgwyd yn wyllt yn ystod y daeargryn, a chafodd pentrefi cyfan eu dinistrio wrth i adeiladau ddymchwel. Holltodd llawer o ffyrdd wrth i'r Ddaear symud. Cafodd ffyrdd eraill eu cau gan fod y daeargrynfeydd wedi achosi i dirlithriadau lithro i lawr llethrau serth y mynyddoedd. Cafodd cannoedd o bobl eu lladd gan eirlithradau a oedd wedi'u hachosi gan ysgytiadau'r ddaear. Roedd lled un o'r eirlithradau hyn dros 2 km.

Roedd gweithwyr cymorth yn ei chael yn anodd cyrraedd y bobl a oedd angen help oherwydd y tir mynyddig a'r difrod i'r ffyrdd. Roedd rhaid cludo llawer o'r cymorth mewn hofrennydd. Does dim llawer o le mewn hofrennydd, ac nad oedd modd anfon cymaint o gyflenwadau nac achub cymaint o bobl ar bob taith. Cafodd llawer o ganolfannau meddygol eu dinistrio ac roedd dod o hyd i gyflenwadau meddygol yn anodd. Roedd bwyd ffres a dŵr glân yn brin. Roedd llawer o dwristiaid wedi'u dal ar y mynyddoedd. Cafodd blaenoriaeth ei rhoi i'r bobl a oedd wedi'u hanafu a chymunedau heb fwyd na dŵr. Chwe mis yn ddiweddarach, roedd llawer o bobl yn dal i ddioddef o afiechydon resbiradol a chlwyfau wedi'u heintio. Gwlad incwm isel yw Nepal: mae'r economi'n cynhyrchu tua $UDA20 biliwn y flwyddyn. Yn ôl yr amcangyfrifon, bydd y gwaith ailadeiladu'n costio o leiaf $UDA5 biliwn.

Gweithgareddau

1 Edrychwch ar Ffigur 27.
   a) Disgrifiwch leoliad uwchganolbwynt y daeargryn.
   b) Disgrifiwch yr ardal lle roedd y ddaear yn ysgwyd yn ddifrifol. Defnyddiwch y llinell raddfa i amcangyfrif arwynebedd yr ardal.
2 Disgrifiwch sut gwnaeth daeargryn Nepal effeithio ar:
   a) pobl
   b) yr economi.
3 Esboniwch pam roedd hi'n anodd cludo cymorth i rai cymunedau ar ôl y daeargryn.
4 Mae economi India yn cynhyrchu tua $UD2,180 biliwn y flwyddyn. Awgrymwch pam bydd y gwaith adfer yn sgil y daeargryn hwn yn cymryd mwy o amser yn Nepal nag y bydd yn India.

Sut gall technoleg helpu i leihau risg?

Cafodd llinellau trydan a ffôn eu torri yn ystod y daeargryn. O ganlyniad, roedd y rhwydweithiau cyfathrebu wedi'u difrodi, a gallai hyn fod wedi arafu'r ymdrech i gael cymorth i'r ardal. Fodd bynnag, trwy ddefnyddio cyfuniad o hen dechnoleg a thechnoleg newydd, roedd y cyhoedd yn gallu helpu. Roedd gweithredwyr radio amatur yn defnyddio radios a oedd wedi'u pweru gan egni solar a batris i gyfathrebu. Trwy hyn, roedden nhw'n gallu rhoi gwybodaeth i heddlu Nepal am yr amodau mewn ardaloedd anghysbell. Roedd hyn yn bosibl diolch i adran UDA Cymdeithas Gyfrifiaduron Nepal, a oedd wedi cyflenwi'r offer angenrheidiol i anfon negeseuon radio. Roedd pobl hefyd yn defnyddio'r cyfryngau cymdeithasol i ddisgrifio'r amodau mewn ardaloedd anghysbell. Roedd *Humanity Road*, sefydliad anllywodraethol, yn cadw cofnod o'r holl negeseuon ar y cyfryngau cymdeithasol er mwyn anfon gwybodaeth bwysig i'r timau achub.

Mae projectau eraill ar waith er mwyn sicrhau y bydd daeargrynfeydd yn achosi llai o ddifrod yn y dyfodol. Mae tai traddodiadol Nepal yn defnyddio bandiau o garreg a phren am yn ail. Mae'r bandiau pren yn clymu'r adeilad at ei gilydd, ac yn gwneud yn siŵr bod yr adeilad yn gallu plygu rhywfaint yn ystod daeargryn. Fodd bynnag, mae cerrig wedi'u torri yn ddrud ac mae llawer o'r coed yn Nepal wedi cael eu torri i greu coed tân. Mae pobl dlawd, felly, wedi adeiladu tai concrit rhad. Nid yw'r tai hyn yn hyblyg o gwbl, ac roedd llawer ohonyn nhw wedi dymchwel yn ystod y daeargryn. Mae project o'r enw Abari yn ceisio adfywio technegau adeiladu traddodiadol ond hefyd yn manteisio ar nodweddion technoleg fodern. Maen nhw'n defnyddio bambŵ sydd wedi'i drin yn arbennig yn lle pren, ac mae pobl yn dysgu am ddulliau traddodiadol sy'n golygu bod yr adeiladau'n fwy fforddiadwy a chynaliadwy.

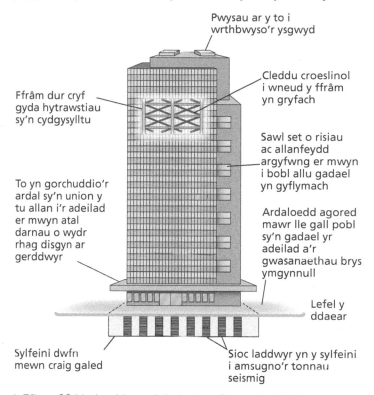

Pwysau ar y to i wrthbwyso'r ysgwyd

Cleddu croeslinol i wneud y ffrâm yn gryfach

Ffrâm dur cryf gyda hytrawstiau sy'n cydgysylltu

Sawl set o risiau ac allanfeydd argyfwng er mwyn i bobl allu gadael yn gyflymach

To yn gorchuddio'r ardal sy'n union y tu allan i'r adeilad er mwyn atal darnau o wydr rhag disgyn ar gerddwyr

Ardaloedd agored mawr lle gall pobl sy'n gadael yr adeilad a'r gwasanaethau brys ymgynnull

Lefel y ddaear

Sylfeini dwfn mewn craig galed

Sioc laddwyr yn y sylfeini i amsugno'r tonnau seismig

▲ **Ffigur 28** Nodweddion adeilad sy'n gallu gwrthsefyll daeargryn.

▲ **Ffigur 29** Ysgol wedi'i gwneud o garreg a bambŵ. Cafodd ei hadeiladu gan sefydliadau Abari a Learning Planet, ac fe lwyddodd i wrthsefyll y daeargryn yn Gorkha.

Tsunami

Mae **tsunami** yn cael ei achosi gan symudiadau sydyn yng ngwely'r cefnfor, fel y rhai sy'n digwydd yn ystod daeargryn. Mae'r symudiad hwn yn anfon swm enfawr o ddŵr i fyny gan greu cyfres o donnau. Mae tonnau tsunami yn teithio ar gyflymder o 25 m yr eiliad mewn dŵr dwfn. Wrth i tsunami gyrraedd dŵr bas, mae'n arafu ac yn cynyddu mewn uchder. Mae malurion yn cael eu cludo yn y tonnau mawr, pwerus hyn, ac maen nhw'n gallu cael eu cario ymhell i mewn i'r tir ar draws gwastadeddau arfordirol ac i fyny dyffrynnoedd afonydd. Mae'r malurion hyn yn gallu anafu pobl ac achosi difrod i adeiladau. Gall y perygl bara am sawl awr ar ôl y don gyntaf.

Daeargryn a tsunami Tōhoku, 2011

Roedd maint o 9.0 M_w gan y daeargryn o dan y môr oddi ar arfordir Tōhoku, Japan, ar 11 Mawrth 2011. Llai na hanner awr wedi'r daeargryn roedd y tsunami wedi taro'r arfordir. Roedd y tonnau mor uchel â 10 m ac wedi teithio hyd at 10 km i mewn i'r tir. Daeth cadarnhad bod bron 20,000 o bobl wedi marw. Roedd y rhan fwyaf wedi boddi. Roedd yr ymchwydd enfawr wedi llifo dros amddiffynfeydd môr Japan ac wedi dinistrio adeiladau tri llawr. Roedd y bobl yn yr adeiladau hyn yn meddwl eu bod nhw'n ddiogel. Roedd

▲ **Ffigur 30** Difrod yn Kesennuma, rhanbarth Miyagi, ar ôl y daeargryn a'r tsunami ym mis Mawrth 2011.

Fukushima Daiichi, atomfa niwclear i'r de o Sendai, yn wynebu trafferthion. Yn sgil y daeargryn, roedd y rhodenni oeri wedi colli pŵer, ac roedd yr atomfa'n dibynnu ar bŵer wrth gefn. Pan darodd y tsunami, cafodd y pŵer wrth gefn ei ddinistrio, gan achosi i nifer o'r adweithyddion ymdoddi'n llwyr a rhyddhau ymbelydredd niweidiol yn y pen draw. Cafodd 36 o adweithyddion niwclear ledled y wlad eu cau ar ôl y daeargryn, gan achosi toriadau trydan ar hyd a lled y wlad.

Sut mae tsunami yn cael ei fonitro?

Cafodd System Rhybudd Tsunami y Cefnfor Tawel (*PTWS*) ei sefydlu ar ôl y daeargryn yn Chile yn 1960. Arweiniodd y daeargryn hwn at tsunami a oedd yn gyfrifol am farwolaeth cannoedd o bobl ar draws rhanbarth y Cefnfor Tawel. Doedd dim rhybudd. Mae system *PTWS* yn defnyddio rhwydwaith o seismograffau a bwiau môr i ganfod daeargrynfeydd a allai achosi tsunami. Mae'r offer hefyd yn gwirio am newidiadau yn lefel y môr a allai fod yn arwydd bod tsunami'n ffurfio. Ar ôl canfod tsunami, mae modd rhybuddio canolfannau lleol yn rhanbarth y Cefnfor Tawel. Yna mae'r canolfannau hyn yn gallu rhybuddio pobl leol dros y radio neu drwy neges destun, sy'n rhoi amser iddyn nhw adael yr ardal. Cafodd system debyg ei sefydlu yng Nghefnfor India yn 2006 yn dilyn y tsunami ar ddiwrnod Gŵyl San Steffan yn 2004, pan gafodd dros 230,000 o bobl eu lladd.

	Tōhoku, Japan	Ynysoedd Solomon, De'r Cefnfor Tawel
Dyddiad	11 Mawrth 2011	01 Ebrill 2007
Maint (M_w)	9.0	8.1
Dyfnder (km)	30	10
Pellter o'r arfordir (km)	129 km i'r dwyrain o Sendai	45 km i'r de-de-ddwyrain o Gizo
Marwolaethau	20,000	52

▲ **Ffigur 31** Cymharu dau ddigwyddiad tsunami.

 www.timeanddate.com/worldclock/distances. html – defnyddiwch yr adnodd hwn i ganfod beth yw'r pellter rhwng lle penodol a lleoedd arwyddocaol eraill.

Gweithgareddau

1 Faint yn fwy o ran maint oedd daeargryn Tōhoku yn 2011 na daeargryn Nepal yn Ebrill 2015 (tudalen 126)?

2 Disgrifiwch effeithiau daeargryn Tōhoku. Defnyddiwch Ffigur 30 i'ch helpu.

3 Esboniwch pam cafodd maint a graddfa'r digwyddiad hwn gymaint o effaith.

Tsunami Ynysoedd Solomon, 2007

Grŵp o 492 o ynysoedd yw Ynysoedd Solomon. Maen nhw wedi'u lleoli yn y Cefnfor Tawel i'r gogledd-ddwyrain o Awstralia. Ar 1 Ebrill 2007, cafodd tsunami ei greu gan ddaeargryn pwerus; roedd *PTWS* wedi canfod y digwyddiad ond roedd y don wedi taro ynys Ghizo cyn bod amser rhoi'r rhybudd. Cafodd Gizo, tref glan môr fach, ei tharo gan donnau a oedd yn sawl metr o uchder. Teithiodd y tonnau hyn am 50–70 m i mewn i'r tir, gan ddinistrio nifer o adeiladau a oedd wedi'u gwneud o bren. Roedd gweithwyr cymorth yn ei chael yn anodd cyrraedd y dref sydd 370 km o'r brifddinas, Honiara. Anfonodd Awstralia gwerth $UDA54.1 miliwn o gymorth. Mae'r maes awyr mawr agosaf (Darwin) yn Awstralia, sef 2,887 km i ffwrdd.

▲ **Ffigur 32** Anheddiad anffurfiol ar ynys Ghizo, wedi'i adeiladu i gymryd lle'r tai a gafodd eu dinistrio gan tsunami 2007.

Ffeil Ffeithiau: Ynys-wladwriaethau Bach Datblygol

■ Mae 58 o ynys-wladwriaethau bach datblygol (*SIDS*) ar hyn o bryd, a gyda'i gilydd mae ganddyn nhw boblogaeth o 65 miliwn.

■ Mae llawer o *SIDS* yn fach iawn ac mae rhai wedi'u lleoli mewn rhannau anghysbell o'r byd. Mae'r rhan fwyaf ohonynt yn agored i niwed gan ddigwyddiadau sy'n gysylltiedig â newid hinsawdd a thrychinebau naturiol eraill, fel daeargryn neu tsunami.

■ Mae safonau byw yn amrywio'n fawr rhwng ynysoedd bach, ac mae IGC y pen yn amrywio o $UDA830 yn Comoros i $UDA51,000 yn Singapore.

Gweithgareddau

4 Defnyddiwch Ffigur 31 i gymharu'r ddau tsunami.

5 Defnyddiwch Ffigur 33 a'r Ffeil Ffeithiau i awgrymu tri rheswm pam mae llawer o *SIDS* yn agored i niwed gan beryglon naturiol.

6 a) Esboniwch pam roedd pobl Ghizo yn agored i niwed gan y tsunami yn 2007.

 b) Disgrifiwch yr adeiladau yn Ffigur 32.

 c) Awgrymwch pam roedd pobl Ghizo yn dal i fod yn agored i niwed gan beryglon naturiol eraill ar ôl y tsunami.

Ynys-wladwriaethau Bach Datblygol (*SIDS*)	Llosgfynydd?	Daeargryn?	IGC y pen ($UDA)	Tlodi (% islaw $UDA1.90 y dydd)
Cabo Verde	Oes	Oes	3,450	17.6
Comoros	Oes	Oes	790	13.5
Fiji	Oes	Oes	4,870	3.6
Haiti	Nac oes	Oes	820	53.9
Papua Guinea Newydd	Oes	Oes	2,240	39.3
St Lucia	Oes	Oes	7,260	35.8
Ynysoedd Solomon	Oes	Oes	1,830	45.6

▲ **Ffigur 33** Peryglon mewn detholiad o ynys-wladwriaethau bach datblygol (*SIDS*).

Gwaith ymholi

Pam mae rhai cymunedau arfordirol yn fwy agored i niwed na chymunedau eraill?

■ Ymchwiliwch i ddwy o'r *SIDS* sydd yn Ffigur 33.

■ Disgrifiwch y peryglon tectonig sy'n wynebu pob gwladwriaeth.

■ Esboniwch pam mae'r cymunedau hyn yn agored i niwed ac awgrymwch ffyrdd o ddatblygu capasiti.

THEMA 4 Peryglon arfordirol a'u rheolaeth
Pennod 1
Rheoli peryglon arfordirol

Erydiad a llifogydd arfordirol yn ystod digwyddiad tywydd eithafol

Mae arfordir y DU yn agored i sawl math o berygl arfordirol, er enghraifft:

- erydiad, tirlithriadau a chwympiau creigiau (gweler tudalennau 20–3)
- ymchwyddiadau storm yn ystod digwyddiadau tywydd eithafol
- llifogydd o ganlyniad i newid yn lefel y môr.

Mae llawer o bobl yn byw ar forlin y DU. Mae dinasoedd fel Casnewydd, Hull a Llundain i gyd wedi'u lleoli ger morydau sy'n wynebu perygl o lifogydd arfordirol. Yn Lloegr yn unig, mae 3.1 miliwn o bobl yn byw mewn trefi glan môr fel Blackpool a Bournemouth. O ganlyniad, mae peryglon arfordirol yn gallu effeithio ar ganran helaeth o boblogaeth y DU. Mae'r peryglon hyn yn fwy tebygol o godi yn ystod digwyddiadau tywydd eithafol.

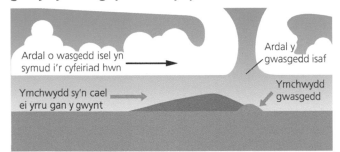

Ardal o wasgedd isel yn symud i'r cyfeiriad hwn

Ardal y gwasgedd isaf

Ymchwydd sy'n cael ei yrru gan y gwynt

Ymchwydd gwasgedd

▲ **Ffigur 2** Ymchwydd storm oherwydd gwasgedd isel.

▲ **Ffigur 1** Erydiad arfordirol cyflym ar y clogwyni yn Hemsby yn ystod storm 2013 a achosodd i saith cartref ddymchwel.

Ymchwydd storm Rhagfyr 2013

Mae gwasgedd isel yn yr atmosffer yn codi lefelau'r môr. Pan fydd gwasgedd aer yn gostwng 1 milibar (mb), mae lefelau'r môr yn codi 1 cm. Felly, bydd diwasgedd dwfn o 960 mb yn achosi i lefelau'r môr godi 50 cm. Mae gwyntoedd cryf yn creu tonnau mawr. Mae'r tonnau hyn yn cael eu gwthio o flaen ardal o wasgedd isel sy'n symud ymlaen, ac mae lefelau'r dŵr yn codi yn uwch eto. **Ymchwydd storm** yw'r enw ar hyn, ac mae'r broses hon i'w gweld yn Ffigur 2. Os yw storm yn nesáu at yr arfordir adeg llanw uchel (sy'n digwydd ddwywaith y dydd), mae'r perygl o lifogydd yn uwch. Mae morlin Môr y Gogledd yn y DU yn arbennig o agored i ymchwyddiadau storm. Mae rhan ddeheuol y môr hwn yn fas ac ar ffurf twndis. Os yw gwasgedd isel yn teithio i'r de ar draws Môr y Gogledd, mae bolio'r ymchwydd storm yn gallu cynyddu mewn uchder wrth i ddŵr gael ei orfodi drwy'r twndis bas hwn.

Yn ystod mis Rhagfyr 2013, gwnaeth cymunedau arfordirol ar hyd arfordir Môr y Gogledd wynebu'r ymchwydd storm gwaethaf ers 1953. Mae erydiad yn digwydd yn gyflymach yn ystod digwyddiadau tywydd eithafol, fel sydd i'w weld yn Ffigur 1. Mae effeithiau eraill y storm i'w gweld yn Ffigur 3. Fodd bynnag, dywedodd Asiantaeth yr Amgylchedd fod 800,000 o gartrefi wedi cael eu hamddiffyn gan y strategaethau canlynol:

- rhagolygon tywydd cywir a roddodd amser i bobl adael eu cartrefi
- amddiffynfeydd arfordirol a lwyddodd i rwystro rhywfaint o'r ymchwydd storm.

Gweithgareddau

1 Esboniwch pam mae siâp Môr y Gogledd yn cynyddu'r perygl o ymchwydd storm yn Essex, Caint a rhanbarth Thames Gateway.

2 a) Gwnewch linfap o Ffigur 3.
   b) Defnyddiwch atlas i roi'r wyth label sy'n disgrifio effeithiau'r ymchwydd storm yn y mannau cywir ar eich llinfap.

3 Defnyddiwch Ffigur 4 i ddisgrifio lleoliad yr ardaloedd y gwnaeth y storm effeithio arnynt wrth iddi symud ar draws y DU.

4 Dadansoddwch Ffigur 5.
   a) Am faint o'r gloch roedd y ddau lanw uchel wedi'u disgwyl ar 5 Rhagfyr?
   b) Am faint o'r gloch cyrhaeddodd yr ymchwydd storm Lowestoft?
   c) Faint yn uwch nag uchder y llanw uchel disgwyliedig oedd yr ymchwydd storm mewn gwirionedd?

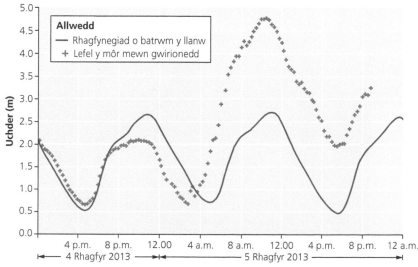

▲ **Ffigur 3** Y lleoliadau a gafodd eu heffeithio gan ymchwydd storm 2013.

Cafodd 1,000 o fagiau tywod eu dosbarthu i berchenogion tai yn Aldeburgh, Suffolk.	Yn ardal Humber, cafodd 400 o gartrefi eu heffeithio gan y llifddyfroedd.
Cafodd 7 tŷ eu dinistrio yn Hemsby, Norfolk, wedi i'r clogwyn oddi tanyn nhw ddymchwel i'r môr.	Yn Great Yarmouth, Norfolk, cafodd pobl mewn 9,000 o gartrefi eu cynghori i adael eu tai dros nos.
Cafodd y wal fôr ei thorri yn Jaywick, Essex. Roedd diffoddwyr tân a 10 bad achub wrthi'n helpu i wagio 2,500 o gartrefi.	Llifogydd yn Boston, Swydd Lincoln; roedd rhaid i 223 o bobl adael eu cartrefi.
Yng Nghaint, cafodd 200 o gartrefi eu gwacáu yn Faversham a 70 o gartrefi eu gwacáu yn Seasalter.	Cafodd y wal fôr ei difrodi yn Scarborough, Swydd Efrog.

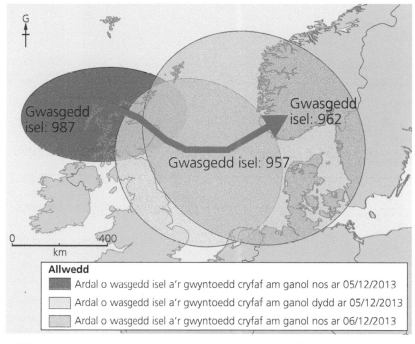

Allwedd

◾ Ardal o wasgedd isel a'r gwyntoedd cryfaf am ganol nos ar 05/12/2013
◻ Ardal o wasgedd isel a'r gwyntoedd cryfaf am ganol dydd ar 05/12/2013
◻ Ardal o wasgedd isel a'r gwyntoedd cryfaf am ganol nos ar 06/12/2013

▲ **Ffigur 4** Llwybr storm Môr y Gogledd ym mis Rhagfyr 2013.

Gwaith ymholi

Sut roedd ymchwydd storm 2013 yn cymharu â'r digwyddiad yn 1953?

Defnyddiwch y rhyngrwyd i ymchwilio i brif achosion ac effeithiau ymchwydd storm Môr y Gogledd yn 1953.

- Cymharwch yr achosion.
- Cymharwch yr effeithiau.

▲ **Ffigur 5** Lefelau'r môr yn Lowestoft, Suffolk, yn ystod yr ymchwydd storm.

Sut rydyn ni'n rheoli ein harfordiroedd?

Y ffordd arferol o reoli morlinau yw defnyddio cyfuniad o strategaethau peirianneg galed a pheirianneg feddal. Ystyr **peirianneg galed** yw adeiladu strwythurau sy'n atal erydiad ac yn atal y morlin rhag symud. Mae'r wal fôr goncrit a'r clogfeini yn Ffigur 6 yn enghraifft gyffredin. Mae traethau llydan yn amsugno llawer o egni'r tonnau

ac maen nhw'n amddiffynfa naturiol yn erbyn erydiad arfordirol. Mae strategaethau **peirianneg feddal** yn efelychu hyn drwy annog dyddodi naturiol ar hyd y morlin. Yn Ffigur 8, gallwch chi weld bod riff artiffisial o greigiau wedi cael ei adeiladu yn gyfochrog â'r morlin. Mae hyn yn achosi dyddodiad ar y traeth tu ôl i'r riff.

▲ **Ffigur 6** Mae'r wal fôr yn Sea Palling, Norfolk, yn enghraifft o beirianneg galed.

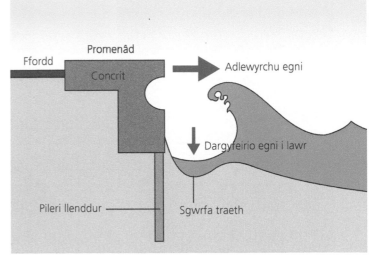

▲ **Ffigur 7** Mae waliau môr yn gallu achosi i waddod gael ei erydu o'r traeth.

▲ **Ffigur 8** Mae cyfanswm o naw riff artiffisial yn Sea Palling. Sylwch sut mae'r tywod wedi cael ei ddyddodi tu ôl i'r riff ac yn uno â'r traeth.

Gweithgaredd

1 a) Gwnewch fraslun o Ffigur 6.
   b) Labelwch ddwy nodwedd ar eich braslun sy'n enghreifftiau o beirianneg galed.
   c) Esboniwch pam mae clogfeini wedi cael eu gosod ar ran uchaf y traeth.

Pwysigrwydd y parth rhynglanwol

Mae llawer o gilfachau llanwol, morfeydd heli a fflatiau llaid i'w gweld yn nhirwedd morydau (fel yr un sydd yn Ffigur 9). Mae'r arweddion hyn i'w gweld adeg llanw isel, ond maen nhw'n gallu storio llawer iawn o ddŵr adeg llanw uchel. Dyma'r **parth rhynglanwol** ac mae'n ymddwyn fel byffer naturiol yn ystod stormydd. Mae'n amsugno egni tonnau yn ystod ymchwydd storm cyn i'r tonnau allu cyrraedd tir mwy gwerthfawr ymhellach o'r arfordir.

Pam mae angen adlinio rheoledig?

Mae'r parth rhynglanwol yn y DU yn llawer mwy cul nag yr oedd o'r blaen.

- Cafodd tir morfa heli ei adfer yn y gorffennol i greu tir ffermio. Mae hen argloddiau pridd wedi cadw'r môr rhag y tir isel hwn ers canrifoedd.
- Mae'r môr yn erydu morfeydd heli. Mae'n broblem fawr ar hyd morlin Essex a Thames Gateway lle mae'r tir yn ymsuddo ac felly mae lefel y môr yn codi'n gyflymach nag yng ngweddill y DU.

Mae **adlinio rheoledig** yn gallu cael ei ddefnyddio i greu parthau rhynglanwol newydd o forfeydd heli. Cam cyntaf y broses yw creu tyllau yn yr hen arglawdd pridd. Mae dŵr y môr yn llifo drwy'r tyllau ac yn symud yn araf ar draws y tir ar adeg llanw uchel. Wrth i'r dŵr lifo i mewn, mae'n dyddodi llaid. Wrth iddo lifo allan, mae'n creu cilfachau llanwol fel y rhai sydd i'w gweld yn Ffigur 9. Mae'r broses hon yn ail-greu fflatiau llaid a morfeydd heli naturiol, a bydd y rhain yn storio dŵr ac yn ymddwyn fel byffer er mwyn atal erydiad yn ystod llifogydd yn y dyfodol.

▲ **Ffigur 9** Parth rhynglanwol moryd Afon Lune, Swydd Gaerhirfryn. Mae cilfachau llanwol a fflatiau llaid (i'w gweld yma ar adeg llanw isel) yn gallu storio llawer iawn o ddŵr a helpu i atal llifogydd ac erydiad.

Cyn adlinio rheoledig

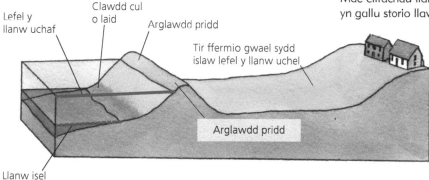

Lefel y llanw uchaf
Clawdd cul o laid
Arglawdd pridd
Tir ffermio gwael sydd islaw lefel y llanw uchel
Arglawdd pridd
Llanw isel

Ar ôl adlinio rheoledig

3. Mae'r haenau newydd o laid yn amsugno egni'r tonnau. Mae'r fflatiau llaid yn ymddwyn fel byffer, yn amddiffyn cartrefi a thir ffermio rhag erydiad yn y dyfodol.

1. Mae dŵr y môr yn llifo drwy'r hen arglawdd.

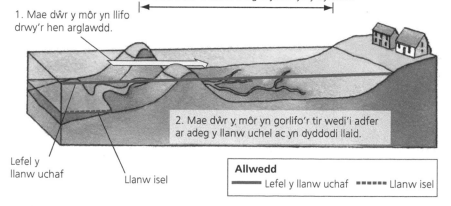

2. Mae dŵr y môr yn gorlifo'r tir wedi'i adfer ar adeg y llanw uchel ac yn dyddodi llaid.

Lefel y llanw uchaf
Llanw isel

Allwedd
— Lefel y llanw uchaf ▪▪▪▪▪▪ Llanw isel

▲ **Ffigur 10** Sut mae adlinio rheoledig yn creu parthau rhynglanwol llydan sy'n ymddwyn fel storfeydd naturiol ar gyfer llifddwr ar adeg llanw uchel.

Gweithgaredd

2 a) Gwnewch fraslun o Ffigur 9.
   b) Anodwch eich braslun i esbonio pam mae parthau rhynglanwol yn amddiffynfeydd naturiol pwysig yn erbyn erydiad a llifogydd.

Gwaith ymholi

A ddylen ni greu rhagor o barthau rhynglanwol ar hyd morlin y DU? Rhowch y dadleuon o blaid ac yn erbyn adlinio rheoledig.

Ydy pawb o blaid adlinio rheoledig?

Mae adlinio rheoledig yn enghraifft o ddull 'encilio'r llinell'. Mae'n un o'r opsiynau ym mhob **Cynllun Rheoli Traethlin**, ond mae'n ddewis dadleuol. Yn 2014, cafodd y cynllun mwyaf yn y DU i adlinio amddiffynfeydd môr ei gwblhau yn Medmerry, Gorllewin Sussex. Mae'r cynllun hwn, i bob pwrpas, wedi creu morlin newydd 2 km ymhellach i mewn i'r tir! Cam cyntaf y cynllun oedd dinistrio'r wal fôr oedd yno ar y pryd, gan adael i rywfaint o'r tir gael ei orlifo'n naturiol adeg llanw uchel. Bydd yr ardal hon sydd wedi'i gorlifo yn gallu amsugno egni'r tonnau ac yn lleihau'r perygl o lifogydd arfordirol. Mae wal fôr newydd â'i hyd yn 7 km wedi cael ei hadeiladu ymhellach i mewn i'r tir. Mae Asiantaeth yr Amgylchedd yn dweud bod cartrefi'n fwy diogel o lawer o ganlyniad i hyn. Fodd bynnag, cost y cynllun oedd £28 miliwn ac felly nid oedd pawb yn hoff ohono.

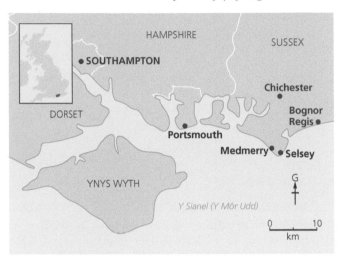

▲ **Ffigur 11** Lleoliad cynllun adlinio Medmerry.

> Mae'r hen amddiffynfeydd môr wedi cael eu torri er mwyn gadael i ddŵr y môr orlifo dros y tir y tu ôl iddynt a chreu morfeydd heli newydd.

▲ **Ffigur 12** Medmerry o'r awyr.

Ydy cynllun Medmerry wedi bod yn llwyddiant?

Yn ystod gaeaf 2014–15, cafodd arfordir de Lloegr ei daro gan law a stormydd ffyrnig am sawl wythnos. Roedd Allan Chamberlain, cyfarwyddwr *Medmerry Holiday Village* cyfagos, wedi'i synnu bod y cynllun mor llwyddiannus. 'Dyma'r gaeaf cyntaf ers blynyddoedd pan dydyn ni ddim wedi gorfod ymdopi â llifogydd arwyneb. Mae'r dŵr glaw yn draenio i'r morfa newydd yn wych.' Mantais arall i'r pentref gwyliau ac i safle gwyliau *Bunn Leisure Homes* gerllaw yw bod y warchodfa natur newydd yn denu mwy o dwristiaid. Mae mwy o bobl yn trefnu dod i aros yma, ac mae'r atyniadau i dwristiaid yn gallu aros ar agor am fwy o amser oherwydd bod yr ardal yn rhydd o lifogydd ar y cyfan. Mae'r cynllun wedi creu manteision eraill sy'n eithaf annisgwyl yn ymwneud â ffermio. Bydd gwartheg yn pori ar y morfa heli, ac mae'r arfer hwn yn cynhyrchu cig eidion blasus sy'n werthfawr. Mae'r cig hwn yn werth mwy i ffermwyr na'r cig eidion sy'n cael ei werthu mewn archfarchnadoedd fel arfer. Hefyd, mae cynlluniau ar y gweill i greu meithrinfa bysgod yn yr amgylchedd moryd newydd. Gallai hyn fod yn hwb i'r economi pysgota yn Selsey, sy'n dref gyfagos.

> Wedi rhoi tir yn ôl i'r môr, does dim gobaith ei gael yn ôl. Felly, os nad yw'r cynllun hwn yn gweithio, byddwn ni wedi aberthu'r tir am ddim. Hoffwn weld Asiantaeth yr Amgylchedd yn ystyried opsiynau eraill, er enghraifft adeiladu rhwystrau o graig ar y môr o flaen yr arfordir er mwyn torri egni'r tonnau.

Ben Cooper – un o drigolion Selsey, sy'n dref gyfagos

> Bydd rhaid i 3 fferm sy'n cynhyrchu llawer o olew had rêp a gwenith gaeaf gael eu haberthu i'r môr. Nid yw'r DU yn hunangynhaliol yn achos bwyd. Mae gadael i dir amaethyddol da ddiflannu i mewn i'r môr yn syniad gwastraffus ac annoeth.

Ffermwyr lleol

> Rydyn ni eisoes yn gorfod cau am sawl mis y flwyddyn oherwydd llifogydd arfordirol. Gallai hyn waethygu eto os bydd y wal fôr yn cael ei thorri.

Bunn Leisure Holiday Homes

> Rydyn ni wedi gorfod dioddef llifogydd erchyll dros y gaeaf hwn ac rydyn ni'n ddigalon iawn am yr holl beth. Pam mae Asiantaeth yr Amgylchedd yn gwario £28 miliwn ar greu gwarchodfa natur arfordirol yn Medmerry yn lle defnyddio'r arian i garthu afonydd a lleihau'r perygl o lifogydd lle rydyn ni'n byw?

Trigolion Gwlad yr Haf a gafodd eu taro'n wael gan lifogydd yn 2013/14

▲ **Ffigur 13** Pobl sy'n anghytuno â chynllun Medmerry.

Gweithgareddau

1 Defnyddiwch Ffigur 11 i ddisgrifio lleoliad Medmerry.
2 Rhowch grynodeb o fanteision yr adlinio yn Medmerry:
   a) i berchenogion tai a busnesau lleol
   b) i'r amgylchedd gan gynnwys bywyd gwyllt.
3 Esboniwch pam byddai rhai pobl leol wedi anghytuno â'r penderfyniad i adlinio'r arfordir yn Medmerry.

Gwaith ymholi

Pa mor gynaliadwy yw'r penderfyniad i adlinio'r arfordir yn Medmerry?

Esboniwch sut byddai'n bosibl mesur cynaliadwyedd y cynllun hwn dros y 50 mlynedd nesaf.

135

Cynlluniau Rheoli Traethlin

Mae cymunedau arfordirol yn disgwyl i'r llywodraeth gymryd camau i'w hamddiffyn rhag erydiad a llifogydd arfordirol. Fodd bynnag, mae rheoli'r morlin yn ddrud iawn. Yn ogystal, nid oes dyletswydd gyfreithiol ar y llywodraeth i adeiladu amddiffynfeydd arfordirol i gadw pobl a'u heiddo yn ddiogel. Cynghorau lleol Cymru a Lloegr sy'n gyfrifol am baratoi Cynllun Rheoli Traethlin (CRhT) ar gyfer eu darn nhw o'r arfordir. Wrth benderfynu a ddylen nhw adeiladu amddiffynfeydd arfordirol newydd (neu atgyweirio hen rai), mae angen i gynghorau lleol bwyso a mesur

manteision adeiladu'r amddiffynfeydd yn erbyn y gost. Mae'n bosibl y bydden nhw'n ystyried y ffactorau hyn:

- Faint o bobl sy'n byw ar dir sydd wedi'i fygwth gan erydiad, a beth yw gwerth eu heiddo?
- Beth fyddai cost ailadeiladu isadeiledd fel ffyrdd neu reilffyrdd pe baen nhw'n cael eu golchi i ffwrdd mewn llifogydd?
- Oes arweddion hanesyddol neu naturiol a ddylai gael eu gwarchod yn yr ardal? Oes gwerth economaidd i'r arweddion hyn, er enghraifft denu twristiaid i'r ardal?

Opsiwn	Disgrifiad	Sylw
Gwneud dim	Gwneud dim a gadael i erydu ddigwydd yn raddol.	Mae hyn yn opsiwn os yw gwerth y tir yn llai na chost adeiladu amddiffynfeydd môr, sy'n gallu bod yn ddrud iawn.
Cadw'r llinell	Defnyddio dulliau peirianneg galed fel argorau pren neu graig a waliau môr concrit i amddiffyn y morlin, neu ychwanegu rhagor o dywod at draeth er mwyn iddo allu amsugno egni tonnau yn fwy effeithiol.	Mae waliau môr yn costio tua £6000 y metr i'w hadeiladu. Bydd lefel y môr yn codi yn golygu bod angen cynnal a chadw amddiffynfeydd fel hyn yn gyson, a bydd angen adeiladu rhai mwy yn eu lle yn y pen draw. Am y rheswm hwn, dim ond os yw'r tir sy'n cael ei amddiffyn yn werthfawr dros ben y mae peirianneg galed yn cael ei defnyddio ar y cyfan.
Encilio'r llinell	Creu twll yn yr amddiffynfa arfordirol bresennol fel bod tir yn cael ei orlifo'n naturiol rhwng llanw isel a llanw uchel (y parth rhynglanwol).	Mae twyni tywod a morfeydd heli yn rhwystr naturiol i lifogydd ac yn helpu i amsugno egni tonnau. Maen nhw'n addasu'n naturiol i newidiadau yn lefelau'r môr drwy broses o erydu ar yr ochr atfor a dyddodi ymhellach i mewn i'r tir.
Symud y llinell ymlaen	Adeiladu amddiffynfeydd arfordirol newydd ymhellach allan i'r môr.	Mae hyn yn broject peirianyddol enfawr a dyma fyddai'r opsiwn drutaf. Mantais gwneud hyn fyddai bod tir newydd, gwastad ar gael i'w ddefnyddio fel porthladd neu faes awyr.

▲ **Ffigur 14** Yr opsiynau sydd gan gynghorau lleol wrth iddyn nhw baratoi Cynllun Rheoli Traethlin.

◀ **Ffigur 15** Argorau pren ar draeth y Borth yn 2009.

Gweithgaredd

1 Defnyddiwch Ffigurau 15 ac 16.
  a) Disgrifiwch y strwythurau hyn.
  b) Awgrymwch sut maen nhw wedi helpu i amddiffyn y Borth rhag erydiad a llifogydd.

Rheoli traethlin y Borth, Ceredigion

Mae pentref y Borth wedi'i adeiladu ar ben deheuol cefnen gerigos, neu dafod, sy'n ymestyn allan i foryd Afon Dyfi. Mae tywod yn cael ei ddal ar y traeth gan argorau pren. Mae'r tywod yn amsugno egni'r tonnau ac yn atal y tonnau rhag erydu'r gefnen gerigos. Fodd bynnag, mae'r argorau mewn cyflwr gwael ac ni fyddan nhw'n effeithiol yn llawer hirach. Beth ddylai gael ei wneud?

Mae CRhT Ceredigion yn rhannu'r arfordir yn unedau rheoli bach (UR). Mae Ffigur 17 yn dangos maint pump o'r unedau hyn.

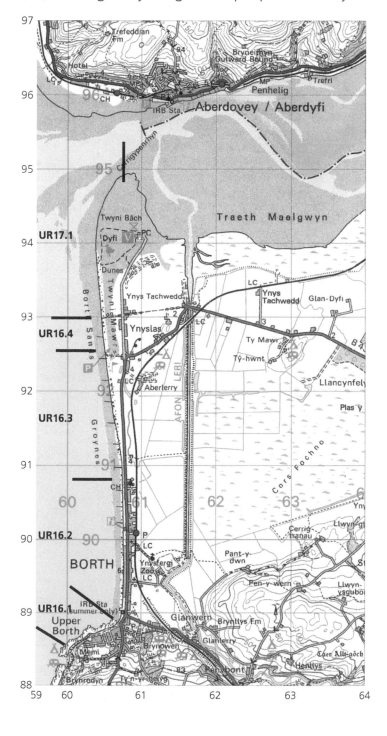

▲ **Ffigur 16** Y wal fôr bren ar ben uchaf y gefnen gerigos (2009).

Gweithgareddau

2   Gweithiwch mewn parau. Defnyddiwch Ffigur 17 i roi tystiolaeth o'r map sy'n awgrymu bod yr arfordir hwn yn werth ei amddiffyn. Copïwch a llenwch y tabl isod ac ychwanegwch o leiaf 5 darn arall o dystiolaeth.

Uned Reoli	Tystiolaeth o'r map
16.2	Byddai adeiladu gorsaf drenau yn lle'r un yn 609901 yn ddrud
16.3	
16.4	Mae'r maes gwersylla yn 6192 yn cynnig swyddi lleol
17.1	

3   Beth yw'r CRhT gorau ar gyfer Uned Reoli (UR) 16.2? Defnyddiwch wybodaeth o Ffigur 14 a thystiolaeth o Ffigur 17 i'ch helpu i wneud eich dewis.

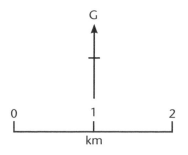

◄ **Ffigur 17** Rhanfap Arolwg Ordnans yn dangos y Borth. Graddfa 1 : 50,000.

Pa ddull rheoli arfordirol sy'n addas ar gyfer y Borth?

Penderfynodd Cyngor Ceredigion fod dau opsiwn yn bosibl ar gyfer Uned Reoli (UR) 16.2, ac roedd angen eu hystyried ymhellach. Darllenwch y safbwyntiau yn Ffigur 19 cyn penderfynu beth byddech chi'n ei wneud.

Gwneud dim	Colli eiddo a cholled economaidd yn y tymor byr. Achosi newid i Gors Fochno.	Ystyried ymhellach
Cadw'r llinell	Y polisi ar hyn o bryd sef amddiffyn eiddo a busnesau. Mae'n tarfu ar brosesau arfordirol ac mae llai o ddrifft y glannau.	Ystyried ymhellach
Encilio'r llinell	Byddai encilio yn effeithio ar gartrefi sy'n union y tu ôl i'r llinell amddiffyn bresennol.	Heb ei ystyried ymhellach
Symud y llinell ymlaen	Dim angen symud y llinell ymlaen, dim ond er mwyn gwella'r cyfleusterau i dwristiaid.	Heb ei ystyried ymhellach

▲ **Ffigur 18** Penderfyniad gwreiddiol Cyngor Ceredigion ar gyfer UR16.2.

Mae tywod o ben deheuol y traeth yn cael ei erydu'n raddol gan ddrifft y glannau sy'n ei symud i'r gogledd. Mae'r broses hon yn digwydd yn gyflymach nag y mae tywod newydd yn cael ei ddyddodi. Mae'r traeth yn mynd yn fwy tenau, ac nid yw'n gallu amddiffyn y gefnen gerigos (y mae pentref y Borth wedi'i adeiladu arni) cystal rhag erydu erbyn hyn. Os yw'r cyngor yn penderfynu gwneud dim, bydd tonnau storm yn torri'r gefnen gerigos a bydd llifogydd ym mhentref y Borth ac ar hyd Cors Fochno. Gallai hyn ddigwydd yn y 10 neu 15 mlynedd nesaf. Bydd y fawnog yng Nghors Fochno yn cael ei gorchuddio â dŵr y môr adeg llanw uchel a bydd ecosystem bresennol y gors yn cael ei cholli. Dros y blynyddoedd nesaf bydd erydu yn creu rhagor o dyllau yn y gefnen gerigos. Bydd tafod newydd o gerigos yn ffurfio ymhellach i'r dwyrain yn y pen draw. Bydd y twyni tywod yn Ynyslas yn cael eu gwahanu oddi wrth y morlin, siŵr o fod, ac yn creu ynys fach.

Gwyddonydd

Mae'r traeth a thirwedd y tafod – gan gynnwys y twyni tywod yn Ynyslas – yn bwysig i'r pentref yn economaidd. Yr amgylchedd naturiol hwn sy'n denu miloedd o ymwelwyr bob blwyddyn. Os yw'r cyngor yn penderfynu gwneud dim, bydd llifogydd yn fy nghartref i a chartrefi llawer o bobl eraill, a bydd pobl leol yn colli eu bywoliaeth.

Perchennog gwesty gwely a brecwast

Dylai'r fawnog ar dir Cors Fochno gael ei hamddiffyn rhag llifogydd. Mae'n ecosystem bwysig yn genedlaethol ac yn rhyngwladol. Mae'n cael ei gwarchod am ei bod yn Ardal Cadwraeth Arbennig ac mae'n cael ei chydnabod gan *UNESCO* hefyd. Dydy 'gwneud dim' ddim yn opsiwn derbyniol.

Gwyddonydd

Rydyn ni'n cyfrifo bod eiddo ym mhentref y Borth yn werth £10.75 miliwn. Ar ben hyn, mae llawer o fusnesau lleol yn y pentref a fyddai'n colli incwm gan dwristiaeth os byddwn ni'n penderfynu gwneud dim. Mae'n costio tua £7 miliwn i gadw'r llinell. Wedi dweud hynny, rydyn ni'n poeni y byddai adeiladu argorau newydd yn atal proses drifft y glannau. Mae angen i ni ystyried effaith yr opsiwn hwn. Ar hyn o bryd, mae'r gwaddod yn symud i Ynyslas. Yno, mae'n cynnig amddiffynfa naturiol i'r foryd gyfan (gan gynnwys pentref Aberdyfi, sy'n fwy na'r Borth) rhag stormydd o'r de-orllewin.

Cynghorydd lleol

▲ **Ffigur 19** Safbwyntiau ar reoli UR16.2 yn y dyfodol.

Gweithgareddau

1 Defnyddiwch dabl i grynhoi'r effeithiau economaidd, cymdeithasol ac amgylcheddol yn sgil penderfyniad i wneud dim neu i gadw'r llinell yn Uned Reoli 16.2.
2 Nodwch pa opsiwn byddech chi'n ei argymell. Esboniwch pam mai eich opsiwn chi yw'r opsiwn gorau ar gyfer y rhan hon o'r arfordir yn eich barn chi.

Gwaith ymholi

Beth yw'r opsiwn CRhT gorau ar gyfer Uned Reoli 17.1?

Ewch ati i ddadansoddi gwybodaeth o Ffigur 17 a gwerthuso'r safbwyntiau yn Ffigur 19 i'ch helpu i gyfiawnhau eich dewis.

Beth ddigwyddodd nesaf yn y Borth?

Penderfynodd y cyngor mai 'cadw'r llinell' a pharhau i amddiffyn y gymuned yn y Borth oedd yr opsiwn gorau. Cafodd yr hen argorau pren (sydd i'w gweld yn Ffigur 15) eu hadeiladu yn yr 1970au. Roedden nhw mewn cyflwr gwael, felly cawson nhw eu tynnu i lawr a chafodd pedwar argor newydd o graig eu hadeiladu. Bydd yr argorau newydd yn dal gwaddod sy'n cael ei symud gan ddrifft y glannau ac yn sicrhau bod traeth llydan o flaen y pentref. Cafodd riff o greigiau ei adeiladu yn gyfochrog â'r lan ar ben deheuol y tafod. Bydd y riff yn helpu i dorri grym y tonnau. Wrth iddynt olchi o amgylch dau ben y riff, bydd y tonnau'n colli egni, a bydd hyn yn annog dyddodi tywod a graean bras y tu ôl i'r riff. Mae'r riff wedi cael ei ddisgrifio fel nodwedd amlbwrpas. Yn ogystal ag amddiffyn y morlin, dylai'r riff wella safon y tonnau ar gyfer syrffio. Os yw'r riff yn gweithio, gallai roi hwb i economi twristiaid y Borth.

Mae'r camau canlynol hefyd yn rhan o'r amddiffynfeydd arfordirol newydd yn y Borth:

- amnewid y wal fôr bren ar ben uchaf y traeth
- ychwanegu graean bras newydd i wneud y traeth yn fwy llydan.

Cafodd y cynllun ei gwblhau yn 2015 a'r gost oedd £18 miliwn. Daeth £5 miliwn o'r arian hwn o Gronfa Datblygu Rhanbarthol Ewrop – cyllid o'r UE sydd â'r bwriad o hybu twf mewn rhanbarthau difreintiedig. Cafodd pob darn o graig ei brynu o chwarel leol.

Gweithgareddau

3 a) Beth yw'r prif bethau sy'n debyg a'r prif bethau sy'n wahanol rhwng y traeth yn y Borth nawr (Ffigur 20) a'r traeth fel yr oedd yn 2009 (sydd i'w weld yn Ffigur 15)?
   b) Gwnewch fraslun o Ffigur 20. Rhowch anodiadau ar eich braslun i ddangos sut mae'r riff yn amddiffyn pentref y Borth.

4 Disgrifiwch brif fanteision y cynllun amddiffyn newydd i'r Borth ac i'r economi lleol.

5 Ydych chi'n credu bod yr amddiffynfeydd newydd wedi bod yn llwyddiant? Defnyddiwch y blog isod gan un o'r trigolion lleol i'ch helpu i gyfiawnhau eich ateb.

▲ **Ffigur 20** Riff o greigiau ym mhen deheuol y tafod yn y Borth, 2015.

Amddiffynfeydd môr y Borth yn llwyddiant

Mae rhai o'r clogfeini mwyaf sydd yn yr amddiffynfeydd wedi symud rhywfaint. Mae'r tonnau hefyd wedi newid siâp y rhesi o gerigos a gafodd eu hymestyn a'u gwneud yn uwch yn rhan o'r cynllun amddiffyn. Fodd bynnag, prin iawn oedd y difrod i'r tai ac i adeiladau eraill. Roedd llifogydd mewn rhai tai ac roedd digonedd o falurion yn y ffordd y tu ôl iddyn nhw. Ond rwy'n sicr bod llai o ddifrod ar hyd y darn o draeth lle mae'r amddiffynfeydd newydd wedi'u lleoli.

Roedd llifogydd a difrod yn sgil stormydd yn digwydd yn rheolaidd yn y gorffennol ar hyd y darn hwn o'r arfordir. Byddai stormydd llawer llai ffyrnig na'r un diwethaf yn achosi difrod, ac felly rwy'n siŵr y byddai'r difrod wedi bod yn llawer gwaeth y tro hwn heb yr amddiffynfeydd môr newydd.

Y storm hon oedd y tro cyntaf i'r amddiffynfeydd newydd gael eu profi mewn gwirionedd, ac mae'n debyg eu bod nhw wedi llwyddo. Mae'n bosibl y bydd angen eu hailffurfio a gwneud gwaith adfer ar y rhesi cerigos yn sgil y storm, ond does bosibl bod hynny'n well nag ailadeiladu cartrefi. Dydyn nhw ddim yn bethau hardd a dydy'r syniad o greu riff syrffio heb weithio. Fodd bynnag, mae'n ymddangos eu bod nhw wedi cyflawni'r prif bwrpas yn yr achos hwn sef ymddwyn fel amddiffynfa rhag y môr.

▲ **Ffigur 21** Un o'r trigolion lleol yn sôn am y riff mewn blog ar 11 Ionawr 2014 ar ôl storm aeafol ddifrifol.

Mapio peryglon arfordirol

Gall paratoi ar gyfer llifogydd helpu i achub bywydau ac atal anafiadau. Mae gallu cymunedau arfordirol i ymdopi yn ystod ymchwydd storm yn gallu cael ei wella drwy:

- rhoi rhybudd bod digwyddiad tywydd eithafol ar y ffordd
- sicrhau bod pobl yn gwybod pa ardaloedd fydd yn cael eu heffeithio, beth i'w wneud a sut i'w hamddiffyn eu hunain
- sicrhau bod cynllun gweithredu gan y gwasanaethau brys a'r ysbytai rhag ofn bod argyfwng yn taro.

Mae gwasanaethau soffistigedig gan y DU sy'n rhoi rhagolygon tywydd, yn ogystal â rhybuddion o dywydd eithafol a llifogydd. Maen nhw'n dod o'r Ganolfan Rhagweld Llifogydd yng Nghaerwysg, sydd ar gael 24 awr y dydd, 7 diwrnod yr wythnos. Mae'r rhagolygon yn cael eu trosglwyddo i Gyfoeth Naturiol Cymru ac Asiantaeth yr Amgylchedd (Lloegr), sy'n rhoi gwybod i'r cyhoedd. Mae dau fath o **fap peryglon** ar wefan y ddau sefydliad hyn:

- Un sy'n dangos ardaloedd sy'n tueddu i ddioddef llifogydd afon ac arfordirol. Mae modd defnyddio map fel hwn i gynllunio llwybr gwagio ymhell cyn llifogydd.
- Map byw sy'n defnyddio symbolau rhybuddio yn y mannau lle mae llifogydd yn debygol. Mae gan y Swyddfa Dywydd hefyd fap tywydd byw sydd â symbolau rhybuddio. Mae rhybudd tywydd coch yn golygu bod bywyd mewn perygl.

Mae mapiau peryglon ar-lein yn rhoi gwybod i'r cyhoedd am berygl llifogydd arfordirol. Mae mapio peryglon hefyd yn galluogi awdurdodau lleol i reoli datblygiad rhai ardaloedd penodol drwy atal cynlluniau i adeiladu tai newydd mewn ardaloedd sydd mewn perygl yn sgil erydiad neu lifogydd arfordirol.

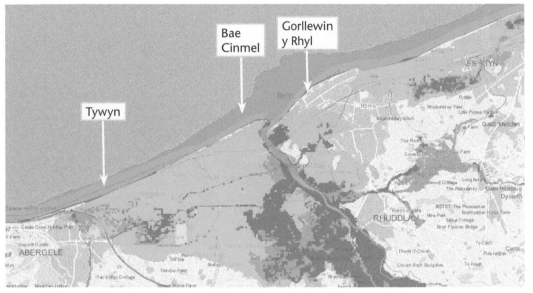

▲ **Ffigur 22** Sgrinlun o fap perygl llifogydd ar gyfer Bae Cinmel a Gorllewin y Rhyl o wefan Cyfoeth Naturiol Cymru.

 https:// cyfoethnaturiol. cymru/ Mae mapiau llifogydd rhyngweithiol ar gyfer Cymru ar gael ar y wefan hon.

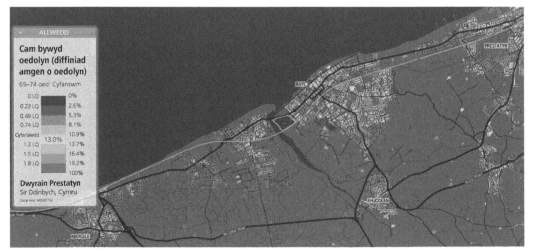

▲ **Ffigur 23** Sgrinlun o wefan *Data Shine*. Mae'n dangos cyfran y bobl sy'n 65–75 oed ym Mae Cinmel a Gorllewin y Rhyl. Mae lliwiau gwyrdd yn dynodi cyfran sy'n uwch na'r cyfartaledd cenedlaethol.

http:// datashine.org. uk Mae mapiau rhyngweithiol ar gyfer cyfrifiad 2011 ar gael ar y wefan hon.

Bae Cinmel – cymuned sydd mewn perygl o ddioddef llifogydd arfordirol

Mae Cyfoeth Naturiol Cymru wedi cyfrifo y gallai 80,000 o adeiladau o amgylch morlin Cymru fod mewn perygl o ddioddef llifogydd. Mae Tywyn, Bae Cinmel a'r Rhyl yng Ngogledd Cymru yn enghreifftiau o leoedd sydd mewn perygl. Cafodd yr ardal hon ei tharo'n wael gan lifogydd arfordirol yn 1990 ac eto yn 2013. Achosodd yr ymchwydd storm ar 5 Rhagfyr 2013 lifogydd arfordirol. Roedd rhaid i 400 o bobl adael eu cartrefi a mynd i Ganolfan Hamdden y Rhyl. Diolch i gymorth criwiau Gwylwyr y Glannau a'r gwasanaeth tân, cafodd 25 o bobl eu hachub o fyngalos dan ddŵr yn y Rhyl. Roedd llifogydd hefyd mewn meysydd carafanau ym Mae Cinmel, a chafodd sawl carafán (a oedd yn wag dros y gaeaf) eu dinistrio. Roedd o leiaf 400 o gartrefi heb bŵer. Cafodd dau rybudd difrifol eu cyhoeddi, sy'n golygu bod bywydau mewn perygl. Cafodd y rhybudd ei rannu dros y ffôn, drwy negeseuon testun, e-bost ac ar Twitter. Roedd wardeiniaid llifogydd gwirfoddol yn yr ardal yn helpu pobl i adael eu cartrefi.

	Tywyn	Bae Cinmel	Gorllewin y Rhyl	Caerdydd	Cymru
Iechyd da iawn	34.0	40.9	38.8	50.4	46.7
Iechyd da	31.2	30.3	29.9	31.1	31.1
Iechyd gweddol	21.1	17.6	18.4	12.1	14.6
Iechyd gwael	10.6	8.5	9.9	4.8	5.8
Iechyd gwael iawn	3.1	2.7	3.0	1.6	1.8
Un person yn y tŷ sy'n dioddef o broblem iechyd tymor hir neu anabledd (dim plant dibynnol)	31.8	27.3	35.0	21.5	25.2

▲ **Ffigur 24** Data iechyd dethol ar gyfer y gylchfa llifogydd yng Ngogledd Cymru o'i chymharu â Chaerdydd a Chymru gyfan. Yng nghyfrifiad 2011, roedd cwestiwn yn gofyn i bobl ddisgrifio eu hiechyd yn gyffredinol yn ystod y 12 mis diwethaf, naill ai fel 'da iawn', 'da', 'gweddol', 'gwael' neu 'gwael iawn'. Mae Ffigur 24 yn dangos canran yr ymatebion ym mhob categori.

Tywyn	Bae Cinmel	Gorllewin y Rhyl
LL22 9HW	LL18 5BB	LL18 1LP
LL22 9LR	LL18 5AS	LL18 3AH
LL22 9LX	LL18 5EQ	LL18 3ET

▲ **Ffigur 25** Detholiad o godau post.

https://cyfoethnaturiol.cymru/llifogydd – dilynwch y cyswllt hwn, ac ewch i'r dudalen sy'n cynnwys y map llifogydd lefelau afonydd ac sydd hefyd yn dangos llifogydd arfordirol.

THEMA 4
Peryglon arfordirol a'u rheolaeth
Pennod 2
Morlinau sy'n agored i niwed

Pam mae rhai cymunedau arfordirol yn fwy agored i niwed na chymunedau eraill?

Mae amgylcheddau arfordirol yn peri nifer o beryglon posibl, er enghraifft tirlithriadau, llifogydd a chodiad yn lefel y môr. Mae lefel y perygl yn dibynnu ar nifer o ffactorau:

- cryfder neu **faint** y digwyddiad
- nifer y bobl a allai gael eu heffeithio
- pa mor agored i niwed yw'r bobl sy'n cael eu heffeithio gan y digwyddiad; mae hyn yn gysylltiedig â ffactorau fel tlodi.

▲ **Ffigur 1** Tai pysgotwyr ar stiltiau yn Luzon, Pilipinas.

Natur agored i niwed

Mae natur agored i niwed yn cyfleu anallu person i ymdopi â thrychineb fel llifogydd arfordirol, ac anallu i adfer wedi'r digwyddiad. Mae rhai grwpiau o bobl yn fwy agored i niwed gan beryglon nag eraill. Mae tlodi, oedran, rhywedd ac anabledd i gyd yn ffactorau sy'n gallu effeithio ar fod yn agored i niwed. Er enghraifft, efallai fod cartref person tlawd heb ei adeiladu'n dda ac ni fydd yn gallu gwrthsefyll effeithiau llifogydd.

Capasiti

Capasiti yw'r gwrthwyneb i fod yn agored i niwed. Mae'n disgrifio gallu person i oroesi perygl ac adfer yn gyflym wedi'r digwyddiad. Os yw'r adnoddau angenrheidiol gan unigolion neu gymunedau i ymdopi â'r perygl, mae eu capasiti'n cynyddu. Gall adnoddau fod yn rhai ariannol neu'n rhai materol, fel defnyddiau adeiladu cryf. Mae ffactorau fel addysg, technoleg a pharatoi a chynllunio ar gyfer trychinebau yn gallu gwella capasiti hefyd.

Sut mae gwneud pobl yn llai agored i niwed yn sgil peryglon arfordirol?

I wneud pobl yn llai agored i niwed yn sgil peryglon arfordirol, mae angen i sefydliadau:

- Lleihau effaith y perygl, er enghraifft adeiladu waliau llifogydd ac amddiffynfeydd arfordirol eraill.
- Datblygu capasiti i ymdopi â'r perygl, er enghraifft addysgu pobl am beth i'w wneud yn ystod seiclon neu ymchwydd storm fel eu bod yn fwy tebygol o oroesi. Syniad arall fyddai creu cynllun trychineb fel bod y gwasanaethau brys, yr ysbytai a'r awdurdodau lleol i gyd yn gwybod beth i'w wneud yn ystod ac ar ôl trychineb mawr.
- Mynd i'r afael â'r ffactorau sy'n gwneud pobl yn agored i niwed. Mae angen i lywodraethau leihau tlodi ac anghydraddoldeb yn y gymdeithas fel bod pawb yn cael yr un cyfleoedd ac yn cael eu hamddiffyn i'r un graddau yn ystod trychineb.

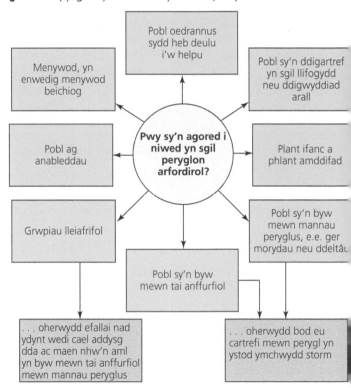

▲ **Ffigur 2** Pam mae rhai grwpiau o bobl yn fwy agored i niwed na grwpiau eraill yn sgil peryglon arfordirol?

Pobl oedrannus sydd heb deulu i'w helpu

Menywod, yn enwedig menywod beichiog

Pobl sy'n ddigartref yn sgil llifogydd neu ddigwyddiad arall

Pobl ag anableddau

Pwy sy'n agored i niwed yn sgil peryglon arfordirol?

Plant ifanc a phlant amddifad

Grwpiau lleiafrifol

Pobl sy'n byw mewn mannau peryglus, e.e. ger morydau neu ddeltâu

Pobl sy'n byw mewn tai anffurfiol

. . . oherwydd efallai nad ydynt wedi cael addysg dda ac maen nhw'n aml yn byw mewn tai anffurfiol mewn mannau peryglus

. . . oherwydd bod eu cartrefi mewn perygl yn ystod ymchwydd storm

---

Gweithgareddau

1 a) Disgrifiwch y tai yn Ffigur 1.
   b) Pam mae'r bobl sy'n byw yma yn arbennig o agored i niwed? Pa beryglon sy'n eu hwynebu?

2 Dewiswch bedwar grŵp gwahanol o bobl yn Ffigur 2.
   a) Ar gyfer pob grŵp, esboniwch pam mae'n bosibl eu bod nhw'n fwy agored i niwed yn sgil trychinebau naturiol.
   b) Ar gyfer un o'r grwpiau hyn, awgrymwch sut byddai modd gwella eu capasiti i ymdopi â llifogydd arfordirol.

Sut bydd newid hinsawdd yn effeithio ar gymunedau arfordirol yn y DU?

Bydd cyfradd erydiad arfordirol yn cynyddu wrth i lefel y môr godi. Bydd mwy o dir ffermio'n cael ei golli, a bydd angen gwario mwy ar amddiffynfeydd môr er mwyn 'cadw'r llinell' a sicrhau nad yw ein trefi a'n dinasoedd yn cael eu herydu. Mae newid hinsawdd hefyd yn golygu bod yr atmosffer yn fwy cynnes. O ganlyniad, bydd y DU yn dioddef mwy o stormydd fel yr ymchwyddiadau storm dinistriol a achosodd y llifogydd yn Jaywick yn 1953 a 2013.

Blwyddyn	2007	2032	2057	2082	2107
Codiad yn lefel y môr (cm)	0	13	35	65	102

▲ **Ffigur 3** Rhagfynegiadau o'r codiad yn lefel y môr yn Jaywick, Essex.

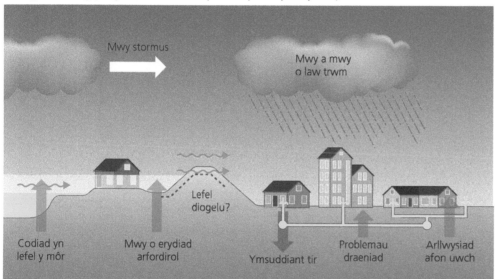

▲ **Ffigur 4** Rhai o'r ffyrdd y bydd newid hinsawdd yn effeithio ar ein morlin erbyn 2050.

Gweithgareddau

3 Defnyddiwch Ffigur 4 i ddisgrifio 5 ffordd wahanol y bydd lefel y môr yn codi yn effeithio ar gymunedau arfordirol y DU.

4 Defnyddiwch Ffigur 5 ac atlas i enwi:
   a) pum sir yn Lloegr sy'n wynebu problemau'n ymwneud ag erydiad arfordirol eithafol
   b) tair sir yng Nghymru sy'n wynebu cyfraddau erydu uchel iawn.

5 a) Defnyddiwch Ffigur 3 i luniadu graff o'r rhagfynegiadau o'r codiad yn lefel y môr yn Jaywick.
   b) Rhowch ddau reswm sy'n esbonio pam mae lefelau'r môr yn codi yn Jaywick.

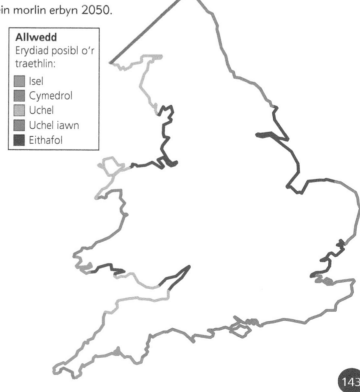

Allwedd
Erydiad posibl o'r traethlin:
- Isel
- Cymedrol
- Uchel
- Uchel iawn
- Eithafol

▶ **Ffigur 5** Erydiad arfordirol os bydd allyriadau carbon deuocsid yn parhau i gynyddu ac mae lefelau'r môr yn codi.

Sut gallai newid hinsawdd effeithio ar Lundain a rhanbarth Thames Gateway?

Un o'r morlinau sydd fwyaf agored i niwed yn y DU yw tirwedd moryd Afon Tafwys i'r dwyrain o Lundain. Mae'r morlin hwn, sef rhanbarth Thames Gateway, mewn perygl o ddioddef llifogydd yn sgil ymchwyddiadau storm (fel y rhai yn 1953 a 2013). Mae'r ymchwyddiadau hyn yn gwthio dŵr y môr i'r morlin cul sy'n debyg i dwndis rhwng Essex a Chaint. Mae'r morlin hwn wedi bod yn suddo ers diwedd yr oes iâ yn y DU tua 10,000 o flynyddoedd yn ôl – enw'r broses hon yw **adlamu ôl-rewlifol**. O ganlyniad, mae rhanbarth Thames Gateway yn suddo tua 2 mm y flwyddyn o gymharu â lefelau'r môr ar hyn o bryd. Mae newid hinsawdd yn golygu bod lefelau'r môr ym moryd Afon Tafwys yn codi tua 3 mm y flwyddyn. Felly mae cyfuniad o godiad yn lefel y môr ac adlamu ôl-rewlifol yn golygu bod lefelau'r môr yn codi 5–6 mm y flwyddyn yn yr ardal hon.

Blwyddyn	Math o berygl yn achosi cau'r bared		Sawl gwaith cafodd y bared ei gau
	Llanwol	Llifogydd afon	
1983	1	0	1
1984	0	0	0
1985	0	0	0
1986	0	1	1
1987	1	0	1
1988	1	0	1
1989	0	0	0
1990	1	3	4
1991	2	0	2
1992	0	0	0
1993	4	0	4
1994	3	4	7
1995	2	2	4
1996	4	0	4
1997	1	0	1
1998	1	0	1
1999	2	0	2
2000	3	3	6
2001	16	8	24
2002	3	1	4
2003	8	12	20
2004	1	0	1
2005	4	0	4
2006	3	0	3
2007	8	0	8
2008	6	0	6
2009	1	4	5
2010	2	3	5
2011	0	0	0
2012	0	0	0
2013	0	5	5
2014	7	41	48

▲ **Ffigur 7** Cau Bared Afon Tafwys i amddiffyn Lludain rhag ymchwyddiadau storm (llanwol) (1983–2014).

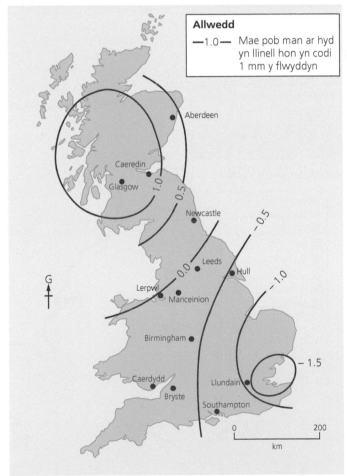

Allwedd

—1.0— Mae pob man ar hyd yn llinell hon yn codi 1 mm y flwyddyn

▲ **Ffigur 6** Maint yr adlamu ôl-rewlifol (mm y flwyddyn). Mae rhifau positif yn golygu bod y tir yn codi o gymharu â lefel y môr ac mae rhifau negyddol yn golygu bod y tir yn suddo.

Gweithgareddau

1 Defnyddiwch Ffigur 6 i ddisgrifio'r rhannau o'r DU lle mae:
   a) tir yn codi gyflymaf
   b) tir yn suddo gyflymaf.

2 a) Defnyddiwch y data yn Ffigur 7 i greu graff o'r achlysuron pan fu'n rhaid cau'r bared.
   b) Disgrifiwch y duedd sydd i'w gweld yn eich graff.
   c) Esboniwch pam gallai'r graff hwn gael ei ystyried fel mwy o dystiolaeth o effeithiau newid hinsawdd.

Cadw'r llinell

Cafodd bared llifogydd Afon Tafwys ei gwblhau yn 1982. Mae'r bared wedi'i leoli i'r dwyrain o Ddinas Llundain, ac felly mae'n amddiffyn rhannau helaeth o Lundain rhag ymchwyddiadau llanwol sy'n dod i fyny'r afon o Fôr y Gogledd. Mae'n amddiffyn 1.25 miliwn o bobl rhag llifogydd llanwol. Fodd bynnag, y farn erbyn hyn yw bod y bared yn rhy fach i amddiffyn Llundain rhag llifogydd yn y dyfodol. Mae Cynllun Moryd Afon Tafwys 2100 (TE2100) yn awgrymu ei bod yn bosibl, erbyn 2100, y bydd angen amddiffyn Llundain rhag llifogydd a fydd 2.7 m yn uwch na lefelau'r llifogydd presennol.

Ffeil Ffeithiau: Eiddo mewn perygl o lifogydd llanwol ar orlifdir Afon Tafwys

- Dros 500,000 o gartrefi
- 40,000 o adeiladau masnachol a diwydiannol
- 400 o ysgolion
- 16 o ysbytai
- 35 o orsafoedd trenau tanddaearol
- Dros 300 km o ffyrdd

Mae Cynllun TE2100 yn defnyddio tair strategaeth i amddiffyn Llundain a rhanbarth Thames Gateway, sef:

- Parhau i adnewyddu ac adeiladu o'r newydd argloddiau, waliau môr a llifddorau yn rhanbarth Thames Gateway.
- Ychwanegu 876 hectar o gynefinoedd rhynglanwol ym moryd Afon Tafwys. Bydd y morfeydd heli hyn yn helpu i storio llifddwr wrth iddo symud i fyny'r foryd yn ystod ymchwydd llanwol. Byddai'r ardaloedd storio hyn yn cael eu creu drwy brojectau adlinio rheoledig fel yr un yn Tollesbury, Essex.
- Ystyried adeiladu bared newydd mwy yn Long Reach, i'r dwyrain o'r bared presennol. Byddai adeiladu'r bared newydd yn costio £6–£7 biliwn.

Gweithgareddau

3 Defnyddiwch Ffigur 8 i ddisgrifio:
   a) dosbarthiad torri'r amddiffynfeydd
   b) swm y tir a fyddai'n dioddef llifogydd a gwerth y tir hwnnw.
4 Esboniwch pam byddai cost y difrod yn sgil llifogydd yn Essex yn is na'r gost yn Llundain.

Allwedd

- 0 €/m²
- 0 - 1 €/m²
- 1 - 10 €/m²
- 10 - 100 €/m²
- 100 - 200 €/m²
- 200 - 1000 €/m²
- 1000 - 2000 €/m²
- 2000 - 5000 €/m²
- 5000 - 10.000 €/m²
- > 10.000 €/m²
- ● Lleoliad torri'r amddiffynfeydd

▲ **Ffigur 8** Cost difrod yn 2050 ar ôl llifogydd tebyg i ymchwydd storm 1953 os bydd lefel y môr yn parhau i godi ac os na fydd yr amddiffynfeydd llifogydd yn cael eu gwella. Mae'r smotiau coch yn dangos ble byddai'r amddiffynfeydd arfordirol yn cael eu torri.

Gwaith ymholi

Sut dylai Llundain a rhanbarth Thames Gateway gael eu hamddiffyn yn y dyfodol? Mae rhai pobl yn amheus am adlinio rheoledig. Dylech gyfiawnhau pam mae'r Cynllun TE2100 yn bwriadu cyfuno bared llifogydd newydd â dulliau adlinio rheoledig.

Pam mae rhai cymunedau arfordirol yn fwy agored i niwed na chymunedau eraill?

Yn ôl adroddiad gan Sefydliad Joseph Rowntree, rhai o'r bobl fwyaf agored i niwed – sy'n byw yng nghymunedau mwyaf anghysbell y DU – fydd yn dioddef yr effeithiau gwaethaf oherwydd bod lefel y môr yn codi.

Mae'r adroddiad yn dadlau bod tlodi yn ffactor sy'n golygu bod rhai cymunedau yn fwy agored i niwed nag eraill yn sgil llifogydd arfordirol. Mae tlodi'n golygu bod llai o adnoddau gan y cyngor lleol i leihau'r bygythiad a'r effeithiau yn sgil lefel y môr yn codi.

Mae'r adroddiad yn awgrymu bod pobl yn fwy agored i niwed yn sgil llifogydd arfordirol mewn cymunedau lle mae:

- cyfran uchel o bobl yn hawlio budd-daliadau
- trosiant cyflym o bobl drwy fudo economaidd
- cyfran uchel o dai o ansawdd gwael
- economi sy'n dibynnu'n ormodol ar dwristiaeth, sy'n arwain at lawer o swyddi tymhorol a lefelau incwm isel.

▲ **Ffigur 9** Llifogydd arfordirol yn Great Yarmouth, Rhagfyr 2013.

Skegness, Swydd Lincoln

Skegness yw un o drefi glan môr adnabyddus Lloegr. Mae hi yn East Lindsey, ardal wledig ar y cyfan sydd â chysylltiadau ffyrdd a rheilffyrdd gwael. Mae nifer y meysydd carafanau yn Skegness ymhlith y dwysaf yn Ewrop. Mae rhai pobl sydd wedi ymddeol ac sydd ar incwm isel yn byw mewn carafanau sefydlog yn barhaol.

Great Yarmouth, Norfolk

Mae Great Yarmouth yn borthladd maint canolig a chyrchfan glan môr pwysig. Mae cyfran uchel o drigolion y dref yn oedrannus ac wedi ymddeol. Mae'r cyfraddau diweithdra yn Great Yarmouth yn uwch nag yng ngweddill Dwyrain Lloegr. Mae economi'r porthladd yn dirywio ac mae llai o gynhyrchu yn y meysydd nwy cyfagos ym Môr y Gogledd.

SGILIAU DAEARYDDOL

Dehongli pyramidiau poblogaeth

Graff bar arbenigol yw pyramid poblogaeth. Mae pob bar yn cynrychioli dynion neu fenywod sy'n perthyn i gategori oedran penodol. Mae'r barrau naill ai'n cynrychioli niferoedd gwirioneddol neu ffigurau canran. Mae dehongli siâp pyramid yn gallu dweud llawer wrthym am strwythur poblogaeth. Mae pyramidiau sy'n llydan ar y gwaelod yn dangos poblogaeth ifanc, ac mae pyramidiau sy'n llydan ar y brig yn dangos poblogaeth sy'n heneiddio. Dehongli'r strwythur yw'r cam cyntaf wrth ddadansoddi'r problemau a allai fod yn effeithio ar y boblogaeth. Er enghraifft, oes digon o ofal iechyd ar gael i boblogaeth sy'n heneiddio, yn ogystal â gwasanaethau cymdeithasol sy'n addas ar gyfer y grŵp oedran hwn?

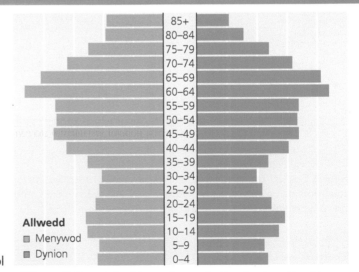

Allwedd
- Menywod
- Dynion

85+
80–84
75–79
70–74
65–69
60–64
55–59
50–54
45–49
40–44
35–39
30–34
25–29
20–24
15–19
10–14
5–9
0–4

▲ **Ffigur 10** Pyramid poblogaeth ar gyfer East Lindsey, Swydd Lincoln (2011).

 www.ons.gov.uk/interactive/uk-population-pyramid---dvc1/index.html

Pyramid poblogaeth rhyngweithiol ar gyfer y DU sy'n dangos newidiadau rhwng 1971 a 2085.

Llanelli, Sir Gaerfyrddin

Mae diweithdra yn Llanelli yn uwch na'r cyfartaledd cenedlaethol, ac mae'r dref wedi dioddef yn wael ers y dirwasgiad economaidd yn 2008–9. Mae sawl cynllun adfywio bellach ar waith mewn safleoedd diwydiannol segur ar hyd y morlin. Mae gan y dref gyfran o drigolion oedrannus sy'n uwch na'r gyfran gyfartalog. Mae nifer mawr o fudwyr o Ddwyrain Ewrop wedi ymgartrefu yn y dref.

Benbecula, Hebrides Allanol

Mae Benbecula yn ynys anghysbell yn yr Alban. Mae'r boblogaeth (sef 1,200) a'r economi wedi bod yn dirywio ers canol yr 1970au yn sgil cau safle milwrol. Mae prinder swyddi i bobl ifanc wedi cyfrannu at y dirywiad hwn ac at y ffaith bod y boblogaeth yn heneiddio. Cafodd system draeniad arfordirol yr ynys ei hadeiladu yn yr 1800au ac nid yw'n effeithlon iawn. Mae'n cael trafferth ymdopi ag effeithiau glaw trwm a llanw uchel.

Dangosydd	Skegness	Swydd Lincoln	Lloegr
% y boblogaeth weithio mewn swyddi proffesiynol / rheoli	14	18	23
% y boblogaeth weithio sy'n hawlio budd-daliadau'n gysylltiedig â'r gwaith	18	13	13
% y boblogaeth oedolion sydd heb unrhyw gymwysterau academaidd	33	26	22
% y boblogaeth oedolion sydd mewn iechyd da iawn	38	43	47

▲ **Ffigur 11** Ystadegau economaidd-gymdeithasol Skegness.

▲ **Ffigur 12** Mae nifer mawr o garafanau sefydlog yn Skegness.

Mewn cymunedau o'r fath, mae'n bosibl nad oes digon o arian gan bobl i addasu eu cartrefi (e.e. i wrthsefyll llifogydd) neu i symud i ffwrdd. Yn achos awdurdodau lleol ar yr arfordir sydd mewn ardaloedd difreintiedig, mae'n bosibl nad ydynt yn gallu fforddio'r adnoddau angenrheidiol er mwyn paratoi ar gyfer newid hinsawdd. Mae polisi'r llywodraeth yn golygu bod angen i unigolion a chymunedau gymryd cyfrifoldeb eu hunain am y gwaith o baratoi ar gyfer y newid tebygol yn lefel y môr. Fodd bynnag, mae pobl sy'n byw mewn ardaloedd difreintiedig yn poeni am bethau eraill.

▲ **Ffigur 13** Dyfyniad (wedi'i addasu) o Adroddiad Sefydliad Joseph Rowntree; Crynodeb o 'Effeithiau newid hinsawdd ar gymunedau difreintiedig ar hyd arfordir y DU' (2011).

Gweithgareddau

1 Cymharwch y pedair cymuned sy'n cael eu disgrifio ar y tudalennau hyn. Disgrifiwch dair nodwedd sy'n gyffredin rhwng o leiaf dwy o'r cymunedau hyn.

2 a) Disgrifiwch strwythur y boblogaeth yn East Lindsey.

b) Defnyddiwch y cyswllt â gwefan y Swyddfa Ystadegau Gwladol i gymharu'r strwythur poblogaeth hwn â strwythur poblogaeth y DU.

c) Beth mae hyn yn ei awgrymu am beth mae ei angen ar East Lindsey?

3 Esboniwch pam nad yw pob awdurdod lleol yn gallu fforddio'r adnoddau mae eu hangen arnynt i baratoi ar gyfer effeithiau lefel y môr yn codi.

4 a) Edrychwch ar Ffigur 11 a nodwch y patrwm cyffredinol sydd i'w weld yn y tabl.

b) Mae'r ffigurau yn y tabl yn dod o'r Cyfrifiad Cenedlaethol yn 2011. Mae'n debyg na fyddwn ni'n gweld effeithiau gwaethaf lefel y môr yn codi hyd nes 2050. Ddylai'r awdurdod lleol ddefnyddio'r data i ofyn am gymorth ychwanegol o'r tu allan wrth gynllunio yng nghyd-destun lefel y môr yn codi? Dylech gyfiawnhau eich ateb.

Gwaith ymholi

Pwy ddylai fod yn gyfrifol am amddiffyn cymunedau yn y DU rhag effeithiau lefel y môr yn codi?

'Mae polisi'r llywodraeth yn golygu bod angen i unigolion a chymunedau gymryd cyfrifoldeb eu hunain am y gwaith o baratoi ar gyfer y newid tebygol yn lefel y môr.' I ba raddau rydych chi'n cytuno â'r gosodiad hwn? Trafodwch eich syniadau mewn grwpiau.

Sut gallai newid hinsawdd effeithio ar gymunedau arfordirol ar draws y byd?

Erbyn 2030, mae amcangyfrifon yn awgrymu y bydd 950 miliwn o bobl o amgylch y byd yn byw yn y **Parth Arfordirol Uchder Isel** (*Low Elevation Coastal Zone: LECZ*). Ardaloedd arfordirol yw'r rhain sy'n is na 10 m uwchben lefel y môr. Mae newid hinsawdd yn bygwth pobl sy'n byw yn yr ardaloedd hyn mewn tair ffordd:

- Mae lefel y môr yn codi yn cynyddu'r perygl o lifogydd arfordirol adeg llanw uchel.
- Mae glawiad trymach yn cynyddu'r perygl o fflachlifau mewn ardaloedd trefol sydd â systemau draeniad gwael.
- Mae stormydd a chorwyntoedd mwy garw yn cynyddu'r perygl o erydiad arfordirol ac ymchwyddiadau storm.

Mae'n bosibl mai'r cymunedau arfordirol sy'n byw ger deltâu afonydd mwyaf y byd fydd yn cael eu taro waethaf. Mae'r bobl sy'n byw yma yn gweld effaith ymsuddiant y tir meddal yn ogystal â'r newid yn lefel y môr. Mae miliynau o bobl yn byw ger deltâu yn Bangladesh, yr Aifft, Nigeria, Viet Nam a Cambodia.

Yn 2013, cyhoeddodd Banc y Byd restr o 136 o ddinasoedd arfordirol a oedd yn wynebu'r perygl mwyaf yn sgil newid hinsawdd. Mae Mumbai, sy'n gartref i 18.4 miliwn o bobl, yn un ohonyn nhw.

Mae Mumbai wedi'i hadeiladu ar ynys isel, ac mae llawer o'r ddinas yn gorwedd 10 m yn unig uwchben lefel y môr. Mae dinasoedd eraill – fel Efrog Newydd, Singapore a New Orleans – hefyd mewn perygl. Mae llawer o'r dinasoedd hyn mewn gwledydd sy'n datblygu, a thrigolion mwyaf tlawd y gymdeithas sydd fwyaf agored i niwed yn sgil peryglon naturiol. Mae hyn oherwydd bod y cymdogaethau mwyaf tlawd (fel y rhai yn Ffigur 15) yn aml wedi'u lleoli ar dir isel, ac wedi'u hadeiladu ger dyfrffyrdd neu ar lan y môr lle mae perygl o lifogydd. Wrth i lefel y môr godi, efallai bydd rhaid i rai pobl adael eu cartrefi. Bydd y bobl hyn yn **ffoaduriaid amgylcheddol**.

Gweithgaredd

1 Defnyddiwch Ffigur 14 i ddisgrifio:
   a) dosbarthiad y *SIDS*
   b) lleoliad:
      i) y Maldives
      ii) Ynysoedd Marshall.
   c) Awgrymwch pam mae pobl sy'n byw mewn lleoedd anghysbell fel hyn yn agored i niwed gan beryglon naturiol.

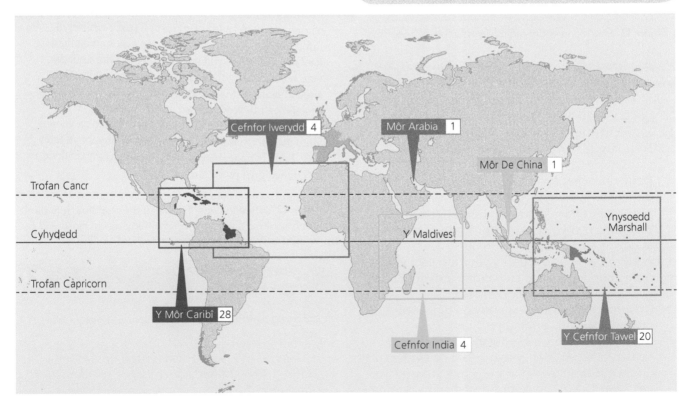

▲ **Ffigur 14** Mae Ynys-wladwriaethau Bach Datblygol (*SIDS*) – fel y Maldives yng Nghefnfor India ac Ynysoedd Marshall yn y Cefnfor Tawel – wedi'u lleoli ar dir isel iawn. Pe bai lefel y môr yn codi 1 m erbyn 2100, byddai hyd at 75 y cant o'r tir yn y Maldives ac yn Ynysoedd Marshall o dan ddŵr.

Ffeil Ffeithiau: Ynys-wladwriaethau Bach Datblygol *(SIDS)*

- Mae 58 o ynys-wladwriaethau bach datblygol *(SIDS)* ar hyn o bryd, a gyda'i gilydd mae ganddyn nhw boblogaeth o 65 miliwn.
- Mae llawer o *SIDS* yn fach iawn ac mae rhai wedi'u lleoli mewn rhannau anghysbell o'r byd. Mae'r rhan fwyaf ohonynt yn agored i niwed yn sgil newid hinsawdd a thrychinebau naturiol.
- Mae safonau byw yn amrywio'n fawr rhwng yr ynysoedd bach, ac mae CMC y pen yn amrywio o $UDA830 yn Comoros i $UDA51,000 yn Singapore.

Dinas	Poblogaeth (%) mewn perygl mewn *LECZ*	Tir (%) mewn perygl mewn *LECZ*	Poblogaeth 2015	Poblogaeth 2030
Cotonou, Benin	94.7	85.4	682,000	979,000
Warri, Nigeria	90.8	92.0	663,000	1,298,000
Alexandria, Yr Aifft	85.1	68.8	4,778,000	6,313,000
Port Harcourt, Nigeria	64.4	61.9	2,344,000	4,562,000
Dakar, Senegal	61.6	47.6	3,520,000	6,046,000

▲ **Ffigur 15** Detholiad o ddinasoedd yn Affrica sydd yn y parth arfordirol uchder isel (*LECZ*).

▲ **Ffigur 16** Cymdogaethau tlawd yn Cotonou, Benin sydd wedi'u hadeiladu ar stiltiau ar lan y dŵr.

Gweithgareddau

2 Astudiwch Ffigur 16.
  a) Disgrifiwch y tai yn ofalus.
  b) Awgrymwch pam mae aelodau mwyaf tlawd y gymdeithas yn byw mewn cymdogaethau fel hyn.
  c) Awgrymwch sut bydd newid hinsawdd yn effeithio ar y gymuned hon.
3 Edrychwch ar Ffigur 15. Cyfrifwch y nifer gwirioneddol o bobl y mae disgwyl eu bod nhw'n byw yn y *LECZ* ym mhob un o'r dinasoedd hyn.

Gwaith ymholi

Dadansoddwch pam mae'n bosibl bod llywodraethau'r *SIDS* yn cael mwy o anhawster yn ymdopi â newid hinsawdd na llywodraeth gwlad fwy fel India.

Cymunedau sy'n agored i niwed yn sgil newid hinsawdd a lefel y môr yn codi yn yr Aifft

Mae'r Sefydliad Mudo Rhyngwladol yn awgrymu y bydd newid hinsawdd yn dadleoli 200 miliwn o bobl erbyn 2050. Y prif resymau dros hyn yw lefel y môr yn codi, sychder, ansicrwydd am fwyd a dŵr a'r cynnydd yn nifer y peryglon iechyd. Un wlad a allai gael ei heffeithio yw'r Aifft.

Gwlad diffeithdir yw'r Aifft sydd â phoblogaeth o 85 miliwn. Mae'r rhan fwyaf o ardaloedd trefol a thir ffermio y wlad wedi cael eu gwasgu i mewn i 15 y cant o'r tir – ar hyd glannau Afon Nîl ac yn ardal Delta Afon Nîl yn bennaf. Bydd newid hinsawdd yn creu nifer o sialensiau i'r Aifft:

- Bydd cynnydd yn y tymheredd a llai o law yn arwain at fwy o broblemau'n ymwneud â phrinder dŵr. Bydd hyn yn effeithio ar bobl dlawd yn y trefi, ac yn golygu bod ffermwyr yn gorfod dod o hyd i dechnegau effeithlon newydd i ddyfrhau cnydau.
- Bydd clefydau sy'n cael eu cludo gan ddŵr a malaria yn dod yn fwy cyffredin. Mae'n debygol hefyd y bydd cynnydd enfawr mewn achosion o glefydau parasitaidd, canser y croen, cataractau llygaid, anhwylderau resbiradol a thrawiadau gwres.

- Gallai lefel y môr yn codi olygu bod Delta Afon Nîl yn cael ei erydu a'i daro gan lifogydd, gan ddadleoli cymaint ag 8 miliwn o bobl.

Alexandria, yn rhanbarth Delta Afon Nîl, yw ail ddinas fwyaf yr Aifft. Mae'r porthladd hwn, sydd ar arfordir y Môr Canoldir, yn delio ag 80 y cant o fewnforion ac allforion yr Aifft. Mae cyfoeth y ddinas yn denu mudwyr ac mae'r cynnydd naturiol yn y boblogaeth yn ychwanegu at y galw am gartrefi. Mae tai a fflatiau yn aml yn cael eu hadeiladu heb ganiatâd cynllunio na rheoliadau adeiladu priodol. Mewn gwirionedd, mae amcangyfrifon yn awgrymu bod 50 y cant o boblogaeth Alexandria yn byw mewn tai anffurfiol. Efallai fod pobl dlawd sy'n byw mewn ardaloedd trefol yn fwy agored i niwed yn sgil newid hinsawdd na phobl eraill oherwydd:

- ychydig iawn o gynilion sydd ganddyn nhw felly dydyn nhw ddim yn gallu fforddio colli eu swyddi neu eu cartrefi
- maen nhw'n aml yn dibynnu ar dyllau turio sydd wedi'u llygru gan wastraff dynol; maen nhw felly mewn perygl o ddal clefydau sy'n cael eu cludo gan ddŵr neu mae'n rhaid iddyn nhw brynu dŵr oddi wrth werthwyr ar y stryd, sy'n ddrud iawn
- maen nhw'n aml yn byw mewn lleoedd sy'n beryglus i iechyd pobl, er enghraifft ger merddwr lle mae mosgitos sy'n cario malaria yn bridio
- maen nhw'n byw mewn adeiladau aml-lawr sydd wedi'u hadeiladu'n wael ac sydd mewn perygl o ddymchwel yn ystod daeargrynfeydd.

Allwedd
Dwysedd poblogaeth (y km²)

<25	251–500	Ardaloedd trefol
26–100	500–1,000	
101–250	>1,000	

◀ **Ffigur 17** Dwysedd poblogaeth Delta Afon Nîl.

Blwyddyn	Poblogaeth
1950	1.04
1960	1.50
1970	1.99
1980	2.52
1990	3.06
2000	3.55
2010	4.33
2020	5.23
2030	6.31

▲ **Ffigur 18** Poblogaeth Alexandria (miliynau). Rhagfynegiadau yw'r ffigurau ar ôl 2010.

Mae Alexandria wedi'i hadeiladu yn y parth arfordirol uchder isel (*LECZ*) (gweler tudalen 148) ac felly mae'n agored i lifogydd parhaol os bydd lefel y môr yn codi. Mewn sefyllfa o'r fath, byddai'r Aifft yn ei chael yn anodd ailgartrefu'r nifer enfawr o ffoaduriaid amgylcheddol. Mae'n debyg y bydd llawer o'r bobl sy'n byw mewn tai anffurfiol yn Alexandria ar hyn o bryd yn gorfod symud i'r ardaloedd mwyaf tlawd a gorlawn yn Cairo.

▲ **Ffigur 19** Fflatiau sydd wedi'u hadeiladu yn anghyfreithlon yn Alexandria, yr Aifft.

▲ **Ffigur 20** Rhagfynegiadau o'r newidiadau i forlin yr Aifft wrth i lefel y môr godi.

Gweithgareddau

1 Disgrifiwch leoliad Alexandria.
2 a) Defnyddiwch Ffigur 18 i luniadu graff llinell o dwf y boblogaeth.
   b) Disgrifiwch y duedd yn eich graff.
   c) Os bydd y duedd hon yn parhau, beth fydd poblogaeth Alexandria yn 2040?
3 a) Amlinellwch dair problem wahanol y bydd newid hinsawdd yn eu creu i bobl yr Aifft.
   b) Esboniwch pam mai pobl dlawd yn y trefi sydd fwyaf agored i niwed. Rhowch ddau reswm gwahanol.
4 Disgrifiwch y colli tir posibl yn ardal Delta Afon Nîl. Faint o broblem yw'r posibilrwydd o ffoaduriaid amgylcheddol?
5 a) Defnyddiwch Ffigur 17 i ddisgrifio dosbarthiad a dwysedd poblogaeth yr Aifft.
   b) Pam bydd hyn yn broblem sylweddol i lywodraeth yr Aifft os bydd lefel y môr yn codi fel sy'n cael ei ragfynegi?

Gwaith ymholi

'Mae datrys problemau sy'n cael eu hachosi gan ffoaduriaid newid hinsawdd yn gyfrifoldeb pob gwlad.' I ba raddau rydych chi'n cytuno â'r gosodiad hwn? Dylech gyfiawnhau eich ateb.

Ydy hi'n rhy hwyr i achub y Maldives?

Casgliad o 1,190 o ynysoedd yw Gweriniaeth Maldives yng Nghefnfor India. Mae ganddi boblogaeth o 350,000. Does neb yn byw ar y rhan fwyaf o'r ynysoedd, ac mae dros draean o'r boblogaeth yn byw yn Malé, y brifddinas. Mae 80 y cant o arwynebedd y tir yn llai nag 1 m uwchben lefel y môr, a does dim un ardal yn y wlad sydd dros 3 m uwchben lefel y môr. Does dim un man arall ar y Ddaear sy'n fwy agored i niwed neu'n wynebu cymaint o fygythiad gan y newid yn lefel y môr. Mae Cynnyrch Mewnwladol Crynswth (CMC) y Maldives yn rhoi'r wlad yn safle 165 allan o 192 o wladwriaethau cenedlaethol (2013).

Ers tri degawd a mwy, mae gwleidyddion y wlad wedi ceisio perswadio arweinwyr y byd i fynd i'r afael â phroblem newid hinsawdd. Yng Nghynhadledd Newid Hinsawdd Genefa yn 2015, gofynnodd Dunya Maumoon (gweinidog materion tramor y Maldives) i'r gymuned fyd-eang gymryd camau pendant. Dywedodd y dylai cynhadledd 2015 gael ei chofio, nid am y straeon am lefel y môr yn codi, ond am y straeon am sut aeth pawb ati gyda'i gilydd i'w atal. Y gwir, mae'n debyg, yw ei bod hi'n rhy hwyr yn barod.

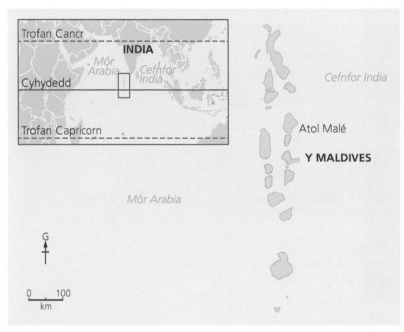

▲ **Ffigur 21** Lleoliad y Maldives.

▲ **Ffigur 22** Ai dyma'r dyfodol i'r Maldives?

▲ **Ffigur 23** Mae Malé, prifddinas y Maldives, wedi'i hamgylchynu gan y môr.

Ffeil Ffeithiau: Yr effeithiau ar y Maldives yn sgil lefel y môr yn codi.

- Os bydd lefel y môr yn codi 0.5 m erbyn y flwyddyn 2100, bydd 77 y cant o arwyneb tir y Maldives o dan ddŵr.
- Os bydd lefel y môr yn codi 1 m erbyn y flwyddyn 2100, fydd neb yn gallu byw ar yr ynysoedd erbyn 2085.

Sut mae lefel y môr yn codi yn effeithio ar yr ynysoedd yn barod?

Mae'r Maldives wedi dioddef llifogydd yn aml dros y 30 mlynedd diwethaf. Mae'r rhan fwyaf o'r problemau parhaus hyn yn digwydd pan fydd llanwau mawr yn taro yr un pryd â stormydd ar draws gogledd Cefnfor India.

```
Effaith llifogydd ar draws y Maldives
```

Malé – prifddinas sydd wedi'i hamgylchynu gan waliau môr:
Yn 2008, rhoddodd Japan $60 miliwn i'r Maldives i dalu am wal fôr 3 m o uchder o amgylch dinas Malé. Mae'r wal fôr wedi'i chwblhau a bydd yn amddiffyn y ddinas rhag y môr yn y tymor canolig. Mae'r holl ynysoedd eraill yn agored i niwed o hyd. Mae angen trwsio'r wal fôr drwy'r amser ac mae trethi twristiaeth lleol yn gorfod talu am y gost.

Mae dŵr yfed yn brin:
Mae lefel y môr yn codi eisoes yn rhoi pwysau ar adnoddau dŵr croyw prin y Maldives. Ar hyn o bryd, mae 87% o'r boblogaeth yn derbyn cyflenwadau dŵr croyw sy'n dod o gasglu dŵr glaw. Mae ffynonellau dŵr daear ar draws y gadwyn o ynysoedd wedi cael eu halogi gan ddŵr halen, ac felly nid yw'r dŵr yn addas i'w yfed. Nid yw dod â chyflenwadau i mewn o dramor yn gynaliadwy.

Y diwydiant twristiaid o dan fygythiad:
Twristiaeth yw'r diwydiant pwysicaf o bell ffordd yn y Maldives. Mae'n gyfrifol am 90% o refeniw treth y llywodraeth. Cafodd llawer o draethau pwysig a chanolfannau gwyliau moethus eu difrodi gan yr ymchwydd storm yn 2004 yn sgil y tsunami mawr. Am flwyddyn, roedd nifer y twristiaid yn llawer llai wrth i'r ynysoedd roi rhaglen adfer ar waith. Mae nifer y twristiaid wedi gwella, ond efallai fod y diwydiant wedi gweld beth sydd i ddod.

▲ **Ffigur 24** Effaith llifogydd ar draws y Maldives.

Ynysoedd sy'n arnofio

Bydd ynysoedd sy'n arnofio yn cael eu clymu i wely'r môr gan geblau er mwyn lleihau'r effaith ar yr amgylchedd. Cwmni o'r Iseldiroedd sydd wedi cynnig y syniad. Bydd un o'r ynysoedd yn cael ei defnyddio i greu cwrs golff artiffisial. Bydd golffwyr yn teithio i'r 'ynys golff' sy'n arnofio drwy dwnnel ar hyd gwely'r môr, a bydd tŷ clwb tanddwr rhyfeddol yno lle gall golffwyr ymlacio ar ôl eu gêm. Bydd yr ynysoedd artiffisial yn cael eu hadeiladu yn India neu yn y Dwyrain Canol ac yn cael eu tynnu i'r Maldives.

▲ **Ffigur 25** Sut gallai'r Maldives ddatblygu twristiaeth yn y dyfodol?

Lefel y môr yn codi yn gorfodi ynyswyr i symud i Awstralia

Dywedodd Arlywydd y Maldives fod ei lywodraeth yn ystyried Awstralia fel cartref newydd i'r bobl os bydd y wlad yn diflannu dan y môr. Esboniodd fod pobl y Maldives eisiau aros ond bod rhaid i'w lywodraeth gynllunio ar gyfer y symud posibl. Efallai fod angen i Awstralia baratoi i dderbyn ton fawr o ffoaduriaid hinsawdd a fydd yn chwilio am rywle newydd i fyw.

▲ **Ffigur 26** Gallai lefel y môr yn codi greu ffoaduriaid amgylcheddol.

Gweithgareddau

1 Disgrifiwch leoliad y Maldives.
2 Astudiwch y ddau bennawd papur newydd yn Ffigurau 25 a 26. Cafodd y ddau eu cyhoeddi yn 2012. Maen nhw'n cynnig atebion radical ond gwahanol iawn i'r problemau sy'n wynebu'r Maldives.
   a) Trafodwch pa mor gynaliadwy fyddai'r naill syniad a'r llall.
   b) Trafodwch pa syniad sydd fwyaf tebygol o ddigwydd mewn gwirionedd.

Gwaith ymholi

Beth dylai llywodraeth y Maldives ei wneud?

■ Rhestrwch 5 syniad gwahanol a'u rhoi yn nhrefn blaenoriaeth.
■ Rhaid i chi gyfiawnhau pam dylai syniadau 1 a 2 gael eu rhoi ar waith yn syth yn eich barn chi.

THEMA 5

Tywydd, hinsawdd ac ecosystemau
Pennod 1
Newid hinsawdd yn ystod y cyfnod Cwaternaidd

Pam mae'r hinsawdd wedi newid?

Y cyfnod Cwaternaidd, neu'r Pleistosen, yw'r cyfnod mwyaf diweddar o amser daearegol. Hinsoddau oer a thir wedi'i siapio gan iâ yw prif nodweddion y cyfnod hwn o hanes y Ddaear. Ar ddechrau'r cyfnod Cwaternaidd, roedd y llenni iâ pegynol yn fwy o lawer nag y maen nhw heddiw, fel sydd i'w weld yn Ffigur 1. Dechreuodd y cyfnod Cwaternaidd tua 2.6 miliwn o flynyddoedd yn ôl, ac mae'r hinsawdd wedi newid yn gyson yn ystod y cyfnod hwn. Yn ystod rhai cyfnodau, o'r enw **cyfnodau rhewlifol**, roedd iâ pegynol yn ymestyn ymhellach o lawer i'r de ac yn gorchuddio rhannau helaeth o'r Ddaear. Ar adegau eraill, sef y **cyfnodau rhyngrewlifol**, roedd yr iâ pegynol yn encilio. Mae gwyddonwyr wedi canfod tystiolaeth bod yr iâ wedi ehangu ac wedi encilio 60 o weithiau. Enciliodd y llenni iâ tua 10,000 o flynyddoedd yn ôl ac mae'r Ddaear mewn cyfnod rhyngrewlifol ar hyn o bryd. Fodd bynnag, nid yw'r iâ wedi diflannu'n llwyr. Yn dechnegol, rydyn ni'n byw mewn oes iâ o hyd!

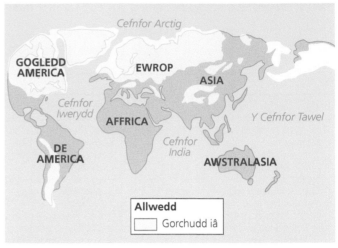

▲ **Ffigur 1** Lledaeniad yr iâ ar adeg oerach o'r cyfnod Cwaternaidd.

Beth yw achosion naturiol newid hinsawdd?

Mae llawer o ddadlau ynglŷn â'r hyn sy'n achosi'r newid o gyfnod rhewlifol i gyfnod rhyngrewlifol. Mae'r ddamcaniaeth sy'n cael ei derbyn gan y rhan fwyaf o bobl yn seiliedig ar waith gwyddonydd o'r enw Milankovitch. Awgrymodd Milankovitch fod y cyfnodau cynhesach ac oerach yn cael eu hachosi gan gyfuniad o ddau beth:

- Y ffaith bod y Ddaear yn siglo'n naturiol wrth iddi symud o amgylch yr Haul. Mae hyn yn effeithio ar ogwydd y Ddaear a faint o egni mae'n ei gael oddi wrth yr Haul.
- Y ffaith nad oes gan y Ddaear orbit cylchol o amgylch yr Haul. Mae'r orbit yn echreiddig: weithiau mae'n agosach at yr Haul, ac weithiau mae'n bellach i ffwrdd.

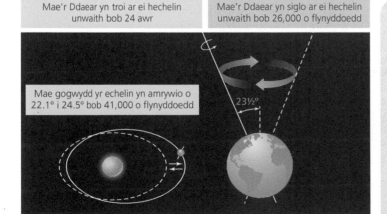

Mae'r Ddaear yn troi ar ei hechelin unwaith bob 24 awr

Mae'r Ddaear yn siglo ar ei hechelin unwaith bob 26,000 o flynyddoedd

Mae gogwydd yr echelin yn amrywio o 22.1° i 24.5° bob 41,000 o flynyddoedd

23½°

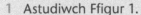

Mae gan y Ddaear orbit echreiddig o amgylch yr Haul. Mae'n cwblhau'r echreiddiad hwn unwaith bob 100,000 o flynyddoedd

▲ **Ffigur 2** Pam mae gan y Ddaear hinsawdd newidiol?

Gweithgareddau

1 Astudiwch Ffigur 1.
   a) Disgrifiwch swm a dosbarthiad y llenni iâ.
   b) Astudiwch ranbarth y Môr Canoldir yn ofalus. Awgrymwch pam mae'r Môr Canoldir yn ymddangos yn llai yn Ffigur 1 nag ydyw heddiw.
   c) I ba raddau rydyn ni'n byw mewn oes iâ o hyd? Defnyddiwch atlas neu'r rhyngrwyd i gymharu swm a dosbarthiad yr iâ parhaol heddiw â'r hyn sydd i'w weld yn Ffigur 1.

2 Pam mae tymheredd arwyneb y Ddaear yn newid:
   a) pan fydd gogwydd y Ddaear yn newid o ganlyniad i'r 'siglo' naturiol
   b) pan fydd gogwydd y Ddaear yn newid o ganlyniad i'w horbit echreiddig?

Sut mae echdoriadau folcanig yn effeithio ar yr hinsawdd?

Mae echdoriadau folcanig mawr yn gallu chwythu llwch a sylffwr deuocsid (SO_2) i'r stratosffer isaf – haen o'r atmosffer sydd 15–25 km uwchben y Ddaear. Ar yr uchder hwn, mae'r jetlif yn gallu cludo'r deunydd folcanig mewn llain sy'n mynd yr holl ffordd o amgylch y byd. Mae'r cymysgedd o ludw ac SO_2 yn creu **aerosol** – diferion bach iawn sy'n gwasgaru golau'r haul yn ôl i'r gofod. Mae hyn yn gallu lleihau faint o egni solar sy'n cyrraedd arwyneb y Ddaear, ac felly mae'r tymereddau cyfartalog yn gallu gostwng. Yr echdoriad folcanig mwyaf yn ystod y 100 mlynedd diwethaf oedd echdoriad Mynydd Pinatubo yn y Pilipinas yn 1991. Maint yr echdoriad oedd *VEI-6*. Cafodd digon o ludw ac SO_2 eu chwythu allan i rwystro tua deg y cant o olau'r haul rhag cyrraedd hemisffer y gogledd. Roedd tymereddau 0.4–0.6°C yn is am ddwy flynedd wedi'r echdoriad. Fodd bynnag, gallai'r echdoriadau folcanig mwyaf oll gael llawer mwy o effaith.

Maint echdoriad Tambora yn Indonesia yn 1815 oedd *VEI-7* – hynny yw, deg gwaith yn fwy nag echdoriad Pinatubo. Roedd gostyngiad yn nhymereddau yn hemisffer y gogledd. Methodd y cnydau yng Ngogledd America ac yn Ewrop yn ystod y cyfnod o dywydd gwlyb ac oer yn 1816, a bu farw miloedd o bobl o newyn. Roedd y llwch yn y stratosffer yn gwasgaru golau'r haul gan greu machludoedd haul rhyfeddol – effaith a gafodd ei chyfleu gan JMW Turner, arlunydd o Brydain, fel sydd i'w weld yn Ffigur 3.

▲ **Ffigur 3** Machlud haul dros gamlas Chichester – darlun wedi'i beintio gan JMW Turner

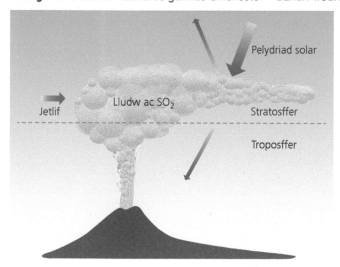

▲ **Figure 4** Sut mae echdoriadau folcanig yn gallu lleihau tymereddau ar draws y byd.

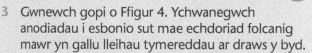

Gweithgaredd

3 Gwnewch gopi o Ffigur 4. Ychwanegwch anodiadau i esbonio sut mae echdoriad folcanig mawr yn gallu lleihau tymereddau ar draws y byd.

Gwaith ymholi

Pa mor arwyddocaol yw effaith echdoriadau folcanig mawr ar yr hinsawdd?

Ymchwiliwch i echdoriad Toba (75,000 o flynyddoedd yn ôl) – yr echdoriad mwyaf yn ystod y cyfnod Cwaternaidd, o bosibl. Beth oedd effaith yr echdoriad ar yr hinsawdd? Sut mae'r echdoriad hwn yn cymharu â rhesymau naturiol eraill sy'n achosi cynhesu neu oeri?

▲ **Ffigur 5** Tanau gwyllt yn San Marcos, California (Mai 2014). Roedd rhaid i 13,000 o bobl adael eu cartrefi.

Beth yw'r effaith tŷ gwydr?

Proses naturiol yn ein hatmosffer yw'r effaith tŷ gwydr. Hebddi, byddai'r tymheredd cyfartalog ar arwyneb y Ddaear yn −17° Celsius yn hytrach na'r 15° Celsius sydd gennym ar hyn o bryd. Gyda thymheredd isel o'r fath, ni fyddai bywyd wedi esblygu ar y Ddaear fel ag y mae ac mae'n debygol na fydden ni'n bodoli!

Mae'r effaith tŷ gwydr, sydd i'w gweld yn Ffigur 6, yn golygu bod atmosffer y Ddaear yn gweithredu fel blanced ynysu. Mae egni golau (tonfedd fer) ac egni gwres (tonfedd hir) o'r Haul yn pasio drwy'r atmosffer yn eithaf hawdd. Mae egni'r Haul yn gwresogi'r Ddaear sydd wedyn yn pelydru ei egni ei hun yn ôl i'r atmosffer. Mae'r egni gwres tonfedd hir sy'n dod o'r Ddaear yn cael ei amsugno'n eithaf hawdd gan nwyon sy'n bresennol yn naturiol yn yr atmosffer. **Nwyon tŷ gwydr** yw'r enw ar y rhain. Maen nhw'n cynnwys carbon deuocsid (CO_2), methan (CH_4) ac anwedd dŵr (H_2O). Carbon deuocsid yw'r pedwerydd nwy mwyaf cyffredin yn yr atmosffer. Mae'n bresennol yn naturiol yn yr atmosffer – mae popeth byw yn ei gynhyrchu wrth resbiradu. Felly mae carbon deuocsid wedi bodoli yn yr atmosffer byth ers i fywyd ddechrau ar y Ddaear. Mae methan ac anwedd dŵr wedi bod yn yr atmosffer yn hirach byth, ac felly mae'r effaith tŷ gwydr wedi bod yn effeithio ar ein hinsawdd am filoedd o filiynau o flynyddoedd.

Gweithgaredd

1 Defnyddiwch Ffigur 6 i esbonio'r effaith tŷ gwydr. Cofiwch ddefnyddio termau technegol fel egni tonfedd hir ac egni tonfedd fer yn eich ateb.

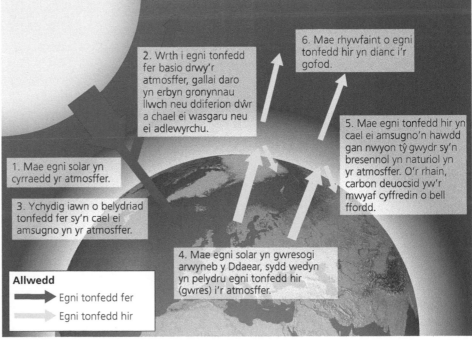

2. Wrth i egni tonfedd fer basio drwy'r atmosffer, gallai daro yn erbyn gronynnau llwch neu ddiferion dŵr a chael ei wasgaru neu ei adlewyrchu.

6. Mae rhywfaint o egni tonfedd hir yn dianc i'r gofod.

1. Mae egni solar yn cyrraedd yr atmosffer.

3. Ychydig iawn o belydriad tonfedd fer sy'n cael ei amsugno yn yr atmosffer.

5. Mae egni tonfedd hir yn cael ei amsugno'n hawdd gan nwyon tŷ gwydr sy'n bresennol yn naturiol yn yr atmosffer. O'r rhain, carbon deuocsid yw'r mwyaf cyffredin o bell ffordd.

4. Mae egni solar yn gwresogi arwyneb y Ddaear, sydd wedyn yn pelydru egni tonfedd hir (gwres) i'r atmosffer.

Allwedd
→ Egni tonfedd fer
→ Egni tonfedd hir

▲ **Ffigur 6** Yr effaith tŷ gwydr.

Sut mae gweithredoedd pobl wedi effeithio ar yr effaith tŷ gwydr?

Carbon yw un o'r elfennau mwyaf cyffredin yn yr amgylchedd. Mae'n bresennol yn y canlynol:

- pob sylwedd organig, h.y. popeth byw
- cyfansoddion syml fel CO_2, sy'n bodoli fel nwy yn yr atmosffer ac sy'n hydoddi yn y cefnforoedd
- cyfansoddion cymhleth fel yr hydrocarbonau sydd mewn tanwyddau ffosil, fel olew, glo a nwy.

Mae carbon yn gallu trosglwyddo o un rhan o'r amgylchedd i un arall drwy brosesau biolegol, fel resbiradaeth, a phrosesau cemegol fel hydoddiant. Mae'r trosglwyddiadau hyn yn digwydd rhwng rhannau o'r amgylchedd sy'n rhyddhau carbon, sef ffynonellau, a rhannau o'r amgylchedd sy'n amsugno'r carbon dros gyfnodau hir o amser, sef **suddfannau carbon**. Mae'r trosglwyddiadau rhwng ffynonellau a suddfannau i'w gweld yn y diagramau o'r gylchred garbon yn Ffigurau 7 ac 8.

Yn y nos, mae ffotosynthesis yn dod i ben. Mae'r goeden yn dal i resbiradu ac mae'n allyrru mwy o CO_2 nag y mae'n ei amsugno

Egni solar

Pan mae'r goeden yn fyw mae'n amsugno mwy o CO_2 o'r atmosffer nag y mae'n ei allyrru

Wrth i ganghennau neu ddail syrthio, maent yn trosglwyddo'r carbon sydd wedi'i gloi yn y feinwe planhigion i'r pridd

Yn ystod y dydd, mae'r goeden yn defnyddio golau'r haul i droi CO_2 yn siwgr planhigion. **Ffotosynthesis** yw'renw ar y broses hon.

Gall organebau fel chwilod a mwydod dreulio'r feinwe planhigion. Maent yn ychwanegu CO_2 at yr aer yn y pridd wrth resbiradu

Mae dŵr glaw yn hydoddi rhywfaint o'r CO_2 sydd wedi dod o organebau'r pridd. Gall y dŵr hwn gludo'r CO_2 wedi'i hydoddi i afon ac i'r môr yn y pen draw.

▲ **Ffigur 7** Cylchred garbon wedi'i symleiddio.

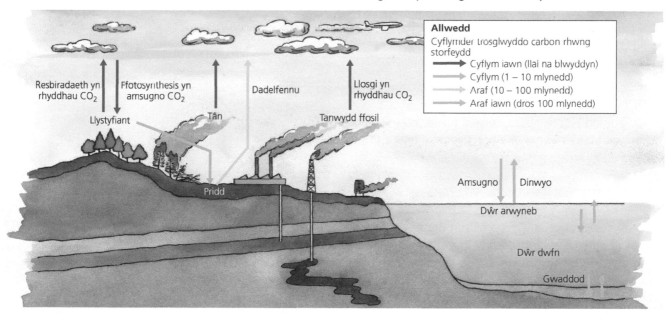

▲ **Ffigur 8** Y gylchred garbon, yn dangos trosglwyddiadau cyflym ac araf.

Gweithgareddau

2 Astudiwch Ffigurau 7 ac 8.
   a) Disgrifiwch y gweithredoedd dynol sy'n rhyddhau CO_2 i'r atmosffer.
   b) Esboniwch y prosesau sy'n golygu bod coedwigoedd yn gallu gweithredu fel suddfan carbon.
   c) Rhowch ddau reswm pam bydd llosgi coedwigoedd glaw trofannol yn cynyddu faint o CO_2 sydd yn yr atmosffer.

3 Defnyddiwch Ffigur 8.
   a) Disgrifiwch y gwahaniaeth rhwng cyflymder trosglwyddo carbon yn y rhan naturiol o'r gylchred o'i chymharu â'r rhan o'r gylchred mae gweithredoedd dynol yn effeithio arni.
   b) Esboniwch y gwahaniaeth mae hyn yn ei wneud i faint o garbon sy'n cael ei storio yn yr atmosffer o gymharu â suddfannau carbon tymor hir. Esboniwch pam mae hyn yn achosi pryder.

Pa mor argyhoeddiadol yw'r dystiolaeth dros newid hinsawdd?

Yn 1958, dechreuodd tîm o wyddonwyr gymryd mesuriadau rheolaidd o grynodiadau carbon deuocsid yn yr atmosffer. Daethant i'r casgliad y gallai lefelau lleol o CO_2 fod yn uwch pe baen nhw'n cymryd y samplau ger ardaloedd diwydiannol neu dagfeydd traffig, ac felly dyma nhw'n penderfynu cynnal eu profion ar Mauna Loa, Hawaii. Roedden nhw'n meddwl y byddai hyn yn rhoi darlleniadau a fyddai'n cynrychioli cyfartaledd lefelau CO_2 yn yr atmosffer. Mae samplau wedi cael eu cymryd yn rheolaidd ers hynny ac mae'r graff, sef Cromlin Keeling, i'w weld yn Ffigur 9.

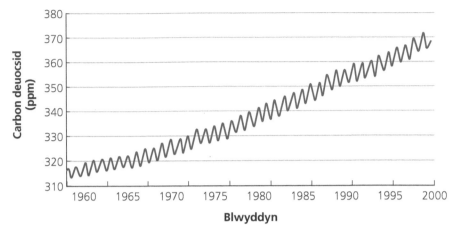

▲ **Ffigur 9** Mae Cromlin Keeling yn dangos y cynnydd mewn carbon deuocsid yn yr atmosffer ers dechrau'r monitro yn 1958 (*ppm* = rhannau ym mhob miliwn).

Tystiolaeth o'r creiddiau iâ

Rydyn ni eisoes wedi gweld bod tystiolaeth wyddonol o Hawaii yn profi bod lefelau carbon deuocsid wedi bod yn codi'n gyson ers 1958. Fodd bynnag, a allwn ni fod yn siŵr nad yw hyn yn rhan o gylchred naturiol? Efallai fod lefelau carbon deuocsid yn amrywio dros gyfnodau hir a bod y cynnydd diweddar yn rhan o un o'r cylchredau hynny.

Mae gwyddonwyr sy'n gweithio yn Grønland ac Antarctica wedi bod yn ymchwilio i'r wybodaeth sydd wedi'i dal yn yr iâ i ganfod tystiolaeth am newid hinsawdd yn y gorffennol. Mae'r cwymp eira bob gaeaf yn cael ei orchuddio a'i gywasgu gan eira'r gaeaf canlynol. Mae pob haen o eira'n cynnwys tystiolaeth gemegol am dymheredd yr hinsawdd. Mae pob haen hefyd yn cynnwys nwyon o'r atmosffer y gwnaeth yr eira ddisgyn drwyddo. Yn raddol mae'r haenau'n troi yn iâ. Dros filoedd o flynyddoedd mae'r haenau hyn wedi tyfu ac maen nhw'n filoedd o fetrau o drwch erbyn hyn. Drwy ddrilio i mewn i'r iâ, mae gwyddonwyr yn gallu echdynnu creiddiau iâ sy'n mynd yn hŷn ac yn hŷn. Drwy gynnal dadansoddiad cemegol o'r haenau iâ hyn a'r nwyon sydd ynddyn nhw, gallwn gael cofnod o'r hinsawdd dros y 420,000 blynedd diwethaf. Mae'r dystiolaeth hon yn awgrymu bod yr hinsawdd wedi mynd trwy gylchredau naturiol o gyfnodau oerach (rhewlifol) a chynhesach (rhyngrewlifol). Maen nhw hefyd yn dangos bod lefelau carbon deuocsid yn yr atmosffer wedi codi a disgyn fel rhan o gylchred naturiol.

▲ **Ffigur 10** Gwyddonwyr yn cymryd samplau o greiddiau iâ o'r llen iâ yng Ngwlad yr Iâ.

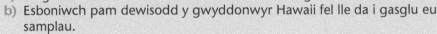

Gweithgareddau

1 a) Disgrifiwch ac esboniwch duedd Cromlin Keeling.
  b) Esboniwch pam dewisodd y gwyddonwyr Hawaii fel lle da i gasglu eu samplau.

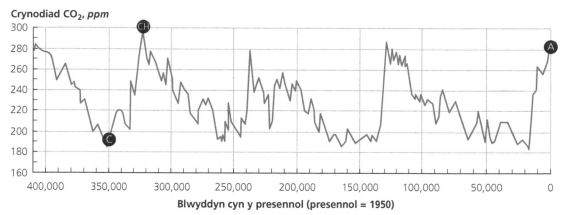

Crynodiad CO$_2$ yn yr atmosffer a thymheredd dros y 420,000 blynedd diwethaf (o graidd iâ Vostok)

Crynodiad CO$_2$, *ppm*

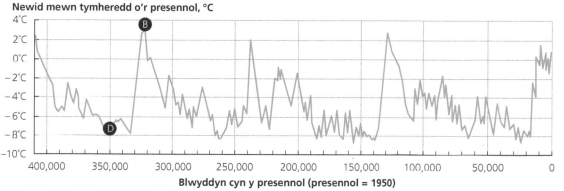

Blwyddyn cyn y presennol (presennol = 1950)

Newid mewn tymheredd o'r presennol, °C

Blwyddyn cyn y presennol (presennol = 1950)

Cyrhaeddodd crynodiadau carbon deuocsid uchafswm o 300 *ppm* yn y cyfnodau cynhesaf

Gostyngodd crynodiadau carbon deuocsid i 180 *ppm* yn ystod y cyfnodau oeraf

Mae brigau cul yn y cofnod tymheredd yn cynrychioli cyfnodau cynnes byr (rhyngrewlifol)

Mae gostyngiadau yn y tymheredd am gyfnodau hir yn cynrychioli cyfnodau rhewlifol

Roedd crynodiadau carbon deuocsid tua 280 *ppm* yn 1950

▲ **Figure 11** Crynodiad CO$_2$ (*ppm*) yn yr atmosffer a thymheredd dros y 420,000 blynedd diwethaf.

Gweithgareddau

2 Defnyddiwch Ffigur 11.
   a) Cysylltwch y 5 gosodiad â'r mannau cywir ar y graff sydd wedi'u labelu yn A, B, C, CH a D.
   b) Defnyddiwch y graff i gopïo a chwblhau'r gosodiad canlynol:
   Mae'r graff yn dangos cylchredau naturiol o gyfnodau .... a chyfnodau .... Roedd tymereddau cyfartalog yn uwch na rhai'r presennol ar 3 / 4 / 5 achlysur. Yr enw ar y cyfnodau hyn yw cyfnodau .... Mae'r cyfnod rhyngrewlifol presennol fel petai wedi para am lawer *mwy / llai* o amser na chyfnodau yn y gorffennol.

3 Defnyddiwch eich dealltwriaeth o'r effaith tŷ gwydr i esbonio pam mae lefelau is o garbon deuocsid yn yr atmosffer yn gysylltiedig o bosibl â chyfnodau oerach o ran hinsawdd.

4 Cymharwch Ffigur 11 â Ffigur 9.
   a) Sawl gwaith yn y 420,000 blynedd diwethaf mae lefelau CO$_2$ wedi bod mor uchel ag oedden nhw yn 2000?
   b) Yn seiliedig ar y data craidd iâ, ydych chi'n credu bod Cromlin Keeling yn cyd-fynd â chylchred naturiol debyg o grynodiadau carbon deuocsid? Esboniwch eich ateb yn llawn.

Gwaith ymholi

Yn eich barn chi, pa mor argyhoeddiadol yw'r dystiolaeth dros:
■ cylchredau naturiol o newid hinsawdd dros y 420,000 blynedd diwethaf?
■ cynnydd anarferol yn lefelau carbon deuocsid ers 1958?

Ymchwilio i batrymau byd-eang o dywydd eithafol

Ym mis Mawrth 2015, cafodd ynys Vanuatu yn y Cefnfor Tawel ei difetha gan rym dinistriol **seiclon**. Cafodd cartrefi a chnydau eu dinistrio gan y gwynt a'r glaw eithafol. Bu farw 11 o bobl. Ar yr un pryd, roedd ffermwyr yn California, UDA, yn rheoli cyflenwadau prin o ddŵr yn ystod cyfnod o **sychder** am y drydedd flwyddyn yn olynol. Roedd tanau gwyllt, wedi'u hachosi gan y tywydd poeth a sych, yn llosgi y tu hwnt i reolaeth. Sut gall y mathau gwahanol hyn o dywydd eithafol ddigwydd ar yr un pryd? Beth sy'n eu hachosi?

Gweithgaredd

1 Astudiwch Ffigur 1.

a) Disgrifiwch leoliad seiclonau sy'n effeithio ar:
   i) Awstralasia
   ii) Gogledd America a De America
   iii) De-ddwyrain Asia.

b) Cymharwch gyfeiriad llwybrau'r stormydd yn hemisffer y gogledd a hemisffer y de.

c) Enwch ddwy wlad sy'n agored i niwed gan seiclonau a sychder.

ch) Disgrifiwch leoliad yr ardaloedd sy'n cael eu heffeithio gan sychder yn hemisffer y gogledd. Sut mae'r ardaloedd hyn yn wahanol i'r rhai sy'n agored i niwed gan seiclonau?

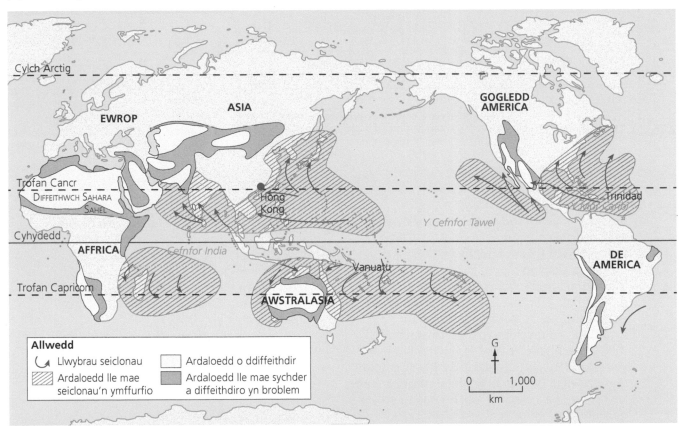

▲ **Ffigur 1** Dosbarthiad a lleoliad byd-eang o ardaloedd mae seiclonau a sychder yn effeithio arnynt.

Gweithgaredd

2 a) Gwnewch gopi o Ffigur 2 ar dudalen 161. Defnyddiwch y blychau testun i anodi eich diagram. Rhowch eich anodiadau mewn mannau priodol ar eich diagram.

b) Defnyddiwch eich diagram gorffenedig i esbonio pam mae coedwig law ar y Cyhydedd a diffeithdir ar ledredau 30° i'r gogledd a'r de.

Beth sy'n digwydd yn ein hatmosffer i achosi tywydd eithafol?

Gallwn ni ddechrau deall tywydd eithafol drwy feddwl am ba mor gryf yw gwres yr Haul ar y tir ar ledredau gwahanol. Mae'r hinsawdd ger y Cyhydedd (o fewn 5° o ledred) yn boeth drwy gydol y flwyddyn. Mae'r Haul yn gwresogi'r Ddaear ac mae'r Ddaear yn gwresogi'r aer uwchben. Mae'r aer hwn yn troi'n **ansefydlog** ac yn codi. Mae hyn yn creu band o wasgedd isel yn yr atmosffer, sef y **gylchfa cydgyfeirio ryngdrofannol (CCRD: *ITCZ*)**,

sy'n amgylchynu rhanbarth cyhydeddol y Ddaear. Mae safle'r CCRD i'w weld yn Ffigur 3. Sylwch fod ei leoliad yn amrywio drwy gydol y flwyddyn. Gogwydd echelin y Ddaear sy'n gyfrifol am hyn. Mae hemisffer y gogledd yn gwyro tuag at yr Haul ym mis Mehefin a mis Gorffennaf, felly mae'r CCRD ychydig i'r gogledd o'r Cyhydedd. Mae'r CCRD yn symud i'r de o'r Cyhydedd ym mis Rhagfyr a mis Ionawr, pan fydd hemisffer y de yn gwyro tuag at yr Haul.

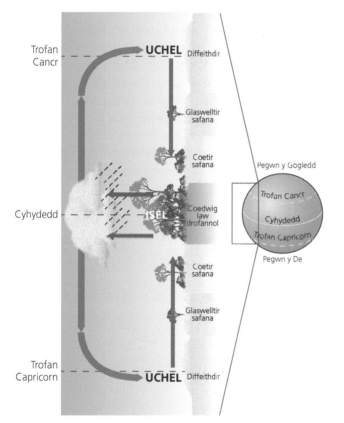

Mae'r Haul yn gwresogi'r Ddaear ac mae'r Ddaear yn gwresogi'r aer uwchben; mae'r aer hwn yn troi'n ansefydlog ac yn codi i greu ardal o wasgedd isel.

Mae'r aer yn cylchredeg yn ôl tuag at y Cyhydedd yn yr atmosffer isaf gan greu'r gwyntoedd cyson.

Tua 30 °G a 30 °D mae'r aer yn disgyn gan greu ardal o wasgedd uchel. Mae'r aer hwn yn sych. Prin y bydd hi'n bwrw glaw yma.

Mae'r aer yn cyrraedd haen ffiniol yn yr atmosffer sef y tropoffin, sydd tua 17 km uwchben y Cyhydedd. Mae'r aer yn lledaenu allan tuag at y pegynau.

◄ **Ffigur 2** Sut mae gwres yr Haul ar y Cyhydedd yn creu'r gylchfa cydgyfeirio ryngdrofannol (CCRD).

Gweithgaredd

3 a) Gan ddefnyddio Ffigur 3, disgrifiwch safle'r CCRD:
   i) uwchben y Cefnfor Tawel ym mis Ionawr a mis Gorffennaf
   ii) uwchben Canolbarth America ym mis Gorffennaf.
   b) Cymharwch leoliad a dosbarthiad seiclonau yn Ffigur 1 â safle'r CCRD yn Ffigur 3. Beth yw eich casgliadau?

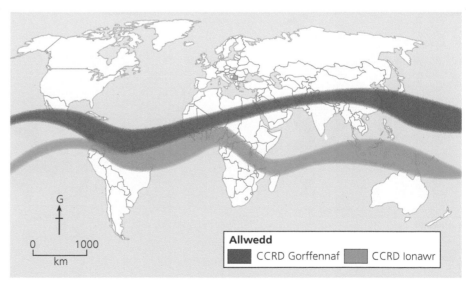

Allwedd
CCRD Gorffennaf   CCRD Ionawr

▲ **Ffigur 3** Lleoliad systemau gwasgedd isel cyhydeddol a throfannol (CCRD).

Sut mae gwasgedd isel yn achosi tywydd eithafol?

Tua diwedd mis Gorffennaf 2015, cafodd India a Pakistan eu heffeithio'n wael gan law **monsŵn** a achosodd fflachlifau a thirlithriadau. Roedd dros 120 o bobl wedi boddi yn India. Y gred yw bod 116 o bobl wedi marw yn Pakistan, ac roedd rhaid i bron miliwn o bobl adael eu cartrefi dros dro oherwydd y llifogydd. Ar yr un pryd, cafodd Gorllewin Bengal, Bangladesh a Myanmar eu taro gan lifogydd ar ôl i storm drofannol achosi glawiad trwm. Dywedodd pentrefwyr yng Ngorllewin Bengal, 'Rydyn ni wedi gweld llifogydd, ond dydyn ni ddim wedi gweld unrhyw beth fel hyn o'r blaen. Dyma'r flwyddyn waethaf.' Beth achosodd y digwyddiadau tywydd eithafol hyn?

Pam mae De Asia yn cael tymor monsŵn?

Nid fflachlifau 2015 oedd y tro cyntaf i'r rhanbarth hwn ddioddef tywydd eithafol. Mae glaw monsŵn yn digwydd bob blwyddyn ar draws De Asia. Mae'r glaw'n ffurfio wrth i'r CCRD symud tua'r gogledd ar draws India ym mis Gorffennaf (gweler Ffigur 3 ar dudalen 161). Mae Ffigur 7 yn dangos sut mae safle'r CCRD yn creu'r amodau perffaith sy'n golygu y gall stormydd glaw trwm ddigwydd unrhyw ddiwrnod yn ystod y mis hwn. Pan ddaw'r glaw, mae'n aml yn disgyn ar dir caled, sych, cras. Nid yw'r ddaear yn gallu amsugno'r glaw yn ddigon cyflym felly mae'n llifo fel dŵr ffo ac yn creu fflachlif sydyn. Mewn dinasoedd, mae'r glaw yn disgyn ar darmac neu goncrit anathraidd ac nid yw'n gallu cael ei amsugno. Nid yw'r draeniau storm yn gallu ymdopi â'r dŵr. O ganlyniad, mae'r strydoedd yn mynd dan ddŵr yn syth gan gyfuniad o ddŵr glaw a charthion o'r draeniau budr/brwnt.

▲ **Ffigur 4** Pobl yn cael trafferth symud o amgylch y ddinas ar ôl fflachlifau yn Lahore.

Gweithgareddau

1 Astudiwch Ffigur 4. Heblaw am foddi, rhestrwch 5 ffordd y gallai llifogydd fel hyn effeithio ar fywyd pob dydd neu iechyd a llesiant pobl.

2 Defnyddiwch Ffigur 5 i ysgrifennu adroddiad byr ar gyfer y newyddion am y llifogydd ar draws De Asia ym mis Gorffennaf 2015. Cofiwch ddisgrifio:
a) lleoliad y llifogydd
b) achosion ac effeithiau'r llifogydd.

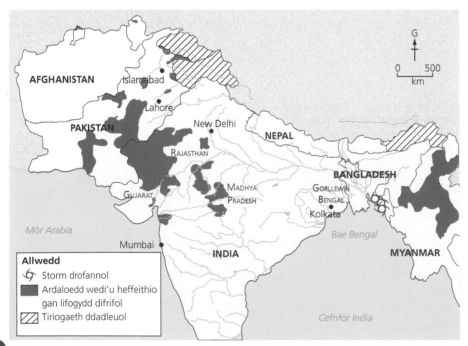

Allwedd
 Storm drofannol
■ Ardaloedd wedi'u heffeithio gan lifogydd difrifol
▨ Tiriogaeth ddadleuol

◄ **Ffigur 5** Map o Dde Asia yn dangos ardaloedd wedi'u heffeithio gan lifogydd ym mis Gorffennaf 2015.

Diwrnod	1	2	3	4	5	6	7	8	9	10	11	12	13	14	15	16
Glawiad (mm)	0	0	1.6	0	0	0	9	0	0	0.1	0.1	42	4	0.1	0	0
Diwrnod	17	18	19	20	21	22	23	24	25	26	27	28	29	30	31	
Glawiad (mm)	119	0.1	75	5	2	0.1	2	17	0.1	17	2	0	0	0	1	

▲ **Ffigur 6** Glawiad yn Lahore am bob diwrnod ym mis Gorffennaf 2015.

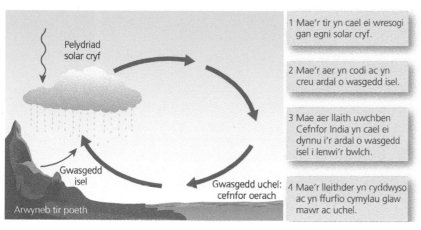

1 Mae'r tir yn cael ei wresogi gan egni solar cryf.

2 Mae'r aer yn codi ac yn creu ardal o wasgedd isel.

3 Mae aer llaith uwchben Cefnfor India yn cael ei dynnu i'r ardal o wasgedd isel i lenwi'r bwlch.

4 Mae'r lleithder yn cyddwyso ac yn ffurfio cymylau glaw mawr ac uchel.

▲ **Ffigur 7** Cylchrediad yr atmosffer uwchben De Asia yn ystod mis Gorffennaf.

Gweithgareddau

3 a) Defnyddiwch y data yn Ffigur 6 i luniadu graff addas.
    b) Defnyddiwch eich graff i esbonio'r fflachlifau y gallwch chi eu gweld yn Ffigur 4.
4 Gwnewch gopi o Ffigur 7. Ychwanegwch anodiadau at eich diagram yn y mannau priodol i ddangos pam mae safle'r CCRD yn creu cymaint o lawiad yn ystod y monsŵn.

Sut mae seiclonau'n ffurfio?

Mae seiclonau – sy'n cael eu hadnabod fel corwyntoedd yn America ac fel teiffŵn yn Asia – yn fwy grymus na stormydd trofannol. Digwyddiadau tymhorol ydyn nhw sy'n cael eu hachosi gan wasgedd isel iawn pan fydd yr CCRD uwchben. Mae egni dinistriol seiclon yn cael ei greu pan fydd gwres o'r môr yn cael ei drosglwyddo i'r aer uwchben. Mae angen i'r môr fod ar dymheredd o 27°C neu fwy am sawl wythnos cyn i seiclon ffurfio. Mae'r dŵr cynnes yn gwresogi'r aer uwch ei ben, ac

mae'r aer hwn yn codi'n gyflym gan greu ardal o wasgedd isel iawn yn yr atmosffer. O ganlyniad i hyn, mae cymylau mawr, uchel yn ffurfio ac mae glaw trwm iawn yn disgyn. Ar lefel y môr, mae'r aer sy'n codi yn cael ei ddisodli gan aer llaith cynnes o'r tu allan. Wrth i'r aer symud tuag at ganol y gwasgedd isel, mae'n troelli i fyny i'r atmosffer. Mudiant y Ddaear yn cylchdroi sy'n achosi'r troelli, ac enw'r broses hon yw **Effaith Coriolis**.

	Ion	Chwe	Maw	Ebr	Mai	Meh	Gorff	Awst	Medi	Hyd	Tach	Rhag
Vanuatu	29.1	29.5	29.5	29.3	28.4	27.7	27.0	26.5	26.6	27.0	27.4	28.2
Trinidad	27.6	27.3	27.3	27.6	28.1	28.2	28.3	29.3	29.4	29.0	28.4	27.9
Hong Kong	19.1	18.9	20.1	22.7	26.8	28.5	29.1	28.6	28.3	26.5	24.3	21.0
Cernyw, y DU	10.4	10.0	9.7	10.6	12.0	14.2	16.5	17.1	16.5	14.8	13.2	11.7

▲ **Ffigur 8** Tymereddau cyfartalog y môr ar gyfer detholiad o leoliadau (°C).

Gweithgaredd

5 Defnyddiwch Ffigur 8 i luniadu dau graff er mwyn dargos tymheredd cyfartalog y môr yn Hong Kong ac yng Nghernyw. Defnyddiwch eich graffiau a Ffigur 1 i esbonio pam mae Hong Kong yn agored i niwed gan seiclonau ond nid Cernyw.

Gwaith ymholi

Ceisiwch ragfynegi pryd mae seiclonau'n fwyaf tebygol o daro pob un o'r ynysoedd isod. Defnyddiwch y wybodaeth yn Ffigurau 1, 3 ac 8 i gyfiawnhau eich ateb.
■ Trinidad
■ Vanuatu.

Seiclon Pam, mis Mawrth 2015

Ym mis Mawrth 2015 rhwygodd Seiclon Pam drwy gadwyn ynysoedd Vanuatu yn y Cefnfor Tawel gan adael dinistr ar ei ôl. Mae seiclonau'n cael eu rhoi mewn categorïau gwahanol yn ôl cryfder y gwynt. Mae'r categorïau hyn yn cael eu disgrifio yn Ffigur 10. Roedd Pam yn seiclon Categori 5, ac roedd yn ei anterth wrth iddo deithio ar draws sawl ynys. Roedd gwyntoedd yn chwythu tua 250 km yr awr, ac roedd rhai hyrddiau'n cyrraedd cyflymder o 320 km yr awr. Cafodd llawer o gartrefi eu dinistrio a chnydau eu difetha gan y gwynt. Roedd y seiclon wedi cael ei ragweld ac aeth llawer o bobl i gysgodi mewn canolfannau lloches. Bu farw 11 o bobl.

Ffeil Ffeithiau

- Grŵp o 83 o ynysoedd folcanig yn y Cefnfor Tawel yw Vanuatu.
- Y boblogaeth yw 272,000.
- Mae IGC yn $UDA3,090 sy'n golygu bod Vanuatu yn Wlad Incwm Canolig Is.
- Y prif fathau o swyddi yw ffermio, pysgota a thwristiaeth.
- Mae llawer o bobl yn dibynnu ar ddŵr glaw wedi'i gasglu o doeon adeiladau.
- Awstralia sy'n rhoi'r swm mwyaf o gymorth i Vanuatu. Rhoddodd $A60.7 miliwn (£31.45 miliwn) i Vanuatu yn 2013–14.

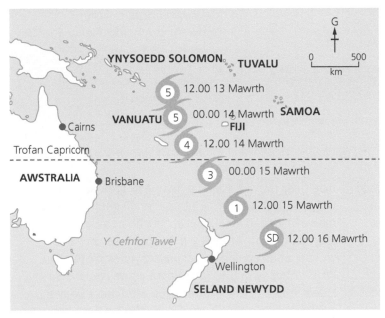

▲ **Ffigur 9** Llwybr Seiclon Pam.

Gweithgareddau

1 Disgrifiwch lwybr Seiclon Pam. Defnyddiwch y saeth (Gogledd) a'r llinell raddfa i'ch helpu.
2 Nodwch un broblem gymdeithasol, un broblem economaidd ac un broblem amgylcheddol sy'n wynebu trigolion yr ynysoedd.
3 Nodwch un broblem gymdeithasol, un broblem economaidd ac un broblem amgylcheddol a gafodd eu hachosi gan Seiclon Pam.

Allwedd

⟳ Llwybr y seiclon

Rhifau – Cryfder y seiclon

SD Storm drofannol

Categori	Hyrddiau cryfaf o wynt (km/awr)	Gwasgedd aer yn y canol (milibarau)	Difrod nodweddiadol
1	Llai na 125	> 980	Ychydig iawn o ddifrod i dai, ond rhywfaint o ddifrod i gnydau a choed. Gallai angorfeydd rhai cychod symud.
2	125–164	965–980	Mae gwyntoedd storm yn achosi mân ddifrod i dai ond difrod sylweddol i arwyddion ffordd, coed a rhai cnydau. Mae perygl o doriad pŵer. Mae cychod bach yn torri'n rhydd o'u hangorfeydd.
3	165–224	945–964	Mae gwyntoedd dinistriol iawn yn achosi difrod i doeon adeiladau. Caiff llawer o gnydau a choed eu difrodi. Mae'r perygl o doriad pŵer yn fawr.
4	225–279	920–944	Mae gwyntoedd dinistriol iawn yn achosi difrod i doeon, waliau a ffenestri. Llawer o doriadau pŵer. Mae malurion yn chwythu yn y gwynt, gan greu perygl o achosi anaf.
5	Dros 280	< 920	Mae gwyntoedd hynod ddinistriol yn achosi difrod eang i eiddo a llystyfiant. Maent yn amharu'n ddifrifol ar isadeiledd fel ffyrdd, llinellau ffôn a llinellau pŵer.

▲ **Ffigur 10** Categorïau seiclonau.

Beth oedd effeithiau Seiclon Pam?

Mae pentrefi yn Vanuatu yn dibynnu ar ddau fath o gyflenwad dŵr:

- Dŵr glaw sy'n cael ei gasglu o nentydd neu o doeon adeiladau a'i storio mewn tanciau uwchben y ddaear.
- Dŵr dacar sy'n cael ei gasglu o ffynhonnau bas.

Cafodd y ddau fath o gyflenwad dŵr eu difrodi gan Seiclon Pam. Cafodd toeon adeiladau eu rhwygo i ffwrdd gan y gwyntoedd cryf a chafodd tanciau storio eu chwythu i'r llawr. Roedd ardaloedd arfordirol wedi'u gorlifo gan ddŵr y môr o'r ymchwydd storm ac roedd ffynhonnau dŵr croyw wedi'u halogi. Mae amcangyfrifon yn awgrymu bod 68 y cant o strwythurau casglu dŵr glaw a 70 y cant o ffynhonnau'r ynysoedd wedi'u difrodi gan y seiclon.

Yn sgil y gwyntoedd dinistriol, cafodd hyd at 90 y cant o'r cartrefi ar yr ynysoedd a oedd yn sefyll yn union yn llwybr y storm (fel Erromango) eu difrodi. Rhwng popeth, cafodd cartrefi 90,000 o bobl eu difrodi. Gwnaeth y gwyntoedd hefyd achosi difrod i ysbytai ac ysgolion, gan effeithio ar dros 35,000 o ddisgyblion. Roedd hyd at 80 y cant o gnydau cynnal (fel llysiau) a chnydau gwerthu (fel coffi) wedi'u dinistrio gan y gwyntoedd. Cafodd gwerth $UDA2.5 miliwn o ddifrod ei wneud i'r diwydiant ffermio yn ôl yr amcangyfrifon.

Sut gwnaeth y byd ymateb i'r argyfwng yn Vanuatu?

Cafodd cymorth brys ei anfon o Awstralia, Fiji, Ffrainc, Seland Newydd, Ynysoedd Solomon, Tonga a'r DU gan ddefnyddio awyrennau a phersonél milwrol. Mae ynysoedd Vanuatu yn anghysbell iawn. Mae'r llethrau folcanig serth yn golygu nad oes llawer iawn o stribedi esgyn/glanio hir ar yr ynysoedd, a dim ond un neu ddau harbwr sydd yno sy'n gallu ymdopi â llongau mawr. Cafodd cymorth brys ei anfon i Port Vila mewn awyrennau. Yna, cafodd 'pont awyr' ei chreu gan y llywodraeth drwy ddefnyddio awyrennau a chychod llai er mwyn cludo'r cymorth i'r mannau oedd ei angen fwyaf.

▲ **Ffigur 11** Personél y Cenhedloedd Unedig ar awyren Llu Awyr Brenhinol (*RAF*) y DU a oedd yn cludo cymorth brys i Port Vila, Vanuatu.

21,000 o bobl wedi cael cyflenwadau o ddŵr yfed glân	92,500 o flancedi
26,000 o atgyweiriadau i systemau cyflenwi dŵr	20 o dimau meddygol o wledydd tramor
153 o ysgolion dros dro wedi'u creu	95,000 o bobl wedi derbyn gofal meddygol
67,000 o gynfasau tarpolin	19,000 o blant wedi'u brechu rhag y frech goch

▲ **Ffigur 12** Ystadegau'n ymwneud â'r cymorth brys yn Vanuatu, Gorffennaf 2015.

Gweithgareddau

4 Esboniwch pam byddai llywodraeth Vanuatu yn awyddus i fynd i'r afael â phob un o'r problemau canlynol ar frys:
   a) atgyweirio cyflenwadau dŵr
   b) darparu gofal meddygol
   c) sefydlu ysgolion dros dro.
5 Awgrymwch sut gallai gwledydd fel Awstralia ddarparu cymorth effeithiol yn y tymor hir ar gyfer pobl Vanuatu. Rhaid i chi gyfiawnhau eich syniadau.

Gwaith ymholi

Dadansoddwch effeithiau tywydd eithafol sy'n cael ei achosi gan wasgedd isel. Beth yw'r prif wahaniaethau rhwng monsŵn De Asia yn 2015 a Seiclon Pam? Ysgrifennwch adroddiad byr. Canolbwyntiwch ar yr elfennau canlynol:
   ■ achosion
   ■ maint y digwyddiad (arwynebedd a nifer y bobl wedi'u heffeithio)
   ■ hyd y digwyddiad (o ran amser)
   ■ effeithiau cymdeithasol ac economaidd.

Ton wres a sychder yn California

Ym mis Gorffennaf 2015, roedd penawdau newyddion yn y DU yn sôn am dannau gwyllt yn California. Mewn un tân, ger Llyn Clear, roedd dros 3,000 erw o dir yn llosgi y tu hwnt i reolaeth. Roedd rhaid i bobl adael eu cartrefi. Mewn tân gwyllt arall (sydd i'w weld yn Ffigur 17 ar dudalen 168), roedd rhaid i bobl adael eu ceir a oedd mewn tagfa draffig oherwydd gwaith ffordd ar draffordd yr Interstate 15 wrth i dân gwyllt sgubo ar draws y ffordd. Beth oedd yn achosi'r tywydd eithafol hwn?

Dechreuodd y tanau gwyllt o ganlyniad i dair blynedd o sychder yn California rhwng 2012 a 2015. Mae sychder yn digwydd pan fydd y glawiad gryn dipyn yn llai na'r arfer dros gyfnod hir. Rhwng 2012 a 2015, roedd cyfanswm glawiad y gaeaf yn California yn llawer is na'r arfer, ac nid oes llawer o law yno dros yr haf beth bynnag. Canlyniad hyn oedd sychder a llystyfiant sych sy'n llosgi'n hawdd ym misoedd poeth yr haf.

Gweithgareddau

1 Defnyddiwch Ffigur 13 i ddisgrifio:
   a) lleoliad Los Angeles
   b) dosbarthiad y taleithiau lle roedd sychder eithriadol.

2 Awgrymwch sut gallai'r sychder a'r tanau gwyllt fod wedi effeithio ar ffermwyr, defnyddwyr, perchenogion tai a diffoddwyr tân.

3 Defnyddiwch Ffigur 15 ac atlas.
   a) Crëwch ragolygon tywydd ar gyfer pob un o'r lleoedd isod. Dylech allu sôn am y tymheredd a'r dyodiad.
      i)   Los Angeles
      ii) Ottowa
      iii) Ciudad de México
   b) Mae'r jetlif yn symud fel tonnau wrth iddo wyro i'r gogledd ac i'r de, fel sydd i'w weld yn Ffigur 14. Esboniwch pam byddai tywydd UDA yn y gaeaf yn wahanol pe bai'r jetlif yn dilyn patrwm mwy normal.

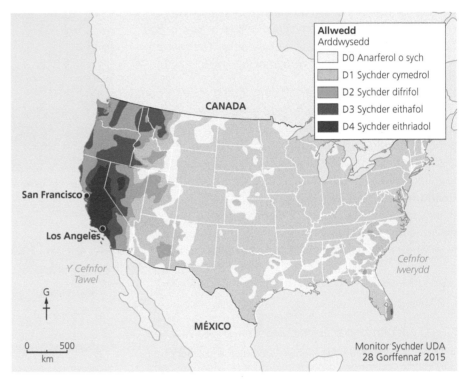

▲ **Ffigur 13** Lefelau sychder ar draws UDA ym mis Gorffennaf 2015.

Beth achosodd y sychder yn California?

Mae'r glawiad gaeaf isel wedi'i achosi gan safle'r **jetlif**. Rhuban cryf o wyntoedd yw'r jetlif sy'n amgylchynu'r byd rhwng 9 ac 16 km uwchben arwyneb y Ddaear. Mae'r gwyntoedd hyn yn gwahanu'r aergyrff pegynol oer i'r gogledd oddi wrth yr aergyrff trofannol cynnes i'r de. Mae'r jetlif fel arfer yn crymu ymhellach i'r de nag ydyw yn Ffigur 14. Dan amodau arferol, mae'r jetlif yn gwthio aergyrff gwasgedd isel sy'n cario glaw ar draws California yn ystod misoedd y gaeaf. Fodd bynnag, rhwng 2012 a 2015, roedd wedi'i lapio o amgylch ardal enfawr o wasgedd uchel yng ngogledd-ddwyrain y Cefnfor Tawel. Roedd aer sych i'r gorllewin o California wedi aros yn yr unfan am gyfnodau hir. Cafodd y system gwasgedd hon ei galw'n 'Reluctant Ridge' o wasgedd uchel gan wasanaeth tywydd UDA am ei bod yn gwrthod datgymalu neu symud. Yn y cyfamser, roedd gwasgedd aer isel ac aer oer o Ganada yn cael eu llusgo i lawr i ganolbarth a dwyrain UDA, fel sydd i'w weld yn Ffigur 15.

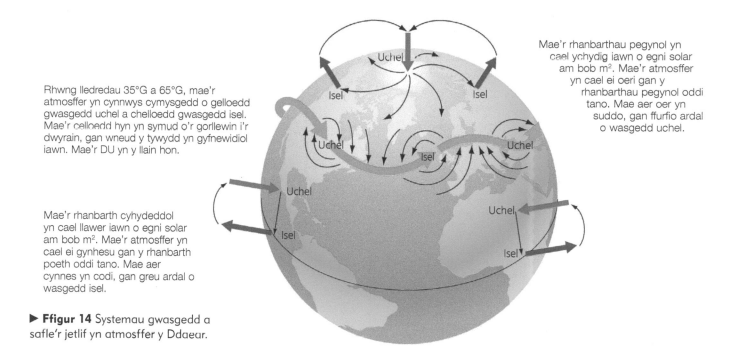

Rhwng lledredau 35°G a 65°G, mae'r atmosffer yn cynnwys cymysgedd o gelloedd gwasgedd uchel a chelloedd gwasgedd isel. Mae'r celloedd hyn yn symud o'r gorllewin i'r dwyrain, gan wneud y tywydd yn gyfnewidiol iawn. Mae'r DU yn y llain hon.

Mae'r rhanbarthau pegynol yn cael ychydig iawn o egni solar am bob m². Mae'r atmosffer yn cael ei oeri gan y rhanbarthau pegynol oddi tano. Mae aer oer yn suddo, gan ffurfio ardal o wasgedd uchel.

Mae'r rhanbarth cyhydeddol yn cael llawer iawn o egni solar am bob m². Mae'r atmosffer yn cael ei gynhesu gan y rhanbarth poeth oddi tano. Mae aer cynnes yn codi, gan greu ardal o wasgedd isel.

▶ **Ffigur 14** Systemau gwasgedd a safle'r jetlif yn atmosffer y Ddaear.

http://droughtmonitor.unl.edu/ – gwefan gwasanaeth monitro sychder UDA.

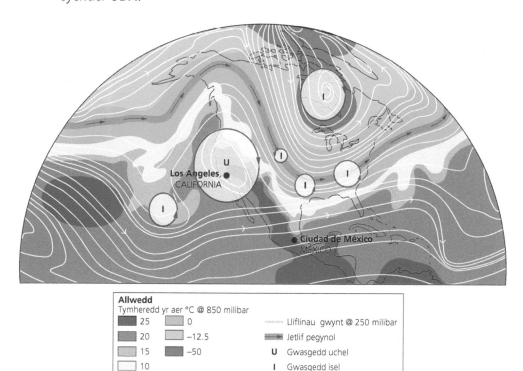

Allwedd
Tymheredd yr aer °C @ 850 milibar

25	0	···· Lliflinau gwynt @ 250 milibar
20	−12.5	▬ Jetlif pegynol
15	−50	U Gwasgedd uchel
10		I Gwasgedd isel

▲ **Ffigur 15** Y *'Reluctant Ridge'* o wasgedd uchel yn nwyrain y Cefnfor Tawel ganol mis Chwefror 2015.

Pa effeithiau mae sychder California wedi eu cael?

Mae'r effeithiau tymor byr yn amlwg. Roedd gostyngiad mawr yn swm yr arllwysiad yn y rhan fwyaf o afonydd California. Ym mis Awst 2015, roedd llif 44 y cant o afonydd yn 10 y cant yn unig o'u llif arferol. Yng ngwres yr haf, mae lleithder o'r pridd yn anweddu. Mae planhigion yn gwywo ac yn sychu.

Dan yr amodau hyn, mae gwreichion yn gallu tanio tanau gwyllt yn hawdd. Os yw hi'n wyntog, gall y tân ledaenu'n gyflym iawn, gan roi adeiladau a bywydau mewn perygl. Un ffordd mae diffoddwyr tân yn ceisio mynd i'r afael â'r broblem hon yw cynnau tân bwriadol rhwng y tanau gwyllt ac unrhyw eiddo. Mae'r tân yn llosgi unrhyw lystyfiant yn yr ardal ac yna mae'n cael ei ddiffodd. O ganlyniad, does gan y tân gwyllt ddim tanwydd i'w losgi pan fydd yn cyrraedd yr ardal.

Collodd ffermwyr yn Central Valley $810 miliwn yn ystod 2015.

Cafodd perchenogion tai eu rhybuddio i beidio â defnyddio dŵr i olchi eu dreifiau neu i ddyfrhau eu gerddi. Roedd defnyddio peipen ddŵr rwber i olchi ceir wedi'i wahardd. Roedd yr hashnod #DroughtShaming yn cael ei ddefnyddio ar Twitter er mwyn codi cywilydd ar bobl a oedd yn anwybyddu'r rheolau hyn.

Roedd y rhan fwyaf o argaeau pŵer trydan dŵr wedi stopio cynhyrchu trydan.

Ymddangosodd craciau mewn adeiladau a ffyrdd o ganlyniad i ymsuddiant. Digwyddodd hyn gan fod dŵr yn cael ei bwmpio allan o'r tir yn gyflymach nag yr oedd yn cael ei ailgyflenwi'n naturiol.

California sydd fel arfer yn cynhyrchu tua hanner y ffrwythau a'r llysiau sy'n cael eu tyfu yn UDA. Oherwydd prinder cynnyrch, cododd prisiau ffrwythau a llysiau 6% yn y siopau. Cafodd mwy o fwyd ei fewnforio.

Roedd cynnydd o 36% mewn tanau gwyllt. Cafodd eiddo ei ddifrodi a bywyd gwyllt ei ladd. Llosgodd 31,000 erw o gynefin coed derw.

Talodd llywodraeth y dalaith $687 miliwn o'i chynilion i ddigolledu ffermwyr a pherchenogion tai a oedd wedi colli enillion neu gartrefi. Gallai'r arian hwn fod wedi cael ei wario ar brojectau pwysig eraill.

Bu farw eog a brithyll yn Nelta Afon San Joaquin. Mae cynnydd yn nhymheredd afon yn golygu bod y dŵr yn cario llai o ocsigen ar gyfer y pysgod.

Cafodd 17,100 o swyddi amaethyddol eu colli yn y dalaith oherwydd y sychder.

▲ **Ffigur 16** Sut mae'r sychder wedi effeithio ar bobl ac ar yr amgylchedd?

▲ **Ffigur 17** Un o'r tanau gwyllt yn dinistrio sawl cerbyd a oedd yn sownd mewn tagfa draffig ar drafffordd yr Interstate 15, California, ym mis Gorffennaf 2015. Ni chafodd neb ei anafu.

Gweithgareddau

1 Astudiwch y data yn Ffigur 18.
   a) Defnyddiwch y data i luniadu cyfres o graffiau.
   b) Cymharwch y glawiad yn 2014 â'r glawiad arferol ac â'r glawiad yn ystod sychder 1976.
   c) Nodwch un o gryfderau ac un o gyfyngiadau'r dystiolaeth hon a'r ffordd rydych chi wedi dewis ei chyflwyno.
2 Ar wahân i achosion ffisegol y sychder, awgrymwch dri ffactor arall a allai fod wedi arwain at brinder dŵr.

Glawiad: ffigurau misol mewn mm	Ion	Chwe	Maw	Ebr	Mai	Meh	Gorff	Awst	Medi	Hyd	Tach	Rhag
Glawiad cymedrig	78	95	45	30	18	3	3	12	8	25	40	105
Sychder 1976	37	42	32	22	0	0	0	4	5	12	19	33
Sychder 2014	25	28	30	2	0	0	1	2	0	9	15	22

▲ **Ffigur 18** Mae glawiad San Francisco, fel gweddill California, yn is nag erioed o'r blaen.

Beth yw'r effeithiau tymor hir?

Gallai effeithiau tymor hir sychder fod yn fwy difrifol i economi California ac i'r ffordd o fyw yno. Mewn cyfnodau o sychder, nid yw'r dŵr daear yn cael ei ail-lenwi gan nad oes glawiad yn cael ei amsugno i'r ddaear. Felly mae'r lefel trwythiad yn gostwng gan fod dŵr yn cael ei echdynnu'n gyflymach nag y mae'n cael ei ailgyflenwi. Yn y tymor hir, nid yw hyn yn gynaliadwy ar gyfer cyflenwadau dŵr a'r busnesau ffermio pwysig sy'n dibynnu ar echdynnu dŵr daear.

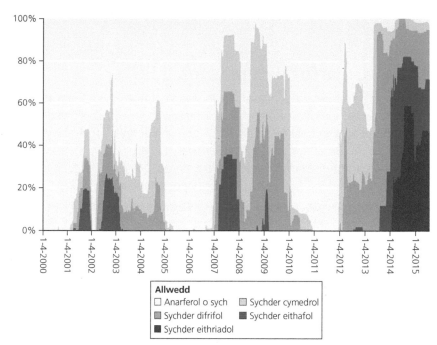

Allwedd
☐ Anarferol o sych ▢ Sychder cymedrol
▢ Sychder difrifol ▢ Sychder eithafol
▢ Sychder eithriadol

▲ **Ffigur 19** Canran o dalaith California sy'n profi amodau sychder (2000–15).

Roedd rhaid i fi gyflwyno cyfyngiadau dŵr gorfodol. Mae'n rhaid i bob tref a dinas ddangos sut bydd yn lleihau'r defnydd o ddŵr 25% o gymharu â lefelau 2013. Rhaid i ddefnyddwyr amaethyddol gyflwyno adroddiadau rheolaidd i'r Dalaith yn nodi eu cynlluniau tymor canolig i leihau eu defnydd o ddŵr. Os yw pobl yn gosod toiledau, peiriannau golchi domestig a chawodydd, mae'n rhaid iddyn nhw ddefnyddio technolegau modern sy'n arbed dŵr.

Jerry Brown, Llywodraethwr California

Rydyn ni wedi cyflwyno cymysgedd o raglenni arbed dŵr gwirfoddol a gorfodol. Mae dyfrhau gerddi, ceir a dreifiau wedi'i wahardd. Byddwn ni'n cynnig cymorthdaliadau i bobl sy'n awyddus i osod toiledau a pheiriannau golchi newydd sy'n arbed dŵr. Rydyn ni wedi dosbarthu miliynau o daflenni yn cynnig cyngor ar sut i arbed dŵr yn y cartref.

Harlan Kelly, Rheolwr Cyffredinol Gwasanaeth Dŵr San Francisco

Mae angen i California leihau faint o drydan mae'n ei gael gan Bŵer Trydan Dŵr. Rhaid defnyddio cronfeydd dŵr i gyflenwi dŵr yn hytrach na chyflenwi trydan. Bydd hyn yn golygu prisiau uwch i gwsmeriaid wrth i ni droi at nwy naturiol yn y tymor byr, ac yn sicr yn ychwanegu mwy o nwyon tŷ gwydr i'r atmosffer. Yn y tymor hir, bydd angen i bobl California fynd ati o ddifrif i ddefnyddio egni solar ac egni'r gwynt.

Arbenigwr egni

Rhaid i bobl California sylweddoli na fydd y broblem hon yn mynd i ffwrdd. Mae'n rhaid i ni dalu mwy am ein dŵr a buddsoddi mewn gweithfeydd dihalwyno sy'n tynnu halen o ddŵr y môr. Rhaid i ni annog ffermwyr i dyfu cnydau sy'n llai sychedig, hyd yn oed os yw hyn yn golygu bod llai o elw a bod bwyd yn cael ei fewnforio. Rhaid i ni gadw rhai cyflenwadau dŵr wrth gefn i ddiogelu ecosystemau bregus, er mwyn rhoi pob chwarae teg i fyd natur oroesi.

Ymgyrchydd amgylcheddol

▲ **Ffigur 20** Rhai ymatebion i'r sychder.

Gweithgareddau

3 Astudiwch Ffigur 16.
  a) Rhannwch effeithiau'r sychder yn effeithiau cymdeithasol, economaidd ac amgylcheddol.
  b) Defnyddiwch dechneg graddio diemwnt (gweler tudalen 83) i roi effeithiau'r sychder mewn trefn restrol.
  c) Dewiswch y tair effaith fwyaf difrifol. Esboniwch pam rydych chi wedi dewis pob un ohonyn nhw.
4 Sut dylai pobl California ymateb i'r sychder yn y tymor hir? Ysgrifennwch adroddiad byr am sut gallai'r diwydiannau adeiladu tai, ffermio ac egni ymateb.

Gwaith ymholi

Pa mor ddifrifol oedd sychder California yn 2014–15? Astudiwch Ffigur 19. Defnyddiwch dystiolaeth o'r graff hwn i ddisgrifio pa mor ddifrifol oedd sychder 2015. Dylech ystyried hyd y sychder a'r canran o dalaith California a oedd yn profi amodau sychder, o gymharu â blynyddoedd blaenorol.

Hinsawdd arforol dymherus y DU

Mae gan y DU hinsawdd dymherus fwyn, sydd ddim yn profi unrhyw dymereddau eithafol. Mae'r hinsawdd yn **arforol** am ei bod yn cael ei dylanwadu'n gryf gan aergyrff a cheryntau cefnforol sy'n croesi Cefnfor Iwerydd. Un o nodweddion yr hinsawdd yw sut mae'n amrywio drwy gydol y flwyddyn. Mae gan y DU bedwar tymor gwahanol.

Y prif ffactorau sy'n effeithio ar hinsawdd y DU yw:
- lledred
- llwybr y jetlif a'i effaith ar symudiad aergyrff
- effaith ceryntau cefnforol
- uchder ac agwedd.

Llundain	Ion	Chwe	Maw	Ebr	Mai	Meh	Gorff	Awst	Medi	Hyd	Tach	Rhag
Tymheredd °C	6	7	10	13	17	21	23	22	19	14	10	7
Dyodiad (mm)	78	59	61	51	55	56	45	51	63	70	75	79

Oban	Ion	Chwe	Maw	Ebr	Mai	Meh	Gorff	Awst	Medi	Hyd	Tach	Rhag
Tymheredd °C	8	8	8	10	13	14	16	16	15	12	10	8
Dyodiad (mm)	195	142	155	84	69	83	105	123	174	189	185	197

▲ **Ffigur 1** Mae data hinsawdd ar gyfer Llundain yn ne-ddwyrain Lloegr ac Oban yng ngogledd-orllewin yr Alban yn dangos sut mae hinsawdd y DU yn amrywio ar draws y wlad.

Effaith agwedd ac uchder

Mae tirweddau uwchdir yng ngogledd, canolbarth a gorllewin y DU. Mae uwchdiroedd yn oerach o lawer nag iseldiroedd. Mae'r tymheredd yn gostwng 1°C am bob 100 m mewn uchder. Mae **agwedd**, neu gyfeiriad llethr, yn ffactor arall sy'n effeithio ar dymereddau gan mai dyma sy'n pennu faint o haul sy'n cael ei dderbyn. Mae llethrau sy'n wynebu'r de yn tueddu i fod yn fwy cynnes na llethrau sy'n wynebu'r gogledd.

Gweithgareddau

1 Cymharwch hinsawdd Llundain â hinsawdd Oban, gan gofio cyfeirio at natur dymhorol y ddau graff.
2 a) Gwnewch fraslun o Ffigur 2.
   b) Cwblhewch eich braslun ac ychwanegwch y labeli isod at y mannau cywir.

Llawr gwastad y dyffryn

Llethr sy'n wynebu'r gogledd-orllewin

Llethr sy'n wynebu'r de-ddwyrain

– yn y cysgod am y rhan fwyaf o'r diwrnod yn y gaeaf

– yn cael ei gynhesu gan heulwen yn gynnar yn y bore

– yn y cysgod nes bod yr Haul yn uwch yn yr awyr ac felly mae'r rhew yn para'n hirach yn y bore

▲ **Ffigur 2** Dyffryn yn Ardal y Llynnoedd sy'n dangos sut mae agwedd yn gallu effeithio ar dymheredd.

Sut mae'r hinsawdd arforol yn effeithio ar y DU?

Mae ceryntau o ddŵr y môr yn llifo drwy ein cefnforoedd. Mae'r **ceryntau cefnforol** hyn yn llifo o amgylch y byd. Maen nhw'n gallu trosglwyddo gwres o ledredau cynnes i rai oerach. Mae Llif y Gwlff – a'i estyniad, sef Drifft Gogledd Iwerydd – yn un o'r ceryntau hyn. Mae'n cludo dŵr cynnes o Gwlff México ar draws Cefnfor Iwerydd tuag at Ewrop. Mae'r dŵr cynnes hwn yn trosglwyddo gwres a lleithder i'r aer uwch ei ben ac yn dylanwadu ar hinsawdd y DU. Mae'n rhoi hinsawdd arforol i'r DU sy'n fwy cynnes ac yn fwy gwlyb na'r hinsawdd mewn mannau eraill ar ledredau tebyg yn rhannau cyfandirol Ewrop.

▶ **Ffigur 3** Cymharu tymereddau yn hinsawdd arforol y DU â thymereddau yn y rhannau o Ewrop sy'n fwy cyfandirol.

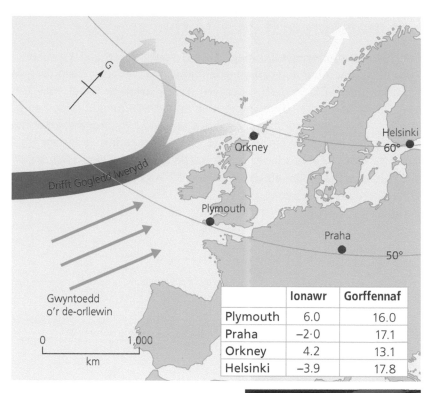

	Ionawr	Gorffennaf
Plymouth	6.0	16.0
Praha	−2·0	17.1
Orkney	4.2	13.1
Helsinki	−3.9	17.8

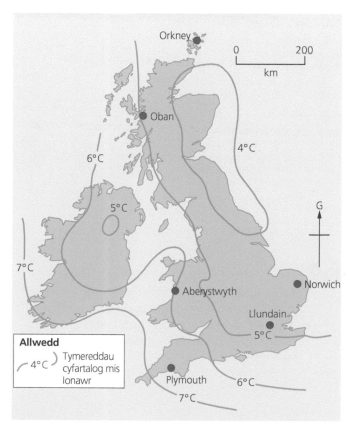

▲ **Ffigur 4** Tymereddau cyfartalog mis Ionawr. Isothermau yw'r enw ar y llinellau sy'n dangos yr un tymheredd.

Allwed

〜4°C 〕 Tymereddau cyfartalog mis Ionawr

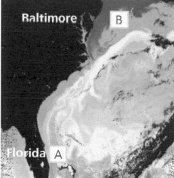

▶ **Ffigur 5** Llun lloeren o Lif y Gwlff. Mae'r lliwiau oren yn dangos dŵr cynnes. Mae dŵr oer yn las. Mae'r tir yn ddu.

Gweithgareddau

3 Cymharwch y tymereddau mewn lleoliadau sydd ar yr un llinellau lledred yn Ffigur 3. Esboniwch pam mae'r patrwm hwn yn digwydd.

4 a) Defnyddiwch Ffigur 4 i ddisgrifio'r tymheredd ym mis Ionawr yn:
   i) Aberystwyth
   ii) Norwich
   iii) Orkney.
   b) Pa rannau o'r DU sydd â'r tymereddau isaf ym mis Ionawr?
   c) Lluniadwch drawstoriad i gynrychioli'r newid yn y tymheredd rhwng Plymouth ac Orkney.

5 a) Gwnewch fraslun o Ffigur 5. Ychwanegwch labeli i ddisgrifio beth sy'n digwydd yn A a B.
   b) Awgrymwch sut bydd y cerrynt cefnforol yn B yn effeithio ar hinsawdd Baltimore.

Sut mae aergyrff yn effeithio ar y DU?

Pan fydd **aergyrff** yn symud tuag at y DU, maen nhw'n dod â gwahanol fathau o dywydd gyda nhw. Mae pum aergorff yn effeithio ar y DU – mae'r rhain i'w gweld yn Ffigur 6. Fel arfer, mae'r DU yn derbyn aergyrff o'r gorllewin. Yn yr haf, mae aergyrff yn dod o'r de-orllewin ar y cyfan. Yn y gaeaf, mae aergyrff yn tueddu i ddod o'r gogledd-orllewin. Mae'r llinell lle mae'r ddau aergorff hyn yn cwrdd yn creu ardal o wasgedd aer isel. Mae aer cynhesach o'r de-orllewin yn symud i fyny dros yr aer oerach i'r gogledd. Dyma'r llinell lle mae diwasgeddau yn gallu ffurfio (gweler tudalen 174). Mae'r tri aergorff arall yn effeithio ar y DU yn llai aml, ond maen nhw'n gyfrifol am rywfaint o'r tywydd mwy eithafol rydyn ni'n ei gael.

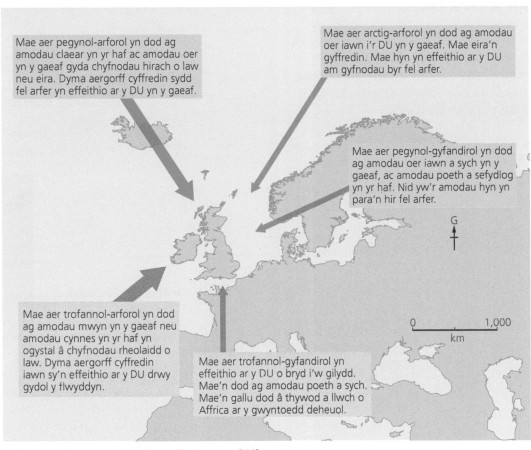

Mae aer pegynol-arforol yn dod ag amodau claear yn yr haf ac amodau oer yn y gaeaf gyda chyfnodau hirach o law neu eira. Dyma aergorff cyffredin sydd fel arfer yn effeithio ar y DU yn y gaeaf.

Mae aer arctig-arforol yn dod ag amodau oer iawn i'r DU yn y gaeaf. Mae eira'n gyffredin. Mae hyn yn effeithio ar y DU am gyfnodau byr fel arfer.

Mae aer pegynol-gyfandirol yn dod ag amodau oer iawn a sych yn y gaeaf, ac amodau poeth a sefydlog yn yr haf. Nid yw'r amodau hyn yn para'n hir fel arfer.

Mae aer trofannol-arforol yn dod ag amodau mwyn yn y gaeaf neu amodau cynnes yn yr haf yn ogystal â chyfnodau rheolaidd o law. Dyma aergorff cyffredin iawn sy'n effeithio ar y DU drwy gydol y flwyddyn.

Mae aer trofannol-gyfandirol yn effeithio ar y DU o bryd i'w gilydd. Mae'n dod ag amodau poeth a sych. Mae'n gallu dod â thywod a llwch o Affrica ar y gwyntoedd deheuol.

▲ **Ffigur 6** Sut mae aergyrff yn effeithio ar y DU?

Gwaith ymholi

Allwch chi ragweld y tywydd?

Defnyddiwch y cyswllt â gwefan y Swyddfa Dywydd ar y dudalen hon i weld y siart gwasgedd arwyneb ar gyfer y pedwar diwrnod nesaf. Defnyddiwch safle'r gwasgeddau uchel ac isel i ragweld pa leoliadau ar draws Ewrop fydd yn cael:

- tywydd sych, sefydlog
- tywydd gwlyb
- y gwyntoedd cryfaf.

 www.metoffice.gov.uk/public/weather

Ewch i'r wefan hon a chliciwch ar yr eicon ar gyfer siartiau gwasgedd arwyneb ('*surface pressure charts*') i weld yr ardaloedd o wasgedd uchel ac isel sydd ar draws y DU ar hyn o bryd.

Sut mae'r jetlif yn effeithio ar dywydd y DU?

Rhuban cryf o wynt yw'r jetlif sy'n amgylchynu'r byd rhwng 9 ac 16 km uwchben arwyneb y Ddaear (gweler tudalen 167). Mae'n croesi ar draws y DU, gan ddilyn llwybr troellog. Mae'n gwahanu'r aergyrff pegynol oer i'r gogledd oddi wrth yr aergyrff trofannol cynhesach i'r de.

Pan fydd y jetlif yn dilyn llwybr gogleddol i'r gorllewin o'r DU, mae'n tueddu i lusgo gwasgedd uchel dros y DU o'r de. Mae ardaloedd o wasgedd uchel, neu **antiseiclonau**, yn dod â chyfnodau o dywydd sych, sefydlog. Mae llwybr y jetlif yn tueddu i symud rywfaint dros amser. Ond os yw'n aros yn yr un man am sawl wythnos, bydd y DU yn cael cyfnod hir o dywydd tebyg. Pan fydd gwasgedd uchel yn aros dros y DU yn y gaeaf, mae'r tywydd yn heulog a sych ond yn oer, ac yn arbennig o oer yn y nos. Yn yr haf mae antiseiclon yn dod â thywydd sych a phoeth. Os yw'r jetlif yn aros yn y safle hwn mae'n gallu achosi problemau fel tonnau gwres neu sychder. Sychder gwaethaf y DU yn y blynyddoedd diwethaf oedd yn 2003 pan arhosodd antiseiclon dros Orllewin Ewrop am sawl wythnos.

Allwedd

1 Llwybr sydd fel arfer yn gadael i wasgedd uchel setlo dros y DU fel yn ystod haf 2003

2 Llwybr sydd yn dod â thywydd ansefydlog

3 Llwybr sydd yn dod â chyfres o ddiwasgeddau ar draws y DU fel yn ystod gaeaf 2013–14

▲ **Ffigur 7** Llwybrau nodweddiadol y jetlif ar draws y DU.

Gweithgareddau

1 Defnyddiwch Ffigurau 6 a 7 i esbonio:
   a) Pam bydd llwybr mwy gogleddol y jetlif (1) yn dod â thywydd sefydlog.
   b) Pam bydd llwybr mwy deheuol y jetlif (3) yn dod â thywydd ansefydlog.
2 Defnyddiwch Ffigur 8 ac atlas i ddisgrifio:
   a) lleoliad y tair ardal o wasgedd uchel
   b) y ffrynt oer.

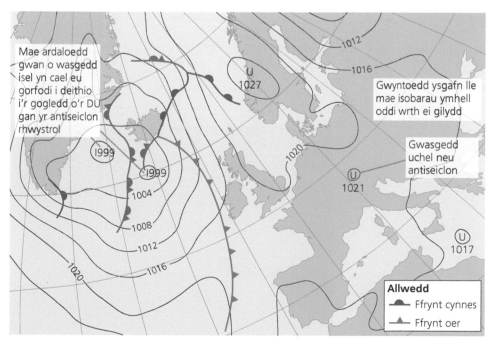

Mae ardaloedd gwan o wasgedd isel yn cael eu gorfodi i deithio i'r gogledd o'r DU gan yr antiseiclon rhwystrol

Gwyntoedd ysgafn lle mae isobarau ymhell oddi wrth ei gilydd

Gwasgedd uchel neu antiseiclon

Allwedd

⏺⏺ Ffrynt cynnes

▲▲ Ffrynt oer

◀ **Ffigur 8** Map tywydd yn dangos antiseiclon ym mis Awst 2003.

173

Effeithiau gwasgedd isel

Mae ardaloedd o wasgedd isel yn yr atmosffer yn cael eu ffurfio pan fydd aer yn codi oddi ar arwyneb y Ddaear. Yn aml, bydd sawl cell o wasgedd isel, o'r enw **diwasgeddau**, yn ffurfio yng Nghefnfor Gogledd Iwerydd ar ryw adeg benodol. Yna maen nhw'n symud i'r dwyrain tuag at Ewrop gan ddod â thywydd cyfnewidiol o wynt, cymylau a glaw fel arfer. Mae diwasgeddau yn fwy tebygol o fod yn ddyfnach (hynny yw, bod â gwasgedd is) yn ystod misoedd y gaeaf. Mae'r systemau tywydd hyn yn gallu dod â hyrddiau o wynt niweidiol a thonnau mawr at yr arfordir, yn ogystal â glaw trwm sy'n achosi llifogydd fel y rhai yn ystod gaeaf 2015–16 (gweler tudalennau 41–5). Fodd bynnag, mae gwasgedd isel hefyd yn gyffredin yn ystod misoedd yr haf: dioddefodd rhannau helaeth o Loegr lifogydd ym mis Gorffennaf 2012 a oedd wedi'u hachosi gan ddiwasgeddau.

Stormydd gaeaf 2014

Rhwng mis Rhagfyr 2013 a mis Chwefror 2014, cafodd y DU ei tharo gan y cyfnod mwyaf stormus ers ugain mlynedd. Fe wnaeth stormydd, wedi'u creu gan wasgedd isel eithafol, daro morlin Môr y Gogledd yn ystod Rhagfyr 2013 (gweler tudalennau 130 a 131). Cafodd arfordiroedd Dyfnaint a Chernyw eu difrodi'n wael gan gyfuniad o wyntoedd ffyrnig a thonnau enfawr. Roedd rhai hyrddiau o wynt o'r de-orllewin wedi cyrraedd cyflymder o 146 cilometr yr awr ar arfordir agored Dyfnaint. Roedd digwyddiad difrifol yn Dawlish, Dyfnaint, ar 5 Chwefror 2014 pan gafodd y wal fôr ei dymchwel gan y tonnau, a bu'n rhaid cau'r brif reilffordd rhwng Llundain a Chernyw. Agorodd y rheilffordd unwaith eto ar 4 Ebrill 2014 ar ôl cwblhau gwaith atgyweirio a gostiodd £35 miliwn.

◀ **Ffigur 9** Y map tywydd ar gyfer 4 Chwefror 2014.

Allwedd
— Isobarau
⚫▬ Ffrynt cynnes
▲▬ Ffrynt oer
▲⚫ Ffrynt achludol

▶ **Ffigur 10** Cafodd y rheilffordd arfordirol yn Dawlish ei chau ar 5 Chwefror 2014 ar ôl i ddifrod storm i'r wal fôr danseilio'r rheilffordd.

Taith diwasgedd

Y tu mewn i'r diwasgedd mae brwydr rhwng cyrff enfawr o aer cynhesach ac aer oerach. Mae'r aergyrff hyn yn troi o amgylch ei gilydd yn araf i gyfeiriad gwrthglocwedd (yn hemisffer y gogledd) wrth i'r system gyfan symud tua'r dwyrain. Mae pentyrrau enfawr o gymylau yn ffurfio ar hyd y ffryntiau lle mae aer oer ac aer cynnes yn cwrdd. Mae'r glawiad trymaf yn digwydd ar hyd y ffryntiau hyn.

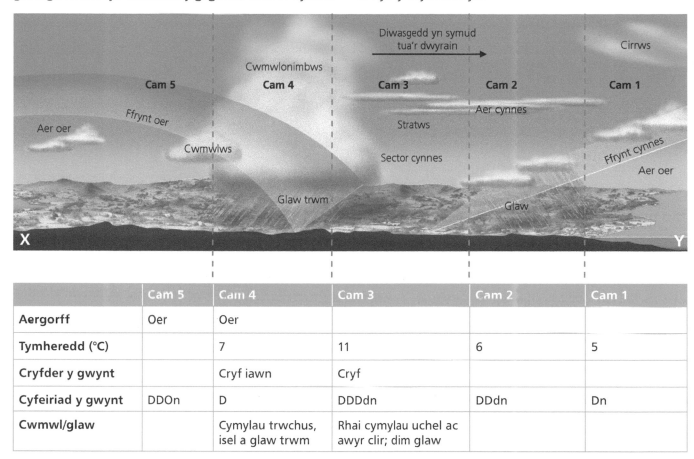

	Cam 5	Cam 4	Cam 3	Cam 2	Cam 1
Aergorff	Oer	Oer			
Tymheredd (°C)		7	11	6	5
Cryfder y gwynt		Cryf iawn	Cryf		
Cyfeiriad y gwynt	DDOn	D	DDDdn	DDdn	Dn
Cwmwl/glaw		Cymylau trwchus, isel a glaw trwm	Rhai cymylau uchel ac awyr clir; dim glaw		

▲ **Ffigur 11** Tywydd a fyddai wedi bod yn gysylltiedig â'r diwasgedd yn Ffigur 9 wrth iddo deithio tua'r dwyrain.

Nodwedd	Seiclon neu ddiwasgedd	Antiseiclon
Gwasgedd aer		Uchel, yn uwch na 1,020 mb (milibar) fel arfer
Symudiad yr aer		Suddo
Cryfder y gwynt		Ysgafn
Cylchrediad y gwynt		Clocwedd
Tywydd nodweddiadol y gaeaf		Oer a sych; awyr clir yn ystod y dydd; rhew yn ystod y nos
Tywydd nodweddiadol yr haf		Heulog a chynnes

▲ **Ffigur 12** Cymharu seiclonau ac antiseiclonau.

Gweithgareddau

1 Astudiwch Ffigur 9.
   a) Disgrifiwch leoliad yr ardaloedd o wasgedd isel.
   b) Beth mae'r isolinellau ar yr ardal o'r map sydd i'r gorllewin o'r DU yn ei ddweud wrthych chi am gryfder a chyfeiriad y gwynt?
2 Defnyddiwch dystiolaeth o Ffigur 9 i ysgrifennu rhagolygon y tywydd ar gyfer hanner deheuol y DU ar 5 Chwefror 2014.
3 Gwnewch gopi o'r tabl yn Ffigur 11. Defnyddiwch y dystiolaeth yn Ffigur 9 i gwblhau'r rhannau sydd ar goll.
4 Gwnewch gopi mawr o Ffigur 12 a defnyddiwch y wybodaeth ar y tudalennau hyn i lenwi'r bylchau yn y tabl.

Microhinsoddau

Mae adeiladau a thraffig mewn dinas fawr yn effeithio ar yr hinsawdd leol. **Microhinsawdd drefol** yw'r enw ar yr effaith hon. Un o'r prif effeithiau mae dinas yn ei chael ar yr hinsawdd leol yw creu tymheredd sy'n uwch nag yn yr ardal wledig o'i hamgylch. Yr enw am hyn yw **ynys wres drefol**. Mae'r ddinas yn ymddwyn fel gwresogydd stôr enfawr, gan drosglwyddo gwres o adeiladau a cheir i'r gromen o aer sydd uwchben y ddinas:

- Mae concrit, brics a tharmac i gyd yn amsugno gwres yr Haul yn ystod y dydd. Mae'r gwres hwn yn cael ei belydru i'r atmosffer gyda'r hwyr ac yn ystod y nos.
- Mae adeiladau sydd wedi'u hynysu'n wael yn colli egni gwres, yn enwedig drwy'r toeon a'r ffenestri. Mae gwres hefyd yn cael ei gynhyrchu gan geir a ffatrïoedd, ac mae'r gwres hwn yn cael ei golli i'r aer o bibellau gwacáu a simneiau.

Nid yw'r parciau a'r mannau gwyrdd yn ein dinasoedd yn cynhesu cymaint ag adeiladau a ffyrdd. Felly, mae mannau agored yn helpu i gadw ardaloedd trefol yn glaear yn ystod yr haf. Mae llystyfiant yn helpu i dynnu llwch o'r aer (fel y gronynnau sy'n dod allan o geir diesel) ac mae coed a pherthi yn lleihau'r sŵn sy'n dod o'r ffyrdd. Mae parciau a gerddi yn amsugno dŵr glaw – drwy hyn, maent yn helpu i atal fflachlifau a allai ddigwydd oherwydd bod cymaint o arwynebau anathraidd yn ein trefi a'n dinasoedd.

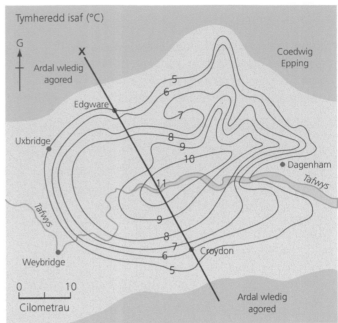

▲ **Ffigur 13** Ynys wres drefol Llundain.

Nodweddion tywydd	Microhinsawdd drefol
Hyd cyfnodau o heulwen	5–15% yn llai
Tymheredd cymedrig blynyddol	1–2 gradd yn uwch
Tymereddau ar ddiwrnodau heulog	2–6 gradd yn uwch
Rhew yn digwydd	2–3 wythnos yn llai
Cyfanswm dyodiad	5–30% yn fwy
Nifer y diwrnodau o law	10% yn fwy
Nifer y diwrnodau o eira	14% yn llai
Gorchudd cwmwl	5–10% yn fwy
Niwl yn y gaeaf	100% yn fwy
Cyfanswm niwclysau cyddwysiad	10 gwaith yn fwy

▲ **Ffigur 15** Effeithiau'r hinsawdd drefol yn y DU.

▲ **Ffigur 14** Caeau Llandaf, parc trefol mawr yng Nghaerdydd.

Gweithgareddau

1 Edrychwch ar Ffigur 13:
  a) Disgrifiwch leoliad yr ardal â'r tymereddau uchaf yn Llundain.
  b) Disgrifiwch ddosbarthiad y lleoedd â thymereddau is.
  c) Awgrymwch resymau dros y patrwm sydd i'w weld ar y map.
2 Gwnewch gopïau o Ffigurau 16 ac 17. Rhowch y labeli yn y mannau priodol ar eich diagramau.
3 Astudiwch Ffigur 15. Amlinellwch fanteision ac anfanteision y microhinsawdd drefol ar gyfer y bobl sy'n byw mewn dinasoedd.
4 Rhowch dri rheswm pam mae angen i gynllunwyr ddiogelu parciau trefol rhag cynlluniau cartrefi newydd neu ddatblygiadau eraill.

Sut mae dinasoedd yn effeithio ar batrymau gwynt a glaw?

Mae adeiladau tal mewn dinas yn effeithio ar batrymau gwynt lleol. Mewn ardaloedd gwledig agored, mae ffermwyr yn plannu coed i arafu cyflymder y gwynt ac i leihau'r difrod mae gwynt yn gallu ei wneud i'w cnydau. Mae'r coed yn rhwystr ac yn gorfodi'r gwynt i godi dros ben y coed, gan greu llain o gysgod ar yr **ochr gysgodol**. Mae adeiladau tal mewn dinasoedd yn darparu mwy o gysgod, felly mae buanedd y gwynt yn is ar gyfartaledd mewn dinasoedd nag yn yr ardaloedd gwledig o'u hamgylch. Fodd bynnag, mae rhesi o adeiladau tal yn gallu sianelu'r gwynt i'r strydoedd sydd fel coridorau rhyngddynt. Wrth i'r gwynt gael ei orfodi i lifo o amgylch adeiladau tal neu drostynt, mae'r gwynt yn gallu hyrddio'n sydyn ar fuanedd sydd ddwy neu dair gwaith yn fwy na buanedd cyfartalog y gwynt. Gallai hyn achosi peryglon i gerddwyr ac, mewn amodau tywydd eithafol, mae wedi arwain at sgaffaldiau yn dymchwel.

Yn ystod misoedd yr haf, mae'r gwres ychwanegol sydd wedi'i greu gan yr ynys wres drefol yn achosi i aer godi dros ddinasoedd mawr. Gall hyn arwain at stormydd glaw darfudol – ar brynhawn poeth fel arfer. Mae'r llwch mewn aer trefol yn ffactor arall sy'n arwain at fwy o law mewn ardaloedd trefol. Pan fydd anwedd dŵr yn cyddwyso, mae'n ffurfio diferion dŵr drwy gydio wrth y gronynnau llwch hyn. Mae gan aer trefol ddeg gwaith mwy o ronynnau llwch nag aer gwledig. Mae'r llwch yn dod o bibellau gwacáu ceir, systemau gwresogi yng nghartrefi pobl, diwydiant a safleoedd adeiladu.

Gwynt yn cael ei sianelu rhwng adeiladau tal	Gall hyrddiau o wynt fod dwy i dair gwaith yn gryfach na'r cyfartaledd
Prifwynt	Llai o wynt ar ochr gysgodol adeiladau

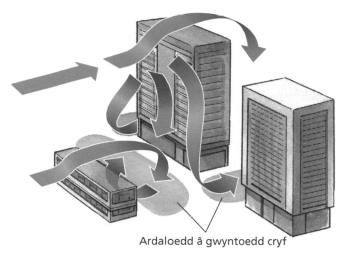

Ardaloedd â gwyntoedd cryf

▲ **Ffigur 16** Patrymau gwynt trefol.

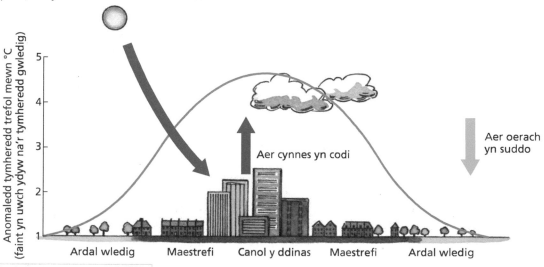

Aer cynnes yn codi

Aer oerach yn suddo

Anomaledd tymheredd trefol mewn °C (faint yn uwch ydyw na'r tymheredd gwledig)

Ardal wledig Maestrefi Canol y ddinas Maestrefi Ardal wledig

Adeiladau'n pelydru gwres

Cyddwysiad

Egni'r Haul yn cael ei amsugno gan ddefnyddiau adeiladu

Cymylau cwmwlws yn ffurfio lle mae aer cynnes sy'n codi yn cwrdd ag aer oerach

▲ **Ffigur 17** Pam mae hi'n bwrw glaw yn amlach mewn dinasoedd.

Sut mae hinsawdd yn effeithio ar ddosbarthiad byd-eang biomau?

Mae **ecosystem** yn gymuned o blanhigion ac anifeiliaid a'r amgylchedd y maen nhw'n byw ynddo. Mae ecosystem yn cynnwys rhannau byw ac anfyw. Mae'r rhan fyw yn cynnwys pethau fel pryfed ac adar, sy'n dibynnu ar ei gilydd am fwyd. Mae'r rhan fyw hefyd yn cynnwys planhigion, sy'n gallu dibynnu ar bryfed ac adar i beillio a gwasgaru hadau hefyd. Mae rhan anfyw yr ecosystem yn cynnwys pethau fel yr hinsawdd, priddoedd a chreigiau. Mae'r amgylchedd anfyw hwn yn darparu maetholion, gwres, dŵr a lloches i rannau byw yr ecosystem.

Mae'r hinsawdd yn cael effaith fawr iawn ar lystyfiant a bywyd gwyllt naturiol rhanbarth. Yn wir, mae hinsawdd yn ffactor mor bwysig bod **biomau** (yr ecosystemau mwyaf) yn cyd-fynd yn fras â chylchfaoedd hinsawdd y byd. Mae **coedwigoedd glaw trofannol** yn tyfu mewn llain o amgylch y Cyhydedd lle mae'r hinsawdd gyhydeddol yn boeth ac yn wlyb. Mae ecosystemau'r **twndra** di-goed a'r **taiga** coediog yn bodoli lle mae'r gaeaf yn oer a'r haf yn fyr. Mae Ffigur 1 yn esbonio sut mae lledred yn effeithio ar dymheredd.

Hinsoddau ac ecosystemau Arctig

Mae rhanbarth Arctig gogledd Sgandinafia a Gwlad yr Iâ yn cael gaeaf oer a haf byr, claear. Mae'r amodau hyn yn cael effaith fawr ar dwf planhigion. Mae'n rhaid i blanhigion oroesi'r gaeaf tywyll, hir pan fydd y

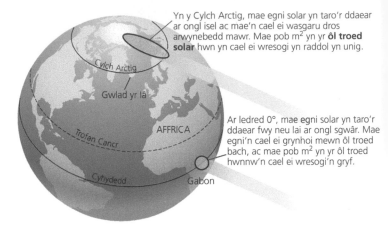

Yn y Cylch Arctig, mae egni solar yn taro'r ddaear ar ongl isel ac mae'n cael ei wasgaru dros arwynebedd mawr. Mae pob m² yn yr **ôl troed solar** hwn yn cael ei wresogi yn raddol yn unig.

Ar ledred 0°, mae egni solar yn taro'r ddaear fwy neu lai ar ongl sgwâr. Mae egni'n cael ei grynhoi mewn ôl troed bach, ac mae pob m² yn yr ôl troed hwnnw'n cael ei wresogi'n gryf.

▲ **Ffigur 1** Mae gwres solar ar y Ddaear yn amrywio yn ôl lledred.

tymheredd yn disgyn ymhell islaw'r rhewbwynt a phan fydd gwyntoedd cryf neu eira yn gallu achosi difrod i ganghennau coed. Yn yr haf, mae planhigion yn elwa o'r oriau hir o olau dydd ond mae'r tymor tyfu yn fyr iawn. O ganlyniad mae planhigion yn tyfu'n araf.

Wrth deithio i'r gogledd yn Norwy a'r Ffindir, mae'r planhigion yn mynd yn llai ac yn llai. Taiga yw'r ecosystem i'r de o'r Cylch Arctig. Mae taiga yn ecosystem goedwig o goed conwydd a bedw. Wrth deithio tua'r gogledd, mae'r coed yn mynd yn fyrrach ac mae'r bylchau rhyngddyn nhw'n fwy. Yn y pen draw, ychydig i'r gogledd o'r Cylch Arctig, mae'r hinsawdd yn mynd yn rhy eithafol i goed dyfu ac mae'r twndra Arctig di-goed yn meddiannu'r tir.

◄ **Ffigur 2** Coed conwydd byr yn tyfu yn y taiga (neu'r goedwig foreal) yn ngogledd Norwy.

Hinsoddau ac ecosystemau trofannol

Mae hinsoddau trofannol yn boeth ac yn wlyb. Yn rhanbarth cyhydeddol Basn Amazonas (o fewn 5° i'r Cyhydedd), mae rhwng 1,500 mm a 2,000 mm o law yn disgyn bob blwyddyn. Mae Llundain, ar y llaw arall, yn cael 593 mm o law bob blwyddyn ar gyfartaledd. Mae'r gwres a'r glaw rheolaidd yn golygu bod planhigion yn tyfu'n gyflym a gall coed dyfu i uchder o 40 m a mwy. Mae cyferbyniad mawr rhwng y planhigion hyn a phlanhigion y twndra, sy'n tyfu'n araf ac sydd byth yn tyfu'n uwch nag ychydig gentimetrau.

Mae tymereddau hefyd yn uchel mewn rhanbarthau trofannol sy'n bellach oddi wrth y Cyhydedd. Er hynny, mae'r glawiad yn fwy tymhorol, ac mae'r tymhorau naill ai'n sych neu'n wlyb. Mae prinder dŵr yn ystod y tymor sych yn golygu bod coed yn cystadlu am ddŵr yn y pridd. Mae coed yn tyfu ymhellach oddi wrth ei gilydd ac mae'r ecosystem safana o goed gwasgarog a glaswelltir yn datblygu (gweler tudalennau 190–1).

▲ **Ffigur 3** Ceirw Llychlyn yn bwyta cen yn rhanbarth twndra Norwy Arctig.

1. Mae tymereddau'n codi uwchben 10° C (y tymheredd mae ei angen ar y rhan fwyaf o blanhigion i dyfu) am ddau neu dri mis yn unig …

… mae planhigion yn tyfu'n agos i'r ddaear lle maen nhw'n llai tebygol o gael eu difrodi.

2. Mae dyodiad ym misoedd y gaeaf yn disgyn fel eira …

… mae tymor tyfu'r planhigion yn fyr.

… felly …

3. Mae creigiau'n hindreulio (torri'n ddarnau) yn araf yn yr amodau oer sy'n golygu bod prinder maetholion yn y pridd …

… mae planhigion yn tyfu'n araf iawn.

4. Gyda chyn lleied o goed yn yr ardal nid oes llawer o gysgod rhag y gwynt …

… mae gan blanhigion ddail bach fel nad ydyn nhw'n colli lleithder.

▲ **Ffigur 4** Sut mae hinsawdd yr Arctig yn effeithio ar dwf planhigion.

Mae digon o olau haul uwchben, felly mae planhigion yn tyfu'n syth ac yn dal.

Mewn rhanbarthau cyhydeddol mae'r tymheredd yn uwch na 25°C yn gyson, felly mae planhigion yn gallu tyfu drwy gydol y flwyddyn a thyfu'n gyflym.

Mae digon o ddŵr, heulwen a maetholion yma, felly mae amrywiaeth eang o blanhigion yn gallu tyfu. Mae hyn yn golygu bod amrywiaeth eang o bryfed, adar ac anifeiliaid yn byw yma.

▲ **Ffigur 5** Planhigion y goedwig law drofannol yn Tobago.

Gweithgareddau

1 Defnyddiwch Ffigurau 2, 3 a 5 i ddisgrifio pob ecosystem. Dylech ganolbwyntio ar nodweddion y llystyfiant fel dwysedd, uchder ac amrywiaeth.

2 Cysylltwch yr ymadroddion yn Ffigur 4 i greu pedair brawddeg sy'n esbonio nodweddion ecosystemau Arctig.

3 Defnyddiwch Ffigur 4 a'r labeli yn Ffigur 5 i esbonio'r gwahaniaethau rydych chi wedi'u nodi yn eich ateb i weithgaredd 1.

4 Defnyddiwch Ffigur 1 i'ch helpu i esbonio pwysigrwydd lledred yn natblygiad biomau gwahanol.

Mae cylchredau maetholion yn dibynnu ar yr hinsawdd

Mae ar blanhigion angen mwynau sy'n cynnwys nitrogen a ffosffadau. Mae'r maetholion hyn i'w cael mewn creigiau, mewn dŵr ac yn yr atmosffer. Mae planhigyn yn cymryd y maetholion o'r pridd ac yn eu rhyddhau'n ôl i'r pridd pan fydd yn marw. Mae'r broses hon yn creu cylchred barhaus.

Mae Ffigur 10 yn cynrychioli storfeydd a llifoedd maetholion mewn ecosystem coedwig law drofannol. Mae'r cylchoedd yn cynrychioli **storfeydd maetholion**. Mae maint pob cylch yn gyfrannol i faint o faetholion sy'n cael eu cadw yn y rhan honno o'r ecosystem. Mae'r saethau'n cynrychioli **llifoedd maetholion** wrth i fwynau symud o un storfa i'r llall. Mae trwch pob saeth yn gyfrannol i faint y llif – mae llifoedd mawr o faetholion yn cael eu cynrychioli gan saethau trwchus ac mae llifoedd llai yn cael eu cynrychioli gan saethau tenau.

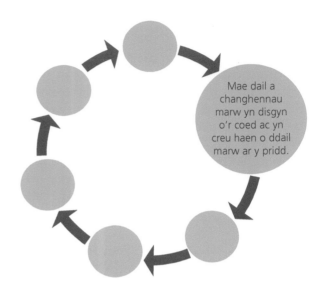

Mae dail a changhennau marw yn disgyn o'r coed ac yn creu haen o ddail marw ar y pridd.

Mae'r dail marw yn dadelfennu'n araf yn yr amodau oer

Mae'r gwreiddiau'n fas fel bod modd iddyn nhw amsugno maetholion yn agos i'r arwyneb

Mae dadelfenyddion fel chwilod a ffyngau yn tyfu yn y dail marw

Mae maetholion o'r dail marw yn dychwelyd i'r pridd

Mae planhigion yn defnyddio maetholion o'r pridd i'w helpu i dyfu

▲ **Ffigur 7** Cylchredau maetholion yn y taiga.

▲ **Ffigur 6** Cennau'n tyfu ar fonyn coeden sy'n pydru yn yr ecosystem taiga, Norwy.

Gweithgareddau

1 Gwnewch gopi o Ffigur 7 ac ychwanegwch labeli at y mannau cywir i greu cylchred gyflawn.
2 a) Defnyddiwch Ffigurau 8 a 9 i luniadu dau graff hinsawdd.
   b) Disgrifiwch dri pheth sy'n wahanol rhwng y ddwy hinsawdd hyn.

	Ion	Chwe	Mawr	Ebr	Mai	Meh	Gorff	Awst	Medi	Hyd	Tach	Rhag
Tymheredd (°C)	−8.0	−7.5	−4.5	2.5	8.5	14.0	17.0	15.5	10.5	5.5	0	−4.0
Dyodiad (mm)	38	30	25	35	42	48	76	75	57	57	49	41

▲ **Ffigur 8** Data hinsawdd ar gyfer y goedwig taiga, gogledd Norwy (lledred 65°).

	Ion	Chwe	Mawr	Ebr	Mai	Meh	Gorff	Awst	Medi	Hyd	Tach	Rhag
Tymheredd (°C)	27.0	26.5	27.5	27.5	26.5	25.0	24.0	25.0	25.5	26.0	26.0	27.5
Dyodiad (mm)	249	236	335	340	244	13	3	18	104	345	373	249

▲ **Ffigur 9** Data hinsawdd ar gyfer y goedwig law drofannol, Gabon (lledred 0°).

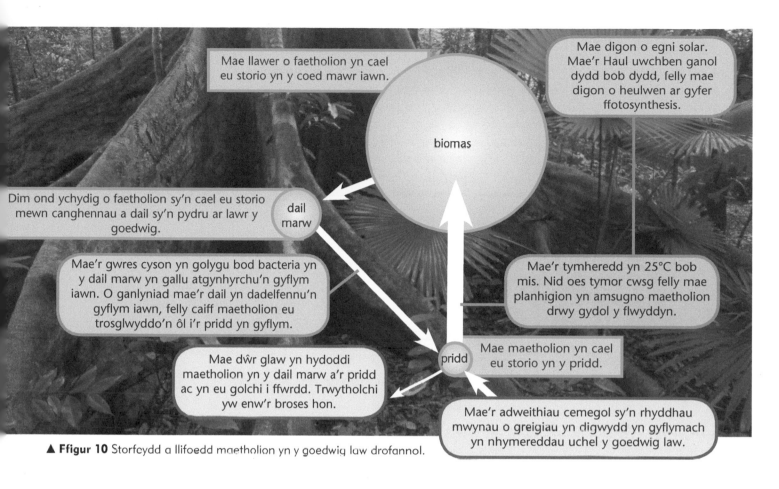

Mae llawer o faetholion yn cael eu storio yn y coed mawr iawn.

Mae digon o egni solar. Mae'r Haul uwchben ganol dydd bob dydd, felly mae digon o heulwen ar gyfer ffotosynthesis.

biomas

Dim ond ychydig o faetholion sy'n cael eu storio mewn canghennau a dail sy'n pydru ar lawr y goedwig.

dail marw

Mae'r gwres cyson yn golygu bod bacteria yn y dail marw yn gallu atgynhyrchu'n gyflym iawn. O ganlyniad mae'r dail yn dadelfennu'n gyflym iawn, felly caiff maetholion eu trosglwyddo'n ôl i'r pridd yn gyflym.

Mae'r tymheredd yn 25°C bob mis. Nid oes tymor cwsg felly mae planhigion yn amsugno maetholion drwy gydol y flwyddyn.

Mae dŵr glaw yn hydoddi maetholion yn y dail marw a'r pridd ac yn eu golchi i ffwrdd. Trwytholchi yw enw'r broses hon.

pridd

Mae maetholion yn cael eu storio yn y pridd.

Mae'r adweithiau cemegol sy'n rhyddhau mwynau o greigiau yn digwydd yn gyflymach yn nhymereddau uchel y goedwig law.

▲ **Ffigur 10** Storfeydd a llifoedd maetholion yn y goedwig law drofannol.

Gweithgareddau

3 a) Diffiniwch ystyr storfeydd maetholion a llifoedd maetholion.
   b) Disgrifiwch dri man lle mae maetholion yn cael eu storio mewn ecosystem.

4 Astudiwch Ffigur 10.
   a) Disgrifiwch ddwy ffordd y mae maetholion yn gallu mynd i mewn i'r pridd.
   b) Esboniwch pam mae'r ddau lif maetholion hyn yn gyflym yn y goedwig law.
   c) Esboniwch pam mae'r llifoedd maetholion hyn yn debygol o fod yn llawer arafach yn y taiga.

5 Astudiwch Ffigurau 7 a 10. Esboniwch pam byddai diagramau o gylchredau maetholion ar gyfer y taiga yn dangos:
   a) cylch mwy ar gyfer dail marw nag yn y goedwig law
   b) saeth fwy tenau ar gyfer trwytholchi
   c) saeth fwy tenau yn dangos llifoedd maetholion i'r biomas.

Gwaith ymholi

Sut mae lledred yn effeithio ar hinsawdd rhanbarth yr Arctig? Ydy tymereddau'n mynd yn fwy eithafol wrth deithio tua'r gogledd?

■ Ymchwiliwch i hinsawdd pob un o'r lleoedd isod a chofnodwch eu lledred:
   a) Reykjavík, Gwlad yr Iâ
   b) Oulu, y Ffindir
   c) Murmansk, Rwsia
   ch) Churchill, Canada.
■ Ar wahân i ledred, awgrymwch un ffactor arall a allai esbonio'r gwahaniaethau hyn.

Ecosystemau fel storfeydd

Rydyn ni wedi gweld bod yr hinsawdd yn effeithio ar ba mor gyflym mae planhigion yn tyfu. Mae hyn yn golygu bod llawer iawn o bethau byw ym mhob hectar mewn ecosystemau trofannol fel y goedwig law a'r safana. Mae pethau'n tyfu'n gyflym, yn enwedig yn y goedwig law, lle mae cyfanswm y glawiad yn golygu nad yw planhigion yn gorfod cystadlu am ddŵr. Mae'r coed mewn rhanbarthau trofannol sy'n cael tymor sych hir yn tueddu i fod yn llai o faint ac yn fwy gwasgarog. Mae'r gwahaniaethau hyn i'w gweld yn Ffigur 11.

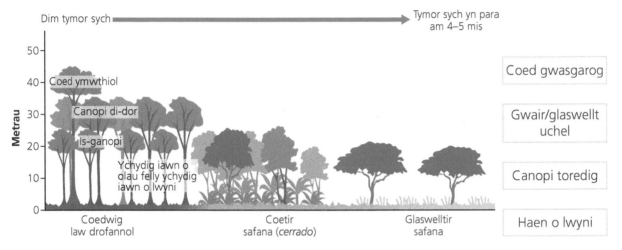

▲ **Ffigur 11** Strwythurau nodweddiadol y goedwig law drofannol, coetir safana (sy'n cael ei alw'n *cerrado* yn Brasil) a glaswelltir safana.

Mae ecosystemau'n storio carbon

Mae ecosystemau'n cynnwys llawer iawn o garbon sydd wedi'i storio mewn planhigion ac mewn organebau eraill. Mae rhywfaint o garbon yn cael ei storio uwchben y ddaear mewn coed, planhigion, adar, pryfed ac anifeiliaid, ond mae llawer ohono'n cael ei storio yn y pridd hefyd. Mae rhywfaint o garbon mewn pethau byw fel gwreiddiau, chwilod a mwydod. Mae'r gweddill yn cael ei storio mewn deunydd organig marw fel dail marw, coed sydd wedi disgyn a phren sy'n pydru yn y pridd.

Gan fod hinsawdd yn effeithio ar gyfraddau twf planhigion, mae'n effeithio hefyd ar faint o garbon sy'n cael ei storio a ble mae'n cael ei storio. Er enghraifft, ychydig iawn o garbon sy'n cael ei storio uwchben y ddaear mewn twndra di-goed. Fodd bynnag, mae dadelfennu'n digwydd yn araf oherwydd yr hinsawdd oer – o ganlyniad, mae'r ecosystem hon yn storio cyfansymiau mawr o garbon yn y pridd mawn ac yn y gwaddod mewn pyllau a gwlyptiroedd. Mae'r twndra yn enghraifft o **suddfan carbon** (gweler tudalen 157) lle mae carbon yn cael ei storio am gyfnodau hir o amser. Os bydd yr Arctig yn cynhesu oherwydd newid hinsawdd, mae pryder y bydd rhywfaint o'r carbon hwn yn cael ei ryddhau i'r atmosffer ar ffurf carbon deuocsid (CO_2) a methan (CH_4). Gallai hyn effeithio'n negyddol ar yr effaith tŷ gwydr gan achosi hyd yn oed mwy o gynhesu byd-eang.

Allwedd
◻ Storfeydd carbon
⟹ Llifoedd

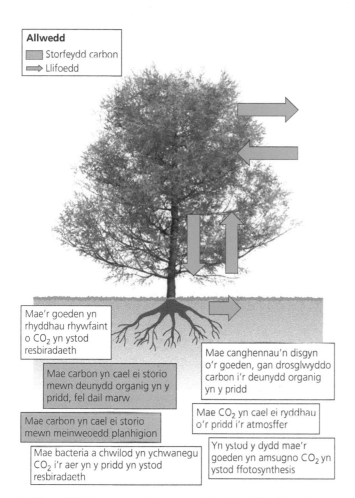

Mae'r goeden yn rhyddhau rhywfaint o CO_2 yn ystod resbiradaeth

Mae carbon yn cael ei storio mewn deunydd organig yn y pridd, fel dail marw

Mae carbon yn cael ei storio mewn meinweoedd planhigion

Mae bacteria a chwilod yn ychwanegu CO_2 i'r aer yn y pridd yn ystod resbiradaeth

Mae canghennau'n disgyn o'r goeden, gan drosglwyddo carbon i'r deunydd organig yn y pridd

Mae CO_2 yn cael ei ryddhau o'r pridd i'r atmosffer

Yn ystod y dydd mae'r goeden yn amsugno CO_2 yn ystod ffotosynthesis

▲ **Ffigur 12** Diagram yn dangos storfeydd a llifoedd carbon mewn ecosystem nodweddiadol.

▲ **Ffigur 13** Ecosystem twndra yn uwchdiroedd Norwy Arctig. Ychydig iawn o garbon sy'n cael ei storio uwchben y ddaear ond mae storfeydd anferth ohono yn y corsydd a'r priddoedd mawn.

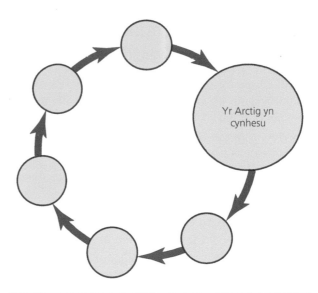

Yr Arctig yn cynhesu

Mae resbiradaeth gan ddadelfenyddion yn rhyddhau CO_2 i'r pridd

Mae dadelfenyddion yn y pridd yn dod yn weithredol

Mae'r effaith tŷ gwydr yn mynd yn gryfach

Mae CO_2 a CH_4 yn y pridd yn cael eu rhyddhau i'r atmosffer

Mae pridd sydd wedi'i rewi yn dadmer

▲ **Ffigur 14** Effeithiau'r Arctig yn cynhesu ar storfeydd carbon yn y pridd.

Ecosystem	Carbon sy'n cael ei storio uwchben y ddaear	Carbon sy'n cael ei storio o dan y ddaear
Twndra	Llai nag 1	500+
Taiga	60–100	120–340
Glaswelltiroedd safana	2	7–54
Coetiroedd safana	30+	7–54
Coedwig law drofannol	160–200	90–200

▲ **Ffigur 15** Amcangyfrif o storfeydd carbon mewn detholiad o ecosystemau (tunnell fetrig yr hectar).

Ecosystem	Cyfanswm y carbon sy'n cael ei storio	Canran
Twndra	155.4	7.6
Taiga	384.2	
Coedwig dymherus (e.e. derw)	314.9	
Glaswelltiroedd tymherus	183.7	
Diffeithdiroedd a llwyndiroedd sych	178.0	
Glaswelltiroedd a choetiroedd safana	285.3	
Coedwig law drofannol	547.8	
Cyfanswm byd-eang sy'n cael ei storio mewn ecosystemau	2,049.3	

▲ **Ffigur 16** Cyfanswm y carbon sy'n cael ei storio ym mhob bïom (gigadunelli metrig).

Mae ecosystemau'n darparu gwasanaethau allweddol

Yn anffodus mae torri coed, chwilio am olew, ffermio dwys a gorbysgota i gyd yn difrodi ecosystemau naturiol. Ond oes ots bod llai o goedwigoedd a bywyd gwyllt? Wedi'r cyfan, mae ffermio a physgota yn rhoi bwyd, swyddi a chyfoeth i ni.

Mae gwyddonwyr yn dadlau y dylai ecosystemau gael eu diogelu, ac nid am eu gwerth gwyddonol yn unig. Maen nhw'n dadlau bod ecosystemau'n cynnig nifer o wasanaethau hanfodol i bobl, ac maen nhw'n disgrifio'r rhain fel **gwasanaethau allweddol**. Maen nhw hefyd yn dweud bod gwerth ariannol i'r gwasanaethau allweddol hyn. Ymhlith y gwasanaethau hyn mae:

- sicrhau cyflenwad cyson o ddŵr glân i afonydd
- atal erydiad pridd
- lleihau'r perygl o lifogydd afon
- darparu defnyddiau naturiol fel coed ar gyfer adeiladu neu blanhigion at ddefnydd meddygol; mae 75 y cant o boblogaeth y byd yn dal i ddibynnu ar feddyginiaethau sydd wedi'u gwneud o rannau o blanhigion
- darparu bwyd fel mêl, ffrwythau a chnau.

▲ **Ffigur 17** Mae gwenyn yn darparu gwasanaeth i bobl drwy beillio ein cnydau. Mae chwilod hefyd yn darparu gwasanaeth allweddol. Maen nhw'n treulio deunydd gwastraff fel tail a dail marw.

Rhoi amgylchedd diogel i bysgod sy'n silio ac i bysgod ifanc sy'n aeddfedu; drwy hyn, helpu i gynnal nifer y pysgod

Coedwigoedd glaw trofannol

Rhoi cyfle i bobl ddatblygu busnesau hamdden neu dwristiaeth

Coedwigoedd conwydd (boreal neu taiga)

Cynnal miloedd o blanhigion ac anifeiliaid gwyllt sy'n cynnwys cemegion a allai fod yn ddefnyddiol i amaethyddiaeth neu feddyginiaeth

Coedwigoedd mangrof

Creu ymdeimlad o barch a rhyfeddod ymhlith pobl

Mawnogydd/ gweundiroedd mawn

Bod yn amddiffynfeydd arfordirol naturiol rhag ymchwyddiadau storm, gwyntoedd cryf a llifogydd arfordirol

Riffiau cwrel trofannol

Amsugno dŵr glaw a'i ryddhau'n araf; drwy hyn, lleihau'r perygl o lifogydd i lawr yr afon

Twyni tywod

Storio symiau enfawr o garbon deuocsid; drwy hyn, helpu i reoleiddio'r effaith tŷ gwydr

▲ **Ffigur 18** Gwasanaethau allweddol sy'n cael eu darparu gan ecosystemau.

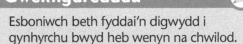

Gweithgareddau

1 Esboniwch beth fyddai'n digwydd i gynhyrchu bwyd heb wenyn na chwilod.

2 Edrychwch ar Ffigur 19.
   a) Rhestrwch y mannau lle mae dŵr yn cael ei storio yn y goedwig law.
   b) Esboniwch sut mae dŵr yn llifo o'r atmosffer i'r goedwig ac yn ôl eto.

3 a) Disgrifiwch sut mae coedwigoedd glaw trofannol yn cynnal cyflenwad cyson o ddŵr i gymunedau lleol.
   b) Disgrifiwch sut gallai difrodi strwythur y goedwig law effeithio ar bobl leol a phobl yn y rhanbarth ehangach.

4 Trafodwch y 6 ecosystem yn Ffigur 18. Ar gyfer pob ecosystem, nodwch o leiaf un gwasanaeth allweddol (y blychau melyn) mae'n ei ddarparu.

Gwaith ymholi

'Mae amddiffyn y goedwig law drofannol yn bwysicach nag amddiffyn y twndra.'

I ba raddau rydych chi'n cytuno â'r gosodiad hwn? Defnyddiwch dystiolaeth o'r dudalen hon, a'ch ymchwil, i benderfynu pa un o'r ddwy ecosystem hyn sydd â'r gwerth amgylcheddol mwyaf. Dylech chi ystyried ffactorau fel bioamrywiaeth a storfeydd carbon yn eich dadl.

Mae coedwigoedd glaw trofannol yn rheoli'r cyflenwad dŵr

Mae Ffigur 19 yn dangos sut mae coedwigoedd glaw trofannol yn chwarae rhan allweddol yn y **gylchred ddŵr** ranbarthol mewn ardaloedd trofannol. Mae'r goedwig yn storio dŵr rhwng cyfnodau o law. Ar ôl storm law, y gred yw bod tua 80 y cant o'r glawiad yn cael ei drosglwyddo'n ôl i'r atmosffer drwy brosesau anweddiad a thrydarthiad. Mae'r lleithder hwn yn cyddwyso, gan ffurfio cymylau glaw ar gyfer y storm law nesaf. Felly, mae coedwigoedd glaw yn ffynhonnell o leithder ar gyfer glawiad yn y dyfodol.

Mae o leiaf 200 miliwn o bobl yn byw yng nghoedwigoedd glaw trofannol y byd. Mae hyn yn cynnwys grwpiau llwythol, neu **bobl frodorol**, y goedwig law. Mae llawer mwy o bobl yn byw ymhellach i lawr yr afonydd sy'n gadael y coedwigoedd hyn. Mae'r goedwig yn cynnal cyflenwad parhaus a chyson o ddŵr i'r afonydd hyn. Pe bai cylchred ddŵr y goedwig law yn cael ei thorri, gallai cyflenwad dŵr miliynau o bobl fod mewn perygl. Byddai cyfanswm y dŵr sy'n llifo yn yr afonydd hyn yn lleihau a byddai'r cyflenwad yn llawer llai cyson, gan arwain at gyfnodau o gyflenwad dŵr isel a llifogydd sydyn rhyngddynt.

Mae cadwraethwyr yn dadlau bod angen i ni roi mwy o bwyslais ar werth y gwasanaethau allweddol hyn nag ar werth y pren trofannol yn unig. Mae manteision cael cyflenwad o ddŵr glân a rheolaidd yn gallu cael eu mesur mewn termau ariannol. Mae effeithiau ailadeiladu cartrefi ar ôl llifogydd afon hefyd yn gallu cael eu mesur mewn termau ariannol. Dadl cadwraethwyr yw bod y gwasanaethau allweddol hyn yn fwy gwerthfawr yn y tymor hir nag yw'r elw sy'n cael ei wneud yn y tymor byr o dorri coed.

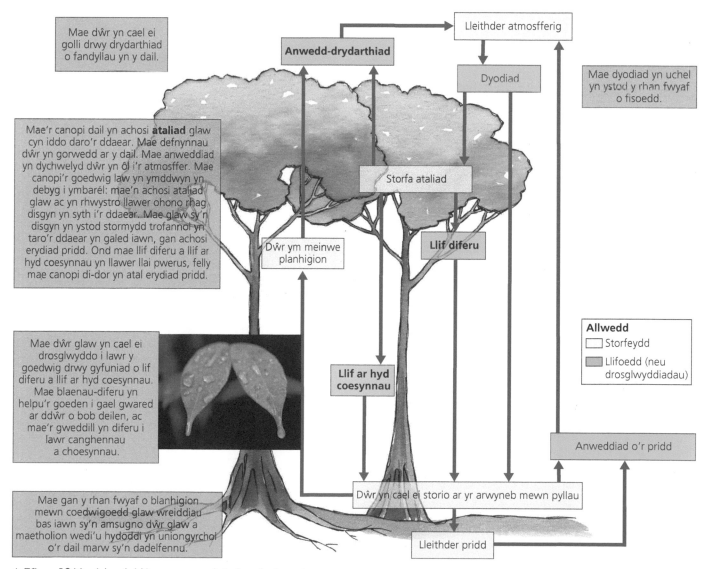

▲ Ffigur 19 Y gylchred ddŵr mewn coedwig law drofannol.

Rheoli uwchdiroedd y DU

Mae'r rhan fwyaf o ecosystemau'r DU yn cael eu haddasu'n fawr a'u rheoli gan bobl. Mae clirio coedwigoedd a ffermio wedi bod yn newid ein tirwedd naturiol ers cannoedd os nad miloedd o flynyddoedd. Mae'r tirweddau uwchdir wedi cael eu newid er mwyn gwella cynhyrchedd ffermydd. Mae coetiroedd wedi cael eu clirio i greu mwy o dir pori ar gyfer defaid a gwartheg. Mae ffosydd wedi cael eu cloddio yn y priddoedd mawnog dwrlawn ac mae afonydd wedi cael eu sythu i wella draeniad. Roedd hyn yn golygu bod modd plannu gwahanol fathau o wair/glaswellt fel bod defaid yn ennill pwysau'n gyflymach. Cafodd llawer o'r newidiadau hyn eu gwneud i dirweddau gweundir y DU yn y bedwaredd ganrif ar bymtheg a chanol yr ugeinfed ganrif. Erbyn heddiw, fodd bynnag, mae cadwraethwyr a chynllunwyr yn dechrau amau pa mor ddoeth oedd y penderfyniadau hyn. Y ddadl yw bod tirweddau gweundir a'u hecosystemau yn amsugno ac yn storio carbon a dŵr. Mae newidiadau'r gorffennol wedi amharu ar y cylchredau hyn.

Project Pumlumon

Bwriad Project Pumlumon yw ceisio adfer ecosystemau'r uwchdir ar draws ardal eang o Uwchdiroedd Cymru yn y Canolbarth. Dyma'r ardal lle mae tarddiad Afon Hafren. Mae'r ardal yn cael ei defnyddio'n bennaf ar gyfer ffermio, coedwigaeth a thwristiaeth. Mae sawl elfen wahanol i Broject Pumlumon, gan gynnwys gwella'r gallu i storio carbon a storio llifddyfroedd. Gallwch chi ddarllen am wahanol elfennau'r project drwy fynd i'r wefan isod.

Mae ardaloedd enfawr o dir mawn yn rhanbarth Pumlumon a gafodd eu draenio gan ddefnyddio ffosydd yn yr 1950au a'r 1960au. Wrth iddo sychu, byddai'r mawn wedi rhyddhau rhywfaint o'r carbon roedd yn ei storio. Mae'r project wedi nodi 1,543 hectar o dir mawn i'w hadfer drwy gau'r ffosydd draenio. Bydd hyn yn golygu bod y mawn yn gallu dal mwy o ddŵr. Wrth i'r lefel trwythiad godi, ac wrth i ddeunydd organig yn y pridd lenwi â dŵr, bydd llai o CO_2 yn cael ei ryddhau i'r atmosffer.

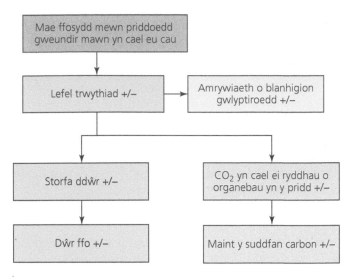

▲ **Ffigur 20** Effeithiau cau ffosydd mewn gweundiroedd.

▲ **Ffigur 21** Mae cau hen ffosydd draenio fel rhan o Broject Pumlumon wedi adfer y gors uwchdir hon.

 www.montwt.co.uk/what-we-do/projects – mae disgrifiad mwy manwl o Broject Pumlumon ar gael ar wefan Ymddiriedolaeth Bywyd Gwyllt Sir Drefaldwyn.

Gweithgareddau

1 Gwnewch gopi o Ffigur 20. Rhowch gylch o amgylch + neu – ym mhob blwch ar eich diagram llif i ddangos cynnydd neu leihad.
2 Awgrymwch sut gallai Project Pumlumon gael yr effeithiau canlynol:
   a) bod o fudd i bobl sy'n byw mewn trefi ymhellach i lawr Afon Hafren
   b) gwella bioamrywiaeth Uwchdiroedd Cymru.

Project Dalgylch Belford

Tref fach yn Northumberland yw Belford sydd wedi dioddef llifogydd rheolaidd. Mae project ar y cyd rhwng Asiantaeth yr Amgylchedd, Prifysgol Newcastle a thirfeddianwyr lleol wedi bod yn rheoli'r amgylchedd i wella sut mae dŵr yn cael ei storio yn uwchdiroedd y dalgylch. Mae strwythurau pren wedi cael eu hadeiladu i arafu llif y dŵr ac i ddal gwaddod. Cost y project oedd £200,000, tra byddai amddiffynfeydd traddodiadol rhag llifogydd wedi costio tua £2.5 miliwn. Y bwriad yw creu ardal storio naturiol i fyny'r afon fel bod dŵr yn cael ei ddal yn ôl a'i ryddhau'n araf adeg llifogydd. Amcanion Project Dalgylch Belford oedd atal, storio, arafu a hidlo. Mae Ffigur 22 yn dangos sut maen nhw wedi cyflawni'r amcanion hyn.

Gosod rhwystrau pren ar draws llwybrau llif trostir serth sy'n llifo i mewn i'r afon

Adeiladu strwythurau pren isel o'r enw byndiau ar draws y nant

Creu pyllau ar y gorlifdir a fydd yn cael eu gorlifo pan fydd y llif ar ei anterth

▲ **Ffigur 22** Dulliau sy'n cael eu defnyddio ym Mhroject Dalgylch Belford.

Nid yw caeau dwrlawn o unrhyw werth i ffermwyr. Mae'n anodd i ffermwyr fod yn gynhyrchiol ar bridd dwrlawn felly mae'n gwneud synnwyr iddyn nhw lanhau eu ffosydd yn rheolaidd. Fodd bynnag, mae sicrhau draeniad da mewn caeau yn gallu arwain at anfanteision hefyd. Os ydyn ni'n cynyddu draeniad mewn caeau, mae'n bosibl y bydd trosglwyddo dŵr yn y system afon yn uwch ac yn gyflymach, a gallai hyn gynyddu'r perygl o lifogydd ymhellach i lawr yr afon.

▲ **Ffigur 24** Yr Athro Alan Jenkins o'r Ganolfan Ecoleg a Hydroleg yn esbonio pam mae'r rhan fwyaf o ffermwyr yn awyddus i gadw eu ffosydd yn glir.

Gweithgareddau

3 Esboniwch pam mae ffermwyr yn gwella draeniad eu tir. Defnyddiwch Ffigur 24 i'ch helpu.
4 Amcanion Project Dalgylch Belford oedd atal, storio, arafu a hidlo. Esboniwch pam mae'r amcanion hyn yn helpu pobl sy'n byw i lawr yr afon.
5 Astudiwch y technegau sy'n cael eu disgrifio yn Ffigurau 22 a 23. Ar gyfer pob techneg, disgrifiwch sut byddai'n newid llifoedd a storfeydd dŵr.

▲ **Ffigur 23** Mae rhwystrau pren wedi cael eu defnyddio i gau gylïau yn nhir mawn uwchdir Kinder Scout yn Ardal y Peak.

Gwaith ymholi

'Dylen ni newid y ffordd rydyn ni'n rheoli ein gweundiroedd. Mae'n bwysicach ein bod yn defnyddio'r ardaloedd hyn i storio carbon a dŵr yn hytrach na'u defnyddio ar gyfer ffermio.'

I ba raddau rydych chi'n cytuno â'r gosodiad hwn?

Defnyddiwch dystiolaeth o'r tudalennau hyn ac o'ch gwaith ymchwil eich hun i gyfiawnhau eich penderfyniad.

Ymchwilio i dwyni tywod

Mae nifer o ecosystemau graddfa fach yn y DU y gallwch chi ymchwilio iddyn nhw drwy wneud gwaith maes. Gallech chi greu ymholiad er mwyn ymchwilio i strwythurau neu storfeydd a llifoedd mewn ecosystem gweundir, coetir neu dwyni tywod. Mae data ar gyfer ymholiad fel hyn yn cael eu casglu ar hyd trawslun fel arfer. Llinell syth ddychmygol ar draws neu drwy arwedd ddaearyddol yw trawslun. Mae arsylwadau'n cael eu gwneud ar hyd y trawslun bob hyn a hyn, yn rheolaidd (systematig), ar hap neu'n haenedig (mae'r strategaethau samplu hyn i'w gweld ar dudalen 9).

Cam 1: Llunio eich ymholiad

Mae taith maes i'r twyni tywod yn gyfle i chi weld sut mae'r planhigion a'r amodau tyfu yn amrywio wrth i chi gerdded drwy'r ecosystem o'r draethell i'r llaciau twyni. Pa mor gyflym mae'r cylchfaoedd yn newid? Pa ffactorau sy'n achosi'r newidiadau hyn? Ydy eich system twyni tywod yn dilyn y patrwm arferol? Gallech ddefnyddio rhagdybiaeth i roi strwythur i'ch ymholiad, er enghraifft:

> *Mae'r amrywiaeth o blanhigion yn cynyddu wrth i chi fynd ymhellach o'r draethell.*

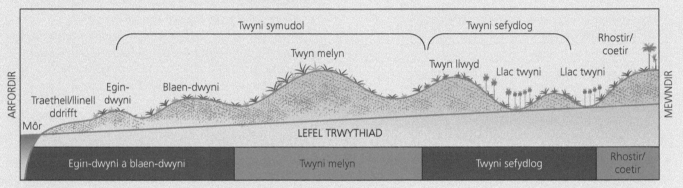

▲ **Ffigur 25** Trawslun drwy gylchfaoedd ecosystem twyni tywod.

▲ **Ffigur 26** Mae'r hegydd arfor yn blanhigyn arloesol. Mae'n tyfu yn yr egin-dwyni. Mae arwyneb cwyr y dail yn helpu i leihau faint o ddŵr sy'n cael ei golli drwy anwedd-drydarthiad. Mae'r gwreiddiau bas yn amsugno maetholion o ddeunydd sy'n pydru ar y draethell.

▲ **Ffigur 27** Moresg yw'r prif blanhigyn sy'n tyfu yn y twyni melyn. Mae'r dail cryf yn plygu yn y gwynt heb dorri. Mae'r prif wreiddiau hir yn dod o hyd i ddŵr. Ar ôl cael eu claddu gan dywod, mae blagur newydd yn tyfu o wreiddiau arwyneb.

▲ **Ffigur 28** Planhigyn blodeuol sy'n tyfu'n isel yn y twyni melyn yw'r tagaradr. Mae blew gludiog ar y dail yn lleihau faint o ddŵr sy'n cael ei golli drwy anwedd-drydarthiad. Mae cnepynnau ar y gwreiddiau hir yn gallu cymryd nitrogen o'r aer a'i droi'n faetholion sy'n ddefnyddiol ar gyfer twf planhigion.

Cam 2: Dechrau a gorffen eich trawslun

Mae twyni tywod yn cael eu ffurfio pan fydd gwynt yn chwythu i'r un cyfeiriad yn rheolaidd. Mae'r twyni'n creu cefnenau sydd fwy neu lai'n baralel â'r arfordir ac ar ongl sgwâr i gyfeiriad y prifwynt. Felly, dylai eich trawslun fod ar ongl sgwâr i'r traeth fel ei fod yn samplu pob cylchfa yn y system twyni tywod (fel sydd i'w weld yn Ffigur 25). Bydd angen i'r trawslun ddechrau ar y traeth wrth y draethell. Bydd yn gorffen pan fyddwch chi wedi samplu data ym mhob cylchfa. Os yw'r twyni'n cael eu rheoli, efallai y bydd rhaid i chi ddefnyddio llinell benodol ar gyfer eich trawslun.

Casglu eich data

Os yw eich ymholiad yn edrych ar gylchfaoedd, bydd angen i chi gofnodi canran y planhigion ym mhob pwynt samplu ar hyd y trawslun drwy ddefnyddio cwadrad. Efallai y byddwch chi'n dewis cofnodi newidynnau eraill a allai effeithio ar yr amodau tyfu ym mhob cylchfa. Os felly, gallech chi gofnodi:

- buanedd y gwynt
- pH y pridd
- lliw'r pridd (fel arwydd o gyfanswm y deunydd organig sy'n darparu maetholion)
- tystiolaeth o sathru neu reolaeth.

	Pellter (m) o egin-dwyni											
	0	50	100	150	200	250	300	350	400	450	500	550
Hegydd arfor	20	10	0	0	0	0	0	0	0	0	0	0
Llaethlys y môr	0	10	10	10	10	0	0	10	0	0	0	0
Moresg	0	40	60	70	60	70	50	30	30	20	0	0
Tagaradr	0	0	0	0	10	10	20	10	0	0	0	0
Peiswellt	0	0	0	0	0	10	30	50	60	50	30	70
Llwyn mwyar duon	0	0	0	0	0	0	0	0	0	0	70	0
Eraill	0	0	0	0	0	0	0	0	10	30	0	30
Tywod noeth	80	40	30	20	20	10	0	0	0	0	0	0

▲ **Ffigur 29** Canran pob math o lystyfiant ym mhob cwadrad.

Cyflwyno'r data

Y ffordd orau o ddangos canran pob math o blanhigyn ar hyd y trawslun yw drwy ddefnyddio **diagram barcut** (fel sydd i'w weld yn Ffigur 30). Mae echelin y graff hwn yn cynrychioli hyd y trawslun. Mae'r echelin fertigol wedi'i rhannu'n ddwy fel bod hanner cyfanswm y canran yn cael ei ddangos uwchben yr echelin lorweddol a'r hanner arall oddi tani.

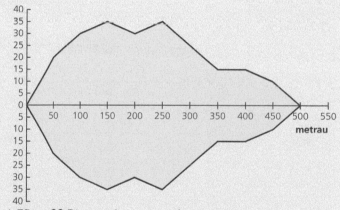

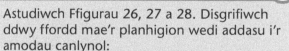

▲ **Ffigur 30** Diagram barcut ar gyfer moresg.

Gwaith ymholi

Sut gallech chi lunio ymholiad i ymchwilio i effaith buanedd y gwynt ar gylchfaoedd twyni tywod? Defnyddiwch Ffigur 25 wrth ystyried y pwyntiau isod.

- Pa gwestiynau gallwch chi eu gofyn?
- Sut dylech chi samplu ar hyd eich trawslun? Ai samplu rheolaidd, ar hap neu haenedig fyddai orau? Sawl pwynt samplu mae ei angen arnoch? Oes angen rheolydd?
- Sut byddech chi'n cynllunio eich taflenni casglu data?

Gweithgareddau

1 Astudiwch Ffigurau 26, 27 a 28. Disgrifiwch ddwy ffordd mae'r planhigion wedi addasu i'r amodau canlynol:
   a) gwyntoedd cryf sy'n chwythu yn y twyni melyn
   b) diffyg maetholion yn y priddoedd tywodlyd.
2 a) Defnyddiwch y wybodaeth yn Ffigur 29 i luniadu cyfres o ddiagramau barcut.
   b) Beth yw eich casgliadau ynglŷn â'r elfennau canlynol?
      i) Planhigion sy'n tyfu ym mhob cylchfa.
      ii) Sut mae lefelau maetholion yn newid wrth deithio ar hyd y trawslun.

Nodweddion y bïom glaswelltir lletgras poeth

Mae dosbarthiad byd-eang y bïom glaswelltir lletgras poeth i'w weld yn Ffigur 32. Ecosystem glaswelltir yw'r bïom hwn. Enw arall arno yw'r glaswelltir safana ac mae'n ymddwyn fel cylchfa ryngbarthol rhwng coedwigoedd glaw trofannol a diffeithdiroedd. Mae'r bïom hwn yn bodoli mewn rhanbarthau sydd â hinsawdd letgras drofannol. Patrwm yr hinsawdd yw tymhorau sydd naill ai'n sych neu'n wlyb – mae'r glawiad blynyddol yn disgyn o fewn 5–6 mis yn y flwyddyn, yn aml ar ffurf stormydd trwm a lleithder uchel. Yn dilyn y cyfnod hwn, daw misoedd o sychder gydag awyr glir a thywydd heulog braf.

	Ion	Chwe	Maw	Ebr	Mai	Meh	Gorff	Awst	Medi	Hyd	Tach	Rhag
Tymheredd cyfartalog mewn °C	27	28	27	25	23	23	22	23	25	27	26	26
Dyodiad mewn mm	71	68	151	289	122	27	11	13	12	33	149	106

▲ **Ffigur 31** Data hinsawdd ar gyfer Arusha, Tanzania.

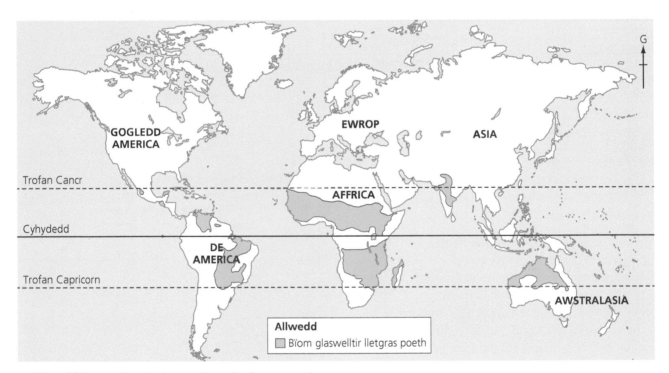

▲ **Ffigur 32** Dosbarthiad byd-eang glaswelltir lletgras poeth.

▲ **Ffigur 33** Glaswelltir lletgras yn Tanzania.

Gweithgareddau

1 Defnyddiwch Ffigur 32 i ddisgrifio dosbarthiad y bïom glaswelltir lletgras.
2 a) Defnyddiwch y data yn Ffigur 31 i luniadu graff hinsawdd ar gyfer Arusha yn Tanzania.
   b) Labelwch eich graff i ddangos y tymor sych a'r tymor gwlyb.
   c) Beth yw cyfanswm y glawiad blynyddol mewn milimetrau?
   ch) Disgrifiwch amrediad blynyddol y tymheredd.
   d) Mae llawer o bobl yn ymweld â Tanzania i fynd ar wyliau saffari. Pryd byddai'r amser gorau o'r flwyddyn i fynd yno?

Sut mae llystyfiant yn addasu i'r hinsawdd sych, poeth?

Mewn hinsoddau lletgras poeth, mae'r priddoedd yn fandyllog sy'n golygu eu bod yn draenio'n gyflym. Mae'r haen hwmws denau yn rhoi maetholion i blanhigion. Y llystyfiant nodweddiadol yw coed gwasgarog a llwyni sy'n gallu gwrthsefyll sychder. Mae'r hinsawdd yn rhy sych i goedwigoedd trwchus allu tyfu oherwydd bod angen llawer o ddŵr ar goed er mwyn tyfu a goroesi. Rhwng y coed gwasgarog a'r llwyni, mae gwair/glaswellt sy'n tyfu'n gyflym i uchder o 3–4 m yn y tymor gwlyb. Yn y tymor sych mae'n troi'n felyn ac yn gwywo, sy'n gwneud y tir yn agored i erydiad pridd. Mae'r baobab a'r acasia'n enghreifftiau o goed seroffytig (sy'n gallu gwrthsefyll sychder) sydd i'w gweld yn y bïom hwn. Mae'r coed hyn yn gallu goroesi cyfnodau hir heb lawer iawn o lawiad yn ystod tymor sych y flwyddyn. Mae'r baobab a'r acasia wedi addasu i oroesi sychder mewn sawl ffordd – mae'r ffyrdd hyn i'w gweld yn Ffigur 34.

▶ **Ffigur 34** Sut mae planhigion wedi addasu i hinsawdd y glaswelltir lletgras.

COEDEN ACASIA

Mae ganddi ganopi llydan a gwastad sy'n lleihau faint o ddŵr sy'n cael ei golli. Mae'n rhoi cysgod i anifeiliaid.

Mae drain ar y canghennau'n atal anifeiliaid rhag eu bwyta.

Mae prif wreiddiau hir yn cyrraedd dŵr daear sydd yn ddwfn o dan y ddaear.

Mae dail bach â chroen cwyr yn lleihau faint o ddŵr sy'n cael ei golli drwy drydarthiad.

Mae'n tyfu i uchder o hyd at 20 m a diamedr o 2 m ac mae'r rhisgl yn lliw gwynnaidd.

COEDEN BAOBAB

Mae'n tyfu i uchder o dros 30 m a diamedr o 7 m. Mae'n gallu byw am filoedd o flynyddoedd.

Mae llawer o wreiddiau bas yn ymestyn o'r goeden. Maen nhw'n casglu dŵr yn syth pan fydd hi'n bwrw glaw.

Mae'r rhisgl trwchus yn gallu gwrthsefyll tân.

Ychydig iawn o ddail sydd ganddi ac mae hyn yn lleihau faint o ddŵr sy'n cael ei golli drwy drydarthiad.

Mae boncyff mawr tebyg i gasgen yn storio hyd at 500 litr o ddŵr.

Gweithgaredd

3 Astudiwch Ffigurau 33 a 34.
   a) Disgrifiwch y llystyfiant sydd i'w weld ym mhob ffotograff.
   b) Pa adeg o'r flwyddyn cafodd pob ffotograff ei dynnu, yn eich barn chi? Rhowch resymau dros eich ateb.
   c) Lluniwch dabl fel yr un isod. Defnyddiwch y wybodaeth yn Ffigur 34 i ddisgrifio sut mae'r planhigion hyn wedi addasu i amodau'r hinsawdd.

	Cyfraddau uchel o drydarthiad	Cyfnodau hir o sychder a thymereddau uchel	Anifeiliaid fel y sebra yn bwyta'r dail
Coeden acasia			
Coeden baobab			

Gwaith ymholi

Mae ardal fawr o laswelltir lletgras poeth yn Awstralia. Ymchwiliwch i hinsawdd ac ecosystemau Dwyrain Kimberley, Awstralia. Hall's Creek yw un o'r unig drefi mawr yn y rhanbarth hwn.

Sut mae hinsawdd ac ecosystem Dwyrain Kimberley yn cymharu â'r glaswelltiroedd lletgras poeth yn Affrica sy'n cael sylw ar y tudalennau hyn? Beth yw'r prif bethau sy'n debyg a'r prif bethau sy'n wahanol?

Sut mae prosesau ecosystem yn gweithredu mewn glaswelltiroedd lletgras poeth?

Mae dwy brif broses yn yr ecosystem glaswelltir lletgras poeth, sef symudiad egni (llifoedd egni) ac ailgylchu maetholion.

Llifoedd egni

Golau haul yw'r brif ffynhonnell egni ar gyfer popeth byw. Mae'n cael ei amsugno gan **gynhyrchwyr** fel planhigion. Maen nhw'n troi egni golau o'r Haul yn egni cemegol drwy broses ffotosynthesis. Mae'r egni hwn yn cael ei drosglwyddo i anifeiliaid pan maen nhw'n bwyta'r planhigion. Llysysyddion neu **ysyddion cynradd** yw'r enw ar yr anifeiliaid hyn. Yn eu tro, mae ysyddion cynradd yn cael eu bwyta gan anifeiliaid eraill o'r enw cigysyddion neu **ysyddion eilaidd**. Cadwyn fwyd yw'r enw ar y broses hon. Mae egni'n llifo i fyny'r gadwyn fwyd.

Fodd bynnag, mae'r rhan fwyaf o gynhyrchwyr ac ysyddion yn rhan o sawl cadwyn fwyd wahanol. Mae gwe fwydydd yn dangos llif egni drwy'r ecosystem gyfan. Mae gwe fwydydd yn cynnwys llawer o gadwyni bwyd sy'n cysylltu â'i gilydd.

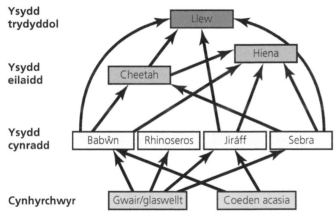

▲ **Ffigur 35** Gwe fwydydd ar gyfer yr ecosystem glaswelltir lletgras yn Affrica.

Cylchredau maetholion yn yr ecosystem glaswelltir lletgras poeth

Yn ogystal ag egni, mae ar blanhigion angen elfennau a chyfansoddion cemegol hanfodol fel haearn, ffosffad a nitrogen. Mae'r maetholion hyn yn cael eu hailgylchu drwy'r ecosystem rhwng y pridd, y biomas a'r dail marw. Pan fydd planhigion ac anifeiliaid yn marw, maen nhw'n dadelfennu ac mae'r maetholion yn cael eu rhyddhau a'u dychwelyd i'r pridd. Cylchred faetholion yw'r enw ar y broses hon.

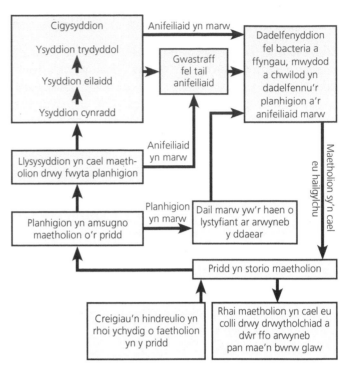

▲ **Ffigur 36** Sut mae maetholion yn cael eu hailgylchu yn yr ecosystem glaswelltir lletgras.

Gweithgareddau

1 a) Lluniadwch gadwyn fwyd drwy roi'r canlynol yn y drefn gywir.
      llew gwair/glaswellt egni o'r Haul sebra
   b) Esboniwch y gwahaniaeth rhwng cadwyn fwyd a gwe fwyd.
   c) Lluniwch dabl fel yr un isod ac ychwanegwch enghreifftiau o'r we fwyd ar gyfer glaswelltir lletgras poeth (Ffigur 35).

Rhannau biotig (byw) o'r ecosystem	Enghreifftiau
Cynhyrchydd	
Ysydd cynradd	
Ysydd eilaidd	
Ysydd trydyddol	

   ch) Esboniwch pam mae'r hiena yn ysydd eilaidd ac yn ysydd trydyddol hefyd.
   d) Beth fyddai'r effaith ar yr ecosystem glaswelltir lletgras poeth pe bai'r rhan fwyaf o'r llewod yn cael eu lladd gan bobl?
2 Astudiwch Ffigur 36.
   a) Esboniwch pam mae maetholion yn bwysig i'r ecosystem hon.
   b) Beth yw swyddogaeth dadelfenyddion yn y gylchred faetholion?

Pam mae bioamrywiaeth glaswelltiroedd Affrica o dan fygythiad?

Mae glaswelltiroedd lletgras poeth o dan fygythiad gan weithgareddau dynol a phrosesau naturiol. Yn ystod y tymor sych, mae tanau'n cael eu hachosi pan fydd mellt yn taro a phan fydd ffermwyr lleol yn llosgi'r gwair/glaswellt i annog twf newydd pan ddaw'r glaw. Mae gwair/glaswellt yn gallu goroesi'r tanau hyn, ond mae coed ifanc yn cael eu dinistrio.

Mae'r ecosystem hon yn cynnwys amrywiaeth enfawr o blanhigion, pryfed, adar, ymlusgiaid a mamaliaid. Mae'r **bioamrywiaeth** – neu'r amrywiaeth o bethau byw – yn ardal glaswelltiroedd Affrica yn ei gwneud yn gyrchfan poblogaidd i dwristiaid. Mae pobl yn dod i weld rhywogaethau sydd mewn perygl fel yr eliffant, y cheetah, y llew a'r rhino. Mae'r diwydiant saffari'n bwysig iawn i economi gwledydd fel Kenya a Tanzania. Fodd bynnag, mae'n anodd dod o hyd i gydbwysedd cynaliadwy rhwng rhoi cyfle i ymwelwyr fwynhau'r golygfeydd a'r bywyd gwyllt naturiol, a sicrhau ar yr un pryd eu bod yn cael eu hamddiffyn a'u gwarchod. Un o'r bygythiadau mwyaf yw potsio (*poaching*) neu hela. Mae dros 40,000 o anifeiliaid yn cael eu lladd yn anghyfreithlon bob blwyddyn ym Mharc Cenedlaethol Serengeti yn Kenya. Ar un adeg roedd dros 100,000 o'r rhino du yn Affrica – erbyn hyn, mae llai na 2,700 ohonynt yno. Maen nhw'n cael eu lladd i gael eu cyrn. Mae'r cyrn hyn yn cael eu defnyddio mewn meddyginiaethau traddodiadol yn Asia, ac maen nhw'n gwerthu am bris sydd 5 gwaith yn fwy na phris aur. Cafodd dros 100,000 o eliffantod eu lladd rhwng 2013 a 2015 i gael yr ifori sydd yn eu hysgithrau (*tusks*).

▲ **Ffigur 37** Cadwraethwyr yn tynnu'r corn oddi ar rhino du i geisio atal potswyr rhag lladd y rhino i gael ei gorn.

Bioamrywiaeth

Mae bioamrywiaeth yn fesur o gyfoeth bywyd gwyllt – yr amrywiaeth o blanhigion, pryfed, adar ac anifeiliaid eraill sy'n byw mewn ecosystem. Er enghraifft, mae un hectar o goedwig law drofannol yn cynnal mwy o amrywiaeth o fywyd gwyllt nag ardal o'r un maint mewn diffeithdir poeth. Dim ond mewn mannau penodol mae rhai planhigion ac anifeiliaid yn bodoli. Rhywogaethau **endemig** yw'r rhain. Mae lleoedd sydd â llawer o fioamrywiaeth, yn ogystal ag amrywiaeth o blanhigion neu anifeiliaid endemig, yn deilwng iawn o gael eu gwarchod.

Gwaith ymholi

Mae potsio anifeiliaid gwyllt yn broblem ddifrifol mewn sawl rhan o Affrica. Mae'r rhino a'r eliffant yn enwedig yn cael eu targedu gan botswyr yn amgylcheddau glaswelltir lletgras poeth Affrica. Trafodwch y cwestiynau ymholi canlynol. Efallai byddai'n syniad da gwneud rhywfaint o waith ymchwil yn gyntaf.

- Pam dylen ni warchod yr eliffant a'r rhino?
- Sut mae'r anifeiliaid hyn yn fanteisiol i'r amgylchedd ac i bobl?
- Beth yw'r ffordd orau o warchod yr anifeiliaid hyn? Pa un o'r dewisiadau isod fyddai'n gweithio orau?
  - i) Tynnu cyrn y rhino gwyllt
  - ii) Symud (trawsleoli) y rhino gwyllt a'r eliffant i Barciau Cenedlaethol
  - iii) Codi'r gwaharddiad ar fasnachu ac allforio corn rhino ac ifori eliffant 'wedi'u ffermio' sy'n cael eu tynnu o anifeiliaid sydd wedi'u magu mewn modd cynaliadwy.

THEMA 5

Tywydd, hinsawdd ac ecosystemau
Pennod 5
Ecosystemau a phobl

Sut mae'r amgylchedd morol yn cael ei ddefnyddio i gynhyrchu egni?

Mae morlin Cymru yn ymestyn am 1,200 km, ac mae gan y wlad botensial enfawr o ran cynhyrchu egni adnewyddadwy drwy ddefnyddio'r gwynt, y tonnau a'r llanw. Agorodd fferm wynt alltraeth Gwynt y Môr ym mis Mehefin 2015. Hon yw'r ail fferm wynt fwyaf yn y byd ac mae ganddi 160 o dyrbinau. Mae Gwynt y Môr wedi'i lleoli oddi ar yr arfordir gerllaw dwy fferm wynt lai sef Gwastadeddau'r Rhyl a Gogledd Hoyle. Mae cynllun alltraeth mawr iawn arall ym Môr Hafren, ger ynys Lundy, wedi'i ohirio am y tro. Cymerodd cynllun Gwynt y Môr 12 mlynedd i'w gwblhau. Roedd llawer o bobl wedi gwrthwynebu'r cynllun gan eu bod yn poeni sut byddai'r fferm yn edrych ac am ei heffaith ar dwristiaeth.

Mae'n debyg mai Sir Benfro sydd â'r potensial mwyaf o ran cynhyrchu egni tonnau yng Nghymru. Mae cwmni *Marine Power Systems* o Abertawe wedi datblygu technoleg o'r enw *WaveSub*. Bydd y ddyfais yn cael ei phrofi yn y dŵr yn Aberdaugleddau am gyfnod o chwech i ddeuddeg mis. Os yw'r profion yn llwyddiannus, bydd y cwmni'n adeiladu fersiwn maint llawn (â'i hyd rhwng 35 a 40 m) a fydd yn cynhyrchu 1.5 MW o egni.

Technoleg	Capasiti targed (GW)	Dyddiad(au) targed
Gwynt atraeth	2.0	2015–17
Gwynt alltraeth	6.0	2015–16
Biomas	1.0	2020
Amrediad llanw	8.5	2022
Ffrwd lanw/ tonnau	4.0	2025

▲ **Ffigur 1** Potensial egni adnewyddadwy yng Nghymru (mae 1 gigawat yn hafal i 1,000 megawat).

◀ **Ffigur 2** Fferm wynt alltraeth Gwynt y Môr ger Llandudno.

Egni llanw

Grŵp o ynysoedd creigiog bach ger arfordir gogledd-orllewin Ynys Môn yw Ynysoedd y Moelrhoniaid. Mae ceryntau llanw cryf yn yr ardal rhwng yr ynysoedd hyn a Thrwyn Carmel, a dyma lle bydd y fferm egni llanw fasnachol gyntaf yng Nghymru – Aráe Lanw Ynysoedd y Moelrhoniaid. Bydd y cynllun yn cynhyrchu trydan ar gyfer hyd at 10,000 o gartrefi yn Ynys Môn. Dylai'r cynllun hefyd greu manteision eraill ar gyfer y gymuned leol, fel swyddi tymor hir ym meysydd cynnal a chadw a monitro amgylcheddol.

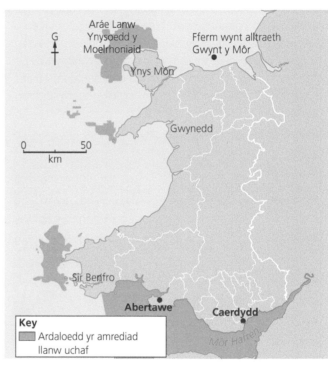

▲ **Ffigur 3** Ardaloedd arfordirol sydd â'r potensial mwyaf o ran cynhyrchu egni llanw ac egni'r tonnau, a lleoliad fferm wynt alltraeth Gwynt y Môr.

Mae Llywodraeth y DU wedi cytuno y gall morlyn llanw gael ei adeiladu ym Mae Abertawe, a gallai'r gwaith ddechrau yn 2016. Bydd y morlyn llanw yn cael ei leoli ar ochr ddwyreiniol Bae Abertawe – rhwng y dociau a champws newydd y brifysgol – a bydd yn defnyddio'r llanw a thrai i gynhyrchu trydan. Byddai wal fôr 9.5 km o hyd a thua 5–20 m o uchder yn cael ei hadeiladu. Byddai'n cynnwys 16 o dyrbinau tanddwr. Gallai digon o drydan gael ei gynhyrchu i gyflenwi dros 155,000 o gartrefi am 120 o flynyddoedd. Mae Ffigur 4 yn dangos maint y morlyn pe bai'n cael ei adeiladu.

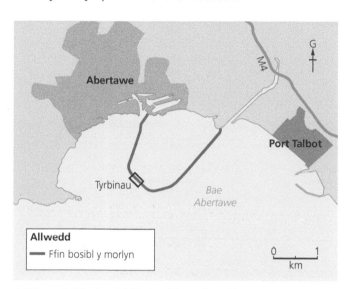

▲ **Ffigur 4** Ffin bosibl Morlyn Llanw Bae Abertawe.

Gweithgareddau

1 Beth yw'r gwahaniaeth rhwng mathau o egni adnewyddadwy ac anadnewyddadwy? Rhowch enghreifftiau o'r ddau fath.
2 Trafodwch y dadleuon o blaid ac yn erbyn adeiladu mwy o ffermydd gwynt alltraeth.
3 Defnyddiwch Ffigur 3 i ddisgrifio dosbarthiad yr ardaloedd yng Nghymru sydd â llawer o botensial o ran datblygu egni morol.
4 Defnyddiwch Ffigur 5 i nodi'r dadleuon o blaid ac yn erbyn adeiladu morlyn llanw yn Abertawe.

Gwaith ymholi

A ddylai Morlyn Llanw Bae Abertawe gael ei adeiladu?

Ysgrifennwch araith er mwyn trafod y pwnc yn y dosbarth. Dylech ystyried:
- y materion amgylcheddol, cymdeithasol ac economaidd
- y dadleuon o blaid ac yn erbyn.

Llefarydd ar ran Llywodraeth Cymru

Mae angen i ni gynhyrchu mwy o egni glân ein hunain fel ein bod yn mewnforio llai o danwyddau ffosil. Mae Cymru mewn sefyllfa dda i ddatblygu egni morol, a gallai project Morlyn Llanw Bae Abertawe greu miloedd o swyddi adeiladu a chynnal a chadw.

Un o gynghorwyr Abertawe

Mae'r project yn ddatblygiad calonogol iawn i Abertawe gan y bydd yn rhoi hwb i'r diwydiant hamdden a thwristiaeth mewn ardal sydd eisoes wedi gweld llawer o waith adfywio

Cyfeillion y Ddaear Cymru

Yn hytrach na dibynnu ar danwyddau ffosil sy'n newid yr hinsawdd, gallai'r project hwn ein helpu i gynhyrchu egni glân a mwy diogel yn y dyfodol, yn ogystal â gwella ein cymysgedd egni. Fodd bynnag, mae rhai wedi codi pryderon amgylcheddol am effaith y project ar bysgod mudol gan y byddai'r morlyn yn cael ei adeiladu rhwng moryd Afon Tawe a moryd Afon Nedd. Mae pobl hefyd yn poeni am siltio a charthu tywod.

Llefarydd ar ran y sector egni niwclear

Mae'r amcangyfrif o gost y project wedi dyblu i bron £1 biliwn. Mae'n rhaid cytuno ar gymhorthdal – neu bris taro (*strike price*) – gan y llywodraeth ar gyfer yr egni sy'n cael ei gynhyrchu. Mae'r cwmni'n gofyn am fwy o gymhorthdal na'r sectorau egni solar neu egni niwclear. Byddai cyfanswm yr egni sy'n cael ei gynhyrchu yn draean o'r hyn sy'n cael ei gynhyrchu mewn gorsaf bŵer maint cyffredin.

▲ **Ffigur 5** Safbwyntiau am Forlyn Llanw Bae Abertawe.

Sut a pham rydyn ni'n defnyddio ecosystemau trofannol?

Coedwig law Amazonas yw'r goedwig law fwyaf sydd ar ôl yn y byd. Mae'n goedwig law iseldir eang sy'n gorchuddio'r rhan fwyaf o ddalgylch Afon Amazonas a'i llednentydd. Ar ymyl ddeheuol coedwig law Amazonas mae'r *cerrado* – coedwig enfawr arall sy'n tyfu mewn rhanbarth sydd â hinsawdd drofannol wlyb a sych.

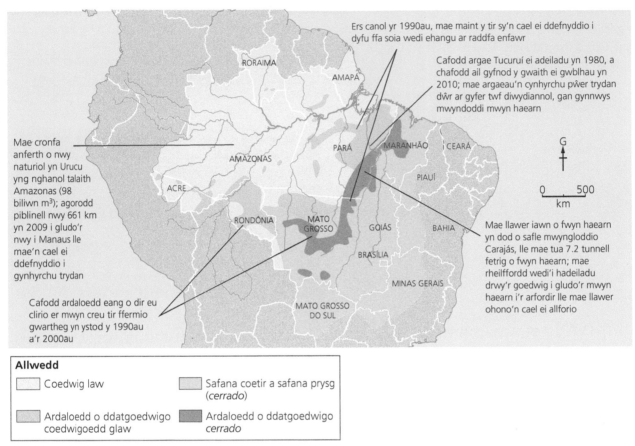

Allwedd

☐ Coedwig law   ☐ Safana coetir a safana prysg (*cerrado*)

☐ Ardaloedd o ddatgoedwigo coedwigoedd glaw   ☐ Ardaloedd o ddatgoedwigo *cerrado*

▲ **Ffigur 6** Datgoedwigo ecosystemau coedwigoedd glaw trofannol a choetir safana (*cerrado*) Brasil.

Talaith	2007	2008	2009	2010	2011	2012	2013
Mato Grosso	8,951	12,987	8,486	2,502	11,632	3,273	2,121
Pará	3,899	8,264	1,559	3,499	6,283	1,359	1,511

▲ **Ffigur 7** Datgoedwigo coedwigoedd glaw trofannol (hectarau y flwyddyn) yn nhaleithiau Mato Grosso a Pará.

Gweithgareddau

1 a) Disgrifiwch ddosbarthiad yr ardaloedd o ddatgoedwigo sylweddol.
   b) Defnyddiwch dystiolaeth o'r map i esbonio pam mae cymaint o goedwigoedd wedi'u dinistrio.
2 a) Defnyddiwch Ffigur 7 i luniadu graff llinell sy'n dangos cyfraddau datgoedwigo yn Mato Grosso ac yn Pará.
   b) Disgrifiwch y duedd sydd i'w gweld ar eich graff.
   c) Mae llywodraeth Brasil wedi bod yn ceisio diogelu coedwig law Amazonas ers 2009. Pa mor llwyddiannus maen nhw wedi bod yn eich barn chi?

Pam mae ffermio ffa soia wedi tyfu mor gyflym?

Roedd **amaeth-fusnesau** yn gyfrifol am $UDA99 biliwn o gynhyrchion amaethyddol a gafodd eu hallforio o Frasil yn 2014, gan gynnwys cig, ffa soia ac India corn. Mae'r sector amaethyddol yn rhoi hwb enfawr i economi'r wlad – economi sy'n tyfu. Mae'n creu swyddi, cyfoeth ar gyfer busnesau amaethyddol, a refeniw trethi ar gyfer y llywodraeth. Mae angen yr arian hwn ar y llywodraeth er mwyn ad-dalu dyledion a buddsoddi mewn gwasanaethau lles fel addysg ac iechyd.

Mae'r ffeuen soia yn gynnyrch defnyddiol iawn. Mae'n cynnwys llawer o brotein ac mae modd ei defnyddio yn lle cig mewn prydau llysieuol. Mae'n cael ei defnyddio'n eang ym maes amaethyddiaeth hefyd fel ffynhonnell protein yn y bwyd sy'n cael ei roi i foch ac ieir. Hefyd, mae'n bosibl malu ffa soia i dynnu olew sy'n cael ei ddefnyddio i gynhyrchu olew coginio.

Nid yw ffa soia yn tyfu yn ardaloedd poethaf ecosystem y goedwig law drofannol. Fodd bynnag, mae pobl wedi creu rhai mathau o ffa soia sy'n tyfu yn y gylchfa ryngbarthol rhwng y goedwig law a'r coetir safana (*cerrado*). Erbyn hyn, mae planhigfeydd enfawr yn cynhyrchu ffa soia sy'n cael eu hallforio i Ewrop a China. Mae bioamrywiaeth gyfoethog y goedwig law wedi'i disodli gan un planhigyn, neu **ffermio ungnwd**. Mae'r newid hwn i'r cynefinoedd yn golygu bod llawer llai o amrywiaeth o bryfed, adar a mamaliaid yn gallu parhau i fyw yma. O ganlyniad, mae carfanau pwyso amgylcheddol wedi gwrthwynebu twf planhigfeydd ffa soia.

Blwyddyn	Tunelli metrig (miliwn)
2000	39.0
2001	43.5
2002	52.0
2003	51.0
2004	53.0
2005	57.0
2006	59.0
2007	61.0
2008	57.8
2009	69.0
2010	75.3
2011	66.5
2012	82.0
2013	86.7
2014	94.5

▲ **Ffigur 8** Cynhyrchu ffa soia ym Mrasil.

Ffynhonnell	Tunelli metrig (miliwn)
Palmwydd	60.7
Ffa soia	46.8
Hadau rêp	27.0
Hadau blodyn yr haul	15.2
Cnewyll palmwydd	6.9
Hadau cotwm	5.1
Cnau mwnci	5.5
Cnau coco	3.5
Olewydd	2.6
Cyfanswm	173.3

▲ **Ffigur 11** Cymeriant byd-eang o olew llysiau, 2014.

Gwlad	Tunelli metrig (miliwn)
UDA	108.0
Brasil	94.5
Ariannin	56.0
China	12.4
India	10.5
Paraguay	8.5
Canada	6.1
Eraill	19.4
Cyfanswm	315.4

▲ **Ffigur 9** Cynhyrchu ffa soia ar draws y byd, 2014.

Ffynhonnell	Tunelli metrig (miliwn)
Ffa soia	197.1
Hadau rêp	39.8
Hadau blodyn yr haul	15.9
Hadau cotwm	15.5
Cnewyll palmwydd	7.7
Cnau mwnci	6.7
Pysgod	4.7
Copra	1.6
Cyfanswm	288.9

▲ **Ffigur 10** Cymeriant byd-eang o gynnyrch protein, 2014.

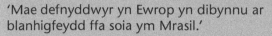

Gweithgareddau

3 Awgrymwch pam mae llai o fioamrywiaeth mewn planhigfeydd soia nag sydd mewn coedwigoedd glaw neu mewn *cerrado*. Defnyddiwch dudalennau 182–4 i'ch helpu.

4 Esboniwch pam mae twf amaeth-fusnesau wedi rhoi hwb i economi Brasil. Defnyddiwch dystiolaeth o Ffigurau 8–11 i gefnogi eich ateb.

Gwaith ymholi

'Mae defnyddwyr yn Ewrop yn dibynnu ar blanhigfeydd ffa soia ym Mrasil.'

■ Trafodwch y gosodiad hwn. Oes unrhyw opsiynau ar gael i ddefnyddwyr?

■ Mae defnyddwyr yn Ewrop yn prynu cynhyrchion sy'n cynnwys ffa soia mewn archfarchnadoedd. Awgrymwch a ddylai'r defnyddwyr hyn fod yn poeni am y broses o gynhyrchu'r ffa soia. Defnyddiwch dystiolaeth o'r dudalen hon, ac o'ch gwaith ymchwil eich hun, i gefnogi eich dadl.

Sut mae gweithgareddau dynol yn newid y prosesau yn ecosystem y goedwig law drofannol?

Astudiwch Ffigur 12. Mae'n dangos **canopi** di-dor y goedwig law sy'n ymddwyn yn debyg i ymbarél mawr. Mae'r glaw sy'n disgyn yn ystod stormydd trofannol yn gallu taro'r ddaear yn galed iawn, gan achosi erydiad pridd. Mae'r canopi yn gallu atal y glaw, gan rwystro llawer ohono rhag disgyn yn syth i'r ddaear. O ganlyniad, mae'r dŵr sy'n diferu o'r dail yn llawer llai pwerus.

Mae'r canopi wedi'i glirio yn yr ardaloedd sydd i'w gweld yn Ffigurau 13 ac 16. Mewn rhai ardaloedd, mae'r canopi wedi'i glirio gan weithgareddau dynol – er enghraifft, torri coed, neu glirio coedwigoedd er mwyn creu lle ar gyfer planhigfeydd palmwydd olew neu fath arall o amaethyddiaeth. Mewn ardaloedd fel hyn mae'r perygl o erydiad pridd yn uwch. Mae'r pridd yn cael ei olchi i mewn i afonydd lleol ac mae'n lleihau faint o ddŵr mae sianel yr afon yn gallu ei ddal. Mae hyn yn gallu arwain at broblemau yn sgil llifogydd.

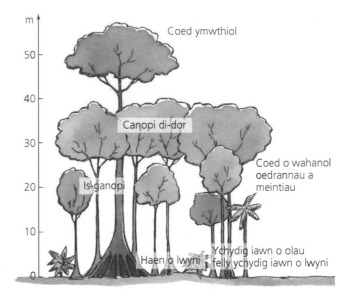

▲ **Ffigur 12** Strwythur nodweddiadol coedwig law drofannol.

Labels on figure:
m
50
40
30
20
10
0
Coed ymwthiol
Canopi di-dor
Is-ganopi
Coed o wahanol oedrannau a meintiau
Haen o lwyni
Ychydig iawn o olau felly ychydig iawn o lwyni

Cafodd y goedwig yn y blaen ei llosgi ychydig fisoedd yn ôl. Mae boncyffion a gwreiddiau'r coed mawr wedi helpu i gadw'r pridd. Mae hen lawr y goedwig (nad oedd yn cael golau haul uniongyrchol o'r blaen) yn agored i olau haul erbyn hyn ac mae chwyn wedi dechrau tyfu'n gyflym. Gallai hadau'r coed yn y cefndir gael eu chwythu i'r ardal hon, a gallai'r goedwig aildyfu ymhen tua 40 mlynedd (gan greu'r hyn sy'n cael ei alw'n goedwig law eilaidd).

Mae'r darn hwn o'r goedwig yn ynys ecolegol erbyn hyn, ac mae'r anifeiliaid sy'n byw yma wedi'u gwahanu oddi wrth yr anifeiliaid mewn rhannau eraill o'r goedwig. Mae'n debyg y bydd y goedwig hon wedi gweld cwympo coed dethol: mae coed fel tîc a mahogani eisoes wedi'u torri i gael eu pren. Bydd y defnydd o beiriannau trwm mewn lle mor gyfyng wedi difrodi llawer o goed a llwyni eraill. Mae'r broses hon yn creu tyllau yn y canopi. Mae ffynhonnell fwyd pryfed yn diflannu hefyd (dim ond ar rai coed penodol y mae rhai pryfed yn bwydo) ac felly mae'r broses glirio yn dechrau gwneud niwed i'r gadwyn fwyd.

Mae'r holl goed yn yr ardal hon o'r goedwig wedi cael eu torri a'u llosgi yn ddiweddar. Mae strwythur y canopi, yr is-ganopi a'r haen o lwyni wedi'i ddinistrio'n gyfan gwbl. Mae'r pridd yn agored i erydiad, yn enwedig ar y llethr hwn. Wrth reswm, gan nad oes canopi yma, mae'r gylchred faetholion wedi'i thorri.

▲ **Ffigur 13** Coedwig law drofannol sydd wedi'i chlirio yn Madagascar.

Math o goedwig	Lleoliad yr astudiaeth	Canran yr ataliad a'r anweddiad o'r canopi
Sbriws Sitca (conwydd)	Yr Alban	28
Ffynidwydd Douglas (conwydd)	Oregon, UDA	19
Ffawydd (collddail)	Lloegr	15
Coedwig law drofannol	Indonesia	21
Coedwig law drofannol	Dominica	27
Coedwig law drofannol	Malaysia	27

▲ **Ffigur 14** Ataliad ac anweddiad dŵr o ganopïau coedwigoedd gwahanol.

Datgoedwigo ardal fawr: y canopi yn cael ei ddinistrio

Blwyddyn 1: mae cyfradd erydiad pridd yn cynyddu i o leiaf ugain gwaith yn fwy na'r gyfradd naturiol

Mae rhywfaint o'r pridd yn cael ei olchi i mewn i afonydd lle mae'n cael ei ddyddodi

Blwyddyn 2: mae ffermwyr yn plannu soia neu gnwd arall

?

▲ **Ffigur 15** Canlyniadau datgoedwigo.

A

B

C

▲ **Ffigur 16** Torri coed wrth ymyl afon yn Borneo.

Rheoli coedwigoedd glaw Canolbarth America mewn modd cynaliadwy

Mae datgoedwigo yn rhannu'r goedwig yn ddarnau, ac mae hyn yn creu problemau mawr i fywyd gwyllt. Wrth i ardaloedd mwy gael eu clirio, mae bywyd gwyllt yn cael ei gyfyngu i ddarnau ynysig o'r goedwig sydd wedi'u gwahanu gan dir ffermio. Mae hyn i'w weld yn Ffigur 13 ar dudalen 198. Mae'r anifeiliaid yn gaeth ar ynysoedd o goedwig yng nghanol môr o dir ffermio.

Mae llywodraethau gwledydd Canolbarth America (neu Mesoamerica) yn cydweithio â'i gilydd ar broject cadwraeth uchelgeisiol. Y bwriad yw creu **coridor bywyd gwyllt** di-dor ar hyd Canolbarth America. Mae'r coridorau hyn yn cael eu creu drwy blannu lleiniau o goedwigoedd er mwyn uno'r darnau o goedwig sy'n weddill. Mae creu coridorau bywyd gwyllt yn golygu bod anifeiliaid yn gallu symud yn rhydd o un ardal o goedwig i ardal arall heb wrthdaro â phobl. Mae'n golygu bod anifeiliaid yn gallu dod o hyd i ffynonellau bwyd newydd. Mae coridorau hefyd yn galluogi anifeiliaid i gyplu ag anifeiliaid mewn coedwigoedd eraill, sy'n helpu i gadw'r amrywiaeth genetig yn iach. Teitl y project yw Coridor Biolegol Mesoamerica (CBM yw'r acronym Sbaeneg) ac mae llywodraeth pob un o'r saith gwlad yng Nghanolbarth America – a México hefyd – yn rhan ohono.

Gwlad	1996	2000	2010
Belize	18.0	35.2	36.5
Costa Rica	20.7	23.9	26.9
El Salvador	0.4	0.1	6.8
Guatemala	28.4	29.5	30.9
Honduras	15.0	21.0	21.1
México	4.1	7.7	12.9
Nicaragua	29.3	30.5	30.8
Panamá	17.7	19.0	20.6

▲ **Ffigur 18** Ardaloedd sy'n cael eu diogelu yng Nghanolbarth America a México fel canran o gyfanswm arwynebedd y tir.

Gweithgareddau

1 Edrychwch ar Ffigur 17.
   a) Disgrifiwch leoliad Parc Cenedlaethol Tikal.
   b) Disgrifiwch sut bydd y patrwm o ardaloedd cadwraeth yn Honduras yn newid os bydd coridorau bywyd gwyllt newydd yn cael eu creu.
2 Gweithiwch mewn parau i luniadu diagram corryn sy'n dangos sut mae rhannu coedwigoedd glaw yn ddarnau yn effeithio ar fywyd gwyllt. Dylech ystyried sut mae rhannu coedwigoedd glaw yn ddarnau yn debygol o effeithio ar y canlynol:
   ■ cadwyni bwyd
   ■ cyplu llwyddiannus
   ■ y berthynas rhwng anifeiliaid ysglyfaethus a'u hysglyfaeth
   ■ peillio a gwasgariad hadau.
3 Esboniwch sut bydd y coridorau bywyd gwyllt newydd yn helpu i warchod bywyd gwyllt.

Creu cylchfaoedd cadwraeth a byffer – sut maen nhw'n gweithio?

Mae'n anodd gwarchod coedwigoedd glaw trofannol a rhwystro difrod, hyd yn oed os yw'r goedwig wedi'i diogelu gan ei bod yn rhan o Barc Cenedlaethol. Yn ymarferol, mae llawer o goedwigoedd sydd wedi'u diogelu yn dioddef yn sgil gweithgareddau fel torri coed yn anghyfreithlon, clirio tir ffermio neu botsio anifeiliaid gwyllt. Mae llawer iawn o goedwigoedd yn fawr ac anghysbell. O ganlyniad, mae'n anodd i geidwaid y coedwigoedd ddal potswyr neu bobl sy'n torri coed, neu atal y broses o losgi a chlirio coedwigoedd. Rhaid cofio hefyd bod llawer o'r bobl sy'n achosi'r difrod hwn yn dlawd iawn. Ychydig iawn o opsiynau eraill sydd ganddyn nhw i ennill bywoliaeth, ac maen nhw'n cael eu temtio gan y cyfleoedd i botsio neu ffermio. Wrth gynllunio sut i ddatblygu coedwig mewn modd cynaliadwy, dylai'r cynllun ystyried anghenion pobl yn y gymuned leol, a fyddai'n gallu ennill bywoliaeth drwy ddefnyddio adnoddau'r coedwigoedd. Ar yr un pryd, mae angen gwarchod bioamrywiaeth gyffredinol y goedwig er mwyn cwrdd ag anghenion cymunedau lleol yn y dyfodol.

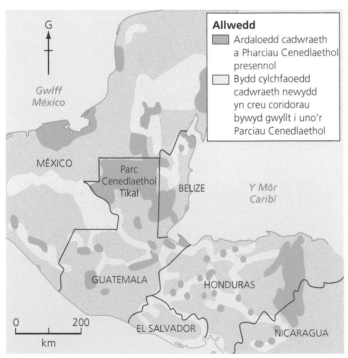

▲ **Ffigur 17** Ardaloedd sy'n cael eu diogelu (gan gynnwys gwarchodfeydd coedwigoedd) yng Nghanolbarth America a México, a'r coridorau bywyd gwyllt arfaethedig.

Allwedd
- Ardaloedd cadwraeth a Pharciau Cenedlaethol presennol
- Bydd cylchfaoedd cadwraeth newydd yn creu coridorau bywyd gwyllt i uno'r Parciau Cenedlaethol

▲ **Ffigur 19** Mae'r motmot yn byw yng nghoedwigoedd glaw Canolbarth America; mae'n bwyta pryfed, madfallod bach a ffrwythau'r goedwig. Mae gwyliau gwylio adar yn cynhyrchu incwm gwerthfawr i gymunedau lleol.

Un ffordd o sicrhau bod cydbwysedd rhwng anghenion pobl leol a'r awydd i ddiogelu'r goedwig yw creu **cylchfaoedd byffer**. Dyma ardaloedd lle mae gan bobl hawl i ddefnyddio'r goedwig mewn rhai ffyrdd. Mae cylchfaoedd byffer yn amgylchynu ac yn helpu i ddiogelu'r ardal gadwraeth ganolog. Y gobaith wedyn yw na fydd yr ardal ganolog yn cael ei difetha na'i heffeithio gan weithgareddau dynol. Mae pobl leol yn cael eu hannog i ddefnyddio cylchfaoedd byffer mewn ffordd gynaliadwy er mwyn iddynt ddeall sut i ddefnyddio'r goedwig heb wneud difrod parhaol iddi. Er enghraifft, drwy blannu cnydau bwyd, ffrwythau a chnau ymysg y coed mae pobl yn gallu creu amgylchedd amrywiol ar gyfer pryfed ac adar yn ogystal ag amddiffyn y pridd rhag erydiad. Enw'r dull hwn o ffermio yw **amaeth-goedwigaeth**. Gweithgaredd arall sy'n cael ei ganiatáu mewn cylchfaoedd byffer yw ecodwristiaeth, ac mae pobl leol yn gweithio fel tywyswyr. Mae hela hefyd wedi'i ganiatáu mewn rhai cylchfaoedd byffer. Mae hyn ar yr amod bod yr anifeiliaid yn cael eu hela i gael eu cig a'u bod yn perthyn i boblogaeth fawr a fyddai'n gallu adfer ei hun o ran niferoedd. Fodd bynnag, ychydig iawn o weithgareddau, os o gwbl, sy'n cael eu caniatáu yn y gylchfa cadwraeth ganolog (heblaw am astudiaethau gwyddonol o bosibl).

Mae'n bosibl bod defnyddio cylchfaoedd byffer yn ddull mwy ymarferol o reoli coedwigoedd na gwahardd pobl rhag defnyddio'r goedwig yn gyfan gwbl. Os ydyn nhw'n cael eu rheoli'n dda, mae aelodau'r gymuned leol yn dod yn rhan o wneud penderfyniadau. Maen nhw hefyd yn helpu pobl i ennill bywoliaeth ac yn gallu eu haddysgu am bwysigrwydd cadwraeth. Fodd bynnag, mae cylchfaoedd byffer yn gallu arwain at gynnydd mewn lefelau mudo hefyd. Mae pobl yn gweld bod cyfleoedd economaidd ym meysydd amaeth-goedwigaeth neu ecodwristiaeth ac maen nhw'n symud i gylchfaoedd byffer, gan roi pwysau ar adnoddau lleol fel bwyd, dŵr a choed tân.

Cylchfa byffer Ucheldiroedd Talamanca

◄ **Ffigur 20** Lleoliad Ucheldiroedd Talamanca.

Ardal fynyddig yn Costa Rica a Panamá yw Ucheldiroedd Talamanca. Mae ardaloedd mawr o goedwigoedd glaw sydd heb eu difetha yn y rhanbarth hwn, ac maen nhw'n cael eu gwarchod fel Safle Treftadaeth y Byd. Mae'r amrywiaeth o blanhigion ac adar yn y rhanbarth hwn yn bwysig ar lefel genedlaethol a byd-eang. Mae glawiad yn y mynyddoedd yn llifo i'r afonydd sy'n cyflenwi dŵr yfed ffres i gymunedau iseldir Costa Rica. Er mwyn diogelu'r gylchfa cadwraeth ganolog, mae cylchfa byffer wedi'i sefydlu yno.

Fodd bynnag, nid yw'r gylchfa byffer wedi atal difrod i'r amgylchedd. Mae tir wedi'i glirio i wneud lle ar gyfer tyddynnod, planhigfeydd banana a thir ffermio gwarthcg, gan arwain at erydiad pridd. Mae'r afonydd wedi cludo gwaddod i'r môr sydd wedi difrodi riffiau cwrel. Erbyn hyn, mae cynlluniau ar waith i adeiladu argaeau pŵer trydan dŵr a ffyrdd, a gallai hynny achosi mwy o ddifrod i afonydd a choedwigoedd yn y gylchfa byffer.

Sut mae gweithgareddau dynol yn effeithio ar laswelltiroedd safana?

Mae **diffeithdiro** yn digwydd mewn rhanbarthau o laswelltir safana. Mae'r coed ar wasgar. Dydyn nhw ddim yn creu canopi di-dor fel sydd i'w weld mewn coedwig law drofannol. Fodd bynnag, mae'r coed, y llwyni a'r gwair/glaswellt i gyd yn amddiffyn y pridd rhag erydiad. Mewn rhanbarthau lle mae'r coed a'r llwyni wedi'u torri neu eu llosgi, mae diffeithdiro wedi digwydd yn gyflym. Mae'n ymddangos, felly, bod y broses o ddiffeithdiro yn cael ei hachosi (yn rhannol o leiaf) pan fydd tir yn cael ei reoli'n wael.

- Mae llystyfiant yn gwneud gwaith pwysig o ran rheoleiddio'r gylchred ddŵr. Mewn ardaloedd sydd â llawer o goedwigoedd, mae cymaint ag 80 y cant o'r glawiad yn cael ei ailgylchu i'r atmosffer drwy gyfuniad o anweddiad a thrydarthiad o'r dail. Mae torri a llosgi coed a llwyni safana i wneud lle ar gyfer tir ffermio yn lleihau lefelau anwedd-drydarthiad yn sylweddol. Yn y pen draw, mae cyfanswm y glawiad yn gostwng, ac mae hyn yn ei dro yn lleihau faint o ddŵr sydd ar gael i bobl sy'n dibynnu ar afonydd i gael cyflenwad dŵr.

- Mae cael gwared ar lystyfiant yn golygu nad yw dail marw yn gallu disgyn i'r pridd. Mae'r gylchred faetholion yn cael ei thorri. O ganlyniad, nid yw llwyni yn ailgyflenwi maetholion nac yn helpu i gynnal adeiledd pridd iach drwy ychwanegu deunydd organig at y pridd.

- Mae dinistrio canopi'r coed yn golygu bod y pridd yn agored i erydiad gan law yn tasgu. Adeg glawiad trwm, mae llenni o ddŵr yn llifo dros arwyneb y ddaear, gan erydu'r holl ddeunydd organig sydd yn haenau uwch y pridd. Wrth lifo i lawr llethrau mwy serth, mae pŵer y dŵr yn cynyddu ac mae'n codi a chludo gronynnau pridd a chreigiau bach. Mae'r dŵr yn defnyddio'r rhain i erydu i lawr i mewn i'r pridd drwy broses o'r enw erydiad gylïau.

Mae'r canopi dail trwchus yn atal glawiad. Mae'r glaw wedyn yn disgyn yn araf i'r ddaear drwy ddiferu o flaenau'r dail. Heb yr ataliad hwn, byddai'r diferion glaw yn taro'r pridd ac mae eu grym yn gallu erydu gronynnau bach o bridd.

Mae arwyneb y pridd yn caledu yn y gwres. Mae lleithder yn y pridd yn cael ei dynnu i fyny ac yn anweddu o'r arwyneb.

Mae'r canopi dail yn rhoi cysgod. Mae tymheredd yr aer yn y cysgod yn gallu bod 20°C yn is na'r tymheredd yn y tir agored, ac felly mae'r pridd yn aros yn fwy oer.

Mae gwreiddiau yn helpu i glymu'r pridd at ei gilydd er mwyn atal erydiad gylïau.

▲ **Ffigur 21** Y llystyfiant, y priddoedd a'r hinsawdd yn rhyngweithio.

▲ **Ffigur 22** Mae erydiad gylïau yn broblem gyffredin mewn ardaloedd sy'n dioddef yn sgil diffeithdiro. Mae'r ffermwr hwn yn gosod cerrig mawr ar draws y gyli.

Mae ffermwyr yn gadael i'w geifr orbori'r llwyni, ac mae llystyfiant yn cael ei ladd

Mae cyfansymiau glawiad blynyddol yn lleihau yn raddol

Mae coed a llwyni'n cael eu llosgi i glirio tir ar gyfer ffermio neu drefoli

Mae coed yn cael eu torri i lawr i ddarparu coed tân er mwyn coginio

Mae'n anodd rhagweld faint o law fydd yn disgyn yn ystod y tymor gwlyb – mae'n gallu bod yn drwm iawn, gan achosi erydiad pridd

Mae ffermydd masnachol yn gwneud defnydd dwys o'r tir, ac mae'r pridd yn cael ei ddifetha'n gyflym

Mae llai o lystyfiant yn golygu bod llai o ddŵr yn dychwelyd i'r atmosffer drwy anwedd-drydarthiad

▲ **Ffigur 23** Ffactorau ffisegol a dynol sy'n gallu achosi diffeithdiro.

Sut mae cynhyrchu bwyd wedi effeithio ar y safana?

Mae ffermio ar laswelltiroedd safana Affrica yn gymysgedd o ffermio âr (tyfu cnydau) a ffermio bugeiliol (pori anifeiliaid). Mae ffermwyr yn cadw geifr a gwartheg i gael eu llaeth a'u cig. Mae system draddodiadol sef braenaru llwyni yn cael ei defnyddio i dyfu cnydau. Mae llystyfiant prysg yn cael ei glirio drwy broses o dorri a llosgi. Mae cnydau fel India corn, cnydau gwraidd a llysiau yn cael eu tyfu am 1–3 blynedd. Mae'r tir yn cael ei adael wedyn am 8–15 mlynedd. Hwn yw'r **cyfnod braenaru**. Yn ystod y cyfnod braenaru, mae'r llwyni naturiol yn aildyfu. Mae dail o'r llwyni yn dadelfennu yn y pridd, gan ailgyflwyno ffibr organig a maetholion a gafodd eu tynnu allan yn sgil ffermio. Mae'r system hon yn gynaliadwy ar yr amod bod y cyfnod braenaru yn parhau i fod yn ddigon hir. Fodd bynnag, mewn rhai pentrefi mae'r cyfnod braenaru wedi lleihau i ddwy neu dair blynedd yn unig. Nid yw hyn yn rhoi digon o amser i'r pridd adfer. Os yw'r cyfnod braenaru yn rhy fyr, mae'r pridd yn colli ei gynnwys organig ac mae'r strwythur yn mynd yn llychlyd. O ganlyniad, mae'r pridd mewn perygl o erydiad gan y gwynt a'r glaw.

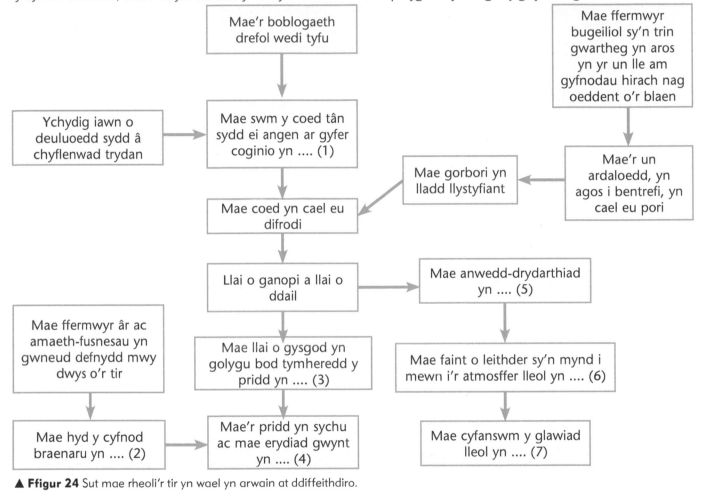

▲ **Ffigur 24** Sut mae rheoli'r tir yn wael yn arwain at ddiffeithdiro.

Gweithgareddau

1 Copïwch a chwblhewch y disgrifiad canlynol o'r system braenaru gwylltir:

Mae llystyfiant naturiol yn cael ei glirio drwy ddefnyddio dulliau torri a .... Mae cnydau yn cael eu tyfu am 1 i .... blynedd. Mae'r tir yn cael ei adael wedyn am o leiaf .... o flynyddoedd cyn dechrau tyfu cnydau newydd. Yr enw am hyn yw'r cyfnod .... Yn ystod y cyfnod hwn, mae .... yn dychwelyd i'r pridd.

2 Esboniwch:
a) pam mae'r system braenaru gwylltir draddodiadol yn gynaliadwy
b) pam mae lleihau hyd y cyfnod braenaru wedi diraddio'r pridd.

3 Gwnewch gopi o Ffigur 24. Cwblhewch y blychau sy'n cynnwys rhifau 1–7 drwy ychwanegu naill ai 'lleihau' neu 'cynyddu' ar ddiwedd y frawddeg.

Ydy cnydau sy'n gwrthsefyll sychder yn gallu helpu i ddatrys y broblem?

Mae Ghana yn wlad drofannol yng Ngorllewin Affrica. Mae hinsawdd Gogledd Ghana yn boeth ac yn lletgras, ac mae'r tymor sych yn gallu para am hyd at wyth mis o'r flwyddyn. Mae coed yn cael eu defnyddio i wneud coed tân ac mae llwyni'n cael eu gorbori. O ganlyniad, mae erydiad pridd yn broblem ddifrifol yn rhanbarthau'r Gogledd, y Gorllewin Uchaf a'r Dwyrain Uchaf erbyn hyn. Mae ffermwyr hefyd yn poeni am effeithiau newid hinsawdd. Mae'n ymddangos bod patrymau glawiad yn anoddach i'w rhagweld. Pan fydd cnydau yn methu a da byw yn marw, mae'r amodau hyn yn arwain at golledion economaidd i ffermwyr, prinder bwyd a phrisiau bwyd uwch. Yn ôl *UNICEF*, mae un o bob pump o blant yn Ghana yn dioddef o broblemau tyfu difrifol oherwydd diffyg maeth cronig. Yn rhanbarth y Gogledd mae tua 37 y cant o blant yn dioddef o broblemau tyfu oherwydd diffyg maeth.

Mae'n bosibl y bydd cnydau sy'n **gallu gwrthsefyll sychder** yn helpu'r rhanbarth hwn i gynhyrchu bwyd, hyd yn oed ar adegau pan fydd lefel y glawiad yn isel. Mae'r cnydau hyn yn gallu tyfu'n dda hyd yn oed pan nad oes cymaint o law â'r arfer. Mae cnydau fel *chick pea*, *pigeon pea*, cnau mwnci, milet a sorgwm yn gallu tyfu mewn rhanbarthau

poeth a lletgras, ac mae pob un ohonyn nhw'n addas i'w dyfu ar dyddynnod. Mae llywodraeth Ghana yn annog ffermwyr i ddefnyddio pedwar math newydd o India corn sydd wedi'u datblygu gyda chymorth Sefydliad Nippon, sefydliad anllywodraethol. Fodd bynnag, mae ffermwyr lleol wedi cwyno bod yr hadau newydd yn ddrutach na'r mathau o hadau maen nhw'n eu tyfu fel arfer.

▲ **Ffigur 26** Clementia Talata yn coginio *banku*, sef un o'r prif brydau o fwyd yn Ghana sydd wedi'i wneud o India corn. Mae Clementia mewn *chop bar* (tŷ bwyta syml) lleol sy'n defnyddio dŵr o un o fannau dosbarthu sefydliad *Safe Water Network*.

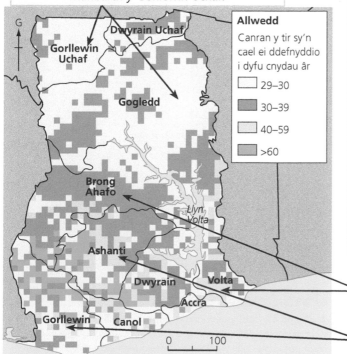

Glaswelltir safana yw'r llystyfiant naturiol. 'Cymedrol' i 'Difrifol Iawn' yw lefel y perygl o erydiad pridd yn rhanbarth y Gogledd a rhanbarth y Gorllewin Uchaf.

Allwedd

Canran y tir sy'n cael ei ddefnyddio i dyfu cnydau âr

- 29–30
- 30–39
- 40–59
- >60

▲ **Ffigur 25** Ffermio âr a'r perygl o erydiad pridd.

Gweithgareddau

4 Defnyddiwch Ffigur 25.
   a) Amcangyfrifwch faint o dir yn rhanbarth y Gorllewin Uchaf a rhanbarth y Dwyrain Uchaf sy'n cael ei ddefnyddio ar gyfer ffermio âr.
   b) Cymharwch ffermio âr yn Ashanti â ffermio âr yn rhanbarth y Gogledd.
   c) Awgrymwch pam mae'r perygl o erydiad pridd ar ei uchaf mewn rhanbarthau sydd â'r amodau hinsawdd canlynol:
      i) cyfanswm glawiad uchel, fel yn rhanbarth Ashanti
      ii) tymor sych hir, fel yn rhanbarth y Gorllewin Uchaf.
5 Disgrifiwch un fantais ac un anfantais o dyfu cnydau sy'n gallu gwrthsefyll sychder yn Ghana.
6 Esboniwch sut mae newid hinsawdd, diffeithdiro a thlodi (gan gynnwys materion iechyd fel diffyg maeth) yn gysylltiedig â'i gilydd.

Coetir safana yw'r llystyfiant naturiol. 'Bach' i 'Cymedrol' yw lefel y perygl o erydiad pridd yn Brong Ahafo a Volta.

Coedwig law drofannol yw'r llystyfiant naturiol. 'Cymedrol' i 'Difrifol' yw lefel y perygl o erydiad pridd yn rhanbarth Ashanti a rhanbarth y Gorllewin.

Sut mae ffermio dwys yn gallu effeithio ar gylchredau dŵr a hinsoddau?

Mae Llyn Tchad wedi'i leoli yn rhanbarth **Sahel** yn Affrica. Mae'r llyn wedi crebachu'n sylweddol iawn dros y 50 mlynedd diwethaf am resymau cymhleth. Ymhlith y rhesymau hyn mae gorbori a datgoedwigo yn **nalgylch afon** y llyn, sydd wedi arwain at hinsawdd sy'n fwy sych. Fodd bynnag, un rheswm mwy arwyddocaol o bosibl yw'r gordynnu dŵr o'r afonydd sy'n cyflenwi Llyn Tchad sydd wedi digwydd. Ers 1970, mae llawer o argaeau wedi'u hadeiladu ym masn afon Komodougou-Yobe a basn afon Chari-Logone. Mae rhywfaint o ddŵr yn cael ei dynnu ar gyfer y cyflenwad domestig mewn dinasoedd fel Kano. Mae'r gweddill yn cael ei ddefnyddio ar gyfer ffermio dwys a phrojectau dyfrhau sy'n tyfu cnydau fel nionod, tomatos, pupurau chilli a reis. Yn ôl y sôn, dim ond 5–10 y cant o'r dŵr yn Afon Chari-Logone sy'n llifo i Lyn Tchad bellach. Mae'r gweddill yn anweddu neu'n cael ei dynnu a'i ddefnyddio. Mae 20 argae wedi'u hadeiladu yng ngogledd-ddwyrain Nigeria ers adeiladu Argae Tiga yn 1974. O ganlyniad, dim ond tua 2 y cant o'r dŵr ym masn afon Komodougou-Yobe sy'n llifo i Lyn Tchad.

Gwlad	Cyfanswm yr arwynebedd (km²)	Arwynebedd yn y dalgylch afon (km²)
Nigeria	923,770	179,282
Niger	1,267,000	691,473
Algeria	2,381,740	93,451
Sudan	2,505,810	101,048
Gwer. Can. Affrica	622,980	219,410
Tchad	1,284,000	1,046,196
Cameroon	475,440	50,775
Cyfanswm arwynebedd dalgylch afon Llyn Tchad		2,381,635

▲ **Ffigur 28** Dalgylch afon Llyn Tchad.

▲ **Ffigur 27** Mae'r ardal mewn gwyrdd golau yn dangos dalgylch afon Llyn Tchad.

Gweithgareddau

1 Astudiwch Ffigur 27.
   a) Disgrifiwch leoliad Kano.
   b) Disgrifiwch batrwm draenio dalgylch afon Llyn Tchad.
   c) Defnyddiwch yr hyn rydych chi'n ei wybod am hinsoddau trofannol i esbonio pam mae'r patrwm draenio hwn i'w weld yn Llyn Tchad.
2 Astudiwch Ffigur 28.
   a) Sut byddai'n bosibl addasu'r wybodaeth hon fel ei bod yn haws ei defnyddio?
   b) Pa ganran o arwynebedd Nigeria sydd yn nalgylch afon Llyn Tchad?

▲ **Ffigur 29** Pobl yn cynaeafu pupurau chilli ar fferm sydd wedi'i dyfrhau gan ddefnyddio dŵr o Afon Yobe yng ngogledd Nigeria. Mae pupurau chilli yn cael eu defnyddio'n aml mewn prydau bwyd yn Nigeria, ac maen nhw'n cael eu gwerthu am bris da. Fodd bynnag, mae ganddyn nhw ôl troed dŵr uchel iawn.

Sut mae'r ffaith bod y llyn yn crebachu wedi effeithio ar bobl a'r amgylchedd?

Mae'r ardal hon o Affrica yn dlawd iawn. Mae 40 miliwn o bobl yn byw yn ardal dalgylch afon Llyn Tchad ac mae 60 y cant o'r bobl hyn yn byw ar lai na $2 y dydd. Dyma effeithiau gordynnu dŵr:

- Mae rhai pobl yn dibynnu ar y llyn i gael dŵr; nid yw'r dŵr yn ddiogel i'w yfed ac mae'n ffynhonnell colera a polio.
- Mae'r pridd wedi dioddef yn sgil proses halwyno. Mae'r broses hon yn digwydd pan fydd gormod o ddŵr yn cael ei ddefnyddio i ddyfrhau cnydau. Mae dŵr sy'n anweddu o'r pridd yn gadael mwynau niweidiol yno.
- Mae ecosystemau'r gwlyptir o amgylch y llyn wedi sychu. Mae poblogaethau adar y gwlyptir a nifer y pysgod wedi lleihau. Mae incwm pysgotwyr wedi lleihau oherwydd bod llai o bysgod yn y llyn.
- Mae tlodi wedi cynyddu, ac felly mae mwy o bobl yn mudo i ddinasoedd fel Kano. O ganlyniad i'r cynnydd mewn tlodi, mae grwpiau eithafol fel Boko Haram wedi denu mwy o gefnogwyr.

Oes modd achub Llyn Tchad?

Cafodd cynllun uchelgeisiol ei gyhoeddi i achub Llyn Tchad 30 mlynedd yn ôl. Bwriad project Transaqua oedd trosglwyddo dŵr o Weriniaeth Ddemocrataidd Congo. Byddai camlas 2,400 km yn trosglwyddo 100 biliwn m^3 o ddŵr bob blwyddyn o Afon Congo i Afon Chari. Ychydig iawn o bobl sydd wedi credu y byddai'r project yn llwyddo tan nawr. Mae llywodraethau India, China a Brasil yn trin y project hwn fel cyfle i fuddsoddi yn Affrica. Mae'r cyfandir yn llawn adnoddau a fyddai'n cynorthwyo'r economïau gwledydd newydd eu diwydianeiddio hyn wrth iddynt dyfu'n gyflym. Byddai'r project isadeiledd hwn yn darparu dŵr ar gyfer amaethyddiaeth, diwydiant a chynhyrchu trydan. Byddai'n creu cyfleoedd gwaith a sicrwydd dŵr. Mae'n bosibl hefyd y bydd y dull hwn o geisio trechu tlodi – sef heddwch trwy ddatblygu – yn helpu i leihau achosion o eithafiaeth a thrais yn y rhanbarth.

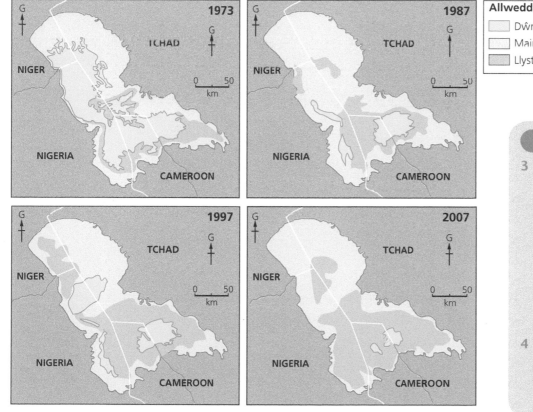

Allwedd
- Dŵr
- Maint y llyn yn 1963
- Llystyfiant

▲ **Ffigur 30** Llyn Tchad yn crebachu.

Gweithgareddau

3 Defnyddiwch Ffigur 30 i ddisgrifio'r newidiadau i siâp a maint Llyn Tchad rhwng:
   a) 1963 a 2007
   b) 1987 ac 1997.
   c) Awgrymwch resymau pam mae maint Llyn Tchad wedi lleihau mewn ffordd mor eratig.
4 Nodwch effeithiau gordynnu dŵr ar bobl, economi ac amgylchedd y rhanbarth.

Gwaith ymholi

A ddylai project Transaqua gael ei adeiladu? Cyfiawnhewch eich penderfyniad drwy ystyried y manteision cymdeithasol, amgylcheddol ac economaidd posibl.

Wal Fawr Las Affrica

Mae'r Wal Fawr Las yn enghraifft o fenter lle mae gwledydd yn gweithio gyda'i gilydd i geisio mynd i'r afael â phroblem amgylcheddol. Cafodd cytundeb ei lofnodi gan 11 o wledydd yn 2010 i ddechrau plannu'r 'wal' hon. Y bwriad yw plannu coed a llwyni ar lain o dir 15 km o led ar draws Affrica. Y gobaith yw y bydd y wal o lystyfiant yn helpu i atal rhagor o erydiad pridd yn rhanbarth Sahel ac yn gwella incwm y bobl sy'n byw yno.

Bwriad y cynllun yw annog cymunedau lleol i blannu cymysgedd o goed brodorol, gan gynnwys coed ffrwythau a choed cnau. Mae'n bosibl plannu cnydau bwyd a chnydau gwerthu mewn caeau bach rhwng y coed. Enw'r math hwn o ffermio yw amaeth-goedwigaeth, sef cyfuniad o ffermio a choedwigaeth.

▲ **Ffigur 31** Caeau o gnydau milet yn tyfu rhwng llwyni a choed brodorol yn Zinder, Niger.

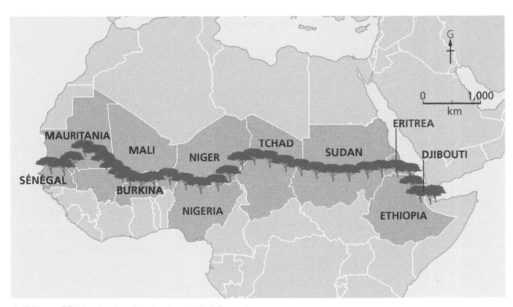

▲ **Ffigur 32** Lleoliad arfaethedig y Wal Fawr Las.

Gweithgareddau

1 Disgrifiwch yr amgylchedd yn Ffigurau 31 a 34.
2 Defnyddiwch Ffigur 32.
   a) Disgrifiwch leoliad y Wal Fawr Las.
   b) Rhowch frasamcan o hyd y wal.

Lleihau erydiad pridd yn ystod y tymor gwlyb	Arallgyfeirio incymau ffermydd drwy dyfu coed ffrwythau
Gwella ffrwythlondeb y pridd drwy ddefnyddio dail fel taenfa (*mulch*)	Cynyddu gallu cymunedau i ymdopi â newid hinsawdd
Cynyddu swm y porthiant (bwyd o blanhigion) sydd ar gael ar gyfer da byw	Bydd y coed yn darparu cysgod ar gyfer cnydau ac yn cynyddu eu cynnyrch
Lleihau faint o amser mae menywod yn ei dreulio'n casglu coed tân	Tyfu planhigion meddyginiaethol
Cynyddu bioamrywiaeth	

▲ **Ffigur 33** Manteision y Wal Fawr Las.

Pa mor llwyddiannus yw'r Wal?

Mae Niger wedi gwneud cynnydd enfawr. Fodd bynnag, mae gan Niger fantais dros y gwledydd eraill gan ei bod wedi dechrau ei rhaglen plannu coed 25 mlynedd cyn llofnodi'r cytundeb rhyngwladol yn 2010. Ers canol yr 1980au, mae coed wedi cael eu plannu ar 5 miliwn hectar o dir yn rhanbarth Zinder yn Niger. Mae Sénégal wedi gwneud cynnydd da hefyd. Mae 11 miliwn o goed wedi cael eu plannu ar 27,000 hectar o dir. Mae mwy o rywogaethau o adar yn byw yn y coedwigoedd newydd hyn. O ganlyniad, mae llywodraeth Sénégal yn awyddus i gymunedau lleol ddatblygu ecodwristiaeth yn yr ardaloedd hyn i fanteisio ar y nifer mawr o adar sydd yno.

▲ **Ffigur 34** Gorsaf ymchwil *Project Eden* yn Niger. Sefydliad anllywodraethol o Sweden yw *Project Eden*. Mae'n ariannu gwaith ymchwil i blanhigion sy'n gallu tyfu mewn amodau lled-ddiffaith heb ddefnyddio gwrtaith na systemau dyfrhau.

Mae Sefydliad Bwyd ac Amaethyddiaeth (*FAO*) y Cenhedloedd Unedig yn honni bod plannu coed yn y ddwy wlad hyn wedi bod yn llwyddiant:

- mae cynnyrch cnydau wedi cynyddu
- mae da byw yn cael eu bwydo'n well
- mae'r coed yn darparu meddyginiaethau a choed tân.

Mae'r cynnydd wedi bod yn araf yn y naw gwlad arall sy'n rhan o'r cytundeb. Gallai hyn fod oherwydd nad yw rhai cymunedau lleol yn teimlo eu bod wedi chwarae rhan yn y broses o wneud penderfyniadau, a'u bod yn teimlo'n amheus. Dyma enghraifft o ddatblygiad 'o'r top i lawr' ac mae rhai cymunedau'n siomedig nad oes neb wedi ymgynghori â nhw. Dydyn nhw ddim yn gallu gweld sut bydd eu cymuned nhw yn elwa.

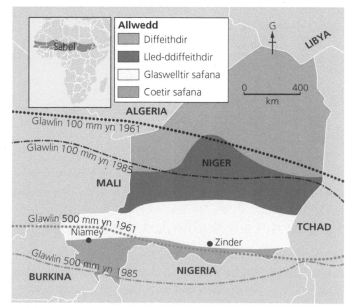

▲ **Ffigur 35** Ecosystemau a lleoliad y Wal Fawr Las yn Niger.

THEMA 6

Materion datblygiad ac adnoddau
Pennod 1
Anghydraddoldebau byd-eang

Ble mae'r bwlch datblygiad?

Mae Ffigur 1 yn dangos y bwlch economaidd sy'n bodoli rhwng y gwledydd mwyaf cyfoethog a'r gwledydd mwyaf tlawd sydd yn y byd heddiw. Cafodd y bwlch hwn ei nodi am y tro cyntaf mewn adroddiad gan wleidydd o'r Almaen, Willy Brandt, yn 1980. Tynnodd yr adroddiad hwn linell yn gwahanu'r gwledydd cyfoethog oddi wrth y gwledydd tlawd. Mae Llinell Brandt i'w gweld yn Ffigur 1.

- Dangosodd y llinell fod y rhan fwyaf o'r gwledydd cyfoethog yn hemisffer y gogledd, ac felly roedd pobl yn cyfeirio atynt fel 'y gogledd global'. Mae'r llinell yn mynd o amgylch Awstralia a Seland Newydd yn hemisffer y de er mwyn eu cynnwys yn y 'gogledd'.
- Roedd pobl yn cyfeirio at y gwledydd tlawd fel 'y de global' oherwydd bod llawer ohonyn nhw yn hemisffer y de.

Cafodd y term 'rhaniad Gogledd–De' ei ddefnyddio i ddisgrifio'r llinell sy'n gwahanu'r grwpiau hyn. Mae pobl eraill yn cyfeirio at y llinell fel y 'bwlch datblygiad'. Bron 40 mlynedd ers cyhoeddi'r adroddiad, a yw'r bwlch wedi cau o gwbl?

Gweithgareddau

1 Astudiwch Ffigur 1. Disgrifiwch ddosbarthiad:
   a) gwledydd incwm uchel.
   b) gwledydd incwm isel.
2 Nodwch a oes unrhyw wledydd sydd ddim yn cyd-fynd â 'bwlch datblygiad' Brandt o 1980.

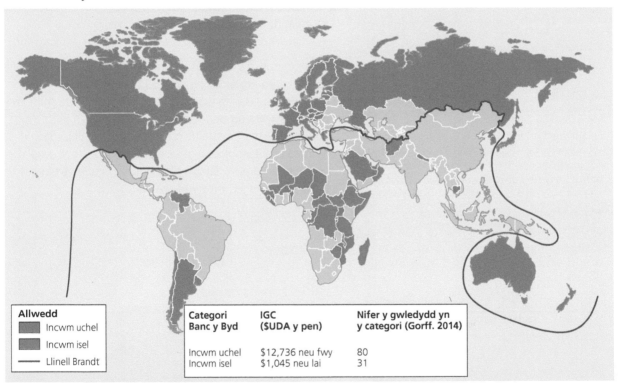

Allwedd	Categori Banc y Byd	IGC ($UDA y pen)	Nifer y gwledydd yn y categori (Gorff. 2014)
▮ Incwm uchel			
▮ Incwm isel			
— Llinell Brandt	Incwm uchel	$12,736 neu fwy	80
	Incwm isel	$1,045 neu lai	31

▲ **Ffigur 1** Gwledydd mwyaf cyfoethog a mwyaf tlawd y byd. Mae'r lliwiau ar y map yn dangos IGC y pen ar gyfer Gwledydd Incwm Uchel (*HICs*) a Gwledydd Incwm Isel (*LICs*).

Dulliau o fesur datblygiad economaidd

Fel arfer, mae cyfoeth gwlad yn cael ei fesur yn ôl faint o arian mae economi'r wlad yn ei ennill bob blwyddyn. Mae sawl dull yn cael ei ddefnyddio i fesur hyn, ond dyma'r dulliau mwyaf cyffredin:

- cynnyrch mewnwladol crynswth (CMC/*GDP*), sef cyfanswm gwerth yr economi bob blwyddyn

- incwm gwladol crynswth (IGC) y pen, sy'n debyg i gyflog cyfartalog y wlad
- y llinell dlodi, sy'n mesur canran y boblogaeth sy'n ennill llai na swm penodol bob dydd; penderfynodd Banc y Byd mai $UDA1.90 oedd y swm hwn yn 2015.

Nid yw'r dulliau hyn o fesur cyfoeth yn dweud y cwbl. Er enghraifft, mae IGC yn ffigur cyfartalog i'r wlad gyfan. Mae'r IGC yn Malaŵi tua $UDA225, ond mae rhai pobl yn Malaŵi yn ennill llawer mwy na hyn ac mae eraill yn ennill llai. Hefyd, gall cymharu IGC ar gyfer gwledydd gwahanol fod ychydig yn gamarweiniol. Mae bwyd yn rhatach yn Malaŵi nag mewn llawer o wledydd eraill, felly bydd $UDA225 yn prynu mwy yno nag yn y DU, er enghraifft. I gydnabod hyn, mae Banc y Byd yn newid ei ddata i greu **Paredd Gallu Prynu (PGP)**. Mae hyn yn newid IGC i ffigur sy'n disgrifio beth bydd yr arian yn ei brynu ar sail prisiau lleol. Yn Malaŵi, ffigur IGC y pen wedi'i fynegi fel PGP yn 2014 oedd $UDA780, dros dair gwaith yn fwy na'r IGC oherwydd bod prisiau yno dair gwaith yn rhatach.

Cyfoethog a thlawd?

Cyhoeddodd Oxfam adroddiad ar anghydraddoldeb byd-eang yn 2016. Mae'r adroddiad hwn yn nodi bod 62 o bobl mwyaf cyfoethog y byd yn berchen ar yr un faint o gyfoeth â'r 3.5 biliwn o bobl fwyaf tlawd (sef 50 y cant o boblogaeth y byd). Dyma ffaith frawychus sy'n ein hatgoffa bod cyfoeth yn parhau i gael ei ddosbarthu mewn ffordd anghyfartal. Fodd bynnag, yn wahanol i Linell Brandt (a oedd yn tynnu sylw at y bwlch rhwng *gwledydd* cyfoethog a thlawd), mae'r adroddiad hwn yn amlygu'r bwlch rhwng *pobl* gyfoethog a thlawd.

Defnyddio IGC i fesur datblygiad

Dyma sut i gyfrifo IGC y pen ar gyfer gwlad:

1 Adio gwerth y nwyddau a'r gwasanaethau sy'n cael eu cynhyrchu gan bobl sy'n byw yn y wlad honno a phobl sy'n byw dramor ond sy'n parhau i fod yn ddinasyddion y wlad. Er enghraifft, cyfanswm enillion Malaŵi yn 2014 oedd $UDA4.26 biliwn.

2 Rhannu'r ffigur hwn â nifer y dinasyddion yn y wlad honno. Er enghraifft, cyfanswm y dinasyddion yn Malaŵi yn 2014 oedd 16.8 miliwn. Mae rhannu enillion Malaŵi â nifer y dinasyddion yn dangos bod IGC y pen tua $UDA225 ar gyfartaledd.

▲ **Ffigur 2** Sut rydych chi'n gweld y byd?

Mae'r bwlch rhwng y cyfoethog a'r tlawd yn lledu

Mae Oxfam yn galw ar lywodraethau i weithredu ar frys er mwyn mynd i'r afael â'r argyfwng anghydraddoldeb. Mae'r elusen yn dweud bod y bwlch cyflog rhwng y rhai sy'n ennill y cyflogau isaf a'r cyflogau uchaf yn lledu yn y rhan fwyaf o wledydd. Mae Oxfam yn annog arweinwyr y byd i weithredu mewn tair ffordd:

1 Sicrhau bod llai o gwmnïau mawr yn osgoi talu trethi.

2 Buddsoddi mwy mewn gwasanaethau cyhoeddus fel gofal iechyd ac addysg.

3 Cynyddu incwm y gweithwyr sy'n ennill y cyflogau isaf yn ein cymdeithas, yn enwedig menywod.

Mae Oxfam yn nodi bod cyflogau isel yn effeithio ar fenywod yn enwedig, a bod y rhan fwyaf o weithwyr cyflog isel ledled y byd yn fenywod. Nid yw'n ymddangos bod pobl sy'n ennill cyflog isel yn profi manteision twf economaidd cenedlaethol. I'r gwrthwyneb, mae pobl sydd eisoes yn gyfoethog yn elwa'n fwy na neb gan fod y systemau bancio a threthu yn gwobrwyo mwy o fuddsoddi.

▲ **Ffigur 3** Erthygl yn seiliedig ar adroddiad Oxfam yn 2016.

Gweithgareddau

3 Rhowch ddau reswm pam mae defnyddio IGC i fesur datblygiad economaidd yn annigonol.

4 Astudiwch y cartŵn yn Ffigur 2.
   a) Disgrifiwch y ddau gymeriad – beth maen nhw'n ei wneud a beth maen nhw'n ei wisgo?
   b) Awgrymwch pwy sy'n cael eu cynrychioli gan y ddau gymeriad, a pham maen nhw wedi'u portreadu fel hyn.

Gwaith ymholi

Beth mae angen ei wneud i fynd i'r afael â'r bwlch rhwng y cyfoethog a'r tlawd?

Mae adroddiad Oxfam yn 2016 yn awgrymu y byddai gweithredu mewn tair ffordd wahanol yn helpu i leihau'r bwlch rhwng y cyfoethog a'r tlawd.

■ Disgrifiwch sut byddai pob cam gweithredu yn helpu.

■ Pa un o'r tri byddech chi'n ei ddewis fel blaenoriaeth a pham?

Continwwm datblygiad economaidd

Mae rhannu'r byd yn un ardal gyfoethog ac un ardal dlawd (fel sydd i'w weld yn Ffigur 1 ar dudalen 210) yn rhy syml. Mewn gwirionedd, mae pob gwlad yn gorwedd rywle ar hyd llinell, neu gontinwwm, rhwng gwledydd tlawd iawn fel Malaŵi a gwledydd hynod gyfoethog fel y DU. Rydyn ni'n gallu gweld y continwwm hwn drwy osod gwledydd y byd mewn trefn restrol yn ôl IGC. Mae Banc y Byd yn rhoi'r 215 o wledydd y byd yn eu trefn ac yna'n eu rhannu yn bedwar categori gan ddefnyddio IGC y pen:

- Mae IGC Gwledydd Incwm Uchel yn fwy na $UDA12,736
- Mae IGC Gwledydd Incwm Canolig Uwch rhwng $UDA4,126 a $UDA12,735
- Mae IGC Gwledydd Incwm Canolig Is rhwng $UDA1,026 a $UDA4,125
- Mae IGC Gwledydd Incwm Isel yn llai na $UDA1,025.

Mae Ffigur 4 yn dangos dosbarthiad y Gwledydd Incwm Canolig. Mae'r grŵp mawr hwn – sy'n cael ei rannu'n ddau gan Fanc y Byd – yn cynnwys **gwledydd newydd eu diwydianeiddio (NICs)** fel Brasil, India, México a China.

Gweithgareddau

1 Edrychwch ar Ffigur 4.
   a) Disgrifiwch ddosbarthiad Gwledydd Incwm Canolig Uwch y byd
   b) Disgrifiwch ddosbarthiad Gwledydd Incwm Canolig Is y byd.
2 Edrychwch ar Ffigur 4 eto.
   a) Nodwch enghreifftiau o Wledydd Incwm Canolig Uwch sydd i'r de o Linell Brandt.
   b) Nodwch enghreifftiau o Wledydd Incwm Canolig Is sydd i'r gogledd o Linell Brandt.
   c) Beth mae hyn yn ei ddweud wrthych am sut mae patrymau anghydraddoldeb wedi newid ers 1980?
3 Astudiwch Ffigurau 6 ac 8.
   a) Penderfynwch i ba gategori Banc y Byd roedd pob gwlad yn perthyn yn 2015.
   b) Dewiswch ddull addas o gyflwyno'r data.
   c) Faint o gynnydd mae pob gwlad wedi'i wneud o ran cau'r bwlch datblygiad?
   ch) Beth yw eich casgliadau ynglŷn â chynnydd y ddau grŵp o wledydd o ran cau'r bwlch datblygiad?

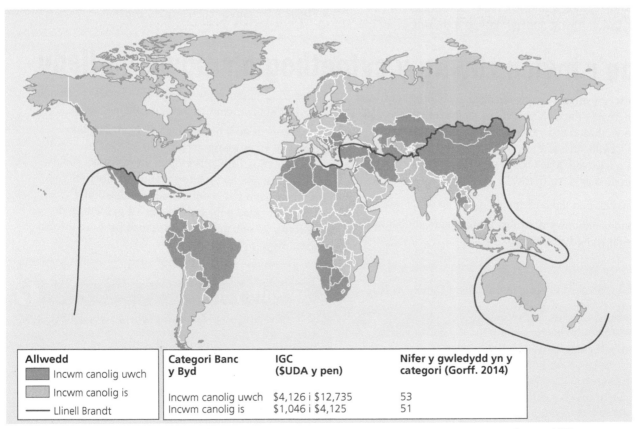

Allwedd		
■ Incwm canolig uwch		
■ Incwm canolig is		
— Llinell Brandt		

Categori Banc y Byd	IGC ($UDA y pen)	Nifer y gwledydd yn y categori (Gorff. 2014)
Incwm canolig uwch	$4,126 i $12,735	53
Incwm canolig is	$1,046 i $4,125	51

▲ **Ffigur 4** Gwledydd Incwm Canolig Uwch ac Incwm Canolig Is y byd. Mae'r lliwiau ar y map yn dangos IGC y pen.

Ydy'r bwlch datblygiad yn cau?

Mae Ffigur 1 ar dudalen 210 yn dangos dosbarthiad gwledydd incwm uchel (*HICs*) a gwledydd incwm isel (*LICs*). Mae'r *HICs* ar un ochr i Linell Brandt a'r *LICs* ar y llall – ydy hyn yn golygu nad yw'r sefyllfa wedi newid o gwbl mewn bron 40 mlynedd? Mae patrwm mwy cymhleth i'w weld yn Ffigur 4. Mae gwledydd newydd eu diwydianeiddio fel India wedi profi twf economaidd cyflym ers 1980. Mae gweithluoedd medrus gan y gwledydd hyn gan eu bod wedi buddsoddi mewn addysg. O ganlyniad, mae **cwmnïau amlwladol (*MNCs*)** o dramor wedi buddsoddi yma, gan greu swyddi yn y diwydiant gweithgynhyrchu. Erbyn hyn, mae sector gweithgynhyrchu India yn cyflogi 22 y cant o holl weithlu'r wlad. Mae'r diwydiannau cemegol, electroneg a pheirianneg i gyd yn tyfu, ac maen nhw'n cyflogi miliynau o weithwyr tra medrus sy'n ennill cyflogau da. Mae datblygiad dinasoedd global yn India fel Mumbai (gweler tudalennau 90–7) wedi cysylltu India â'r economi byd-eang ac wedi annog rhagor o fuddsoddi. Mae cwmnïau amlwladol o dramor fel *Siemens*, *IKEA*, *Samsung* a *Suzuki* wedi buddsoddi mewn ffatrïoedd yn India yn ddiweddar. Erbyn hyn, mae cwmnïau amlwladol o India, fel *Tata*, yn buddsoddi arian o India mewn gwledydd eraill, gan gynnwys y DU. Mae economi India fodern yn gymhleth – mae'n ennill incwm o dramor drwy allforio amrywiaeth eang o nwyddau a darparu amrywiaeth o wasanaethau.

Fodd bynnag, mae gwledydd eraill wedi gwneud llawer llai o gynnydd economaidd. Mae hyn yn wir am Malaŵi, *LIC* yn ne cyfandir Affrica. Mae Malaŵi yn wlad **dirgaeedig**. Heb forlin, mae Malaŵi wedi methu sefydlu porthladd ac mae ganddi lai o lawer o gysylltiadau ag economi'r byd o gymharu ag India. Mae economi Malaŵi yn dibynnu ar allforio amrywiaeth fach iawn o gynnyrch fferm gan gynnwys tybaco, te, cotwm a siwgr. Mae gwerth cynhyrchion fferm heb eu prosesu yn llawer llai na gwerth y cynhyrchion wedi'u prosesu sy'n cael eu mewnforio gan Malaŵi, fel olew a pheiriannau ffermio.

▲ **Ffigur 7** Gweithiwr yn casglu te yn Malaŵi.

	1985	1990	1995	2000	2005	2010	2015
Gambia	310	320	740	670	410	580	387
Kenya	310	380	270	420	530	1,000	1,410
Mali	150	270	250	230	400	610	691
Malaŵi	160	180	160	160	220	350	225

▲ **Ffigur 8** IGC detholiad o wledydd yn Affrica Is-Sahara.

Gweithgaredd

4 Defnyddiwch y wybodaeth ar y dudalen hon i awgrymu pam nad yw Malaŵi wedi gwneud cymaint o gynnydd economaidd ag India.

▲ **Ffigur 5** Cyfoeth a thlodi yn India.

	1985	1990	1995	2000	2005	2010	2015
China	290	330	540	930	1,750	4,300	8,081
India	300	390	380	450	730	1,260	1,611
Indonesia	520	610	990	560	1,220	2,530	3,523
México	2,130	2,750	4,570	5,750	7,720	8,720	9,951

▲ **Ffigur 6** IGC detholiad o wledydd newydd eu diwydianeiddio.

Gwaith ymholi

Sut dylen ni fynd i'r afael â'r bwlch datblygiad yn yr unfed ganrif ar hugain?

Trafodwch a ddylai arweinwyr y byd ganolbwyntio ar anghydraddoldeb rhwng gwledydd (yn debyg i Adroddiad Brandt) neu ganolbwyntio ar anghydraddoldeb rhwng pobl gyfoethog a phobl dlawd (yn debyg i Adroddiad Oxfam). Rhaid i chi gyfiawnhau eich penderfyniad.

Beth yw globaleiddio?

Erbyn hyn, mae cysylltiad agos rhwng datblygiad economaidd a phroses **globaleiddio**. Ystyr globaleiddio yw bod nwyddau, pobl, syniadau ac arian yn llifo'n rhydd. Mae'r elfennau hyn yn creu gwe gymhleth fyd-eang o gyd-ddibyniaeth sy'n cysylltu pobl a lleoedd ar gyfandiroedd pell. Mae globaleiddio yn effeithio ar y rhan fwyaf o bobl ledled y byd erbyn hyn, ond sut mae'n effeithio ar fasnach, diwylliant, cwmnïau a chyfathrebu?

Enghraifft: Mae afocados sy'n cael eu tyfu yn México yn cael eu cludo i'r DU ar awyren i'w gwerthu mewn archfarchnadoedd. Mae hyn yn gwella'r dewis i gwsmeriaid, ond mae milltiroedd awyr bwyd yn effeithio ar allyriadau carbon.

Enghraifft: Pobl leol yn gwrthdystio yn erbyn gostyngiad yn y lefelau dŵr yn eu ffynhonnau ar ôl i gwmni diodydd meddal agor ffatri botelu yn Kerala, India.

Cwmnïau amlwladol: Mae cwmnïau mawr yn agor canghennau mewn sawl gwlad wahanol ledled y byd.

Masnach: Diolch i welliannau ym maes technoleg a thanwydd rhad ar gyfer awyrennau, mae bwyd ffres yn gallu cyrraedd ein harchfarchnadoedd o wledydd pell.

Y ffactorau sy'n achosi globaleiddio

Cyfathrebu: Mae twf technoleg cyfathrebu ffibr a lloeren wedi gwella cysylltiadau byd-eang drwy'r defnydd o ffonau clyfar, y rhyngrwyd a theledu lloeren.

Diwylliant: Mae cerddoriaeth, rhaglenni teledu a ffilmiau o'r Gorllewin yn cael eu dangos ledled y byd ar yr un pryd.

Enghraifft: Posteri ar stryd yn Asia yn hysbysebu ffilmiau wedi'u gwneud yn Hollywood, UDA. Ond a fydd cerddoriaeth ac adloniant lleol yn goroesi?

▲ **Ffigur 9** Effeithiau globaleiddio.

Gweithgareddau

1 Mewn parau, astudiwch y 4 ffactor sy'n achosi globaleiddio yn Ffigur 9. Lluniadwch ddiagram corryn â 4 braich a rhowch y labeli Masnach, Diwylliant, Cwmnïau amlwladol a Chyfathrebu iddynt. Ar gyfer pob 'braich', ysgrifennwch fanteision globaleiddio mewn un lliw, ac anfanteision globaleiddio mewn lliw gwahanol. Ceisiwch ddefnyddio enghreifftiau (e.e. cynhyrchion, neu ffilmiau a cherddoriaeth).

2 Gan ddefnyddio eich diagram corryn, ysgrifennwch tua 200 o eiriau yn nodi a yw globaleiddio yn arwain at fwy o fanteision neu fwy o anfanteision yn eich barn chi.

3 Gan ddefnyddio'r data a'r lluniau ar dudalennau 214–15, lluniwch fwrdd arddangos ynglŷn â thwf economïau gwledydd newydd eu diwydianeiddio a dylanwad y gwledydd hyn. Rhaid cynnwys y wybodaeth ganlynol am bob gwlad:
   a) eu cwmnïau mwyaf
   b) symudiadau eu poblogaethau ar draws y byd
   c) y ffyrdd mae technolegau newydd wedi cynorthwyo'r twf hwn
   ch) y ffyrdd maen nhw'n dylanwadu ar ddiwylliant byd-eang erbyn hyn.

Sut mae globaleiddio o fantais i wledydd newydd eu diwydianeiddio?

Mae globaleiddio wedi bod o fantais i wledydd newydd eu diwydianeiddio fel India a China ac maen nhw wedi profi twf economaidd cyflym. Yn yr 1990au, roedd llafur rhad ar gael yno ac felly aeth eu diwydiant gweithgynhyrchu o nerth i nerth. Mae economïau'r ddwy wlad wedi elwa o newidiadau mewn technoleg (e.e. llongau cynwysyddion)

ac oherwydd bod eu llywodraethau a chwmnïau amlwladol wedi buddsoddi cyfalaf yn yr economi. Erbyn hyn, mae nifer o gwmnïau mwyaf y byd wedi'u lleoli yno. Yn wir, mae twf cyflym cwmnïau yn Asia yn golygu bod nifer ohonynt wedi'u cynnwys ar restr *Forbes* o'r 2,000 o'r cwmnïau mwyaf llwyddiannus yn y byd.

Llifoedd pobl: Mae mudwyr o India yn gweithio mewn sawl rhan o'r byd, ac yn aml maen nhw'n anfon rhywfaint o'u cyflogau at eu teuluoedd yn India. Yn 2013, roedd 734,000 o bobl a gafodd eu geni yn India yn byw ac yn gweithio yn y DU.

Llifoedd syniadau a diwylliant: Cafodd dros 1,000 o ffilmiau eu cynhyrchu gan y diwydiant ffilmiau Hindi yn Mumbai (Bollywood) yn 2013. Mae'r ffilmiau hyn yn hynod boblogaidd yn Ne Asia, ac oherwydd twf teledu lloeren, mae pobl mewn rhannau eraill o'r byd yn gallu eu gwylio hefyd.

Safle	Gwlad geni poblogaeth breswyl y DU (2013)	Poblogaeth (miloedd)
1	India	734
2	Gwlad Pwyl	679
3	Pakistan	502
4	Gweriniaeth Iwerddon	376
5	Yr Almaen	297
6	De Affrica	221
7	Bangladesh	217
8	UDA	199
9	China	191
10	Nigeria	181

Rhestr *Forbes*: 2,000 o gwmnïau mwyaf llwyddiannus y byd			
Safle yn 2015	Safle yn 2008	Gwlad	Nifer y cwmnïau
1	1	UDA	579
2	4	China (gan gynnwys Hong Kong)	232
3	2	Japan	218
4	3	Y Deyrnas Unedig	94
5	8	De Korea	66
6	5	Ffrainc	61
7	10	India	56
8	6	Canada	52
9	-	Taiwan	47
10	7	Yr Almaen	45

	Tanysgrifiadau ffonau symudol (miliynau)	Tanysgrifiadau ffonau symudol (% o'r boblogaeth)	Tanysgrifiadau 3G/4G (% o'r boblogaeth)
Y Byd	6587.4	93	27
China	1246.3	92	33
India	772.6	62	3
UDA	345.2	110	92
Indonesia	285.0	115	18
Brasil	272.6	137	55
Rwsia	237.1	165	29
Japan	137.1	108	85
Nigeria	128.6	76	8
Viet Nam	127.7	144	20
Pakistan	126.1	70	-
Bangladesh	116.0	75	22
Yr Almaen	113.6	139	56
Pilipinas	109.5	113	17
México	102.7	95	16

Buddsoddiadau o wledydd tramor: Mae cwmnïau o India, fel *Tata*, yn llwyddiannus iawn yn economi'r byd. Yn 2015, diolch i lwyddiant cwmnïau India, cododd y wlad o'r degfed safle i'r seithfed safle i'n rhestr *Forbes* o'r gwledydd â'r nifer mwyaf o'r cwmnïau mwyaf llwyddiannus yn y byd.

Gwelliannau ym maes technolegau cyfathrebu: Mae India a China yn arwain y farchnad cyfathrebu byd-eang. Rhyngddynt, mae ganddynt dros 2 biliwn o gwsmeriaid. Mae miloedd o fyfyrwyr TG a meddalwedd yn graddio o brifysgolion India bob blwyddyn.

▲ **Ffigur 10** Enghreifftiau o dwf gwledydd newydd eu diwydianeiddio a'u dylanwad ar yr economi byd-eang.

Globaleiddio: *Nike* yn dilyn ei slogan ei hun – 'Just do it'

Bob blwyddyn, mae *Forbes* yn ymchwilio i bob cwmni mawr yn y byd ac yn amcangyfrif gwerth y cwmnïau hyn. Mae'n cyhoeddi rhestr o'r 100 Uchaf o'r enw 'Brandiau Mwyaf Gwerthfawr y Byd' sy'n ceisio amcangyfrif gwerth enwau brandiau. Mae'r rhestr hefyd yn rhoi'r cwmnïau mewn categorïau, fel technoleg neu ddillad. Yn 2015, y cwmni dillad mwyaf gwerthfawr yn y byd oedd *Nike*. Yn ôl *Forbes*, roedd 'brand' *Nike* (sef gwerth enw'r cwmni pe byddai'n cael ei werthu) yn werth $UDA26 biliwn. Mae'r rhan fwyaf o bobl yn meddwl am *Nike* yn syth wrth weld y logo 'swoosh', ac mae slogan y cwmni ('Just do it') yn ased hefyd. Cyfanswm gwerthiant *Nike* yn 2014 oedd $UDA28 biliwn, sy'n fwy nag incwm gwladol crynswth rhai gwledydd! Roedd gwerthiant nwyddau â logo *Nike* arnyn nhw yn gyfrifol am $UDA9 o bob $UDA10 o dderbyniadau'r cwmni yn 2014.

Mae *Nike* yn gwmni amlwladol (*MNC*) oherwydd ei fod yn gweithio ac yn gwerthu cynnyrch mewn dros 140 o wledydd ledled y byd. Mae 41 o'r gwledydd hyn yn cynhyrchu nwyddau *Nike*, fel sydd i'w weld yn Ffigur 11. Yn 2014, roedd y cwmni'n cyflogi 48,000 o bobl yn uniongyrchol ledled y byd. Roedd 20 gwaith yn fwy o swyddi yn cael eu creu gan y cwmni mewn ffatrïoedd a oedd wedi llofnodi contract i wneud cynnyrch *Nike*. Enw'r broses hon yw **rhoi gwaith yn allanol** – hynny yw, lle mae cwmnïau yn gweithio i *Nike* am gyfnod o amser o dan gontract sydd wedi'i lofnodi. Mae'r broses hon yn rhoi un fantais fawr i *Nike* sef gallu'r cwmni i drafod prisiau. Yn 2012, roedd mwy o gwmnïau yn gweithio i *Nike* yn China nag yn unrhyw le arall. Erbyn 2015 roedd Viet Nam wedi disodli China – roedd gwerth arian cyfred China wedi cynyddu ac o ganlyniad roedd cynnyrch y wlad yn ddrutach.

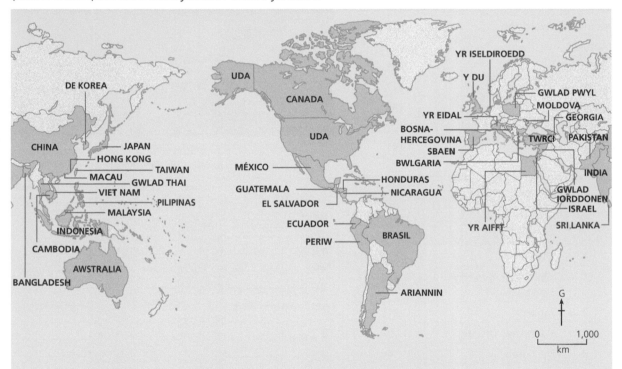

Japan: 1960au Agorodd ffatri gwneud esgidiau ymarfer corff yn Japan oherwydd bod llafur yn rhad ar y pryd. Mae'n debyg mai hon oedd un o'r ffatrïoedd cyntaf yn y byd lle roedd y gwaith wedi'i roi yn allanol.

Taiwan a De Korea: 1970au Dechreuodd *Nike* gynhyrchu ei nwyddau yma, gan ddefnyddio cwmnïau lleol a oedd â chontract i wneud dillad chwaraeon.

China: 1980au Dechreuodd *Nike* gynhyrchu ei nwyddau yma, gan fanteisio ar lafur rhad yn China wrth i lafur yn Ne Korea a Japan fynd yn ddrutach.

Gwlad Thai ac Indonesia: diwedd yr 1980au Cyhoeddodd cwmnïau o Dde Korea a oedd yn gwneud cynnyrch *Nike* eu bod yn symud eu prosesau cynhyrchu i Wlad Thai ac i Indonesia er mwyn chwilio am lafur rhatach.

Viet Nam: 2010au Oherwydd bod gwerth arian cyfred China wedi cynyddu, mae'n rhatach cynhyrchu llawer o eitemau yn Viet Nam. O ganlyniad, Viet Nam yw'r cynhyrchydd mwyaf erbyn hyn. Rhwng 2012 a 2015, cafodd dros 140,000 o bobl eu cyflogi mewn ffatrïoedd a oedd yn gweithio i *Nike* yn Viet Nam. Collodd China 43,000 o swyddi yn ystod yr un cyfnod.

UDA: heddiw Lleoliad Prif Swyddfa *Nike*: Campws *Nike World* yn Beaverton, Oregon. Mae'n holl waith ymchwil a datblygu, yn ogystal â'r gwaith cynllunio cynnyrch newydd, yn digwydd yn UDA.

▲ **Ffigur 11** Map o'r byd yn dangos y gwledydd lle mae *Nike* yn cynhyrchu ei nwyddau.

Er bod rhai eitemau o ddillad *Nike* yn cael eu cynhyrchu yn UDA ac yn Ewrop, mae mwyafrif helaeth y ffatrïoedd wedi'u lleoli yn Asia (Ffigur 12). Mae'r rhan fwyaf o'r ffatrïoedd hyn yn cyflogi menywod yn bennaf oherwydd bod cyflogau menywod yn is na chyflogau dynion fel arfer. Yn Viet Nam, y cynhyrchydd mwyaf, mae llawer o'r gweithwyr yn y ffatrïoedd wedi mudo o ardaloedd gwledig. Mae'r gweithwyr yn byw mewn hosteli sy'n eiddo i'r ffatri.

Gwlad weith-gynhyrchu	Nifer y gweithwyr yn 2015	Nifer y gweithwyr: + neu –
1 Viet Nam	341,204	I fyny 143,00
2 China	228,732	I lawr 43,000
3 Indonesia	186,425	I fyny 60,000
4 Sri Lanka	33,587	I fyny 13,000
5 Gwlad Thai	31,770	I lawr 20,000
6 India	28,165	I lawr 4,000
7 Honduras	26,090	I fyny 16,000
8 Brasil	20,935	Dim data
9 Bangladesh	15,090	Dim data
10 Pakistan	14,899	I fyny 4,400
Cyfanswm byd-eang	1,016,657	

▲ **Ffigur 12** Y prif wledydd sy'n gweithgynhyrchu nwyddau *Nike* (yn ôl nifer y gweithwyr).

Gweithgareddau

1 a) Cyflwynwch y wybodaeth yn Ffigur 12 gan ddefnyddio map neu graff addas.
    b) Beth yw cryfderau a chyfyngiadau defnyddio'r dechneg hon?
2 Awgrymwch pam mae *Nike* yn trefnu bod cwmnïau eraill yn gwneud y gwaith cynhyrchu, yn hytrach nag agor ei ffatrïoedd ei hun.
3 Esboniwch sut gallai gweithgynhyrchu nwyddau dramor achosi risgiau i *Nike*.
4 Pam mae llawer o wledydd (fel Viet Nam) yn awyddus i ddenu cwmnïau amlwladol fel *Nike*?
5 a) Gan ddefnyddio Ffigur 13, cyfrifwch pa ganran o'r $UDA65 am bâr o esgidiau hyfforddi sy'n mynd:
        i) i'r wlad weithgynhyrchu
        ii) i UDA
        iii) i'r adwerthwr.
    b) Cyfrifwch pa ganran o'r $UDA65 sy'n elw.

Nike a rhoi gwaith yn allanol

Cafodd cwmni *Nike* ei sefydlu yn 1964 pan ddechreuodd cyn-athletwr o'r enw Phillip Knight weithgynhyrchu esgidiau ymarfer corff yn Japan (oherwydd bod llafur yn rhad yno) a'u mewnforio i UDA. Ond mae'r holl weithrediadau a phenderfyniadau rheoli – gan gynnwys dylunio, cyllido a marchnata – yn digwydd yn UDA. Mae'r swyddi yng nghwmnïau *Nike* yn Asia a Chanolbarth America yn swyddi cyflogau isel a di-grefft. Drwy ddefnyddio Ffigur 13, mae modd cyfrifo faint o arian o bâr o esgidiau ymarfer corff $UDA65 sy'n mynd i'r wlad weithgynhyrchu a faint sy'n mynd i'r pencadlys yn UDA.

	Cost
Llafur cynhyrchu	$2.50
Defnyddiau	$9.00
Costau'r ffatri	$3.25
Elw gweithredol y cyflenwr	$1.00
Costau cludo	$0.50
Cost i *Nike*	$16.25
Costau *Nike* (ymchwil a datblygu, hyrwyddo a hysbysebu, dosbarthu, gweinyddu)	$10.00
Elw gweithredol *Nike*	$6.25
Cost i'r adwerthwr	$32.50
Costau'r adwerthwr (rhent, llafur ac ati)	$22.50
Elw gweithredol yr adwerthwr	$10.00
Cost i'r defnyddiwr	$65.00

▲ **Ffigur 13** I ble mae'r arian yn mynd: manylion pâr o esgidiau ymarfer corff *Nike* gwerth $UDA65.

Gwaith ymholi

Beth yw nodweddion cyffredin cwmnïau amlwladol?

Cymharwch *Nike* â chwmni o'ch dewis, er enghraifft *Apple*, *L'Oréal* neu *Coca-Cola*. Dewch o hyd i'r wybodaeth ganlynol am y cwmni:

■ ble mae'r cwmni yn gweithgynhyrchu nwyddau mewn rhannau gwahanol o'r byd
■ sut mae'r cwmni yn rhoi gwaith yn allanol
■ pwy yw gweithwyr allanol y cwmni
■ y manteision a'r problemau i bob cwmni yn sgil rhoi gwaith yn allanol.

Beth yw manteision ac anfanteision buddsoddiad gan gwmnïau amlwladol?

O safbwynt y cwmni ei hun, mae manteision rhoi gwaith yn allanol i wledydd tramor yn amlwg. Os yw costau llafur yn isel, mae costau cynhyrchu yn rhatach a bydd pris cynnyrch yn gostwng. Mae defnyddwyr o America, Ewrop ac Asia ar eu hennill oherwydd bod cynnyrch yn rhatach. Does dim problem felly.

Ond beth am y gwledydd fel Viet Nam, lle mae cwmnïau amlwladol (*MNCs*) fel *Nike* yn gweithredu? Ydyn nhw ar eu hennill hefyd? Dyma'r **gwledydd croesawu** sy'n derbyn buddsoddiad gan *MNCs*. Mewn egwyddor, dylai'r gwledydd croesawu fod ar eu hennill oherwydd bod ffatrïoedd yn creu swyddi. Mae buddsoddiad yn creu hyd yn oed mwy o swyddi. Mae pobl yn symud yn agosach at ffatrïoedd, sydd mewn dinasoedd fel arfer, i weithio. Mae hyn yn arwain at gynnydd yn y galw am dai, ac o ganlyniad mae siopau a gwasanaethau yn cael eu sefydlu i ddarparu ar gyfer y boblogaeth weithio. Mae angen adeiladu'r gwasanaethau hyn, ac mae hyn yn arwain at gynnydd enfawr yn nifer y swyddi yn y diwydiant adeiladu. Mae rhwydweithiau newydd yn datblygu ar gyfer gwasanaethau cludiant a chyflenwadau egni a dŵr, sef **isadeiledd**. Mae'r broses yn creu twf sylweddol o'r enw **effaith luosydd**.

Felly, oes ochr negyddol i fuddsoddiad gan gwmni amlwladol?

Mewn nifer o wledydd newydd eu diwydianeiddio, nid oes gan y gweithwyr lawer o hawliau (e.e. uchafswm oriau gwaith) ac nid oes isafswm cyflog. Mae llywodraethau'r gwledydd hyn yn credu y byddai cwmnïau yn llai parod i fuddsoddi yno pe bai ganddyn nhw isafswm cyflog. Cyflwynodd Gwlad Thai isafswm cyflog o $UDA10 y dydd yn 2013. O fewn dwy flynedd, roedd *Nike* yn cyflogi traean yn llai o bobl yno. Os yw cyflogau'n codi mewn un wlad, mae *MNC* yn gallu penderfynu symud y gwaith cynhyrchu i wlad arall lle mae cyflogau'n is. Roedd lefelau cyflogau mor isel â $UDA1 y dydd yn Indonesia yn 2015.

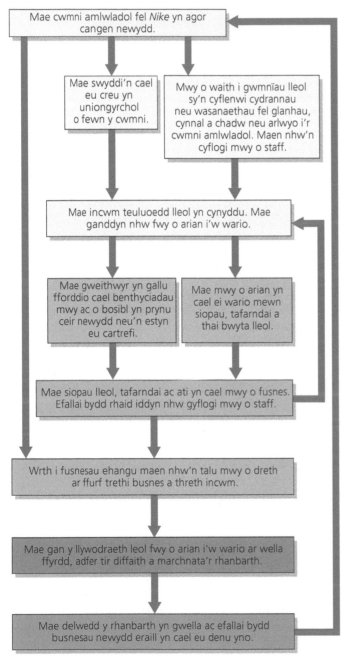

▲ **Ffigur 14** Yr effaith luosydd – sut mae buddsoddiad yn creu twf sy'n arwain at fwy o dwf.

Mae cwmni amlwladol fel *Nike* yn agor cangen newydd.

Mae swyddi'n cael eu creu yn uniongyrchol o fewn y cwmni.

Mwy o waith i gwmnïau lleol sy'n cyflenwi cydrannau neu wasanaethau fel glanhau, cynnal a chadw neu arlwyo i'r cwmni amlwladol. Maen nhw'n cyflogi mwy o staff.

Mae incwm teuluoedd lleol yn cynyddu. Mae ganddyn nhw fwy o arian i'w wario.

Mae gweithwyr yn gallu fforddio cael benthyciadau mwy ac o bosibl yn prynu ceir newydd neu'n estyn eu cartrefi.

Mae mwy o arian yn cael ei wario mewn siopau, tafarndai a thai bwyta lleol.

Mae siopau lleol, tafarndai ac ati yn cael mwy o fusnes. Efallai bydd rhaid iddyn nhw gyflogi mwy o staff.

Wrth i fusnesau ehangu maen nhw'n talu mwy o dreth ar ffurf trethi busnes a threth incwm.

Mae gan y llywodraeth leol fwy o arian i'w wario ar wella ffyrdd, adfer tir diffaith a marchnata'r rhanbarth.

Mae delwedd y rhanbarth yn gwella ac efallai bydd busnesau newydd eraill yn cael eu denu yno.

Nike yn Viet Nam

Dechreuodd *Nike* gynhyrchu dillad chwaraeon yn Viet Nam yn 1995. Viet Nam oedd un o wledydd mwyaf tlawd y byd, ond roedd gan y bobl enw da am weithio'n galed i gwmnïau eraill a oedd eisoes wedi buddsoddi yno. Roedd y costau'n llawer is:

- Doedd dim undebau llafur na streiciau am gyflogau uwch, felly roedd cyflogau'n isel.
- Roedd y llywodraeth gomiwnyddol yn awyddus i ddatblygu allforion.

Dod i adnabod Viet Nam

Erbyn hyn, Viet Nam yw un o'r gwledydd sy'n diwydianeiddio ac yn tyfu'n gyflymaf yn Ne-ddwyrain Asia. Mae llywodraeth gomiwnyddol y wlad yn awyddus i wella safon byw drwy dwf yn y diwydiant gweithgynhyrchu a gwasanaethau. Dechreuodd y llywodraeth gynnig cyfleoedd i gwmnïau tramor fuddsoddi yn y wlad yng nghanol yr 1990au. Yn y dechrau, cafodd cwmnïau teithio ac ymwelwyr o dramor eu hannog i fynd yno. Yn fwy diweddar, mae'r rhaglen ddiwydianeiddio wedi achosi i IGC a dangosyddion economaidd eraill gynyddu'n gyflym (Ffigur 15).

	Viet Nam, 2000	Viet Nam, 2014
IGC y pen ($UDA) PGP	2,070	5,350
O ble mae IGC yn dod (%)	Amaethyddiaeth: 26 Diwydiant: 33 Gwasanaethau: 41	Amaethyddiaeth: 22 Diwydiant: 40.3 Gwasanaethau: 37.7
Canran y bobl yn ôl swyddi	Amaethyddiaeth: 67 Diwydiant a Gwasanaethau: 33	Amaethyddiaeth: 48 Diwydiant: 22.4 Gwasanaethau: 29.6
Gwerth allforion ($UDA)	11.5 biliwn	147 biliwn
Nwyddau allforio (mewn trefn restrol)	Olew crai, bwyd môr, reis, coffi, rwber, te, dillad, esgidiau	Dillad, esgidiau, offer electronig, bwyd môr, olew crai, cynnyrch pren, peiriannau, reis

▲ **Ffigur 15** Cymharu economi Viet Nam yn 2000 ac yn 2014

Gwaith ymholi ❓

Beth dylai *Nike* ei wneud? Ysgrifennwch lythyr at brif weithredwr *Nike* yn lleisio eich barn am adroddiadau bod gweithwyr yn cael eu cam-drin mewn gwledydd newydd eu diwydianeiddio fel Viet Nam neu Indonesia.

Cyn hir, *Nike* oedd y cwmni tramor mwyaf yn Viet Nam, ac roedd yn cyflogi 40,000 o bobl mewn deg ffatri. Yn 2015, roedd y cwmni'n cyflogi 300,000 o bobl. Ond gwnaeth *Nike* sawl camgymeriad tua diwedd yr 1990au:

- Roedd pob cwmni wedi'i is-gontractio gan *Nike* yn Viet Nam yn dod o Dde Korea a Taiwan, felly rocdd yr holl elw'n mynd dramor yn hytrach nag i Viet Nam.
- Roedd enw drwg gan y ffatrïoedd oherwydd bod yr amodau gwaith fel siopau chwys. Roedd sôn bod gweithwyr yn cael eu cam-drin.

Cafodd *Nike* ei feirniadu gan lywodraeth Viet Nam am ei arferion. Roedd straeon am *Nike* yn y papurau newydd bob dydd. Daeth yn amlwg wedyn nad oedd rhai o'r straeon yn wir, ond roedden nhw wedi cyrraedd gwledydd tramor erbyn hynny ac roedd y niwed wedi'i wneud. Dywedodd *Nike* y byddai'n gadael y wlad pe byddai llywodraeth Viet Nam yn parhau i'w feirniadu. Daeth y beirniadu i ben.

Mae llawer o garfanau pwyso wedi ceisio perswadio *Nike* i wella amodau gwaith. Mae llawer o grwpiau defnyddwyr eisiau sicrhau bod gweithwyr dramor yn cael eu trin yn deg. Ar ddechrau'r unfed ganrif ar hugain, roedd rhai o aelodau Cyngres UDA yn cefnogi ymgyrchoedd fel 'Boycott Nike'. Erbyn hyn, mae *Nike* yn dadlau bod y cwmni wedi gwneud gwelliannau o ran amodau ffatrïoedd, oriau gwaith a chyflogau ei weithwyr. Mae gweithwyr y cwmni yn byw mewn hosteli o ansawdd uchel, ac mae cytundebau ar waith i gyfyngu ar oriau gwaith. Mae *Nike* yn cyhoeddi data am bob un o'i gyflenwyr ar wefan nikebiz.com.

▼ **Ffigur 16** Ffotograff yn dangos pobl yn protestio yn erbyn *Nike* yn UDA.

Pam mae gwledydd newydd eu diwydianeiddio wedi datblygu mor gyflym?

Os ydych chi'n gwisgo eitem o ddillad rhad o archfarchnad, mae'n werth edrych ar y label i weld o ble mae'r eitem wedi dod. Mae'r rhan fwyaf o eitemau rhad wedi cael eu gwneud mewn ffatrïoedd yn Bangladesh. Mae Bangladesh yn enghraifft o wlad newydd ei diwydianeiddio (*NIC*) nodweddiadol. Dyblodd economi'r wlad yn ystod y degawd hyd at 2014, ac mae'n un o'r economïau sy'n tyfu'n gyflymaf yn y byd.

Mae Ffigur 17 yn dangos gwledydd sy'n cael eu hystyried yn *NICs* fel arfer. Mae 4 o'r 5 gwlad sydd â'r poblogaethau mwyaf yn y byd yn ymddangos ar y rhestr (China, India, Indonesia a Brasil). Mae bron 40 y cant o boblogaeth y byd yn byw yn y gwledydd hyn, sy'n golygu bod llawer iawn o weithwyr yno. Mae nifer enfawr o ddefnyddwyr sy'n mynd yn fwyfwy cyfoethog yn byw yn y gwledydd hyn hefyd, sy'n golygu bod ganddynt farchnadoedd pwysig o ran gwerthu cynnyrch wrth i IGC gynyddu.

Mae pob *NIC* yn awyddus i ddiwydiannau fuddsoddi yn y wlad oherwydd bod gweithgynhyrchu yn creu swyddi ac yn arwain at gynnydd mewn IGC. Yn 2014, roedd diwydiant dillad Bangladesh yn cyflogi 5.5 miliwn o bobl ac yn ennill dros $UDA28 biliwn (IGC) i Bangladesh. Mae dau ffactor yn denu cwmnïau:

- Mae polisïau llywodraethau *NICs* wedi annog cwmnïau amlwladol o dramor i fuddsoddi mewn ffatrïoedd. Yr enw am hyn yw **buddsoddiad uniongyrchol o dramor**. Yn Bangladesh, mae'r rhan fwyaf o fuddsoddi wedi bod yn y diwydiant dillad. I helpu cwmnïau, mae Bangladesh wedi creu cylchfaoedd prosesu allforion. Wedyn, nid oes angen i'r cwmnïau dalu tollau ar allforion i'r UE neu i UDA, sy'n lleihau pris eu cynnyrch.
- Llafur rhad, a digonedd ohono. Yn 2015, roedd cyflogau cyfartalog yn Bangladesh 95 y cant yn is na'r cyflogau cyfartalog yn yr UE ac yn UDA.

Gwlad	CMC y pen (PGP) 2014 yn $UDA	Cyfradd twf CMC yn ystod 2014 (%)
Bangladesh	3,340	4.8
Brasil	15,900	0.1
China	13,130	7.4
India	5,760	7.4
Indonesia	10,250	4.8
Malaysia	23,850	6.0
México	16,710	2.4
Pilipinas	8,300	6.0
Gwlad Thai	13,950	2.4
Twrci	19,040	2.9
Viet Nam	5,350	5.4

▲ **Ffigur 17** Data economaidd ar gyfer gwledydd sy'n cael eu hystyried yn *NICs*.

Effeithiau cymdeithasol

Mae IGC uwch yn golygu gwelliannau ym meysydd addysg ac iechyd, ac felly mae disgwyliad oes pobl yn codi. Mae'r elfennau hyn yn sylfaen i'r ffigurau Mynegrif Datblygiad Dynol (MDD), sydd wedi gwella (yn sylweddol iawn mewn rhai achosion) rhwng 2000 a 2014, fel sydd i'w weld yn Ffigur 18.

Gwlad	MDD 2000	MDD 2014	Gwelliant (canran)
Bangladesh	0.453	0.558	23.2
Brasil	0.682	0.744	9.1
China	0.591	0.719	21.7
India	0.483	0.586	21.3
Indonesia	0.609	0.684	12.3
Malaysia	0.717	0.773	7.8
México	0.699	0.756	8.2
Pilipinas	0.619	0.660	6.6
Gwlad Thai	0.649	0.722	11.2
Twrci	0.653	0.759	16.2
Viet Nam	0.563	0.638	13.3

▲ **Ffigur 18** MDD yn gwella mewn *NICs* rhwng 2000 a 2014.

Gwaith ymholi

A ddylai defnyddwyr yn y DU brynu dillad sydd wedi'u gwneud yn Bangladesh?

- Gwnewch arolwg drwy ofyn tri chwestiwn i'ch grŵp blwyddyn am eu hagweddau tuag at brynu dillad rhad (er enghraifft, eu hagweddau tuag at siopau chwys a llafur plant).
- Ewch ati i goladu'r canlyniadau a'u cyflwyno mewn adroddiad byr.
- Esboniwch y rhesymau posibl pam mae rhai pobl yn parhau i brynu dillad sydd wedi'u gwneud mewn amodau gwaith o'r fath.

Gweithgareddau

1 Disgrifiwch dair nodwedd sy'n perthyn i'r *NICs* yn Ffigur 17.
2 Esboniwch pam mae cyflogau isel a bodolaeth siopau chwys yn golygu bod prynu dillad brandiau rhad yn fater dadleuol.

Effeithiau economaidd

Mae gwaith mewn ffatrïoedd dillad yn Bangladesh yn fater dadleuol. Mae pobl yn y DU yn cwestiynu a yw cynhyrchu dillad yn y modd hwn yn iawn. Dyma'r prif ddadleuon:

- Mae tlodi yn gyffredin yn Bangladesh, ac felly does dim prinder pobl sy'n barod i weithio oriau hir am gyflog isel. Ydy ffatrïoedd yn cymryd mantais?
- Er bod yr amodau gwaith wedi gwella, mae llawer o siopau chwys yn cyflogi menywod yn benodol gan fod modd rhoi llai o gyflog iddynt.
- Yn ôl cyfreithiau Bangladesh, mae plant yn gallu gweithio mewn ffatrïoedd ar ôl troi'n 14 oed.
- Mae llawer o weithwyr yn dechrau gweithio am 7 a.m. ac yn gorffen 12 awr yn ddiweddarach – ac maen nhw'n gweithio chwe diwrnod yr wythnos. Mae gweithwyr ffatri yn dweud mai £25 y mis yw'r isafswm cyflog arferol. Mae gweithwyr peiriannau gwnïo yn ennill £40 y mis, tua 15c yr awr. Fodd bynnag, dylai'r cyflog byw yn Bangladesh fod yn £160 y mis!

'Mae'r fasnach hon wedi darparu swyddi i dros 3 miliwn o bobl dlawd yn Bangladesh – y mwyafrif ohonyn nhw'n fenywod – ac wedi gweddnewid tirwedd economaidd a chymdeithasol y wlad. Ers 1971, mae'r gyfradd dlodi wedi lleihau'n sylweddol o 80 y cant i lai na 30 y cant. Mae'r IGC wedi tyfu 5–6 y cant ar gyfartaledd bob blwyddyn ers dros ugain mlynedd, ac mae'r diwydiant dillad wedi gwneud cyfraniad mawr at hyn.'

▲ **Ffigur 19** Barn newyddiadurwr o Bangladesh, Zafar Sobhan, ar y diwydiant tecstilau.

Gweithgareddau

3 Awgrymwch pam mae Ffigurau 19 a 20 yn cyflwyno safbwyntiau gwahanol am y diwydiant dillad yn Bangladesh.

4 Gwnewch gopi mawr o'r tabl isod. Defnyddiwch Ffigurau 18, 19, 20 a 21 i esbonio effeithiau economaidd, cymdeithasol ac amgylcheddol y twf diwydiannol cyflym mewn *NICs*.

	Manteision	Anfanteision
Amgylcheddol		
Economaidd		
Cymdeithasol		

▶ **Ffigur 21** Gweithwyr yn gwnïo mewn ffatri yn Bangladesh sy'n gwneud eitemau i *IKEA*.

Effeithiau amgylcheddol

Un rheswm pam mae llawer o gwmnïau yn cael eu denu i *NICs* yw'r ffaith bod y deddfau sy'n ymwneud â'r amgylchedd a chynllunio yn llai llym o lawer. Yn yr UE, mae'r deddfau llygredd yn llym iawn. Drwy agor ffatrïoedd mewn gwledydd fel Bangladesh, mae cwmnïau'n aml yn gallu lleihau eu costau gan na fydd rhaid cydymffurfio â rheoliadau llym yn ymwneud â llygredd neu adeiladu. O ganlyniad, mae ffatrïoedd sy'n gweithio yn y diwydiant tecstilau yn gallu cael gwared ar ddŵr gwastraff mewn draeniau a ffosydd agored. Mae modd gwybod pa liwiau sy'n boblogaidd yn y stiwdios dylunio dillad yn Ewrop drwy edrych ar y dŵr gwastraff yn y ffosydd! Mae effeithiau gwaith adeiladu gwael yn gallu bod yn ddifrifol iawn. Yn 2013, disgynnodd adeilad Rana Plaza yn Bangladesh, gan ladd 1,100 o bobl. Roedd y rhan fwyaf ohonyn nhw'n fenywod ifanc a oedd yn gweithio mewn ffatri ddillad.

'**Adeilad Rana Plaza yn cwympo yw'r trychineb gwaethaf yn unrhyw le yn y byd yn hanes y diwydiant dillad.**

Roedd 3,639 o weithwyr yn gweithio mewn 5 ffatri yn adeilad Rana Plaza yn gwneud dillad i labeli ac adwerthwyr dillad o UDA, Canada ac Ewrop.

Roedd 80 y cant o'r gweithwyr yn fenywod ifanc 18, 19 ac 20 oed. Roedd eu shifftiau arferol yn para 13–14.5 awr, rhwng 08:00 a 21:00 neu 22:30, ac roedden nhw'n gweithio rhwng 90 a 100 awr yr wythnos. Dim ond dau ddiwrnod rhydd bydden nhw'n eu cael bob mis. Roedd 'cynorthwywyr' ifanc yn ennill 12 sent yr awr, a'r 'gweithwyr iau' 22 sent yr awr, sef $10.56 yr wythnos. Roedd uwch-weithwyr gwnïo yn derbyn 24 sent yr awr, sef $12.48 yr wythnos.'

▲ **Ffigur 20** Adroddiad Sefydliad Llafur a Hawliau Dynol Rhyngwladol am amodau gwaith yn adeilad Rana Plaza.

Tata, cwmni amlwladol o India

Cwmni amlwladol o India yw Grŵp *Tata*. Mae pencadlys y cwmni yn Mumbai. Yn 2013–14, cyfanswm enillion y grŵp (hynny yw, cyfraniadau y 100 cwmni sy'n perthyn i *Tata*) oedd $UDA103. Oherwydd yr enillion hynny:

- Mae *Tata* yn safle rhif 60 yn y rhestr o gwmnïau mwyaf y byd (pedwar safle yn is na *Tesco*)
- Pe bai *Tata* yn wlad, byddai yn safle rhif 61 yn y rhestr o economïau mwyaf y byd!

Daeth 67 y cant o enillion *Tata* o'r tu allan i India. Mae cwmnïau *Tata* yn cyflogi 580,000 o bobl ledled y byd. Mae'n berchen ar is-gwmnïau, gan gynnwys gwneuthurwyr dur, gwneuthurwyr ceir, cwmnïau cemegol, cwmnïau egni a gwestai. Mae *Tata* yn berchen ar 38 cwmni yn y DU sy'n cyflogi 50,000 o bobl i gyd. Ymhlith is-gwmnïau *Tata* yn y DU mae:

- *Jaguar Land Rover*
- *Tetley Tea*
- *Tata Chemicals* sydd wedi'i leoli yn Northwich, Swydd Gaer.

Sut mae cwmnïau amlwladol yn tyfu?

Mae pob cwmni amlwladol yn dechrau fel cwmni bach ac yn tyfu. Mae hyn yn digwydd pan fydd:

- Cynnydd mewn gwerthiant – e.e. cwmni *Apple*. Mae ystod cynnyrch y cwmni hwn wedi newid o gyfrifiaduron yn unig i amrywiaeth o gynhyrchion electronig.
- Cwmnïau'n uno, drwy naill ai cyfuno (uno â chwmnïau sy'n gwneud cynnyrch tebyg i hawlio cyfran uwch o'r farchnad) neu greu uwchgwmni (datblygu amrywiaeth o gynhyrchion gwahanol rhag ofn bod un yn methu).

Dod i adnabod India

Poblogaeth India yw'r ail fwyaf yn y byd, a dim ond China sydd â phoblogaeth fwy. Mae 17.5 y cant o gyfanswm poblogaeth y byd (hynny yw, 1.27 biliwn o bobl) yn byw yn India. Ar gyfartaledd, mae economi India wedi tyfu 7 y cant y flwyddyn ers 1997, ac erbyn 2015, roedd bedair gwaith yn fwy na'r hyn ydoedd yn 1997! Erbyn hyn, mae India yn un o bedair *NIC* sydd yn wirioneddol bwerus yn yr economi byd-eang. Mae Brasil, Rwsia, India a China yn cael eu disgrifio fel y *BRICs*.

Un rheswm dros dwf India yw parodrwydd y wlad i ddatblygu economi byd-eang drwy gyfuno poblogaeth ac economi enfawr â phrif gwmnïau amlwladol y byd. Oherwydd globaleiddio mae economi India wedi tyfu – mae llifoedd byd-eang o bobl, syniadau a buddsoddiadau wedi bod o gymorth i'r wlad.

	India, 2000	India, 2014
IGC y pen ($UDA) PGP	2,000	5,760
O ble mae IGC yn dod (%)	Amaethyddiaeth: 25 Diwydiant: 30 Gwasanaethau: 45	Amaethyddiaeth: 17.9 Diwydiant: 24.2 Gwasanaethau: 57.9
Canran y bobl yn ôl swyddi	Amaethyddiaeth: 67 Diwydiant: 18 Gwasanaethau: 15	Amaethyddiaeth: 49 Diwydiant: 20 Gwasanaethau: 31
Gwerth allforion ($UDA)	36.3 biliwn	342.5 biliwn
Nwyddau allforio (mewn trefn restrol)	Dillad, gemau gwerthfawr, nwyddau peirianneg, cemegion, nwyddau lledr	Cynnyrch petroliwm, gemau gwerthfawr, cerbydau, peiriannau, haearn a dur, cemegion, cynnyrch fferyllol, reis, dillad

▲ **Ffigur 22** Cymharu economi India yn 2000 ac yn 2014.

◀ **Ffigur 23** Gweithfeydd dur *Tata* ym Mhort Talbot, De Cymru. Mae ffatri ddur wedi bod ar y safle hwn ers 1902. Yn 2015, roedd cwmni *Tata* yn cyflogi 5,000 o bobl ar ei safleoedd ym Mhort Talbot a Llanwern.

Tata Steel a'r diwydiant dur byd-eang

Mae *Tata Steel* yn un o is-gwmnïau Grŵp *Tata* sy'n cynhyrchu dur. Mae'n cyflogi dros 80,000 o bobl ac yn gwneud dur mewn gwledydd ledled y byd, gan gynnwys India, China, Gwlad Thai ac Awstralia. Yn 2006 cyhoeddodd *Tata* ei fod yn prynu cwmni *Corus* – cwmni dur mawr a oedd yn berchen ar ffatrïoedd yn y DU a'r Iseldiroedd. Drwy brynu ffatrïoedd yn Ewrop, roedd yn haws i *Tata* werthu dur i brynwyr Ewropeaidd. Mae dur *Tata* yn cael ei ddefnyddio yn y diwydiant ceir ac i wneud adeiladau â fframiau dur a thraciau rheilffordd. Ers 2006 mae *Tata* wedi gwario £3 biliwn ar wella prosesau gwneud dur yn Ewrop.

Yn ystod gaeaf 2015–16, roedd gwneuthurwyr dur yn y DU yn wynebu argyfwng. Roedd dur rhad o China yn cael ei werthu am bris rhatach na chost gwneud dur yn Ewrop. Mae China yn gallu gwneud dur rhad oherwydd bod costau llafur y wlad yn is na chostau Ewrop. Rheswm arall dros hyn yw costau egni. Mae angen llawer iawn o egni i wneud dur, ac mae llywodraeth China yn cadw costau egni yn isel er mwyn diogelu diwydiant dur y wlad. Gallai'r UE ddiogelu ei ddiwydiannau dur ei hun (gan gynnwys *Tata*) yn erbyn y mewnforion rhad hyn drwy osod **toll** (neu dreth) ar ddur o China. Yn 2016, mae'r UE yn codi toll o 16 y cant yn unig ar ddur o China, ond mae UDA yn codi toll o 236 y cant. Mae mwy o wybodaeth am ddollau ar dudalen 225.

Roedd gwneuthurwyr dur yn y DU yn cael trafferth gwerthu eu dur. Roedd rhaid i *SSI*, cwmni arnlwladol o Korea, gau ei ffatri ddur yn Redcar, Glannau Tees. Collodd 2,200 o bobl eu swyddi. Roedd *Tata* yn honni bod ffatrïoedd dur y cwmni yn y DU yn colli £1 miliwn y dydd. I ddechrau, cyhoeddodd *Tata* ei fod yn bwriadu diswyddo rhai o'r 15,000 o bobl a oedd yn gweithio iddo yn y DU. Yna, ym mis Mawrth 2016, penderfynodd *Tata* ei fod yn gwerthu adran y cwmni sy'n gwneud dur yn y DU. Pe na bai'r cwmni'n dod o hyd i brynwr i'r

busnes, roedd pobl yn poeni y byddai rhannau o dde Cymru a Swydd Efrog yn wynebu sbiral o ddirywiad economaidd – hynny yw, y gwrthwyneb i'r effaith luosydd sydd i'w gweld yn Ffigur 14 ar dudalen 218.

> Os yw *Tata* yn cau ei ffatrïoedd dur yn y DU ac yn methu dod o hyd i brynwr, bydd 15,000 o weithwyr ym Mhrydain yn colli eu swyddi. Yn ogystal â'r bobl sy'n cael eu cyflogi'n uniongyrchol gan *Tata*, mae 25,000 o bobl eraill yn gweithio mewn swyddi sy'n cyflenwi cydrannau a gwasanaethau i *Tata*. Mae'r holl swyddi hyn mewn perygl.

Sefydliad Ymchwil Polisi Cyhoeddus

> Mae China yn gwneud mwy o ddur nag sydd ei angen arni ac mae'n defnyddio'r farchnad Ewropeaidd i gael gwared ar y dur sydd dros ben. Gallai'r UE wneud y dur hwn yn ddrutach i bobl yn Ewrop ei brynu, ond mae toll 16 y cant yr UE yn rhy isel. Rydyn ni wedi bod yn dadlau bod angen cynyddu'r doll er mwyn diogelu ein gwneuthurwyr dur ein hunain, ond mae llywodraeth y DU wedi gwrthwynebu'r cynllun hwn.

Llefarydd ar ran Cymdeithas Ddur Ewrop

> Mae llywodraeth y DU wedi creu'r broblem hon drwy wrthod cytuno i gynyddu toll yr UE ar ddur rhad o China. Mae'n poeni gormod am gynnal perthynas dda â China yn y gobaith y bydd yn mewnforio mwy o gynnyrch o Brydain yn y dyfodol.

Stephen Kinnock, Aelod Seneddol yn ne Cymru

> Mae costau egni yn gyfrifol am rhwng 20 a 40 y cant o holl gostau gwneud dur yn y DU. Pe bai'r llywodraeth yn cytuno i roi cymhorthdal er mwyn lleihau ein costau egni, bydden ni'n gallu creu cynnyrch rhatach a chynyddu gwerthiant.

Llefarydd ar ran diwydiant dur y DU

▲ **Ffigur 24** Safbwyntiau am yr argyfwng dur byd-eang.

Gweithgareddau

1 Rhowch un rheswm pam penderfynodd *Tata* brynu cwmni *Corus* yn 2006.
2 Esboniwch pam mae dur o China yn rhatach na dur o Ewrop.
3 Nodwch un o fanteision ac un o anfanteision globaleiddio i ddiwydiant dur y DU.
4 Astudiwch Ffigur 14 ar dudalen 218. Lluniadwch ddiagram llif arall i ddangos yr effaith bosibl ar yr ardal o amgylch Port Talbot yn ne Cymru pe bai'r diwydiant dur yn cau.

Gwaith ymholi

Beth allai ddigwydd i ddiwydiant dur y DU?

- Defnyddiwch dystiolaeth o Ffigur 24 a'ch gwaith ymchwil eich hun i awgrymu beth fyddai'n digwydd i ddiwydiant dur y DU pe bai:
  a) tollau'r UE ar ddur o China yn cynyddu
  b) llywodraeth y DU yn rhoi cymhorthdal i leihau costau egni'r diwydiant dur yn y DU.
- Beth gallai llywodraeth y DU fod wedi'i wneud, os unrhyw beth, yn eich barn chi? Rhaid i chi gyfiawnhau eich ateb.

I ba raddau mae masnach wedi rhwystro cynnydd economaidd mewn gwledydd incwm isel?

Mewn egwyddor, mae masnach yn dda i bawb. Os nad yw gwlad yn gallu cynhyrchu popeth mae ei angen arni, mae masnach yn cwrdd ag anghenion pawb. Fel dywedodd Martin Luther King (sydd i'w weld yn Ffigur 25) yn yr 1960au, mae gwledydd yn dibynnu ar ei gilydd am nwyddau a gwasanaethau.

Ers yr 1960au, mae awyrennau a llongau cynwysyddion sy'n fwy, yn gyflymach ac yn defnyddio tanwydd yn fwy effeithlon, wedi bod yn cludo nwyddau o amgylch y byd. Mae globaleiddio yn golygu bod gennym bopeth, o fefus ym mis Rhagfyr i'r ffonau clyfar diweddaraf o China. Mae gwledydd yn dibynnu fwyfwy ar nwyddau o wledydd eraill. Mae'n haws i wledydd fasnachu os ydyn nhw wedi creu partneriaeth â'i gilydd. **Blociau masnachu**

> "Cyn i chi orffen bwyta eich brecwast heddiw, rydych chi wedi dibynnu ar dros hanner y byd."

yw'r enw ar y partneriaethau masnachu hyn. Mae'r UE, G20 ac *APEC* (*Asia-Pacific Economic Cooperation*) yn enghreifftiau o flociau masnachu.

Mae modd prynu cynhwysion diodydd poeth fel te, coffi neu siocled mewn unrhyw archfarchnad yn y DU. Mae'n fwy na thebyg bod yr holl gynnyrch wedi dod o Malaŵi (te a choffi) neu o Ghana (ffa coco, sef prif gynhwysyn siocled o bob math). Yr enw ar nwyddau o dramor yw **mewnforion**. Yr UE yw cwsmer mwyaf Malaŵi a Ghana.

Mae Ffigur 26 yn dangos bod masnach y ddwy wlad yn wahanol i fasnach y DU:

- Mae enillion y DU ($UDA834 biliwn) 50 gwaith yn fwy nag enillion Ghana ($UDA16 biliwn), a 640 gwaith yn fwy nag enillion Malaŵi ($UDA1.3 biliwn).
- Bwyd neu fwynau yw prif allforion Ghana a Malaŵi. Cynhyrchion sydd heb eu prosesu, fel (dail) te neu ffa coco, yw'r rhain, ac felly maen nhw'n cael eu disgrifio fel **defnyddiau crai**.
- **Gweithgynhyrchion** yw dros hanner mewnforion y ddwy wlad.
- Mae'r DU, ar y llaw arall, yn allforio amrywiaeth enfawr o weithgynhyrchion. Mae gweithgynhyrchion yn werth mwy o arian: mae cadair bren yn werth mwy na darn o bren.
- Mae'r DU hefyd yn un o ganolfannau bancio y byd, ac mae gwasanaethau ariannol yn gyfrifol am dros draean o'i hallforion, e.e. llog ar fenthyciadau, a chyfranddaliadau sy'n cael eu gwerthu dramor.

◀ **Ffigur 25** Martin Luther King, arweinydd y mudiad hawliau sifil yn America.

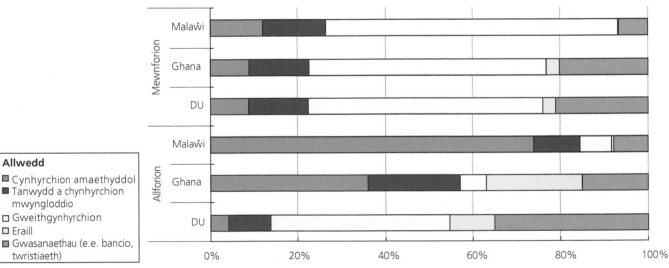

Allwedd
- ▪ Cynhyrchion amaethyddol
- ◼ Tanwydd a chynhyrchion mwyngloddio
- ☐ Gweithgynhyrchion
- ☐ Eraill
- ▪ Gwasanaethau (e.e. bancio, twristiaeth)

▲ **Ffigur 26** Cymharu data masnach Malaŵi, Ghana a'r DU yn 2013.

Masnach rydd

Mae gwledydd sy'n datblygu yn dibynnu ar fasnach i gynyddu'r IGC. Ers yr 1980au, mae'r byd wedi symud tuag at **fasnach rydd** – hynny yw, masnach heb derfynau, tollau na rheoliadau. Mae pob gwlad mewn bloc masnachu yn rhannu cytundeb masnach rydd â'r gwledydd eraill yn y bloc, neu mae'n gweithio tuag at sefydlu cytundeb masnach rydd. Does dim cyfyngiadau ar faint o nwyddau mae gwledydd yn gallu eu hallforio. Mae hyn yn beth da i gynhyrchwyr sy'n allforio nwyddau a gwasanaethau. Anfantais masnach rydd yw bod rhai gwledydd yn derbyn gormod o fewnforion rhad o wledydd eraill. O ganlyniad, mae pobl yn colli swyddi yn y diwydiannau cynhyrchu yn y gwledydd hyn.

Er mwyn osgoi'r sefyllfa hon, mae rhai gwledydd yn eu hamddiffyn eu hunain yn erbyn mewnforion drwy gymryd un o'r camau canlynol:

- Cyflwyno **cwotâu** sy'n cyfyngu ar nifer y mewnforion bob blwyddyn.
- Gosod **toll mewnforio** ar fewnforion. Treth ar fewnforion yw hon sy'n eu gwneud yn ddrutach.
- Talu **cymhorthdal** i fusnesau er mwyn iddynt allu gwerthu eu nwyddau eu hunain am bris rhatach.

Rhydd – ond a yw'n deg? Masnach deg a Ghana

Ymunodd Ghana â Chyfundrefn Masnach y Byd (*World Trade Organisation: WTO*) yn 1995. Prif waith y *WTO* yw hyrwyddo masnach rydd rhwng ei haelodau. Cyn ymuno, roedd llywodraeth Ghana yn rhoi cymhorthdal i ffermwyr i'w hannog i dyfu bwyd ar gyfer dinasoedd y wlad.

Mae hyn yn swnio'n iawn. Ond mae rheolau'r *WTO* yn datgan nad yw ffermwyr yn gallu derbyn cymhorthdal, er bod UDA a'r UE (sy'n aelodau o'r *WTO*) yn rhoi cymhorthdal i'w ffermwyr nhw. Mae bwyd o America ac Ewrop yn rhatach oherwydd y cymhorthdal hwn. Mae ffermwyr yn Ghana yn dioddef oherwydd bod bwyd sydd wedi derbyn cymhorthdal yn cael ei fewnforio o'r UE.

- Mae ffermwyr tomatos yn Ghana yn cael trafferth gwerthu eu cynnyrch gan fod tomatos sy'n cael eu mewnforio o'r UE yn rhatach. O ganlyniad, mae ffatrïoedd sy'n canio tomatos o Ghana wedi cau.
- Mae reis rhad sy'n cael ei fewnforio o UDA wedi effeithio ar ffermwyr sy'n tyfu reis yn Ghana.

▲ **Ffigur 27** Mae'r mwyafrif o ffermwyr Ghana yn gwerthu eu cynnyrch mewn marchnadoedd stryd. Mae'n anodd i ffermwyr gystadlu â phrisiau isel tomatos sydd wedi'u mewnforio.

Gwaith ymholi

Ydy cymorthdaliadau yn deg? Ysgrifennwch lythyr 300 gair at y *WTO* gan ddadlau pam naill ai **a)** dylai cymorthdaliadau i ffermwyr yn yr UE ac yn UDA barhau, neu **b)** dylai cymorthdaliadau ddod i ben.

Gweithgareddau

1. Mewn parau, edrychwch ar y rhyngrwyd i weld o ble mae eitemau brecwast yn dod, e.e. grawnfwyd, sudd oren, te, coffi.
2. Defnyddiwch Ffigur 26 i gymharu masnach yn Malaŵi a Ghana â masnach yn y DU, gan ystyried: **a)** gwerth allforion, **b)** gwerth mewnforion, **c)** y mathau o nwyddau sy'n cael eu hallforio, **ch)** y mathau o nwyddau sy'n cael eu mewnforio.
3. Defnyddiwch y data yn Ffigur 26 i nodi tair blaenoriaeth a fyddai'n gwella masnach ar gyfer Ghana a Malaŵi.
4. Esboniwch fanteision ac anfanteision talu cymorthdaliadau i ffermwyr o safbwynt:
   a) defnyddwyr yn Ewrop
   b) ffermwyr sy'n tyfu tomatos yn Ghana.

Sut mae masnach yn cyfrannu at anghydraddoldebau byd-eang?

Mae dau fath o ffermio yn gyffredin yn Affrica Is-Sahara:

- **Ffermio ymgynhaliol** ar leiniau bach, lle mae ffermwyr yn defnyddio'r rhan fwyaf o'u cynnyrch eu hunain yn hytrach na'i werthu. Mae bron 90 y cant o'r coco yn Ghana yn cael ei dyfu ar ddyddynnod, sef ffermydd bach â llai na thri hectar o dir. Mae tua 2.5 miliwn o ddyddynwyr yn Ghana yn tyfu coco fel eu prif gnwd.
- Yr enw am blanhigfeydd lle mae un cnwd yn cael ei dyfu yw ffermio ungnwd (cynhyrchu un eitem). Yn Malaŵi, mae'r rhan fwyaf o'r te yn cael ei dyfu ar blanhigfeydd mawr.

Mae Ghana a Malaŵi yn allforio'r rhan fwyaf o'u coffi a'u te i ennill arian o dramor.

Mae'r rhan fwyaf o de a ffa coco yn cael eu hallforio i'r UE, fel sydd i'w weld yn Ffigur 29. Y prif wledydd sy'n mewnforio'r eitemau hyn yw'r Iseldiroedd, yr Almaen, Gwlad Belg a Ffrainc. Mae ffa coco yn cael eu malu'n bowdr coco yn y gwledydd hyn. Mae rhywfaint o'r powdr hwn yn cael ei allforio eto i rai o wledydd eraill yr UE sy'n gwneud siocled. Mae'r prif gynhyrchwyr siocled yng Ngwlad Belg, yr Almaen, Iwerddon, y DU ac Awstria. Mae 90 y cant o de Malaŵi yn cael ei werthu naill ai i'r DU neu i Dde Affrica.

Beth sy'n penderfynu pris y nwyddau?

Mae te a choffi yn enghreifftiau o gynhyrchion crai o'r enw cynwyddau. Mae prisiau cynwyddau yn dibynnu ar gyflenwad a galw byd-eang. Mae masnachwyr yn prynu te a ffa coco ar Gyfnewidfa Stoc Llundain. Os yw prisiau ffa coco o Ghana yn rhy uchel, mae masnachwyr yn chwilio am y fargen orau ac yn prynu ffa o'r wlad sy'n cynnig y pris rhataf. Mae pwysau tuag i lawr ar brisiau. Mae'r un peth yn wir am gyflenwadau te.

Mae Ffigur 28 yn dangos sut mae lefelau cynhyrchu ffa coco yn amrywio o flwyddyn i flwyddyn. Mae cynhyrchu yn dibynnu ar amodau'r tywydd yn ogystal â phresenoldeb plâu a chlefydau. Yn 2010, roedd cynhyrchu yn isel ym mhob gwlad. Yn ystod y flwyddyn honno, cynyddodd y prisiau yn fyd-eang oherwydd diffyg cyflenwad. Pan fydd y galw am ffa coco yn uchel, bydd prisiau'n uchel. Mae Ffigur 30 yn crynhoi sut mae cyflenwad a galw yn dylanwadu ar brisiau.

Gwlad	Tunelli metrig (miloedd) 2010	Tunelli metrig (miloedd) 2012
Côte d'Ivoire	1,610	1,650
Indonesia	574	936
Ghana	490	879
Nigeria	212	383
Brasil	180	253
Cameroon	129	256
Ecuador	94	133
México	37	83
Cyfanswm (pob un o'r wyth gwlad)	3,326	4,573

▲ **Ffigur 28** Prif gynhyrchwyr ffa coco'r byd yn ôl tunelli metrig (miloedd).

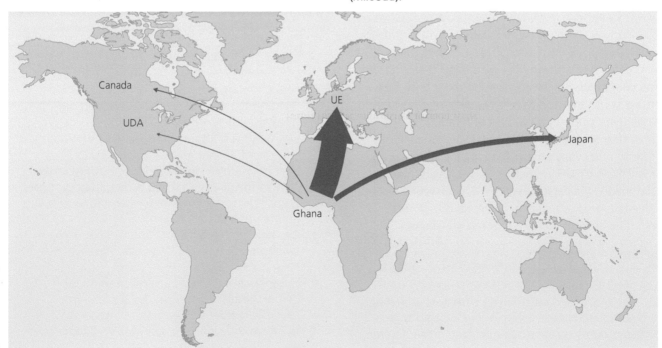

▲ **Ffigur 29** Llifoedd nodweddiadol allforion coco o Ghana.

▲ **Ffigur 30** Cyflenwad a galw.

► **Ffigur 31** Sut mae prisiau coco a phrisiau te yn amrywio ar farchnadoedd byd-eang.

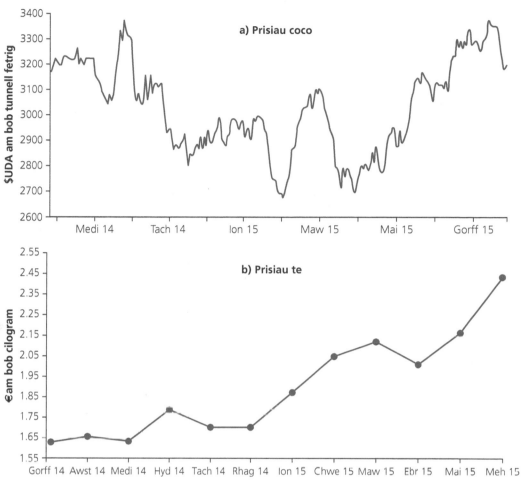

a) Prisiau coco

b) Prisiau te

Gweithgareddau

1 Defnyddiwch Ffigur 28.
   a) Dewiswch ddull addas o gyflwyno'r data.
   b) Cymharwch faint o goco sy'n cael ei dyfu yn Ghana â faint o goco sy'n cael ei dyfu mewn gwledydd eraill.
   c) Os yw'r UE yn mewnforio mwy o de neu goco gan gynhyrchwyr eraill, beth fyddai'n digwydd i bris te neu goco yn Malaŵi ac yn Ghana?

2 Astudiwch Ffigur 30. Gwnewch siart llif tebyg sy'n dechrau â'r gosodiad canlynol: 'Mae clefyd mewn llawer o blanhigfeydd coco neu de yn arwain at gynhaeaf gwael.'

3 a) Defnyddiwch Ffigur 31 i gymharu pris coco â phris te ar y marchnadoedd byd-eang rhwng 2014 a 2015.
   b) Nodwch brisiau uchaf a phrisiau isaf **i)** coco a **ii)** te.
   c) Esboniwch y problemau sy'n effeithio ar ffermwyr yn sgil prisiau mor amrywiol.

4 Astudiwch Ffigur 32. Awgrymwch beth fydd yn digwydd i bris te a phris coco ar y farchnad fyd-eang yn achos pob un o'r senarios hyn yn y dyfodol.

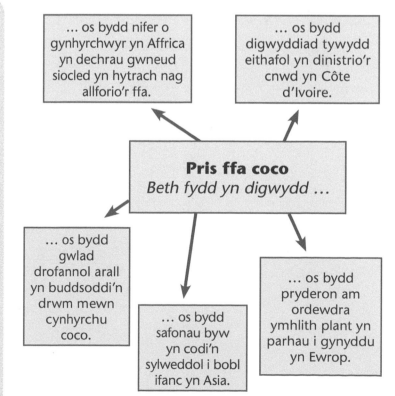

... os bydd nifer o gynhyrchwyr yn Affrica yn dechrau gwneud siocled yn hytrach nag allforio'r ffa.

... os bydd digwyddiad tywydd eithafol yn dinistrio'r cnwd yn Côte d'Ivoire.

Pris ffa coco
Beth fydd yn digwydd ...

... os bydd gwlad drofannol arall yn buddsoddi'n drwm mewn cynhyrchu coco.

... os bydd safonau byw yn codi'n sylweddol i bobl ifanc yn Asia.

... os bydd pryderon am ordewdra ymhlith plant yn parhau i gynyddu yn Ewrop.

▲ **Ffigur 32** Olwyn y dyfodol ar gyfer coco a the.

Datblygiadau allweddol sy'n gyrru'r diwydiant twristiaeth byd-eang

Mae 1 o bob 11 o swyddi ledled y byd yn perthyn i'r diwydiant twristiaeth byd-eang, ac mae'r diwydiant yn creu incwm sy'n cyfateb i 6 y cant o allforion y byd. Mae proses globaleiddio (gweler tudalennau 214–15) wedi ei gwneud yn haws i fwy o bobl deithio dramor. Dyma'r datblygiadau allweddol sy'n gyrru'r diwydiant:

- newidiadau ym maes technoleg, yn enwedig technolegau cludiant a thechnolegau symudol
- lefelau cyfoeth yn codi, sy'n golygu bod mwy o bobl yn gallu fforddio cael gwyliau yn amlach
- sut mae cwmnïau amlwladol wedi globaleiddio ac yn cynnig gwyliau pecyn.

Nifer y twristiaid yn cyrraedd (miliynau)			
	1995	2014	2030
Affrica	18.7	55.7	134
Y Dwyrain Canol	12.7	51.0	149
Gogledd, Canolbarth a De America a'r Caribî	109.1	181.0	248
Asia a'r Pasiffig	82.1	263.3	535
Ewrop	304.7	581.8	744
Cyfanswm	527.3	1,132.8	1,810

▲ **Ffigur 33** Twf y diwydiant twristiaeth byd-eang – nifer y twristiaid yn 1995 a 2014, a'r nifer sydd wedi'i ragfynegi ar gyfer 2030

Dechreuodd oes fodern **twristiaeth dorfol** yn yr 1960au. Dechreuodd cwmnïau amlwladol drefnu pecynnau hedfan a lety i wneud gwyliau'n fwy fforddiadwy. Cafodd y gwyliau twristiaeth dorfol cyntaf eu cynnig gan gyrchfannau newydd ar y Môr Canoldir, fel Benidorm yn Sbaen. Ers yr 1960au, mae technolegau cludiant wedi gwella ac mae awyrennau yn gyflymach, yn fwy o ran maint ac yn fwy effeithlon. Wrth i deithio mewn awyren ddod yn fwy fforddiadwy, cynyddodd nifer y teithiau hedfan **pellter hir**. O ganlyniad, datblygodd twristiaeth dorfol yn y Caribî ac yn Kenya yn ystod yr 1970au a'r 1980au, ac wedyn yn Asia yn ystod yr 1990au. Mae twristiaeth dorfol o'r fath wedi datblygu yn sgil twf cwmnïau amlwladol mawr – er enghraifft *Singapore Airlines* a chadwyni o westai fel *Marriott International* (cwmni amlwladol o UDA).

Ffactor arall sy'n effeithio ar y diwydiant twristiaeth yw twf cyflym technolegau cyfathrebu symudol, er enghraifft cyfrifiaduron llechen a ffonau clyfar. Mae teithwyr yn gallu bod yn annibynnol diolch i'r dyfeisiau hyn. Yn hytrach na dibynnu ar gwmni gwyliau i ddarparu cymorth a gwybodaeth, mae teithwyr yn gallu defnyddio technolegau symudol i ddod o hyd i wybodaeth, amserlenni, gwasanaethau cyfieithu, mapiau a bancio ar-lein. Mae technoleg o'r fath yn golygu bod **teithio annibynnol** yn haws gan nad yw twristiaid yn dibynnu cymaint ar gwmnïau amlwladol i drefnu eu gwyliau drostynt.

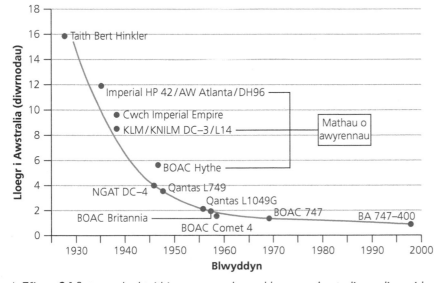

▲ **Ffigur 34** Sut mae hyd teithiau awyren rhwng Lloegr ac Awstralia wedi newid.

Gweithgareddau

1 Defnyddiwch Ffigur 34 i ddisgrifio ac esbonio sut mae hyd teithiau awyren i Awstralia wedi newid.

2 Nodwch y ffactorau economaidd, cymdeithasol a thechnolegol sydd wedi gyrru twf byd-eang y diwydiant twristiaeth.

Mae'r cynnydd ym mhoblogrwydd gwyliau mordeithio yn un o'r datblygiadau mwy diweddar ym maes twristiaeth dorfol. Yn debyg i wyliau pecyn oedd ar gael o'r blaen, mae mordeithiau yn gwneud pethau'n haws i gwsmeriaid drwy gyfuno trefniadau teithio (gan gynnwys taith hedfan), llety a phrydau bwyd. Twf ychydig o gwmnïau amlwladol mawr, fel *Royal Caribbean Cruises* o UDA, sydd wedi gyrru datblygiad y maes hwn.

Aeth **9** miliwn o deithwyr ar fordaith yn 1999

Mae **25** miliwn o deithwyr yn debygol o fynd ar fordaith yn 2019

Mae rhai llongau mordeithio yn y Caribî yn gallu cludo **6,000** o deithwyr

Mae **70** y cant o gyrchfannau mordeithio yn fannau poeth bioamrywiaeth

Mae teithwyr yn gwario **£40** y dydd ar gyfartaledd mewn busnesau lleol pan fyddan nhw'n gadael y llong

Am bob milltir maen nhw'n ei deithio, mae llongau mordeithio yn allyrru tua **0.43** kg o CO_2 am bob teithiwr, sef 0.17 kg yn fwy nag awyren yn ystod taith hedfan pellter hir

Mae pob teithiwr ar long fordeithio yn creu tua **3.5** kg o sbwriel y dydd, o'i gymharu â'r 0.8 kg mae pob person yn y Caribî yn ei greu.

▲ **Ffigur 35** Ystadegau'n ymwneud â llongau mordeithio.

Twf yn y galw am dwristiaeth mewn gwledydd newydd eu diwydianeiddio

Wrth i gyflogau gynyddu mewn gwledydd newydd eu diwydianeiddio, mae'r galw am dwristiaeth yn tyfu hefyd. Mae dosbarth canol newydd, mawr mewn gwledydd fel India, China a Nigeria. Mae'r dynion a'r menywod proffesiynol hyn yn ennill cyflogau da ac mae ganddyn nhw ddigon o arian i brynu eitemau defnyddwyr moethus gan gynnwys gwyliau. Teithiodd tua 100 miliwn o dwristiaid o China i wledydd tramor yn 2014. Mae nifer y bobl gefnog yn China yn cynyddu mor gyflym bod disgwyl i'r ffigur hwn godi i 234 miliwn erbyn 2020. Mae amcangyfrifon yn awgrymu bod twristiaid o China wedi gwario $UDA229 biliwn ar wyliau tramor yn 2015, ac mae twristiaid o'r DU wedi gwario tua $UDA60 biliwn. Mae llawer o dwristiaid o China yn dewis teithio yn Asia, ond mae atyniadau yn y DU, gan gynnwys dinasoedd fel Llundain a Rhydychen, yn awyddus i ddenu mwy o dwristiaid o China.

▲ **Ffigur 36** Llong fordeithio fawr wedi'i hangori oddi ar ynys St Lucia yn y Caribî. Aeth tua 21 miliwn o dwristiaid ar wyliau mordeithio i'r Caribî yn 2014.

Elw coll

Mae'r rhan fwyaf o dwristiaid yn bwcio gwyliau drwy asiant o hyd ac yn prynu pecyn sy'n cynnwys teithiau hedfan, gwesty a phrydau bwyd. Yn achos gwyliau pecyn, mae tua 40–80 y cant o'r arian sy'n cael ei wario gan y twrist yn mynd i'r cwmni amlwladol sy'n berchen ar y cwmni hedfan neu'r gadwyn o westai. Mae pencadlysoedd y rhan fwyaf o'r cwmnïau hyn yn Ewrop neu yng Ngogledd America yn hytrach nag yn y wlad lle mae'r twrist ar ei wyliau. Yr enw ar y broses hon o golli incwm yw elw coll (*leakage*).

Gweithgareddau

3 Esboniwch pam mae'n bosibl nad yw twristiaeth mordeithio yn cyfrannu cymaint o arian i'r economi lleol â theithio annibynnol.

4 Astudiwch Ffigur 33.
   a) Cyfrifwch nifer y twristiaid oedd yn cyrraedd Ewrop yn 1995.
   b) Beth oedd y ffigur hwn fel canran o gyfanswm y twristiaid?
   c) Cymharwch y cynnydd yn nifer y twristiaid yn cyrraedd Asia â'r cynnydd yn nifer y twristiaid yn cyrraedd Ewrop.
   ch) Rhowch un rheswm technolegol ac un rheswm economaidd i esbonio pam mae twristiaeth yn Asia yn ehangu mor gyflym.

Gwaith ymholi

'Mae twristiaeth mordeithio yn wael i'r economi ac yn wael i'r amgylchedd.'

I ba raddau rydych chi'n cytuno â'r gosodiad hwn?

Pa mor bwysig yw twristiaeth i economi México?

Gwlad newydd ei diwydianeiddio yw México. Mae ganddi economi mawr a chymhleth sy'n allforio amrywiaeth eang o weithgynhyrchion. Mae tua 19 miliwn o dwristiaid tramor yn ymweld â México bob blwyddyn, sy'n golygu bod y wlad yn safle rhif 9 yn y rhestr o gyrchfannau gwyliau mwyaf poblogaidd y byd. Mae tua 3.6 miliwn o bobl yn gweithio'n uniongyrchol ym meysydd teithio a thwristiaeth yn México, ac mae disgwyl i'r ffigur hwn godi i 4.8 miliwn erbyn 2025. Mae twf y diwydiant twristiaeth yn creu swyddi adeiladu ac yn arwain at welliannau o ran isadeiledd, gan gynnwys meysydd awyr a phorthladdoedd. Mae'r diwydiant ei hun yn creu **cyflogaeth uniongyrchol** ym maes teithio (er enghraifft, mewn meysydd awyr ac ar awyrennau) ac mewn gwestai a thai bwyta. Mae'r diwydiant hefyd yn creu **cyflogaeth anuniongyrchol** – hynny yw, swyddi sydd eisoes yn bodoli ac sydd ar eu hennill o gael twristiaid yn ymweld â'r ardal. Er enghraifft, mae'r galw am fwyd mewn gwestai yn cynnal swyddi yn amaethyddiaeth a physgota.

Gweithgareddau

1 Gweithiwch gyda phartner i lunio rhestr o'r mathau o swyddi mae twristiaeth yn eu creu:
   a) yn uniongyrchol
   b) yn anuniongyrchol.
2 Disgrifiwch leoliad y cyrchfannau/rhanbarthau twristiaeth canlynol yn México:
   a) Cancún
   b) Acapulco
   c) Baja California.
3 a) Disgrifiwch sut gallai'r data yn Ffigur 39 gael eu dangos ar fap.
   b) Beth fyddai cryfderau a chyfyngiadau defnyddio'r dull hwn?

◄ **Ffigur 37** Gwerthwr ar y stryd yn gwerthu ffrwythau yn Cancún. Dyma un enghraifft o sut mae twristiaeth yn gallu rhoi hwb anuniongyrchol i gyflogaeth.

▲ **Ffigur 38** Lleoliad y meysydd awyr rhyngwladol prysuraf yn México a'r cyrchfannau twristiaeth dorfol yn Cancún ac Acapulco.

Maes awyr	Twristiaid o America
Cancún	791,066
Los Cabos	303,252
Ciudad de México	240,742
Puerto Vallarta	225,791
Guadalajara	133,832
Eraill	278,709

▲ **Ffigur 39** Nifer y twristiaid Americanaidd yn cyrraedd meysydd awyr México, rhwng mis Ionawr a mis Mawrth 2014.

Twf twristiaeth dorfol yn Cancún, México

Roedd Cancún yn bentref pysgota bach yn yr 1970au. Erbyn heddiw, Cancún yw'r cyrchfan twristiaeth dorfol mwyaf yn y Caribî. Mae dros 150 o westai a chyfanswm o 35,000 o ystafelloedd yn ardal gwestai Cancún. Mae disgwyl i nifer yr ystafelloedd godi i 46,000 erbyn 2030. Mae'r tair miliwn o dwristiaid sy'n ymweld â Cancún bob blwyddyn yn ychwanegu $UDA4.36 biliwn at economi México.

Mae ardal gwestai Cancún wedi'i gwahanu oddi wrth y gymuned leol. Cafodd ei chynllunio fel hyn yn fwriadol er mwyn creu **clofan i dwristiaid**. Mae'r twristiaid yn mwynhau holl foethusrwydd yr ardal gwestai, ond mae staff y gwestai yn byw yn ninas Cancún, sydd wedi'i gwahanu oddi wrth yr ardal hon. Mae pobl leol wedi'u gwahardd rhag mynd ar y traethau hyd yn oed. Y wladwriaeth sy'n berchen ar y traethau, ond y gwestai sy'n rheoli pwy sy'n gallu eu defnyddio. Maen nhw'n rhwystro pobl leol rhag mynd yno er mwyn sicrhau nad yw pobl sy'n ceisio gwerthu bwyd, diod neu deithiau personol yn tarfu ar dwristiaid.

Twristiaeth clofan

Mae gwestai yn gwerthu pecynnau 'hollgynhwysol' yn aml. Ystyr hyn yw bod twristiaid yn talu un pris ac yn derbyn popeth – hynny yw, bwyd, diod ac adloniant gan y gwesty. Mae llongau mordeithio yn cynnig bargen debyg. Yn y naill achos a'r llall, does dim angen i gwsmeriaid adael y gwesty neu'r llong mewn gwirionedd. Mae twf twristiaeth clofan yn golygu nad yw twristiaid yn gwario arian mewn barrau neu dai bwyta sy'n eiddo i bobl leol. Pe baen nhw'n gwneud hynny, byddai llai o'r arian sy'n cael ei wario gan dwristiaid yn cael ei golli o'r economi lleol.

Gweithgaredd

4 Astudiwch Ffigur 40.
   a) Awgrymwch gapsiwn newydd ar gyfer y cartŵn hwn.
   b) Cyfiawnhewch y safbwynt bod clofannau yn beth gwael i dwristiaid ac i bobl leol.
   c) Awgrymwch pam gwnaeth llywodraeth México ddatblygu Cancún fel clofan i dwristiaid.

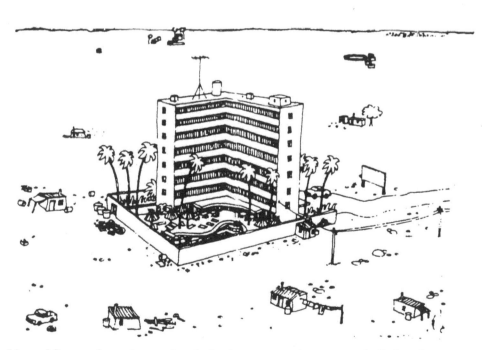

"Annwyl George, dyma ni yng nghanol y bwrlwm ac yn cael amser gwych. Rydyn ni'n teimlo ein bod ni wir yn dod i adnabod y wlad egsotig hon..."

▲ **Ffigur 40** Twristiaeth clofan

Ydy twristiaeth wedi bod yn dda neu'n wael i Cancún?

Mae twristiaeth yn creu cyflogaeth uniongyrchol ar gyfer 52,000 o bobl yn Cancún, yn ogystal â 175,000 o swyddi anuniongyrchol. Fodd bynnag, dim ond cytundebau byr, dros dro mae llawer o'r gwestai mawr yn eu cynnig i'w gweithwyr. Oherwydd bod niferoedd twristiaid yn amrywio o dymor i dymor, mae hyn yn golygu bod gweithwyr yn gallu cael eu diswyddo ar ddiwedd cytundeb un mis neu dri mis os nad oes digon o waith ar gael.

Rwy'n gweithio oriau hir a dim ond yn ennill tua $UDA5 y dydd. Dydw i ddim yn gallu fforddio prynu cartref da, felly rwy'n rhentu caban. Mae'n costio $UDA80 y mis. Rwy'n rhannu'r toiled allanol gyda fy nghymdogion ac mae'r dŵr yn dod drwy'r to tun pan fydd hi'n bwrw yn drwm. Mae gan y twristiaid bopeth mae ei angen arnyn nhw, ond does dim lle na chyfleusterau hamdden gennym ni. Rydyn ni wedi ei gwahardd rhag mynd i'r traeth hyd yn oed!

Gweithiwr mewn gwesty

Mae llawer o bobl sy'n gweithio yng ngwestai Cancún wedi mudo o ardaloedd eraill yn México. Maen nhw'n dioddef oherwydd eu bod nhw wedi'u gwahanu oddi wrth eu teuluoedd a'u cymunedau gwreiddiol. Mae'r rhan fwyaf ohonyn nhw'n derbyn cyflog gwael ac maen nhw'n dibynnu ar dderbyn tips i ennill digon. Mae llawer ohonyn nhw'n gweithio oriau hir o dan amodau gwaith llawn straen. Mae rhai'n gaeth i alcohol neu gyffuriau.

Gweithiwr cymdeithasol

▲ **Ffigur 41** Strydoedd dan ddŵr yn ninas Cancún yn ystod storm drofannol Sonia, 2013.

Rydyn ni'n defnyddio gardiaid diogelwch i gadw pobl leol oddi ar y traeth. Y broblem yw bod rhai 'bechgyn y traeth' yn tarfu ar y twristiaid. Maen nhw'n ceisio gwerthu bwyd neu anrhegion gwyliau iddyn nhw. Mae gwerthwyr cyffuriau wedi achosi problemau yn y gorffennol ac mae rhai pobl wedi cael eu mygio hyd yn oed.

Rheolwr gwesty

▲ **Ffigur 42** Safbwyntiau am ddatblygiad twristiaeth yn Cancún.

Gweithgareddau

1 a) Lluniadwch graff i ddangos y data yn Ffigur 43.
   b) Gan ddefnyddio Ffigur 41 a'ch gwybodaeth am ddinasoedd global eraill, awgrymwch rai problemau a allai godi yn sgil y twf trefol cyflym yn Cancún.
2 Trafodwch y safbwyntiau yn Ffigur 42.
   a) Nodwch dair problem wahanol sy'n codi yn sgil twristiaeth yn Cancún.
   b) Beth yw prif achosion y problemau hyn?
   c) Awgrymwch atebion posibl i un o'r problemau hyn.
3 Crynhowch fanteision ac anfanteision twristiaeth dorfol ar gyfer pobl leol ac ar gyfer economi Cancún.

Blwyddyn	Cancún	Acapulco
1970	0	178
1980	34	304
1990	192	658
2000	438	794
2010	680	864
2020	993	944
2030	1,161	1,075

▲ **Ffigur 43** Poblogaeth Cancún ac Acapulco (miloedd).

Effeithiau twristiaeth ar yr amgylchedd yn Cancún

Mae dinas Cancún wedi'i hadeiladu ar lain denau, hir o dywod – llain Cancún–Nizuc. Roedd y **lagŵn** y tu ôl i'r llain hon yn llawn coedwigoedd mangrof ar un adeg. Mae cynefin pwysig arall yn gorwedd alltraeth – riff cwrel trofannol. Mae gwyddonwyr yn ofni bod y tair rhan o'r amgylchedd hwn wedi'u difrodi gan dwf twristiaeth:

- Mae carthion o'r ardal wyliau wedi achosi i glefydau ledaenu yn y riffiau cwrel.
- Cafodd tywod ei gymryd o'r traeth yn yr 1970au a'r 1980au a'i ddefnyddio i adeiladu'r gwestai.
- Mae coed mangrof wedi'u torri i lawr ac mae'r lagŵn wedi'i lygru.
- Mae planhigion sy'n tyfu'n naturiol ar hyd pen uchaf y traeth, ac sy'n helpu i gynnal y tywod, wedi'u tynnu i ffwrdd. Mae hyn yn gwneud y traethau'n fwy deniadol i dwristiaid, ond mae'n golygu bod y tywod yn fwy agored i erydiad yn ystod stormydd.
- Mae'r gwestai uchel yn rhy drwm am y gwaddodion meddal oddi tanynt. Mae rhai gwestai wedi cael problemau adeileddol o ganlyniad i ymsuddiant.

Mae riffiau cwrel, traethau a mangrofau i gyd yn ymddwyn fel cylchfaoedd byffer naturiol yn ystod storm drofannol. Mae gwyddonwyr yn credu bod Cancún yn fwy agored i niwed gan drychinebau naturiol oherwydd bod yr amgylcheddau hyn wedi'u difrodi. Mae Cancún wedi dioddef sawl storm. Yr un waethaf oedd Corwynt Wilma (2005), a achosodd ddifrod gwerth $UDA19 miliwn i ardal gwestai Cancún. Roedd yr holl dywod ar y traeth (sy'n 20 m o led) wedi'i erydu yn dilyn y storm. Cafodd y traeth ei ail-lenwi yn 2016 a'r gost oedd $UDA19 miliwn.

Gweithgareddau

4 Disgrifiwch dair ffordd mae datblygiad Cancún wedi difrodi'r amgylchedd.

5 a) Gwnewch fraslun o Ffigur 44.
  b) Labelwch y graeandir (y tafod tenau o dywod), y traeth a'r lagŵn.
  c) Ychwanegwch anodiad i esbonio pam mae'r ardal gwestai yn agored i niwed gan stormydd trofannol.

Gwaith ymholi

'Does dim dyfodol tymor hir i gyrchfan gwyliau Cancún.'

Defnyddiwch dystiolaeth o'r tudalennau hyn i benderfynu a ydych chi'n cytuno â'r gosodiad hwn neu beidio. Esboniwch eich penderfyniad yn ofalus.

▲ **Ffigur 44** Ardal gwestai Cancún.

Twristiaeth yn Gambia

Gwlad incwm isel yng Ngorllewin Affrica yw Gambia. Mae tlodi yn ogystal â gofal iechyd ac addysg wael yn golygu bod y wlad fach hon ymhlith y 25 o wledydd mwyaf tlawd yn y byd. Mae'r Cenhedloedd Unedig yn amcangyfrif bod 40 y cant o'r boblogaeth yn byw mewn tlodi.

Mae tua 75 y cant o'r boblogaeth yn gweithio ym maes amaethyddiaeth, er bod cynnyrch fferm yn gyfrifol dim ond am tua 20 y cant o gyfoeth Gambia. Cnau mwnci yw prif gynnyrch allforio Gambia, a'r sector twristiaeth yw ail ffynhonnell incwm bwysicaf y wlad. Ychydig iawn o adnoddau naturiol sydd gan Gambia, ac mae sector gweithgynhyrchu'r wlad yn fach iawn. Felly, diolch i'w thraethau aur a'i hinsawdd gynnes, mae Gambia bellach yn dibynnu ar dwristiaeth. Mae'r diwydiant twristiaeth yn gyfrifol am tua 40 y cant o holl gyfoeth y wlad. Mae amcangyfrifon yn awgrymu bod rhwng 20,000 a 35,000 o bobl yn cael eu cyflogi'n uniongyrchol ym maes twristiaeth. Mae o leiaf 35,000 o bobl eraill yn cael eu cyflogi'n anuniongyrchol. Mae Gambia yn dibynnu ar yr incwm sy'n dod o'r diwydiant twristiaeth i fewnforio bwydydd sylfaenol fel reis.

Dechreuodd twristiaid hedfan i Gambia am y tro cyntaf yn 1965, a daeth y criw cyntaf o Sweden. Heddiw, mae'r mwyafrif o'r twristiaid sy'n ymweld â'r wlad yn dod o'r DU, yr Almaen, Gwlad Belg, yr Iseldiroedd, Denmarc, Sweden a Norwy. Dim ond chwe awr yw hyd taith hedfan i Gambia o'r rhan fwyaf o ddinasoedd Ewrop. Mae'r wlad yn yr un gylchfa amser â Llundain, ac felly nid yw teithwyr yn dioddef o flinder hedfan.

Dibyniaeth

Mae economïau'r rhan fwyaf o ynys-wladwriaethau bach datblygol (*SIDS*) yn dibynnu'n fawr ar dwristiaeth. Ychydig iawn o allforion sydd gan nifer o'r gwledydd bach hyn, ac mae arian o'r diwydiant twristiaeth yn gyfrifol am dros 30 y cant o'u holl allforion. O'i gymharu, mae'r arian mae'r diwydiant twristiaeth byd-eang yn ei ennill ychydig dros 5 y cant ar gyfartaledd. Mae'r Maldives, y Seychelles a Jamaica yn dibynnu'n fawr ar dwristiaeth. Mae rhai gwledydd incwm isel, fel Gambia, hefyd yn dibynnu'n fawr iawn ar y diwydiant twristiaeth o'i gymharu â dulliau eraill o ennill incwm o dramor. Mae dibyniaeth ar dwristiaeth yn beryglus i unrhyw economi. Mae trychineb naturiol fel seiclon, daeargryn neu tsunami yn gallu lleihau nifer yr ymwelwyr yn sylweddol. Mae ansefydlogrwydd gwleidyddol, gwrthdaro, clefydau a dirwasgiad economaidd hefyd yn gallu effeithio ar nifer yr ymwelwyr.

Gwaith ymholi

I ba raddau mae economïau'r *SIDS* yn dibynnu ar dwristiaeth?

- Ymchwiliwch i leoliad y *SIDS*.
- Gwnewch waith ymchwil pellach ar un o'r *SIDS*. Faint o dwristiaid sy'n ymweld? Beth yw effeithiau cadarnhaol a negyddol twristiaeth yma?

◀ **Ffigur 45** Mae gwaith anffurfiol yn gyffredin yn Gambia; dyma rywun yn ceisio gwerthu anrhegion gwyliau i dwristiaid.

Ydy twristiaeth yn beth da i Gambia?

Mae gan Gambia hinsawdd dymhorol ac mae tymor gwlyb yn ystod misoedd yr haf. Mae twristiaeth yn dymhorol hefyd, ac mae'r rhan fwyaf o dwristiaid o Ewrop yn ymweld yn ystod y gaeaf rhwng mis Hydref a mis Mawrth. Mae hyn yn golygu nad oes digon o waith, neu unrhyw waith o gwbl, ar gael i weithwyr ym maes twristiaeth am sawl mis o'r flwyddyn. O ganlyniad, maen nhw'n dibynnu ar waith arall sy'n anffurfiol. Mae ffigurau'n ymwneud â diweithdra a chyflogaeth anffurfiol yn annibynadwy, ond maen nhw'n uchel iawn.

Nid yw Gambia yn gallu bod yn sicr y bydd yn ennill yr un incwm o dwristiaeth bob blwyddyn. Mae twristiaid eisiau teimlo eu bod nhw a'u heiddo'n ddiogel pan fyddan nhw ar eu gwyliau. Maen nhw'n poeni am broblemau fel clefydau, terfysgaeth ac aflonyddwch gwleidyddol. Os yw'n ymddangos bod cyrchfan yn anniogel, mae'n hawdd iawn bwcio taith i gyrchfan arall. Yn ystod y blynyddoedd diwethaf, mae rhai twristiaid wedi bod yn llai parod i ymweld â Gambia yn sgil yr aflonyddwch gwleidyddol yno. Mae arweinydd y wlad wedi lleisio barn hynod gadarn ar rai pynciau, gan gynnwys hawliau pobl hoyw a lesbiaidd. Mae ei safbwyntiau wedi arwain at brotestiadau, ac mae'r digwyddiadau hyn wedi ymddangos yn y newyddion yng

ngwledydd Ewrop. Yn 2014, roedd rhai ardaloedd yng Ngorllewin Affrica wedi'u heffeithio gan Ebola (gweler tudalennau 282–3). Doedd dim achosion o'r clefyd yn Gambia ond roedd nifer yr twristiaid yn hynod isel yn 2014.

Blwyddyn	Nifer y twristiaid
2000	79,000
2001	57,000
2002	81,000
2003	89,000
2004	90,000
2005	108,000
2006	125,000
2007	143,000
2008	147,000
2009	142,000
2010	91,000
2011	106,000
2012	157,000
2013	171,000
2014	70,000 (amcangyfrif)

▲ **Ffigur 47** Nifer yr ymwelwyr â Gambia bob blwyddyn

Perchennog gwesty yn Gambia

Fel arfer, mae 80–95 y cant o'r gwesty yn llawn yn ystod misoedd y gaeaf. Fodd bynnag, yn ystod gaeaf 2014 dim ond 30 y cant o'r gwesty oedd yn llawn. Rwy'n meddwl bydd o leiaf tair blynedd yn mynd heibio cyn i'r busnes ddechrau gwella eto.

Twrist o'r DU

Rwy'n meddwl bod twristiaid yn ofni dod yma. Maen nhw'n gwybod bod clefyd Ebola wedi effeithio ar wledydd yng Ngorllewin Affrica, ond dydyn nhw ddim yn sylweddoli bod Gorllewin Affrica ddeuddeg gwaith yn fwy na'r DU ac mai dim ond rhai ardaloedd sydd wedi cael eu heffeithio.

Glanhawr mewn gwesty

Mae pethau'n llawer gwaeth pan fyddwn ni'n cael tymor twristiaeth gwael. Yn amlwg, mae llai o waith ar gael, ac mae gen i lai o arian i brynu bwyd. Mae pris reis ac olew yn codi hefyd, a dw i'n eu defnyddio nhw i goginio.

▲ **Ffigur 46** Safbwyntiau am dymor twristiaeth Gambia yn 2014.

Gweithgareddau

1. a) Defnyddiwch atlas i ddod o hyd i leoliad Gambia.
   b) Lluniadwch linfap a'i labelu i ddangos pam mae Gambia yn boblogaidd ymhlith twristiaid o Ewrop.
2. a) Esboniwch pam mae'r diwydiant twristiaeth yn Gambia yn dymhorol.
   b) Pa broblemau sy'n codi yn sgil hyn?
3. a) Cymharwch dwristiaeth yn Gambia â thwristiaeth yn Cancún. Cofiwch gynnwys ffeithiau a ffigurau.
   b) Esboniwch pam mae Gambia yn dibynnu llawer mwy ar dwristiaeth na México.
   c) Esboniwch pam mae hyn yn broblem i:
      i) llywodraeth Gambia.
      ii) pobl gyffredin yn Gambia.
4. a) Dewiswch dechneg addas i gyflwyno'r data yn Ffigur 47.
   b) Disgrifiwch y duedd sydd i'w gweld ar eich graff.
   c) Esboniwch pam roedd gostyngiad mawr yn nifer yr ymwelwyr yn 2014.
   ch) Nodwch un rheswm arall pam efallai na fydd twristiaid o Ewrop yn ymweld â Gambia yn y dyfodol.

Sut dylen ni ymateb i anghydraddoldeb?

Mae'r Cenhedloedd Unedig (CU) yn sefydliad rhyngwladol sy'n cael ei gefnogi gan 192 o wledydd gwahanol. Un o amcanion y CU yw annog a chynorthwyo datblygiad pobl. Yn 2015, cafodd 17 o dargedau datblygiad, sef Cyrchnodau Datblygiad Cynaliadwy, eu gosod gan y CU i'w cyflawni erbyn 2030. Mae'r cyrchnodau hyn yn ategu gwaith **Cyrchnodau Datblygiad y Mileniwm** *(Millennium Development Goals: MDGs)*, oedd yn weithredol rhwng 2000 a 2015. Mae pob un o'r cyrchnodau (sydd i'w gweld yn Ffigur 48) yn cael eu rhannu yn dargedau penodol. Mae 169 o dargedau i gyd.

Cyrchnodau Datblygiad Cynaliadwy

Cyrchnod 1: Rhoi diwedd ar dlodi o bob math ym mhob man.

Cyrchnod 2: Rhoi diwedd ar newyn, darparu sicrwydd bwyd a maeth gwell, a hyrwyddo amaethyddiaeth gynaliadwy.

Cyrchnod 3: Sicrhau bywydau iach a hyrwyddo llesiant i bawb o bob oedran.

Cyrchnod 4: Sicrhau addysg gynhwysol a theg o ansawdd da, a hyrwyddo cyfleoedd dysgu gydol oes i bawb.

Cyrchnod 5: Sicrhau cydraddoldeb rhywedd a rhoi grym i bob menyw a merch.

Cyrchnod 6: Sicrhau bod dŵr ac iechydaeth ar gael i bawb, a'u rheoli mewn ffordd gynaliadwy.

Cyrchnod 7: Sicrhau bod gan bawb fynediad at egni fforddiadwy, dibynadwy, cynaliadwy a modern.

Cyrchnod 8: Hyrwyddo twf economaidd parhaus, cynhwysol a chynaliadwy, cyflogaeth lawn a chynhyrchiol a gwaith da i bawb.

Cyrchnod 9: Datblygu isadeiledd cadarn, hyrwyddo diwydianeiddio cynhwysol a chynaliadwy, a meithrin arloesedd.

Cyrchnod 10: Lleihau anghydraddoldeb mewn gwledydd a rhwng gwledydd.

Cyrchnod 11: Sicrhau bod dinasoedd ac aneddiadau pobl yn gynhwysol, yn ddiogel, yn gadarn ac yn gynaliadwy.

Cyrchnod 12: Sicrhau bod patrymau defnyddio a chynhyrchu yn gynaliadwy.

Cyrchnod 13: Rhoi camau gweithredu brys ar waith i fynd i'r afael â newid hinsawdd a'i effeithiau.

Cyrchnod 14: Gwarchod y cefnforoedd, y moroedd a'r adnoddau morol a'u defnyddio mewn ffordd gynaliadwy ar gyfer datblygiad cynaliadwy.

Cyrchnod 15: Diogelu, adfer a hyrwyddo defnydd cynaliadwy o ecosystemau daearol, rheoli coedwigoedd mewn ffordd gynaliadwy, mynd i'r afael â diffeithdiro, atal a gwrthdroi prosesau diraddio tir ac atal y broses o golli bioamrywiaeth.

Cyrchnod 16: Hyrwyddo cymdeithasau heddychlon a chynhwysol ar gyfer datblygiad cynaliadwy, darparu mynediad at gyfiawnder i bawb a chreu sefydliadau effeithiol, atebol a chynhwysol ar bob lefel.

Cyrchnod 17: Cryfhau'r modd o weithredu ac adfywio'r Bartneriaeth Fyd-eang ar gyfer Datblygiad Cynaliadwy.

▲ **Ffigur 48** Cyrchnodau Datblygiad Cynaliadwy.

Cyrchnod 1: Rhoi diwedd ar dlodi o bob math ym mhob man

- Mae tlodi eithafol wedi lleihau'n sylweddol. Yn achos y gwledydd sy'n datblygu roedd bron 50 y cant o gyfanswm poblogaeth y gwledydd hyn yn ennill llai na $UDA1.25 y dydd yn 1990. Erbyn 2015, roedd y canran sy'n byw mewn tlodi eithafol (hynny yw, ennill llai na $UDA1.90 y dydd) wedi disgyn i 14 y cant.
- Yn achos y gwledydd sy'n datblygu, dim ond 18 y cant o'r gweithlu oedd yn ennill dros $UDA4 y dydd yn 1991. Roedd y bobl hyn yn perthyn i'r dosbarth canol newydd. Yn 2015, roedd 50 y cant o'r gweithlu yn perthyn i'r categori hwn.
- Yn 1991, roedd 23 y cant o boblogaeth y gwledydd sy'n datblygu yn dioddef o ddiffyg maeth. Erbyn 2016, roedd y canran hwn wedi disgyn i 13 y cant.
- Erbyn diwedd 2014, roedd bron 60 miliwn o bobl wedi gorfod gadael eu cartrefi oherwydd gwrthdaro.

▲ **Ffigur 49** Faint o gynnydd sydd wedi'i wneud o ran rhoi diwedd ar dlodi a newyn ers 2000?

Gwaith ymholi

Pe baech chi'n gallu cyflawni dim ond 5 o'r Cyrchnodau Datblygiad Cynaliadwy, pa rai byddech chi'n eu blaenoriaethu? Rhaid cyfiawnhau eich dewis.

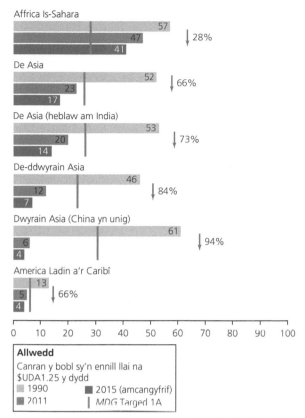

▲ Ffigur 50 Targed 1A: Haneru tlodi eithafol (y bobl sy'n ennill llai na $UDA1.25 y dydd) rhwng 1990 a 2015.

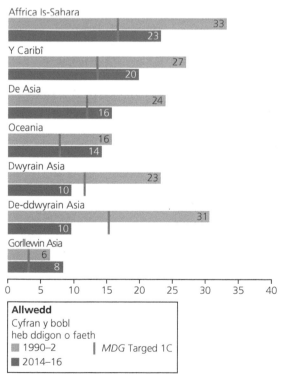

▲ Ffigur 51 Targed 1C: Haneru cyfran y bobl sy'n dioddef o newyn rhwng 1990 a 2015.

Sut gallwn ni gyflawni'r cyrchnodau hyn?

Mae'r Cyrchnodau Datblygiad Cynaliadwy yn berthnasol i bob gwlad. Fodd bynnag, bydd angen **cymorth datblygiad** gan lywodraethau a'r sector gwirfoddol mewn gwledydd mwy cyfoethog i roi diwedd ar dlodi eithafol mewn gwlad fel Malaŵi. Mae dau brif fath o gymorth datblygiad, ac maen nhw'n cael eu disgrifio yn y paneli isod. Ffordd arall o roi diwedd ar dlodi yw sicrhau bod masnach yn fwy teg fel bod gweithwyr yn ennill digon o gyflog. Mae enghreifftiau o gymorth a masnach deg wedi'u cynnwys ar dudalennau 238–41.

Cymorth dwyochrog

Mae **cymorth dwyochrog** yn digwydd pan fydd llywodraeth un wlad yn rhoi cymorth uniongyrchol i lywodraeth gwlad arall. Er enghraifft, mae llywodraeth Awstralia yn rhoi tua $A42 miliwn o gymorth dwyochrog bob blwyddyn i ynys Vanuatu yn y Cefnfor Tawel. Mae'r arian hwn yn cael ei wario ar amrywiaeth eang o brojectau datblygu, er enghraifft lleihau problemau'n ymwneud â malaria neu wella ffyrdd gwledig. Mae Awstralia yn rhoi tua $A1,500 miliwn o gymorth dwyochrog bob blwyddyn.

Cymorth amlochrog

Mae **cymorth amlochrog** yn digwydd pan fydd arian yn cael ei roi gan nifer mawr o lywodraethau gwahanol i sefydliad mawr fel y CU, Banc y Byd neu *UNICEF* (elusen plant fwyaf y byd). Wedyn, mae'r sefydliad yn defnyddio'r arian i ariannu projectau datblygu. Mae Awstralia yn rhoi tua $A3,500 miliwn o gymorth amlochrog bob blwyddyn.

Gweithgareddau

1 Astudiwch y Cyrchnodau Datblygiad Cynaliadwy sydd wedi'u rhestru yn Ffigur 48. Rhowch bob cyrchnod yn un o'r categorïau canlynol:
   - economaidd
   - cymdeithasol
   - amgylcheddol.
2 a) Cyflwynwch y wybodaeth yn Ffigur 49 gan ddefnyddio graffiau, delweddau neu bictogramau addas.
   b) Awgrymwch sut gall gwrthdaro arwain at dlodi.
3 Astudiwch Ffigurau 50 a 51. Defnyddiwch dystiolaeth o'r graffiau hyn i nodi:
   a) rhanbarthau sydd wedi cyflawni'r ddau darged a mynd y tu hwnt iddynt
   b) rhanbarthau sydd heb gyflawni'r naill darged neu'r llall
   c) rhanbarthau sy'n fwy cyfoethog ond lle mae newyn yn parhau i fod yn broblem.
4 I ba raddau mae'r byd wedi cyflawni Cyrchnod 1 yn eich barn chi? Gwerthuswch y dystiolaeth ar y dudalen hon.

Ymchwilio i gymorth tymor hir

Pam rhoi cymorth? Pwy sy'n rhoi cymorth a sut mae'n cael ei ddefnyddio? Rydyn ni i gyd yn gyfarwydd â gweld pobl yn apelio am gymorth ar y teledu yn dilyn trychineb naturiol fel daeargryn mawr. **Cymorth brys** yw'r enw ar y cymorth hwn. Fodd bynnag, mae'r rhan fwyaf o gymorth yn cael ei gynllunio dros gyfnodau hir er mwyn mynd i'r afael â thlodi a gwella iechyd ac addysg. Yr enw ar y cymorth hwn yw cymorth tymor hir neu gymorth datblygiad. Mae un enghraifft o'r math hwn o gymorth i'w gweld yn Malaŵi, gwlad incwm isel yn ne cyfandir Affrica.

Dod i adnabod Malaŵi

Roedd Malaŵi yn un o'r gwledydd mwyaf tlawd yn Affrica Is-Sahara yn yr 1970au, ac mae hi'n parhau i fod felly heddiw. Er bod y wlad yn awyddus i ddatblygu diwydiannau gweithgynhyrchu a gwasanaethau, mae'n wynebu sawl rhwystr:

- Mae'n wlad dirgaeedig (does dim morlin ganddi), ac felly mae'n costio mwy i gludo nwyddau i'r arfordir i'w hallforio.
- Mae nifer yr allforion sydd ganddi yn is o lawer na gwledydd eraill.
- Mae marwolaethau yn sgil HIV/AIDS wedi cael effaith fawr ar y wlad.

	Malaŵi, 2000	Malaŵi, 2014
IGC y pen ($UDA) PGP	490	780
Poblogaeth sy'n byw o dan y llinell dlodi (%)	54	53
O ble mae IGC yn dod (%)	Amaethyddiaeth: 37 Diwydiant: 29 Gwasanaethau: 34	Amaethyddiaeth: 30.1 Diwydiant: 18.5 Gwasanaethau: 51.3
Canran y bobl yn ôl swyddi	Amaethyddiaeth: 86 Diwydiant a Gwasanaethau: 14	Amaethyddiaeth: 90 Diwydiant a Gwasanaethau: 10
Gwerth allforion ($UDA)	0.5 biliwn	1.3 biliwn
Nwyddau allforio (mewn trefn restrol)	Tybaco, te, siwgr, cotwm, coffi, cnau mwnci, cynhyrchion pren	Tybaco (53%), te, siwgr, cotwm, coffi, cnau mwnci, cynhyrchion pren, dillad

▲ **Ffigur 52** Cymharu economi Malaŵi yn 2000 ac yn 2014.

Gweithgaredd

1 Defnyddiwch y data yn Ffigur 52 i ddarparu tystiolaeth bod Malaŵi yn wlad incwm isel.

Darparu cymorth datblygiad i Malaŵi

Mae Middle Shire yn ardal yn ne Malaŵi sydd wedi'i henwi ar ôl afon leol, sef afon Shire. Mae'r afon yn hanfodol i'r rhan hon o Malaŵi oherwydd ei bod yn darparu'r rhan fwyaf o bŵer trydan dŵr Malaŵi. Rhanbarth amaethyddol yw hwn. Mae'r rhan fwyaf o'r teuluoedd sy'n byw yma yn ffermwyr ymgynhaliol sy'n tyfu cnydau fel casafa neu India corn. Mae ffermwyr eraill yn gweithio ar blanhigfeydd mawr sy'n tyfu cansen siwgr a chotwm.

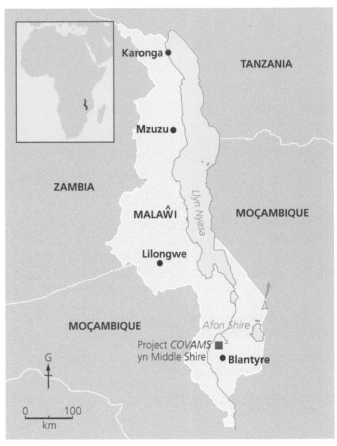

▲ **Ffigur 53** Map yn dangos lleoliad project COVAMS yn Middle Shire.

Ond mae problem wedi codi yn Middle Shire. Mae **erydiad pridd** yn effeithio ar dir yr ardal yn ystod y tymor gwlyb iawn bob blwyddyn. Rhwng 1990 a 2005, cafodd 13 y cant o goedwigoedd Malaŵi eu clirio i greu tir ffermio. Mae dau fath o bwysau wedi achosi'r sefyllfa hon:

- Mae'r boblogaeth yn cynyddu'n gyflym. Mae poblogaeth Middle Shire wedi dyblu ers 1980, felly mae ffermwyr wedi torri coedwigoedd er mwyn tyfu mwy o fwyd.
- Mae prisiau tybaco (sef cynnyrch allforio pwysicaf Malaŵi) wedi gostwng yn sgil gorgynhyrchu byd-eang a'r ffaith fod llai o bobl yn ysmygu yng ngwledydd incwm uchel y byd. Felly, mae'n rhaid i ffermwyr dyfu mwy o dybaco i ennill yr un incwm.

▲ **Ffigur 54** Cynllun hyfforddi amaethyddol yn Malaŵi.

COVAMS – arbed y pridd

Mae project yn Middle Shire yn ceisio arbed priddoedd ac ailblannu coed. Ei enw yw *Community Vitalization and Afforestation in Middle Shire* (*COVAMS*), ac mae'n broject cymorth 10 mlynedd sy'n cael ei ariannu gan lywodraeth Japan. Nod y project yw datblygu **capasiti** fel bod Malaŵi yn gallu cynhyrchu mwy o fwyd a chreu mwy o swyddi. Mae'r project yn defnyddio sawl dull o atal erydiad pridd:

- Esbonio achosion erydiad pridd i gymunedau.
- Codi rhwystrau o graig, pren a bambŵ ar draws nentydd i sicrhau nad yw pridd yn cael ei golli yn ystod y tymhorau gwlyb.
- Rhoi hyfforddiant i bentrefwyr ar sut i arbed pridd a phlannu coed.
- Hyfforddi ffermwyr i aredig o amgylch ochrau bryniau gan ddilyn y cyfuchliniau, yn hytrach nag aredig i fyny ac i lawr y bryniau, sy'n cynyddu'r dŵr ffo arwyneb.
- Adeiladu terasau ar ochrau bryniau i leihau'r dŵr ffo arwyneb.
- Cyflenwi rhywogaethau o goed sy'n tyfu'n gyflym o blanhigfeydd lleol er mwyn cyflymu proses **ailgoedwigo**.

Mae'r dulliau hyn yn defnyddio **technoleg ganolradd** ac yn addysgu pobl leol am sut i ddefnyddio adnoddau lleol i ddatrys problemau heb wario llawer o arian. Mae'r project wedi cael tair effaith:

- Erbyn 2011, roedd 75 y cant o gartrefi yn Middle Shire wedi cymryd rhan.
- Mae cynnyrch y cnydau wedi gwella'n sylweddol.
- Gyda llai o erydiad pridd, mae ansawdd y dŵr tu ôl i'r argaeau wedi gwella, ac mae Malaŵi bellach yn cynhyrchu mwy o bŵer trydan dŵr.

Pam mae gwledydd yn rhoi cymorth?

Mae Malaŵi yn elwa o gymorth, yn enwedig projectau tymor hir fel *COVAMS*. Ond mae Japan (sy'n ariannu *COVAMS*) hefyd yn elwa am y rhesymau canlynol:

- **Diplomyddiaeth a pherthynas dda.** Mae cymorth yn gwella'r berthynas rhwng gwledydd, ac yn galluogi Japan i ddylanwadu ar wleidyddion yn ne cyfandir Affrica.
- **Tactegau.** Mae Japan yn awyddus i ddod yn aelod o Gyngor Diogelwch y CU, ac mae'n dibynnu ar gefnogaeth gwledydd Affrica.
- **Economeg.** Mae gwledydd Affrica Is-Sahara wedi profi twf economaidd blynyddol o 5 y cant ar gyfartaledd yn ystod yr unfed ganrif ar hugain. Mae Japan yn rhagweld y bydd yn gallu gwerthu mwy o'i chynnyrch yn Malaŵi os yw'n buddsoddi yn y wlad.

Gwaith ymholi

Dadansoddwch effeithiau *COVAMS*. Lluniwch dabl i ddangos effeithiau economaidd, cymdeithasol ac amgylcheddol *COVAMS* ar Middle Shire.

Gweithgareddau

2 Mewn parau, dyluniwch ddiagram llif i ddangos achosion, prosesau ac effeithiau erydiad pridd.

3 Esboniwch pam mae'n bwysig rhoi hyfforddiant i ffermwyr yn Malaŵi am sut i atal erydiad pridd.

4 Ysgrifennwch sgript 5 munud ar gyfer yr orsaf radio leol yn Middle Shire i roi gwybod i bobl am broject *COVAMS*.

Ai masnach deg yw'r ffordd ymlaen?

Un ffordd bosibl o gynyddu cyfoeth gwledydd incwm isel yw datblygu diwydiannau gweithgynhyrchu yno i brosesu defnyddiau crai. Pam nad yw Ghana yn prosesu coco neu'n gwneud siocled ei hun?

Byddai sawl cam yn y broses: gwneud powdr neu fenyn coco, ac yna ychwanegu cynhwysion i wneud siocled. Byddai pob cam yn ychwanegu gwerth ac yn rhoi hwb i'r economi. Byddai pob cam hefyd yn creu swyddi, a byddai siocled yn ennill mwy o arian i Ghana na ffa coco crai.

▲ **Ffigur 55** Mae siocled Thornton's yn cael ei wneud ym Mhrydain gan ddefnyddio cynhyrchion coco crai.

Rhwystrau masnach

Mewn gwirionedd, mae siocled yn cael ei wneud yn Ewrop, sef y farchnad fwyaf yn y byd ar gyfer siocled. Mae'r gwneuthurwyr yn mewnforio ffa coco neu bowdr coco sydd wedi'i brosesu'n rhannol. Mae gwneud siocled fel hyn yn rhatach oherwydd bod tollau mewnforio, neu drethi, yn cael eu codi ar fewnforion. Mae tollau mewnforio ar ffa coco yn yr UE yn is na'r tollau ar bowdr coco wedi'i brosesu. Yn 2015, roedd yr UE yn codi toll o 7.7 y cant ar fewnforion powdr coco a rhwng 8 y cant ac 18 y cant ar siocledi, ond nid oedd toll o gwbl ar ffa coco crai. Enw'r broses hon yw 'tollau'n codi': mae'r doll yn cynyddu po fwyaf mae'r eitem yn cael ei brosesu. Pan fydd TAW (treth ar werth) wedi'i hychwanegu at y cynnyrch gorffenedig, efallai bydd bar o siocled £1 yn costio £1.25. Byddai hyn yn golygu bod siocled o Ghana yn ddrud, a byddai pobl yn prynu cynnyrch rhatach. Yn yr un modd, nid yw Japan nac UDA yn codi tollau o gwbl ar ffa coco sydd heb eu prosesu, ond maen nhw'n codi tollau mawr o hyd at 65 y cant ar siocled sydd wedi'i fewnforio.

Felly, allforio ffa coco yw'r unig opsiwn i Ghana, ac mae'r wlad yn colli'r cyfle i ddatblygu ei heconomi gweithgynhyrchu ei hun.

Beth am fasnach deg?

Nid syniad newydd yw sicrhau bod masnach yn 'deg'. Cafodd y Sefydliad Masnach Deg ei sefydlu yn 1992, a'i waith yw rhoi Nod *Fairtrade* i nwyddau sy'n cwrdd â safonau rhyngwladol penodol. Mae'r safonau hyn, a'r Nod *Fairtrade*, yn sicrhau bod ffermwyr a gweithwyr mewn gwledydd sy'n datblygu yn cael chwarae teg a bod eu safonau byw yn codi.

Mae'r system yn gweithio fel hyn:
- Mae ffermwyr yn derbyn tâl sydd wedi'i gytuno ac sy'n sefydlog – yn wahanol i'r prisiau amrywiol sy'n cael sylw ar dudalennau 226–7.
- Mae cymunedau hefyd yn derbyn tâl ychwanegol o'r enw Premiwm Masnach Deg i'w ddefnyddio ar gyfer projectau lleol.
- Un o amcanion Masnach Deg yw datblygu partneriaeth tymor hir â ffermwyr, gan sicrhau eu bod nhw'n gallu cynllunio eu gwaith gan wybod faint o arian byddan nhw'n ei ennill.

Yn ogystal â ffa coco, mae Masnach Deg yn cael ei defnyddio gydag amrywiaeth o fwydydd, gan gynnwys bananas, coffi, te, siwgr, a blodau.

Kuapa Kokoo – Sefydliad cydweithredol o ffermwyr coco

Sefydliad cydweithredol o ffermwyr coco yn Ghana yw Kuapa Kokoo. Mae'n gwerthu rhan o'i gnwd o ffa coco i *Divine Chocolate Ltd* yn y DU, sy'n gwneud cynhyrchion siocled Masnach Deg fel *Divine a Dubble*. Dyma brif fanteision y sefydliad:

- Mae'r ffermwyr yn derbyn $UDA2,000 am bob tunnell fetrig o'r coco, neu tua 10 y cant yn fwy na'r pris arferol ar y farchnad fyd-eang.
- Mae'r ffermwyr yn derbyn hyfforddiant i'w helpu i gael gwared ar blâu neu glefydau (fel y goden ddu) sy'n effeithio ar y cnwd coco.
- Mae aelodau'r sefydliad cydweithredol yn gallu benthyca symiau bach o arian gan fanc **microgredyd** a defnyddio'r arian i wella eu ffermydd.

- Mae'r ffermwyr yn ethol aelod dibynadwy o'r pentref i bwyso a chofnodi eu ffa coco. Mae hyn yn sicrhau bod masnachu yn fwy swyddogol a bod pobl yn fwy atebol, ac mae'n codi statws menywod sy'n cael eu hethol.
- Mae Kuapa Kokoo yn un o gyfranddalwyr cwmni *Divine Chocolate Ltd*. Mae'r elw sy'n dod o werthu siocled yn cael ei fuddsoddi mewn projectau yn Ghana.

Mae'r sefydliad cydweithredol hefyd yn derbyn Premiwm ychwanegol o $UDA200 am bob tunnell fetrig, sy'n cael ei ddefnyddio wedyn i ariannu projectau cymunedol fel y ffynnon sydd i'w gweld yn Ffigur 56. Ymhlith y projectau eraill mae adeiladu ysgolion, melinau ŷd a thoiledau.

▲ **Ffigur 56** Mae'r cynhyrchwyr yn defnyddio'r Premiwm i ariannu projectau cymunedol fel y ffynnon yn y pentref hwn.

Gweithgareddau

1 Defnyddiwch y termau 'ychwanegu gwerth', 'prosesu', 'tollau' a 'gweithgynhyrchu' i esbonio pam mai'r UE, ac nid Ghana, sy'n gwneud siocled.
2 Esboniwch dair ffordd mae perthyn i sefydliad Masnach Deg yn gallu gwneud gwahaniaeth i ffermwyr.
3 Lluniwch a chwblhewch dabl i ddangos yr effeithiau economaidd, cymdeithasol ac amgylcheddol mae Masnach Deg yn eu cael ar gymunedau yn Ghana.
4 Mewn parau, trafodwch a ddylai 'pob math o fasnach fod yn fasnach deg'. Cyflwynwch eich syniadau i'r dosbarth. Cofiwch gyfiawnhau eich penderfyniad.

Gwaith ymholi ❓

A yw cynhyrchion Masnach Deg yn fwy drud? Defnyddiwch wefannau dwy o archfarchnadoedd y DU i ganfod a yw bananas, coffi, te a siocled Masnach Deg yn fwy drud na chynhyrchion sydd ddim yn rhai Masnach Deg.

THEMA 6

Materion datblygiad ac adnoddau
Pennod 2
Adnoddau dŵr a'u rheolaeth

Faint o ddŵr rydyn ni'n ei ddefnyddio?

Mae angen dŵr ar bawb. Mae'n rhan hollbwysig o fyw bywyd iach. Rydyn ni hefyd yn defnyddio llawer iawn o ddŵr i dyfu bwyd ac mewn nifer o brosesau diwydiannol. Fodd bynnag, mae cyfanswm y dŵr sy'n cael ei ddefnyddio yn amrywio'n fawr o un wlad i'r llall. Er enghraifft, mae teulu cyffredin yn America yn defnyddio 1,300 litr o ddŵr y dydd, ond mae teulu cyffredin yn Affrica yn defnyddio cyn lleied â 22 litr o ddŵr y dydd. Yn gyffredinol, mae cyfanswm defnydd dŵr y pen yn llawer uwch yng ngwledydd mwyaf cyfoethog y byd nag yn y gwledydd mwyaf tlawd. Gallai hyn fod am y rhesymau canlynol:

- Mae **tynnu dŵr** yn ddrud – mae angen buddsoddiadau enfawr i adeiladu argaeau a chynlluniau trosglwyddo dŵr.
- Mae pobl mwy cyfoethog yn tueddu i ddefnyddio dŵr am resymau sydd ddim yn hanfodol, er enghraifft dyfrhau gerddi, golchi ceir a llenwi pyllau nofio.

Fodd bynnag, dydy'r patrwm byd-eang o ddefnyddio dŵr ddim mor syml â hynny. Mae cyfanswm y glawiad yn uwch mewn rhai gwledydd, ac mae gan lawer o wledydd afonydd mawr sy'n dod â dŵr i'w tiriogaeth. Mae'r gwledydd hyn mewn sefyllfa i ddefnyddio llawer o ddŵr at ddibenion amaethyddiaeth. Mae Pakistan yn wlad o'r fath. Mae afonydd sy'n cael dŵr gan eira sy'n

toddi ym Mynyddoedd yr Himalaya yn llifo i mewn i Pakistan. Mae'r dŵr hwn yn cael ei gymryd o'r afonydd, neu ei dynnu, a'i ddefnyddio i ddyfrhau cnydau. Felly, er bod Pakistan yn Wlad Incwm Canolig, mae'n defnyddio llawer mwy o ddŵr y person na'r DU sydd ag **incwm gwladol crynswth (IGC)** llawer uwch.

Gwlad	Defnydd dŵr blynyddol ym maes amaethyddiaeth (km³/blwyddyn)	Defnydd dŵr blynyddol y pen (m³/person/blwyddyn)	IGC y pen, PGP ($ ryngwladol gyfredol)*
Cambodia	2.05	158.9	2,260
Yr Aifft	59	1,000	6,160
Ghana	0.65	49.63	1,820
India	688	615.4	3,620
Malaŵi	1.17	98.95	870
Niger	0.66	69.28	720
Nigeria	7.05	89.07	2,300
Pakistan	172.4	1,024	2,880
Y DU	0.99	171.8	35,940
UDA	192.4	1,575	48,890

▲ **Ffigur 1** Faint o ddŵr sy'n cael ei ddefnyddio gan ddetholiad o wledydd.

Gweithgareddau

1 a) Gweithiwch gyda phartner i lunio rhestr o'r holl ffyrdd rydych chi'n defnyddio dŵr bob dydd.
  b) Faint o'r rhain sy'n hanfodol a faint gallech chi fyw hebddyn nhw?
2 a) Defnyddiwch y data yn Ffigur 1 i ddangos defnydd dŵr y pen yn y DU ac yn y ddwy wlad fwyaf tlawd yn y tabl.
  b) Awgrymwch 5 rheswm pam mae teuluoedd mewn gwledydd cyfoethog fel y DU yn defnyddio mwy o ddŵr na theuluoedd yng ngwledydd mwyaf tlawd y byd.

▲ **Ffigur 2** Defnyddio gormod o ddŵr? Cwrs golff ar ddiffeithdir yn UDA.

Mae cael gafael ar ddŵr yn anodd iawn i rai grwpiau o bobl. Mae llawer o bobl sy'n byw yn rhanbarthau gwledig Affrica Is-Sahara yn gorfod casglu dŵr a'i gario gryn bellter yn ôl i'w cartref. Mae casglu dŵr yn waith hir a chaled. Yn Affrica, menywod a phlant sy'n gwneud 90 y cant o'r gwaith o gasglu dŵr a choed tân. Byddai cael cyflenwad

▲ **Ffigur 3** Dyn yn gwerthu dŵr ar y stryd yn Nigeria.

– OND BETH FYDD MENYWOD
YN EI WNEUD OS NAD YDYN
NHW'N CARIO DŴR AM
BEDAIR AWR Y DYDD?

▲ **Ffigur 4** Mae menywod yn rhanbarth Sahel yn Affrica (gweler tudalen 284) yn treulio llawer o amser yn gwneud gwaith sydd ddim yn cyfrannu'n uniongyrchol at incwm y teulu neu incwm y wladwriaeth.

Gwaith ymholi

Pa mor agos yw'r cysylltiad rhwng cyfoeth gwlad a'i defnydd o ddŵr?

- Astudiwch Ffigur 1. Awgrymwch ragdybiaeth sy'n cysylltu cyfoeth â defnydd dŵr.
- Lluniadwch graff gwasgariad i ymchwilio i'r berthynas bosibl rhwng y setiau data hyn.
- Beth yw eich casgliadau?
- Sut gallech chi wella'r ymholiad hwn?

o ddŵr drwy bibell i'r cartref yn fwy diogel ac yn arbed amser. Dangosodd astudiaeth yn Tanzania fod presenoldeb merched yn yr ysgol 12 y cant yn uwch os yw'r ffynhonnell ddŵr 15 munud yn hytrach na 30 munud i ffwrdd. Mae cael dŵr drwy bibell hefyd yn rhoi preifatrwydd ac urddas i deuluoedd. Dychmygwch pa mor anhapus yw plant os nad oes unrhyw le ganddyn nhw i ymolchi'n breifat.

Yn Affrica Is-Sahara, mae pobl sy'n byw mewn ardaloedd trefol ddwywaith yn fwy tebygol o allu cael gafael ar ddŵr diogel drwy bibell na phobl sy'n byw mewn ardaloedd gwledig. Fodd bynnag, hyd yn oed mewn ardaloedd trefol, mae gwahaniaethau enfawr rhwng y ffordd mae pobl gyfoethog a phobl dlawd yn cael eu dŵr. Yn yr anheddiadau anffurfiol yn ninasoedd Affrica, does gan lawer o bobl ddim mynediad at ddŵr drwy bibell a dydyn nhw ddim yn gallu fforddio creu twll turio. Maen nhw'n gorfod prynu dŵr gan werthwyr ar y stryd fel yr un yn Ffigur 3. O ganlyniad, gall pobl sy'n byw mewn trefi sianti yn rhai o ddinasoedd Affrica dalu hyd at 50 gwaith yn fwy na'r hyn mae pobl sy'n byw mewn dinasoedd Ewrop yn ei dalu am ddŵr.

Mae dyddiau gwaith hir yn gyffredin i fenywod yn rhanbarth y Sahel. Mae menywod yn gweithio hyd at 16 awr y dydd yn ystod y tymor tyfu, ac maen nhw'n treulio hanner yr amser hwn ar waith amaethyddol. Yn ôl astudiaethau o arferion dyrannu amser yn Burkina Faso a Mali, mae menywod yn gweithio 1–3 awr y dydd yn fwy na dynion. Mewn ardaloedd gwledig, mae'r diffyg gwasanaethau sylfaenol fel cyflenwadau dŵr dibynadwy, canolfannau iechyd, siopau a chludiant yn golygu bod menywod yn treulio llawer o amser yn gwneud gwaith tŷ. Mae diffyg amser yn rhwystro menywod rhag cymryd rhan mewn gweithgareddau sy'n gwneud lles iddynt. Mae diffyg amser hefyd yn rhwystro menywod rhag rhoi sylw i weithgareddau cynhyrchiol neu ymweld â chyfleusterau iechyd.

▲ **Ffigur 5** Dyfyniad o adroddiad gan sefydliad Banc y Byd.

Gweithgaredd

3 Astudiwch Ffigurau 4 a 5.
   a) Rhowch dri rheswm pam mae dyddiau gwaith mor hir gan fenywod sy'n byw yng ngwledydd rhanbarth y Sahel fel Mali.
   b) Awgrymwch sawl ffordd y byddai bywydau menywod a phlant yn Affrica yn gwella pe baen nhw'n gallu cael mynediad at gyflenwad o ddŵr glân a diogel yn agos i'w cartrefi.
   c) Awgrymwch sut byddai menywod yn Mali yn gallu defnyddio pedair awr ychwanegol y dydd.

Beth yw eich ôl troed dŵr?

Mae pawb yn yfed 2–4 litr o ddŵr y dydd. Rydyn ni'n defnyddio llawer mwy o ddŵr wrth ymolchi, llenwi'r bath a fflysio'r toiled. Er enghraifft, mae cawod 5 munud o hyd yn defnyddio 95 litr o ddŵr. Fodd bynnag, dim ond ffracsiwn bach o'r holl ddŵr rydyn ni'n ei ddefnyddio mewn diwrnod yw hyn. Yn ein bwyd a'n dillad mae dŵr **cynwysedig**. Dyma'r dŵr sydd wedi'i ddefnyddio i dyfu ein bwyd a gwneud ein dillad. Mae pawb yn defnyddio 2,000–5,000 litr o ddŵr cynwysedig y dydd. Felly, fel **defnyddwyr**, mae gan bawb **ôl troed dŵr** – yr effaith mae ein defnydd dŵr yn ei chael ar y blaned. Mae ein hôl troed dŵr yn mesur ein defnydd dŵr fel unigolion a'n heffaith ar yr adnodd hollbwysig hwn.

Olion traed eitemau eraill	Litrau
Crys-T a phâr o jîns	10,000
Pizza	1,260
100 g siocled	1,700
Dwsin o fananas	1,920
1kg cig eidion	13,500

▼ **Ffigur 6** Olion traed dŵr ar gyfer detholiad o eitemau.

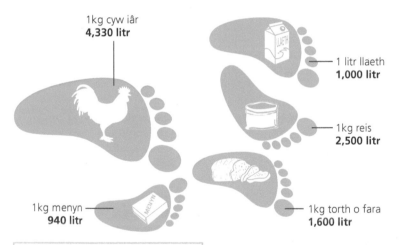

1kg cyw iâr
4,330 litr

1 litr llaeth
1,000 litr

1kg reis
2,500 litr

1kg menyn
940 litr

1kg torth o fara
1,600 litr

Nid yw dŵr yn cael ei gyflenwi i'r mannau lle nad oes planhigion yn tyfu

Mae pibellau bach yn cyflenwi diferion o ddŵr i wreiddiau pob planhigyn yn unigol.

Bydd rhywfaint o ddŵr yn anweddu o'r pridd llaith.

◄ **Ffigur 7** Mae dyfrhau diferu yn lleihau faint o ddŵr sy'n cael ei golli drwy anweddiad. Cafodd y system hon ei dyfeisio yn Israel lle mae cyflenwad dŵr yn broblem.

Dŵr ar gyfer bwyd

Ledled y byd rydyn ni'n defnyddio tua 70 y cant o'n dŵr i dyfu bwyd, 20 y cant i gyflenwi diwydiant a dim ond 10 y cant i roi cyflenwad domestig o ddŵr diogel. Mae 7 biliwn o bobl yn y byd heddiw ac mae disgwyl y bydd poblogaeth y byd yn codi i 9 biliwn erbyn 2050. I fwydo'r bobl ychwanegol hyn a chael gwared ar dlodi a diffyg maeth, mae angen i ni gynhyrchu 60 y cant yn fwy o fwyd erbyn 2050.

Fydd cyflawni'r nod hwn ddim yn broblem mewn rhanbarthau sydd â hinsawdd gyhydeddol. Mae'r ardaloedd hyn yn derbyn llawer o law sy'n darparu dŵr ar gyfer ffermio heb angen dyfrhau. Fodd bynnag, mewn rhanbarthau lle nad oes llawer o law, mae dŵr yn cael ei dynnu o'r tir neu o gronfeydd dŵr i'w ddefnyddio i ddyfrhau cnydau. Yn y rhanbarthau hyn, bydd angen i ffermwyr fabwysiadu technegau sy'n defnyddio llai o ddŵr i gynhyrchu mwy o fwyd. Mae Ffigur 7 yn dangos un dechneg o'r fath.

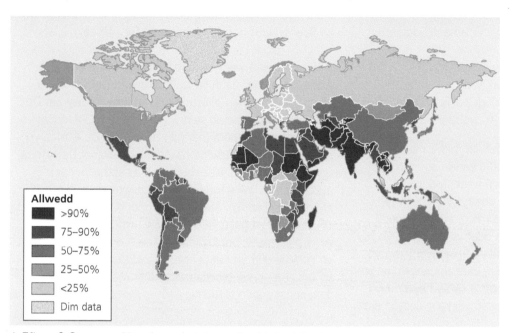

Allwedd
- >90%
- 75–90%
- 50–75%
- 25–50%
- <25%
- Dim data

▲ **Ffigur 8** Canran y dŵr sy'n cael ei dynnu i'w ddefnyddio at ddibenion amaethyddiaeth.

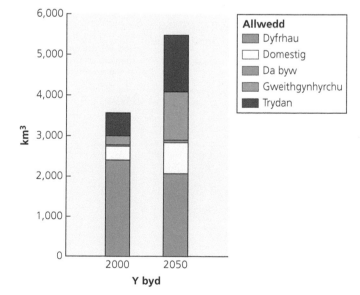

Allwedd
- Dyfrhau
- Domestig
- Da byw
- Gweithgynhyrchu
- Trydan

▲ **Ffigur 9** Y galw am ddŵr ar draws y byd yn 2000 ac yn 2050.

	Amaethyddiaeth	Diwydiant	Domestig
Cambodia	94.0	1.5	4.5
Yr Aifft	86.4	5.9	7.8
Ghana	66.4	9.7	23.9
India	90.4	2.2	7.4
Malaŵi	85.9	3.5	10.6
Pakistan	94.0	0.8	5.3
Y DU	9.2	32.4	58.5
UDA	40.2	46.1	13.7

▲ **Ffigur 10** Canran y dŵr sy'n cael ei dynnu ar gyfer pob sector mewn detholiad o wledydd.

Cynnal sicrwydd dŵr

Rydyn ni wedi gweld bod angen dŵr croyw arnon ni i ddarparu dŵr yfed, i dyfu bwyd ac i gyflenwi diwydiant. Gallai prinder dŵr croyw olygu bod iechyd pobl ac economïau gwledydd yn dioddef. Felly, mae **sicrwydd dŵr** – hynny yw, sicrhau bod digon o gyflenwadau dŵr croyw ar gael bob amser – yn hollbwysig i unrhyw wlad. Mae sicrwydd dŵr yn golygu:

- bod digon o ddŵr diogel a fforddiadwy gan bobl i aros yn iach
- bod digon o ddŵr ar gael ar gyfer amaethyddiaeth, diwydiant ac egni
- bod ecosystemau sy'n cyflenwi ein dŵr, fel gwlyptiroedd, yn cael eu gwarchod
- bod pobl yn cael eu diogelu rhag peryglon sy'n gysylltiedig â dŵr, er enghraifft sychder.

Mae rhai rhannau o'r byd yn dioddef diffyg dŵr neu ddiffyg sicrwydd dŵr. Gallai hyn fod o ganlyniad i sychder neu oherwydd nad oes digon o arian wedi'i fuddsoddi mewn adnoddau dŵr. Un ffordd o ddatrys y broblem yw trosglwyddo dŵr o leoedd sydd â gormod o ddŵr i leoedd sydd heb ddigon. Mae'r dull hwn o ddatrys y broblem yn fwy cyffredin na'r disgwyl. Mae afonydd yn trosglwyddo dŵr yn bell, yn aml o un wlad i'r llall. Yn wir, mae amcangyfrifon yn awgrymu bod 90 y cant o boblogaeth y byd yn byw mewn gwledydd sy'n cymryd dŵr o'r un basn afon â gwledydd eraill.

Ymchwilio i gyflenwad dŵr yn Ne Affrica

Mae tua 91 y cant o boblogaeth De Affrica yn gallu cael mynediad at ddŵr croyw drwy bibellau. Mae hyn yn golygu bod tua 4 miliwn o bobl yn Ne Affrica sy'n methu â chael gafael ar ddŵr croyw trwy bibellau. Mae llawer o'r bobl hyn yn byw mewn ardaloedd gwledig. Mewn ardaloedd trefol, mae dwyn dŵr yn mynd yn broblem fwy difrifol. Mae pobl yn creu cysylltiadau anghyfreithlon â'r cyflenwadau dŵr gan nad ydyn nhw'n gallu fforddio talu am gysylltiad cyfreithlon. Felly, mae gwella sicrwydd dŵr yn flaenoriaeth uchel i lywodraeth De Affrica.

Nid yw glawiad wedi'i ddosbarthu'n gyfartal dros Dde Affrica. Mae aer llaith yn dod i mewn o Gefnfor India ac yn creu cymylau glaw dros ucheldiroedd dwyrain De Affrica a dros Lesotho sy'n wlad dirgaeedig. Mae hyn yn golygu bod Lesotho a rhannau dwyreiniol De Affrica yn cael llawer mwy o law na rhannau gorllewinol De Affrica (gweler Ffigur 11). Mae rhannau o Lesotho yn cael 1,200 mm o law y flwyddyn (cyfanswm glawiad tebyg i ganolbarth Cymru). Mae hyn yn beth da i Lesotho – mae'r llywodraeth yn gallu gwerthu'r dŵr sydd dros ben i Dde Affrica lle mae'r boblogaeth yn uwch ond mae'r glawiad yn is. Mae dŵr yn cael ei drosglwyddo o gronfeydd dŵr yn Lesotho, drwy bibellau ac yna ar hyd Afon Vaal i Johannesburg yn Gauteng.

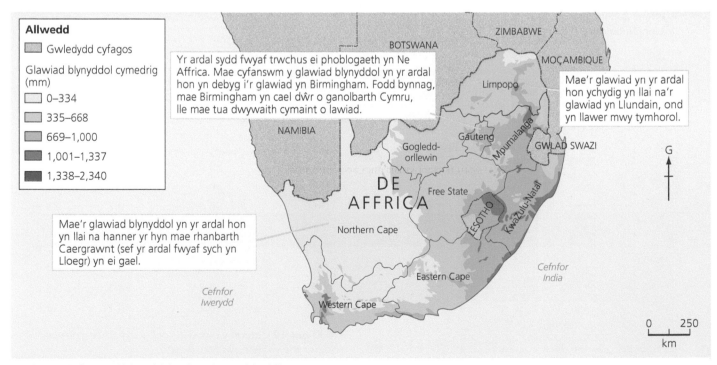

Allwedd

Gwledydd cyfagos

Glawiad blynyddol cymedrig (mm)
- 0–334
- 335–668
- 669–1,000
- 1,001–1,337
- 1,338–2,340

Yr ardal sydd fwyaf trwchus ei phoblogaeth yn Ne Affrica. Mae cyfanswm y glawiad blynyddol yn yr ardal hon yn debyg i'r glawiad yn Birmingham. Fodd bynnag, mae Birmingham yn cael dŵr o ganolbarth Cymru, lle mae tua dwywaith cymaint o lawiad.

Mae'r glawiad yn yr ardal hon ychydig yn llai na'r glawiad yn Llundain, ond yn llawer mwy tymhorol.

Mae'r glawiad blynyddol yn yr ardal hon yn llai na hanner yr hyn mae rhanbarth Caergrawnt (sef yr ardal fwyaf sych yn Lloegr) yn ei gael.

ZIMBABWE

BOTSWANA

MOÇAMBIQUE

Limpopo

Mpumalanga

GWLAD SWAZI

NAMIBIA

Gauteng

Gogledd-orllewin

DE AFFRICA

Free State

KwaZulu-Natal

LESOTHO

Northern Cape

Cefnfor India

Eastern Cape

Cefnfor Iwerydd

Western Cape

G

0   250
km

▲ **Ffigur 11** Glawiad blynyddol cyfartalog yn Ne Affrica.

	Ion	Chwe	Maw	Ebr	Mai	Meh	Gorff	Awst	Medi	Hyd	Tach	Rhag	Cyfanswm
Western Cape	8	4	11	24	40	41	47	45	24	12	12	10	278
Gauteng	125	90	91	54	13	9	4	6	27	72	117	105	713

▲ **Ffigur 12** Glawiad (mm) ar gyfer detholiad o ranbarthau yn Ne Affrica.

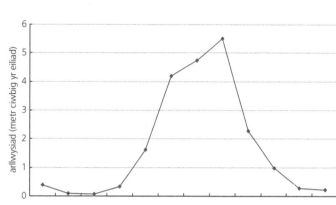

▲ **Ffigur 13** Hydrograff ar gyfer Afon Dorling, Talaith Western Cape, De Affrica. 6,900 km² yw arwynebedd dalgylch Afon Dorling cyn yr orsaf hon.

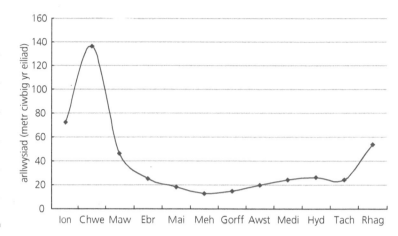

▲ **Ffigur 14** Hydrograff ar gyfer Afon Vaal, Talaith Gauteng, De Affrica. 38,560 km² yw arwynebedd dalgylch Afon Vaal cyn yr orsaf hon.

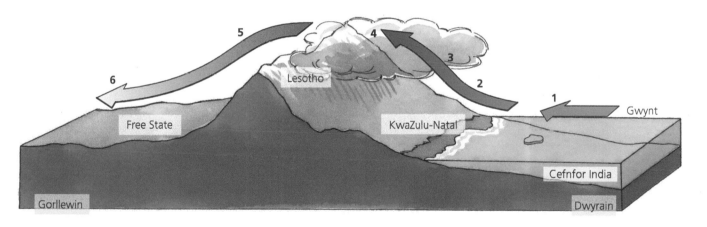

▲ **Ffigur 15** Patrymau glawiad tirwedd yn Ne Affrica ac yn Lesotho.

Gweithgareddau

1 Defnyddiwch Ffigur 11 i ddisgrifio dosbarthiad glawiad yn Ne Affrica.

2 Esboniwch pam mae Lesotho yn gallu gwerthu dŵr i Dde Affrica a pham mae De Affrica yn awyddus i'w brynu.

3 a) Defnyddiwch Ffigur 12 i luniadu pâr o graffiau glawiad.
   b) Cymharwch eich graffiau glawiad â Ffigurau 13 a 14.
   c) Ar ba adegau o'r flwyddyn mae'r ddau ranbarth hyn yn wynebu posibilrwydd o brinder dŵr?

4 Defnyddiwch Ffigur 15 i esbonio pam mae'r glawiad yn Lesotho gymaint yn fwy na'r glawiad yn Free State, De Affrica. Disgrifiwch beth sy'n digwydd ym mhob pwynt (1–6) ar y diagram.

Ymchwilio i gynllun trosglwyddo dŵr mawr

Mae Project Dŵr Ucheldiroedd Lesotho (*Lesotho Highlands Water Project*: *LHWP*) yn enghraifft o gynllun trosglwyddo dŵr ar raddfa fawr. Mae dŵr yn cael ei gasglu tu ôl i argaeau yn ardaloedd mynyddig Lesotho i gyflenwi ardaloedd yn Ne Affrica sy'n dioddef o brinder dŵr. Dyma'r cynllun trosglwyddo dŵr mwyaf yn Affrica. Mae'n dargyfeirio 40 y cant o'r dŵr ym masn Afon Senqu yn Lesotho i system Afon Vaal yn Nhalaith Free State yn Ne Affrica drwy system twnelau 200 km. Yna, mae Afon Vaal yn cario'r dŵr i Dalaith Gauteng.

Mae cyfnod cyntaf y project, a ddechreuodd yn 1984, wedi'i gwblhau. Cafodd dau argae eu hadeiladu, sef Katse a Mohale. Mae *LHWP* yn trosglwyddo 24.6 m³ o ddŵr i Dde Affrica bob eiliad. Mae ail gyfnod o adeiladu newydd ddechrau, sef adeiladu Argae Polihali. Bydd y datblygiad hwn yn cyflenwi 45.5m³ ychwanegol o ddŵr i Dde Affrica bob eiliad. Bydd yr argae newydd hefyd yn cynhyrchu 1,000 MW o drydan i Lesotho. Bydd yr ail gyfnod o adeiladu yn costio $1 biliwn a dylai'r cyfnod hwn fod wedi'i gwblhau erbyn 2020. Mae cynlluniau ar y gweill i adeiladu dau argae arall yn y dyfodol.

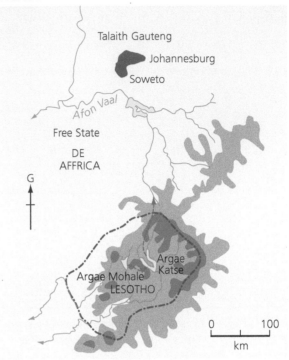

▶ **Ffigur 16** Map o'r cynllun trosglwyddo a rheoli dŵr Project Dŵr Ucheldiroedd Lesotho.

Allwedd

🡒 Pibell yn trosglwyddo dŵr i ddalgylch Afon Vaal

⬛ Tir dros 3,000 m o uchder

⬛ Tir dros 2,000 m o uchder

Blwyddyn	Ardaloedd trefol			Ardaloedd gwledig		
	Cyflenwadau wedi'u gwella			Cyflenwadau wedi'u gwella		
	Dŵr drwy bibell i'r cartref (%)	Cyflenwadau eraill wedi'u gwella (%)	Cyflenwadau heb eu gwella (%)	Dŵr drwy bibell i'r cartref (%)	Cyflenwadau eraill wedi'u gwella (%)	Cyflenwadau heb eu gwella (%)
1990	85.9	12.2	1.9	24.0	42.3	33.7
2000	87.5	11.0	1.5	27.9	42.7	29.4
2010	90.3	8.9	0.8	34.5	43.3	22.2
2015	91.7	7.9	0.4	37.7	43.7	18.6

▲ **Ffigur 17** Cyflenwadau dŵr wedi'u gwella a heb eu gwella mewn ardaloedd trefol ac ardaloedd gwledig yn Ne Affrica.

Blwyddyn	Ardaloedd trefol			Ardaloedd gwledig		
	Cyflenwadau wedi'u gwella			Cyflenwadau wedi'u gwella		
	Dŵr drwy bibell i'r cartref (%)	Cyflenwadau eraill wedi'u gwella (%)	Cyflenwadau heb eu gwella (%)	Dŵr drwy bibell i'r cartref (%)	Cyflenwadau eraill wedi'u gwella (%)	Cyflenwadau heb eu gwella (%)
1990	26.3	66.3	7.4	2.3	72.6	25.1
2000	39.4	53.7	6.8	2.9	72.6	24.5
2010	61.3	32.8	5.9	3.9	72.5	23.5
2015	70.0	24.5	5.4	4.3	72.6	23.0

▲ **Ffigur 18** Cyflenwadau dŵr wedi'u gwella a heb eu gwella mewn ardaloedd trefol ac ardaloedd gwledig yn Lesotho.

Beth yw manteision ac anfanteision Project Dŵr Ucheldiroedd Lesotho?

Lesotho yw un o wledydd mwyaf tlawd y byd. Ychydig iawn o adnoddau naturiol sydd ganddi, a gwerthu dŵr i Dde Affrica yw 75 y cant o incwm y wlad. Fodd bynnag, nid yw llawer o bobl yn Lesotho yn gallu cael mynediad at ffynonellau dŵr sydd wedi'u gwella. Mae argae newydd, sef Argae Metlong, yn cael ei adeiladu i gyflenwi dŵr i ardaloedd iseldir Lesotho. Cost y project yw US$31.80 miliwn. Mae Lesotho wedi benthyca'r arian hwn a bydd yn gorfod ei dalu yn ôl. Mae'r argae wedi'i orffen, a dylai'r pibellau a'r twnnel a fydd yn trosglwyddo'r dŵr fod wedi'u cwblhau erbyn 2020. Yn y cyfamser, bydd llawer o bobl sy'n byw yn ardaloedd gwledig Lesotho yn treulio oriau yn casglu ac yn cario dŵr.

▼ **Ffigur 19** Effeithiau Project Dŵr Ucheldiroedd Lesotho.

Mae ffyrdd wedi'u hadeiladu yn yr ucheldiroedd i gael mynediad i safleoedd yr argaeau.
Mae tir ffermio yn cael ei foddi i greu'r cronfeydd dŵr. Cafodd tua 20,000 o bobl eu dadleoli o'u cartrefi pan gafodd Argae Katse ei adeiladu.
Mae iawndal yn cael ei dalu i deuluoedd sy'n colli tir wrth i'r argaeau gael eu hadeiladu.Mae llawer o deuluoedd wedi cwyno nad yw'r iawndal yn ddigon a'i fod wedi cyrraedd yn rhy hwyr.

Bydd argaeau'r ail gyfnod yn cynhyrchu 1,000 megawat o drydan i Lesotho.
Cafodd tua 20,000 o swyddi eu creu yn ystod cyfnod un. Symudodd llawer o weithwyr i drefi sianti ar y safleoedd adeiladu. Roedd alcoholiaeth a HIV/AIDS yn broblemau difrifol yn y trefi sianti.

▲ **Ffigur 20** Teulu yn casglu dŵr yn Lesotho.

Gweithgareddau

1 Crynhowch amcanion Project Dŵr Ucheldiroedd Lesotho.
2 Gwnewch gopi o'r tabl isod a defnyddiwch y testun ar y tudalennau hyn i'w lenwi. Dylai fod yn bosibl ysgrifennu mwy mewn rhai blychau nag mewn blychau eraill.

Gwlad	Manteision (+) ac anfanteision (–) tymor byr *LHWP*	Manteision (+) ac anfanteision (–) tymor hir *LHWP*
Lesotho	+	+
	–	–
De Affrica	+	+
	–	–

3 Crynhowch beth byddai pob un o'r grwpiau canlynol o bobl yn ei feddwl am *LHWP*:
   a) ffermwr yn Ucheldiroedd Lesotho
   b) gweinidog y llywodraeth yn Lesotho
   c) pobl sy'n byw yn Johannesburg, De Affrica.

Gwaith ymholi

Faint o gynnydd mae Lesotho a De Affrica wedi'i wneud o ran gwella cyflenwadau dŵr?

Edrychwch ar y dystiolaeth yn Ffigurau 17 ac 18 ac yna:

a) Cymharwch y cynnydd mewn ardaloedd trefol â'r cynnydd mewn ardaloedd gwledig.
b) Cymharwch y cynnydd yn Ne Affrica â'r cynnydd yn Lesotho.
c) Beth yw eich casgliadau ynglŷn â manteision *LHWP*?

Oes ffyrdd eraill o reoli dŵr De Affrica?

Mae 539 argae mawr yn Ne Affrica, sef bron hanner yr holl argaeau yn Affrica. Er hynny, mae llawer o bobl yn Ne Affrica yn methu cael gafael ar ddŵr glân i'w yfed. Mae llawer o'r bobl hyn yn byw mewn ardaloedd gwledig ac anghysbell; maen nhw'n rhy ynysig i fod yn rhan o brojectau mawr fel *LHWP* ac maen nhw'n rhy dlawd i ddrilio tyllau turio er mwyn cael mynediad at gyflenwadau dŵr daear. Yn hytrach, maen nhw'n dibynnu ar ddulliau rhad a syml o **gasglu dŵr glaw**.

Rheoli dŵr mewn ffordd gynaliadwy ar fferm fach

Ffermwraig o Dde Affrica yw Ma Tshepo Khumbane sy'n dysgu technegau casglu dŵr glaw i ffermwyr eraill. Mae ei strategaethau rheoli (sydd i'w gweld yn Ffigur 21) yn fforddiadwy ac yn ymarferol ar gyfer teuluoedd,

er mor fach yw'r fferm neu mor dlawd yw'r teulu. Maen nhw'n defnyddio dulliau sy'n rhad, yn ymarferol ac yn hawdd eu cynnal gan ddefnyddio technoleg briodol. Mae'r strategaethau ar waith mewn sawl ardal wledig yn Limpopo lle nad oes cyflenwad dŵr drwy bibellau. Y bwriad yw sicrhau bod ffermwyr yn:

- casglu a defnyddio dŵr glaw, er enghraifft drwy gasglu dŵr o do'r fferm
- cynnal lleithder y pridd drwy annog cymaint o ymdreiddiad ag sy'n bosibl; drwy wneud hyn, mae storfeydd dŵr daear yn cael eu hail-lenwi.

Mae technegau casglu dŵr glaw a dulliau o warchod lleithder y pridd yn enghreifftiau o ddatblygiad dŵr cynaliadwy. Maen nhw o fantais i bobl yn syth a dydyn nhw ddim yn gwneud unrhyw ddifrod parhaus i'r amgylchedd nac yn defnyddio adnoddau gwerthfawr. Nid yw'r dulliau hyn o reoli dŵr yn ddigon mawr fel arfer i gael effaith negyddol ar y dalgylch afon cyfagos, yn wahanol i'r cynlluniau mawr i adeiladu argaeau mae llywodraethau'n eu defnyddio.

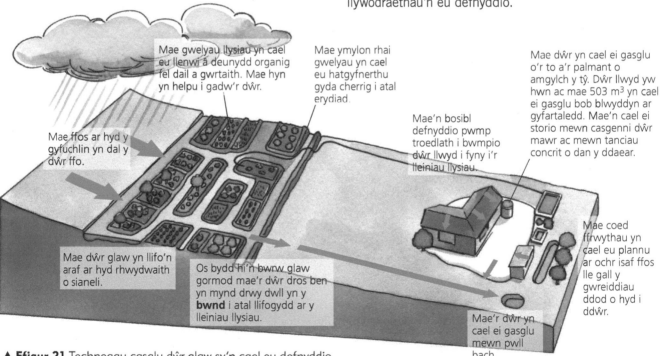

Mae gwelyau llysiau yn cael eu llenwi â deunydd organig fel dail a gwrtaith. Mae hyn yn helpu i gadw'r dŵr.

Mae ymylon rhai gwelyau yn cael eu hatgyfnerthu gyda cherrig i atal erydiad.

Mae dŵr yn cael ei gasglu o'r to a'r palmant o amgylch y tŷ. Dŵr llwyd yw hwn ac mae 503 m³ yn cael ei gasglu bob blwyddyn ar gyfartaledd. Mae'n cael ei storio mewn casgenni dŵr mawr ac mewn tanciau concrit o dan y ddaear.

Mae ffos ar hyd y gyfuchlin yn dal y dŵr ffo.

Mae'n bosibl defnyddio pwmp troedlath i bwmpio dŵr llwyd i fyny i'r lleiniau llysiau.

Mae dŵr glaw yn llifo'n araf ar hyd rhwydwaith o sianeli.

Os bydd hi'n bwrw glaw gormod mae'r dŵr dros ben yn mynd drwy dwll yn y bwnd i atal llifogydd ar y lleiniau llysiau.

Mae coed ffrwythau yn cael eu plannu ar ochr isaf ffos lle gall y gwreiddiau ddod o hyd i ddŵr.

Mae'r dŵr yn cael ei gasglu mewn pwll bach.

▲ **Ffigur 21** Technegau casglu dŵr glaw sy'n cael eu defnyddio gan Ma Tshepo Khumbane.

Gweithgareddau

1 Dewiswch 5 o'r technegau sydd i'w gweld yn Ffigur 21. Esboniwch sut mae pob techneg naill ai'n casglu dŵr glaw neu'n ail-lenwi dŵr daear.
2 Esboniwch pam mae'r math o ddull rheoli sydd i'w weld yn Ffigur 21 yn gynaliadwy.

Gwaith ymholi ❓

A ddylai De Affrica fuddsoddi mewn cynlluniau mawr fel *LHWP* neu fuddsoddi mewn cynlluniau rheoli dŵr cynaliadwy ar raddfa fach?

- Cymharwch yr effeithiau mae dulliau rheoli dŵr fel hyn yn eu cael â'r effeithiau mae adeiladu argae mawr a chynlluniau trosglwyddo dŵr fel *LHWP* yn eu cael.
- Pa ddull byddech chi'n ei flaenoriaethu? Esboniwch eich ateb.

A allai De Affrica gasglu dŵr o niwl?

Mae niwl wedi bod yn cael ei 'gasglu' i ddarparu dŵr yfed glân i gymunedau gwledig anghysbell ers 1987. Y flwyddyn honno, cafodd cynllun yn Chungungo, Chile ei sefydlu. Ers hynny, mae cymunedu ym Mheriw, Ecuador, Tenerife, Ethiopia a De Affrica wedi gwneud defnydd llwyddiannus o systemau tebyg. Mae casglu niwl yn fath arall o dechnoleg briodol oherwydd ei fod yn eithaf rhad i'w osod a'i gynnal. I gasglu dŵr o niwl, mae system syml o rwydi neilon rhwyll fain yn cael ei hongian yn fertigol rhwng polion uchel. Mae'r niwl yn cyddwyso ar y rhwyd ac yn diferu i gwter islaw. Yna, mae'n pasio drwy dywod cyn cael ei gludo mewn pibellau i ble bynnag mae ei angen.

Mae cynaeafu niwl yn gweithio orau mewn rhanbarthau uwchdir (o leiaf 400m uwchben lefel y môr) lle mae aer llaith yn cael ei chwythu o'r arfordir. Wrth i'r aer godi mae'n cyddwyso i ffurfio niwl. Felly, a fyddai cynaeafu niwl yn gweithio yn Limpopo yn Ne Affrica? Mae'r rhan fwyaf o'r dalaith yn gorwedd dros 1,000 m uwchben lefel y môr. Mae aer llaith o Gefnfor India yn cael ei chwythu i mewn i'r tir gan brifwyntoedd o'r dwyrain. Cafodd y cynllun casglu niwl cyntaf yn Ne Affrica ei adeiladu yn Ysgol Gynradd Tshanowa yn Limpopo. O'r blaen, roedd pob un o'r 130 o ddisgyblion yn dod â dŵr potel i'r ysgol bob dydd. Nawr, maen nhw'n yfed dŵr pur sydd wedi'i gasglu o'r niwl.

▲ **Ffigur 22** Rhwydi casglu niwl yn Tenerife. Mae'r rhwydi, sy'n edrych fel rhwydi pêl foli enfawr, yn dal lleithder wrth iddo gyddwyso o'r aer.

Nid yw'n niwlog bob dydd.
Mae'r rhwydi a'r polion yn eithaf rhad i'w prynu.
Mae gwneud gwaith atgyweirio yn hanfodol. Mae'r rhwydi'n rhwygo'n hawdd yn y gwynt.
Mae atgyweirio'r rhwydi'n hawdd a does dim angen llawer o hyfforddiant.
Mae dŵr daear wedi'i halogi.
Does dim angen unrhyw egni trydan ar gyfer y dechnoleg casglu niwl.
Does gan nifer o ardaloedd gwledig ddim cyflenwad dŵr drwy bibell o gronfa ddŵr.
Mae rhai o'r safleoedd mwyaf niwlog yn bell i ffwrdd o gymunedau gwledig.

▲ **Ffigur 23** Manteision ac anfanteision casglu niwl yn Limpopo.

Gweithgaredd

3 a) Defnyddiwch Ffigur 23 i rannu'r gosodiadau am gynaeafu niwl yn fanteision ac anfanteision.

   b) Gan ddefnuddio'r dystiolaeth yn Ffigur 23, esboniwch pam gallai cynaeafu niwl fod yn dechnoleg briodol ar gyfer cymuned wledig dlawd.

Gwaith ymholi

Ymchwiliwch i'r systemau cynaeafu niwl yn Chungungo a Tshanowa drwy deipio'r enwau i beiriant chwilio ar y rhyngrwyd. I ba raddau mae pob cynllun wedi llwyddo?

 http://www.weathersa.co.za

Dyma wefan gwasanaeth tywydd De Affrica. Cliciwch ar gyswllt Limpopo i weld pa mor niwlog fydd hi yn ystod y 5 diwrnod nesaf, neu sgroliwch i lawr i waelod y dudalen gartref i weld mapiau glawiad diweddar.

Gordynnu dŵr daear

Mae rhai haenau o greigiau mandyllog, o'r enw **dyfrhaenau**, yn storio symiau enfawr o ddŵr o dan y ddaear. Mae dŵr glaw a dŵr o eira wedi toddi yn trylifo i'r ddaear lle mae'n cael ei storio mewn dyfrhaenau. Enw'r broses hon yw **ail-lenwi**. I gael gafael ar y dŵr hwn, y cwbl mae angen ei wneud yw cloddio neu ddrilio i'r ddaear a thynnu'r dŵr. Mae tynnu dŵr o'r ddaear yn ffynhonnell bwysig o ran cyflenwad dŵr yn India. Yn wir, mae dŵr daear yn darparu 65 y cant o'r holl ddŵr sy'n cael ei ddefnyddio ym maes amaethyddiaeth ac 85 y cant o'r cyflenwad domestig. Fodd bynnag, mewn rhai ardaloedd mae **gordynnu** yn digwydd. Mae hyn yn digwydd pan fydd dŵr yn cael ei gymryd o'r ddaear ond nid yw prosesau naturiol yn gallu ail-lenwi yn ddigon cyflym. Mewn nifer o leoedd, mae'r lefel trwythiad 4 m yn is nag ydoedd yn 2002. Mae rhai'n poeni y bydd prinder dŵr yn dod yn fwy cyffredin wrth i'r galw am ddŵr yn India barhau i gynyddu.

	Ion	Chwe	Maw	Ebr	Mai	Meh	Gorff	Awst	Medi	Hyd	Tach	Rhag
Tymheredd (°C)	19	20	24	27.5	30	31	30	29.5	28	27.5	24	20
Glawiad (mm)	13	10	7	3	3	18	81	40	13	3	3	7

▲ **Ffigur 24** Data hinsawdd ar gyfer Gorllewin Gujarat.

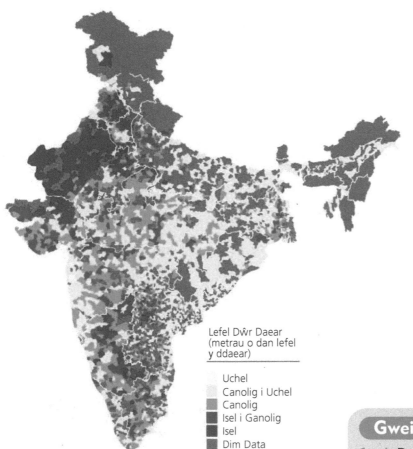

Lefel Dŵr Daear
(metrau o dan lefel
y ddaear)

- Uchel
- Canolig i Uchel
- Canolig
- Isel i Ganolig
- Isel
- Dim Data

▲ **Ffigur 25** Lefelau dŵr daear, India.

 www.indiawatertool.in – map rhyngweithiol sy'n eich galluogi i ymchwilio i'r materion dŵr yn India.

> Rwy'n berchen ar 3.5 hectar o dir ffermio ac mae dau hectar o dan ddŵr. Dydyn ni ddim wedi cael digon o iawndal. Os nad ydyn nhw'n ymweld â ni ac yn gwrando ar ein cwyn, sut gall swyddogion y llywodraeth ddeall ein trafferthion? Mae ein bywoliaeth yn dibynnu ar ein tir, ac os bydd ein tir yn marw, byddwn ni'n marw hefyd!

Ffermwr lleol

> Mae'r ffermwyr wedi derbyn iawndal. Ni fydd y dŵr yn mynd i'r cartrefi – dim ond ambell gae fydd yn cael ei foddi. Mae ffermwyr eraill yn dibynnu ar y dŵr ychwanegol yn Argae Omkareshwar. Bydd yn darparu dŵr ar gyfer 60,000 hectar o dir ffermio.

Un o swyddogion y llywodraeth

▲ **Ffigur 26** Safbwyntiau am adeiladu Argae Omkareshwar.

Gweithgareddau

1 a) Defnyddiwch Ffigur 24 i luniadu graff hinsawdd ar gyfer Gorllewin Gujarat.
  b) Disgrifiwch y patrwm glawiad blynyddol.
  c) Esboniwch pam mae ffermwyr yng Ngorllewin Gujarat yn gorfod tynnu dŵr daear.

2 Pa rannau o India sydd â'r lefelau dŵr daear isaf? Defnyddiwch Ffigur 25 i'ch helpu.

Pam mae cymaint o ddŵr yn cael ei dynnu?

Mae nifer o resymau sy'n esbonio dibyniaeth India ar ddŵr daear. Mae ffactorau ffisegol a dynol ymhlith y rhesymau hyn:

1 Mae gan India batrwm glawiad tymhorol. Mae'r tymor sych yn hir yn nhaleithiau'r gogledd-orllewin, fel Gujarat. Mae storfeydd arwyneb fel llynnoedd ac afonydd yn gallu bod yn sych am gyfnodau hir.

2 Yn aml, mae storfeydd arwyneb wedi'u llygru gan wastraff dynol. Mae dŵr daear yn cael ei ystyried yn fwy glân, ond mae'n bosibl iddo gael ei lygru hefyd, yn enwedig gan blaleiddiaid sy'n cael eu defnyddio ar dir ffermio ac ar ffermydd berdys.

3 Mae cyflenwadau dŵr trefol yn wael. Mae llawer o bobl yn prynu dŵr gan werthwyr ar y stryd am brisiau uchel iawn. Mae llawer yn credu bod drilio ffynnon yn ffynhonnell ratach yn y tymor hir.

4 Mae llywodraeth India wedi annog ffermwyr i dyfu mwy o fwyd i fwydo'r boblogaeth sy'n tyfu. Mae'r 'chwyldro gwyrdd' hwn wedi defnyddio cnydau syn defnyddio mwy o ddŵr na chnydau traddodiadol ar y cyfan.

5 Mae trydan rhad wedi rhoi hwb i ffermwyr i ddrilio ffynhonnau dwfn iawn a gosod pympiau i dynnu dŵr.

Mae'r lefel trwythiad yn gostwng ac mae ffynhonnau ffermydd cyfagos yn sychu, felly mae'n rhaid iddyn nhw ddrilio'n ddyfnach hefyd.

6 Mae lefelau glawiad monsŵn India yn anodd eu rhagweld (gweler tudalennau 162–3). Pan fydd glawiad tymor monsŵn yn is na'r cyfartaledd (fel 2012), nid yw'r dyfrhaenau yn cael eu hail-lenwi'n llawn.

Pwy ddylai ddatrys y broblem hon?

Mae dros 3,200 o argaeau mawr a chanolig yn India sy'n darparu dŵr ar gyfer ffermydd a diwydiant. Gallai llywodraeth India fenthyca arian i adeiladu hyd yn oed mwy o argaeau wrth i'r galw am ddŵr glân gynyddu. Yr enw ar broject o'r fath yw **datblygiad o'r top i lawr** – hynny yw, pan fydd penderfyniadau mawr yn cael eu gwneud gan swyddogion cyhoeddus ac arweinwyr busnes. Fodd bynnag, mae adeiladu argaeau weithiau wedi bod yn amhoblogaidd iawn yn India. Mae ffermwyr yn aml yn cwyno nad ydyn nhw'n cael digon o iawndal pan fydd eu tiroedd yn cael eu boddi. Mae Ffigur 27 yn dangos ffermwyr yn protestio am Argae Omkareshwar. Cafodd uchder yr argae hwn ei godi 91 m, ac o ganlyniad cafodd 1,100 hectar ychwanegol o dir ffermio ei foddi.

Ffordd arall o gael dŵr fyddai annog ffermwyr i gydweithio ar dechnegau arbed dŵr fel y rhai yn Ne Affrica sydd

i'w gweld ar dudalen 250. Un dull llwyddiannus yw dod â grwpiau o ffermwyr ynghyd i adeiladu argaeau isel o gerrig a phridd. Mae'r rhain yn creu pyllau bach o ddŵr am rai misoedd ar ôl y tymor gwlyb. Mae'r dŵr yn cael ei amsugno i'r ddaear ac mae'r dyfrhaenau'n cael eu hail-lenwi'n naturiol. Yn wahanol i broject datblygu o'r top i lawr, does dim angen pobl bwerus ar gynllun **hunangymorth**, na symiau mawr o arian chwaith. Mae'n dod o lawr gwlad – dull datblygu sydd weithiau'n cael ei alw'n ddull o'r gwaelod i fyny.

◄ **Ffigur 27** Ffermwyr yn sefyll mewn dŵr i brotestio yn erbyn codi Argae Omkareshwar yn 2015.

THEMA
6
Materion datblygiad ac adnoddau
Pennod 3
Datblygiad economaidd rhanbarthol

Anghydraddoldeb yn India

Mae India yn wlad newydd ei diwydianeiddio. Mae buddsoddi cyhoeddus mewn addysg, ac yna buddsoddi mewn diwydiannau gweithgynhyrchu a gwasanaethau, wedi creu swyddi sy'n talu cyflog da a chyfoeth personol i lawer o bobl. Mae'r economi wedi tyfu ac mae India yn dechrau cau'r bwlch datblygiad (gweler tudalennau 212–13). Fodd bynnag, mae miliynau o weithwyr yn India ar gyflogau isel o hyd. Mae amcangyfrifon yn awgrymu bod 51 y cant o weithlu India yn hunangyflogedig. Mae llawer

o'r rhain yn labrwyr fferm sy'n ddi-waith am gyfnodau hir yn ystod y flwyddyn ffermio. Mae llawer o weithwyr eraill yn gweithio oriau afreolaidd ac yn ennill incwm isel iawn yn **sector anffurfiol** yr economi. Ymhlith y swyddi hyn mae gwerthu bwyd mewn marchnadoedd stryd neu gasglu ac ailgylchu sbwriel (gweler tudalen 95). O ganlyniad, mae anghydraddoldeb enfawr rhwng aelodau mwyaf cyfoethog a mwyaf tlawd y gymdeithas yn India.

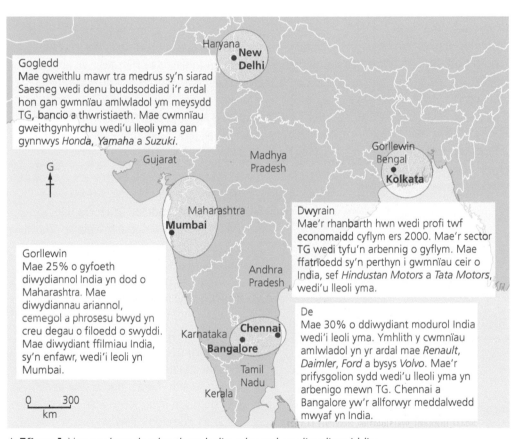

Gogledd
Mae gweithlu mawr tra medrus sy'n siarad Saesneg wedi denu buddsoddiad i'r ardal hon gan gwmnïau amlwladol ym meysydd TG, bancio a thwristiaeth. Mae cwmnïau gweithgynhyrchu wedi'u lleoli yma gan gynnwys *Honda*, *Yamaha* a *Suzuki*.

Gorllewin
Mae 25% o gyfoeth diwydiannol India yn dod o Maharashtra. Mae diwydiannau ariannol, cemegol a phrosesu bwyd yn creu degau o filoedd o swyddi. Mae diwydiant ffilmiau India, sy'n enfawr, wedi'i lleoli yn Mumbai.

Dwyrain
Mae'r rhanbarth hwn wedi profi twf economaidd cyflym ers 2000. Mae'r sector TG wedi tyfu'n arbennig o gyflym. Mae ffatrïoedd sy'n perthyn i gwmnïau ceir o India, sef *Hindustan Motors* a *Tata Motors*, wedi'u lleoli yma.

De
Mae 30% o ddiwydiant modurol India wedi'i lleoli yma. Ymhlith y cwmnïau amlwladol yn yr ardal mae *Renault*, *Daimler*, *Ford* a bysys *Volvo*. Mae'r prifysgolion sydd wedi'u lleoli yma yn arbenigo mewn TG. Chennai a Bangalore yw'r allforwyr meddalwedd mwyaf yn India.

▲ **Ffigur 1** Mae pedwar rhanbarth yn India sy'n cael eu diwydianeiddio.

Patrymau anghydraddoldeb rhanbarthol

Mae pob talaith yn India yn gyfrifol am ddarparu gwasanaethau iechyd ac addysg. Mae hyn yn helpu i esbonio sut mae anghydraddoldeb yn amrywio o dalaith i dalaith yn India. Yn Kerala, er enghraifft, mae llywodraeth y dalaith wedi bod yn hael iawn erioed wrth ariannu addysg gyhoeddus a gofal iechyd. Mae disgwyliad oes yn uchel a'r gyfradd genedigaethau yn isel. Mae bron 92 y cant o'r boblogaeth yn gallu darllen ac ysgrifennu. O gymharu â hyn, dim ond yn ddiweddar mae llywodraeth talaith Bihar wedi dechrau buddsoddi'n effeithiol

mewn gwasanaethau addysg ac iechyd cyhoeddus. Dyma'r dalaith fwyaf tlawd yn India – mae incwm cyfartalog y dalaith bedair gwaith yn is nag yn Kerala neu Maharashtra. Mae bron 58 y cant o'r boblogaeth o dan 25 oed a dim ond 47 y cant sy'n gallu darllen ac ysgrifennu. Mae'r dalaith hefyd yn wledig iawn – mae 85 y cant o'r boblogaeth yn byw mewn ardaloedd gwledig a phrin iawn yw'r cyfleoedd am waith sy'n talu'n well yn y diwydiannau gweithgynhyrchu neu wasanaethau.

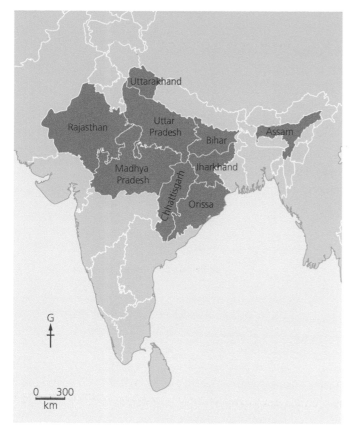

▲ **Ffigur 2** Mae 50 y cant o boblogaeth India yn byw yn y naw talaith hyn, ond yma hefyd mae 71 y cant o'r marwolaethau babanod (llai na blwydd oed), 72 y cant o'r marwolaethau plant (llai na 5 oed) a 62 y cant o'r marwolaethau mamau.

▲ **Ffigur 3** Canran poblogaeth India sy'n byw mewn tlodi, 2013.

Allwedd
Canran y boblogaeth sy'n byw mewn tlodi

- 30% neu'n fwy
- 20–29.9%
- 10–19.9%
- llai na 10%

	1974	1984	1994	2004	2013
Bihar	62	62	55	41	34
Kerala	60	40	25	15	7
Maharashtra	53	43	37	31	17

▲ **Ffigur 4** Canran y boblogaeth sy'n byw mewn tlodi mewn tair talaith ddethol.

Gweithgareddau

1 Lluniadwch fraslun wedi'i labelu yn dangos lleoliad y pedair ardal â'r twf economaidd mwyaf yn India.

2 Cymharwch Ffigur 1 â Ffigur 2. Beth yw eich casgliadau?

3 Awgrymwch sut gallai'r ddwy sefyllfa isod arwain at dlodi yn India:
   a) Dibyniaeth ar swyddi ffermio mewn ardaloedd gwledig fel Bihar
   b) Diffyg swyddi ffurfiol mewn dinasoedd fel Mumbai.

4 Astudiwch Ffigur 3.
   a) Disgrifiwch ddosbarthiad y taleithiau sydd â'r lefelau isaf o dlodi.
   b) I ba raddau mae'r patrwm hwn yn cyfateb i'r hyn sydd yn Ffigur 1? Oes unrhyw elfennau sy'n wahanol? Os felly, sut gallwch chi esbonio'r rhain?

5 a) Dewiswch dechneg addas i gyflwyno'r data yn Ffigur 4.
   b) Cymharwch y tueddiadau sydd i'w gweld ym mhob talaith.
   c) Awgrymwch pam mae lefelau tlodi yn dal i fod yn uwch yn Maharashtra nag ydynt yn Kerala, er bod mwy o ddatblygiad diwydiannol yn digwydd yn Maharashtra.

Oes rhaniad Gogledd–De yn y DU?

Yn y DU, mae'r term 'rhaniad Gogledd–De' yn cyfeirio at y gwahaniaethau economaidd a chymdeithasol rhwng de Lloegr a gweddill y DU. Fel arfer, mae'r rhaniad yn cael ei ddangos ar ffurf llinell letraws ar draws Lloegr o foryd Afon Hafren i foryd Afon Humber. Yn gyffredinol, mae pobl sy'n byw yn Llundain a de Lloegr yn mwynhau safon byw uwch na phobl yn rhannau eraill y DU. Yn ne Lloegr, mae incwm yn uwch ar gyfartaledd, mae disgwyliad oes rywfaint yn hirach ac mae llai o broblemau iechyd tymor hir yn effeithio ar y bobl sy'n byw yno. Er enghraifft, o'r deg awdurdod lleol lle mae disgwyliad oes dynion yn is na 75 oed, mae saith yn yr Alban a'r tri arall yn rhanbarth gogledd-orllewin Lloegr. Mae bron pob awdurdod lleol lle mae disgwyliad oes dynion yn uwch nag 81 oed yn ne Lloegr.

▲ **Ffigur 6** Rhaniad Gogledd–De y DU.

Allwedd

Enillion yr wythnos (£oedd)

390 469 522 588 694 921

▲ **Ffigur 5** Enillion yr wythnos ar gyfartaledd yng Nghymru, Lloegr a'r Alban, 2015; mae'r map wedi'i ystumio i ddangos nifer y swyddi sydd ar gael ym mhob ardal.

 www.neighbourhood.statistics.gov.uk/ HTMLDocs/dvc126/ – Mae Ffigur 5 yn sgrinlun sydd wedi'i gymryd o'r map rhyngweithiol hwn; daeth y data yn Ffigur 7 o'r map hefyd.

Awdurdod lleol	Enillion yr wythnos (£)	
	Dynion	Menywod
Aberdeen	657	411
De Glannau Tyne	480	324
Hull	470	299
Lerpwl	478	369
Solihull	575	328
Gwynedd	367	300
Powys	426	296
Caerdydd	479	344
Cernyw	402	266
Bryste	533	370
Canolbarth Dyfnaint	468	254
Gogledd Norfolk	436	221
Caerwynt (*Winchester*)	575	363
Thanet	404	273
Hounslow	681	464
Westminster	706	565
Dinas Llundain	1,045	780

Gogledd		
De		

▲ **Ffigur 7** Enillion wythnosol cyfartalog, 2015.

Gwaith ymholi ❓

I ba raddau mae'r dystiolaeth yn Ffigur 7 yn dangos bod bwlch mewn enillion rhwng gogledd a de'r DU?

Efallai byddai'n syniad i chi ystyried a yw'r bwlch cyflog rhwng dynion a menywod neu'r bwlch rhwng ardaloedd trefol ac ardaloedd gwledig yn fwy na'r rhaniad Gogledd–De.

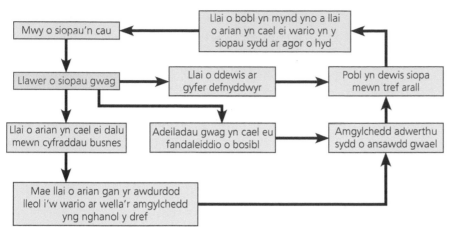

▲ **Ffigur 8** Effaith siopau gwag ar y stryd fawr.

Gweithgareddau

1 a) Defnyddiwch Ffigur 5 i ddisgrifio'r cyflog cyfartalog a'r nifer cymharol o swyddi yn:
      i)   Llundain
      ii) Birmingham
      iii) Gogledd-ddwyrain Lloegr.
   b) I ba raddau mae'r map hwn yn cadarnhau bod rhaniad Gogledd–De yn bodoli?

2 a) Rhowch enillion dynion sydd i'w gweld yn Ffigur 7 mewn trefn restrol.
   b) Beth yw'r cyflog canolrifol?
   c) O'r awdurdodau lleol sydd â chyflogau sy'n uwch na'r cyflog canolig, faint ohonynt sydd yn y de?

3 Gan ddefnyddio Ffigur 9, disgrifiwch ddosbarthiad y trefi sydd:
   a) â chyfraddau siopau gwag uchel
   b) â chyfraddau siopau gwag isel.
   I ba raddau mae rhaniad Gogledd–De yn bodoli yn achos y stryd fawr?

4 Beth yw effeithiau cyfraddau siopau gwag uchel ar ganol ein trefi? Astudiwch Ffigur 8 a dosbarthwch yr effeithiau i'r categorïau canlynol:
   a) cymdeithasol
   b) economaidd
   c) amgylcheddol.

5 a) Esboniwch pam gallai'r ffaith bod ambell siop yn wag arwain at siopau eraill yn cau.
   b) Awgrymwch dair ffordd gallai awdurdodau lleol geisio datrys problem siopau gwag.

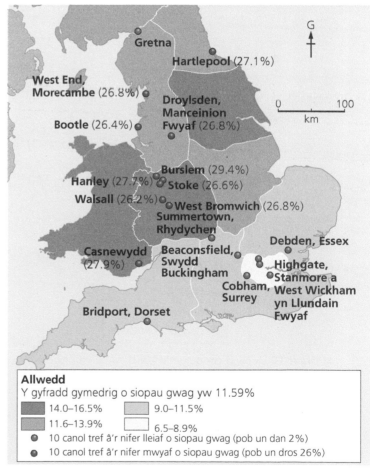

▲ **Ffigur 9** Siopau gwag ar strydoedd mawr y DU, 2015; y canrannau uchaf ac isaf o siopau gwag.

257

Ffactorau sy'n dylanwadu ar dwf a dirywiad economaidd

Yn draddodiadol, dinasoedd gogledd y DU oedd canolfannau diwydiant gweithgynhyrchu'r DU. Ond, wrth i gost mewnforio nwyddau trydanol, tecstilau a dur o dramor leihau, dechreuodd y diwydiannau hyn ddirywio. Mae nifer o swyddi tra medrus a oedd yn talu'n eithaf da wedi diflannu. Mae diweithdra yn broblem o hyd yn rhai o'r rhanbarthau hyn. Os oes swyddi wedi'u creu, er enghraifft ym maes adwerthu, maen nhw'n swyddi lle nad oes angen cymaint o sgiliau ac mae'r cyflogau'n is.

Ar y llaw arall, mae'r ardal ar hyd coridor yr M4/M11 rhwng Bryste, Llundain a Chaergrawnt wedi denu diwydiannau gweithgynhyrchu technoleg uwch modern a swyddi mewn diwydiannau gwasanaethau fel cyllid. Mae'r busnesau hyn wedi'u lleoli yn agos i ardaloedd lle mae gweithlu medrus yn byw, ac mae cysylltiadau cludiant rhagorol rhwng y cwmnïau hyn a'u marchnadoedd targed.

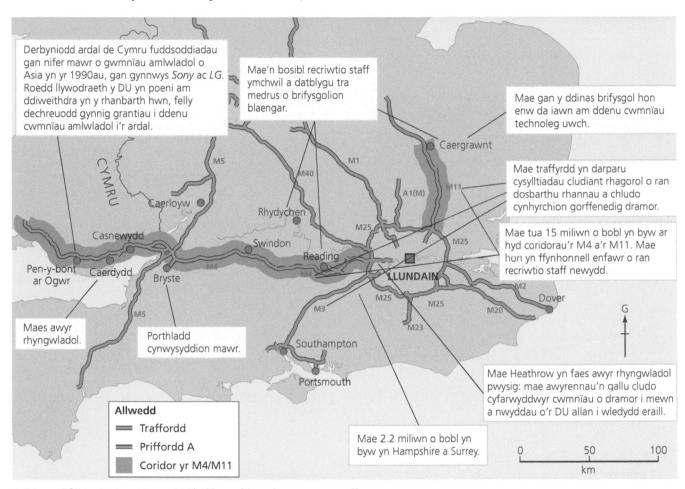

Derbyniodd ardal de Cymru fuddsoddiadau gan nifer mawr o gwmnïau amlwladol o Asia yn yr 1990au, gan gynnwys *Sony* ac *LG*. Roedd llywodraeth y DU yn poeni am ddiweithdra yn y rhanbarth hwn, felly dechreuodd gynnig grantiau i ddenu cwmnïau amlwladol i'r ardal.

Mae'n bosibl recriwtio staff ymchwil a datblygu tra medrus o brifysgolion blaengar.

Mae gan y ddinas brifysgol hon enw da iawn am ddenu cwmnïau technoleg uwch.

Mae traffyrdd yn darparu cysylltiadau cludiant rhagorol o ran dosbarthu rhannau a chludo cynhyrchion gorffenedig dramor.

Mae tua 15 miliwn o bobl yn byw ar hyd coridorau'r M4 a'r M11. Mae hon yn ffynhonnell enfawr o ran recriwtio staff newydd.

Maes awyr rhyngwladol.

Porthladd cynwysyddion mawr.

Mae Heathrow yn faes awyr rhyngwladol pwysig: mae awyrennau'n gallu cludo cyfarwyddwyr cwmnïau o dramor i mewn a nwyddau o'r DU allan i wledydd eraill.

Mae 2.2 miliwn o bobl yn byw yn Hampshire a Surrey.

Allwedd
— Traffordd
— Priffordd A
▆ Coridor yr M4/M11

▲ **Ffigur 10** Lleoliad coridor yr M4/M11, wedi'i amlygu mewn porffor.

Gweithgareddau

1 Astudiwch Ffigur 10.
   a) Nodwch 5 rheswm penodol pam efallai byddai rhai cwmnïau amlwladol yn awyddus i symud i goridor yr M4/M11.
   b) Disgrifiwch leoliad Casnewydd.
   c) Awgrymwch pam gallai lleoliadau yn nwyrain coridor yr M4/M11 fod yn fwy deniadol i fusnesau na'r rhai yn y gorllewin.

2 Rhowch ddau reswm pam mae dur o China yn rhatach na dur y DU.

3 Astudiwch Ffigur 11.
   a) Rhowch gyfeirnodau grid pedwar ffigur ar gyfer y ddau sgwâr grid sy'n cynnwys y gwaith dur.
   b) Cymharwch dirwedd yr ardal i'r de ac i'r gogledd o'r rheilffordd.
   c) Defnyddiwch dystiolaeth map i awgrymu tri rheswm pam mae'r gwaith dur wedi'i leoli yma.

Rhanbarthau'n dirywio

Roedd gweithgynhyrchwyr dur yn wynebu argyfwng yn ystod gaeaf 2015–16. Cyhoeddodd *Tata*, cwmni amlwladol o India, y byddai'n rhaid iddo ddiswyddo rhai o'i weithwyr. Cafodd 900 o bobl eu diswyddo yn Scunthorpe yng ngogledd-ddwyrain Lloegr, ac yn ne Cymru cafodd 750 o bobl ym Mhort Talbot a 250 o bobl yn Llanwern eu diswyddo. Roedd rhaid i *SSI*, cwmni amlwladol o Korea, gau ei waith dur yn Redcar yng Nglannau Tees hefyd, a chafodd 2,200 o bobl eu

diswyddo. Roedd yr holl ddiswyddo yn digwydd mewn rhanbarthau a oedd eisoes yn dioddef yn sgil cyflogau isel a lefelau diweithdra uchel. Roedd dur rhad yn cael ei fewnforio o China a'i werthu yn Ewrop am lai o arian nag y mae'n ei gostio i'w wneud yn y DU, a'r sefyllfa hon oedd yn cael y bai am yr holl ddiswyddo. Mae China yn gallu gwneud dur yn llawer rhatach na gwledydd Ewrop. Mae costau llafur yn is yn China ac mae llywodraeth y wlad yn cadw costau egni yn isel.

SGILIAU DAEARYDDOL

Dod o hyd i leoedd ar fap Arolwg Ordnans

Dwyreiniaid yw'r llinellau fertigol ar fap Arolwg Ordnans. Gogleddiadau yw'r rhai llorweddol. Wrth gyfeirio at sgwâr grid, rhaid defnyddio ffigurau'r croestoriad yn y gornel chwith isaf. Pan fyddwch chi'n dod o hyd i le ar fap Arolwg Ordnans, rhaid rhoi'r dwyreiniad yn gyntaf, ac yna'r gogleddiad.

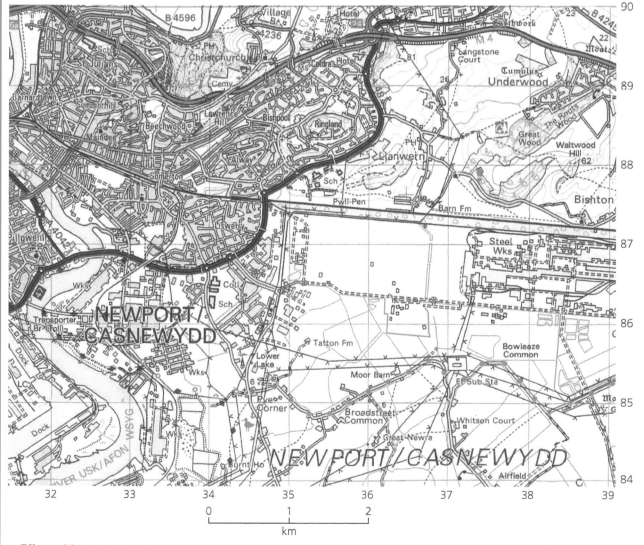

▲ **Ffigur 11** Lleoliad Gwaith Dur Llanwern (sy'n eiddo i gwmni *Tata*) ger Casnewydd; graddfa 1 : 50,000.

Sut gallwn ni leihau anghydraddoldebau rhanbarthol yn y DU?

Un ffordd o fynd i'r afael â diffyg swyddi yn rhanbarthau'r DU yw drwy fuddsoddi mewn projectau isadeiledd mawr, er enghraifft cynlluniau ffyrdd a rheilffyrdd. Dylai gwella cysylltiadau cludiant ddenu buddsoddiad newydd gan fusnesau yn ogystal â chreu effeithiau lluosydd economaidd yn y rhanbarth (gweler tudalennau 218–19).

Y prif lwybr cludiant sy'n rhedeg drwy dde-ddwyrain Cymru yw traffordd yr M4, sy'n cysylltu'r rhanbarth â Llundain. Fodd bynnag, mae'r draffordd yn culhau i ddwy lôn rhwng Casnewydd a Chaerdydd wrth iddi groesi Afon Wysg a mynd drwy dwnelau Brynglas. Mae hyn yn achosi tagfeydd a chiwiau traffig, yn enwedig ar adegau prysur. Yn 2014, cadarnhaodd llywodraeth Cymru ei bod yn bwriadu adeiladu ffordd liniaru gwerth £1 biliwn yn yr ardal. Bydd traffordd tair lôn 23 km yn cael ei hadeiladu o amgylch Casnewydd a fydd yn osgoi'r rhan o'r M4 lle mae'r tagfeydd.

Dyma'r rhaglen buddsoddi cyfalaf fwyaf mae llywodraeth Cymru wedi'i chyhoeddi erioed. Gallai'r gwaith adeiladu ddechrau yn gynnar yn 2018, a byddai'r draffordd yn cael ei hagor i'r cyhoedd yn ystod hydref 2021. Mae Ffigur 12 yn dangos y llwybr arfaethedig.

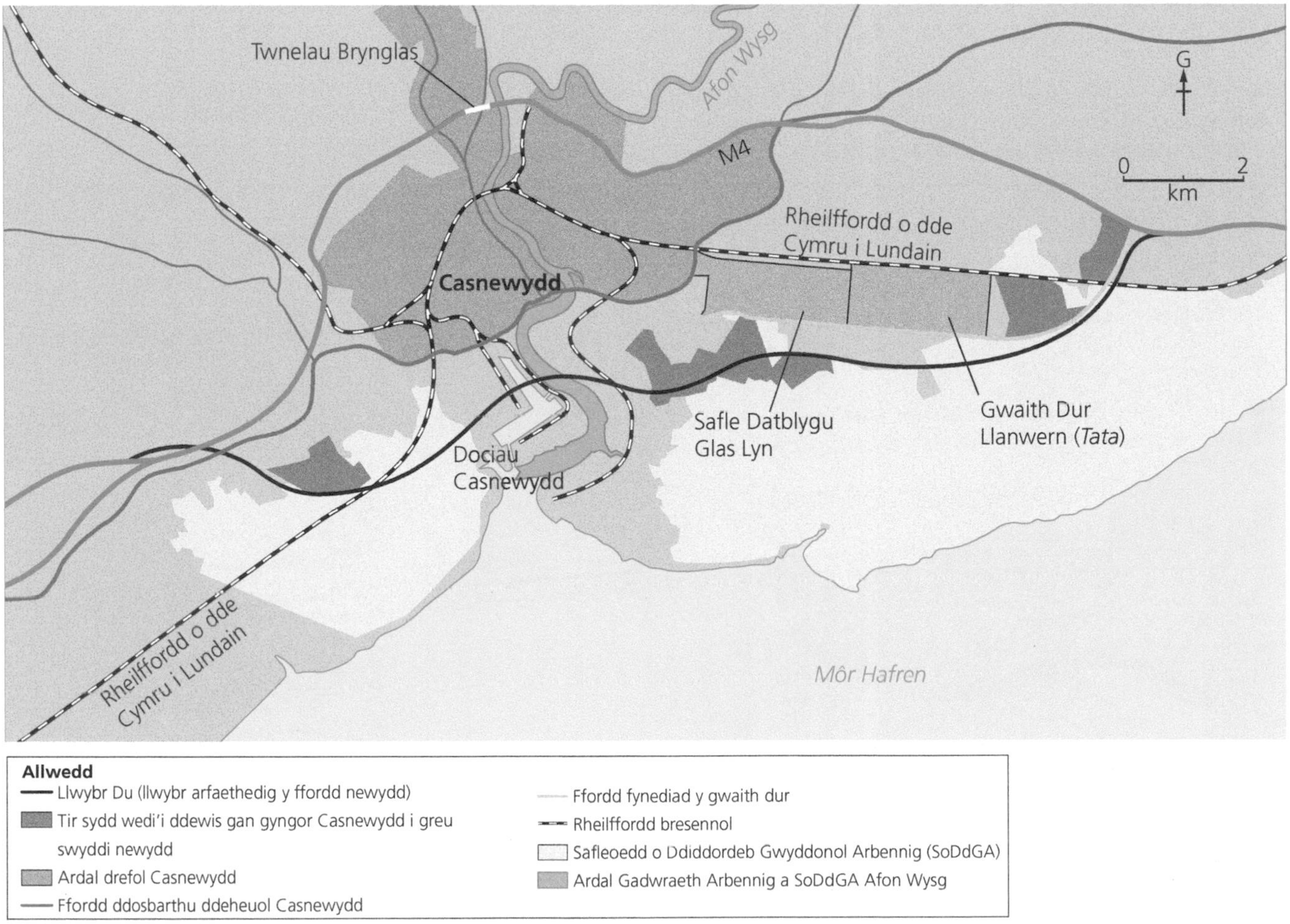
Twnelau Brynglas
Afon Wysg
M4
G
0
2
km
Rheilffordd o dde Cymru i Lundain
Casnewydd
Safle Datblygu Glas Lyn
Gwaith Dur Llanwern (*Tata*)
Dociau Casnewydd
Rheilffordd o dde Cymru i Lundain
Môr Hafren
Allwedd
Llwybr Du (llwybr arfaethedig y ffordd newydd)
Tir sydd wedi'i ddewis gan gyngor Casnewydd i greu swyddi newydd
Ardal drefol Casnewydd
Ffordd ddosbarthu ddeheuol Casnewydd
Ffordd fynediad y gwaith dur
Rheilffordd bresennol
Safleoedd o Ddiddordeb Gwyddonol Arbennig (SoDdGA)
Ardal Gadwraeth Arbennig a SoDdGA Afon Wysg

▲ **Ffigur 12** Cynllun arfaethedig ffordd liniaru'r M4.

Gweithgareddau

1 Disgrifiwch lwybr arfaethedig ffordd liniaru'r M4.
2 Defnyddiwch dystiolaeth o Ffigur 12 i awgrymu:
  a) un gost sylweddol o ddefnyddio'r llwybr hwn
  b) un o anfanteision amgylcheddol y llwybr hwn.
3 Defnyddiwch dystiolaeth o Ffigur 11 a Ffigur 13 i awgrymu pam mae'r llwybr hwn yn well nag un i'r gogledd o'r rheilffordd.
4 Lluniwch ddiagram llif i awgrymu'r effeithiau lluosydd cadarnhaol tebygol ar dde-ddwyrain Cymru os yw'r ffordd hon yn cael ei hadeiladu.

▲ **Ffigur 13** Gwaith Dur Llanwern. Mae'r camera yn pwyntio tua'r dwyrain; bydd y ffordd newydd yn cael ei hadeiladu i'r de o'r gwaith dur.

Llefarydd ar ran cwmni
Associated British Ports

Bydd y cynlluniau hyn yn peryglu unrhyw fwriad i fuddsoddi yng Nghasnewydd yn y dyfodol. Dydw i ddim yn meddwl bod dod â'r llwybr drwy ganol porthladd cargo cyffredinol pwysicaf Cymru yn syniad da.

Llefarydd ar ran
Sustrans Cymru

Dylen ni fod yn buddsoddi mewn mathau o gludiant cyhoeddus glân, er enghraifft trydaneiddio'r prif reilffordd rhwng Llundain ac Abertawe. Mae trenau trydan yn rhatach i'w rhedeg na threnau diesel. Mae angen llai o waith cynnal a chadw arnyn nhw ac mae'r costau egni yn is. Maen nhw hefyd yn ysgafnach ac yn gwneud llai o ddifrod i'r traciau.

Cyfarwyddwr Cyfeillion y Ddaear
Cymru

Bydd cytuno i adeiladu'r ffordd yn golygu y bydd y drafffordd yn mynd drwy Wastadeddau Gwent. Dyma un o dirweddau mwyaf amgylcheddol sensitif Cymru ac un o'r ardaloedd sy'n cael eu gwarchod fwyaf yn y wlad. Bydd y llwybr cludiant hwn yn ddrud iawn a dymar dewis gwaethaf posibl.

▲ **Ffigur 14** Safbwyntiau cyferbyniol am ffordd liniaru'r M4.

Llefarydd ar ran
Cyngor Casnewydd

Mae angen buddsoddiadau a swyddi ar Gasnewydd. Y dref yw'r trydydd lle mwyaf difreintiedig yng Nghymru gyfan. Byddai adeiladu'r ffordd liniaru yn gwella mynediad i'r tir sydd i'r de-orllewin ac i'r dwyrain o'r gwaith dur. Mae'r tir hwn wedi'i neilltuo fel safle ar gyfer datblygu stadau diwydiannol yn y dyfodol.

Llefarydd ar ran Cydffederasiwn
Diwydiant Prydain yng Nghymru

Dydy'r M4 presennol o amgylch Casnewydd ddim yn addas ar gyfer anghenion yr unfed ganrif ar hugain. Mae tagfeydd eisoes yn broblem ac rydyn ni'n rhagweld y bydd y sefyllfa'n gwaethygu. Mae angen system cludiant a fydd yn lliniaru'r tagfeydd ac yn gwella pa mor gystadleuol ydyn ni'n economaidd. Bydd y datblygiad hwn hefyd yn darparu swyddi a thwf.

Gwaith ymholi

A ddylai Ffordd Liniaru Casnewydd gael ei hadeiladu?

Dychmygwch eich bod chi'n byw yn y rhan hon o Gymru. Ysgrifennwch lythyr at Lywodraeth Cymru yn mynegi eich safbwyntiau am y mater hwn. Ystyriwch y manteision a'r anfanteision cyn gwneud eich penderfyniad terfynol.

Beth yw ystyr datblygiad cymdeithasol?

Ystyr datblygiad yw 'newid'. Mae cyfoeth (sef y pwnc dan sylw yn Thema 6 Pennod 1) yn un ffordd o fesur datblygiad. Fodd bynnag, nid mesur cyflwr yr economi yw'r unig ffordd o ddarganfod a yw cymdeithas yn newid er gwell. Mae Ffigur 1 yn rhestru amrywiol ffyrdd o ddiffinio datblygiad.

Datblygiad yw ....

- lleihau lefelau tlodi
- cynyddu lefelau cyfoeth
- dod â manteision i bawb, nid i'r bobl fwyaf cyfoethog mewn cymdeithas yn unig
- lleihau'r bwlch rhwng y bobl fwyaf cyfoethog a'r bobl fwyaf tlawd
- creu statws a hawliau cyfartal i ddynion a menywod
- creu cyfiawnder, rhyddid barn a'r hawl i bleidleisio (democratiaeth) i bawb
- sicrhau bod pawb yn ddiogel rhag gwrthdaro a therfysgaeth
- sicrhau bod anghenion sylfaenol pawb (hynny yw, bwyd, dŵr a lloches) yn cael eu bodloni
- sicrhau bod gan bob plentyn yr hawl i addysg o safon dda a'i fod yn derbyn yr addysg honno.

▲ **Ffigur 1** Ffyrdd gwahanol o ystyried datblygiad.

▲ **Ffigur 2** Datblygiad yw ......

▲ **Ffigur 3** Datblygiad yw .....

Gweithgareddau

1 Gweithiwch mewn parau i drafod Ffigur 1.
   a) Beth yw manteision ac anfanteision pob un o'r gosodiadau hyn?
   b) Dewiswch y 5 gosodiad sy'n rhoi'r diffiniad gorau o ddatblygiad yn eich barn chi. Gyda phâr arall, trafodwch a chyfiawnhewch eich dewis.
2 Gan weithio ar eich pen eich hun, esboniwch pa agweddau ar ddatblygiad dynol sydd i'w gweld yn Ffigurau 2 a 3. Ysgrifennwch bennawd ar gyfer pob ffigur.
3 Disgrifiwch y patrwm sydd i'w weld yn:
   a) Ffigur 4
   b) Ffigur 5.
4 Pa un o'r ddau fap hyn sydd fwyaf defnyddiol i ddaearyddwr sy'n astudio patrymau addysg ar draws De Affrica? Esboniwch eich ateb.

Gwaith ymholi

Faint o anghydraddoldeb rhanbarthol sydd yn Ne Affrica?

Defnyddiwch y cyswllt â'r wefan ar dudalen 263 i ymchwilio i'r mynediad at gyflenwad dŵr glân ar draws De Affrica. Cofiwch fod angen dŵr ar gyfer iechyd da. Pa mor wahanol neu ba mor debyg yw Ffigurau 4 a 5 i'r mapiau am ddŵr? Beth yw eich casgliadau am anghydraddoldeb rhanbarthol?

Sut rydyn ni'n mesur datblygiad cymdeithasol?

Mae sawl ffordd o fesur datblygiad cymdeithasol. Mae llawer o fesurau yn ymwneud ag iechyd ac addysg, ac maen nhw'n hawdd eu meintioli. Mae hyn yn ddefnyddiol gan fod rhifau yn golygu y gallwn ni weld maint y bwlch datblygiad cymdeithasol. Er enghraifft, un mesur syml yw canran yr oedolion oedd heb gael addysg ffurfiol pan oedden nhw'n blant. Mewn gwlad incwm uchel fel y DU, bydd y rhif hwn yn agos at sero.

Ond yn Ne Affrica (sy'n wlad newydd ei diwydianeiddio) roedd y ffigur hwn yn 8.7 y cant yn y cyfrifiad diwethaf.

Gallwn ni hefyd ddefnyddio rhifau i fesur cynnydd. Yn Ne Affrica, mae cynnydd ym maes addysg yn dda: roedd canran y boblogaeth 20 oed neu'n hŷn oedd heb gael addysg wedi disgyn o 19.1 y cant yn 1996 i 8.7 y cant yn 2011. Fodd bynnag, mae ffigurau fel hyn yn gallu bod yn gamarweiniol. Mae lefelau addysg yn amrywio'n fawr ar draws De Affrica, fel sydd i'w weld yn Ffigurau 4 a 5.

SGILIAU DAEARYDDOL

Defnyddio mapiau coropleth

Map wedi ei liwio neu ei raddliwio yw **coropleth**. Mae lliwiau neu raddliwiau tywyllach yn cynrychioli gwerthoedd uwch ar y map. Mae mapiau coropleth yn ddefnyddiol er mwyn dangos patrymau. Nid oes angen casglu data ar gyfer lleoliadau penodol iawn – mae modd lluniadu coropleth os oes data gennych chi ar gyfer pob ardal neu ranbarth ar fap. Rhaid ystyried dau ffactor wrth lunio coropleth:

1 Faint o liwiau neu raddliwiau dylech chi eu defnyddio? Bydd gormod o liwiau neu batrymau yn anodd eu gweld. Fodd bynnag, os nad oes digon o liwiau, bydd gwahaniaethau bach rhwng ardaloedd yn cael eu colli.

2 Os yw'r data ar gael ar gyfer ardaloedd o feintiau gwahanol, pa set ddata dylech chi ei dewis? Mae'r broblem hon i'w gweld yn Ffigurau 4 a 5.

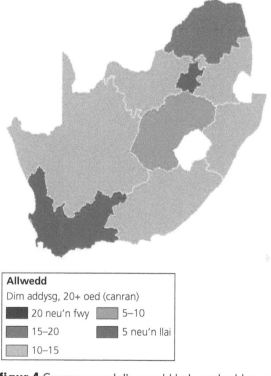

Allwedd
Dim addysg, 20+ oed (canran)
- 20 neu'n fwy
- 15–20
- 10–15
- 5–10
- 5 neu'n llai

▲ **Ffigur 4** Canran yr oedolion oedd heb gael addysg gan ddefnyddio data o bob talaith yn Ne Affrica.

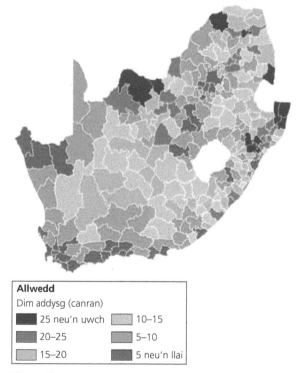

Allwedd
Dim addysg (canran)
- 25 neu'n uwch
- 20–25
- 15–20
- 10–15
- 5–10
- 5 neu'n llai

▲ **Ffigur 5** Canran yr oedolion oedd heb gael addysg gan ddefnyddio data o bob bwrdeistref yn Ne Affrica.

http://tellmaps.com/mapsalive – mae'r wefan hon yn defnyddio system gwybodaeth ddaearyddol (*Geographical Information System: GIS*) i ddangos atlas ar-lein o Dde Affrica.

Defnyddio data iechyd fel mesur o ddatblygiad

Mae data iechyd yn aml yn cael eu ddefnyddio i ddisgrifio lefel datblygiad gwlad. Dau fesur cyffredin yw:

- **Cyfradd marwolaethau babanod (CMB)** – nifer y plant sy'n marw cyn eu bod yn 1 oed am bob mil o blant sy'n cael eu geni.
- **Disgwyliad oes cyfartalog** – yr oed cyfartalog y gall pobl ddisgwyl ei gyrraedd.

Mae nifer o ffactorau yn cyfrannu at wella disgwyliad oes a lleihau cyfradd marwolaethau babanod (CMB). Os bydd llywodraeth yn gwario mwy ar ofal iechyd, gwella mynediad at ddŵr glân ac iechydaeth (cael gwared o garthion), bydd hyn i gyd yn cael effaith gadarnhaol ar ddata iechyd. Dyna pam mae'r data hyn yn ddefnyddiol fel dangosydd datblygiad.

Mae tybio bod bwlch rhwng gwledydd cyfoethog a gwledydd tlawd y byd yn rhy syml (gweler tudalennau 210–13). Yn yr un modd, byddai rhannu'r byd yn wledydd iach a gwledydd afiach yn rhy syml. Mewn gwirionedd, mae continwwm o ddatblygiad cymdeithasol yn bodoli – o wledydd fel Sierra Leone (lle mae'r CMB yn 87) i Sweden (lle mae'r CMB yn 2). Yn ogystal â hyn, mae Ffigurau 6 a 7 yn awgrymu bod llawer o gynnydd wedi ei wneud i gau'r bwlch datblygiad ers Adroddiad Brandt yn 1980.

	1985	1990	1995	2000	2005	2010	2015
Gambia	91	80	71	63	57	52	48
Kenya	63	66	72	67	54	42	36
Mali	144	131	125	116	97	83	75
Malaŵi	147	143	122	104	71	58	43

▲ **Ffigur 6** Cyfradd marwolaethau babanod ar gyfer detholiad o wledydd yn Affrica Is-Sahara.

	1985	1990	1995	2000	2005	2010	2015
Bangladesh	118	100	81	64	51	39	31
India	101	88	78	66	56	46	38
Pakistan	115	106	97	88	80	74	66
Sri Lanka	25	18	17	14	12	9	8

▲ **Ffigur 7** Cyfradd marwolaethau babanod ar gyfer detholiad o wledydd yn Ne Asia.

	Gall disgwyliad oes uchel a CMB isel ddangos ...	Gall disgwyliad oes isel a CMB uchel ddangos ...
Llywodraeth yn gwario ar ysbytai a chlinigau	Bod llywodraeth gyfoethog wedi blaenoriaethu gwariant ar iechyd, felly ...	
Deiet		
Mynediad at ddŵr yfed diogel		
Cyflwr iechydaeth	Bod gan y rhan fwyaf o bobl gyflenwad o ddŵr glân drwy bibell i'w cartrefi, felly ...	Bod llawer o bobl yn byw mewn tai sianti neu gartrefi gwledig lle nad oes system garthffosiaeth, felly ...
Safonau addysg bersonol a chymdeithasol		

▲ **Ffigur 8** Dyma'r hyn gall data iechyd ei ddweud wrthym am ddatblygiad gwlad.

Gweithgareddau

1 Astudiwch Ffigurau 6 a 7.
   a) Nodwch i ba gategori Banc y Byd mae pob gwlad yn perthyn (gweler tudalennau 210–13).
   b) Dewiswch dechneg addas i gyflwyno'r data.
   c) Beth yw eich casgliadau ynglŷn â chynnydd y ddau grŵp o wledydd o ran cau'r bwlch datblygiad?

2 Gwnewch gopi o Ffigur 8.
   a) Cwblhewch y tri gosodiad drwy roi mwy o wybodaeth ar ddiwedd pob brawddeg.
   b) Llenwch y bylchau gwag yn y tabl.

Newidiadau i ddisgwyliad oes cyfartalog

Ers 1980, mae disgwyliad oes wedi codi ym mhob gwlad yn y byd fwy neu lai, fel sydd i'w weld yn Ffigur 9. Mae'r map yn dangos y gwledydd yn ôl yr hyn sydd wedi digwydd i'w disgwyliad oes ers 1980. Po fwyaf yw'r cynnydd mewn disgwyliad oes, y mwyaf yw maint y wlad ar y map:

- Y gwledydd mwyaf ar y map hwn yw'r gwledydd sydd â'r poblogaethau mwyaf a'r gwelliannau mwyaf i ddisgwyliad oes.
- Mae'r gwledydd sydd eisoes â disgwyliad oes hir yn ymddangos yn llai, gan fod ganddynt lai o le i wella.

Mae rhai o'r gwelliannau mwyaf wedi bod mewn gwledydd tlawd. Er enghraifft, yn Cambodia mae'r disgwyliad oes cyfartalog wedi codi o 54 oed yn 1980 i 68 oed yn 2015.

Poblogaeth ac iechyd

Yn y rhan fwyaf o wledydd cyfoethog, mae gofal iechyd sylfaenol yn dda iawn ar y cyfan ac mae disgwyliad oes pobl yn hir. Fodd bynnag, wrth i boblogaeth gwlad heneiddio, mae achosion marwolaeth hefyd yn newid:

- Mewn gwledydd lle mae'r disgwyliad oes yn isel, mae marwolaethau'n tueddu i gael eu hachosi gan glefydau heintus (e.e. HIV/AIDS, malaria) a chyflyrau sy'n cael eu hachosi gan ddwr budr/brwnt (e.e. dolur rhydd, sy'n effeithio'n benodol ar blant). Mae nifer y marwolaethau hyn yn lleihau'n gyflym oherwydd bod sefydliadau byd-eang fel *UNICEF* yn darparu brechiadau yn erbyn clefydau heintus, ac oherwydd bod ymgyrchoedd sy'n ceisio cael gwared ar falaria wedi llwyddo i ryw raddau.
- Mewn gwledydd cyfoethog lle mae'r disgwyliad oes yn uchel, mae marwolaethau'n cael eu hachosi yn aml gan ddeiet a ffordd o fyw. Prif achosion marwolaeth yw clefyd y galon (marwolaethau a allai gael eu lleihau drwy wella deiet a gwneud ymarfer corff) a chanser (sy'n cael ei achosi gan ysmygu a deiet gwael). Gyda'i gilydd, mae'r achosion hyn yn gyfrifol am 80 y cant o gyfanswm y marwolaethau.

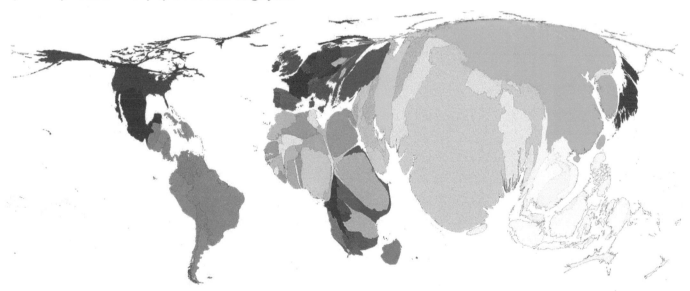

▲ **Ffigur 9** Cynnydd yn y disgwyliad oes byd-eang, 1980–2013.

Gweithgareddau

3 Astudiwch Ffigur 9. Disgrifiwch ddosbarthiad y gwledydd lle mae'r disgwyliad oes wedi gwella fwyaf.

4 Awgrymwch resymau pam mae disgwyliad oes mewn rhai gwledydd wedi cynyddu'n fwy nag mewn gwledydd eraill.

5 a) Esboniwch pam nad oes deiet iach gan bawb sy'n byw mewn gwledydd cyfoethog.
   b) Esboniwch sut gallai'r deietau hyn effeithio ar ddata iechyd.

Gwaith ymholi

Sut a pham mae iechyd yn amrywio ar draws y byd?

- Ymchwiliwch i'r ymadrodd 'prif achosion marwolaeth yng ngwledydd mwyaf tlawd a gwledydd mwyaf cyfoethog y byd'.
- Dewiswch un o brif achosion marwolaethau y gallwn ni ei rwystro ac esboniwch sut byddai modd lleihau nifer y marwolaethau o'r achos hwn.

Mynegrif Datblygiad Dynol

Fel arfer, mae datblygiad economaidd yn creu newid cymdeithasol. Felly, wrth i IGC y pen gynyddu, mae nifer o ddangosyddion cymdeithasol yn tueddu i newid hefyd.

- Mae mwy o arian ar gael i'w wario ar iechyd, er enghraifft ymladd clefydau neu i dalu am feddygon ac ysbytai. Wrth i iechyd wella, mae cyfraddau marwolaethau yn disgyn, yn ogystal â chyfraddau marwolaethau mamau a babanod. Yn gyffredinol, mae disgwyliad oes yn cynyddu.
- Wrth i fwy o arian gael ei wario ar addysg, mae mwy o blant yn treulio rhagor o amser yn yr ysgol ac felly mae cyfraddau llythrennedd yn cynyddu.

Mae'r Cenhedloedd Unedig yn defnyddio'r **Mynegrif Datblygiad Dynol (MDD)** fel ffordd o ddangos lefel datblygiad gwlad. Mae'r MDD yn cael ei gyfrifo drwy ddefnyddio cyfartaledd pedwar dangosydd datblygiad:

- addysg – nifer y blynyddoedd mewn addysg ysgol ar gyfartaledd
- addysg – llythrennedd (fel canran o'r boblogaeth sy'n oedolion)
- IGC y pen (PGP) mewn $UDA
- disgwyliad oes mewn blynyddoedd.

Mae'r MDD yn rhoi un ffigur rhwng 0 ac 1 i bob gwlad. Y nod yw cael ffigur sydd mor agos at 0 ag sy'n bosibl.

Y fantais o ddefnyddio'r MDD yn hytrach nag IGC yn unig yw ei fod yn tynnu sylw at y gwledydd hynny sydd ddim wedi defnyddio eu cyfoeth i wella iechyd neu addysg y bobl. Er enghraifft, mae Ffigur 10 yn dangos bod IGC Nigeria yn eithaf uchel ond bod yr MDD yn isel. Mae Nigeria yn wlad sy'n cynhyrchu cryn dipyn o olew, ond mae'r rhan fwyaf o gyfoeth y wlad yn nwylo ychydig o deuluoedd cyfoethog a chwmnïau amlwladol. Yn achos Nigeria, nid yw'r cynnydd mewn cyfoeth wedi gwneud rhyw lawer o wahaniaeth i'r rhan fwyaf o bobl.

Gwlad	IGC mewn $UDA (PGP)	Disgwyliad oes	Cyfradd marwolaethau babanod	Cyfradd marwolaethau mamau	MDD
Bangladesh	3,340	71	33	170	0.558
India	5,760	66	41	190	0.586
Nepal	2,420	68	32	190	0.540
Pakistan	5,100	67	69	170	0.537
Sri Lanka	10,270	46	8	29	0.750
Ghana	3,960	61	52	380	0.573
Malaŵi	780	55	44	510	0.414
Moçambique	1,170	50	62	480	0.393
Nigeria	5,680	52	74	560	0.504
Sierra Leone	1,830	74	107	1,100	0.374
Tanzania	2,530	60	36	410	0.488
Uganda	1,690	59	44	360	0.484
Zambia	3,860	58	56	280	0.561

Detholiad o wledydd yn Ne Asia
Detholiad o wledydd yn Affrica Is-Sahara

▲ Ffigur 10 Tabl yn cynnwys IGC a dangosyddion datblygiad cymdeithasol ar gyfer detholiad o wledydd yn Ne Asia ac yn Affrica Is-Sahara.

Disgwyliad oes: nifer y blynyddoedd ar gyfartaledd mae person yn gallu disgwyl byw ar ôl cael ei eni.
Cyfradd marwolaethau babanod: nifer y plant sy'n marw cyn troi'n 1 flwydd oed am bob 1,000 o enedigaethau byw.
Cyfradd marwolaethau mamau: nifer y mamau sy'n marw wrth roi genedigaeth am bob 100,000 o enedigaethau.

Gweithgareddau

1. Esboniwch pam na ddylai daearyddwyr ddibynnu ar MDD yn unig wrth ymchwilio i batrymau datblygiad.
2. Defnyddiwch ddata o Ffigur 10 i luniadu graff gwasgariad er mwyn ymchwilio i'r berthynas rhwng IGC a disgwyliad oes. Ychwanegwch linell ffit orau a disgrifiwch beth mae'r graff yn ei ddweud wrthych chi.

SGILIAU DAEARYDDOL

Rhoi prawf ar y berthynas rhwng setiau data

Oes perthynas rhwng datblygiad economaidd a gwelliannau ym maes gofal iechyd ac addysg? Mae'n bosibl ateb y cwestiwn hwn drwy ddadansoddi data gan ddefnyddio graffiau. Cyn dechrau, mae gwneud rhagfynegiad, neu **ragdybiaeth**, yn syniad da – er enghraifft, 'mae gan wledydd sydd ag IGC isel ddangosyddion MDD isel'. Er mwyn profi'r rhagdybiaeth mae angen cael dwy set ddata sy'n gysylltiedig sef **data deunewidyn**. Yn yr achos hwn, IGC y pen (PGP) ac MDD yw'r data. Chwiliwch am y colofnau data hyn yn Ffigur 10. **Newidynnau** yw'r enw ar y data hyn. Er mwyn profi eu perthynas â'i gilydd lluniadwch graff gwasgariad. Dilynwch y camau hyn:

1 Lluniadwch echelinau'r graff. Dylai'r raddfa ar yr echelin fertigol fod ar gyfer y data rydych chi'n ymchwilio iddynt, sef MDD yn yr achos hwn. Rydyn ni eisiau darganfod a yw IGC y pen yn effeithio ar MDD. Yr MDD yw'r hyn rydyn ni'n ei alw'n **newidyn dibynnol**.

2 Y **newidyn annibynnol** yw'r IGC. Rydyn ni eisiau gweld a yw'n effeithio ar yr MDD. Mae hwnnw i'w weld ar yr echelin lorweddol.

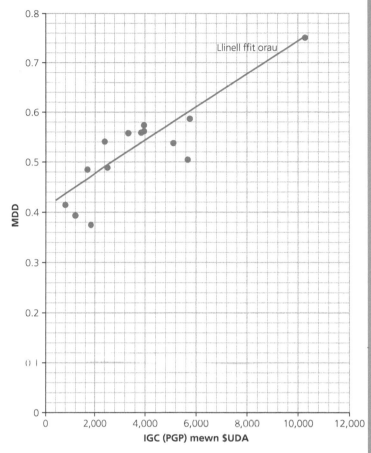

▲ **Ffigur 11** Graff gwasgariad i brofi'r berthynas rhwng MDD ac IGC gan ddefnyddio data o Ffigur 10.

3 Rhowch labeli 'MDD' ar yr echelin fertigol ac 'IGC' ar yr echelin lorweddol.

4 Plotiwch y pwyntiau ar gyfer pob gwlad. Dyma'r 'pwyntiau gwasgariad', ac felly enw'r graff hwn yw **graff gwasgariad**.

5 Dylai eich pwyntiau edrych fel yn Ffigur 11. Mae patrwm yn perthyn i'r data sydd wedi'u plotio – mae llinell wedi'i gosod i'ch helpu chi i weld y patrwm. Enw'r llinell hon yw'r **llinell ffit orau**. Nid yw'r llinell yn cysylltu'r pwyntiau â'i gilydd, ond mae'n dilyn y duedd gyffredinol. Dylai'r un nifer o bwyntiau fod ar bob ochr i'r llinell ffit orau.

6 Yn achos y graff hwn, mae'r llinell ffit orau'n dangos y canlynol: wrth i un dangosydd gynyddu (yr IGC) mae'r llall yn cynyddu hefyd (yr MDD). Rydyn ni wedi profi bod y rhagdybiaeth yn wir!

Gwaith ymholi

Beth dylai Nigeria ei wneud i leihau anghydraddoldeb?

■ Mewn parau, crëwch ragdybiaethau i brofi'r berthynas rhwng unrhyw ddau bâr arall o ddata sydd yn Ffigur 10.

■ Lluniadwch graff gwasgariad gyda llinell ffit orau i ymchwilio i'r berthynas hon.

■ Disgrifiwch yr hyn mae eich graff yn ei ddweud wrthych chi.

■ Esboniwch i ba raddau mae'r rhagdybiaeth rydych chi wedi'i chreu yn wir.

■ Yn seiliedig ar yr hyn rydych chi wedi'i ddysgu, ysgrifennwch adroddiad 400 gair i'w anfon at lywodraeth Nigeria. Yn yr adroddiad, dylech chi esbonio pam rydych chi'n credu y dylai rhagor o arian gael ei fuddsoddi ym meysydd iechyd ac addysg, a pha fanteision fyddai'n dod i'r llywodraeth o wneud hynny.

Sialens llafur plant

Mae'r Sefydliad Llafur Rhyngwladol (*International Labour Organization: ILO*) yn amcangyfrif bod 168 miliwn o blant (5–17 oed) ledled y byd yn gorfod gweithio. Mae'r ffigur hwn wedi disgyn o 246 miliwn yn 2000, sy'n newyddion da. Fodd bynnag, mae llafur plant yn broblem mae angen ei datrys. Mae gan bob plentyn yr hawl i gael addysg, ac mae angen gweithlu sydd wedi derbyn addysg ar wledydd er mwyn cefnogi'r economi.

Mae plant sy'n mynd allan i weithio yn perthyn i deuluoedd sy'n rhy dlawd i allu fforddio anfon eu plant neu rai o'u plant i'r ysgol. Does dim rhaid talu i dderbyn addysg yn y DU, ond dydy hyn ddim yn wir am bob gwlad. Weithiau mae cost ffioedd ysgol neu gost llyfrau ysgrifennu yn gallu bod yn ormod i deuluoedd tlawd. Mae rhieni'n disgwyl i blant helpu i gynnal y teulu drwy ennill ychydig o arian. Mae llawer o blant yn gweithio ar ffermydd. Mae rhai eraill yn gweithio mewn ffatrïoedd yn gwneud carpedi neu ddillad, er enghraifft. Mae plant eraill yn gweithio yn y sector anffurfiol ac yn gwneud swyddi fel casglu ac ailgylchu sbwriel, gwerthu nwyddau ar y stryd neu'n glanhau esgidiau. Mae rhai plant yn gweithio mewn swyddi peryglus a all gael effaith niweidiol ar iechyd neu ddiogelwch. Mae'r *ILO* yn disgrifio amrywiaeth eang o swyddi peryglus. Ymhlith y swyddi hyn mae gweithio o dan ddaear neu mewn chwareli a defnyddio peiriannau peryglus neu waith sy'n eu gorfodi i godi a chario defnyddiau trwm. Mae rhai plant yn gweithio fel milwyr a rhai yn gorfod gweithio yn y diwydiant rhyw, sy'n enghreifftiau pellach o swyddi peryglus.

Mae mwy o fechgyn na merched yn gorfod mynd allan i weithio. Fodd bynnag, bydd merched yn cael eu cadw gartref o'r ysgol i helpu i ofalu am frodyr a chwiorydd ifanc neu i wneud gwaith tŷ, fel cario dŵr a chasglu coed tân. Felly, mae'n bosibl bod nifer y merched sy'n ymwneud â llafur plant yn llawer mwy mewn gwirionedd, gan nad yw'r rhai sy'n gwneud gwaith tŷ yn cael eu cynnwys yn y figurau swyddogol.

◄ **Ffigur 1** Mae Kavita yn 12 oed ac yn gweithio gyda'i theulu mewn odyn friciau ar gyrion Jammu yn India.

◄ **Ffigur 2** Llafur plant a phlant yn gweithio mewn swyddi peryglus yn ôl rhanbarth, 2015.

Rhanbarth	Llafur plant		Swyddi peryglus	
	(miliynau)	%	(miliynau)	%
Asia a'r Pasiffig	77.7	9.3	33.9	4.1
America Ladin a'r Caribî	12.5	8.8	9.6	6.8
Affrica Is-Sahara	59.0	21.4	28.8	10.4
Y Dwyrain Canol a Gogledd Affrica	9.2	8.4	5.2	4.7

Sut dylen ni fynd i'r afael â phroblem llafur plant?

Mae'r *ILO* yn gweithio ym mhob cwr o'r byd i roi diwedd ar lafur plant. Maen nhw'n casglu data er mwyn gallu gosod targedau a monitro cynnydd fel sydd i'w weld yn Ffigur 4. Dydyn nhw ddim yn gallu pasio deddfau newydd sy'n rhoi diwedd ar lafur plant – cyfrifoldeb llywodraethau unigol yw hynny. Fodd bynnag, maen nhw'n gallu cynghori llywodraethau ar bolisïau a fydd yn gweithio, yn seiliedig ar eu profiad o weithio gyda gwledydd lle mae llafur plant yn gostwng. Mae'r *ILO* yn argymell bod llywodraethau'n edrych ar ddau brif faes:

- Gwella mynediad at addysg i sicrhau bod pob plentyn yn mynd i'r ysgol.
- Gwella trefniadau nawdd cymdeithasol i sicrhau bod aelodau mwyaf tlawd a mwyaf difreintiedig y gymdeithas yn gallu dibynnu ar y wladwriaeth i roi cymorth iddyn nhw, yn hytrach na'u bod yn dibynnu'n llwyr ar eu plant.

Mae ffigurau swyddogol yn dangos bod tua 5 miliwn o blant yn gorfod gweithio yn India, ond gallai'r nifer fod yn llawer uwch mewn gwirionedd. Nid yw tua 60% o'r plant hyn yn mynd i'r ysgol o gwbl. Mae'n rhaid i rai plant weithio er mwyn ad-dalu dyled deuluol – mae'n ffurf o gaethwasiaeth yn y byd modern. Mae India yn gwneud rhywfaint o gynnydd araf o ran rhoi diwedd ar lafur plant. Er enghraifft, mewn ardaloedd gwledig o Tamil Nadu a Madhya Pradesh, mae undebau llafur yn cydweithio ag arweinwyr a chyflogwyr lleol i greu pentrefi lle nad oes unrhyw lafur plant.

Mae **168** miliwn o blant yn gorfod gweithio. Mae'r nifer hwn yn cyfateb i boblogaeth y DU, yr Almaen a Sbaen gyda'i gilydd!

Mae **68.2** miliwn o ferched yn gorfod gweithio.

Mae **98** miliwn o blant yn gorfod gweithio ym maes ffermio

Mae **99.8** miliwn o fechgyn yn gorfod gweithio.

Mae **85** miliwn o blant yn gweithio mewn swyddi peryglus

▲ **Ffigur 3** Ystadegau'n ymwneud â llafur plant, 2015.

Gweithgareddau

1. Esboniwch pam nad yw rhai rhieni tlawd yn anfon pob un o'u plant i'r ysgol gynradd.
2. Astudiwch Ffigur 2. Pa ranbarth:
   a) sydd â'r nifer mwyaf o blant sy'n gweithio ac sydd mewn swyddi peryglus?
   b) sydd â'r canran mwyaf o blant yn gweithio ac sydd mewn swyddi peryglus?
3. Defnyddiwch dystiolaeth o Ffigurau 2 a 3 i greu poster sy'n cyflwyno gwybodaeth am lafur plant ar ffurf graffigol.
4. Disgrifiwch y tueddiadau sydd i'w gweld yn Ffigur 4.
5. Esboniwch pam nad yw'r *ILO* yn gallu rhoi diwedd ar lafur plant yn India.

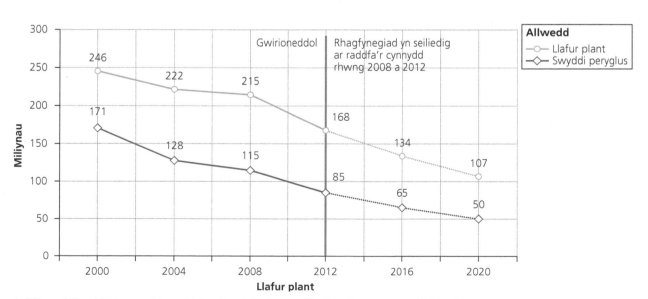

▲ **Ffigur 4** Tueddiadau gwirioneddol a thueddiadau wedi'u rhagfynegi mewn llafur plant.

Pam mae gwella addysg i ferched yn arbennig o bwysig?

Roedd **Cyrchnod Datblygiad y Mileniwm** rhif 2 yn un o dargedau'r CU, a'i nod oedd haneru nifer y plant oedd yn absennol o'r ysgol gynradd erbyn 2015. Ledled y byd, syrthiodd y nifer hwn o 104 miliwn (1990) i 57 miliwn (2015). O'r cyfanswm hwnnw, roedd 33 miliwn ohonynt yn ferched. Mewn gwledydd fel India, lle mae mwy o fenywod na dynion sydd heb gael addysg, mae'r canlyniadau'n ddifrifol, er enghraifft:

- mae plentyn mam sydd heb gael addysg ddwywaith yn fwy tebygol o farw cyn troi'n flwydd oed o'i gymharu â phlentyn mam sydd wedi derbyn addysg lawn
- mae menywod sydd wedi cael addysg dda yn tueddu i briodi'n hwyrach mewn bywyd a chael llai o blant
- mae addysg (yn enwedig addysg uwchradd a phrifysgol) yn rhoi grym i fenywod – hynny yw, mae'n rhoi statws a gwell cyfleoedd mewn bywyd iddyn nhw.

▲ **Ffigur 5** Manteision gwella addysg i ferched.

Torri'n rhydd o lafur plant

Hyd nes blwyddyn yn ôl, roedd Laxmina, sy'n wyth oed, yn rhy brysur yn gweithio i feddwl am fynd i'r ysgol hyd yn oed. Roedd hi'n ennill tua 30 rwpî (llai na doler) y dydd am fynd â llaeth i bentrefi cyfagos sy'n fwy llewyrchus na'i phentref hi.

Fodd bynnag, mae hyn i gyd wedi newid erbyn hyn. Mae Laxmina wedi bod yn mynd i ganolfan ddysgu amgen yn Uttar Pradesh gyda 40 o blant eraill. Mae'r ganolfan hon yn un o blith llawer o ganolfannau tebyg a gafodd eu sefydlu bedair blynedd yn ôl gyda chymorth *UNICEF*. Eu bwriad yw helpu i addysgu plant sydd erioed wedi mynychu'r ysgol o'r blaen.

Mae dros 20 y cant o'r plant sy'n gweithio yn India yn dod o Uttar Pradesh. Mae'r mwyafrif ohonyn nhw'n gwneud mân swyddi mewn ffatrïoedd ac yn y diwydiant carpedi, ac mae'r tâl yn bitw iawn. Ond mae eu gwaith yn hollbwysig oherwydd bod eu cyflogau'n ychwanegu at incwm prin eu teuluoedd. Un o'r prif resymau pam mae llafur plant mor gyffredin yn yr ardaloedd hyn yw dyled, sy'n gorfodi teuluoedd i anfon eu plant i weithio.

Mae *UNICEF* yn defnyddio cyfuniad o ddulliau i fynd i'r afael â phroblem llafur plant. Ymhlith y dulliau hyn mae newid agweddau rhieni, ffurfio grwpiau hunangymorth, gwella ansawdd addysg brif ffrwd, ac agor ysgolion pontio er mwyn sicrhau bod plant yn cyrraedd y lefelau dysgu sy'n briodol ar gyfer eu hoedran.

Mae addysg yn chwarae rhan hollbwysig yn yr ymgyrch i roi diwedd ar lafur plant. O ganlyniad mae gwaith *UNICEF* yn canolbwyntio ar annog cymunedau i anfon merched a bechgyn (sydd erioed wedi bod i'r ysgol neu sydd wedi rhoi'r gorau i fynd) i ganolfannau dysgu amgen.

Mae'r rhan fwyaf o'r canolfannau wedi cael eu sefydlu mewn ardaloedd lle nad oes ysgol o fewn radiws o 1.5 km. Mae gan bob canolfan le ar gyfer tua 40 o fyfyrwyr. Y nod yw helpu plant i gwblhau addysg gynradd – sy'n cymryd 5 mlynedd fel arfer – mewn 3 blynedd. Ar ddiwedd y cyfnod hwn, mae'r plant yn mynd i ysgol ffurfiol.

Mae'r fenter, sy'n cael ei hariannu gan *IKEA* (gyda tua $UDA500,000) drwy Bwyllgor Cenedlaethol yr Almaen *UNICEF*, wedi helpu tua 650 o bentrefi mewn dau ranbarth yn Uttar Pradesh. Mae tua 200 o'r canolfannau'n bodoli ar hyn o bryd. Maen nhw'n cynnig addysg i dros 7,000 o blant, ac mae 55 y cant o'r plant hyn yn ferched.

▲ **Ffigur 6** Dyfyniad o destun o wefan *UNICEF* India. Mae amcangyfrifon yn awgrymu bod 23 y cant o blant yn Uttar Pradesh yn gorfod gweithio; mae tua 70 y cant o'r boblogaeth yn gallu darllen ac ysgrifennu, ac mae 57 y cant o fenywod yn llythrennog.

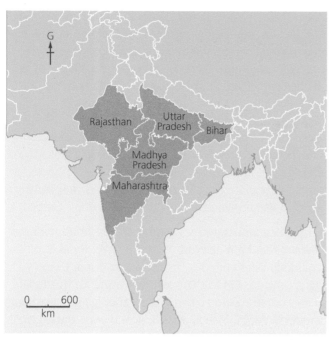

▲ **Ffigur 7** Mae llafur plant yn India ar ei uchaf yn y 5 talaith hyn: Bihar, Uttar Pradesh, Rajasthan, Madhya Pradesh a Maharashtra.

	Tlodi (%)	Cymhareb rhyw	Llythrennedd ymhlith merched (%)
Andhra Pradesh	9.20	993	59.1
Arunachal Pradesh	34.67	938	57.7
Assam	31.98	958	66.3
Bihar	33.74	918	51.5
Chhattisgarh	39.93	991	60.2
Goa	5.09	973	84.7
Gujarat	16.63	919	69.7
Haryana	11.16	879	65.9
Himachal Pradesh	8.06	972	75.9
Jammu a Kashmir	10.35	889	56.4
Jharkhand	36.96	948	55.4
Karnataka	20.91	973	68.1
Kerala	7.05	1,084	92.1
Madhya Pradesh	31.65	931	59.2
Maharashtra	17.35	929	75.9
Manipur	36.89	985	70.3
Meghalaya	11.87	989	72.9
Mizoram	20.40	976	89.3
Tir Naga	18.88	931	76.1
Orissa	32.59	979	64.0
Punjab	8.26	895	70.7
Rajasthan	14.71	928	52.1
Sikkim	8.19	890	75.6
Tamil Nadu	11.28	996	73.4
Tripura	14.05	960	82.7
Uttar Pradesh	29.43	912	57.2
Uttarakhand	11.26	963	70.0
Gorllewin Bengal	19.98	950	70.5

▲ **Ffigur 8** Data dethol ar gyfer taleithiau India. Y gymhareb rhyw yw nifer y menywod am bob 1,000 o ddynion yn y boblogaeth; mewn ardaloedd lle mae gan ddynion a menywod gyfleoedd iechyd cyfartal, mae'r ffigur hwn yn agos i 1,000.

Gweithgareddau

1 Astudiwch Ffigur 6.
   a) Disgrifiwch sut mae'r project hwn yn helpu i leihau llafur plant.
   b) Awgrymwch beth yw cryfderau a chyfyngiadau'r project.
2 Defnyddiwch Ffigur 5 i gwblhau'r esboniad ym mhob un o'r gosodiadau isod.
   Mae mam sydd wedi cael addysg ...
   ▪ yn sylwi ar arwyddion cynnar o salwch yn ei phlentyn, felly mae hi'n ...
   ▪ yn deall pwysigrwydd deiet cytbwys, felly mae hi'n ...
   ▪ yn cydnabod pwysigrwydd addysg lawn ar gyfer ei merch, felly mae hi'n ...
3 Defnyddiwch y data yn Ffigur 8 i ymchwilio i'r berthynas rhwng tlodi a llythrennedd ymhlith merched.
   ▪ Lluniwch ragdybiaeth.
   ▪ Lluniadwch graff gwasgariad er mwyn ymchwilio i'ch rhagdybiaeth (gweler tudalen 267).
   ▪ Beth yw eich casgliadau?

Gwaith ymholi

Pa mor agos yw'r cysylltiad rhwng addysg a phroblemau iechyd?

Defnyddiwch y data yn Ffigur 8 i ymchwilio i'r berthynas rhwng llythrennedd ymhlith merched a'r gymhareb rhyw yn nhaleithiau India. Os oes perthynas, sut gallwch chi ei hesbonio?

Sialens symudiadau ffoaduriaid rhyngwladol

Mae'r rhan fwyaf o bobl yn dewis mudo oherwydd eu bod nhw'n credu y bydd symud yn cynnig swydd ac ansawdd bywyd gwell iddyn nhw. **Mudwyr economaidd** yw'r enw sy'n cael ei ddefnyddio i gyfeirio at y mudwyr hyn fel arfer. Maen nhw'n disgwyl y bydd symud yn arwain at gynnydd mewn cyflog, yn ogystal â chyfleoedd hyfforddi a gyrfa gwell. **Ffactorau tynnu** yw'r enw ar y buddion hyn.

Fodd bynnag, mae **ffactorau gwthio** hefyd yn dylanwadu ar benderfyniad i fudo. Problemau yw'r rhain sy'n gwthio pobl i ffwrdd o'u cartrefi. Ymhlith y ffactorau gwthio mae:
- diweithdra, tangyflogaeth a thlodi
- peryglon naturiol, newid gwleidyddol, erledigaeth neu wrthdaro.

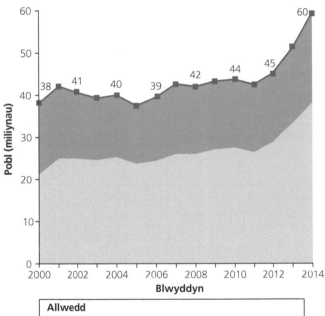

▲ **Ffigur 9** Nifer y bobl a gafodd eu gorfodi i symud oherwydd gwrthdaro (miliynau).

Gwlad	Nifer y ffoaduriaid (miliynau)
Syria	3.9
Afghanistan	2.6
Somalia	1.1

▲ **Ffigur 10** Y tair gwlad sy'n cynhyrchu'r nifer mwyaf o ffoaduriaid, 2014.

Mewn rhai achosion, mae'r ffactorau gwthio yn rhai eithafol. Mae mudwyr yn symud oherwydd eu bod nhw mewn perygl, yn sgil gwrthdaro o bosibl. Y perygl hwn yw'r prif reswm dros symud, yn hytrach na ffactor tynnu fel cael swydd well yn rhywle arall. **Ffoaduriaid** neu **geiswyr lloches** yw'r enw ar y mudwyr hyn.

Mae'r rhan fwyaf o ffoaduriaid y byd yn cael gofal gan wledydd sy'n datblygu. Y 5 gwlad sydd wedi croesawu'r nifer mwyaf o ffoaduriaid yw Twrci, Pakistan, Libanus, Iran ac Ethiopia. Er hynny, mae'r cyfryngau yn y DU yn tueddu i ganolbwyntio ar ffoaduriaid sy'n dod i Ewrop.

Nid yw ffoaduriaid yn dod i Ewrop ac yn symud ar draws y cyfandir yn beth newydd. Yn ystod yr Ail Ryfel Byd, symudodd nifer enfawr o ffoaduriaid ar draws Ewrop yn sgil yr ymladd. Ers 2000, mae mwy a mwy o ffoaduriaid yn ceisio dod i Ewrop o ganlyniad i erledigaeth, gwrthdaro neu derfysgaeth. Mae llawer ohonynt yn dod o wledydd yn Affrica, y Dwyrain Canol ac Asia. Mae'r rhyfeloedd yn Iraq/Syria, Afghanistan a Somalia wedi creu niferoedd o ffoaduriaid sy'n arbennig o uchel, ac mae rhai ohonyn nhw'n ceisio dod i Ewrop.

Cafodd **43,000** o bobl eu gorfodi i adael eu cartrefi bob dydd

Mae **51** y cant o ffoaduriaid y byd yn blant

Mae **86** y cant o ffoaduriaid y byd yn cael gofal gan wledydd sy'n datblygu yn hytrach na gan wledydd incwm uchel

Pe bai ffoaduriaid yn wlad, byddai'r wlad hon yn safle rhif **24** yn y rhestr o'r gwledydd mwyaf yn y byd

Mae **0.6** y cant o ffoaduriaid y byd yn cael gofal gan y DU

▲ **Ffigur 11** Ystadegau'n ymwneud â ffoaduriaid, 2014.

Gweithgareddau

1 Astudiwch Ffigur 9.
   a) Disgrifiwch y duedd gyffredinol sydd i'w gweld o ran pobl sydd wedi'u dadleoli.
   b) Pa ganran o'r bobl a oedd wedi'u dadleoli oedd yn ffoaduriaid rhyngwladol a cheiswyr lloches yn 2014?
2 a) Defnyddiwch fap o'r byd i ddangos lleoliad:
   i)   y 3 gwlad sy'n cynhyrchu'r nifer mwyaf o ffoaduriaid
   ii) y 5 gwlad sy'n croesawu'r nifer uchaf o ffoaduriaid.
   b) Beth yw eich casgliadau?
3 Disgrifiwch ffordd effeithiol o gyflwyno pob rhif yn Ffigur 11 mewn modd a fyddai'n hoelio sylw.

Yr argyfwng ffoaduriaid yn Libanus

Gwlad fach yn y Dwyrain Canol â phoblogaeth o 4.5 miliwn yw Libanus. Mae'n rhannu ffin â Syria, ac mae'r wlad honno wedi bod yng nghanol rhyfel cartref ers 2011. Yn 2015 roedd o leiaf 1.1 miliwn o ffoaduriaid o Syria, a oedd wedi ffoi'r rhyfel, yn byw yn Libanus. Mae'r ffoaduriaid hyn yn byw mewn amodau anodd iawn. Mae rhai'n byw mewn gwersylloedd ffoaduriaid – dinasoedd o bebyll – ac mae eraill yn sgwatio ac yn byw mewn adeiladau gorlawn yn ninasoedd Libanus.

Mae Libanus yn wlad eithaf tlawd: mae IGC y pen yn $UDA9,500, a does dim digon o waith ar gael i gynnal y boblogaeth leol a'r ffoaduriaid. Mae amcangyfrifon yn awgrymu bod yr argyfwng ffoaduriaid yn costio $UDA4.5 biliwn y flwyddyn i Libanus. Mae mynediad at ddŵr glân a diffyg iechydaeth briodol yn bethau sy'n achosi gofid mawr. Mae hinsawdd Libanus yn sych a Mediteranaidd ac mae dŵr glân yn brin. Mae dros hanner y ffoaduriaid o'r farn nad yw'r dŵr lleol yn ddiogel i'w yfed.

> Nid byw ydyn ni ond goroesi. Rwy'n byw mewn bloc o fflatiau gorlawn gyda channoedd o ffoaduriaid eraill. Does gen i ddim preifatrwydd. Penderfynodd fy ngŵr y byddai'n mentro ar y daith beryglus mewn cwch i Ewrop. Mae ef yn yr Almaen erbyn hyn. Un diwrnod, efallai byddwn ni'n ymuno ag ef.

Ffoadur o Syria sy'n fam i dri o blant

> Dydw i ddim yn mynd i'r ysgol erbyn hyn. Rydw i'n gwneud mân swyddi yma ac acw i geisio cynnal fy nheulu. Rydw i eisiau cynilo $UDA1,000 – dyna'r swm mae'r smyglwyr yn ei godi i fynd â chi i Ewrop mewn cwch. Rydw i'n gwybod bod y daith yn beryglus a bod pobl yn boddi, ond does dim dyfodol i mi yma.

Bachgen 15 oed sy'n ffoadur

▲ **Ffigur 14** Safbwyntiau ffoadur o Syria a'i mab.

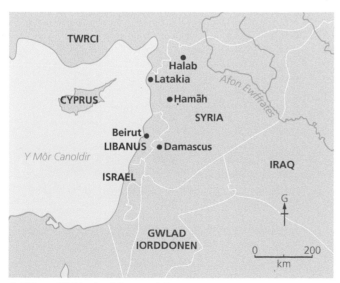

▲ **Ffigur 12** Plant sy'n ffoaduriaid o Syria yn cael gwers mewn ysgol *UNICEF* yn Libanus, 2015.

Gweithgareddau

4 Disgrifiwch leoliad Libanus.
5 Beth yw'r gymhareb rhwng ffoaduriaid a'r boblogaeth leol yn Libanus?
6 a) Disgrifiwch yr amodau yn yr ysgol yn Ffigur 12.
   b) Disgrifiwch un o gryfderau ac un o gyfyngiadau'r project *UNICEF* sydd i'w weld yma.

Gwaith ymholi

Pa anawsterau sy'n wynebu Libanus a'r ffoaduriaid o Syria sy'n byw yno?

Defnyddiwch dystiolaeth o'r dudalen hon, a'ch gwaith ymchwil eich hun, i roi'r sialensiau sy'n wynebu ffoaduriaid yn Libanus o dan y penawdau hyn: economaidd, cymdeithasol ac amgylcheddol.

▲ **Ffigur 13** Lleoliad Syria a Libanus.

Map labels: TWRCI, CYPRUS, Halab, Latakia, Ḥamāh, Afon Ewffrates, SYRIA, Beirut, LIBANUS, Damascus, Y Môr Canoldir, ISRAEL, IRAQ, GWLAD IORDDONEN, G, 0 200 km

Ffoaduriaid yn symud i Ewrop

Diolch i Gytundeb Schengen (1995), mae pobl yn gallu mynd a dod yn hawdd rhwng y rhan fwyaf o wladwriaethau'r UE. Fel arfer, does dim rhaid i bobl ddangos eu pasbort wrth deithio o un wlad i'r llall yn **Ardal Schengen**. Fodd bynnag, mae arweinwyr Ewrop yn awyddus i reoli symudiad pobl o wledydd sydd ddim yn rhan o'r UE, gan gynnwys ffoaduriaid a mudwyr economaidd o wledydd yn Affrica ac Asia. Felly mae mudo i Ewrop yn cael ei reoli'n ofalus. Yn sgil hyn, mae rhai mudwyr yn ceisio dod i Ewrop yn anghyfreithlon ac yn ceisio osgoi'r asiantaethau rheoli ffiniau.

Mae'r rhan fwyaf o'r mudwyr anghyfreithlon sy'n dod o Affrica neu Asia yn ceisio cyrraedd Ewrop drwy groesi'r Môr Canoldir i un o wledydd de Ewrop. Maen nhw fel arfer yn talu symiau mawr o arian i smyglwyr sy'n eu cludo ar gychod pysgota gorlawn neu ar gychod aer bach. Nid yw llawer o'r cychod hyn yn addas i fod ar y môr a does dim offer mordwyo arnyn nhw. Ychydig iawn o ddŵr sydd gan y mewnfudwyr a does dim bwyd. Prin yw'r cychod sydd â rafftiau achub hefyd. Mae'r daith yn beryglus iawn ac mae llawer o fewnfudwyr wedi boddi wrth geisio croesi'r môr.

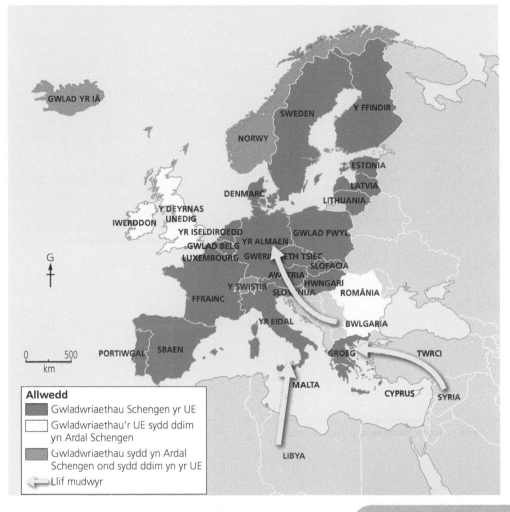

◄ **Ffigur 15** Llwybrau mudwyr i mewn i Ewrop ac ar draws Ewrop.

http://data.unhcr.org/mediterranean/ regional.php – data am symudiadau mudwyr ar draws y Môr Canoldir gan Asiantaeth Ffoaduriaid y Cenhedloedd Unedig.

Gwaith ymholi ?

Pa mor fawr oedd argyfwng ffoaduriaid Syria yn 2015 a 2016?

Defnyddiwch y cyswllt â'r wefan gyferbyn er mwyn ymchwilio i'r argyfwng. Defnyddiwch dystiolaeth o'r wefan hon a gwefannau eraill i ddod o hyd i nifer y ffoaduriaid oedd yn symud, ac ym mha ardaloedd gwnaethon nhw ymgartrefu.

Croesi Ewrop

Os yw mudwyr anghyfreithlon yn llwyddo i gyrraedd Ewrop, nid yw hyn o reidrwydd yn golygu bod eu problemau ar ben. Mae llawer ohonyn nhw eisiau teithio ar draws Ewrop i ymuno â theulu neu ffrindiau sydd eisoes wedi symud. Er enghraifft, mae rhai ffoaduriaid o Iraq yn ceisio dod i'r DU oherwydd bod aelodau o'r teulu yn byw yma'n barod. Fodd bynnag, nid yw pob gwlad yn Ewrop yn aelod o Ardal Schengen. Mae hyn yn golygu bod mudwyr yn cael eu cadw ger ffiniau gwledydd, ac nid ydyn nhw'n gallu symud. Un enghraifft o hyn yw'r Jyngl – anheddiad o sgwatwyr yn Calais, Ffrainc. Yma, mae mudwyr a ffoaduriaid yn aros am gyfle i gael eu smyglo ar lori sy'n dod draw i'r DU.

Mynd i'r afael â'r argyfwng ffoaduriaid

Mae gwledydd ar draws Ewrop yn delio â symudiadau ffoaduriaid mewn ffyrdd gwahanol. Mae rhai gwledydd, gan gynnwys yr Almaen a Sweden, wedi croesawu ffoaduriaid a cheisio sicrhau eu bod yn integreiddio i'r gymdeithas. I'r gwledydd hyn, mae ffoaduriaid yn ddioddefwyr sydd angen help – roedd 54 y cant o'r ffoaduriaid a ddaeth i Ewrop yn 2015 yn fenywod a phlant. Maen nhw'n credu hefyd y bydd ffoaduriaid yn helpu'r economi – mae llawer o ffoaduriaid Syria wedi cael addysg dda iawn.

Mae gwledydd eraill, fel Awstria, wedi ceisio cyfyngu ar nifer y ffoaduriaid sy'n dod i mewn i'r wlad i 80 y dydd yn unig. Maen nhw'n honni y byddai'n anodd iawn iddyn nhw dderbyn rhagor am resymau diogelwch.

Mae cytundebau rhyngwladol rhwng sawl un o wledydd Ewrop wedi gorfod cael eu llunio i fynd i'r afael â'r argyfwng hefyd. Mae gwylwyr y glannau yn yr Eidal a Groeg wedi gweithio'n galed iawn i achub mudwyr sydd mewn perygl yn y Môr Canoldir. Mae llynges y DU hefyd wedi bod allan yno yn helpu. Un ffordd bosibl o ddatrys yr argyfwng fyddai cipio a dinistrio'r cychod sy'n cael eu defnyddio gan smyglwyr.

▲ **Ffigur 16** Tŷ sianti yn y Jyngl, Calais.

Gweithgareddau

1 Esboniwch pam mae bodolaeth Ardal Schengen wedi'i gwneud hi'n haws i ffoaduriaid symud ar draws y rhan fwyaf o Ewrop.

2 Astudiwch Ffigur 15.
  a) Disgrifiwch ddau lwybr gwahanol sy'n cael eu defnyddio gan fudwyr anghyfreithlon a ffoaduriaid sy'n dod i Ewrop.
  b) Esboniwch pam mae llwybrau i dde Ewrop yn beryglus.
  c) Esboniwch pam mae llawer o fudwyr yn mynd ar hyd y llwybr hirach drwy Fwlgaria.
  ch) Esboniwch pam roedd ffoaduriaid yng Ngroeg yn cael trafferth cyrraedd yr Almaen

ar ôl i Awstria gyfyngu ar nifer y bobl a oedd yn gallu mynd i mewn i'r wlad.

3 Defnyddiwch dystiolaeth o Ffigur 16 i awgrymu sut gallai byw yn y Jyngl effeithio ar ansawdd bywyd mudwyr.

4 Disgrifiwch y cyfleoedd a'r sialensiau posibl sy'n cael eu creu pan fydd ffoaduriaid o Syria yn ymgartrefu yng ngwledydd Ewrop.

5 Esboniwch pam mae angen cytundebau rhyngwladol er mwyn mynd i'r afael â'r problemau sy'n codi wrth i ffoaduriaid symud i Ewrop ac ar draws Ewrop.

Problemau iechyd yn Affrica Is-Sahara

Affrica Is-Sahara yw'r rhanbarth mwyaf tlawd yn y byd o hyd. Mae camau i wella gofal iechyd wedi gwneud gwahaniaeth ar draws y rhanbarth hwn yn ystod cyfnod Cyrchnodau Datblygiad y Mileniwm (1990 i 2015), ac mae'r cynnydd hwn i'w weld yn Ffigur 17. Fodd bynnag, Affrica Is-Sahara sydd â'r gyfradd marwolaethau babanod uchaf yn y byd. Lleihau marwolaethau babanod a gwella gofal iechyd sylfaenol yw'r materion poblogaeth pwysicaf yn Affrica. Sut mae modd gwneud hyn?

Ymchwilio i effaith malaria

Mae malaria'n cael ei ledaenu gan fosgitos. Mae'r pryfed hyn yn cario parasit sy'n heintio unrhyw berson sy'n cael ei gnoi. Mae malaria'n glefyd a allai gael ei atal yn llwyr. Mae'n fygythiad i iechyd y bobl sy'n byw yn rhanbarthau trofannol y byd. Mae tua 40 y cant o boblogaeth y byd yn byw mewn ardaloedd lle mae malaria yn endemig (h.y. yn bresennol drwy'r amser). Fodd bynnag, mae 80 y cant o'r marwolaethau sydd wedi'u hachosi gan falaria yn digwydd mewn 15 o wledydd yn unig, ac mae'r rhan fwyaf o'r gwledydd hyn yn Affrica Is-Sahara. Mae tua 65 y cant o'r bobl sy'n marw o falaria yn blant dan 5 oed.

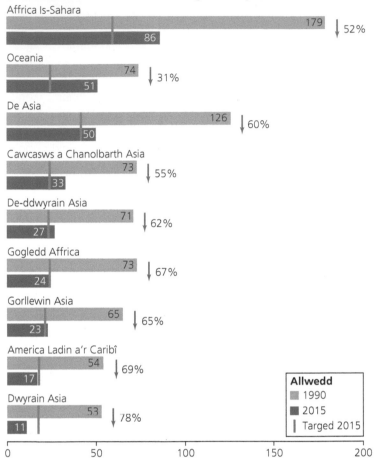

Cyfradd marwolaethau plant dan 5 oed, 1990 a 2015 (marwolaethau am bob 1,000 o enedigaethau byw)

Affrica Is-Sahara: 179 ↓52% / 86

Oceania: 74 ↓31% / 51

De Asia: 126 ↓60% / 50

Cawcasws a Chanolbarth Asia: 73 ↓55% / 33

De-ddwyrain Asia: 71 ↓62% / 27

Gogledd Affrica: 73 ↓67% / 24

Gorllewin Asia: 65 ↓65% / 23

America Ladin a'r Caribî: 54 ↓69% / 17

Dwyrain Asia: 53 ↓78% / 11

Allwedd
- 1990
- 2015
- | Targed 2015

(0, 50, 100, 150, 200)

▲ **Ffigur 17** Gwerthusiad o Gyrchnod Datblygiad y Mileniwm rhif 4: Lleihau cyfradd marwolaethau plant dan 5 oed o ddwy ran o dair rhwng 1990 a 2015.

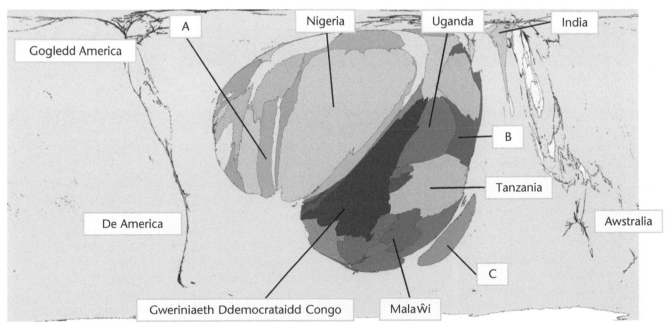

Gogledd America — A — Nigeria — Uganda — India
De America — B
Tanzania
Awstralia
Gweriniaeth Ddemocrataidd Congo — Malaŵi — C

▲ **Ffigur 18** Marwolaethau o falaria yn 2002; mae maint y gwledydd ar y diagram yn cyfateb i nifer y marwolaethau o falaria. Ers 2002, mae nifer y marwolaethau yn fyd-eang wedi disgyn 60 y cant. Fodd bynnag, nid yw'r patrwm byd-eang wedi newid, ac mae'r rhan fwyaf o achosion yn Affrica Is-Sahara o hyd.

Malaria yn Malaŵi

Malaria yw un o'r problemau iechyd mwyaf difrifol yn Malaŵi. Mae'r perygl o ddal malaria yn amrywio ar draws y wlad a hefyd ar adegau gwahanol o'r flwyddyn. Mae'r amodau ar lannau Llyn Malaŵi, sef tymereddau cynnes a dŵr llonydd, yn ddelfrydol ar gyfer bridio mosgitos. Mae'r ardaloedd ucheldir yn oerach ac yn sychach ar y cyfan. Yma, mae malaria yn broblem dymhorol – mae nifer yr achosion yn cyrraedd uchafbwynt yn ystod y tymor gwlyb pan fydd ffosydd a phyllau dŵr yn ffurfio'n gyflym ac yn denu mosgitos. Mae tua 83 y cant o boblogaeth Malaŵi yn byw mewn ardaloedd gwledig. Mae nifer y marwolaethau o falaria yn sylweddol uwch mewn ardaloedd gwledig, fel Bae Nkhata, nag yn y dinasoedd Blantyre a Lilongwe. Mae tai mewn ardaloedd gwledig yn aml wedi'u hadeiladu o frics mwd, a tho gwellt sydd arnynt fel arfer. Nid yw'r tai hyn yn cynnig llawer o amddiffyniad rhag mosgitos.

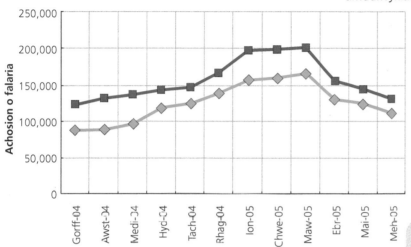

Allwedd

■— Malaria dan 5 oed – newydd
◆— Malaria 5 oed ac yn hŷn – newydd

◀ **Ffigur 19** Achosion newydd o falaria yn Malaŵi fesul mis.

	Bae Nkhata		
	Tymheredd isaf cymedrig (°C)	Tymheredd uchaf cymedrig (°C)	Dyodiad cyfartalog (mm)
Ion	21	30	232
Chwe	21	30	237
Maw	21	30	260
Ebr	19	29	322
Mai	17	28	97
Meh	14	27	71
Gorff	13	26	47
Awst	14	29	9
Med	15	30	2
Hyd	17	34	11
Tach	20	34	90
Rhag	21	32	181

▲ **Ffigur 20** Hinsawdd Bae Nkhata, cyfartaleddau 2004–13.

Gweithgareddau

1 Defnyddiwch Ffigur 18 ac atlas i ddarganfod:
 a) pa ranbarth trofannol sydd ddim yn cael llawer o achosion o falaria
 b) enwau gwledydd A, B ac C
 c) pa ranbarth o'r byd, ar ôl Affrica Is-Sahara, sydd â'r ail nifer uchaf o achosion o falaria.
2 Astudiwch Ffigur 19. Disgrifiwch batrwm blynyddol yr achosion newydd o falaria ymhlith plant dan 5 oed. Cofiwch gynnwys ffigurau yn eich ateb.
3 Defnyddiwch Ffigur 20.
 a) Lluniadwch graffiau hinsawdd ar gyfer Bae Nkhata.
 b) Disgrifiwch y patrwm glawiad blynyddol.
4 Defnyddiwch dystiolaeth o Ffigurau 19 a 20 i esbonio pam mae achosion newydd o falaria yn fwy cyffredin ar adegau penodol o'r flwyddyn.

Gwaith ymholi

Pa mor llwyddiannus oedd ymgais Affrica Is-Sahara i gyflawni Cyrchnod Datblygiad y Mileniwm rhif 4?

Defnyddiwch dystiolaeth o Ffigur 17 i gymharu'r gwelliannau iechyd yn Affrica Is-Sahara â'r gwelliannau mewn rhanbarthau eraill.

A yw rhai pobl yn wynebu mwy o berygl oherwydd malaria na rhai eraill?

Mae peryglon iechyd malaria yn amrywio'n fawr iawn ar gyfer grwpiau gwahanol o bobl. Ni fydd pawb sy'n cael malaria yn marw. Mewn gwirionedd, os yw person yn cael ei heintio dro ar ôl dro gan fosgitos, bydd yn datblygu imiwnedd i falaria dros amser. Mae cyfraddau mynychder yn Malaŵi yn dangos bod 60 y cant o fabanod a phlant dan 3 oed yn dioddef o falaria o gymharu â 12 y cant o ddynion. Wrth i blant ac oedolion fynd yn hŷn, maen nhw'n datblygu ymwrthedd i'r clefyd ac mae nifer y marwolaethau'n gostwng.

Mae rhai pobl yn fwy tebygol o farw o falaria na phobl eraill. Y bobl hyn yw plant a menywod beichiog, yn enwedig menywod sy'n feichiog am y tro cyntaf. Malaria sy'n gyfrifol am tua 40 y cant o farwolaethau plant. Mae'r perygl o farw o falaria hefyd yn arbennig o uchel ymhlith pobl sydd â system imiwnedd wael. Mae amcangyfrifon yn awgrymu bod 10 y cant o boblogaeth Malaŵi yn byw gyda firws HIV (gweler tudalen 281) sy'n dinistrio'r system imiwnedd. Dydy'r bobl hyn ddim yn gallu ymladd clefydau ac mae'r gyfradd marwolaethau o falaria yn uwch nag ydyw ymhlith pobl sydd ddim yn dioddef o HIV.

Mae beichiogrwydd hefyd yn arwain at ostyngiad bach mewn lefelau imiwnedd. O ganlyniad mae nifer y menywod beichiog sy'n marw o'r clefyd ychydig yn uwch na nifer y marwolaethau ymhlith menywod sydd ddim yn feichiog.

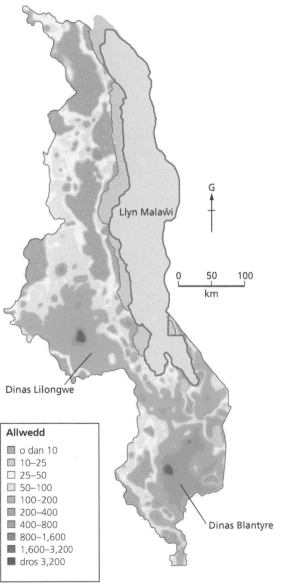

Allwedd
- o dan 10
- 10–25
- 25–50
- 50–100
- 100–200
- 200–400
- 400–800
- 800–1,600
- 1,600–3,200
- dros 3,200

Llyn Malaŵi

Dinas Lilongwe

Dinas Blantyre

▲ **Ffigur 21** Dwysedd poblogaeth yn Malaŵi. Mae dwysedd poblogaeth yn tueddu i fod yn is mewn ardaloedd gwledig nag ydyw mewn ardaloedd trefol.

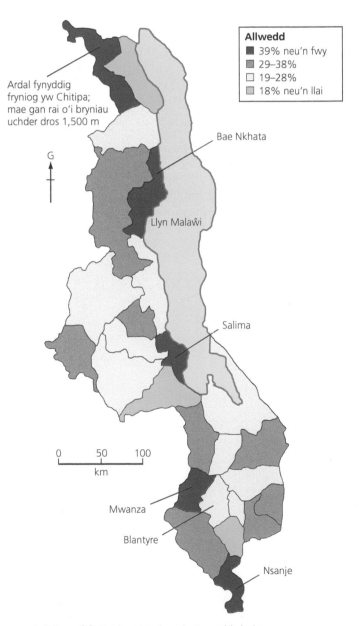

Allwedd
- 39% neu'n fwy
- 29–38%
- 19–28%
- 18% neu'n llai

Ardal fynyddig fryniog yw Chitipa; mae gan rai o'i bryniau uchder dros 1,500 m

Bae Nkhata

Llyn Malaŵi

Salima

Mwanza

Blantyre

Nsanje

▲ **Ffigur 22** Dosbarthiad malaria yn Malaŵi.

Mynd i'r afael â malaria

Mae nifer o strategaethau wedi'u rhoi ar waith yn Malaŵi i fynd i'r afael â'r clefyd. Un o'r strategaethau hyn yw annog pobl i ddefnyddio rhwydi gwely sydd wedi'u trin â phryfleiddiad (*insecticide-treated bed nets: ITNs*). Dyma ffordd effeithiol iawn o leihau achosion o falaria yn eithaf rhad. Dim ond £3 yw cost pob rhwyd. Fodd bynnag, mae hyn yn ormod o arian i lawer o bobl yn ardaloedd gwledig Malaŵi. Yn ystod y 15 mlynedd diwethaf, mae'r Weinyddiaeth Iechyd ac elusennau fel *Nothing but Nets* wedi dosbarthu *ITNs* ledled Malaŵi. Yn 1997, dim ond 8 y cant o gartrefi yn Malaŵi oedd â rhwydi gwely. Erbyn 2004 roedd y ffigur hwn wedi codi i 50 y cant ar gyfartaledd. Erbyn 2015, roedd *ITNs* mewn 80 y cant o gartrefi. Fodd bynnag, nid yw hyn yn golygu bod digon o rwydi yn y cartrefi hynny i amddiffyn pawb sy'n byw yno. Dim ond 33 y cant o gartrefi sydd ag un rhwyd am bob dau o bobl sy'n byw yn y cartref. Mae'n bwysig diogelu'r bobl sydd fwyaf agored i niwed. Y newyddion da yw bod 66 y cant o blant dan 5 oed a 60 y cant o fenywod beichiog yn cysgu o dan rwyd.

Strategaeth arall yw defnyddio pryfleiddiaid. Mae pryfleiddiaid yn cael eu chwistrellu mewn ardaloedd lle mae mosgitos yn debygol o ddod i gysylltiad â phobl. Y broblem yw bod mosgitos wedi datblygu ymwrthedd i rai pryfleiddiaid a dydyn nhw ddim mor effeithiol ag y gallen nhw fod. Yn yr un modd, mae'r parasit sydd mewn mosgitos wedi datblygu ymwrthedd i gyffuriau. Mae angen datblygu cyffuriau newydd ar frys. Os bydd person yn dechrau dangos symptomau malaria, mae'n rhaid iddyn nhw ddechrau cymryd cyffuriau gwrth-falaria cyn gynted ag sy'n bosibl er mwyn bod â gwell siawns o ymladd y clefyd. Yn anffodus, nid yw pawb yn Malaŵi yn gallu cael gafael ar gyffuriau pan mae eu hangen arnyn nhw. Mae hyn yn aml oherwydd bod pobl mewn ardaloedd gwledig yn gorfod teithio'n bell i weld doctor. Hefyd, oherwydd bod symptomau cynnar malaria yn debyg i symptomau llawer o gyflyrau eraill, yn aml nid yw pobl yn sylweddoli eu bod nhw wedi dal malaria nes ei bod hi'n rhy hwyr. Mae malaria'n cael yr effaith fwyaf ar bobl dlawd am nad ydyn nhw'n gallu fforddio prynu rhwydi a chael y driniaeth mae ei hangen arnynt. Mae'n gallu bod yn gylch dieflig: mae pobl yn cael eu hatal rhag dianc rhag tlodi oherwydd bod malaria yn faich ar eu bywydau.

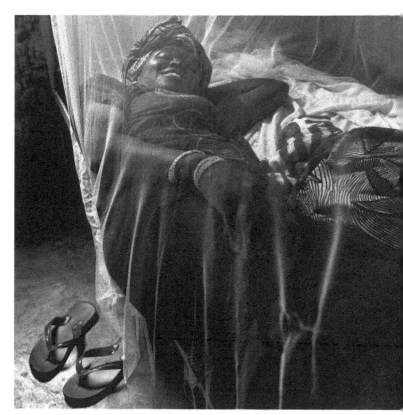

▲ **Ffigur 23** Mae modd atal marwolaethau o falaria drwy ddefnyddio rhwydi gwely sydd wedi'u trin â phryfleiddiaid (*ITNs*).

Gweithgareddau

1. a) Pa dri grŵp o bobl sy'n wynebu'r perygl mwyaf oherwydd malaria?
   b) Esboniwch pam mae rhai pobl yn wynebu mwy o berygl na phobl eraill.
2. a) Defnyddiwch Ffigur 22 i ddisgrifio dosbarthiad malaria yn Malaŵi.
   b) Defnyddiwch y dystiolaeth ar dudalennau 277–9 ac awgrymwch resymau gwahanol sy'n esbonio'r cyfraddau uchel o falaria mewn dau o'r rhanbarthau sydd wedi'u henwi yn Ffigur 22.
   c) Cymharwch Ffigurau 21 a 22. Defnyddiwch y mapiau hyn i gynnig tystiolaeth bod malaria yn fwy cyffredin mewn ardaloedd gwledig.
3. Gweithiwch mewn parau. Trafodwch y cwestiynau canlynol ac yna crynhowch eich casgliadau mewn dau ddiagram corryn.
   a) Ydy malaria'n achosi tlodi neu ai tlodi sy'n achosi malaria?
   b) Pa grwpiau penodol ddylai gael *ITNs*?
4. Gwerthuswch pa mor llwyddiannus yw'r defnydd o *ITNs* yn Malaŵi. Beth gallan nhw ei gyflawni? Beth arall mae angen ei wneud?

Y sialensiau sy'n cael eu creu gan HIV

Affrica Is-Sahara yw'r rhanbarth sydd wedi'i daro waethaf gan HIV. Mae HIV yn glefyd nad oes modd ei wella sy'n ymosod ar y system imiwnedd ac sy'n arwain at AIDS yn y pen draw. Dyma yw un o brif achosion tlodi mewn sawl cymuned. Pobl o oedran gweithio sy'n cael eu heintio gan HIV ar y cyfan. Mae marwolaethau yn y gweithlu nid yn unig yn achosi gofid i deuluoedd ond hefyd yn lleihau gallu'r teulu i ennill arian.

Cyrhaeddodd cyfraddau heintio HIV uchafbwynt ddiwedd y 1990au. Ers hynny, yn y rhan fwyaf o wledydd Affrica Is-Sahara, mae canran yr oedolion sy'n byw gyda'r firws wedi sefydlogi neu leihau. Y rheswm dros hyn yw bod llai o bobl yn cael eu heintio diolch i lwyddiant rhaglenni addysg. Yn Uganda, er enghraifft, gostyngodd cyfraddau heintio HIV ar ôl i'r llywodraeth gyflwyno rhaglen hyfforddi ar gyfer gweithwyr gofal iechyd ac addysg a gwasanaeth cynghori i'r cyhoedd.

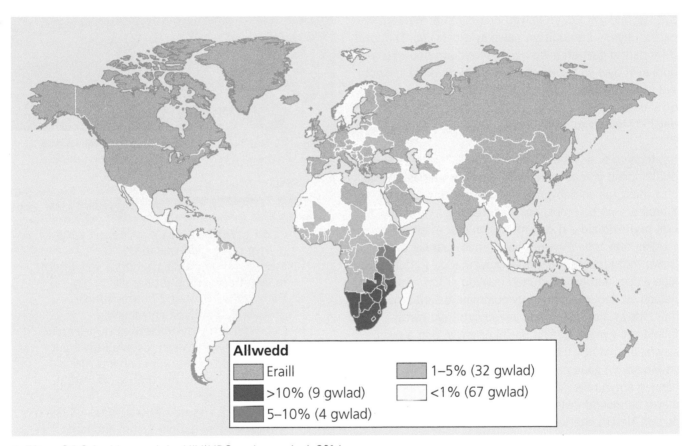

Allwedd

Eraill	1–5% (32 gwlad)
>10% (9 gwlad)	<1% (67 gwlad)
5–10% (4 gwlad)	

▲ **Ffigur 24** Cyfradd mynychder HIV/AIDS ar draws y byd, 2014.

Gweithgareddau

1   Gan ddefnyddio Ffigur 24:
   a) disgrifiwch ddosbarthiad pobl sy'n dioddef o HIV/AIDS ar draws y byd.
   b) disgrifiwch sut mae cyfraddau mynychder yn amrywio ar draws Affrica.
2   Esboniwch y cysylltiadau rhwng HIV a thlodi. Defnyddiwch Ffigur 26 i'ch helpu.
3   Esboniwch pam gallai gwella addysg helpu i leihau mynychder HIV.

HIV yn Malaŵi

Malaŵi yw un o'r gwledydd sydd â'r niferoedd mwyaf o bobl sydd wedi'u heintio â HIV yn y byd. Mae amcangyfrifon yn awgrymu bod 1.1 miliwn o bobl yn Malaŵi yn byw gyda HIV. Mae nifer y marwolaethau o AIDS a malaria yn helpu i esbonio pam mai 54 oed yw'r disgwyliad oes cyfartalog ym Malaŵi.

Mae llywodraeth Malaŵi a sefydliadau anllywodraethol wedi gwneud ymdrech enfawr i fynd i'r afael ag epidemig HIV. Mae nifer y bobl sy'n cael eu heintio bob blwyddyn wedi gostwng o 98,000 yn 2005 i 34,000 yn 2013. Mae nifer y plant sy'n dioddef o HIV wedi gostwng 67 y cant yn yr un cyfnod.

Mae cyfraddau HIV yn amrywio'n fawr iawn ar hyd a lled Malaŵi. Tua 14.5 y cant yw'r gyfradd yn rhanbarthau'r de, er mai tua 10 y cant yw'r gyfradd gyfartalog ar gyfer Malaŵi gyfan. Mae cyfraddau'n uwch mewn ardaloedd trefol nag mewn ardaloedd gwledig: 17.4 y cant o gymharu â 9 y cant.

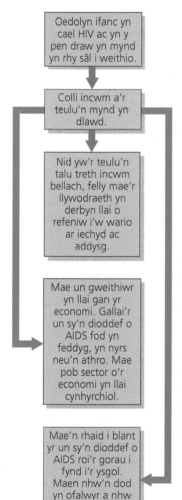

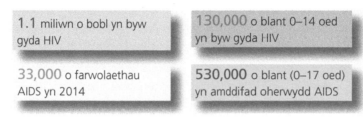

1.1 miliwn o bobl yn byw gyda HIV

130,000 o blant 0–14 oed yn byw gyda HIV

33,000 o farwolaethau AIDS yn 2014

530,000 o blant (0–17 oed) yn amddifad oherwydd AIDS

▲ **Ffigur 25** HIV/AIDS yn Malaŵi, 2014.

Oedolyn ifanc yn cael HIV ac yn y pen draw yn mynd yn rhy sâl i weithio.

Colli incwm a'r teulu'n mynd yn dlawd.

Nid yw'r teulu'n talu treth incwm bellach, felly mae'r llywodraeth yn derbyn llai o refeniw i'w wario ar iechyd ac addysg.

Mae un gweithiwr yn llai gan yr economi. Gallai'r un sy'n dioddef o AIDS fod yn feddyg, yn nyrs neu'n athro. Mae pob sector o'r economi yn llai cynhyrchiol.

Mae'n rhaid i blant yr un sy'n dioddef o AIDS roi'r gorau i fynd i'r ysgol. Maen nhw'n dod yn ofalwyr a nhw yw prif enillwyr cyflog y cartref.

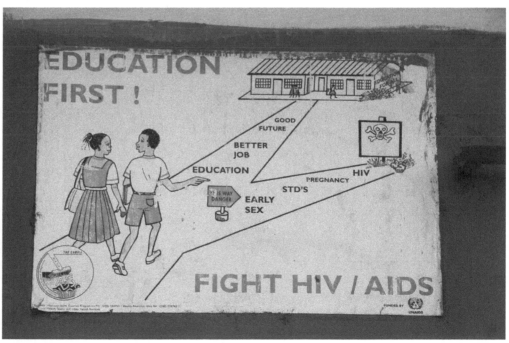

▲ **Ffigur 27** Poster yn Gambia, gwlad yng Ngorllewin Affrica.

▲ **Ffigur 26** Canlyniadau cymdeithasol ac economaidd HIV.

Argyfwng Ebola 2014–15

Anaml iawn bydd pentrefi arfordirol Gorllewin Affrica ar y newyddion yn y DU. Ond, ym Mawrth 2014, roedd sylw'r cyfryngau wedi'i hoelio ar rai o *LICs* tlotaf y byd, Guinée, Sierra Leone a Liberia (gweler Ffigur 28). Y rheswm oedd Ebola, un o glefydau mwyaf peryglus y byd. Roedd rhywogaeth farwol o Ebola wedi codi yn y gwledydd hyn. Cafodd y clefyd ei ddarganfod yn 1976, a dyma'r argyfwng mwyaf difrifol hyd yma.

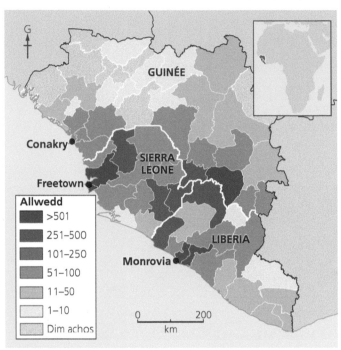

▲ **Ffigur 28** Map yn dangos nifer y marwolaethau o Ebola yng Ngorllewin Affrica.

Gweithgareddau

1 Defnyddiwch Ffigur 28 i ddisgrifio lleoliad a dosbarthiad y nifer mwyaf o farwolaethau yn ystod yr argyfwng Ebola.
2 Defnyddiwch y data yn Ffigur 29 i esbonio'r cysylltiad rhwng tlodi a bod yn agored i niwed.
3 Defnyddiwch Ffeil Ffeithiau Ebola i gyfrifo:
   a) y canran o bobl wedi'u heintio a fu farw
   b) canran y marwolaethau ym mhob gwlad dan sylw.

Gwlad	IGC y pen ($UDA PGP)	Sgôr MDD (a safle allan o 187)	Nifer y doctoriaid am bob 1,000 o bobl	Marwolaethau babanod
Guinée	1,140	0.392 (safle 179)	0.1	53.4
Sierra Leone	1,830	0.374 (safle 183)	0.02	71.7
Liberia	820	0.412 (safle 175)	0.01	67.5
Y DU	38,370	0.892 (safle 14)	2.8	4.4

▲ **Ffigur 29** Dangosyddion tlodi y 3 gwlad a ddioddefodd fwyaf.

Beth yw Ebola?

Firws yw Ebola (yn debyg i'r ffliw ac annwyd, ond yn waeth). Mae'n lledaenu drwy gysylltiad uniongyrchol, gan gynnwys moleciwlau dŵr wrth i chi disian. Felly mae'n beryglus i weithwyr iechyd a chleifion.

Mae symptomau Ebola yn debyg i rai'r ffliw ond yn gwaethygu'n gyflym. Mae symptomau'n ymddangos 2–21 diwrnod ar ôl yr heintio. Mae'n dechrau â thwymyn a phen tost, poen yn y cymalau a'r cyhyrau, dolur gwddf a gwendid cyhyrol. Wedyn daw dolur rhydd, chwydu, brech, poen stumog, ac arennau ac iau/afu llai effeithiol. Mae'r claf yn gwaedu'n fewnol ac o'r clustiau, y llygaid, y trwyn neu'r geg. Mae tua 40 y cant o bobl ag Ebola yn marw, ond mae hyn yn gostwng. Mae cael triniaeth gynnar yn cynyddu'r siawns o oroesi. Yn 2015, daeth triniaeth ar gael a gostyngodd y cyfraddau marw.

Tlodi a bod yn agored i niwed

Cyn yr argyfwng, roedd dros hanner poblogaeth Liberia yn byw o dan y **llinell dlodi**. Gwaethygodd pethau ar ôl Ebola. Mae rhai o'r gwledydd tlotaf y byd yn y rhan hon o Orllewin Affrica (gweler Ffigur 29). Mae tlodi'n gwneud pobl yn **agored i niwed**:

- Dydyn nhw ddim yn bwyta'n dda nac yn gallu gwrthsefyll clefydau cystal.
- Maen nhw'n byw dan amodau lle mae clefydau yn debygol o ledaenu, e.e. diffyg iechydaeth.
- Maen nhw'n debygol o barhau i weithio oherwydd dydyn nhw ddim yn gallu fforddio peidio, ac felly'n aml mae'n rhy hwyr erbyn iddynt gael triniaeth.
- Does ganddyn nhw ddim cynilion, ac felly ni allan nhw dalu am ofal meddygol preifat.

Collodd llawer o bobl ffrindiau a pherthnasau, yn ogystal â swyddi, cynilion (ar ôl talu am ofal iechyd) a thymor o blannu cnydau. Yn ôl *Oxfam*, roedd incwm tri chwarter y boblogaeth wedi lleihau, a dywedodd 60 y cant nad oedden nhw wedi cael digon o fwyd yr wythnos diwethaf. I ymdopi, roedd llawer wedi gorfod benthyca arian, bwyta llai bob dydd, neu golli prydau er mwyn i blant gael bwyd.

Ymateb *Oxfam* i'r argyfwng Ebola

Dechreuodd *Oxfam* godi arian i geisio rhoi diwedd ar yr argyfwng, ar y cyd â'r Groes Goch ac elusen o Ffrainc *Médecins Sans Frontières*. Aethon nhw ati i drefnu ymgyrchoedd codi arian brys, ac yn ystod 2014–15 cafodd £28 miliwn ei wario gan y sefydliadau hyn yn y gwledydd oedd yn dioddef oherwydd Ebola.

Derbyniodd cyfanswm o 3.2 miliwn o bobl gymorth gan *Oxfam*. Roedd gan yr elusen ddwy brif swyddogaeth:

- Cefnogi gofal meddygol drwy ddarparu dŵr, iechydaeth ac offer glanhau.
- Gweithio gyda chymunedau i godi ymwybyddiaeth o'r clefyd, a helpu drwy roi triniaethau, claddu cyrff mewn ffordd ddiogel a dod o hyd i bobl a allai fod wedi dod i gysylltiad â'r clefyd.

▲ **Ffigur 30** Gyrrwr ambiwlans mewn dillad gwarchod yn cael ei ddiheintio gyda chlorin. Mae'r gyrrwr newydd ddychwelyd o gludo person sy'n dioddef o Ebola i ganolfan driniaeth yn Freetown, Sierra Leone (2014).

Gofal meddygol

Roedd gofal iechyd o gymorth i ddoctoriaid o ran gwneud diagnosis o Ebola, ac yna ynysu a thrin y cleifion. Cafodd arian gan *Oxfam* ei wario ar:

- Adeiladu cyfleusterau meddygol a darparu offer iddyn nhw, e.e. mygydau wyneb, esgidiau, menig a sebon.
- Darparu isadeiledd i ddwsinau o ganolfannau iechyd yn Sierra Leone a Liberia, e.e. tanciau a phibellau dŵr.
- Adeiladu mannau golchi dwylo cymunedol.
- Darparu timau i ddod o hyd i bobl a allai fod wedi dod i gysylltiad â'r clefyd.
- Claddu cyrff mewn ffordd ddiogel, darparu pecynnau yn cynnwys e.e. mygydau, oferôls, esgidiau, menig a bagiau corff.

Gweithio gyda chymunedau

Yn Liberia, helpodd *Oxfam* drwy:

- rhoi cymorth ariannol i 15,000 o deuluoedd
- adeiladu ac atgyweirio toiledau a mannau dŵr mewn 400 o ysgolion
- hyfforddi athrawon a myfyrwyr ynghylch hylendid da er mwyn gwella iechyd y gymuned a lleihau'r perygl o argyfwng arall yn y dyfodol.

Gwaith ymholi ?

Gwerthuswch i ba raddau roedd ymdrechion *Oxfam* yn llwyddiannus yn ystod yr argyfwng Ebola yn eich barn chi. Defnyddiwch dystiolaeth i gyfiawnhau eich penderfyniad.

Ffeil Ffeithiau: Ebola 2014 i 2015

Cyfanswm nifer yr achosion: 27,741

Nifer y marwolaethau: 11,284

Marwolaethau fesul gwlad:

- Liberia: 4,808
- Sierra Leone: 3,949
- Guinée: 2,512
- Nigeria: 8
- Mali: 6
- UDA: 1

Yn 2014, roedd argyfwng Ebola arall yng Ngweriniaeth Ddemocrataidd Congo, a bu farw 43 o bobl. Fodd bynnag, rhywogaeth wahanol o'r clefyd oedd hon, ac nid oedd yn gysylltiedig â'r argyfwng yng Ngorllewin Affrica. Ym mis Gorffennaf 2015, cafodd brechlyn newydd ei ryddhau sy'n gallu ymladd Ebola.

Gweithgareddau

4 a) Lluniwch dabl i ddangos effeithiau economaidd, cymdeithasol ac amgylcheddol Ebola.
   b) Penderfynwch pa effeithiau oedd y rhai mwyaf arwyddocaol ac esboniwch pam.

5 Defnyddiwch Ffigur 30 i esbonio pam mae trin Ebola yn ddrutach na thrin llawer o glefydau eraill.

6 Dyluniwch boster i helpu un o ymgyrchoedd *Oxfam*, naill ai
   a) i godi ymwybyddiaeth o Ebola a'i symptomau, neu
   b) i wella hylendid cyhoeddus er mwyn rhwystro Ebola rhag lledaenu ymhellach.

Y cysylltiad rhwng iechyd a sicrwydd dŵr

Mae amcangyfrifon yn awgrymu bod tua 2.2 miliwn o bobl yn marw bob blwyddyn o heintiau sy'n effeithio ar y coludd. Yfed dŵr budr/brwnt neu ymolchi ynddo sy'n achosi'r heintiau hyn, a phlant yw llawer o'r bobl sy'n marw ohonynt.

Mae dŵr glân yn rhan hanfodol o ddatblygiad cymdeithasol ac economaidd. Mae angen dŵr diogel i gynnal cyflenwadau dŵr, darparu hylendid, tyfu bwyd a chyflenwi prosesau diwydiannol. Heb ddigon o ddŵr diogel, mae cyfraddau marwolaethau ymhlith babanod a mamau yn codi. Mae cael **sicrwydd dŵr** yn un o nodau pwysicaf unrhyw wlad. Ystyr sicrwydd dŵr yw bod â digon o ddŵr i gadw'r boblogaeth yn iach ac wedi'i bwydo. Mae sicrwydd dŵr hefyd yn galluogi'r economi i ddatblygu mewn ffordd gynaliadwy, a hynny heb effeithio ar gyflenwadau dŵr y dyfodol.

Y cyflenwad dŵr a chlefyd polio yn Affrica Is-Sahara

Mae gogledd-ddwyrain Nigeria yn rhanbarth Sahel yn Affrica. Mae'r rhanbarth hwn yn dioddef o ansicrwydd dŵr. Mae sawl rheswm dros y broblem hon:

- Mae hinsawdd y rhanbarth yn boeth a lletgras, ac mae'r tymor sych yn hir.
- Mae'r tymor gwlyb yn annibynadwy; mewn llawer o flynyddoedd ers 1965 mae'r glawiad wedi bod yn is na'r cyfartaledd.
- Nid yw llywodraeth Nigeria wedi llwyddo i sicrhau bod digon o ddŵr yn dod drwy bibellau na bod iechydaeth ar gael mewn dinasoedd sy'n tyfu'n gyflym, fel Kano.
- Mae tlodi a sychder wedi arwain at ansefydlogrwydd gwleidyddol a thwf grŵp Islamaidd eithafol o'r enw Boko Haram.

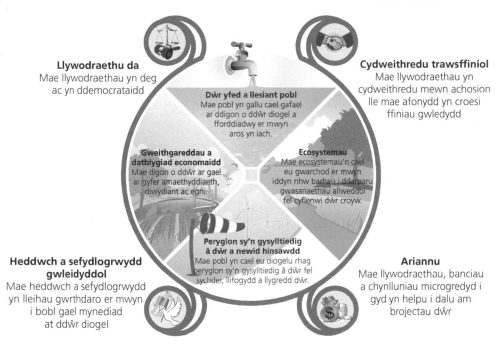

◄ **Ffigur 31** Diffiniad y CU o sicrwydd dŵr (2013). Mae rhan ganol y diagram yn disgrifio nodweddion sicrwydd dŵr. Mae rhan allanol y diagram yn disgrifio sut i gyflawni sicrwydd dŵr.

Llywodraethu da
Mae llywodraethau yn deg ac yn ddemocrataidd

Cydweithredu trawsffiniol
Mae llywodraethau yn cydweithredu mewn achosion lle mae afonydd yn croesi ffiniau gwledydd

Dŵr yfed a llesiant pobl
Mae pobl yn gallu cael gafael ar ddigon o ddŵr diogel a fforddiadwy er mwyn aros yn iach.

Gweithgareddau a datblygiad economaidd
Mae digon o ddŵr ar gael ar gyfer amaethyddiaeth, diwydiant ac egni.

Ecosystemau
Mae ecosystemau'n cael eu gwarchod er mwyn iddyn nhw barhau i ddarparu gwasanaethau allweddol fel cyflenwi dŵr croyw.

Peryglon sy'n gysylltiedig â dŵr a newid hinsawdd
Mae pobl yn cael eu diogelu rhag peryglon sy'n gysylltiedig â dŵr fel sychder, llifogydd a llygredd dŵr.

Heddwch a sefydlogrwydd gwleidyddol
Mae heddwch a sefydlogrwydd yn lleihau gwrthdaro er mwyn i bobl gael mynediad at ddŵr diogel

Ariannu
Mae llywodraethau, banciau a chynlluniau microgredyd i gyd yn helpu i dalu am brojectau dŵr

Gweithgareddau

1. Astudiwch Ffigur 31. Rhestrwch fanteision sicrwydd dŵr i bobl, i'r economi ac i'r amgylchedd. Cofnodwch eich ateb mewn diagram Venn.
2. Astudiwch y wybodaeth am ansicrwydd dŵr yn nhalaith Kano a dinas Kano.
   a) Rhestrwch yr achosion ffisegol a'r achosion dynol.
   b) Awgrymwch o leiaf pedwar rheswm pam mae Kano yn wynebu perygl enfawr o ansicrwydd dŵr.
   c) Defnyddiwch yr enghraifft hon i esbonio pam mae cyflawni sicrwydd dŵr yn amhosibl heb waith caled gan arweinwyr gwleidyddol.
3. a) Defnyddiwch Ffigur 34 i luniadu graff llinell yn dangos twf poblogaeth dinas Kano.
   b) Disgrifiwch duedd eich graff.
   c) Amlinellwch y ddau brif reswm dros y duedd hon.
4. a) Defnyddiwch Ffigur 32 i luniadu graff llinell o achosion polio yn Nigeria.
   b) Esboniwch y ffactorau sydd wedi dylanwadu ar siâp y graff hwn.

Ansicrwydd dŵr ac iechyd yn Kano

Kano yw'r drydedd ddinas fwyaf yn Nigeria. Mae poblogaeth y ddinas yn tyfu'n gyflym o hyd. Mae hyn yn rhannol oherwydd mudo gwledig–trefol o'r ardaloedd gwledig cyfagos i'r ddinas yn sgil ffactorau gwthio, sef glawiad isel a thlodi. Daw cyflenwad dŵr Kano o Argae Tiga (a gafodd ei gwblhau yn 1974) ac o Argae Ceunant Challawa (a gafodd ei gwblhau yn 1992). Mae Argae Tiga hefyd yn cyflenwi dŵr i Broject Dyfrhau Afon Kano, sy'n defnyddio dŵr i dyfu bwyd ar gyfer trigolion Kano. Fodd bynnag, does dim system garthffosiaeth na gweithfeydd trin carthion yn Kano. Mae pobl sy'n byw mewn trefi sianti dwysedd uchel yn y ddinas yn defnyddio tyllau yn y ddaear fel toiledau. Mae iechydaeth wael yn golygu bod pobl mewn perygl o ddal heintiau fel colera a chlefydau fel polio. Mae polio'n ymosod ar y system nerfol ac mae'n gallu parlysu dioddefwyr. Fodd bynnag, mae modd cael gwared ar glefyd polio drwy imiwneiddio plant ifanc.

Rhwng 2003 a 2004, penderfynodd arweinwyr Mwslimaidd lleol a llywodraeth talaith Kano y bydden nhw'n gwrthwynebu unrhyw ymgais i frechu'r plant yn nhalaith Kano yn y dyfodol. Mae llywodraeth talaith Kano yn cefnogi'r rhaglen frechu erbyn hyn ond mae rhai pobl yn ei gwrthwynebu'n chwyrn o hyd. Ym mis Chwefror 2013, aeth eithafwyr i ddau glinig polio yn Kano a dechrau saethu, a chafodd naw gweithiwr iechyd eu lladd. Mae llywodraeth y dalaith ac *UNICEF* wedi sefydlu rhaglen enfawr i addysgu pobl leol am fanteision y brechlyn polio. Y gobaith erbyn hyn yw y bydd polio wedi diflannu o Nigeria erbyn 2018.

Blwyddyn	Achosion o glefyd polio a gafodd eu cofnodi
2001	56
2002	202
2003	355
2004	782
2005	830
2006	1,122
2007	285
2008	798
2009	388
2010	21
2011	62
2012	122
2013	53
2014	6

▲ **Ffigur 32** Achosion o glefyd polio yn Nigeria.

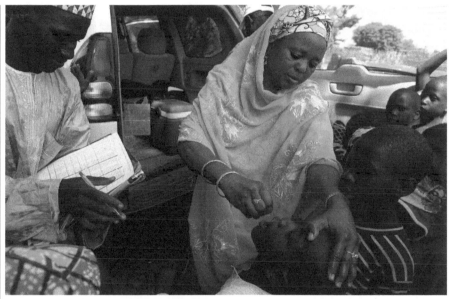

▲ **Ffigur 33** Mae Hassan Makama (un o weithwyr yr ymgyrch imiwneiddio) yn cadw cofnod wrth i Riskat Giwa (swyddog hwyluso cymdeithasol *UNICEF*) frechu plant yn erbyn polio yn Kano, Nigeria.

1970	1975	1980	1985	1990	1995	2000	2005	2010	2015	2020	2025	2030
0.54	0.86	1.36	1.86	2.06	2.34	2.60	2.90	3.22	3.59	4.17	5.11	6.20

▲ **Ffigur 34** Poblogaeth Kano (miliynau).

Gwaith ymholi

Oes modd cael gwared ar glefyd polio?

- Ymchwiliwch i'r gwledydd lle roedd polio yn endemig yn 2000 ac eto yn 2015. Beth sy'n digwydd i'r clefyd a beth sy'n debygol o ddigwydd yn y dyfodol yn ôl pob golwg?
- Canolbwyntiwch ar broblem polio yn Afghanistan a Pakistan. Oes modd cael gwared ar glefyd polio yn y gwledydd hyn? Cyfiawnhewch eich penderfyniad.

Beth sy'n cysylltu defnyddwyr y DU â'r amgylchedd byd eang?

Mae **milltiroedd bwyd** yn fesur o'r pellter mae'r nwyddau yn eich basged siopa wythnosol wedi'i deithio cyn cyrraedd eich plât. Mae bwyd sy'n cael ei dyfu yn y DU yn cael ei gludo'n bellach nawr nag ydoedd 50 mlynedd yn ôl. Mae hynny o ganlyniad i dwf cadwyni archfarchnadoedd mawr a'u systemau dosbarthu cymhleth (gweler Ffigur 1). Erbyn hyn, bwyd a chynhyrchion amaethyddol eraill yw bron traean y nwyddau sy'n cael eu cludo ar ein ffyrdd, a hynny mewn lorïau sy'n defnyddio diesel ac yn allyrru CO_2, un o'r nwyon tŷ gwydr.

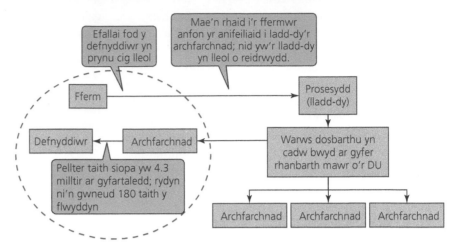

▲ **Ffigur 1** Mae milltiroedd bwyd yn cynyddu yn sgil cadwyni cyflenwi cymhleth; efallai fod y cig sydd ar eich plât wedi'i fagu ar fferm leol, ond mae'n bosibl ei fod wedi teithio llawer o filltiroedd bwyd.

Mae llawer o'n bwyd yn cael ei dyfu dramor ac yna'n cael ei fewnforio i'r DU, felly mae milltiroedd bwyd y cynhyrchion hyn hyd yn oed yn uwch. Rydyn ni'n mewnforio hanner ein llysiau (mae'r rhan fwyaf yn dod o'r UE) a 95 y cant o'n ffrwythau. Mae'n bosibl rhewi cigoedd fel cig eidion (o Dde America), cig oen (o Seland Newydd) a chyw iâr (o'r UE) a'u cludo i'r DU ar longau cynwysyddion. Mae costau egni ac allyriadau carbon cludo'r cig hwn yn uwch na phe bydden ni'n prynu cig wedi'i gynhyrchu'n lleol.

Mae allyriadau carbon hyd yn oed yn uwch os yw'r nwyddau'n cael eu cludo ar awyrennau. Mae angen cludo cynhyrchion fel ffrwythau meddal (er enghraifft mafon a mefus) a blodau yn gyflym ar awyrennau i'w cadw'n ffres. Mae'n bosibl tyfu llawer o'r cynhyrchion hyn yn y DU, ond am rai misoedd y flwyddyn yn unig. Maen nhw'n cael eu

mewnforio o wledydd trofannol (fel Kenya) neu o wledydd yn hemisffer y de (fel De Affrica) er mwyn i ni allu eu cael nhw y tu allan i'r tymor tyfu yn y DU.

Math o gludiant	Gram am bob tunnell fetrig/km
Llongau cynwysyddion mawr (dros 35,000 tunnell fetrig)	3.0
Llongau cynwysyddion (10,000–35,000 tunnell fetrig)	7.9
Tryciau/lorïau	80.0
Cludiant awyr	435.0

▲ **Ffigur 2** Allyriadau carbon ar gyfer mathau gwahanol o gludiant.

Gwlad sy'n cynhyrchu'r mewnforion	Cyfaint (miliwn tunnell fetrig)
Twrci	0.4
Chile	0.45
Brasil	0.5
De Affrica	1.1
Colombia	1.2
Ecuador	1.5
Costa Rica	1.8

▲ **Ffigur 3** Mewnforio ffrwythau ffres i'r UE yn 2014.

Gwaith ymholi

A ddylen ni fwyta bwyd sydd wedi'i dyfu'n lleol ac sydd yn ei dymor yn unig?

Ymchwiliwch i'r ffrwythau mae'r DU yn eu mewnforio.

- Gan ddefnyddio Ffigur 3 i'ch helpu, pa ffrwythau rydyn ni'n eu mewnforio ac o ba wledydd maen nhw'n dod?
- Allwn ni leihau'r galw am ffrwythau sydd wedi'u mewnforio? Pa ffrwythau sy'n cael eu tyfu yn y DU?
- Lluniwch arolwg i ymchwilio i agweddau ar y mater hwn. Pa gwestiynau byddech chi'n eu gofyn? Beth fyddai'n sampl cynrychiadol ar gyfer eich arolwg?

Felly, a ddylwn i fwyta bwyd sydd wedi'i gynhyrchu'n lleol?

Byddai rhywun yn dychmygu bod prynu bwyd sydd wedi'i dyfu'n lleol yn beth da – yn enwedig os ydych chi'n prynu o siop annibynnol sydd heb gadwyni cyflenwi cymhleth fel y rhai sydd yn Ffigur 1. Drwy wneud hyn, rydych chi'n cefnogi ffermwyr lleol a dylai'r milltiroedd bwyd fod yn fyrrach. Fodd bynnag, mae rhai'n dadlau bod y cysyniad o filltiroedd bwyd yn symleiddio pwnc cymhleth ac na ddylen ni anwybyddu bwyd sy'n cael ei dyfu dramor, fel y ffa o Kenya sydd i'w gweld yn Ffigur 4. Mae'r broses o gynhyrchu bwyd yn defnyddio pob math o adnoddau, gan gynnwys gwrtaith, plaleiddiaid a dŵr. Mae angen gweithgynhyrchu gwrtaith a phlaleiddiaid ac mae hynny'n defnyddio egni. Yna maen nhw'n cael eu dosbarthu i adwerthwyr a ffermwyr mewn lorïau, sy'n defnyddio diesel, ac yna maen nhw'n cael eu gwasgaru ar gaeau gan ddefnyddio tractor, sy'n defnyddio mwy o ddiesel eto. Mae pob un o'r prosesau hyn yn allyrru nwyon tŷ gwydr ac yn effeithio ar yr amgylchedd. **Dadansoddiad cylchred oes** yw'r enw ar y ffordd hon o feddwl am gynhyrchion. Mae'n ffordd fwy soffistigedig o feddwl am effeithiau prynwriaeth o gymharu â'r cysyniad o filltiroedd bwyd.

▲ **Ffigur 4** A ddylen ni brynu'r ffa hyn sydd wedi'u cludo ar awyren o Kenya?

▲ **Ffigur 5** Mr Pugh, perchennog siop cigydd teuluol yn Bishop's Castle. Mae Mr Pugh yn prynu ei holl gig o ffermydd sydd o fewn 10 km i'r siop; mae'r anifeiliaid yn cael eu lladd yn Leintwardine sydd 22 km o'r siop.

Mae ffa (yn Kenya) yn cael eu tyfu drwy ddefnyddio llafur pobl – nid yw'r broses yn fecanyddol. Yn Kenya, dydyn nhw ddim yn defnyddio tractorau. Maen nhw'n defnyddio tail gwartheg fel gwrtaith, ac mae'r systemau dyfrhau sydd ganddyn nhw yn rhai syml iawn. Mae cynhyrchu ffa hefyd yn rhoi gwaith i lawer o bobl mewn gwledydd sy'n datblygu. Felly, mae'n rhaid i chi ystyried y ffactorau hyn ochr yn ochr â'r milltiroedd bwyd sy'n cael eu defnyddio i gludo'r ffa i'r archfarchnad.

▲ **Ffigur 6** Yr Athro Gareth Edwards-Jones o Brifysgol Bangor, arbenigwr ar amaethyddiaeth yn Affrica, yn siarad am ffa sy'n cael eu tyfu yn Kenya. Ymddangosodd y dyfyniad mewn erthygl o'r enw 'How the myth of food miles hurt the planet' gan Robin McKie a Caroline Davies ym mhapur newydd *The Guardian* ar 23 Mawrth 2008. Hawlfraint *Guardian News & Media Ltd*.

Gweithgareddau

1 Defnyddiwch Ffigur 1 i esbonio pam mae'n debygol bod cig wedi'i brynu o archfarchnad wedi teithio fwy o filltiroedd bwyd na chig wedi'i brynu o siop cigydd lleol.
2 Cyflwynwch y data yn Ffigur 2 gan ddefnyddio techneg addas.
3 Astudiwch Ffigur 3.
   a) Pa rai o'r gwledydd hyn:
      i) sydd yn yr UE
      ii) sy'n wledydd trofannol?
   b) Dewiswch dechneg addas ar gyfer dangos y data hyn.
4 Disgrifiwch gryfderau a chyfyngiadau'r cysyniad o filltiroedd bwyd.
5 Lluniwch dabl sy'n amlinellu'r dadleuon o blaid ac yn erbyn prynu ffrwythau a llysiau o dramor.

Prynwriaeth a gwastraff

Mae pob un ohonom yn defnyddio pethau – bwyd, dŵr, dillad, eitemau electronig ac egni. Yn aml, dydyn ni ddim yn ystyried o ble mae'r eitemau hyn yn dod neu'r effaith ar yr amgylchedd pan fyddwn ni wedi gorffen gyda nhw – ond dylen ni. Erbyn heddiw, mae poblogaeth y Ddaear yn defnyddio swm o adnoddau sydd gyfwerth ag adnoddau 1.6 planed. **Ôl troed ecolegol** yw'r enw ar hyn. Wrth i'r boblogaeth dyfu, ac wrth i'r galw am fwy o nwyddau traul gynyddu hefyd, mae ein hôl troed yn tyfu. Erbyn y 2030au, mae'r CU yn amcangyfrif y bydd angen dwy Ddaear i'n cynnal. Mae yna gysylltiad rhwng y cynnydd yn y galw am nwyddau a dinistrio'r coedwigoedd glaw (gweler tudalennau 294–5) a dirywiad stociau pysgod (gweler tudalennau 290–1), yn ogystal â'r cynnydd mewn allyriadau nwyon tŷ gwydr.

Gwlad	Ôl troed y pen (*GHA*)	MDD
Awstralia	8.3	0.935
Yr Almaen	4.4	0.916
UDA	6.8	0.915
Y DU	4.2	0.907
Yr Emiradau Arabaidd Unedig	8.1	0.835
México	2.4	0.756
Brasil	2.9	0.755
China	2.5	0.727
Indonesia	1.3	0.684
De Affrica	2.5	0.666
Viet Nam	1.4	0.666
India	0.9	0.609
Ghana	1.7	0.579
Bangladesh	0.7	0.570
Malaŵi	0.7	0.445
Gambia	1.1	0.441

▲ **Ffigur 7** Ôl troed ecolegol o gymharu â'r Mynegrif Datblygiad Dynol (MDD) ar gyfer detholiad o wledydd.

Ôl troed ecolegol

Mae ôl troed ecolegol yn fesur o'r effaith mae pob un ohonom yn ei chael ar yr amgylchedd. Mae'n ystyried faint o dir mae ei angen ar bob un ohonom bob blwyddyn, i ddarparu digon o fwyd, dŵr, egni a gwasanaethau – gan gynnwys y gofod a'r adnoddau mae eu hangen i gael gwared ar ein gwastraff. Mae ôl troed ecolegol yn cael ei fesur mewn hectarau global y person (*global hectares per person: GHA*). Mae gennym ddigon ar y ddaear i'n galluogi ni i gael 2.1 *GHA* yr un. Os ydyn ni'n defnyddio mwy na hynny bob blwyddyn, mae ein ffordd o fyw yn anghynaliadwy. Ystyr hyn yw ein bod ni'n defnyddio adnoddau yn gyflymach nag maen nhw'n cael eu hailgyflenwi.

Mae cymdeithasau o ddefnyddwyr yn creu llawer iawn o wastraff – mae cartrefi yn taflu bwyd a defnyddiau pacio bob wythnos. Yn y gorffennol, roedd y rhan fwyaf o'r gwastraff hwn yn cael ei gasglu a'i losgi neu ei ddympio ar safle tirlenwi. Fodd bynnag, rydyn ni'n creu cymaint o wastraff nes na fydd digon o le ar ôl i'w ddympio. Wedi'r cyfan, mae modd ailgylchu defnyddiau defnyddiol fel cerdyn, papur, plastig, metal a gwydr. Mae hyn yn lleihau'r galw am adnoddau newydd ac, mewn rhai achosion, mae ailgylchu defnyddiau pacio yn rhatach na chreu rhai newydd sbon. Mae caniau diod alwminiwm yn enghraifft dda – mae'n cymryd llawer llai o drydan i ailgylchu can diod nac i fwyndoddi alwminiwm o'i fwyn.

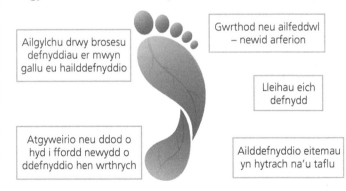

Ailgylchu drwy brosesu defnyddiau er mwyn gallu eu hailddefnyddio

Gwrthod neu ailfeddwl – newid arferion

Lleihau eich defnydd

Atgyweirio neu ddod o hyd i ffordd newydd o ddefnyddio hen wrthrych

Ailddefnyddio eitemau yn hytrach na'u taflu

▲ **Ffigur 8** Ffyrdd o leihau eich ôl troed ecolegol.

Gweithgareddau

1 Astudiwch Ffigur 7.
   a) Lluniwch ragdybiaeth sy'n cysylltu ôl-troed ecolegol ag MDD a gwnewch ragfynegiad.
   b) Lluniadwch graff gwasgariad i brofi eich rhagdybiaeth. Meddyliwch yn ofalus a phenderfynwch pa un yw'r newidyn dibynnol (mae angen ei blotio ar yr echelin fertigol). Gweler tudalen 267.
   c) Beth yw eich casgliadau am y cysylltiadau rhwng prynwriaeth a datblygiad? Gwnewch

yn siŵr eich bod yn esbonio'r rhesymau dros y cysylltiadau.

2 Trafodwch y 5 elfen yn Ffigur 8.
   a) Gwnewch restr o ddeg eitem o leiaf sydd yn eich cartref. Rhowch enghraifft o sut gallai pob un ohonynt gael eu trin gan ddefnyddio'r syniadau yn Ffigur 8.
   b) Beth dylen ni ei wneud am wastraff? Ydy un o'r 5 elfen yn well na'r lleill? Esboniwch eich ateb.

Beth sy'n digwydd i e-wastraff?

Beth sy'n digwydd i'ch hen ffôn, cyfrifiadur neu lechen ar ôl i chi orffen gyda nhw? **E-wastraff** yw'r enw ar y rhain. Mae'r eitemau hyn yn cynnwys amrywiol fetelau, gan gynnwys copr (gyda gorchudd plastig drosto) a darnau bach o aur (mewn sglodion cyfrifiaduron), paladiwm ac indiwm. Mae ailgylchu'r defnyddiau hyn yn lleihau'r angen i gloddio am fwy o ddefnyddiau crai o'r Ddaear sy'n golygu bod ôl troed ecolegol y blaned yn gostwng. Fodd bynnag, mae defnyddiau peryglus fel mercwri, plwm a chemegion fflam-arafol yn yr eitemau hyn hefyd. Mae angen ailgylchu'r eitemau hyn yn ofalus neu gall y defnyddiau sydd ynddyn nhw lygru'r amgylchedd a pheryglu iechyd pobl.

Mae'r CU yn amcangyfrif bod 50 miliwn tunnell fetrig o e-wastraff yn cael eu creu bob blwyddyn. Mae llawer o'r gwastraff yn dod o economïau sy'n tyfu'n gyflym mewn gwledydd newydd eu diwydianeiddio fel India a China, yn ogystal â gwledydd yn Ewrop a gwledydd incwm uchel eraill. Mae ymgyrchwyr amgylcheddol yn poeni bod rhywfaint o'r e-wastraff sy'n cael ei gynhyrchu yn Ewrop yn cael ei allforio i wledydd fel India, China, Ghana a Nigeria lle mae costau ailgylchu yn llawer is. O ganlyniad mae lleoedd fel Agbogbloshie yn cael eu sefydlu, sef tomen ailgylchu e-wastraff enfawr yn Accra, Ghana. Mae amcangyfrifon yn awgrymu bod rhwng 50,000 ac 80,000 o bobl yn byw ac yn gweithio yn yr anheddiad anffurfiol sydd wedi datblygu ger y domen. Mae cyfrifiaduron, sgriniau a ffonau'n cael eu malu a'u llosgi – proses sy'n toddi'r plastigion ac yn datgelu'r metelau i gael eu hailgylchu. Mae mwg o'r tanau yn llenwi'r awyr ac mae'n peryglu iechyd. Mae tar o'r plastigion tawdd yn llygru'r nant sy'n rhedeg ar hyd ochr y domen.

▲ **Ffigur 10** Dynion ifanc yn datgymalu gweinyddion cyfrifiadurol yn Agbogbloshie. Mae'r gwaith yn anffurfiol ac nid yw'n cael ei reoleiddio, felly does dim rheolau iechyd a diogelwch.

Gweithgareddau

3 Disgrifiwch y patrwm sydd i'w weld yn Ffigur 9. Ystyriwch a yw pob gwlad ffynhonnell a phob gwlad gyrchfan yn wlad incwm uchel, gwlad incwm isel neu'n wlad newydd ei diwydianeiddio.

4 Disgrifiwch ganlyniadau cymdeithasol ac amgylcheddol ailgylchu e-wastraff mewn aneddiadau anffurfiol fel Agbogbloshie yn Ghana.

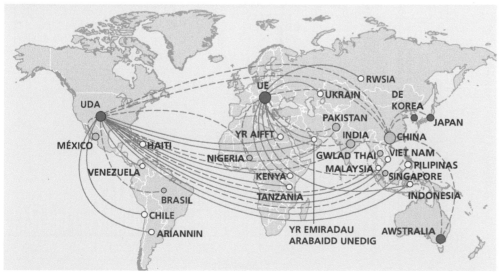

▲ **Ffigur 9** Symudiadau hysbys a honedig e-wastraff. Mae allforio rhai mathau o e-wastraff wedi'i wahardd; fodd bynnag, mae e-nwyddau ail-law weithiau'n cael eu labelu fel rhai sy'n gweithio wrth iddynt gael eu hanfon, er mai gwastraff ydynt mewn gwirionedd. Felly, mae'n anodd dilyn symudiadau'r holl gynhyrchion e-wastraff sy'n cael eu dympio dramor.

Allwedd
- Ffynhonnell hysbys
- Cyrchfan hysbys
- Cyrchfan honedig

Oes digon o bysgod ym Môr y Gogledd?

Mae 'pysgod a sglodion' yn bryd parod poblogaidd iawn yn y DU. Yn draddodiadol, penfras neu hadog oedd y pysgodyn, wedi'i ddal ym Môr y Gogledd sy'n enghraifft o ecosystem forol. Ond yn y blynyddoedd diwethaf, mae pysgod eraill fel y celog neu'r morlas wedi cymryd lle'r penfras gan nad oes cymaint o benfras ar gael. Pam mae hyn wedi digwydd?

Dydy gorbysgota ddim yn gynaliadwy gan na fydd digon o bysgod ar ôl yn y môr i fridio ac ailgyflenwi'r stociau pysgod, os bydd gormod o bysgod ifanc yn cael eu dal. Mae hyn i'w weld yn Ffigurau 12 ac 14. Gall gymryd hyd at bedair blynedd i benfras fod yn ddigon aeddfed i fridio, felly rhaid rheoli stociau pysgod i roi cyfle iddyn nhw oroesi. Mae dal penfras sydd â'i hyd yn llai na 35 cm yn anghyfreithlon yn y DU. Dydy'r pysgod hyn ddim wedi bridio eto ac mae'n rhaid eu taflu yn ôl i'r môr os ydynt yn cael eu dal.

Sut mae amddiffyn y penfras?

Mae'r UE yn rheoli'r stociau pysgod o amgylch Ewrop, gan gynnwys Môr y Gogledd, drwy osod cwotâu. Mae cwotâu yn cyfyngu ar nifer y pysgod mae aelod-wladwriaethau yn gallu eu dal mewn rhannau penodol o'r môr. Maen nhw hefyd yn cyfyngu ar nifer y diwrnodau mewn mis pryd gall pysgotwyr fynd allan i bysgota. Mae'r cwotâu wedi gwylltio pysgotwyr y DU. Maen nhw wedi dadlau bod y cyfyngiadau yn rhy lawdrwm. Mae cwotâu yn golygu eu bod yn dal llai o bysgod ac felly'n ennill llai o arian, ac mae busnesau rhai pysgotwyr wedi mynd i'r wal. Roedd y ffordd y cafodd y cwotâu eu dyrannu i wahanol aelod-wladwriaethau'r UE hefyd yn destun beirniadaeth. Mae dal gormod o bysgod neu bysgod bach yn arwain at ddirwyon mawr, ac felly mae pysgod yn cael eu taflu yn ôl i'r môr o bryd i'w gilydd, yn fyw neu'n farw. Dylai gwahardd pysgotwyr rhag defnyddio rhwydi â rhwyllau sy'n llai na maint penodol olygu bod pysgod bach yn gallu nofio allan o'r rhwyd a dianc.

▲ **Ffigur 11** Penfras ar werth yn y farchnad yn Peterhead, yr Alban. Peterhead yw porthladd pysgota mwyaf y DU.

Gweithgaredd

1 a) Disgrifiwch y duedd gyffredinol yn Ffigur 12.
  b) Awgrymwch sut roedd y newidiadau i'r ddalfa yn effeithio ar bobl oedd yn gweithio yn y diwydiant pysgota ym Môr y Gogledd.
  c) Pa gyfran o'r ddalfa penfras a gafodd ei thaflu yn ôl yn 2008?

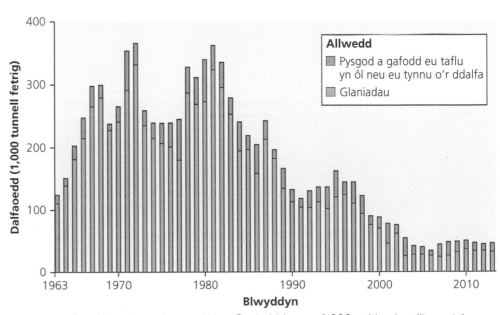

▲ **Ffigur 12** Dalfaoedd penfras ym Môr y Gogledd (mewn 1,000oedd o dunelli metrig).

A yw'r penfras wedi'i achub?

Yn ôl ffigurau a gafodd eu cyhoeddi ym mis Medi 2015, mae stociau penfras Môr y Gogledd yn dechrau cynyddu (gweler Ffigur 14). Mae atal gorbysgota wedi galluogi'r penfras i fridio a chynyddu o ran niferoedd. Erbyn heddiw, mae'r diwydiant pysgota yn llawer llai nag oedd yn yr 1990au, ac mae llai o fusnesau teulu bach ar agor o hyd. Felly, a yw'n iawn i **ddefnyddwyr** fwyta penfras unwaith eto? Mae gwyddonwyr yn rhybuddio nad yw'r penfras yn gwbl ddiogel eto.

> Nid yw cwotâu yn mynd yn ddigon pell. Mae angen i ni roi'r gorau'n llwyr i bysgota stociau sy'n cael eu gorbysgota am flwyddyn. Yna, byddai stociau'n dychwelyd i lefel gwbl gynaliadwy ymhen pedair blynedd.
>
> **Gwyddonydd**

> Mae angen i ni ystyried sut rydyn ni'n dal y pysgod. Mae treillongau yn defnyddio rhwydi llusgo ac yn dal mwy o bysgod ond maen nhw'n difrodi gwely'r môr. Mae rhwydi drysu, sy'n rhwydi fertigol, yn dal llai o bysgod ac mae llai o wastraff. Mae angen i ni annog pysgota cyfrifol.
>
> **Ymgyrchydd amgylcheddol**

> Mae angen i ni amddiffyn ein diwydiant pysgota. Pe bydden ni'n cyflawni dymuniad y gwyddonwyr, sef gosod cwotâu isel iawn, byddai ein diwydiant pysgota yn dirywio. Rydyn ni wedi gosod cwotâu sy'n ddigon isel i warchod stociau pysgod ond sy'n ddigon uchel i ddiogelu swyddi.
>
> **Gweinidog y Llywodraeth**

> Rydw i'n hoffi penfras, ond mae gennym ni gyfrifoldeb i warchod adnoddau'r byd. Os oes rhaid i mi brynu mathau eraill o bysgod sy'n gynaliadwy am y tro, dyna ni.
>
> **Defnyddiwr**

> Mae'r dref hon yn dibynnu ar y diwydiant pysgota. Mae pobl yn gweithio ar y cychod, yn y farchnad bysgod ac yn yr iard trwsio cychod. Os yw'r llywodraeth yn cyfyngu ar nifer y pysgod y gallwn ni eu dal, mae'r holl dref yn dioddef.
>
> **Perchennog siop pysgod a sglodion yn Peterhead**

▲ **Ffigur 13** Safbwyntiau am bysgota.

Gweithgareddau

2. a) Cymharwch y duedd yn Ffigur 14 â'r duedd yn Ffigur 12.
   b) Ym mha flwyddyn gallai'r gwyddonwyr fod wedi gofyn i'r UE gyflwyno cwotâu pysgota?
   c) Esboniwch pam gallai pysgotwyr a gwyddonwyr anghytuno am ystyr tair blynedd olaf y llinell duedd hon.

3. Trafodwch y safbwyntiau sydd i'w gweld yn Ffigur 13. Rhowch un rheswm pam mae gwneud y pethau isod yn bwysig:
   a) amddiffyn ecosystem Môr y Gogledd
   b) amddiffyn swyddi yn y diwydiant pysgota.

4. Awgrymwch ddwy ffordd wahanol y gallai defnyddwyr y DU helpu i warchod ecosystem Môr y Gogledd a chefnogi'r diwydiant pysgota.

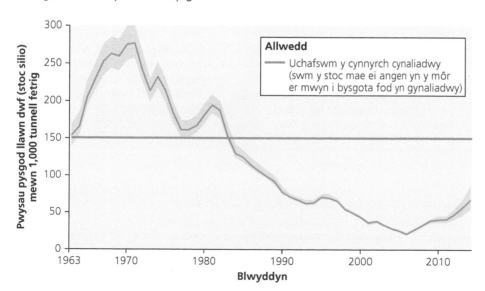

Allwedd

— Uchafswm y cynnyrch cynaliadwy (swm y stoc mae ei angen yn y môr er mwyn i bysgota fod yn gynaliadwy)

◀ **Ffigur 14** Pwysau penfras llawn dwf (stoc silio) ym Môr y Gogledd.

Ydy ffermio berdys yn gynaliadwy?

Mae **coedwigoedd mangrof** yn tyfu ar forlinau trofannol. Mae coed mangrof yn gallu gwrthsefyll llifogydd dŵr croyw a dŵr heli. Mae'r amgylchedd hwn, felly, yn goedwig ac yn wlyptir, ac mae'n cynnal amrywiaeth eang iawn o bysgod, pryfed ac anifeiliaid.

Mae mangrofau'n amsugno egni tonnau mewn stormydd ac felly maen nhw'n helpu i amddiffyn cymunedau arfordirol. Er hyn, mae busnesau mawr yn meddwl mai tir diffaith, diwerth yw mangrofau. Mae coed yn cael eu torri i lawr ac mae'r tir corsiog yn cael ei ailddatblygu at ddibenion twristiaeth neu **ddyframaethu**. Mae amcangyfrifon yn awgrymu bod dros 25 miliwn hectar o goedwigoedd mangrof wedi'u dinistrio yn y 100 mlynedd diwethaf. Y cyfraddau dinistrio cyflymaf oedd tua diwedd yr ugeinfed ganrif yn Asia. Ledled y byd, mae tua 150,000 hectar o goed mangrof yn cael eu dinistrio bob blwyddyn sef tua 1 y cant o gyfanswm y byd. Dim ond 6.9 y cant o goedwigoedd mangrof sy'n cael eu diogelu. Un o'r rhesymau mwyaf cyffredin dros ddinistrio'r mangrofau yw'r twf cyflym ym maes ffermio berdys (corgimychiaid). Mae mangrofau'n cael eu clirio i wneud lle ar gyfer pyllau artiffisial. Mae'r pyllau hyn yn cael eu llenwi â dŵr heli ac yn cael eu defnyddio i fagu berdys.

Mae berdys yn llawn protein ac yn isel mewn braster. Mae'r rhan fwyaf o ddefnyddwyr yn byw yn Ewrop, Gogledd America a Japan. Mae tua 55 y cant o'r holl ferdys rydyn ni'n eu bwyta wedi'u ffermio. Mae'r gweddill yn dod o'n cefnforoedd, yn bennaf o ddyfroedd trofannol fel Bae Bengal lle mae treillongau mawr yn dal berdys mewn rhwydi. Mae gorbysgota berdys gwyllt yn niweidio gwe fwydydd yr ecosystem forol. Mae llai ohonynt yn cael eu dal mewn dyfroedd oer fel Cefnfor Gogledd Iwerydd ger arfordir Gwlad yr Iâ.

Mae'r rhan fwyaf o'r diwydiant amaethu dŵr berdys wedi'i leoli yn China, Gwlad Thai, Indonesia, Brasil, Ecuador a Bangladesh. Mae busnesau mawr a llawer o ffermwyr bach yn ffermio berdys. Dadl rhai yw bod ffermio berdys wedi helpu ffermwyr tlawd i arallgyfeirio o ran incwm ac i leihau tlodi. Yn ôl yr amcangyfrifon, mae'r diwydiant berdys byd-eang yn werth $UDA12–15 biliwn.

Mae dyframaethu berdys yn enghraifft o **ffermio dwys**. Mae'n cymryd 3–6 mis i fagu berdys, felly mae ffermwyr yn cynhyrchu 2–3 cnwd bob blwyddyn. Mae'r berdys yn cael eu trin â phlaleiddiaid a gwrthfiotigau. Mae gwastraff organig, cemegion a gwrthfiotigau yn dianc o'r pyllau ac yn llygru cyflenwadau dŵr daear ffres y mae cymunedau lleol yn eu defnyddio i gael dŵr yfed.

Mae'r goedwig yn amddiffynfa arfordirol naturiol. Mae'r gwreiddiau yn dal y llaid at ei gilydd sy'n amddiffyn y tir rhag erydiad ac yn lleihau grym tonnau stormydd mawr.

Mae ecosystem y goedwig yn cynnal amrywiaeth o anifeiliaid, gan gynnwys mwncïod, ceirw a'r armadilo. Mae'r canopi yn darparu safleoedd diogel i nythod adar.

Mae gwreiddiau ategol mawr yn cynnal y goeden uwchben y llanw uchel. Maen nhw'n dal gwaddod mân sy'n cael ei gludo yn y dŵr, gan achosi iddo gael ei ddyddodi.

Mae'r gwlyptiroedd yn cynnal crocodiliaid, nadredd a chrancod. Mae pysgod trofannol yn defnyddio'r dyfroedd cysgodol hyn fel ardaloedd bridio ac fel meithrinfa.

▲ **Ffigur 15** Pam mae mangrofau yn ecosystemau pwysig.

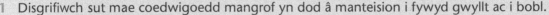

Gweithgareddau

1 Disgrifiwch sut mae coedwigoedd mangrof yn dod â manteision i fywyd gwyllt ac i bobl.
2 Ydych chi'n credu bod ffermio berdys yn ffordd gynaliadwy o ddefnyddio'r ecosystem hon? Esboniwch eich safbwynt.

Gweithgareddau

3 a) Defnyddiwch dechneg addas i gyflwyno'r data yn Ffigur 17.

 b) Disgrifiwch y tueddiadau sydd i'w gweld yn eich graff.

 c) Pa ganran o gynhyrchu berdys a ddaeth o ddyframaethu yn:

  i) 2008

  ii) 2014?

4 Astudiwch y safbwyntiau yn Ffigur 18.

 a) Beth yw manteision ffermio berdys yn y tymor hir, a phwy sy'n cael y manteision hyn?

 b) Pa broblemau mae ffermio berdys yn eu creu:

  i) i bobl

  ii) i'r amgylchedd?

 c) Trafodwch yr hyn gall defnyddwyr yn y DU ei wneud i geisio sicrhau bod ecosystemau (mangrofau neu ecosystemau eraill) yn cael eu defnyddio mewn ffordd gynaliadwy.

▲ **Ffigur 16** Fferm berdys yn Bangladesh.

Cynhyrchu berdys (1,000 tunnell fetrig)							
	2008	2009	2010	2011	2012	2013	2014
Gwyllt	3,217	3,269	3,263	3,442	3,568	3,541	3,591
Dyframaethu	3,400	3,532	3,629	4,046	4,168	4,320	4,581

▲ **Ffigur 17** Cynhyrchu berdys yn fyd-eang, 2008–14 (1,000 tunnell fetrig).

Gwaith ymholi ?

'Tir diffaith corsiog yw mangrofau. Does dim o'i le ar glirio a chael gwared arnyn nhw os yw hynny'n golygu bod swyddi'n cael eu creu a bod tlodi'n cael ei leihau.' I ba raddau rydych chi'n cytuno â'r gosodiad hwn? Cyfiawnhewch eich safbwynt.

Mae pobl leol ar eu colled gan nad ydyn nhw'n gallu defnyddio'r pren na'r adnoddau eraill sydd ar gael yn y goedwig fangrof. Mae pysgotwyr lleol wedi sylwi bod nifer y pysgod maen nhw'n eu dal wedi gostwng. Mae'n bosibl mai'r rheswm dros hyn yw'r ffaith bod y mangrofau yn feithrinfa ar gyfer pysgod ifanc. Mae ffermio berdys yn rhyddhau gwrteithiau a chemegion eraill i'r amgylchedd, ac o ganlyniad mae ffynhonnau dŵr croyw yn cael eu llygru. Mae'r problemau hyn yn debygol o effeithio ar gymunedau arfordirol am sawl blwyddyn ar ôl i'r ffermydd gael eu gadael.

Pysgotwr lleol

UDA, Canada, Japan ac Ewrop sy'n bwyta'r nifer mwyaf o ferdys. Efallai bydd defnyddwyr yn gallu dylanwadu ar yr hyn sy'n digwydd i fangrofau os ydyn ni'n mynnu cael gwybod mwy am sut mae ein bwyd yn cael ei gynhyrchu. Yna, gallwn ni benderfynu y byddwn ni'n prynu berdys neu bysgod eraill os ydynt wedi'u ffermio mewn ffordd gynaliadwy.

Defnyddiwr yn y DU

Mae pobl yn gwneud elw cyflym o ffermio berdys. Fodd bynnag, ar ôl rhai blynyddoedd, mae'r pyllau'n cael eu gadael oherwydd bod afiechydon a llygredd ynddyn nhw. Yn Asia, mae tua 250,000 hectar o byllau sydd wedi'u llygru a'u gadael mewn ardaloedd lle roedd coedwigoedd iach yn tyfu ar un adeg. Mae'r un gylchred ar fin digwydd eto yn America Ladin, Affrica a'r Pasiffig lle mae ffermio berdys yn dod yn fwy poblogaidd.

Arbenigwr ym maes economeg

▲ **Ffigur 18** Safbwyntiau yn trafod a yw defnyddio mangrofau ar gyfer ffermio berdys yn gynaliadwy.

Sut mae coedwigoedd glaw trofannol yn cael eu defnyddio i gynhyrchu bwyd?

▲ **Ffigur 19** Orangwtang Borneo.

Adnoddau byd-eang

Mae Malaysia ac Indonesia yn wledydd newydd eu diwydianeiddio. Mae economïau'r ddwy wlad wedi tyfu wrth iddynt fasnachu eu hadnoddau naturiol a datblygu diwydiannau gweithgynhyrchu. Maen nhw wedi gwneud arian yn sgil y galw byd-eang am gynnyrch fel pren, tanwydd a bwyd. Mae galw mawr am bren, ac mae coedwigoedd glaw Borneo yn darparu llawer ohono. Ond ydyn ni'n talu'r gost am hyn? Yn 1985, roedd coedwig yn gorchuddio 73.3 y cant o Borneo. Erbyn 2005, dim ond 50.4 y cant o'r ynys oedd wedi'i orchuddio. Mae llawer o'r coedwigoedd glaw wedi'u clirio, gan ddinistrio cartrefi'r bobl frodorol a chynefin anifeiliaid fel yr orangwtang.

Wrth glirio'r goedwig law, mae cnydau fel palmwydd olew yn cael eu plannu yn ei lle. Rhwng 1997 a 2008, dyblodd lefel cynhyrchu olew palmwydd yn fyd-eang. Mae olew palmwydd yn gynnyrch iachach mae modd ei ddefnyddio yn lle brasterau eraill mewn bwyd ac wrth goginio. Mae'r awydd i ganfod tanwyddau gwyrdd wedi arwain at dyfu palmwydd olew i gynhyrchu biodanwydd. Mae planhigfeydd palmwydd olew yn enghraifft o **ffermio ungnwd** ac nid oes hanner cymaint o fioamrywiaeth ynddynt o gymharu â'r goedwig law oedd yno o'r blaen.

Canran	Defnydd
71	Bwydydd, e.e. margarin a bwydydd wedi'u prosesu fel teisennau, bisgedi, siocled
24	Cynhyrchion ar gyfer defnyddwyr, e.e. cosmetigau a glanedyddion
5	Tanwydd

▲ **Ffigur 21** Sut mae olew palmwydd yn cael ei ddefnyddio.

Ynys yn Ne-ddwyrain Asia yw Borneo wedi'i rhannu rhwng Malaysia, Brunei ac Indonesia. Dim ond 1 y cant o arwynebedd y byd sydd yno, ond 6 y cant o rywogaethau bywyd gwyllt y byd. Mae hyn yn golygu bod Borneo yn **fan poeth bioamrywiaeth**. Mae'r goedwig law wedi bod yno ers 140 miliwn o flynyddoedd ac mae'n cynnwys miloedd o rywogaethau o blanhigion ac anifeiliaid. Mae rhai ohonynt mewn perygl erbyn hyn, fel orangwtang Borneo.

▲ **Figure 20** Ynys Borneo a 'Calon Borneo'.

Gweithgaredd

1. a) Dargoswch y data yn Ffigur 21.
   b) Esboniwch pam mae cynhyrchu olew palmwydd o fantais i Malaysia ac Indonesia.
   c) Amlinellwch y problemau amgylcheddol a chymdeithasol sy'n cael eu creu wrth gynhyrchu olew palmwydd.

Gwaith ymholi

Faint o olew palmwydd sydd yn eich cartref chi?

- Lluniwch arolwg y gallech chi ei ddefnyddio i ymchwilio i'r cynhwysion bwyd a'r cynhyrchion glanhau sy'n cael eu defnyddio'n gyffredin yn y DU sy'n cynnwys olew palmwydd.
- Fel rhan o'ch cynllun, ystyriwch sut gallech chi holi pobl ynglŷn â'r materion canlynol:
  a) pa mor ymwybodol ydyn nhw o'r mater
  b) pa mor barod ydyn nhw i newid eu hymddygiad fel defnyddwyr.

Ydy olew palmwydd yn dda i Borneo?

Mae olew palmwydd yn rhoi cynnyrch uwch ac mae'r costau cynhyrchu yn is o'i gymharu â chnydau hadau olew eraill fel ffa soia a blodau'r haul. Mae angen llai o wrtaith a phlaleiddiaid ar olew palmwydd ac mae modd ei dyfu ar ffermydd bach yn ogystal ag ar blanhigfeydd mawr.

Gwlad	Tunnelli metrig
Colombia	1,100,000
Indonesia	35,000,000
Malaysia	21,000,000
Nigeria	970,000
Gwlad Thai	2,200,000
Eraill	4,895,000

▲ **Ffigur 22** Amcangyfrif o gynhyrchu olew palmwydd ledled y byd, 2015–16 (gwerthoedd mewn tunelli metrig).

Beth am y goedwig law?

Mae clirio'r tir a gosod yr isadeiledd (fel ffyrdd a chyflenwad trydan) yn darparu swyddi ac incwm. Fodd bynnag, yn aml mae'r swyddi hyn yn cael eu rhoi i fudwyr yn hytrach nag aelodau o'r gymuned leol. Y goedwig law sy'n rhoi bwyd a chartref i bobl frodorol, ac mae llawer ohonyn nhw wedi gorfod gadael. Mae anifeiliaid yn cael eu hynysu ac yn gorfod byw yn y rhannau o'u cynefin sy'n dal i fodoli rhwng y planhigfeydd palmwydd olew. Mae'r dirywiad cyflym mewn rhannau o'r goedwig law – yn enwedig yn sgil torri coed yn anghyfreithlon – yn fygythiad i lawer o rywogaethau planhigion ac anifeiliaid. Mae colli'r goedwig law yn gallu newid patrymau tywydd lleol hyd yn oed.

Yn 2007, cyhoeddodd Malaysia, Brunei ac Indonesia (gyda chefnogaeth sefydliadau anllywodraethol) y bydden nhw'n gwarchod ac yn rheoli adnoddau'r goedwig sy'n dal heb eu difrodi rhyw lawer yn rhan ganolog Borneo. Dyma yw 'Calon Borneo' ac mae lleoliad y goedwig hon i'w weld yn Ffigur 20. Mae sefydliadau anllywodraethol fel *WWF* a *Greenpeace* wedi ymgyrchu i godi ymwybyddiaeth y cyhoedd o'r datgoedwigo. Maen nhw wedi annog cwmnïau amlwladol i gefnogi ffyrdd cynaliadwy o ddefnyddio'r tir ar gyfer cynhyrchu olew palmwydd. Yn 2015, cafodd 18 y cant o'r olew palmwydd ei gynhyrchu drwy ddefnyddio dulliau cynaliadwy. Yn 2015, cytunodd *Colgate-Palmolive* a *Procter & Gamble* i ddefnyddio **cynwyddau cynradd** (fel olew palmwydd) sydd wed'u cynhyrchu'n gyfrifol yn eu cynhyrchion.

▲ **Ffigur 23** Planhigfeydd palmwydd olew. Sabah, Ynys Borneo, Malaysia.

YOU DID IT!
head & shoulders COMMITS TO NO DEFORESTATION

#ProtectParadise   GREENPEACE

▲ **Ffigur 24** Ymgyrch 'Protect Paradise' mudiad *Greenpeace*.

Gweithgareddau

2 Defnyddiwch Ffigur 22 i gyfrifo'r canran o gynhyrchu olew palmwydd y byd sydd yn:
  a) Malaysia
  b) Indonesia.
3 a) Defnyddiwch atlas i ddod o hyd i leoliad y gwledydd sydd wedi'u rhestru yn Ffigur 22. Disgrifiwch eu dosbarthiad.
  b) Esboniwch pam mae'r rhan fwyaf o'r cynhyrchu olew palmwydd yn digwydd yn y gwledydd hyn.
4 a) Awgrymwch pam nad ydy'r planhigfeydd palmwydd olew yn gynefin addas ar gyfer yr orangwtang.
  b) Awgrymwch pam mae'r fioamrywiaeth mewn ardaloedd trofannol o ffermio ungnwd yn llawer is nag ydyw mewn coedwigoedd trofannol.

Sut gallai newid hinsawdd effeithio ar bobl ac amgylcheddau?

Hyd yn hyn, rydyn ni wedi gweld sut mae ein prynwriaeth yn effeithio ar amgylcheddau penodol fel coedwigoedd mangrof De Asia. Fodd bynnag, mae ôl troed ecolegol pob un ohonom hefyd yn cael effaith fyd-eang: drwy allyrru nwyon tŷ gwydr. Mae'r nwyon hyn yn achosi newid hinsawdd, proses sydd eisoes wedi'i thrafod ar dudalennau 156–7. Mae atmosffer mwy cynnes yn un mwy ansefydlog, sy'n golygu y bydd mwy o dywydd eithafol. Bydd atmosffer cynhesach yn golygu y bydd yr aergyrff dros y cefnforoedd yn cynnwys mwy o leithder. O ran y DU, mae hyn yn debygol o olygu tywydd mwy mwyn a gwlyb, a stormydd yn fwy aml. Yn ôl nifer o wyddonwyr a siaradodd â'r cyfryngau yn ystod stormydd gaeaf 2015–16 (tudalennau 41–5), roedd glawiad eithafol yn cyd-fynd â'r rhagfynegiadau ynglŷn â newid hinsawdd. Roedd adroddiad 'Foresight Report' yn ystyried sut gallai newid hinsawdd a phoblogaethau sy'n tyfu effeithio ar y DU erbyn y flwyddyn 2080. Dyma'r prif gasgliadau:

- Gallai nifer y bobl sydd mewn perygl mawr o lifogydd godi o 1.5 miliwn i 3.5 miliwn.
- Bydd y gost economaidd yn sgil difrod llifogydd yn codi. Ar hyn o bryd, mae llifogydd yn costio £1 biliwn y flwyddyn yn y DU. Erbyn 2080 gallai gostio cymaint â £27 biliwn.
- Bydd trefi a dinasoedd mewn perygl o fflachlifau hyd yn oed os nad ydyn nhw wedi'u lleoli ar lannau afonydd. Ni fydd draeniau sydd wedi'u cynllunio i gario dŵr glaw i ffwrdd yn gallu ymdopi â chawodydd o law trwm sydyn. Gallai llifogydd fel hyn effeithio ar gynifer â 710,000 o bobl.

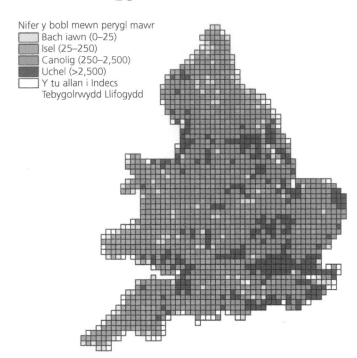

Nifer y bobl mewn perygl mawr
- Bach iawn (0–25)
- Isel (25–250)
- Canolig (250–2,500)
- Uchel (>2,500)
- Y tu allan i Indecs Tebygolrwydd Llifogydd

▲ **Ffigur 25** Nifer y bobl sydd mewn perygl o lifogydd afon a llifogydd arfordirol yn 2080, gan dybio y bydd allyriadau carbon deuocsid yn dal yn uchel.

Categori 5: Dros 250 cilometr yr awr. Rhai adeiladau llai yn dymchwel yn llwyr. Toeon rhai adeiladau diwydiannol mawr yn dymchwel. Llifogydd arfordirol eang yn difrodi llawr isaf llawer o adeiladau.

Categori 4: 211–250 cilometr yr awr. Toeon rhai adeiladau llai wedi'u dinistrio'n llwyr a difrod mwy eang i'r waliau. Pob arwydd a choeden wedi'u chwythu i lawr. Gallai llwybrau dianc gael eu cau yn sgil llifogydd mewn ardaloedd arfordirol 3–5 awr cyn y storm.

Categori 3: 178–210 cilometr yr awr. Difrod sylweddol i doeon adeiladau bach. Rhywfaint o ddifrod adeileddol i waliau. Cartrefi symudol wedi'u dinistrio. Arwyddion ffyrdd sydd wedi'u gosod yn wael yn cael eu dinistrio. Coed mawr wedi'u chwythu i lawr.

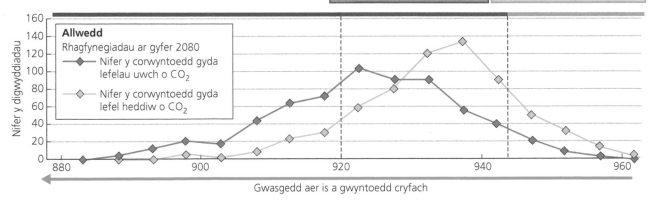

Allwedd
Rhagfynegiadau ar gyfer 2080
- ◆ Nifer y corwyntoedd gyda lefelau uwch o CO_2
- ◇ Nifer y corwyntoedd gyda lefel heddiw o CO_2

Nifer y digwyddiadau

Gwasgedd aer is a gwyntoedd cryfach

▲ **Ffigur 26** Mae'r Weinyddiaeth Gefnforol ac Atmosfferig Genedlaethol (*NOAA*) wedi defnyddio modelau cyfrifiadurol i ragfynegi amlder ac arddwysedd corwyntoedd (seiclonau) yn 2080.

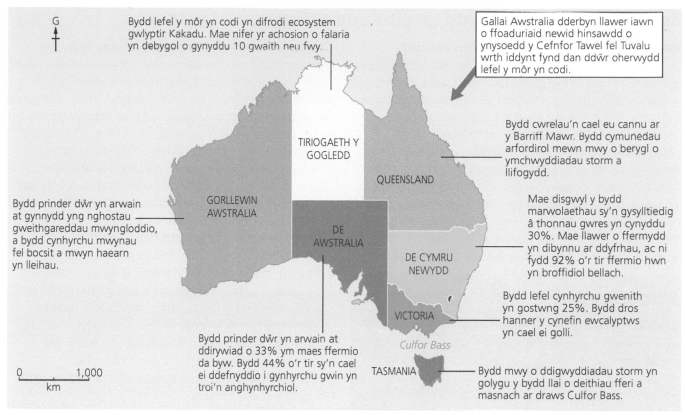

Bydd lefel y môr yn codi yn difrodi ecosystem gwlyptir Kakadu. Mae nifer yr achosion o falaria yn debygol o gynyddu 10 gwaith neu fwy.

Gallai Awstralia dderbyn llawer iawn o ffoaduriaid newid hinsawdd o ynysoedd y Cefnfor Tawel fel Tuvalu wrth iddynt fynd dan ddŵr oherwydd lefel y môr yn codi.

Bydd cwrelau'n cael eu cannu ar y Barriff Mawr. Bydd cymunedau arfordirol mewn mwy o berygl o ymchwyddiadau storm a llifogydd.

Mae disgwyl y bydd marwolaethau sy'n gysylltiedig â thonnau gwres yn cynyddu 30%. Mae llawer o ffermydd yn dibynnu ar ddyfrhau, ac ni fydd 92% o'r tir ffermio hwn yn broffidiol bellach.

Bydd prinder dŵr yn arwain at gynnydd yng nghostau gweithgareddau mwyngloddio, a bydd cynhyrchu mwynau fel bocsit a mwyn haearn yn lleihau.

Bydd lefel cynhyrchu gwenith yn gostwng 25%. Bydd dros hanner y cynefin ewcalyptws yn cael ei golli.

Bydd prinder dŵr yn arwain at ddirywiad o 33% ym maes ffermio da byw. Bydd 44% o'r tir sy'n cael ei ddefnyddio i gynhyrchu gwin yn troi'n anghynhyrchiol.

Bydd mwy o ddigwyddiadau storm yn golygu y bydd llai o deithiau fferi a masnach ar draws Culfor Bass.

▲ **Ffigur 27** Rhagfynegiadau ynglŷn ag effeithiau newid hinsawdd ar daleithiau Awstralia erbyn 2100.

Mae Awstralia'n wlad enfawr ac mae'n debygol y bydd effeithiau newid hinsawdd yn amrywiol. Mae Canolfan Feteoroleg Awstralia yn rhybuddio y bydd tywydd garw yn fwy cyffredin yn y dyfodol, ac y bydd cyfnodau sychder hirach a mwy difrifol yn effeithio ar ranbarthau'r canolbarth a'r de. Gallai stormydd trofannol aml a seiclonau cryfach (gweler tudalennau 163–5) effeithio ar forlinau gogleddol Awstralia. Mae newid hinsawdd yn golygu y bydd ardaloedd o wasgedd isel iawn yn datblygu'n fwy aml, fel sydd i'w weld yn Ffigur 26. Gallai un o arweddion enwocaf Awstralia, y Barriff Mawr ar arfordir trofannol Queensland, ddioddef yn sgil cannu – proses sy'n cael ei disgrifio ar dudalen 298.

Gweithgareddau

1 Defnyddiwch Ffigur 25 i ddisgrifio dosbarthiad ardaloedd lle mae llawer iawn o bobl mewn perygl o lifogydd.

2 Disgrifiwch sut bydd newid hinsawdd yn cael effaith negyddol ar bobl, economi ac amgylchedd y DU. Defnyddiwch dystiolaeth o dudalennau 41–5 i'ch helpu.

3 Astudiwch Ffigur 26. Disgrifiwch sut mae amlder a maint corwyntoedd (seiclonau) yn debygol o newid.

4 Astudiwch Ffigur 27. Dewiswch dair effaith ac esboniwch sut gall newid hinsawdd achosi'r problemau hyn.

Gwaith ymholi

Pa mor ddifrifol yw bygythiad newid hinsawdd yn Awstralia?

■ Dewiswch 5 effaith newid hinsawdd yn Awstralia a'u gosod mewn trefn restrol. Rhowch yr effaith a fydd yn achosi'r problemau mwyaf/yr effaith fwyaf difrifol ar frig y rhestr.

■ Cyfiawnhewch eich trefn.

■ Awgrymwch pwy ddylai fod yn gyfrifol am geisio datrys y problemau mwyaf difrifol.

Sut bydd newid hinsawdd yn effeithio ar forlinau trofannol?

Mae riffiau yn darparu **gwasanaethau allweddol** i gymunedau arfordirol. Maen nhw'n lleihau egni tonnau o hyd at 97 y cant, ac o ganlyniad mae erydiad arfordirol a difrod i aneddiadau arfordirol yn lleihau. Dyma waith sy'n arbennig o bwysig yn ystod stormydd trofannol neu seiclonau. Mae bioamrywiaeth enfawr mewn riffiau cwrel. Maen riffiau'n darparu cynefinoedd lle mae pysgod yn gallu silio, yn ogystal ag amgylchedd meithrinfa sy'n diogelu pysgod ifanc rhag ysglyfaethwyr. Yn hyn o beth, mae riffiau yn ffynhonnell bwysig o rywogaethau pysgod masnachol. Maen nhw hefyd yn denu llawer o dwristiaid. Mae dros 2 miliwn o bobl yn ymweld â'r Barriff Mawr yn Awstralia bob blwyddyn.

Mae riffiau cwrel yn strwythurau cymhleth iawn sy'n agored i niwed gan aer cynhesach a thymhereddau uwch arwyneb y cefnforoedd. Dyma'r prif effeithiau:

- **Cannu cwrelau** sy'n digwydd pan fydd tymheredd y môr yn uwch na'r arfer. O ganlyniad mae'r **zooxanthellae** yn gadael meinwe'r cwrel ac mae'r cwrel yn troi'n wyn. Mae cwrelau wedi'u cannu yn afiach ac yn agored i glefydau fel y band du a'r pla gwyn. Mae newid hinsawdd yn golygu bod cannu yn digwydd yn amlach ac mae'r riffiau yn cymryd mwy o amser i adfer.
- Mae llawer o'r carbon deuocsid sy'n cyrraedd ein hatmosffer yn cael ei hydoddi yn y cefnforoedd, ac wrth i hyn gynyddu, mae pH y dŵr yn mynd yn fwy asidig. Mae **asidio'r cefnforoedd** yn golygu nad yw cwrelau'n gallu amsugno cymaint o galsiwm carbonad, felly mae'r riff yn troi'n afiach ac efallai'n hydoddi.
- Mae lefel y môr yn codi yn sgil iâ yn toddi ac ehangu thermol y cefnforoedd yn gallu golygu bod y dŵr yn rhy ddwfn i gwrelau gael digon o olau'r haul.
- Gall stormydd trofannol amlach ddifrodi riffiau cwrel sydd eisoes yn fregus.

◀ **Ffigur 28** Mae lliwiau llachar cwrel yn dod o'r zooxanthellae, sy'n darparu maetholion ac egni hefyd.

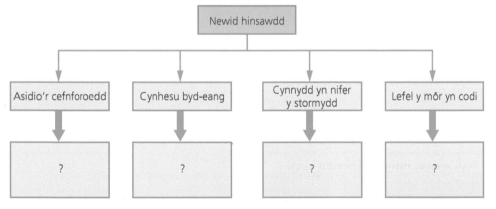

◀ **Ffigur 29** Sut mae newid hinsawdd yn effeithio ar riffiau cwrel.

Mae cynnydd yn nhymheredd y môr yn achosi cannu cwrelau sy'n gwanhau'r strwythur

Mae dŵr dyfnach yn arwain at lai o olau haul a dirywiad yn ansawdd y dŵr

Mae lefelau pH yn is mewn dŵr wedi'i asidio sy'n golygu bod llai o galsiwm carbonad yn cael ei amsugno ac felly mae sgerbydau cwrelau'n hydoddi'n gyflymach

Mae strwythurau riffiau bregus yn cael eu difrodi gan law trwm a dŵr ffo o'r tir

Gweithgareddau

1 Disgrifiwch dri gwasanaeth allweddol sy'n cael eu darparu gan riffiau cwrel.
2 Gwnewch gopi o Ffigur 29. Rhowch y labeli (ar y dde) yn y lleoedd cywir i gwblhau'r diagram, gan grynhoi sut mae newid hinsawdd yn effeithio ar riffiau cwrel.

Sut gallwn ni ymateb i newid hinsawdd?

Ers 1990 mae cynrychiolwyr llywodraethau ledled y byd wedi cyfarfod o bryd i'w gilydd i drafod newid hinsawdd. Mae Protocol Kyōto (1997) yn gytundeb rhyngwladol sy'n golygu bod gwledydd wedi ymrwymo i dargedau i leihau allyriadau nwyon tŷ gwydr. Y fersiwn diweddaraf yw Cytundeb Paris (2015). Canlyniad Cytundeb Paris oedd gosod nod tymor hir i gadw cynhesu byd-eang yn llawer is na 2°C o gymharu â lefelau cyn-ddiwydiannol.

Fodd bynnag, mae Cytundeb Paris yn derbyn y bydd rhai gwledydd yn lleihau eu hallyriadau yn gyflymach na rhai eraill, yn dibynnu ar lefel eu datblygiad economaidd. Dylai gwledydd cyfoethog fel Awstralia a'r DU allu lleihau eu hallyriadau drwy fuddsoddi mewn technolegau newydd ac adnewyddadwy. Mae rhai o'r technolegau hyn yn cael eu disgrifio ar dudalennau 300–1. Fodd bynnag, mae gwledydd newydd eu diwydianeiddio fel India a China wedi buddsoddi mewn gorsafoedd trydan sy'n llosgi glo yn ddiweddar. Er hynny, mae rhai rhannau o boblogaethau'r gwledydd hyn yn byw heb gyflenwad trydan dibynadwy. Mae'r gwledydd hyn eisiau parhau i wneud cynnydd economaidd, a bydd hynny'n golygu eu bod yn cynhyrchu mwy o allyriadau nwyon tŷ gwydr.

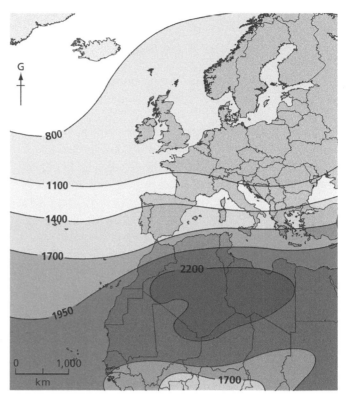

▲ **Ffigur 31** Patrymau egni solar ar draws Ewrop ac Affrica (cilowat/m²/y flwyddyn).

▲ **Ffigur 30** Mae ffermydd solar yn Lloegr, fel yr un uchod, yn cynhyrchu trydan drwy ddefnyddio celloedd ffotofoltaidd.

Gweithgaredd

3 Defnyddiwch Ffigur 31 i ddisgrifio dosbarthiad y gwledydd sy'n cael:
   a) rhwng 1,100 a 1,400 cilowat/m²/y flwyddyn o egni solar
   b) mwy na 2,200 cilowat/m²/y flwyddyn o egni solar

4 Gan ddefnyddio Ffigur 30, awgrymwch beth yw manteision ac anfanteision ffermydd solar o safbwynt economi ac amgylchedd y DU.

Gwaith ymholi

'Dylai gwledydd Ewrop fabwysiadu technolegau newydd er bod gwledydd newydd eu diwydianeiddio yn parhau i allyrru nwyon tŷ gwydr.'

I ba raddau rydych chi'n cytuno â'r gosodiad hwn? Dylech awgrymu:

■ amrywiaeth o dechnolegau newydd y byddai'n bosibl eu defnyddio yn Ewrop
■ y rhesymau o blaid ac yn erbyn caniatáu i wledydd newydd eu diwydianeiddio barhau i allyrru nwyon tŷ gwydr.

Sut gall unigolion a'r llywodraeth leihau'r perygl o newid hinsawdd?

Mae gan lywodraeth y DU rôl ryngwladol wrth fynd i'r afael â newid hinsawdd. Mae'r llywodraeth wedi llofnodi Diwygiad Doha a Chytundeb Paris (2015). Canlyniad Cytundeb Paris oedd gosod nod tymor hir i gadw cynhesu byd-eang yn llawer is na 2°C o gymharu â lefelau cyn-ddiwydiannol. Mae llywodraeth y DU hefyd yn gweithio ar raddfa genedlaethol. Mae'n rhoi targedau i'r llywodraethau lleol ac yn gweithio gyda diwydiant i leihau allyriadau nwyon tŷ gwydr yn y ffyrdd canlynol:

- buddsoddi mewn ffynonellau egni carbon isel;
- gwella safonau tanwydd mewn ceir;
- cynyddu effeithlonrwydd egni mewn adeiladau newydd.

Yn ôl y gyfraith, mae'n rhaid i bob Cyngor Gyhoeddi datganiad polisi ar newid hinsawdd.

Mae Ffigur 32 yn disgrifio rhai o'r ffyrdd mae Cyngor Dinas Bryste yn ceisio cyflawni ei dargedau newid hinsawdd ei hun.

Gweithgaredd

1 Astudiwch Ffigur 32.
a) Esboniwch pam bydd syniadau 5 a 7 yn helpu cyngor Bryste i gyflawni ei darged newid hinsawdd.
b) Lluniwch ddiagram diemwnt naw (fel yr un ar dudalen 83). Rhowch y strategaethau o Ffigur 32 yn y diagram, gan roi'r rhai hanfodol, yn eich barn chi, ar frig y diagram.
c) Cyfiawnhewch y tair strategaeth sydd ar frig eich diagram.

	Beth fydd y cyngor yn ei wneud?	Pam mae hyn yn helpu
1	Cartrefi cynhesach. Bydd £105 miliwn yn cael ei wario ar ynysu waliau allanol cartrefi (gan gynnwys blociau o fflatiau).	Gallai arbed £3.5 miliwn y flwyddyn ar filiau gwresogi. Gostyngiad posibl o 5 y cant yng nghyfanswm y nwy sy'n cael ei ddefnyddio. Arbed 17,900 tunnell fetrig o CO_2 bob blwyddyn.
2	Gosod system gwresogi ardal (neu rwydweithiau gwres). Bydd y pibellau yn cludo unrhyw wres sydd dros ben i'r brifysgol, i'r ysbyty ac i'r adeiladau yng nghanol y ddinas.	Gwresogi adeiladau a defnyddio dŵr poeth yw dau o'r prif resymau dros allyriadau CO_2 mewn dinasoedd mawr. Mae system gwresogi ardal yn defnyddio boeleri sy'n effeithlon o ran egni.
3	Bod yn esiampl. Gwella effeithlonrwydd egni swyddfeydd y cyngor, yr amgueddfa, y llyfrgell a dwy ysgol.	Arbed egni gwerth £500,000 bob blwyddyn a 2,000 tunnell fetrig o CO_2 bob blwyddyn.
4	Perfformiad egni uchel. Gosod boeleri effeithlon yn holl adeiladau newydd y cyngor, gan gynnwys ysgolion, cartrefi gofal a thai cyngor.	Mae gosod technolegau sy'n effeithlon o ran egni pan fydd adeiladau'n newydd yn rhatach yn y tymor hir na cheisio addasu adeiladau hŷn.
5	Rhaglen egni ffotofoltaidd solar. Cafodd dwy fferm solar eu hadeiladu yn 2014 a'r gost oedd £35.9 miliwn.	
6	Cynllun bws metro. Adeiladu 6 km o ffyrdd newydd, 18 km o lonydd bysiau newydd a phrynu 50 cerbyd hybrid newydd.	Teithwyr yn dechrau defnyddio bysiau yn lle ceir i leihau tagfeydd ac allyriadau CO_2 o draffig cymudwyr.
7	Cludiant cynaliadwy. Buddsoddi mewn 10 km o lonydd beicio, a hyrwyddo beicio a cherdded ar gyfer pobl 8–80 oed.	
8	Cynllunio defnydd tir. Lleoli cartrefi newydd er mwyn leihau'r angen i gymudo a chaniatáu defnyddio'r system gwresogi ardal.	Sicrhau bod datblygiadau tai newydd yn addas ar gyfer y dyfodol drwy eu gwneud yn gynaliadwy.
9	Gwella cludiant torfol. Gwario £90 miliwn ar wella gwasanaethau trên maestrefol.	Gwella ansawdd aer a diogelwch cludiant. Lleihau tagfeydd ac allyriadau CO_2.

▲ **Ffigur 32** Sut mae Cyngor Dinas Bryste yn gobeithio cyflawni ei dargedau i leihau allyriadau CO_2.

Casglu data ansoddol

Mae rhai mathau o ddata daearyddol yn hawdd eu meintioli – hynny yw, mae'n hawdd mesur a chofnodi nifer penodol. Ymhlith yr enghreifftiau o hyn mae cyfrif cerddwyr neu nifer y siopau gwag ar y stryd fawr. Mae mathau eraill o ddata defnyddiol yn fwy anodd eu meintioli: barn pobl, er enghraifft, neu eu safbwyntiau am fyw bywyd carbon isel. **Data ansoddol** yw'r rhain ac mae'n bosibl eu casglu mewn sawl ffordd:

- cynnal cyfweliad hir
- defnyddio holiadur
- gwneud arolwg cyflym fel graddfa Likert.

Os ydych chi'n llunio holiadur, mae'n syniad da i chi gael enghreifftiau o gwestiynau caeedig a chwestiynau agored. Mae cwestiynau caeedig yn cynnig atebion penodol y gallwch chi eu ticio.

Er enghraifft: Sut rydych chi'n cyrraedd yr ysgol?

Cerdded [ ]   Beicio [ ]   Ar y bws [ ]   Yn y car [ ]

Mae cwestiwn agored yn un lle gall pobl roi eu hateblon eu hunain heb strwythur, e.e. Sut gallal'r ysgol leihau faint o allyriadau nwyon tŷ gwydr mae'n ei gynhyrchu, yn eich barn chi?

Graddfa Likert yw pan fydd gofyn i bobl ddefnyddio graddfa wrth ymateb i gwestiwn.

Gweithgareddau

2 Dangoswch un ffordd byddech chi'n cyflwyno pob un o'r setiau data o'r arolwg. Cyfiawnhewch eich penderfyniad.

3 Beth yw eich casgliadau yn seiliedig ar yr ymatebion?

4 Awgrymwch ddau gwestiwn arall gallech chi eu gofyn er mwyn ymchwilio i agweddau unigolion tuag at newid hinsawdd.

5 Esboniwch pam mae cyflwyno a dadansoddi data yn haws os yw'r cwestiynau yn yr arolwg yn rhai caeedig yn hytrach na'n rhai agored.

6 Awgrymwch gwestiwn agored gallech chi ei ofyn. Esboniwch pam byddai'r cwestiwn hwn yn datgelu gwybodaeth ddefnyddiol ynglŷn â sut mae unigolion yn teimlo am newid hinsawdd.

Dim ond ffermydd gwynt alltraeth ddylai gael eu datblygu yn y dyfodol			
1	2	3	4
Cytuno	Cytuno i raddau	Anghytuno i raddau	Anghytuno

▲ **Ffigur 33** Enghraifft o raddfa Likert.

Cwestiwn, gan fesur ymatebion ar raddfa Likert 1–10 (1 = ddim yn ddifrifol o gwbl a 10 = difrifol iawn)	Sgôr gymedrig
Yn eich barn chi, pa mor ddifrifol yw bygythiad newid hinsawdd?	7.5
Yn eich barn chi, pa mor effeithiol gall unigolion fod wrth leihau bygythiad newid hinsawdd?	4.5

▲ **Ffigur 34** Enghraifft o ymholiad newid hinsawdd.

Roedd grŵp o fyfyrwyr daearyddiaeth yn awyddus i ymchwilio i sut mae pobl o wahanol oedrannau yn ymateb i newid hinsawdd. Dyma'r cwestiwn ymholi:

Ydy pobl iau yn fwy parod i newid eu ffordd o fyw na phobl hŷn?

Fel rhan o'r ymholiad, cafodd Arolwg Likert ei roi i 100 o bobl. Roedd y bobl hefyd yn gorfod rhoi tic gyferbyn â 5 o bethau maen nhw eisoes yn eu gwneud (fel unigolion) i helpu i leihau bygythiad newid hinsawdd. Mae'r canlyniadau i'w gweld isod.

Camau posibl y gall unigolion eu cymryd	Nifer yr ymatebion
Defnyddio bylbiau egni isel	82
Dewis nwyddau sy'n effeithlon o ran egni	57
Gwella ynysiad yn y cartref	53
Ailgylchu pob eitem blastig, gwydr ac ati	89
Troi'r thermostat i lawr wrth wresogi	23
Cerdded neu feicio i osgoi defnyddio'r car	2
Defnyddio cludiant cyhoeddus	17
Prynu bwyd sydd wedi'i gynhyrchu'n lleol	11

▲ **Ffigur 35** Camau posibl y gall unigolion eu cymryd.

A all y diwydiant twristiaeth leihau ei effaith ar yr amgylchedd?

Yn 2012 am y tro cyntaf aeth mwy nag 1 biliwn o dwristiaid ar eu gwyliau mewn blwyddyn. Mae Thema 6 wedi dangos sut gall twristiaeth gael effaith enfawr ar economïau llawer o wledydd sy'n datblygu. Fodd bynnag, gall twristiaeth gael effaith negyddol, yn ogystal â chadarnhaol, ar y bobl a'r cymunedau rydyn ni'n ymweld â nhw. Mae teithio yn allyrru nwyon tŷ gwydr, ac mae twristiaeth yn creu cynhyrchion gwastraff ac yn cynyddu'r galw am adnoddau fel dŵr, bwyd ac egni. Felly, sut gallwn ni leihau effeithiau negyddol twristiaeth?

Yn ddelfrydol, dylai twristiaeth fod yn gynaliadwy, sy'n golygu y dylai'r buddion barhau am gyfnod hir. Fodd bynnag, er mwyn datblygu twristiaeth mewn ffordd gynaliadwy mae'n rhaid cyflawni nifer o anghenion sy'n tynnu'n groes i'w gilydd. Mae crynodeb ohonynt yn Ffigur 1.

Mae angen i bobl leol elwa. Gallai hyn fod ar ffurf swyddi newydd a chyflogau uwch. Os oes llawer o dlodi yn yr ardal, dylai hefyd sicrhau gwelliannau o ran gwasanaethau sylfaenol fel dŵr glân, systemau trin carthion ac ysgolion i bobl leol.

Ni ddylai twf twristiaeth ddifrodi'r amgylchedd (gan gynnwys bywyd gwyllt/ecosystemau) i'r fath raddau na fydd byth yn adfer.

Ni ddylai twf twristiaeth greu problemau ar gyfer cenedlaethau o bobl leol yn y dyfodol. Er enghraifft, os yw datblygiad twristiaeth yn defnyddio mwy o ddŵr glân na'r hyn mae'n bosibl ei ailgyflenwi drwy brosesau naturiol, yna mae twristiaeth yn anghynaliadwy.

Ni ddylai twf twristiaeth greu cymaint o broblemau fel bod twristiaid yn rhoi'r gorau i fynd yno (oherwydd bod yr amgylchedd wedi'i ddifetha).

▲ **Ffigur 1** Gofynion twristiaeth gynaliadwy sy'n tynnu'n groes i'w gilydd.

Ecodwristiaeth

Ecodwristiaeth yw twristiaeth sy'n cael effaith fach iawn ar yr amgylchedd. Mae ecodwristiaeth yn cefnogi'r gwaith o warchod cynefinoedd a bywyd gwyllt. Mewn rhai achosion, mae hyn yn golygu bod arian sy'n dod o dwristiaeth yn helpu i ariannu projectau cadwraeth. Mewn achosion eraill, mae'r twristiaid yn gwirfoddoli gyda phrojectau cadwraeth yn ystod eu gwyliau sydd weithiau'n cael ei alw'n '*voluntourism*'.

Twristiaeth foesegol a theithio cyfrifol

Mae twristiaeth foesegol a theithio cyfrifol yn gysyniadau sy'n cael eu defnyddio i ddisgrifio mathau cynaliadwy o dwristiaeth. Mae **twristiaeth foesegol** yn golygu bod anghenion pobl leol yn cael eu hystyried. Mae hyn yn golygu bod credoau, traddodiadau ac arferion lleol yn cael eu parchu a'u gwarchod. Mae twristiaeth foesegol hefyd yn ceisio lleihau'r effeithiau negyddol mae'r diwydiant yn eu cael ar yr amgylchedd. Mae **teithio cyfrifol** yn golygu rhywbeth tebyg. Mae teuluoedd lleol yn cael manteision economaidd oherwydd bod swyddi a gwasanaethau'n cael eu creu gan dwristiaeth foesegol a theithio cyfrifol.

▼ **Ffigur 2** Mae twristiaeth yn gallu cael nifer o effeithiau negyddol ar yr amgylchedd.

Gweithgareddau

1 Amlinellwch o leiaf 3 effaith wahanol mae twristiaeth yn eu cael ar yr amgylchedd. Defnyddiwch Ffigur 2 i'ch helpu.

2 Defnyddiwch Ffigur 4 i ddisgrifio dosbarthiad yr ardaloedd cadwraeth yn Limpopo.

3 Esboniwch ystyr yr ymadrodd 'amrywiaethu'r economi gwledig'.

Twristiaeth bywyd gwyllt yn Limpopo, De Affrica

Mae gan dalaith Limpopo, De Affrica, hinsawdd letgras, ac mae'r ecosystem safana yno, sydd heb ei difetha ar y cyfan, yn atyniad twristiaid pwysig. Ffermio, ecodwristiaeth a gwarchodfeydd anifeiliaid hela yw'r cyflogwyr mwyaf yn Limpopo. Fodd bynnag, mae'r rhan fwyaf o'r swyddi yn y diwydiannau hyn yn swyddi sgiliau isel sy'n talu cyflogau gwael. Mae diweithdra yn uchel – cymaint â 37 y cant mewn rhai ardaloedd gwledig. Mae'r hinsawdd yn golygu bod ffermio yn anodd a'r incwm yn isel. Mae angen **amrywiaethu** yr economi gwledig ar unwaith: ystyr hyn yw creu amrywiaeth o swyddi newydd sydd ddim o reidrwydd yn gysylltiedig â ffermio. Un opsiwn yw creu swyddi ym maes ecodwristiaeth.

Ardal yn Limpopo	Poblogaeth	Poblogaeth sy'n cael dŵr drwy bibell (%)	Cartrefi sydd â thrydan (%)
Mutale	91,870	27	8
Lephalale	115,767	67	70

▲ **Ffigur 3** Canran y boblogaeth â mynediad at ddŵr drwy bibell u thrydan mewn dwy ardal wledig yn Limpopo.

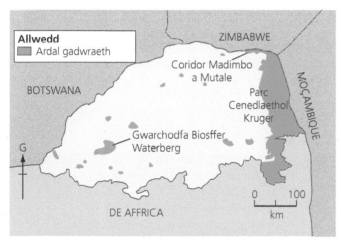

▲ **Ffigur 4** Ardaloedd cadwraeth yn Limpopo.

Mae twristiaid o Dde Affrica ac o dramor eisoes yn ymweld â safleoedd yn Limpopo, yn enwedig Parc Cenedlaethol Kruger yn y dwyrain. Mae Gwarchodfa Biosffer Waterberg yn Lephalale hefyd yn boblogaidd. Mae 75 rhywogaeth o famaliaid yn byw yno (gan gynnwys y 5 mawr: llew, llewpard, rhinoseros, byfflo ac eliffant) a 300 rhywogaeth o adar. Mae tua 80,000 o bobl yn byw yn y warchodfa. Mae twristiaid sy'n ymweld â Waterberg yn creu swyddi mewn sawl ffordd. Maen nhw'n talu i aros gyda theuluoedd lleol neu mewn cabanau moethus sy'n cyflogi glanhawyr, cogyddion a staff bar. Mae pobl leol yn cael eu cyflogi hefyd fel tywyswyr a wardeiniaid yn y warchodfa.

Mae ffermio anifeiliaid hela yn un ffordd mae'r tirfeddianwyr cyfoethog yn creu incwm newydd ac yn rheoli bywyd gwyllt. Mae anifeiliaid gwyllt yn cael eu dal, fel y byfflo yn Ffigur 5, a'u symud i warchodfeydd bywyd gwyllt fel stoc bridio. Yno, maen nhw'n gallu cael eu hamddiffyn rhag potsio anghyfreithlon. Drwy wneud hynny, mae poblogaeth yr anifeiliaid gwyllt hyn wedi bod yn codi'n raddol.

Yna, mae twristiaid yn cael hela o fewn cyfyngiadau. Daw'r prif incwm gan dwristiaid sy'n talu llawer o arian i saethu antelopiaid, byfflos ac anifeiliaid gwyllt eraill. Mae'r cig yn cael ei werthu yn Ne Affrica ac mae hyn cynhyrchu mwy o incwm. Yna, mae'r arian hwn yn cael ei ddefnyddio i dalu am brojectau cadwraeth fel rhaglenni bridio, gwarchod cynefinoedd a phatrolau gwrth-botsio.

▲ **Ffigur 5** Byfflo dan ddylanwad anaesthetig yn cael ei roi ar dryc ar fferm breifat ger Lephalale. Ar ôl profion meddygol bydd yn cael ei werthu i fridiwr.

Gweithgareddau

4 Cyfrifwch yn union faint o bobl yn Mutale a Lephalale sydd heb fynediad at ddŵr drwy bibell na thrydan.

5 Esboniwch sut byddai project ecodwristiaeth newydd yn Mutale a Lephalale yn gallu:
   a) gwella safonau byw pobl leol
   b) gwarchod bywyd gwyllt.

Gwaith ymholi

'Dylai pob math o hela gael ei wahardd yn Ne Affrica.'

I ba raddau rydych chi'n cytuno â'r gosodiad hwn?

■ Trafodwch a yw'n bosibl dadlau bod hela gan dwristiaid yn fath o dwristiaeth foesegol.
■ Amlinellwch y dadleuon o blaid ac yn erbyn yr hela rheoledig o anifeiliaid gwyllt yn Ne Affrica fel rhan o broject ecodwristiaeth.

Effaith twristiaeth ar y cyflenwad dŵr

Mae twristiaeth yn golygu bod llawer o alw am adnoddau dŵr lleol. Mae angen dŵr i baratoi bwyd, glanhau gwestai, golchi gorchuddion gwely a thywelion, dyfrhau gerddi a llenwi pyllau nofio. Mae llawer o ddŵr yn cael ei ddefnyddio i sicrhau bod cyrsiau golff yn wyrdd – problem fawr iawn mewn hinsoddau poeth a sych fel sydd i'w cael mewn cyrchfannau gwyliau yn ardal y Môr Canoldir.

Nid yw data ar faint o ddŵr mae'r diwydiant twristiaeth yn ei ddefnyddio yn cael eu casglu ar raddfa genedlaethol. O ganlyniad, mae'r bobl sy'n ymchwilio i'r mater yn dibynnu ar amcangyfrifon. Un o gasgliadau astudiaeth ddiweddar gan *The Travel Foundation* oedd bod twristiaid yn defnyddio mwy o ddŵr na thrigolion lleol – mae eu canlyniadau wedi'u crynhoi yn Ffigur 7.

Ai atal datblygu cyrsiau golff yw'r ateb?

Mae St Lucia yn ynys yn y Caribî sy'n dibynnu'n drwm ar dwristiaeth dorfol ar gyfer eu hincwm. Mae amcangyfrifon yn awgrymu bod 33 y cant (canran anferth) o gyflenwadau dŵr croyw yr ynys yn cael ei ddefnyddio gan y diwydiant twristiaeth, a bod 6 y cant arall yn cael ei ddefnyddio i ddyfrhau cyrsiau golff a sicrhau eu bod nhw'n wyrdd.

▲ **Ffigur 6** Lleoliad Le Paradis a chyrsiau golff eraill yn St Lucia.

Rhanbarth	Y dŵr mae twristiaid yn ei ddefnyddio o'u cymharu â thrigolion lleol (%)
Y Môr Canoldir	150–200
Y Caribî (heb Jamaica)	150–200
Jamaica	400–1,000
Gogledd Affrica (e.e. Tunisia)	400–1,000
Kenya	1,800–2,000
Sri Lanka	1,800–2,000

▲ **Ffigur 7** Y dŵr mae twristiaid yn ei ddefnyddio o'u cymharu â thrigolion lleol. Mae 200 y cant yn golygu bod twristiaid yn defnyddio dwywaith cymaint o ddŵr â phobl leol.

▲ **Ffigur 8** Llong fordeithio wedi'i hangori yn Castries.

Gweithgareddau

1. a) Esboniwch pam mae'r diwydiant twristiaeth yn defnyddio mwy o ddŵr na'r trigolion lleol.
   b) Awgrymwch ddwy ffordd y gallai'r diwydiant twristiaeth ddefnyddio llai o ddŵr.
2. a) Cyflwynwch y data yn Ffigur 7 gan ddefnyddio graff addas neu bictogram.
   b) Awgrymwch pam mae cymaint mwy o ddŵr yn cael ei ddefnyddio mewn rhai cyrchfannau twristiaid.
3. Defnyddiwch Ffigur 6 i ddisgrifio:
   a) dosbarthiad y cyrsiau golff yn St Lucia
   b) lleoliad clwb golff a chyrchfan Le Paradis.
4. Amlinellwch o leiaf dau reswm pam nad oedd datblygiad Le Paradis yn gynaliadwy o bosibl. Defnyddiwch Ffigur 1 ar dudalen 302 i'ch helpu.
5. Esboniwch gyfyngiadau cyfraniad twristiaeth llongau mordeithio i economi St Lucia (defnyddiwch tudalennau 229 a 231 i'ch helpu).
6. Disgrifiwch fanteision achub y goedwig fangrof sy'n weddill ym Mae Praslin (defnyddiwch Ffigur 15 ar dudalen 292 i'ch helpu).

Nid yw arfordir St Lucia ar ochr y Cefnfor Iwerydd wedi ei ddatblygu rhyw lawer ar gyfer twristiaid. Cafodd 200 hectar o dir ym Mae Praslin ei brynu gan ddatblygwyr i adeiladu cyrchfan gwyliau moethus a chwrs golff o'r enw Le Paradis. Bu ymgyrchwyr lleol yn protestio yn erbyn y penderfyniad i ddinistrio'r goedwig fangrof a'r goedwig law drofannol sych, ond dechreuodd y gwaith datblygu. Y bwriad oedd gorffen y gwaith erbyn 2007, ond doedd dim digon o arian gan y datblygwyr ac nid yw'r project erioed wedi'i gwblhau. Dim ond cragen wag y cyrchfan gwyliau sydd yno o hyd yn 2016.

▲ **Ffigur 9** Yr ardal o goedwig fangrof sy'n weddill ym Mae Praslin. Cafodd y rhan fwyaf o'r goedwig fangrof ei dinistrio wrth adeiladu'r cyrchfan gwyliau; mae'r ardal sy'n weddill o dan fygythiad os bydd y datblygiad yn cael ei gwblhau.

▲ **Ffigur 10** Cyrchfan gwyliau gwag Le Paradis yn 2010.

Llefarydd ar ran llywodraeth St Lucia

Rydyn ni eisiau i berchennog y safle ostwng y pris gwerthu er mwyn i ddatblygwr arall allu prynu'r project a'i gwblhau. Mae gwesty, marina ar gyfer cychod hwylio bach a chwrs golff o'r radd flaenaf yn rhan o'r project. Bydd cwblhau'r project yn creu swyddi ar ochr ddwyreiniol yr ynys lle mae prinder swyddi ar hyn o bryd.

Preswylydd lleol a choedwigwr

Byddai cwblhau'r cwrs golff arfaethedig yn dinistrio cynefin coetir trofannol sych sy'n gartref i adar endemig prin o deulu'r fronfraith. Rwy'n gweithio i awdurdodau'r goedwig ac fel tywysydd ecodwristiaeth yn fy amser hamdden. Os bydd y cwrs golff yn cael ei agor, bydd bioamrywiaeth St Lucia yn dioddef ymhellach ac efallai na fydda i'n cael cymaint o waith.

Preswylydd lleol

Dydw i ddim eisiau i'r cwrs golff gael ei gwblhau. Mae cannoedd o deuluoedd yn byw ym Mae Praslin. Mae ein dŵr ni'n dod o'r nant a'r tyllau turio. Mae'r lefel trwythiad yn gostwng yn yr haf ac rwy'n poeni bydd ein twll turio ni yn sychu os bydd dŵr yn cael ei ddefnyddio i ddyfrhau'r cwrs golff.

▲ **Ffigur 11** Amrywiol agweddau tuag at ddatblygiad pentref gwyliau Le Paradis.

Gwaith ymholi

Ydych chi'n credu y dylai datblygiad cwrs golff a chyrchfan gwyliau Le Paradis gael ei gwblhau? Cyfiawnhewch eich penderfyniad.

Rheoli Parc Morol y Barriff Mawr yn gynaliadwy

Cafodd Parc Morol y Barriff Mawr yng ngogledd Awstralia ei sefydlu yn 1975. Y Bariff Mawr oedd yr ecosystem riff cwrel gyntaf i dderbyn Statws Treftadaeth y Byd gan sefydliad *UNESCO* yn 1981. Erbyn hyn, mae'n cael ei ystyried yn un o'r ecosystemau morol sy'n cael ei rheoli orau yn y byd. Yn ogystal â bod yn bwysig o safbwynt y bioamrywiaeth sydd yno, mae'r parc hefyd yn gwarchod dros 70 o grwpiau o bobl Cynfrodorol a grwpiau eraill oherwydd bod eu traddodiadau a'u diwylliant mewn perygl oherwydd datblygiad. Mae sawl safle sy'n bwysig yn hanesyddol yn yr ardal hefyd, gan gynnwys goleudai a llongddrylliadau. Mae'r Parc Morol yn denu dros 2 miliwn o dwristiaid bob blwyddyn yn ogystal â 5 miliwn o ddefnyddwyr hamdden.

▲ **Ffigur 12** Lleoliad Parc Morol y Barriff Mawr.

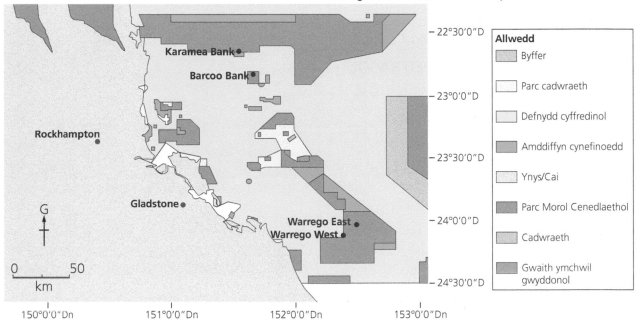

Cylchfa	Beth sydd wedi'i ganiatáu a beth sydd ddim
Cadwraeth	Rhaid cael caniatâd ysgrifenedig i fynd yno.
Parc Morol Cenedlaethol	Dim pysgota neu gasglu wystrys. Mae mynd ar gychod, nofio, snorclo a hwylio yn cael eu caniatáu.
Gwaith ymchwil gwyddonol	Ar gyfer astudiaeth wyddonol. Dim caniatâd i'r cyhoedd fel arfer.
Byffer	Rhywfaint o bysgota yn cael ei ganiatáu. Caniatâd i'r cyhoedd fwynhau'r amgylchedd naturiol yn yr ardal hon.
Parc cadwraeth	Dim ond ychydig o bysgota sy'n cael ei ganitáu.
Amddiffyn cynefinoedd	Mae cynefinoedd sensitif ac agored i niwed yn cael eu hamddiffyn rhag gweithgareddau a allai achosi difrod.
Defnydd cyffredinol	Dim pysgota â threillrwydi. Mae dal crancod, mynd ar gychod, deifio, ffotograffiaeth, a physgota â lein yn cael eu caniatáu.

▲ **Ffigur 13** Cylchfaoedd Parc Morol y Barriff Mawr i'r dwyrain o Gladstone.

Sut mae'r parc yn cael ei reoli?

Mae Parc Morol y Barriff Mawr wedi'i rannu yn **gylchfaoedd rheoli**. Mae cynllun cylchfaoedd yn nodi pa weithgareddau sydd wedi'u caniatáu ym mhob ardal. Y nod yw gwahanu'r gwahanol ffyrdd mae'r ecosystem yn cael ei defnyddio a allai wrthdaro â'i gilydd. Mae lefel y diogelwch yn cynyddu o Gylchfa Defnydd Cyffredinol i Gylchfa Cadwraeth sydd â'r cyfyngiadau mwyaf. Mae cynlluniau rheoli arbennig ar waith mewn safleoedd pot mêl fel Cairns ac Ynysoedd Whitsunday. Mae cyfyngiad ynghylch hyd cychod a maint grwpiau ymwelwyr i sicrhau nad oes gormod o bobl yn mynd i'r lleoliadau hyn sy'n agored i niwed. Mae rhaglen addysg a gorfodaeth ar waith hefyd ar y cyd â Gwasanaeth Parciau a Bywyd Gwyllt Queensland. Bob 5 mlynedd mae Adroddiad Rhagolygon y Barriff Mawr yn cael ei gyhoeddi ac o'r adroddiad hwn mae cynllun rheoli manwl yn cael ei greu. 'Reef 2050' yw enw'r cynllun diweddaraf sy'n mynd i'r afael â chynaliadwyedd yn y tymor hir.

▲ **Ffigur 14** Y forfuwch – mamolyn morol mawr.

Ydy'r cynllun cylchfaoedd yn effeithiol?

Mae rhannu'r riff yn gylchfaoedd yn amddiffyn yr anifeiliaid, y planhigion a'r cynefinoedd morol unigryw, yn ogystal â rhywogaethau sydd o dan fygythiad fel y crwban gwyrdd a'r morfuwch. Gall diwydiannau sy'n dibynnu ar y riff, fel pysgota a thwristiaeth, barhau i weithredu yno. Mae hyn yn darparu manteision cymdeithasol ac economaidd i gymunedau lleol ac i'r economi cenedlaethol. Ymhlith y manteision ehangach mae cyfleoedd i ymchwilio i ecosystemau riffiau cwrel yng nghyd-destun hamdden, diwylliant, addysg a gwyddoniaeth. Yn ôl y gwaith ymchwil o'r adroddiad diweddaraf, mae niferoedd y pysgod a'u maint cyfartalog yn cynyddu. Mae nifer y brithyll cwrel bellach 50 y cant yn fwy nag ydoedd. Mae pysgod mwy yn cynhyrchu mwy o wyau, ac mae cynnydd yn nifer y pysgod mewn ardaloedd caeedig yn golygu y gall rhai ohonynt symud i gylchfaoedd eraill.

▲ **Ffigur 15** Mae'r crwban gwyrdd o dan fygythiad am sawl rheswm – colli cynefinoedd, masnachu mewn bywyd gwyllt, pysgota i gael ei gig a boddi damweiniol mewn rhwydi pysgota.

Pam dylen ni adfer ecosystemau?

Mae 53 miliwn hectar o wlyptir yn China. Mae ecosystemau gwlyptir weithiau'n cael eu disgrifio fel arennau'r Ddaear gan eu bod yn storio ac yn hidlo dŵr. Drwy wneud hyn, maen nhw'n amddiffyn pobl rhag llifogydd ac yn helpu i gynnal cyflenwad glân o ddŵr yfed. Fodd bynnag mae gwlyptiroedd yn China yn agored i niwed yn sgil ffermio a thwf trefol. Yn ôl arolwg yn 2014, mae 60 y cant o wlyptiroedd China mewn cyflwr gwael iawn neu mewn cyflwr eithaf gwael. Mae tudalennau 186–7 eisoes wedi trafod sut a pham mae ecosystemau gwlyptir a gweundir yn y DU yn cael eu hadfer erbyn hyn. Mae projectau tebyg yn cael eu trefnu mewn rhannau eraill o'r byd, gan gynnwys yn nhalaith Heilongjiang yn China. Yma, mae cymysgedd o brojectau adfer gwlyptiroedd, plannu coed ac ecodwristiaeth wedi helpu i wella bioamrywiaeth a chynyddu incymau pobl leol.

Mae 53 y cant o'r 8 miliwn o bobl sy'n byw yma yn ffermwyr.

Mae 10,090 hectar o goed wedi'u plannu.

Mae 6 gwarchodfa adar wedi'u creu.

Mae 39,769 hectar o goetir yn cael ei reoli.

Mae 3,441 hectar o dir ffermio wedi'i droi'n ôl yn wlyptir.

▲ **Ffigur 18** Ystadegau'n ymwneud â phroject adfer Gwastadedd Sanjiang.

▲ **Ffigur 16** Twristiaid yn mynd ar daith mewn cwch ar hyd Afon Ussuri ar wlyptiroedd Sanjiang.

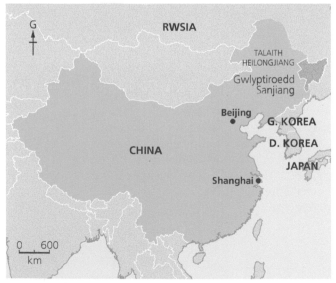

▲ **Ffigur 17** Lleoliad gwlyptiroedd Sanjiang

Ecosystem wlyptir enfawr o gorsydd naturiol, llifddolydd a choedwigoedd yw Gwastadedd Sanjiang yn nhalaith Heilongjiang. Mae llifogydd tymhorol yn y cynefinoedd hyn ac maen nhw'n cynnal bioamrywiaeth eang, yn enwedig hwyaid a gwyddau. Mae blynyddoedd o dorri ffosydd a sythu afonydd wedi dinistrio 4.32 miliwn hectar o wlyptiroedd – 80 y cant o faint gwreiddiol yr ecosystem hon.

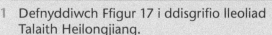

Gweithgareddau

1 Defnyddiwch Ffigur 17 i ddisgrifio lleoliad Talaith Heilongjiang.
2 Disgrifiwch y nodweddion sy'n gwneud tirwedd Ffigur 16 yn unigryw.

Yn 2005, cafodd project 10 mlynedd ei lansio i adfer gwlyptiroedd Sanjiang, cynyddu bioamrywiaeth yr ardal a chynyddu incwm lleol drwy dwristiaeth. Roedd y project (a gostiodd dros $UDA30 miliwn) yn canolbwyntio ar adfer chwe gwarchodfa adar fawr yn y gwlyptiroedd. Cafodd ffosydd caeau eu cau er mwyn i'r lefel trwythiad godi, gan ail-greu pyllau a llifddolydd. Cafodd miloedd o hectarau o goed eu plannu o amgylch y gwarchodfeydd. Roedd hyn yn golygu bod llai o dir ar gael ar gyfer ffermio, felly mae'r project wedi cefnogi ffermwyr i arallgyfeirio i faes ecodwristiaeth. Erbyn hyn, mae rhai ffermwyr yn cadw gwenyn ac yn gwerthu'r mêl i dwristiaid. Mae eraill yn gweithio fel tywyswyr teithiau i

dwristiaid sydd ar wyliau gwylio adar. Cafodd tai gwydr eu hadeiladu er mwyn i ffermwyr allu ennill mwy o arian ar ddarnau llawer llai o dir, gan ryddhau tir at ddibenion cadwraeth. Erbyn hyn, mae ffermwyr sy'n cyfrannu at gadwraeth yn gallu ennill hyd at 40 gwaith yn fwy nag o'r blaen.

Mae'r project wedi cynnal ymgyrchoedd i godi ymwybyddiaeth y cyhoedd o werth cadwraeth. Mae cadwraeth gwlyptir ar y cwricwlwm mewn ysgolion lleol erbyn hyn. Mae'r gwarchodfeydd yn cael eu monitro gan batrolau a chamerâu *CCTV* i geisio atal ffermio, pysgota a hela anghyfreithlon.

Effeithiau project gwlyptiroedd Sanjiang

Roedd Li Yuanwen yn bryderus ac yn anhapus pan ddywedodd awdurdodau'r llywodraeth leol wrtho am roi'r gorau i ffermio darn o dir. Roedd y tir hwn yng ngwarchodfa Zhenbaodao yn nhalaith Heilongjiang yng ngogledd-ddwyrain China.

Am 12 mlynedd, roedd Yuanwen wedi bod yn ennill $3,300 i $6,500 y flwyddyn. Roedd yn tyfu corn, ffa soia a reis ar lain 20 hectar roedd wedi'i ddatblygu ar dir gwag, er bod y tir hwn wedi'i leoli yn un o'r 24 gwarchodfa natur swyddogol ar y gorlifdir llifwaddod eang yn Sanjiang.

Ond doedd ddim sail i'w bryderon. Mae Yuanwen bellach yn gweithio fel ceidwad cyflogedig mewn ardal ecodwristiaeth newydd yng ngwarchodfa Zhenbaodao. Mae ymwelwyr yn dod yno i bysgota, hwylio, cerdded, gwersylla a gwylio adar. Mae incwm Yanwen llawer yn uwch erbyn hyn na'i incwm yn ei flynyddoedd gorau yn ffermio, ac mae'n cael hwb pellach yn sgil cadw gwenyn mewn ffordd ecogyfeillgar a gwerthu mêl a madarch i dwristiaid.

Roedd Zhiang Liang wedi bod yn tyfu corn ar 10 hectar o warchodfa natur am 6 blynedd pan wnaeth y project adfer ymgorffori ei dir. Mae Liang nawr yn tyfu tomatos mewn tri thŷ gwydr sy'n cymryd 1,050m^2 yn unig, llai nag 1% o'i dir blaenorol, ond mae ei incwm wedi codi o $4,410 i $6,860 y flwyddyn.

Mae monitro swyddogol o adar yn y 6 gwarchodfa natur wedi dangos bod yn eu niferoedd wedi cynyddu o 510,559 yn 2008 i 683,612 yn 2011. Yn y warchodfa yn Qixinghe, mae'r gwyddonydd Cui Shoubin wedi bod yn monitro poblogaeth crehyrod bach copog, ac mae eu niferoedd wedi codi o 600 yn 2011 i fwy na 1,000 yn 2014.

Mae Shoubin wrth ei fodd bod mwy o dwristiaid a gwyddonwyr yn ymweld â'r gwarchodfeydd natur. 'Rwy'n siŵr bod yr hyn rydyn ni'n ei ddarganfod am reoli gwlyptiroedd a'r gwaith rydyn ni'n ei wneud yng nghynefinoedd adar mudol prin yn bwysig – nid yn unig i Wastadedd Sanjiang ac i China ond i bedwar ban byd.'

▲ **Ffigur 18** Dyfyniad o destun o wefan yn China sy'n disgrifio project gwlyptiroedd Sanjiang.

Gweithgareddau

3 Esboniwch pam roedd angen:
   a) creu mathau newydd o swyddi er mwyn cynyddu incwm
   b) cynnwys cymunedau lleol mewn ymgyrchoedd a rhaglenni addysg.

4 Disgrifiwch brif fanteision Project Sanjiang ar gyfer:
   a) amgylcheddau lleol a bywyd gwyllt
   b) cymunedau lleol.

5 Awgrymwch sut gallai'r project hwn helpu:
   a) cymunedau sy'n byw i lawr yr afon (gallai tudalennau 186–7 eich helpu)
   b) yr amgylchedd byd-eang.

  www.wwt.org.uk – gwefan yr Ymddiriedolaeth Adar Gwyllt a Gwlyptiroedd yn y DU.

Gwaith ymholi

Pwy ddylai warchod cynefinoedd yn y DU?

■ Defnyddiwch y cyswllt â gwefan yr Ymddiriedolaeth Adar Gwyllt a Gwlyptiroedd a chliciwch ar y ganolfan wlyptir yn Llundain. Mae'r cynefin gwlyptir hwn wedi'i adfer.

■ Sut mae'r ganolfan yn cael ei defnyddio at ddibenion cadwraeth a thwristiaeth?

■ Pwy sy'n gyfrifol?

Adlamu ôl-rewlifol – Newid yn lefel cramen y Ddaear. Roedd y gramen wedi'i gwthio i lawr gan fàs yr iâ oedd yn gorwedd arni yn ystod cyfnodau rhewlifol yr oes iâ. Ers diwedd y cyfnod rhewlifol diwethaf mae'r gramen wedi bod yn codi'n araf yn ôl i'w lefel wreiddiol.

Adlinio rheoledig – Strategaeth sy'n cael ei defnyddio i reoli rhai amgylcheddau arfordirol. Mae adlinio rheoledig yn golygu bod amddiffynfeydd yn cael eu torri a'r arfordir yn cael ei adael i encilio tua'r mewndir.

Aergorff – Parsel mawr o aer yn yr atmosffer. Mae tymheredd a chynnwys lleithder pob rhan o'r aergorff yn debyg ar lefel y ddaear.

Aerosol – Gronynnau bach o lwch, lludw folcanig a nwy yn yr atmosffer sy'n gallu adlewyrchu egni'r Haul yn ôl i'r gofod.

Agored i niwed – Yn agored i risg fel trychineb naturiol. Mae rhai grwpiau o bobl yn y gymdeithas yn fwy agored i risg nag eraill. Mae'n bosibl goresgyn bod yn agored i niwed trwy ddatblygu **capasiti**.

Agwedd – Y cyfeiriad mae llethr neu arwedd arall yn wynebu tuag ato.

Anghyfunol – Craig sy'n gywasgedig yn llac yn unig a ddim wedi gludio wrth ei gilydd yn dda iawn. Mae dyddodion a gafodd eu gadael wedi i'r iâ doddi ar ddiwedd yr oes iâ ddiwethaf yn anghyfunol ar y cyfan.

Aildrefoli – Y duedd ddiweddar lle mae poblogaeth canol dinasoedd yn tyfu.

Ailgoedwigo – Plannu coed dros arwynebeddau mawr.

Ail-lenwi – Dŵr sy'n mynd i mewn i ddyfrhaen ac yn adlenwi storfa dŵr daear.

Amaeth-fusnesau – Ffermio sy'n cael ei drefnu gan fusnesau mawr – yn aml gan gwmnïau amlwladol.

Amaeth-goedwigaeth – Math o ffermio lle mae cymysgedd o gnydau, llwyni, coed ffrwythau a choed cnau yn cael eu tyfu.

Amddifadedd – Diffyg nodweddion, fel cyflogaeth neu wasanaethau sylfaenol, sydd fel arfer yn cael eu hystyried yn angenrheidiol ar gyfer safon byw resymol.

Amgylcheddau adeiledig – Mannau lle mae strwythurau dynol yn amlycach na thirweddau naturiol. Mae trefi a dinasoedd yn enghreifftiau o amgylcheddau adeiledig.

Amrywiaethu – Pan fydd amrywiaeth lawer ehangach o gyfleoedd busnes a swyddi newydd yn cael eu creu mewn rhanbarth.

Anathraidd – Priddoedd neu greigiau sydd ddim yn gadael i ddŵr fynd drwyddynt, fel clai.

Anomaleddau – Tystiolaeth nad yw'n cyd-fynd â'r duedd gyffredinol.

Ansefydlog – Gallwch chi ddisgrifio aer cynnes sy'n codi fel aer ansefydlog. Mae aer ansefydlog yn achosi i gymylau ddatblygu a ffurfio glaw.

Antiseiclon – System gwasgedd uchel yn yr atmosffer sy'n gysylltiedig â chyfnodau o dywydd sych, sefydlog.

Arallgyfeirio – Y broses o droi at weithgareddau gwahanol i gynyddu incwm, fel arfer yng nghyd-destun ffermio.

Ardaloedd trefol fewnol – Ardaloedd yng nghanol tref neu ddinas. Mae'r ardaloedd trefol fewnol wedi'u hamgylchynu gan faestrefi.

Ardal Schengen – Yr ardal yn yr UE lle nad yw rheolaeth ffiniau bellach yn cael ei gweithredu gan ganiatáu i bobl groesi o un wlad i'r llall heb ddangos pasbort.

Arforol (hinsawdd) – Amodau hinsoddol tir sy'n agos i'r môr. Mae'r môr yn cymedroli'r tymereddau sy'n golygu nad oes ond amrywiadau bach yn y tymheredd.

Arllwysiad – Faint o ddŵr sy'n llifo drwy sianel afon neu allan o ddyfrhaen. Mae arllwysiad yn cael ei fesur mewn metrau ciwbig yr eiliad (ciwmec).

Arllwysiad brig – Y swm mwyaf o ddŵr mewn afon yn ystod llifogydd.

Aseismig – Disgrifiad o adeiladau sydd wedi'u cynllunio i wrthsefyll yr ysgwyd yn ystod daeargryn.

Asidio'r cefnforoedd – Proses lle mae lefel pH dŵr y môr yn lleihau, gan wneud y dŵr yn fwy asidig. Mae asidio'n digwydd wrth i CO_2 ychwanegol gael ei amsugno i'r môr.

Athraidd – Craig sy'n gadael i ddŵr fynd drwyddi, fel calchfaen.

Athreiddedd – Gallu craig i adael i ddŵr fynd drwyddi.

Athreuliad – Math o erydiad lle mae'r creigiau'n bwrw yn erbyn ei gilydd gan eu gwneud nhw'n llai ac yn fwy crwn.

Bar alltraeth – Arwedd ar wely'r môr sy'n cael ei ffurfio oherwydd dyddodiad tywod.

Bar pwynt – Traeth afon wedi'i ffurfio o dywod a graean sy'n cael eu dyddodi ar dro mewnol ystum afon.

Bioamrywiaeth – Yr amrywiaeth o bethau byw.

Biomau – Ecosystemau mawr iawn, e.e. coedwigoedd glaw trofannol neu ddiffeithdir.

Blociau masnachu – Partneriaethau masnachu rhwng gwledydd gwahanol. Mae'r Undeb Ewropeaidd yn un enghraifft.

BRICs – Brasil, Rwsia, India, China, México. Economïau sy'n fawr ac yn tyfu sy'n cyfrannu at batrymau byd-eang o fasnach a chyd-ddibyniaeth.

Buddsoddiad uniongyrchol o dramor – Buddsoddiad o arian gan gwmni mewn datblygiad, fel ffatri newydd, sydd wedi'i leoli mewn gwlad arall.

Bwâu môr – Arweddion naturiol ar ffurf bwa. Maen nhw mewn clogwyni ar y morlin ac yn cael eu ffurfio oherwydd erydiad ogof mewn pentir.

Callor – Pant enfawr yn arwyneb y Ddaear wedi'i achosi gan losgfynydd yn dymchwel ar ôl echdoriad mawr iawn.

Cannu cwrel – Proses sy'n arwain at orfodi zooxanthellae allan o feinwe cwrelau, gan droi'r cwrelau lliwgar yn wyn. Mae'r broses yn digwydd pan fydd tymheredd dŵr y môr yn codi.

Canol Busnes y Dref (CBD) – Yr ardal mewn tref neu ddinas lle mae'r mwyafrif o'r siopau a'r swyddfeydd wedi'u clystyru.

Canolbwynt – Y pwynt o dan y ddaear o le mae egni'n lledaenu yn ystod daeargryn.

Canopi – Haen uchaf coedwig. Y canopi sy'n derbyn y gyfran fwyaf o olau'r haul ac felly mae'n cynnwys llawer o ddail, blodau a ffrwythau.

Capasiti – Gallu grŵp o bobl i wrthsefyll problem fel trychineb naturiol. Capasiti yw'r gwrthwyneb i **natur agored i niwed**.

Cartrefi sgwatwyr (slymiau) – Cartrefi lle does gan y bobl sy'n byw yno ddim hawl cyfreithiol i'r tir, h.y. does ganddyn nhw ddim daliadaeth tai cyfreithiol. Enwau cyffredin am aneddiadau anffurfiol yw trefi sianti neu gartrefi sgwatwyr. Slymiau yw'r enw arnyn nhw yn India.

Casglu dŵr glaw – Casglu a storio dŵr glaw, er enghraifft o do tŷ.

Cefnen canol cefnfor – Cadwyni hir o fynyddoedd sy'n rhedeg ar hyd canol sawl cefnfor, gan gynnwys canol Cefnfor Iwerydd. Mae'r cefnenau cefnfor yn cael eu ffurfio gan symudiad platiau.

Ceiswyr lloches – Pobl sy'n symud o un wlad i wlad arall gan eu bod mewn perygl neu'n cael eu herlid oherwydd eu crefydd neu eu syniadau gwleidyddol.

Ceryntau cefnforol – Llifoedd rhagweladwy o ddŵr drwy'r moroedd a'r cefnforoedd. Mae rhai ceryntau yn llifoedd o ddŵr cymharol gynnes, fel Llif y Gwlff. Mae ceryntau eraill yn gymharol oer, fel y Labrador.

Ceunant – Dyffryn cul ag ochrau serth. Yn aml mae ceunentydd i'w cael islaw rhaeadr.

Chawl – Yr enw ar fath o adeilad gyda fflatiau neu ystafelloedd ynddo sydd i'w weld mewn llawer o ddinasoedd yn India.

Ciwmec – Talfyriad ar gyfer metrau ciwbig yr eiliad – sy'n ffordd o fesur arllwysiad afon.

Clirio slymiau'n gyfan gwbl – Dymchwel nifer mawr o hen dai anaddas ac ailddatblygu cartrefi newydd gwell.

Clofan i dwristiaid – Cyrchfan i dwristiaid sydd wedi'i wahanu oddi wrth gymunedau lleol. Mae rhai datblygiadau i dwristiaid yn cael eu cynllunio fel bod twristiaid yn cael eu hannog i beidio â gadael y gwesty neu'r cyrchfan. Yn y modd hwn, mae'r twrist yn gwario mwy o arian gyda'r cwmni, ac ychydig iawn gyda busnesau lleol.

Cludiant – Symudiad deunydd drwy'r dirwedd.

Cludiant torfol – Math o system cludiant cyhoeddus sy'n gallu symud nifer mawr o bobl drwy ddinas, er enghraifft system rheilffyrdd tanddaearol.

Coedwig law drofannol – Ecosystemau coedwig mawr (biomau) sy'n bodoli yn yr hinsawdd boeth a gwlyb sydd i'w chael bob ochr i'r Cyhydedd.

Coedwigo – Plannu coedwigoedd.

Coedwigoedd mangrof – Math o goedwig drofannol sy'n tyfu mewn rhanbarthau arfordirol.

Côn lludw – Bryn folcanig ar siâp côn. Mae côn lludw'n cael ei ffurfio gan echdoriad o lafa crasboeth sy'n cael ei daflu o'r agorfa. Mae'r talpiau o lafa yn llawn swigod nwy. Maen nhw'n caledu i ffurfio darnau maint cerigos o graig sydd â gwead crwybr (honeycomb).

Continwwm trefol–gwledig – Yr amrywiaeth o amgylcheddau dynol sydd i'w gweld, o'r rhannau llawn adeiladau yn ein dinasoedd mwyaf i gymunedau gwledig mwyaf anghysbell, tenau eu poblogaeth.

Coridor bywyd gwyllt – Stribedi o gynefin sy'n galluogi anifeiliaid gwyllt i fudo o un ecosystem i'r llall, er enghraifft perthi.

Coropleth – Math o fap sy'n defnyddio lliwiau neu raddliwiau gwahanol i gyflwyno data sy'n cael eu dangos mewn rhannau o'r map.

Cwadrad – Darn o offer sy'n cael ei ddefnyddio mewn gwaith maes. Fframiau sgwâr yw cwadradau. Mae sawl maint gwahanol ar gael ac maen nhw'n cael eu defnyddio wrth samplu.

Cwmnïau amlwladol (MNCs) – Busnesau mawr fel Sony, Microsoft a McDonald's, sydd â changhennau mewn nifer o wledydd. Term arall am gwmnïau amlwladol yw cwmnïau trawswladol.

Cwmwl lludw – Darnau bach powdr o graig sy'n cael eu taflu o losgfynydd yn ystod echdoriad ffrwydrol.

Cwotâu – Cyfyngiadau ar faint o nwyddau penodol a all gael eu mewnforio bob blwyddyn.

Cwymp creigiau – Cwymp sydyn creigiau o glogwyn neu lethr serth.

Cyflogaeth anuniongyrchol – Swyddi sy'n dod yn sgil buddsoddiad gan fusnes, ond nid yn y busnes ei hun. Er enghraifft, bydd cyflogaeth anuniongyrchol yn cael ei chreu ar gyfer gyrwyr tacsis sydd yno eisoes os bydd maes awyr newydd yn cael ei adeiladu.

Cyflogaeth uniongyrchol – Swyddi sy'n cael eu creu o fewn busnes. Er enghraifft, bydd cyflogaeth uniongyrchol yn cael ei chreu ar gyfer pobl trin bagiau os bydd maes awyr newydd yn cael ei adeiladu. Gweler **cyflogaeth anuniongyrchol**.

Cyfnod braenaru – Term sy'n cael ei ddefnyddio mewn amaethyddiaeth i ddisgrifio'r cyfnod mae darn o dir yn cael ei adael i orffwys rhwng cnydau.

Cyfnodau rhewlifol – Cyfnodau oer yn hanes y Ddaear pan oedd rhewlifoedd yn estyn a llenni iâ yn mynd yn fwy.

Cyfnodau rhyngrewlifol – Cyfnodau cynhesach yn hanes y Ddaear pan oedd rhewlifoedd wedi encilio a llenni iâ wedi mynd yn llai.

Cyfradd ffrwythlondeb – Nifer cyfartalog y plant sy'n cael eu geni i bob menyw mewn gwlad. Os yw'r gyfradd ffrwythlondeb yn fwy na dau, mae'r boblogaeth yn tyfu.

Cyfradd genedigaethau – Nifer y plant sy'n cael eu geni mewn un flwyddyn am bob 1,000 o bobl mewn poblogaeth gwlad.

Cyfradd marwolaethau babanod – Nifer y plant sy'n marw cyn cyrraedd blwydd oed am bob 1,000 o blant sy'n cael eu geni.

Cylch dylanwad – Yr ardal y mae nodwedd, arwedd neu ddigwyddiad daearyddol yn gallu effeithio arni. Gall yr effeithiau hyn fod yn dda neu'n ddrwg.

Cylchfa byffer – Rhan o ardal gadwraeth lle gallai rhai gweithgareddau, fel ffermio a thwristiaeth, gael eu caniatáu.

Cylchfa Cydgyfeirio Ryngdrofannol (CCRD: *ITCZ*) – Band llydan o'r atmosffer sy'n amgylchynu'r lledredau trofannol. Mae gwasgedd isel, cymylau a glaw trwm yn nodweddiadol o'r CCRD.

Cylchfaoedd dargyfeirio – Ffin rhwng dau blât o gramen y Ddaear sydd yn symud oddi wrth ei gilydd. Yr un ystyr sydd i **ymyl plât adeiladol**.

Cylchfaoedd rheoli – Mewn ardal gadwraeth, fel Parc Cenedlaethol, bydd gweithgareddau gwahanol yn cael eu caniatáu y tu mewn i ardal neu gylchfa.

Cylchlithro – Cwymp graddol llethr dan ei bwysau ei hun. Mae'n digwydd weithiau lle mae craig **anghyfunol** yn llithro dros fath anathraidd o graig, fel clai.

Cylchred ddŵr – Y llif parhaus o ddŵr rhwng arwyneb y ddaear a'r atmosffer – term arall yw'r gylchred hydrolegol.

Cymedr – Gwerth cyfartalog sy'n cael ei gyfrifo drwy adio'r holl werthoedd at ei gilydd a rhannu â nifer y gwerthoedd.

Cymhorthdal – Taliad mae gwlad yn ei wneud i'w ffermwyr a'i busnesau ei hun fel bod eu nwyddau'n gallu cael eu gwerthu am bris rhatach i ddefnyddwyr.

Cymorth amlochrog – Cymorth ariannol sy'n cael ei roi gan nifer mawr o lywodraethau gwahanol i sefydliad mawr fel y Cenhedloedd Unedig neu Fanc y Byd. Mae'r sefydliad hwn wedyn yn defnyddio'r cymorth i gefnogi gwledydd lle mae angen cefnogaeth.

Cymorth brys – Help sy'n cael ei roi ar frys ar ôl trychineb naturiol neu wrthdaro er mwyn diogelu bywyd y goroeswyr.

Cymorth datblygiad – Help sy'n cael ei roi i fynd i'r afael â thlodi a gwella ansawdd bywyd yn y tymor hir i wella addysg neu ofal iechyd.

Cymorth dwyochrog – Cymorth ariannol, neu fwyd, dillad neu gymorth brys arall, sy'n cael ei roi yn uniongyrchol gan lywodraeth un wlad i un arall.

Cymudo – Taith reolaidd gweithwyr (bob dydd neu bob wythnos) o'u cartrefi mewn un lle i'w gwaith mewn lle gwahanol.

Cymuned gynaliadwy – Cymuned sydd wedi'i chynllunio i gael yr effaith leiaf ar yr amgylchedd. Bydd cymunedau o'r fath weithiau'n gwneud defnydd o effeithlonrwydd egni, technolegau adnewyddadwy a gwasanaethau lleol er mwyn lleihau costau cludiant.

Cynhyrchwyr – Planhigion sy'n gallu creu startsh o egni'r Haul. Mae cynhyrchwyr ar waelod y gadwyn fwyd.

Cynllun Rheoli Traethlin – Y cynllun sy'n cynnwys manylion am sut bydd awdurdod lleol yn rheoli pob rhan o'r morlin yn y DU yn y dyfodol.

Cynnydd naturiol – Cynnydd yn y boblogaeth sy'n digwydd oherwydd bod mwy o enedigaethau na marwolaethau.

Cynwyddau cynradd – Defnyddiau crai sydd heb gael eu prosesu. Mae glo, mwynau a bwydydd heb eu prosesu i gyd yn enghreifftiau.

Cynwysedig – Faint o ddŵr neu egni mae ei angen i wneud cynnyrch.

Cyrch – Y pellter mae gwynt wedi chwythu drosto i greu tonnau ar y môr. Mae'r tonnau'n fwy os yw'r cyrch yn fwy.

Cyrchnod Datblygiad y Mileniwm (*MDG*) – Cyrchnodau Datblygiad y Mileniwm. Mae'r rhain yn dargedau sydd wedi cael eu gosod gan y Cenhedloedd Unedig i geisio annog a mesur gwelliannau i ddatblygiad dynol.

Cyrydiad – Treulio'r dirwedd gan brosesau cemegol fel hydoddiant.

Dadansoddiad cylchred oes – Ffordd o geisio penderfynu effaith lawn pob cam o'r broses gweithgynhyrchu a chyflenwi nwyddau traul.

Dalgylch afon – Dyma'r ardal mae afon yn casglu ei dŵr ohoni. Term arall am hwn yw dalgylch (*catchment area*).

Darfudiad – Proses lle mae hylifau poeth neu nwyon yn codi ac yna'n lledaenu cyn oeri a suddo. Mae darfudiad yn digwydd yn yr atmosffer a hefyd yn y fantell lle mae'n gallu bod yn un o'r prosesau sy'n helpu i yrru symudiad platiau.

Data ansoddol – Gwybodaeth nad yw'n rhifiadol.

Data deunewidyn – Dwy set o rifau sydd wedi'u cysylltu drwy ryw fath o berthynas.

Data meintiol – Gwybodaeth mae'n bosibl ei mesur a'i chofnodi fel rhifau.

Datblygiad o'r top i lawr – Lle mae penderfyniadau am ddatblygiad yn cael eu gwneud gan lywodraethau neu swyddogion yn hytrach na'r bobl gyffredin. Cymharwch hyn â chynlluniau **hunangymorth**.

Defnyddiau crai – Defnyddiau fel pren, carreg neu olew crai sydd heb gael eu prosesu neu'u puro.

Defnyddwyr – Enw sy'n cael ei ddefnyddio i ddisgrifio pobl mewn economïau cyfoethog sy'n prynu ac yn defnyddio bwyd, adnoddau, egni a phethau eraill.

Diagram barcut – Math arbennig o graff, ar siâp barcut, sy'n cael ei ddefnyddio fel arfer i ddangos newidiadau mewn llystyfiant.

Diboblogi – Colled net yn nifer y bobl mewn ardal oherwydd allfudo a chyfraddau genedigaethau isel.

Dibyniaeth – Pan fydd gwlad yn dibynnu'n ormodol ar un ffordd o ennill incwm tramor. Er enghraifft, mae rhai gwledydd yn y Caribî yn dibynnu'n ormodol ar arian o dwristiaeth.

Dinasoedd global – Dinasoedd â chysylltiadau da drwy'r broses o globaleiddio. Er enghraifft, mae dinasoedd global fel arfer yn ganolfannau cludiant pwysig gyda phrif feysydd awyr a phorthladdoedd. Yn aml mae gan **gwmnïau amlwladol** eu pencadlysoedd yn y dinasoedd hyn.

Disgwyliad oes cyfartalog – Yr oedran cyfartalog mae disgwyl i rywun ei gyrraedd. Fel arfer mae disgwyliad oes cyfartalog yn cael ei gyfrifo ar wahân ar gyfer dynion a menywod.

Diwasgedd (tywydd) – System dywydd sy'n gysylltiedig â gwasgedd aer isel. Mae diwasgeddau'n dod â thywydd cyfnewidiol sy'n cynnwys gwynt a glaw.

Dosbarth canol newydd – Y nifer cynyddol o bobl mewn gwledydd sy'n datblygu sy'n derbyn addysg dda ac yn cael eu talu'n eithaf da.

Drifft y glannau – Proses lle mae deunydd traeth yn symud ar hyd yr arfordir.

Dŵr daear/Storfa dŵr daear – Dŵr yn y ddaear islaw'r lefel trwythiad.

Dwysedd poblogaeth – Nifer y bobl sy'n byw mewn arwynebedd penodol o dir (e.e. mewn un cilometr sgwâr neu un hectar).

Dyddodiad – Gosod haenau o ddeunydd yn y dirwedd. Mae dyddodiad yn digwydd pan fydd y grym oedd yn cludo'r gwaddod yn lleihau.

Dyframaethu – Ffermio pysgod a physgod cregyn yn fasnachol.

Dyfrhaenau – Creigiau yn y ddaear sy'n gallu dal symiau mawr o ddŵr.

Dyffryn hollt – Dyffryn ag ochrau serth wedi'i ffurfio wrth i gramen y Ddaear dynnu oddi wrth ei gilydd (neu hollti) yn ystod symudiad platiau.

Dyffrynnoedd ffurf U – Mae gan y dyffrynnoedd hyn lethrau serth a llawr dyffryn gwastad. Mae dyffrynnoedd ffurf U yn arweddion erydol wedi'u creu gan symudiadau rhewlif.

Ecodwristiaeth – Projectau twristiaeth ar raddfa fach sy'n creu arian ar gyfer cadwraeth yn ogystal â chreu swyddi lleol.

Economi gwybodaeth – Swyddi sy'n gofyn am lefelau uchel o addysg neu hyfforddiant.

Ecosystem – Cymuned o blanhigion ac anifeiliaid a'r amgylchedd lle maen nhw'n byw. Mae ecosystemau'n cynnwys rhannau byw (e.e. planhigion) a rhannau anfyw (e.e. aer a dŵr).

Effaith Coriolis – Y ffordd mae cylchdro'r Ddaear yn gwyro symudiad gwrthrychau fel awyrennau neu gorwyntoedd.

Effaith luosydd – Twf sylweddol yn yr economi a'i fanteision i gyflogaeth. Mae lluosyddion cadarnhaol yn aml yn cael eu sbarduno gan fuddsoddiad mawr, er enghraifft agor ffatri newydd.

Elw coll – Pan fydd arian, wedi'i wario gan dwristiaid, o fudd i gwmnïau mewn gwledydd eraill yn hytrach nag i bobl sy'n gweithio yn y wlad mae'r twristiaid yn ymweld â hi.

Encilio – Symudiad graddol tirffurf am yn ôl oherwydd y broses o erydiad. Mae'r morlin yn encilio o ganlyniad i erydiad clogwyn ac mae rhaeadr yn encilio tuag at darddiad afon wrth iddi gael ei herydu.

Endemig – Mae clefyd endemig yn un sydd yn aml i'w gael ymhlith pobl mewn lle penodol. Mae rhywogaeth endemig (planhigyn neu anifail) yn un sydd i'w chael mewn lle penodol.

Erydiad fertigol – Lle mae grym y dŵr, sy'n treulio'r dirwedd, yn cael ei ganolbwyntio tuag i lawr. Mae erydiad fertigol yn gyffredin mewn nentydd serth a hefyd yn erydiad gylïau.

Erydiad ochrol – Proses lle gall afon dorri i'r ochr, sef i mewn i'w glan afon ei hun.

Erydiad pridd – Colli pridd o ganlyniad i naill ai gwynt neu law trwm. Mae erydiad gylïau yn un o brif achosion erydiad pridd mewn gwledydd sydd â hinsawdd wlyb a sych dymhorol.

E-wastraff – Cynhyrchion gwastraff electronig fel cyfrifiaduron a ffonau symudol.

Ffactorau gwthio – Rhesymau sy'n gorfodi pobl i symud i ffwrdd o'u cartref presennol.

Ffactorau tynnu – Rhesymau sy'n denu mudwyr i symud i gartref newydd.

Ffermio dwys – Ffermio lle mae angen mewnbynnu llawer o lafur a bwydydd, plaleiddiaid neu wrteithiau.

Ffermio ungnwd – Math o amaethyddiaeth lle mai dim ond un cnwd sy'n cael ei dyfu dros arwynebeddau mawr iawn o dir.

Ffermio ymgynhaliol – Math o weithgaredd economaidd lle mai ychydig iawn o arian sy'n cael ei ddefnyddio. Mewn ffermio ymgynhaliol mae'r ffermwr yn cynhyrchu dim ond digon o fwyd i fwydo'r teulu. Ychydig iawn sydd ar ôl a all gael ei werthu am arian parod.

Fflachlifau – Llifogydd sy'n cael eu hachosi gan lawiad trwm a sydyn. Mae'r glaw yn disgyn mor gyflym does dim modd iddo suddo i mewn i'r ddaear.

Ffoaduriaid – Pobl sydd mewn perygl ac sy'n gadael eu cartrefi er eu diogelwch eu hunain. Mae'r ffoaduriaid yn symud efallai oherwydd trychineb naturiol fel echdoriad folcanig neu oherwydd gwrthdaro.

Ffoaduriaid amgylcheddol – Pobl sy'n gorfod ffoi o'u cartrefi oherwydd trychineb naturiol fel llifogydd arfordirol, sychder neu newid hinsawdd.

Ffosydd cefnforol – Ceunentydd hir a dwfn yng ngwely'r môr sy'n digwydd o amgylch ymylon rhai cefnforoedd gan gynnwys y Cefnfor Tawel. Mae'r ffosydd cefnforol yn cael eu ffurfio gan symudiad platiau.

Gallu gwrthsefyll sychder – Planhigion sy'n gallu goroesi cyfnodau â glawiad sy'n is na'r cyfartaledd.

Gardd-ddinasoedd – Ardaloedd trefol newydd, wedi'u cynllunio (trefi) y mae ganddyn nhw gymunedau tebyg i bentrefi a digon o le ar gyfer gerddi preifat a mannau agored cyhoeddus.

Geiser – Arwedd geothermol mewn tirweddau folcanig lle mae dŵr daear, sydd wedi'i wresogi gan greigiau poeth, yn cael ei daflu allan o'r ddaear.

Geocemegol (monitro) – Ymchwil gwyddonol i gemeg y Ddaear drwy fesur nwyon sy'n dianc o'r ddaear. Gall yr ymchwil hwn gael ei ddefnyddio i wirio gweithgaredd folcanig cyn ac yn ystod echdoriad.

Geomagnetig (monitro) – Ymchwil gwyddonol i faes magnetig y Ddaear. Gall yr ymchwil hwn gael ei ddefnyddio i wirio gweithgaredd folcanig cyn ac yn ystod echdoriad.

Globaleiddio – Mae llifoedd o bobl, syniadau, arian a nwyddau yn creu gwe fyd-eang sy'n gynyddol gymhleth sy'n cysylltu pobl a lleoedd ar gyfandiroedd pell â'i gilydd.

Gludedd – Mesur o ba mor ludiog yw lafa. Mae gludedd yn dibynnu ar ffactorau fel tymheredd y lafa a'i gyfansoddiad cemegol.

Goddrychol – Tystiolaeth sy'n bersonol ac sy'n amrywio yn ôl safbwynt rhywun.

Gofodol – Patrymau neu arweddion daearyddol sy'n amrywio dros ddau ddimensiwn fel ei bod yn bosibl eu dangos ar fap.

Gordynnu – Pan gaiff dŵr ei dynnu ar gyfradd gyflymach na'r ail-lenwi, gan arwain at leihau maint y storfa o ddŵr.

Gorlifdir – Yr ardal wastad ger sianel afon sy'n cael ei gorchuddio â dŵr yn ystod llifogydd.

Graben – Dyffryn â gwaelod llydan, gwastad sydd wedi cael ei ffurfio gan ffawtio tuag i lawr. Yr un ystyr sydd i'r term **dyffryn hollt**.

Graddfa – Cysyniad daearyddol sy'n cael ei ddefnyddio i ddisgrifio maint neu arwynebedd arwedd. Mae graddfa'n amrywio o fach (neu leol) i ranbarthol, cenedlaethol a byd-eang.

Graddfa Likert – Math o arolwg. Mae'r bobl sy'n ateb yr arolwg yn ymateb drwy gytuno neu anghytuno â'r gosodiadau, neu drwy roi sgôr (e.e. allan o 10).

Graddfa maint moment (M_w) – Mesur o gryfder daeargryn.

Graff gwasgariad – Math o ddiagram a all gael ei ddefnyddio i brofi a oes perthynas rhwng dwy set o ddata. Gweler **newidyn dibynnol** a **newidyn annibynnol**.

Gwasanaethau allweddol – Y ffordd mae ecosystemau o fantais i bobl. Er enghraifft, mae coedwigoedd mangrof yn gweithredu fel cylchfaoedd byffer arfordirol, gan leddfu egni'r tonnau yn ystod storm a lleihau'r perygl o erydiad a llifogydd.

Gweithgynhyrchion – Eitemau sydd wedi'u gwneud mewn gweithdy neu ffatri.

Gweithred hydrolig – Erydiad wedi'i achosi pan fydd dŵr ac aer yn cael eu gorfodi i mewn i fylchau mewn craig neu bridd.

Gweithwyr di-grefft – Gweithwyr sydd â lefelau isel o gymwysterau neu fawr ddim gallu na hyfforddiant technegol. Gweler **tra medrus**.

Gwlad newydd ei diwydianeiddio (NIC) – Mae canran mawr o'r gweithlu mewn gwledydd newydd eu diwydianeiddio fel India, Gwlad Thai neu Indonesia yn gweithio yn y sector eilaidd (gweithgynhyrchu).

Gwledydd croesawu – Gwledydd sy'n derbyn buddsoddiad gan gwmnïau amlwladol.

Gwrthdrefoli – Y broses o bobl a busnesau'n symud o ddinasoedd mawr i drefi llai ac i ardaloedd gwledig.

Gylïau – Sianeli cul ffurf V, sy'n cael eu torri gan ddŵr yn llifo ar lethrau serth.

Hierarchaeth – Trefn restrol o leoedd, o bentrefannau i drefi i ddinasoedd.

Holltau – Craciau yng nghramen y Ddaear neu mewn creigiau ar yr arwyneb. Maen nhw'n cael eu ffurfio'n aml gan symudiad platiau neu weithgaredd folcanig.

Hunangymorth – Projectau gwella sy'n cael eu gwneud gan bobl gyffredin yn hytrach na busnesau neu lywodraethau. Cymharwch hyn â **datblygiad o'r top i lawr.**

Hunaniaeth – Y nodweddion neu arweddion (e.e. cymdeithasol, diwylliannol neu dirweddol) sy'n rhoi ei gymeriad unigryw i bob lle.

Hydrograff – Graff llinell sy'n dangos naill ai arllwysiad neu uchder afon dros gyfnod o amser.

Incwm Gwladol Crynswth (IGC) y pen – Yr incwm cyfartalog mewn gwlad. Term arall yw Cynnyrch Gwladol Crynswth (CGC) y pen.

Isadeiledd – Adeiladwaith a gwasanaethau sylfaenol sy'n angenrheidiol i unrhyw gymdeithas fel cyflenwadau dŵr, systemau carthffosiaeth, ffyrdd neu bontydd.

Jetlif – Gwynt cryf sy'n cylchredeg o amgylch y Ddaear.

Lagŵn – Pwll bas o ddŵr hallt.

Lahar – Gair o Indonesia sy'n disgrifio llif enfawr o ddŵr a lludw folcanig neu leidlif i lawr llethr llosgfynydd. Mae laharau'n digwydd pan fydd dŵr glaw yn cymysgu â lludw folcanig rhydd. Mae laharau'n beryglus iawn.

Llain las – Polisi'r llywodraeth sy'n cael ei ddefnyddio i atal lledaeniad dinasoedd i gefn gwlad. Mae'n anodd iawn cael caniatâd cynllunio ar gyfer cartrefi newydd yn y llain las.

Lle – Cysyniad daearyddol sy'n cael ei ddefnyddio i ddisgrifio'r pethau sy'n gwneud rhywle'n arbennig, yn unigryw neu'n nodedig.

Llednant – Afon lai sy'n llifo i mewn i sianel afon fwy.

Llethr slip – Llethr graddol ar draeth afon (**bar pwynt**) sy'n cael ei ffurfio drwy ddyddodi gwaddod ar dro mewnol ystum afon.

Llif dŵr daear – Llif dŵr drwy greigiau.

Llif trostir – Llif dŵr ar draws arwyneb y ddaear.

Llifoedd lafa – Arweddion sy'n cael eu ffurfio wrth i graig dawdd (lafa) lifo i ffwrdd o agorfa folcanig. Yn aml mae llifoedd lafa yn creu arweddion gwastad mawr o'r enw meysydd lafa.

Llifoedd maetholion – Symudiad mwynau o un storfa i storfa arall.

Llifoedd pyroclastig – Cymysgedd o nwy, lludw a darnau bach o graig folcanig, sydd i gyd yn boeth, sy'n cwympo'n bendramwnwgl i lawr llethrau llosgfynydd yn ystod rhai echdoriadau ffrwydrol.

Llinell dlodi – Rydyn ni'n dweud bod pobl sy'n byw ar lai na'r lefel hon o incwm yn byw mewn tlodi.

Llinell ffit orau – Llinell sy'n cynrychioli tueddd drwy'r pwyntiau sydd wedi'u plotio ar graff gwasgariad.

Llosgfynydd tarian – Llosgfynydd mawr sydd â llethrau graddol. Y siâp hwn sydd gan rai o'r llosgfynyddoedd yng Ngwlad yr Iâ a Hawaii.

Llwyth – Y gwaddod mae'r afon yn ei gludo.

Llyfndir tonnau – Tirffurf arfordirol ar ffurf silff greigiog o flaen clogwyn. Mae'r llyfndir tonnau'n cael ei greu drwy erydiad ac yn cael ei adael gan enciliad y clogwyn.

Maes lafa – Tirffurf gwastad, mawr iawn sy'n cael ei greu pan fydd llif lafa mawr yn caledu. Fel arfer mae meysydd lafa yn cael eu ffurfio gan echdoriad lafa o losgfynydd tarian neu echdoriad agen.

Maestrefol – Ardaloedd allanol trefi a dinasoedd. Mae ardaloedd maestrefol fel arfer yn cynnwys llawer llai o adeiladau nag ardaloedd trefol fewnol.

Magma – Craig dawdd, neu led dawdd, sy'n cael ei storio o dan arwyneb y Ddaear mewn, er enghraifft, **siambr magma** o dan losgfynydd.

Maint – Disgrifiad o gryfder a maint peryglon naturiol fel echdoriadau folcanig, tsunami neu ddaeargrynfeydd.

Man poeth bioamrywiaeth – Rhanbarth ag amrywiaeth sylweddol o organebau. Mae Canolbarth America (neu Mesoamerica) yn un ardal o'r fath.

Man poeth folcanig – Ardal o gramen y Ddaear lle mae llawer iawn o weithgaredd folcanig. Mae rhai mannau poeth ar ymylon platiau (fel Gwlad yr Iâ) ac mae mannau poeth eraill yng nghanol y platiau (fel Hawaii).

Mandylledd – Gallu craig i storio dŵr mewn bylchau aer bach iawn (mandyllau).

Mandyllog – Craig sydd â llawer o fylchau bach iawn (mandyllau) sy'n golygu ei bod yn gallu storio dŵr, fel sialc a thywodfaen.

Mantell – Cylchfa o greigiau poeth sy'n gorwedd o dan greigiau solet cramen y Ddaear.

Map peryglon – Math o gynllun neu fap sy'n dangos maint y perygl, fel perygl o lifogydd neu echdoriad folcanig.

Mapio peryglon – Plotio'r rhagfynegiadau o lefelau'r risg o berygl naturiol, fel echdoriad folcanig, ar fap.

Masnach rydd – Pan fydd gwledydd yn masnachu heb unrhyw gyfyngiadau ar faint o nwyddau a all gael eu hallforio a'u mewnforio.

Màs-symudiad – Pan fydd pridd, creigiau a cherrig yn llithro neu'n cylchlithro i lawr llethr. Weithiau mae'r màs-symudiad yn araf iawn, er enghraifft ymgripiad pridd. Mae màs-symudiadau eraill yn gyflym iawn, er enghraifft cwymp creigiau.

Mega-ddinasoedd – Ardaloedd trefol (dinasoedd) â phoblogaeth dros 10 miliwn o bobl.

Mesurydd gogwydd – Darn o offer gwyddonol sy'n cael ei ddefnyddio i fesur gogwydd y ddaear. Mae mesuryddion gogwydd yn cael eu defnyddio i fesur newidiadau bach yn siâp y ddaear sy'n digwydd pan fydd y siambr magma o dan losgfynydd yn llenwi â chraig dawdd.

Mewnforion – Nwyddau sy'n cael eu prynu o wlad arall.

Mewnfudiad net – Pan fydd mwy o bobl yn symud i mewn i ranbarth nag sy'n gadael.

Microgredyd – Pan fydd benthyciadau bach yn cael eu rhoi i ddynion a menywod busnes sy'n rhy dlawd i fod yn gymwys i gael benthyciadau banc traddodiadol.

Microhinsawdd drefol – Yr hinsawdd leol ar raddfa fach mewn dinas fawr sy'n cael ei dylanwadu gan yr adeiladau a'r traffig.

Milltiroedd bwyd – Y pellter mae bwyd wedi cael ei gludo i fynd o'r cynhyrchydd i'r defnyddiwr.

Monsŵn – Math o hinsawdd sydd i'w gael yn Ne Asia lle mae patrwm tymhorol o wynt yn dod â thymor gwlyb pendant.

Mudo gwledig–trefol – Pobl yn symud o gefn gwlad i drefi a dinasoedd.

Mudwyr economaidd – Pobl sy'n symud i wlad arall i chwilio am waith. Weithiau mae mudwyr economaidd yn cael eu hannog i symud gan y wlad maen nhw'n symud iddi ac yn yr achos hwnnw y term amdanyn nhw yw gweithwyr gwadd.

Mynegrif Datblygiad Dynol (MDD) – Mesur o ddatblygiad sy'n ystyried y lefel o addysg, y cyfoeth a'r disgwyliad oes cyfartalog mewn gwlad.

Mynegrif Ffrwydroldeb Folcanig (*VEI*) – Mesur o faint echdoriad folcanig sydd wedi'i seilio ar swm y lludw sy'n cael ei daflu allan ac uchder y cwmwl lludw.

Mynyddoedd plyg – Cadwyni mawr o fynyddoedd sydd wedi'u ffurfio drwy blygu wrth i ddau blât tectonig wrthdaro â'i gilydd.

Newidyn annibynnol – Set o ddata lle mae'r gwerthoedd yn sefyll ar eu pennau'u hunain heb gael eu newid gan setiau eraill o ddata. Gweler **newidyn dibynnol**.

Newidyn dibynnol – Set o ddata lle mae'r gwerthoedd yn dibynnu ar set arall o ddata sef y newidyn annibynnol. Gallwch chi brofi'r berthynas mewn **graff gwasgariad**.

Newidynnau – Setiau o ddata. Gweler **newidyn dibynnol** a **newidyn annibynnol**.

NIMBY – Nid Yn Ein Gardd Gefn Ni (*Not In My Back Yard*). Dyma'r disgrifiad o bobl sy'n gwrthwynebu datblygiad oherwydd eu bod yn byw yn agos ato.

Nwyon tŷ gwydr – Nwyon fel carbon deuocsid a methan sy'n gallu dal gwres yn yr atmosffer.

Ochr gysgodol – Ochr bryn neu fynydd sy'n cael ei chysgodi rhag y gwynt.

Oediad amser – Y cyfnod rhwng digwyddiad glaw ac uchafbwynt (brig) yr arllwysiad.

Ôl troed dŵr – Faint o ddŵr sy'n cael ei ddefnyddio i wneud eitem o fwyd neu wneud cynnyrch fel eitem o ddillad.

Ôl troed ecolegol – Faint o dir mae ei angen i gefnogi ffordd o fyw person.

Paredd Gallu Prynu (PGP/*PPP*) – Ffordd o gymharu cyfoeth cyfartalog gwledydd drwy ystyried costau byw yn y gwledydd hynny.

Parth Arfordirol Uchder Isel (*LECZ*) – Tir gwastad, isel yn agos i'r môr a allai fod mewn perygl o lifogydd arfordirol neu lefel y môr yn codi.

Parth rhynglanwol – Y rhan o'r traethlin sydd rhwng llanw uchel a llanw isel.

Patrymedd blynyddol – Y ffordd mae arllwysiad afon yn amrywio drwy'r flwyddyn.

Peirianneg feddal – Dull amgen o leihau llifogydd drwy blannu coed neu adael i ardaloedd gael eu gorlifo'n naturiol.

Peirianneg galed – Strwythurau artiffisial fel waliau môr neu argloddiau concrit ger afonydd.

Pellter hir (teithiau hedfan) – Teithiau hedfan i leoedd pell. Mae teithiau hedfan pellter hir o'r DU yn mynd i leoliadau y tu allan i Ewrop.

Platiau – Rhannau anhyblyg o gramen. Mae'r platiau'n gorwedd ar ben y fantell. Maen nhw'n gallu symud mewn perthynas â'i gilydd. Mae'r symudiad yn araf, ond mae'r grym sy'n cael ei gynhyrchu wrth iddyn nhw symud yn creu daeargrynfeydd a pheryglon folcanig.

Plethog – Patrwm afon sy'n digwydd lle mae afon fas wedi dyddodi ynysoedd graean fel bod yr afon yn cael ei rhannu yn nifer o sianeli llai. O weld yr afon oddi uchod mae'n edrych ychydig fel gwallt wedi'u plethu.

Plymbwll – Y pwll o ddŵr ar waelod rhaeadr. Arweddion erydol yw plymbyllau, wedi'u creu gan sgrafelliad a gweithred hydrolig gan y dŵr yn plymio.

Pobl frodorol – Grwpiau llwythol sy'n frodorol i le penodol.

Poblogaeth sy'n heneiddio – Mae gwlad lle mae cyfran uchel o bobl 65 oed neu'n hŷn yn cael ei disgrifio fel gwlad â phoblogaeth sy'n heneiddio.

Preswylwyr palmant – Pobl sy'n byw mewn cartrefi dros dro ar lwybrau troed rhai o'r dinasoedd sy'n datblygu, yn enwedig yn India.

Rhaeadrau – Tirffurf sy'n cael ei greu pan fydd afon yn plymio dros arwyneb sy'n fertigol neu bron yn fertigol.

Rhagdybiaeth – Syniad, neu ddamcaniaeth, y mae'n bosibl gwneud gwaith ymchwil yn ei gylch.

Rheolydd – Sampl neu arbrawf i osod y safon y gallwch chi gymharu samplau eraill ag ef.

Rhic tonnau – Slot lle mae creigiau'n bargodi drosto ac sydd wedi cael ei dorri i mewn i waelod clogwyn gan weithred y tonnau.

Rhoi grym – Creu cyfleoedd ar gyfer grŵp dan anfantais mewn cymdeithas fel bod ganddyn nhw'r gallu i helpu eu hunain.

Rhoi gwaith yn allanol – Lle mae busnes yn cael cynnyrch neu wasanaeth gan gyflenwr sydd y tu allan i'r cwmni.

Safle pot mêl – Lle o ddiddordeb arbennig sy'n denu llawer o dwristiaid ac sydd yn aml yn orlawn ar y cyfnodau prysuraf.

Safle tir glas – Darn o dir sydd heb gael ei ddefnyddio ar gyfer adeiladu o'r blaen.

Safle tir llwyd – Safle datblygu lle mae adeiladau hŷn yn cael eu dymchwel neu eu hadnewyddu cyn i ddatblygiad newydd ddigwydd.

Safon byw – Y lefel o gyfoeth a chysur sydd gan unrhyw grŵp o bobl neu unigolyn.

Sahel – Y rhanbarth lletgras o Ogledd Affrica i'r de o ddiffeithwch y Sahara. Mae Sahel yn golygu 'glan' yn Arabeg.

Sbardunau pleth – Arwedd mewn dyffrynnoedd ffurf V lle mae'r afon yn troelli o un ochr i'r llall fel bod y bryniau'n plethu yn debyg i ddannedd sip.

Scoria – Darnau bach o graig folcanig sy'n cael eu taflu allan yn ystod echdoriad. Mae scoria'n llawn tyllau sy'n debyg i swigod.

Sector anffurfiol (swyddi anffurfiol) – Y sector o'r economi sy'n cynnwys llawer o fathau o swyddi afreolaidd yn ogystal â mathau o waith fel gwaith tŷ, gofal plant, ac astudio.

Seiclon – System gwasgedd isel yn yr atmosffer sy'n gysylltiedig â thywydd ansefydlog, gwynt a glaw.

Seismomedrau – Offer gwyddonol sy'n cael eu defnyddio i fesur cryfder ac amlder ysgytiadau'r ddaear neu ddaeargrynfeydd.

Sgarp – Llethr hir, serth. Fel arfer mae sgarpiau serth ar y ddwy ochr i **ddyffrynnoedd hollt**.

Sgrafelliad – Erydiad, neu dreuliad, o'r dirwedd wedi'i achosi gan ffrithiant. Mae sgrafelliad yn digwydd pan fydd afonydd neu donnau'n cludo tywod neu gerigos. Mae'r dŵr yn defnyddio'r deunydd hwn i beri erydiad.

Siambr magma – Pant neu geudwll o dan losgfynydd sy'n cynnwys craig dawdd, boeth.

Sicrwydd dŵr – Pan fydd gan gymdeithas ddigon o ddŵr i sicrhau bod gan bawb ddŵr glân ac iechydaeth a'u bod yn iachus, a bod gan yr economi ddigon o ddŵr i dyfu bwyd a gwneud pethau.

Staciau – Arweddion naturiol mewn tirwedd o glogwyni wedi'u herydu. Mae staciau'n cael eu ffurfio oherwydd cwymp bwa môr.

Storfeydd arwyneb – Mannau lle mae dŵr i'w gael ar yr arwyneb, fel llynnoedd ac afonydd.

Storfeydd maetholion – Rhan o ecosystem lle mae maetholion yn cael eu cadw.

Stormdraeth – Traeth serth. Mae tonnau cryf yn taflu cerigos i ffurfio crib serth ar ben uchaf y traeth yn ystod storm.

Stratolosgfynydd – Llosgfynydd mawr sydd â llethrau serth wedi'i ffurfio o haenau o lafa a lludw sydd wedi caledu ac sydd wedi datblygu yn sgil llawer o echdoriadau gwahanol.

Suddfannau carbon – Mannau lle mae carbon yn cael ei storio dros gyfnodau hir iawn o amser, er enghraifft mewn tanwyddau ffosil.

Swyddi ffurfiol – Swyddi sy'n cynnig cyflog rheolaidd ac sy'n cael eu cydnabod a'u rheoli gan y wladwriaeth.

Sychder – Cyfnod hir heb lawer o ddyodiad.

Tafod – Tirffurf arfordirol sydd wedi'i ffurfio drwy ddyddodi gwaddod mewn tomen isel lle mae'r morlin yn newid cyfeiriad, er enghraifft wrth aber afon.

Taiga – Ecosystemau coedwig naturiol sydd i'w cael yn hinsoddau oer Gogledd Ewrop ac America.

Tansugno – Y broses lle mae un plât yn cael ei ddinistrio wrth iddo gael ei dynnu'n araf o dan blât arall.

Technoleg ganolradd – Technoleg sy'n briodol ar gyfer ei defnyddio mewn gwlad sy'n datblygu gan nad oes angen rhannau drud nac atgyweiriadau uwch-dechnoleg.

Teithio annibynnol – Pan fydd twristiaid yn gwneud eu trefniadau gwyliau eu hunain yn hytrach na phrynu gwyliau pecyn gan asiantaeth deithio.

Teithio cyfrifol – Twristiaeth sy'n fanteisiol i bobl leol ac sy'n parchu eu diwylliant, amgylchedd, credoau a thraddodiadau. Mae'r term yn gyfystyr â'r term **twristiaeth foesegol**.

Teleweithio – Gweithio o gartref gan ddefnyddio technolegau fel ffonau a'r rhyngrwyd i gyfathrebu â gweithle neu swyddfa ganolog.

Tirgaeedig – Gwlad sydd heb forlin ac, felly, heb borthladdoedd môr. Mae llawer o wledydd tlotaf y byd yn dirgaeedig.

Tirlithriad – Cwymp sydyn llethr dan ei bwysau ei hun. Weithiau mae tirlithriadau'n cael eu hysgogi gan ddaeargryn neu gan erydiad wrth droed y llethr.

Tiwb lafa – Twnnel naturiol drwy greigiau folcanig sydd wedi caledu; mae'n cael ei ffurfio pan fydd lafa poeth yn llifo ychydig o dan arwyneb y ddaear.

Toll mewnforio – Treth sy'n cael ei gosod ar nwyddau sy'n dod i mewn i wlad er mwyn eu gwneud nhw'n ddrutach.

Tollau – Math o dreth a all gael ei chodi ar nwyddau wrth iddynt fynd i mewn i wlad.

Torddwr – Llif y dŵr i fyny'r traeth wrth i don dorri ar y traeth.

Toriad yn y llethr – Lein ar lethr lle mae'r graddiant yn newid.

Tra medrus – Gweithwyr sydd â lefelau uchel o gymwysterau neu allu a hyfforddiant technegol. Gweler **gweithwyr di-grefft**.

Trawslun – Mae data'n cael eu casglu ar hyd y llinell hon. Mae trawsluniau fel arfer yn torri ar draws arweddion daearyddol gwahanol.

Trefoli – Twf ffisegol a dynol trefi a dinasoedd.

Trwylif – Llif dŵr tuag i lawr drwy'r pridd.

Tsunami – Cyfres o donnau mawr pwerus ar arwyneb llyn neu'r cefnfor. Mae tsunami'n gallu cael ei achosi wrth i ddŵr gael ei ddadleoli gan symudiad llawr y cefnfor/gwely'r llyn yn ystod daeargryn.

Twndra – Ecosystem sydd i'w gweld yn bennaf yn rhanbarth yr Arctig. Mae'r twndra yn ddi-goed oherwydd bod y tymor tyfu yn fyr a'r tymheredd misol ar gyfartaledd yn is na 10°C.

Twristiaeth dorfol – Pan fydd niferoedd mawr iawn o dwristiaid, sydd wedi prynu gwyliau pecyn, yn ymweld â chyrchfan mawr.

Twristiaeth foesegol – Twristiaeth sy'n fanteisiol i bobl leol ac sy'n parchu eu diwylliant, amgylchedd, credoau a thraddodiadau.

Tynddwr – Llif y dŵr yn ôl i'r môr ar ôl i don dorri ar draeth.

Tyniad slabiau – Proses lle mae suddo'r gramen ar ymyl plât distrywiol yn tynnu'r plât cefnforol oddi wrth yr ymyl plât adeiladol.

Tynnu dŵr – Os yw dŵr yn cael ei gymryd o afon, cronfa ddŵr neu ffynhonnell danddaearol i gael ei ddefnyddio, mae'n cael ei dynnu.

Tyrrau – Pentyrrau naturiol o gerrig sydd i'w cael ar ben bryn isel.

Uwchdir – Tirwedd sy'n fryniog neu'n fynyddig. Mae tirweddau uwchdir yn cynnwys ardaloedd eang o dir agored heb lawer o ffiniau caeau.

Uwchganolbwynt – Y man ar arwyneb y Ddaear lle mae'r ddaear yn ysgwyd gyntaf yn sgil daeargryn. Mae'r uwchganolbwynt yn union uwchben y canolbwynt.

Y gallu i ymdopi – Gallu tirwedd neu ecosystem i ymdopi â gweithgareddau pobl heb unrhyw niwed parhaol. Mae gan rai ecosystemau well gallu i ymdopi nag eraill.

Ymchwydd storm – Pan fydd lefel y môr yn codi mewn ffordd sy'n gallu achosi llifogydd arfordirol yn ystod storm neu gorwynt. Mae'r ymchwydd o ganlyniad i gyfuniad o ddau beth. Yn gyntaf, mae'r gwasgedd aer isel yn golygu bod lefel y môr yn gallu codi. Yn ail, mae'r gwyntoedd cryf yn gallu gorfodi chwydd o ddŵr ar y traethlin.

Ymdreiddiad – Dŵr glaw neu ddŵr tawdd yn symud i mewn i'r pridd.

Ymyl plât adeiladol – Ffin rhwng dau blât o gramen y Ddaear sydd yn symud oddi wrth ei gilydd. Yr un ystyr sydd i **gylchfa dargyfeirio**. Gweler **ymyl plât distrywiol** am y gwrthwyneb i'r math hwn o ffin plât.

Ymyl plât distrywiol – Ffin rhwng dau blât o gramen y Ddaear sydd yn symud tuag at ei gilydd. Gweler **ymyl plât adeiladol** am y gwrthwyneb i'r math hwn o ffin.

Ynys wres drefol – Pan fydd gan ddinas dymheredd sy'n gynhesach na'r ardal wledig o'i chwmpas.

Ystum afon – Tirffurf afon. Tro neu ddolen fawr yng nghwrs yr afon.

Ysyddion cynradd – Anifeiliaid sy'n bwyta llystyfiant (**cynhyrchwyr**) yn y gadwyn fwyd. Efallai bydd yr anifeiliaid hyn yn cael eu bwyta gan **ysyddion eilaidd**.

Ysyddion eilaidd – Anifeiliaid sy'n uwch i fyny'r gadwyn fwyd ac sy'n bwyta **ysyddion cynradd**.

Zooxanthellae – Algâu sy'n byw'n symbiotig yng nghelloedd organebau eraill. Mae'r berthynas hon yn creu'r polypau cwrel rydyn ni'n eu gweld mewn riffiau cwrel.

MYNEGAI

CYDNABYDDIAETH FFOTOGRAFFAU